Habilidades directivas y clima organizacional. Resultados de una investigación en las micro y pequeñas empresas latinoamericanas. Tomo I

Micro y pequeña empresa latinoamericana

Directores de colección

Nuria Beatriz Peña Ahumada
Óscar Cuauhtémoc Aguilar Rascón

Volumen I

Coordinadores
Nuria Beatriz Peña Ahumada
Óscar Cuauhtémoc Aguilar Rascón

Habilidades directivas y clima organizacional. Resultados de una investigación en las micro y pequeñas empresas latinoamericanas. Tomo I

Autores
Luis Enrique Ibarra Morales
Daniel Paredes Zempual

PETER LANG
Lausanne – Berlin – Brussels – Chennai – New York – Oxford

Library of Congress Cataloging-in-Publication Control Number: 2023946899

Bibliographic information published by the Deutsche Nationalbibliothek.
The German National Library lists this publication in the German
National Bibliography; detailed bibliographic data is available
on the Internet at http://dnb.d-nb.de.

Cover design by Peter Lang Group AG

ISSN 2994-3647 (print)
ISBN 9781636677019 (paperback)
ISBN 9781636676982 (ebook)
ISBN 9781636676999 (epub)
DOI 10.3726/b21342

Published by Peter Lang Publishing Inc., New York, USA
info@peterlang.com - www.peterlang.com

This publication has been peer reviewed.
Esta obra estuvo sujeta a un proceso de arbitraje académico bajo el sistema de pares a doble ciego y fue dictaminada por el Instituto Tecnológico de Sonora, México, y la Universidad Nacional de Colombia, Colombia.

Para citar el libro:

Ibarra, L., & Paredes, D. (2023). *Habilidades directivas y clima organizacional. Resultados de una investigación en las micro y pequeñas empresas latinoamericanas* (N. Peña y O. Aguilar, coords., 1ª. ed., tomo I). Peter Lang.

Para citar el método y los resultados generales:

Peña, N., & Aguilar, O. (2023). *Habilidades directivas y clima organizacional. Resultados de una investigación en las micro y pequeñas empresas latinoamericanas.* En *Estudio de las habilidades directivas y el clima organizacional en las micro y pequeñas empresas de Latinoamérica. Metodología y resultados generales de investigación* (1ª. ed., tomo I, pp. 7–15). Peter Lang.

Para citar la base de datos:

Red de Estudios Latinoamericanos en Administración y Negocios (RELAYN) (2023). *Investigación anual.* N. Peña y O. Aguilar (coords.). https://relayn.redesla.la. (N. Peña y O. Aguilar, coords.). RedesLA https://redesla.la.

Agradecimientos

Universidad	Rector	Logo
Universidad Tecnológica de Aguascalientes	Dr. Jesús Armando López Velarde Campa	
Universidad Tecnológica de Calvillo	Lic. Eduardo González Blas	
Universidad Tecnológica del Norte de Aguascalientes	Mtra. Alejandra López Rábago	
Universidad Autónoma de Baja California	Dr. Luis Enrique Palafox Maestre	
Universidad Tecnológica de la Selva	Dr. Eduardo Raymundo Garrido Ramírez	

Tecnológico Nacional de México/Instituto Tecnológico de Chihuahua	M.C. Alfredo Villalba Rodríguez	
Universidad Tecnológica de Chihuahua	Dr. Kamel Wadih David Athie Flores	
Universidad Tecnológica de Ciudad Juárez	Lic. Carlos Ernesto Ortiz Villegas	
Universidad Tecnológica del Norte de Coahuila	Mtro. Oscar Fernando López Elizondo	
Universidad Juárez del Estado de Durango	Mtro. Rubén Solís Ríos	
Universidad Politécnica de Gómez Palacio	Dr. Carlos Gerardo Landeros Araujo	
Universidad Tecnológica de Durango / Universidad Tecnológica de Poanas	Ing. Jorge Medina Muñoz / Dr. Octavio Fernández Zamora	
Universidad Autónoma del Estado de México	Dr. Carlos Eduardo Barrera Díaz	
Tecnológico de Estudios Superiores del Oriente del Estado de México	Mtro. Juan Demetrio Sánchez Granados	
Universidad Tecnológica del Valle de Toluca	Mtro. Jorge Edgar Bernaldez García	

Universidad Tecnológica de Nezahualcóyotl	MAP Gerardo Dorantes Mora	
Universidad Autónoma del Estado de Hidalgo, Escuela Superior de Cd. Sahagún	Dr. Octavio Castillo Acosta	
Universidad Tecnológica de Tecámac	Mtro. Rafael Adolfo Núñez González	
Universidad Tecnológica de León	Dra. Yoloxochitl Bustamante Diez	
Universidad Politécnica del Bicentenario	Mtra. Ma. Isabel Tinoco Torres	
Universidad Tecnológica del Suroeste de Guanajuato	Dr. Enrique Cossio Vargas	
Universidad Tecnológica de Acapulco	Mtro. Alfonso Calderón Velázquez	
Universidad Tecnológica de la Costa Grande de Guerrero	Mtro. Francisco Javier Elisea De La Cruz	
Tecnológico Nacional de México / Instituto Tecnológico Superior del Oriente del Estado de Hidalgo	Mtro. Justo Juan Manuel Martínez Licona	
Universidad Politécnica de Francisco I. Madero	Dr. Leoncio Marañon Priego	

Universidad Tecnológica del Valle del Mezquital	Mtro. Salvador Franco Cravioto	
Universidad Tecnológica de la Huasteca Hidalguense	Lic. Miguel Ángel Acosta Salazar	
Universidad Politécnica de Tulancingo	Mtro. Felipe Olimpo Durán Rocha	
Universidad Autónoma del Estado de Hidalgo / Universidad Autónoma del Estado de México/ Universidad Autónoma de Tlaxcala	Dr. Octavio Castillo Acosta/Dr. Carlos Eduardo Barrera Díaz/ Dr. Serafín Ortíz Ortíz	
Universidad Tecnológica de Tula-Tepeji	Dra. Irasema E. Linares Medina	
Universidad Tecnológica de la Sierra Hidalguense	Ing. Beder Rodríguez Villegas	
Universidad de Guadalajara	Dr. Ricardo Villanueva Lomelí	
Centro Universitario de la Costa Sur. Universidad de Guadalajara	Mtra. Ana María de la O Castellanos Pinzón	

Universidad Tecnológica de Jalisco	Dr. Héctor Pulido González	Universidad Tecnológica de Jalisco Innovación y Excelencia
Centro Universitario de la Ciénega de la Universidad de Guadalajara	Dr Edgar Eloy Torres Orozco	CUCiénega
Centro Universitario de la Costa de la Universidad de Guadalajara	Dr. Jorge Téllez López	CUC Universidad de Guadalajara Centro Universitario de la Costa
Centro Universitario de Ciencias Económico Administrativas CUCEA, Universidad De Guadalajara	Mtro. Luis Gustavo Padilla Montes	
Tecnológico Nacional de México / Instituto Tecnológico Superior de Pátzcuaro	Mtro. J. Jesús Vega Covarrubias	Instituto Tecnológico Superior de Pátzcuaro
Universidad Tecnológica Emiliano Zapata del Estado de Morelos	Mtra. Sandra Lucero Robles Espinoza	UTEZ Universidad Tecnológica Emiliano Zapata del Estado de Morelos
Universidad Politécnica del Estado de Morelos	Dr. Arturo Mazari Espín	Upemor Universidad Politécnica
Universidad Tecnológica de Bahía de Banderas	Mtra. Carmina Yadira Regalado Mardueño	UT Universidad Tecnológica de Bahía de Banderas
Universidad Autónoma de Nayarit	Dra. Norma Liliana Galvan Meza	
Universidad Tecnológica de Nayarit	Ing. Raymundo Arvizu López	UT Nayarit
Universidad Tecnológica de los Valles Centrales de Oaxaca	Dra. Tania López López	UT Valles Centrales OAXACA

Benemérita Universidad Autónoma de Puebla / Instituto Tecnológico Superior de Atlixco	Dra. María Lilia Cedillo Ramírez (BUAP) / Mtro. Leopoldo González Rosas (ITSA)	BUAP INSTITUTO TECNOLÓGICO SUPERIOR DE ATLIXCO
Universidad Tecnológica de Tehuacán	Dra. Nadia V. Hernández Carreón	UT TEHUACÁN Universidad Tecnológica de Tehuacán
Universidad Tecnológica de Puebla	Dr. Miguel Angel Celis Flores	
Benemérita Universidad Autónoma de Puebla	Dra. Lilia Cedillo Ramírez	BUAP
Tecnológico Nacional de México / Instituto Tecnológico de Tehuacán	M.E. Faustino Sergio Villafuerte Palavicini	INSTITUTO TECNOLÓGICO TEHUACÁN
Universidad Tecnológica de Tecamachalco	Dra. María Luisa Juárez Hernández	UNIVERSIDAD TECNOLÓGICA DE TECAMACHALCO
Tecnológico Nacional de México / Instituto Tecnológico de San Juan del Río	Mtro. Rubén Espinoza Castro	TECNOLÓGICO NACIONAL DE MÉXICO
Tecnológico Nacional de México / Instituto Tecnológico de Cancún	Mtro. Carlos Tiburcio Martínez Martínez	TECNOLÓGICO NACIONAL DE MÉXICO
Universidad Tecnológica de Chetumal	Lic. Octavio Chávez Gabaldon	UT CHETUMAL
Tecnológico Nacional de México, Campus Chetumal	Mtro. Mario Vicente González Robles	

Universidad Autónoma de Occidente y Universidad Politécnica de Sinaloa	Dra. Sylvia Paz Díaz Camacho / Mc. Héctor Daniel Brito Rojas	
Universidad de Sonora	Dra. María Rita Plancarte Martinez	
Universidad Tecnológica del Sur de Sonora	Dr. Ovidio Alejandro Villaseñor López	
Universidad Estatal de Sonora	Dr. Armando Moreno Soto	
Universidad Tecnológica de Hermosillo	Mtro. Clicerio Rivas Unzueta	
Tecnológico Nacional de México / Instituto Tecnológico Superior de Los Ríos	Dr. Iván Arturo Perez Martínez	
Universidad Politécnica del Golfo de México	Mtro. Francisco Javier de Jesús Mollinedo Mollinedo	
Universidad Tecnológica de Altamira	Mtro. Juan Dionisio Cruz Guerrero	
Universidad Politécnica de la Región Ribereña	Dr. Héctor Diez Rodríguez	

Tecnológico Nacional de México/Instituto Tecnológico de Matamoros	Dra. Mara Grassiel Acosta González	TECNOLÓGICO NACIONAL DE MÉXICO®
Universidad Tecnológica de Nuevo Laredo	Ing. José Antonio Tovar Lara	UT UNIVERSIDAD TECNOLÓGICA NUEVO LAREDO BIS UNIVERSITIES
Universidad Tecnológica de Tamaulipas Norte	Mtro. Edgar Garza Hernández	UTTN UNIVERSIDAD TECNOLÓGICA DE TAMAULIPAS NORTE
Universidad Politécnica de Victoria	Mtra. Abril Alejandra Ramírez Erazo	UP UNIVERSIDAD POLITÉCNICA de VICTORIA BIS UNIVERSITIES
Universidad Politécnica de Tlaxcala	Dr. Laurencio Marco Antonio Castillo Hernández	UPT UNIVERSIDAD POLITÉCNICA TLAXCALA
Universidad Tecnológica del Centro de Veracruz	Mtro. Juan Manuel Arzola Castro	UTCV UNIVERSIDAD TECNOLÓGICA DEL CENTRO DE VERACRUZ
Universidad Veracruzana	Dr. Martín Gerardo Aguilar Sánchez	Universidad Veracruzana
Tecnológico Nacional de México/Instituto Tecnológico de Veracruz	Dr. Marco Antonio Salgado Cervantes	TECNOLÓGICO NACIONAL DE MÉXICO®
Tecnológico Nacional de México/Instituto Tecnológico Superior de Valladolid	Mtro. Wilbert de Jesús Ortegón López	TECNOLÓGICO NACIONAL DE MÉXICO®
Universidad San Gregorio de Portoviejo	Dr. Ximena Sayonara Guillén Vivas	USGP UNIVERSIDAD SAN GREGORIO DE PORTOVIEJO

Universidad del Sinu Elias Bechara Zainum, Seccional Cartagena	Mtro. Rolando Bechara Castilla	UNIVERSIDAD DEL SINÚ Elias Bechara Zainúm Seccional Cartagena
Corporación Universitaria Minuto de Dios	Dr. Jefferson Enrique Arias Gómez	UNIMINUTO TRANSFORMACCIÓN
Universidad César Vallejo	Dra. Jeannette Tantalean Rodríguez,	UCV UNIVERSIDAD CÉSAR VALLEJO

Contenido

INTRODUCCIÓN

Las micro y pequeñas empresas (mypes) son el motor económico para las economías de los países, ya que son en porcentaje el mayor número de unidades económicas de representatividad; entre los beneficios que generan este tipo de unidades, están los ingresos, los cuales permiten una circulación de los flujos de capitales para un desarrollo sostenible, y además son la primera fuente de generación de empleos, fomentan la sana competencia, ya que permiten ofrecer a los consumidores mayores opciones de productos o servicios, lo que las obliga a la implementación de la innovación y mejora continua para sobresalir y ser competitivas en calidad y precio. Es indudable la relevancia de las mypes en el tejido social por el desarrollo de la cultura local, pues construyen conexiones y relaciones con los diversos grupos de interés (accionistas, empleados, clientes, proveedores, etcétera), entre otras.

Estos elementos reflejan la pertinencia de los estudios para la generación de un modelo de gestión de las mypes en América Latina que maximice la productividad, separándolas de las medianas y grandes empresas, ya que, por sus diferencias estructurales (recursos económicos, zonas de influencia, personal especializado en áreas de trabajo, economías de escala, etcétera), se basan en modelos de gestión principalmente europeos o norteamericanos.

La relevancia de esta investigación colaborativa radica en esa premisa. Los resultados que se presentan permiten observar patrones de comportamiento respecto a las habilidades directivas (negociación, toma de decisiones, liderazgo, comunicación y trabajo en equipo) y su impacto sobre el clima organizacional. El libro presenta en el primer capítulo los resultados globales y la validación del instrumento utilizado para medir las habilidades directivas y el clima organizacional; posteriormente, en el resto de los capítulos, se trata el análisis de cada una de las zonas que comprende el presente estudio, haciendo énfasis en el componente cultural de esas diferencias. El modo en el que se recolectó la información para hacer estos aportes fue mediante la participación de investigadores pertenecientes a 94 de los grupos de investigación y cuerpos académicos que conforman la Red de Estudios Latinoamericanos en Administración y Negocios (RELAYN, 2023), quienes examinaron sendas regiones al cubrir un total de 69 municipios de México y 9 municipios ubicados en Ecuador, Colombia y Perú. En total se aplicaron 46 117 encuestas a propietarios, directores o gerentes de mypes.

Nuria B. Peña Ahumada
Oscar C. Aguilar Rascón

CAPÍTULO 1

Estudio de las habilidades directivas y el clima organizacional en las micro y pequeñas empresas de Latinoamérica. Metodología y resultados generales de la investigación

Study of management skills and the organizational climate in micro and small companies in Latin America. Methodology and general results of the investigation

NURIA B. PEÑA AHUMADA Y OSCAR C. AGUILAR RASCÓN

Resumen: El objetivo de la presente investigación es determinar el impacto que tienen las habilidades directivas sobre el clima organizacional en las micro y pequeñas empresas (mypes) de Latinoamérica. Se presenta un estudio cuantitativo, no experimental, de forma transversal y con un alcance causal. Su pertinencia contribuye a la generación de conocimiento para el desarrollo de un modelo de gestión de la mediana y pequeña empresa (mype) en América Latina que permita maximizar la productividad.

Abstract: The objective of this research is to determine the impact that management skills have on the organizational climate in micro and small companies (mypes) in Latin America. A quantitative, non-experimental, cross-sectional study with a causal scope is presented. Its relevance contributes to the generation of knowledge for the development of a management model for small and medium-sized enterprises (mypes) in Latin America that allows maximizing productivity.

Palabras clave: micro y pequeñas empresas, habilidades directivas, gestión de la mype.

ESQUEMA

El capítulo trata dos elementos principales: primero se aborda la metodología de la investigación para la cual se plantea el diseño y la validez del instrumento (análisis estadístico, alfa de Cronbach, omega de McDonald´s, análisis factoriales exploratorio y confirmatorio de correlación, de variables, correlación de variables y análisis de autocorrelación), junto con el protocolo para el levantamiento; en segunda instancia, se presentan los resultados generales del impacto que tienen las habilidades directivas (negociación, toma de decisiones, liderazgo, comunicación y trabajo en equipo) sobre el clima organizacional.

METODOLOGÍA

El presente trabajo de investigación fue propuesto por la Red de Estudios Latinoamericanos en Administración y Negocios (RELAYN, 2023) y consistió en conceptualizar la micro y pequeña empresa (mype) como una serie de elementos de entradas, procesos y salidas, enmarcados en un ambiente que influye en el clima organizacional de las mypes, de acuerdo con la percepción del director, considerado como la persona que toma la mayor parte de las decisiones. Este estudio tiene un enfoque cuantitativo de diseño transversal de tipo causal. Se plantean las siguientes hipótesis.

H_0: Las habilidades directivas no inciden en el clima organizacional de la mype.

H_1: Las habilidades directivas inciden en el clima organizacional de la mype.

En cuanto al instrumento de medición, éste se integró por tres partes o bloques. El primero de ellos con datos que tratan aspectos generales de la empresa: tamaño, personal ocupado, así como información sobre los ingresos y gastos. Una segunda parte aborda los datos del directivo y el tiempo que dedica a las labores de la empresa. La tercera parte se refiere al tema del impacto de las habilidades directivas (negociación, toma de decisiones, liderazgo, comunicación, trabajo en equipo) sobre el clima organizacional. Se inicia con las definiciones conceptuales y operacional como se observa en la Tabla 1.1. Para medir la confiabilidad del instrumento, se realizó el análisis del alfa de Cronbach, mostrando consistencia interna del instrumento, además se analizó la carga factorial estandarizada por medio de la omega de McDonald's, donde se observa una alta confiabilidad.

Tabla 1.1. Definición conceptual de las variables.

Variable	Definición conceptual
Negociación	Presentar y discutir propuestas comunes con el propósito de llegar a un acuerdo en un marco de interés común (Álvarez-Vásquez et al., 2018).
Toma de decisiones	Decidir por una alternativa que requiere atender situaciones planificadas o de incertidumbre entre un abanico de varias opciones (Ávila-Morales et al., 2022).
Liderazgo	Lograr la motivación de los colaboradores mediante la promoción de conductas positivas que reditúen en mejores niveles de desempeño laboral para la empresa (Rojero-Jiménez et al., 2019).
Comunicación	Recibir y transmitir mensajes oportunos y unívocos, independientemente del canal o la forma de comunicación, lo cual facilita la emisión y recepción de los mensajes que se producen entre los miembros de la organización y su entorno, facilitando el alcance de los objetivos y las metas que establecen los miembros de la organización (Puga-Villarreal & Martínez-Cerna, 2008).
Trabajo en equipo	Fomentar la colaboración conjunta entre los integrantes que conforman un equipo de trabajo por medio del talento individual, la comunicación, las competencias y las fortalezas de cada uno en relación con los demás para lograr el cumplimiento de un objetivo común (Viamontes & Oliva, 2015).
Clima organizacional	Variable que media entre el contexto de una organización y la conducta de sus empleados o miembros, desde la perspectiva del cómo ellos experimentan el trabajo en sus empresas (King et al., 2010).

Se realizó un muestreo probabilístico aleatorio simple en mypes de México, Ecuador, Colombia y Perú, cuya cantidad de empleados se encuentra en el rango de 1 a 50. Por su parte, para obtener 99 % de confiabilidad, con 1 % de error, se requería un muestra de 16 576 mypes al estudio; sin embargo, en el periodo del 1 de marzo al 30 de abril de 2023, se aplicó el estudio y se obtuvo una muestra de 45 927 mypes. Se utilizó un instrumento de medición tipo encuesta, la cual fue

ANÁLISIS ESTADÍSTICOS

Con el objetivo de establecer la estructura subyacente entre las habilidades directivas (cinco variables) y el clima organizacional a partir de estructuras de correlación entre ellas que estén altamente correlacionadas entre sí (Méndez & Rondón, 2012), realizamos el análisis factorial exploratorio en la Tabla 1.3.

Tabla 1.3. Análisis factorial exploratorio.

	Factor						
Ítem	1	2	3	4	5	6	Único
Ítem 1. Negociación	—	—	—	—	0.625	—	0.644
Ítem 2. Negociación	—	—	—	—	0.628	—	0.593
Ítem 3. Negociación	—	—	—	—	0.655	—	0.545
Ítem 4. Negociación	—	—	—	—	0.555	—	0.564
Ítem 5. Negociación	—	—	—	—	0.533	—	0.607
Ítem 6. Negociación	—	—	—	—	0.491	—	0.593
Ítem 7. Negociación	—	—	—	—	0.544	—	0.624
Ítem 8. Negociación	—	—	—	—	0.545	—	0.597
Ítem 9. Negociación	—	—	—	—	0.561	—	0.648
Ítem 1. Toma de decisiones	—	—	—	0.626	—	—	0.568
Ítem 2. Toma de decisiones	—	—	—	0.558	—	—	0.581
Ítem 3. Toma de decisiones	—	—	—	0.638	—	—	0.518
Ítem 4. Toma de decisiones	—	—	—	0.644	—	—	0.527
Ítem 5. Toma de decisiones	—	—	—	0.583	—	—	0.593
Ítem 6. Toma de decisiones	—	—	—	0.619	—	—	0.499
Ítem 7. Toma de decisiones	—	—	—	0.706	—	—	0.471
Ítem 8. Toma de decisiones	—	—	—	0.703	—	—	0.485
Ítem 9. Toma de decisiones	—	—	—	0.638	—	—	0.504
Ítem 10. Toma de decisiones	—	—	—	0.562	—	—	0.635
Ítem 1. Liderazgo	—	—	—	—	—	0.325	0.627
Ítem 2. Liderazgo	—	—	—	—	—	0.528	0.498
Ítem 3. Liderazgo	—	—	—	—	—	0.481	0.468
Ítem 4. Liderazgo	—	—	—	—	—	0.548	0.46
Ítem 5. Liderazgo	—	—	—	—	—	0.46	0.515
Ítem 6. Liderazgo	—	—	—	—	—	0.454	0.512
Ítem 7. Liderazgo	—	—	—	—	—	0.441	0.484
Ítem 8. Liderazgo	—	—	—	—	—	0.362	0.623
Ítem 9. Liderazgo	—	—	—	—	—	0.354	0.551
Ítem 10. Liderazgo	—	—	—	—	—	0.37	0.564
Ítem 1. Comunicación	—	—	0.593	—	—	—	0.504

Tabla 1.3. Continúa

	Factor						
Ítem 2. Comunicación	—	—	0.661	—	—	—	0.514
Ítem 3. Comunicación	—	—	0.713	—	—	—	0.476
Ítem 4. Comunicación	—	—	0.725	—	—	—	0.484
Ítem 5. Comunicación	—	—	0.7	—	—	—	0.494
Ítem 6. Comunicación	—	—	0.653	—	—	—	0.482
Ítem 7. Comunicación	—	—	0.579	—	—	—	0.617
Ítem 8. Comunicación	—	—	0.661	—	—	—	0.542
Ítem 9. Comunicación	—	—	0.548	—	—	—	0.533
Ítem 10. Comunicación	—	—	0.616	—	—	—	0.546
Ítem 1. Trabajo en equipo	0.686	—	—	—	—	—	0.487
Ítem 2. Trabajo en equipo	0.754	—	—	—	—	—	0.455
Ítem 3. Trabajo en equipo	0.764	—	—	—	—	—	0.451
Ítem 4. Trabajo en equipo	0.772	—	—	—	—	—	0.425
Ítem 5. Trabajo en equipo	0.757	—	—	—	—	—	0.423
Ítem 6. Trabajo en equipo	0.719	—	—	—	—	—	0.453
Ítem 7. Trabajo en equipo	0.687	—	—	—	—	—	0.454
Ítem 8. Trabajo en equipo	0.662	—	—	—	—	—	0.464
Ítem 9. Trabajo en equipo	0.614	—	—	—	—	—	0.506
Ítem 10. Trabajo en equipo	0.591	—	—	—	—	—	0.498
Ítem 1. Clima organizacional	—	0.528	—	—	—	—	0.553
Ítem 2. Clima organizacional	—	0.637	—	—	—	—	0.579
Ítem 3. Clima organizacional	—	0.694	—	—	—	—	0.472
Ítem 4. Clima organizacional	—	0.733	—	—	—	—	0.432
Ítem 5. Clima organizacional	—	0.671	—	—	—	—	0.472
Ítem 6. Clima organizacional	—	0.68	—	—	—	—	0.474
Ítem 7. Clima organizacional	—	0.704	—	—	—	—	0.49
Ítem 8. Clima organizacional	—	0.668	—	—	—	—	0.559
Ítem 9. Clima organizacional	—	0.681	—	—	—	—	0.518
Ítem 10. Clima organizacional	—	0.636	—	—	—	—	0.54

En la Tabla 1.3, se puede observar que se agrupan de forma correcta, por lo que se procede a analizar su correlación entre las variables y el alfa de Cronbach.

Tabla 1.4. Alfa de Cronbach y correlación de las variables.

Variables	Correlación con clima	Cronbach	Media	Desviación estándar
Negociación	0.365	0.852	4.168	0.566
Toma de decisiones	0.251	0.888	4.188	0.575
Liderazgo	0.382	0.897	4.388	0.478
Comunicación	0.436	0.898	4.361	0.489
Trabajo en equipo	0.447	0.919	4.346	0.523
Clima organizacional	1	0.902	4.356	0.523

Fuente: elaboración propia con base en RStudio (R Core Team, 2022).

En la Tabla 1.4, se aprecia que las variables están con una correlación lineal positiva media alta por medio de una regla lineal inestable, las cuales son significativas. Debido a que son menores a 0.005, se concluye que toma de decisiones con clima organizacional es la de menor correlación (0.251), y que hay mayor correlación entre trabajo en equipo con clima organizacional (0.447); por lo que no se rechaza la hipótesis, porque existen correlaciones entre las variables. Para medir la independencia en los residuales, se desarrolla la prueba de autocorrelación de Durbin y Watson (White, 1992), la cual da como resultado 1.94, concluyendo que no existe autocorrelación entre las variables.

Tabla 1.5. Durbin-Watson Test for Autocorrelation.

Autocorrelation	DW Statistic	*P*
0.0306	1.94	<0.001

Rechazo Ho
Acepto Ho
Rechazo Ho
1.94
dl du 4-dl 4-du
0 1.7 1.8 2 2.2 2.3 4

Fuente: elaboración propia con base en RStudio (R Core Team, 2022).

Se procede a realizar el modelo estructural del instrumento en la Figura 1.1. El ajuste absolutorio muestra el error cuadrático medio de aproximación (RMSEA), el cual es de 0.031, y el residuo cuadrático medio estandarizado (SRMR) es de 0.03; en ambos casos, se consideran aceptables. El ajuste comparativo (CFI) muestra un resultado de 0.996 y el índice de Tucker-Lewis (TLI) es de 0.996, lo cuales consideramos ajustes óptimos.

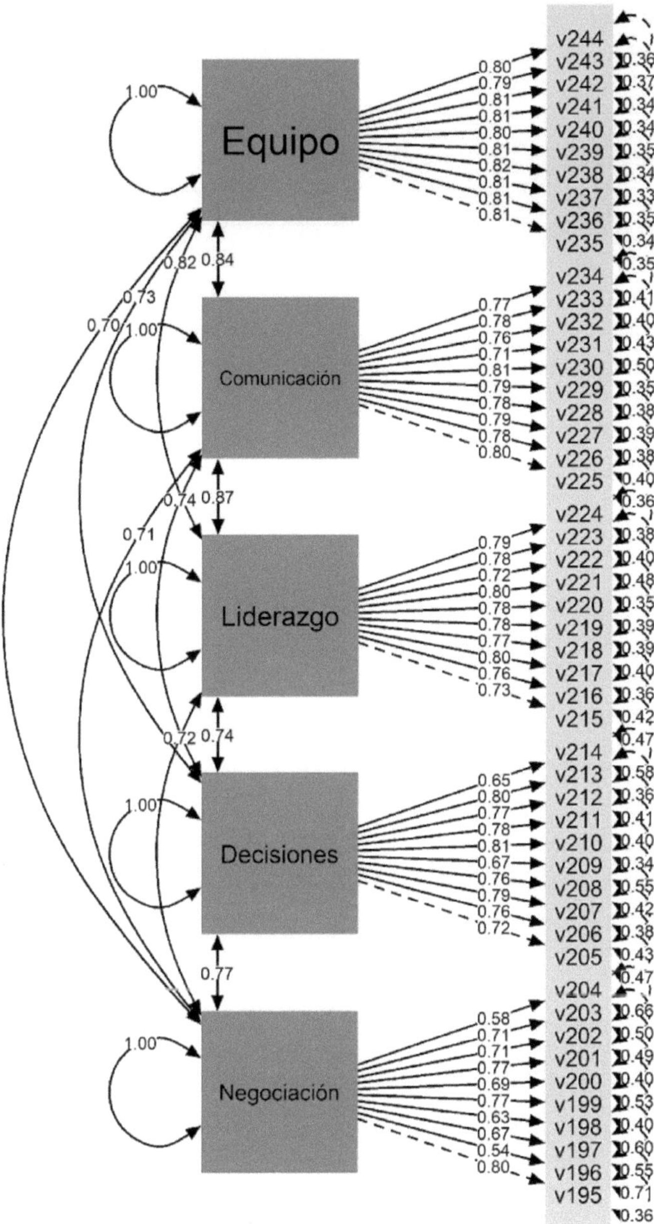

Figura 1.6. Resultado del modelo estructural.

Fuente: elaboración propia con base en RStudio (R Core Team, 2022).

Partiendo de la información cuantitativa del estudio, se establece el modelo estructural (Figura 1.6), donde se muestra la dirección de las relaciones entre las diversas variables y el efecto que causan. El modelo plantea la existencia de cinco variables endógenas con una relación causal recíproca (trabajo en equipo, comunicación, liderazgo, toma de decisiones y negociación). Las cinco variables tienen una relación causal directa con los ítems que conforman la variable. En todos los casos, el grado de significancia fue <0.05 (los resultados se muestran en la Figura 1.6), dando un correcto ajuste del modelo (Bentler & Bonett, 1980; Martínez et al., 2012).

Con el objetivo de medir el impacto que tienen las habilidades directivas sobre el clima organizacional de la mype, se realiza la siguiente regresión lineal, donde el clima organizacional es la variable independiente y las variables dependientes son negociación, toma de decisiones, liderazgo, comunicación y trabajo en equipo. Al final, se sustituyen los valores como se muestra en la Tabla 1.6.

Fórmula:

y = clima = constante + negociación + toma de decisiones + liderazgo + comunicación + trabajo en equipo

Tabla 1.7. Regresión lineal.

Fórmula: lm(fórmula = clima ~ negociación + toma de decisiones + liderazgo + comunicación + trabajo en equipo)				
Residuales				
Min	**1Q**	**Mediana**	**3Q**	**Max**
-3.9482	-0.1106	0.0125	0.1431	2.3240
Coeficientes	**Estimado**	**Std. Error**	**T-valor**	**P-valor**
(Clima/Intercept)	0.439403	0.016518	26.60	2e-16
Negociación	0.054559	0.003907	13.96	2e-16
Toma de decisiones	0.052594	0.004153	12.66	2e-16
Liderazgo	0.192435	0.005757	33.42	2e-16
Comunicación	0.182446	0.005764	31.65	2e-16
Trabajo en equipo	0.420815	0.005005	84.07	2e-16

Signif. codes: 0 '***' 0.001 '**' 0.01 '*' 0.05 '.' 0.1 ' ' 1
Residual standard error: 0.3288 on 39858 degrees of freedom
(1 observation deleted due to missingness)
Multiple R-squared: 0.6043, Adjusted R-squared: 0.6043
F-statistic: 1.218e+04 on 5 and 39858 DF, p-value: < 2.2e-16
Fuente: elaboración propia con base en RStudio (R Core Team, 2022).

Para poder medir el impacto, se multiplica el valor estimado de cada una de las variables independientes (Tabla 1.7) por su media (Tabla 1.4).

y = 0.4394 + (0.05456 * 4.168) + (0.05259 * 4.188) + (0.19243 * 4.388) + (0.18245 * 4.361) + (0.42081 * 4.346)

Resolvemos la ecuación:

y = 0.4394+0.2274061+0.2202469+0.8443828+0.7956644+1.8288403
y = 4.3559405

Se observa que la variable que tiene mayor impacto es trabajo en equipo con 1.8288403, mientras que la de menor impacto es toma de decisiones con 0.2202469. El impacto total de las habilidades directivas sobre el clima organizacional es de 4.3559405.

DISCUSIÓN

Antes de realizar este tipo de análisis, es necesario identificar claramente el objetivo del presente capítulo, el cual fue presentar la validez, la confiabilidad y los análisis estadísticos del instrumento que sirven como base para el desarrollo del presente libro *Las habilidades directivas inciden en el clima organizacional de la mype*. A continuación, se presentarán los capítulos de cada uno de los grupos de investigación que siguen el mismo protocolo y donde exponen los resultados de cada una de sus zonas de influencia, las discusiones varían en función del contexto de cada lugar en el que se realizó el estudio.

REFERENCIAS

Aburto, H. I., & Bonales, J. (2011). Habilidades directivas: determinantes en el clima organizacional. *Investigación y Ciencia*, *19*(51), 41–49.

Alegría-Zebadúa, R. M., & Alarcón-Martínez, G. (2022). Marco teórico e instrumento de medición de las habilidades gerenciales y clima organizacional en instituciones bancarias de México. *Vinculatégica*, 7(1). https://doi.org/10.29105/vtga7.1-82.

Álvarez-Vásquez, C. A., Rivera-Vera, H. F., Conforme-Cedeño, G. M., Campoverde-Flores, F. K., Sornoza-Parrales, D. R., & Merchán-Nieto, L. (2018). *Los procesos, las técnicas de negociación y la tecnología. 3Ciencias. Economía, Organización y Ciencias Sociales*. España: Editorial Área de Innovación y Desarrollo, S. L. https://doi.org/10.17993/ecoorgycso.2018.41.

Ávila-Morales, H., Palumbo-Pinto, G. B., de la Cruz-Ríos, H. A., & Ogosi-Auqui, J. A. (2022). Toma de decisiones estratégicas en la gestión pública para el desarrollo social. *Revista Venezolana de Gerencia*, *27*(edición especial 7), 648–662. https://doi.org/10.52080/rvgluz.27.7.42.

Bentler, P. M., & Bonett, D. G. (1980). Significance Tests and Goodness of Fit in the Analysis of Covariance Structures. *Psychological Bulletin*, *88*(3).

Brunet, L. (2007). *El clima de trabajo en las organizaciones. Definición, diagnóstico y consecuencias.* México: Editorial Trillas.

Busro, M. (2018). *Teori-teori Manajemen Sumber Daya Manusia*. Jakarta: PrenadaMedia.

Dini, M., & Stumpo, G. (2020). *Mipymes en América Latina: un frágil desempeño y nuevos desafíos para las políticas de fomento.* Documentos de Proyectos (LC/TS.2018/75/Rev.1). Santiago: Cepal.

Forbes (2021). *Inclusión digital: el futuro de las mypes.* https://www.forbes.com.mx/ad-inclusion-digital-futuro-mypes-mexico-visa/.

Ibarra-Morales, L. E., Paredes-Zempual, D., & Carrillo-Cisneros, E. (2022). Impacto del COVID-19 en las variables que determinan la competitividad de las micro, pequeñas y medianas empresas mexicanas. *Revista RELAYN. Micro y Pequeña Empresa en Latinoamérica*, *6*(1), 7–22. https://doi.org/10.46990/relayn.2022.6.1.532.

Instituto Nacional de Estadística y Geografía (Inegi) (2020). *Censo de población y vivienda 2020.* https://www.inegi.org.mx/programas/ccpv/2020/

King, E. B., Helb, M. R., George, J. M., & Matusik, S. F. (2010). Understanding tokenism: Antecedents and consequences of a psychological climate of gender inequity. *Journal of Management*, *36*(2), 482–510. https://doi.org/10.1177/0149206308328508.

Leyva-Carreras, A. B., Cavazos-Arroyo, J., & Espejel-Blanco, J. E. (2018). Influencia de la planeación estratégica y habilidades gerenciales como factores internos de la competitividad empresarial de las pymes. *Contaduría y Administración*, *63*(3), 41. https://doi.org/10.22201/fca.24488410e.2018.1085.

Leyva-Carreras, A. B., Espejel-Blanco, J. E., & Cavazos-Arroyo, J. (2017). Habilidades gerenciales como estrategia de competitividad empresarial en las pequeñas y medianas empresas (pymes). *Revista Perspectiva Empresarial*, *4*(1), 7–22. https://doi.org/10.16967/rpe.v4n1a1.

Martínez, E., García-Alandete, J., Selles, P., Bernabe, G., & Soucase, B. (2012). Análisis factorial confirmatorio de los principales modelos propuestos para el *purpose-in-life test* en una muestra de universitarios españoles. *Acta Colombiana de Psicología*, 67–76.

Méndez, C., & Rondón, M. (2012). Introducción al análisis factorial exploratorio. *Revista Colombiana de Psiquiatría*, *41*(1), 197–207. https://doi.org/10.1016/s0034-7450(14)60077-9.

Mendoza-Vargas, E. Y., Villaroel-Puma, M. F., & Carranza-Quimi, W. D. (2020). Caracterización de los microemprendimientos de los sectores urbanos marginales de Quevedo. *Centro Sur. Social Science Journal*, *4*(4), 1–23. https://doi.org/10.37955/cs.v4i1.40.

Moreno, M. J., & Wong Aitken, H. G. (2019). Relación de las habilidades directivas y la satisfacción laboral en la empresa Chicken King de Trujillo, 2018. *Cuadernos Latinoamericanos de Administración*, *14*(27), 1–17. https://doi.org/10.18270/cuaderlam.v14i27.2475.

Naranjo, R. (2015). Management skills in leaders of mid-sized businesses of Colombia. *Revista Científica Pensamiento y Gestión*, 38, 119–146. https://doi.org/10.14482/pege.38.7703.

Niebles-Núñez, L., Torres-Anillo, K., & Montenegro-Rada, A. (2020). *Habilidades gerenciales como herramienta para el fortalecimiento del liderazgo transformacional en las mipymes.* Colombia: Editorial Universidad del Atlántico. https://repositorio.uniatlantico.edu.co/bitstream/handle/20.500.12834/1030/admin %2c %2bHABILIDADES %2bGERENCIALES %2bCOMO %2bHERRAMIENTA %2bEN %2bMIPYMES.pdf?sequence=1&isAllowed=y.

Paredes-Zempual, D., Ibarra-Morales, L. E., & Moreno-Freites, Z. E. (2021). Habilidades directivas y clima organizacional en pequeñas y medianas empresas. *Investigación Administrativa*, 50–1, 1–23. https://doi.org/10.35426/iav50n127.05.

Puga-Villarreal, J., & Martínez-Cerna, L. (2008). Competencias directivas en escenarios globales. *Estudios Gerenciales*, *24*(109), 87–103. https://doi.org/10.1016/s0123-5923(08)70054-8.

R Core Team (2022). *R: A language and environment for statistical computing. R Foundation for Statistical Computing.* Vienna, Austria. https://www.R-project.org/.

Red de Estudios Latinoamericanos en Administración y Negocios (RELAYN) (2023). *Investigación anual.* N. Peña y O. Aguilar (coords.). https://relayn.redesla.la.

Red de Estudios Latinoamericanos (RedesLA) (2023). *Investigaciones anuales.* https://redesla.la.

Rojero-Jiménez, R., Gómez-Romero, J. G. I., & Quintero-Robles, L. M. (2019). El liderazgo transformacional y su influencia en los atributos de los seguidores en las mipymes mexicanas. *Estudios Gerenciales*, *35*(151), 178–189. https://doi.org/10.18046/j.estger.2019.151.3192.

Vargas, B., & del Castillo, C. (2008). Competitividad sostenible de la pequeña empresa: un modelo de promoción de capacidades endógenas para promover ventajas competitivas sostenibles y alta productividad. *Journal of Economics, Finance and Administrative Science*, *13*(24), 59–80. https://www.redalyc.org/articulo.oa?id=360733604004.

Viamontes, M. O., & Oliva, E. J. D. (2015). Las agrupaciones corales como estrategia de formación de competencias para trabajo en equipo en las organizaciones: una perspectiva comparativa. *Suma de Negocios*, *6*(13), 92–97. https://doi.org/10.1016/j.sumneg.2015.08.008.

Whetten, D., & Cameron, K. (2016). *Desarrollo de habilidades directivas.* México: Prentice Hall.

White, K. J. (1992). The Durbin-Watson Test for Autocorrelation in Nonlinear Models. *The Review of Economics and Statistics*, *74*(2), 370. https://doi.org/10.2307/2109675.

CAPÍTULO 2

Las habilidades directivas y el clima organizacional en las micro y pequeñas empresas de Aguascalientes, Aguascalientes, México

Management skills and the organizational climate in micro and small businesses in Aguascalientes, Aguascalientes, Mexico

GUILLERMO GONZÁLEZ ESPARZA, OLAYA ANDREA HERNÁNDEZ MATA, ABRIL ARELI LLAMAS MARTÍNEZ Y ROBERTO EZEQUIEL FRANCO ZESATI

Universidad Tecnológica de Aguascalientes

Resumen: El objetivo de la presente investigación es determinar el impacto que tienen las habilidades directivas sobre el clima organizacional en las micro y pequeñas empresas de Latinoamérica. Se presenta un estudio cuantitativo, no experimental, de forma transversal y con un alcance causal. La pertinencia del estudio contribuye a la generación de conocimiento para el desarrollo de un modelo de gestión de la mype en América Latina que permita maximizar la productividad. Entre los principales resultados, podemos observar que la variable de la habilidad directiva trabajo en equipo es la que tiene un mayor impacto en el clima organizacional, con 1.4942388; asimismo, el coeficiente total es de 4.3145488, obtenido del análisis de regresión lineal y nivel de confianza de alfa de Cronbach, cuyo resultado menor es de 0.767, lo cual se considera aceptable y consistente entre las variables. Esto indica que las habilidades directivas inciden en el clima organizacional de la mype y, en especial en la microempresa, ya que, por el tamaño de las mismas referido al número de trabajadores y directivos, la relación entre estas dos partes es más estrecha que en las pequeñas empresas y, en consecuencia, más susceptible de verse afectada por un cambio en las prácticas administrativas de los directivos.

Abstract: The objective of this research is to determine the impact that management skills have on the organizational climate in micro and small companies in Latin America. A quantitative, non-experimental, cross-sectional study with a causal scope is presented. The relevance of the study contributes to the generation of knowledge for the development of a management model for mypes in Latin America that allows maximizing productivity. Among the main results, we can observe that the variable of teamwork managerial ability is the one that has the greatest impact on the organizational climate, with 1.4942388; likewise, the total coefficient is 4.3145488, obtained from the linear regression analysis and confidence level of Cronbach's alpha, whose lowest result is 0.767, which is considered acceptable and consistent between the variables. This indicates that managerial skills affect the organizational climate of the mype and, especially in the microenterprise, since, due to their size referred to the number of workers and managers, the relationship between these two parts is closer than in small companies and, consequently, more likely to be affected by a change in the administrative practices of managers.

Palabras clave: clima organizacional, habilidades directivas, mype.

INTRODUCCIÓN

De acuerdo con el último Censo Económico publicado por el Instituto Nacional de Estadística y Geografía (INEGI, 2020), 98.3 % del universo de unidades económicas está constituido por micro y pequeñas empresas, las cuales generan —al menos— el 55 % de los empleos y amasan el 39 % del Producto Interno Bruto (PIB) del país. Las microempresas están configuradas por aquellos negocios que tienen menos de 10 trabajadores y generan anualmente ventas hasta por 4 millones de pesos. Las pequeñas empresas son unidades económicas que emplean entre 11 y 50 trabajadores, generando ventas anuales que oscilan entre 4 y 100 millones de pesos (Mendoza-Vargas, Villaroel-Puma & Carranza-Quimi, 2020; Forbes, 2021).

Es importante mencionar que actualmente las mypes se enfrentan a múltiples retos y problemáticas, específicamente, el desarrollo de habilidades gerenciales o directivas por parte de los líderes cumple una labor fundamental en el clima organizacional para este tipo de empresas, al establecerse como un diferenciador con otras organizaciones (Busro, 2018). En esa perspectiva, la formación y el desarrollo de habilidades directivas del personal encargado de implementar estrategias y tomar decisiones son fundamentales, pues de ello depende que las mypes cumplan sus metas y objetivos estratégicos, lo cual permite a las organizaciones volverse más competitivas, pues propicia la formación de un clima organizacional donde

los empleados estén satisfechos con su organización (Aburto & Bonales, 2011; Brunet, 2007).

Derivado de la importancia que representa el desarrollo de habilidades directivas en los líderes que dirigen los esfuerzos estratégicos de las mypes, así como la importancia de contar con un buen clima organizacional, se plantean las siguientes preguntas de investigación: ¿cuáles habilidades directivas tienen repercusión en el clima organizacional de las mypes?, ¿cuál es el clima organizacional que predomina en las mypes?

Para cumplir con lo anterior, el objetivo de la investigación es determinar el grado de asociación entre las habilidades directivas y el clima organizacional de las micro y pequeñas empresas, lo cual permitirá conocer con mayor precisión las habilidades directivas que los gerentes o mandos medios deben desarrollar para que prevalezca un clima organizacional satisfactorio entre los empleados al interior de las mypes. En ese sentido, las mypes podrán determinar si éstas son las causales de un clima organizacional adecuado o inconveniente, lo que, a su vez, permitirá diseñar programas de capacitación para sus líderes y, con ello, generar información que contribuya —si es el caso— a resolver el problema o mantener y fortalecer lo que se tiene.

Los diferentes análisis estadísticos correlacionales entre las variables del estudio permitirán identificar si las habilidades directivas son la causa principal del clima organizacional que prevalece en las mypes. Lo anterior será de gran apoyo en la búsqueda de factores endógenos diferenciados que permita a las mypes obtener ventajas competitivas sostenibles, ya que, si bien es cierto, una mejor gestión empresarial no es suficiente para lograr ser más competitivas, sino que está determinada por otros factores internos como un buen clima organizacional y el desarrollo de habilidades directivas (Vargas & Del Castillo, 2008).

REVISIÓN DE LA LITERATURA

Las organizaciones del siglo XXI afrontan un entorno dinámico y complejo caracterizado por la incertidumbre, debido a esto deben estar preparadas para dar respuesta a los cambios vertiginosos, en aras de cumplir sus objetivos y metas organizacionales así como volverse más competitivas. Las micro y pequeñas empresas (mypes) también deben responder a ese contexto, sin embargo, las características estructurales de su magnitud las coloca en desventaja respecto a la gran empresa, misma que tiene a su disposición una mayor cantidad de recursos y capacidades. El tema aquí analizado ha obtenido gran relevancia en los rubros de la investigación y las políticas públicas recientemente, lo cual ha permitido una mejora de determinados aspectos directamente vinculados con la competitividad de las empresas (Leyva-Carreras, Cavazos-Arroyo & Espejel-Blanco, 2018).

La situación actual de las mypes es compleja —aun siendo una parte fundamental del aparato económico a nivel mundial—, presenta una serie de desafíos y retos, enfrenta diversos obstáculos que limitan su capacidad de crecimiento y desarrollo. Uno de los principales problemas que enfrentan estas empresas es la falta de acceso al financiamiento, ya que esto restringe su capacidad para invertir en innovación, en maquinaria y equipos, software y tecnologías digitales; así como en la capacitación y adiestramiento para sus empleados. Otra problemática a la cual se enfrentan es la poca inversión en capacitación a sus directivos y gerentes, de modo que éstos puedan desarrollar sus habilidades directivas, permitiéndoles contar con las herramientas necesarias al momento de tomar decisiones estratégicas de impacto en sus portafolios de negocios, a través de una visión diferente y más competitiva, no sólo a nivel local, sino a niveles superiores en la configuración y escala del negocio.

Es importante destacar que la pandemia por el Covid-19 tuvo un impacto significativo en las mypes debido a que muchas de ellas tuvieron que cerrar de forma temporal o permanente. Las restricciones de movimiento y confinamiento social provocaron una disminución significativa en la demanda de productos y servicios (Ibarra-Morales, Paredes-Zempual & Carrillo-Cisneros, 2022). Para dimensionar y tener una mejor visión de la magnitud de la presencia e importancia de las mypes en Latinoamérica, Dini y Stumpo (2021) realizan una clasificación tomando como parámetros el sector y el tamaño de la empresa (tabla 2.1.).

Tabla 2.1. Clasificación de acuerdo con el sector y tamaño de la empresa.

Sector	**Micro empresa**	**Pequeña empresa**
Agricultura, ganadería, caza, silvicultura y pesca	80 %	16 %
Explotación de minas y canteras	68 %	23 %
Industria manufacturera	82 %	14 %
Suministro de electricidad, gas y agua	70 %	20 %
Construcción	76 %	19 %
Comercio al por mayor y menor	92 %	07 %
Hoteles y restaurantes	89 %	10 %
Transporte, almacenamiento y comunicaciones	83 %	13 %
Intermediación financiera	81 %	14 %
Actividades inmobiliarias, empresariales y de alquiler	87 %	10 %
Enseñanza	76 %	19 %
Servicios sociales y de salud	89 %	09 %
Otras actividades comunitarias, sociales y personales	95 %	04 %
Total	**88.4 %**	**09.6 %**

Fuente: elaboración propia a partir de Dini & Stumpo (2021).

Leyva-Carreras, Espejel-Blanco y Cavazos-Arroyo (2017) destacan que el director o gerente de una mype debe tomar en cuenta ciertas variables para lograr la excelencia, el buen clima organizacional y la competitividad empresarial, para lo cual es preciso contar con personal directivo que reúna las siguientes características: dinámicos, actualizados, con habilidades directivas, operativas y de gestión, conocimientos de administración y planeación estratégica, así como administración y dirección de talento humano, siempre proactivo al cambio organizacional y tecnológico, para que se convierta en vehículo que potencia la creatividad, la innovación y el desarrollo sustentable. Sin embargo, por desconocer esas características de gestión o habilidades directivas que son propias de los líderes, esa ignorancia puede ser la causa de algunos problemas administrativos y de competitividad en las mypes, lo que genera algunas consecuencias en la transición de una economía local y proteccionista a un mercado libre y globalizado (Naranjo, 2015).

Niebles-Núñez, Torres-Anillo y Montenegro-Rada (2020) establecen que las habilidades directivas comprenden el proceso de la gerencia, estas son: planificar, organizar, dirigir, ejecutar y controlar que, a su vez, constituyen el conjunto de destrezas, cualidades, competencias, conocimientos, acciones, experiencias y capacidades que inciden en el efectivo desempeño del rol gerencial, al contribuir al logro de objetivos y metas organizacionales, asimismo, representan la implementación práctica por la acción del conocimiento adquirido académicamente o por experiencias a través del proceso de aprendizaje. Es por ello que, en los últimos años, las habilidades directivas desempeñan un papel muy importante en la satisfacción de los colaboradores en las empresas a nivel mundial, pues se ha demostrado que la manera o particularidad en que los directivos lideran a sus equipos generan una repercusión directa en su satisfacción y, por ende, en su desempeño laboral (Moreno & Wong, 2018).

Paredes-Zempual, Ibarra-Morales y Moreno-Freites (2021) adoptan otra perspectiva, sostienen que el buen desempeño de la empresa está en función de las habilidades directivas y el buen clima organizacional, sobre todo en este tiempo donde las empresas se encuentran inmersas en un proceso de globalización y de rápidos cambios que demanda líderes más preparados en actitudes y aptitudes, capaces de administrar de manera eficaz y eficiente los procesos y procedimientos, tanto administrativos como operativos, comprometidos con la rentabilidad de la organización.

El clima organizacional es observado y analizado por las empresas con el fin de mantenerlo en niveles positivos y, de esa forma, estimular la productividad de los empleados, motivo por el cual las empresas buscan los elementos y condiciones necesarias que puedan incidir de forma positiva en el clima organizacional, ya que existen estudios empíricos que así lo demuestran, en otras palabras, un mejor clima organizacional en la empresa se traduce en mejores resultados en los ámbitos financieros, administrativos y productivos (Alegría-Zebadúa & Alarcón-Martínez, 2022).

Whetten y Cameron (2016) clasifican las habilidades en tres grandes grupos: personales, interpersonales y grupales, mismas que en su conjunto aportan al éxito de una administración eficaz y centrada en los logros financieros, pero también de posición competitiva. En este sentido, para el presente estudio se han seleccionado como habilidades directivas las siguientes: negociación, toma de decisiones, liderazgo, comunicación y trabajo en equipo, ya que predominan en la literatura y en los diferentes modelos conceptuales, además de ser las más importantes para Whetten y Cameron. Adicionalmente, se ha seleccionado como variable el 'clima organizacional' debido al impacto y la importancia que ostenta para las mypes. Las definiciones conceptuales para cada una de las variables se muestran en la tabla 2.2.

Tabla 2.2. Definición conceptual de las variables.

Variable	Definición conceptual
Negociación	Presentar y discutir propuestas comunes con el propósito de llegar a un acuerdo en un marco de interés común (Álvarez-Vásquez, et al., 2018).
Toma de decisiones	Decidir por una alternativa que requiere atender situaciones planificadas o de incertidumbre entre un abanico de varias opciones (Ávila-Morales et al., 2022).
Liderazgo	Lograr la motivación de los colaboradores mediante la promoción de conductas positivas que reditúan en mejores niveles de desempeño laboral para la empresa (Rojero-Jiménez, Gómez-Romero & Quintero-Robles, 2019).
Comunicación	Recibir y transmitir mensajes oportunos y unívocos, independientemente del canal o la forma de comunicación, lo cual facilita la emisión y recepción de los mensajes que se producen entre los miembros de la organización y su entorno, facilitando el alcance de los objetivos y metas que establecen los miembros de la organización (Puga-Villarreal & Martínez-Cerna, 2008).
Trabajo en equipo	Fomentar la colaboración conjunta entre los integrantes que conforman un equipo de trabajo, a través del talento individual, la comunicación, las competencias y las fortalezas de cada uno en su relación con los demás, para lograr el cumplimiento de un objetivo común (Viamontes & Oliva, 2015).
Clima organizacional	Variable que media entre el contexto de una organización y la conducta de sus empleados o miembros, desde la perspectiva del cómo ellos experimentan el trabajo en sus empresas (King, Hebl, George & Matusik, 2010).

METODOLOGÍA

El presente trabajo de investigación ha sido propuesto por la Red de Estudios Latinoamericanos en Administración y Negocios (RELAYN, 2023), la cual consiste en conceptualizar la micro y pequeña empresa (mype) como una serie de elementos de entradas, procesos y salidas enmarcados en un ambiente que influye en el clima organizacional de las mypes, según la percepción del director, considerado como la persona que toma la mayor parte de las decisiones. Este estudio tiene un enfoque cuantitativo de diseño transversal de tipo causal.

Se realizó un muestreo probabilístico aleatorio simple con las mypes de Aguascalientes, Aguascalientes, México, cuya cantidad de empleados se encuentra en el rango de 1 a 50, con un nivel de confianza del 95 %, un margen de error del ±5 % y una probabilidad estimada de p=0.5 (50 %). Se obtuvieron de la muestra aplicada un total de 420 encuestas válidas en el periodo del 01 de marzo al 30 de abril de 2023. Se utilizó un instrumento de medición tipo encuesta, la cual fue dirigida a los propietarios, directores o gerentes de las mypes, para lo cual sirvió la asistencia de estudiantes universitarios que previamente fueron capacitados para aplicar la encuesta.

Características de la muestra son:

El 40.5 % de la muestra fueron del sexo biológico femenino y el restante 59.5 % masculino. La edad de los sujetos tiene un rango de 18 a 78 años, con un promedio de 43 años y una moda de 45 años. El 13.8 % de los empresarios tienen estudios de nivel superior, seguido de un 43.6 % con nivel media superior, 40.5 % con educación básica. En cuanto a estado civil predominan los casados con un 66.4 % seguidos de los solteros con 18.1 %.

La mayoría de los negocios 72.9 % pertenecen al giro comercial, un 20 % a la prestación de servicios y sólo 7.1 % a la producción de manufacturas, la antigüedad del 8.3 %de los negocios es menor a 3 años. Los empleos que ofrecen están en el rango de 1 a 48 trabajadores, de las empresas el 88.8 % emplea de 1 a 10 trabajadores y el 88.6 % tienen en su plantilla de 1 a 10 mujeres y en el 71.2 % colaboran de 1 a 5 familiares del propietario.

Alineado al objetivo general de la investigación y a la revisión de la literatura, se plantean las siguientes hipótesis:

- H0: Las habilidades directivas no inciden en el clima organizacional de la mype.
- H1: Las habilidades directivas inciden en el clima organizacional de la mype.

En cuanto al instrumento de medición, éste se integró por seis partes o bloques. El primero de ellos, con datos que abordan aspectos generales de la empresa: tamaño de la empresa, personal ocupado, así como información sobre los ingresos y gastos. La segunda parte aborda los datos del directivo y el tiempo destinado a las labores de la empresa. La tercera parte se refiere a los insumos del sistema: recursos humanos, análisis del mercado y proveedores. En una cuarta parte del instrumento de medición se exponen los procesos del sistema: dirección, gestión de ventas, finanzas, innovación, mercadotecnia, producción-operación. La quinta parte estuvo integrada por los resultados del sistema: satisfacción del sistema, ventaja competitiva, RSC-Asuntos de ISO 26000, valoración del entorno y, por último, la sexta parte quedó integrada por los dos temas anuales de investigación: a) el trabajo decente desde la perspectiva directiva y b) el impacto de las habilidades directivas (negociación, toma de decisiones, liderazgo, comunicación, trabajo en equipo) sobre el clima organizacional. Para las secciones comprendidas del tercer al sexto bloque se emplea una escala de Likert de cinco puntos, los cuales van de 'No sé / No aplica' (1) a 'muy de acuerdo' (5).

RESULTADOS

Las seis variables muestran consistencia interna del instrumento mediante el análisis del alfa de Cronbach de las variables objeto de estudio, de la misma forma se analiza la correlación que tienen con el clima organizacional como se muestra en la tabla 2.3.

Tabla 2.3. Alfa de Cronbach y correlación de las variables.

Variables	Correlación con clima	Cronbach	Media	Desviación Estándar
Negociación	0.328	0.767	4.209	0.466
Toma de decisiones	0.239	0.802	4.207	0.472
Liderazgo	0.37	0.797	4.339	0.422
Comunicación	0.37	0.785	4.313	0.416
Trabajo en equipo	0.244	0.817	4.297	0.444
Clima Organizacional	1	0.795	4.315	0.441

Fuente: Elaboración propia utilizando RStudio (R Core Team, 2022).

Se procede a realizar el modelo estructural del instrumento en la figura 2.4, el ajuste absolutorio muestra el error cuadrático medio de aproximación (RMSEA) es de 0.04 y el residuo cuadrático medio estandarizado (SRMR) es de 0.06, en

ambos casos se consideran aceptables, en el ajuste comparativo (CFI) muestra un resultado de 0.986 y el índice de Tucker-Lewis (TLI) de 0.986 consideramos ajustes óptimos.

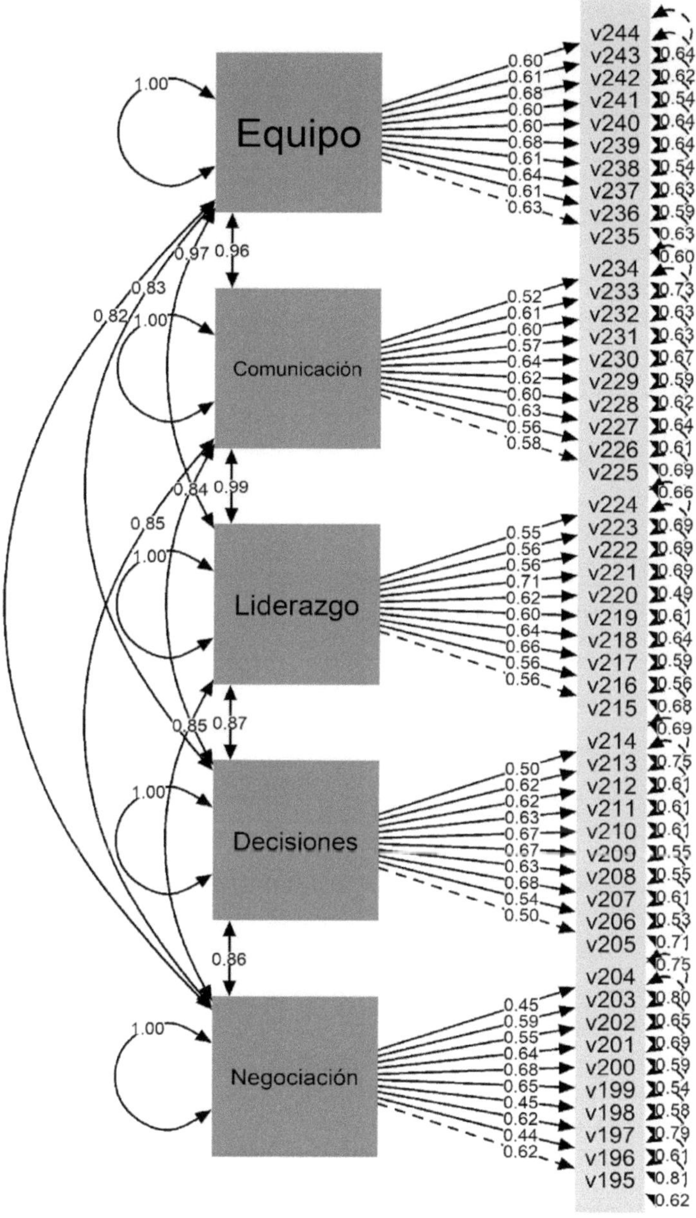

Figura 2.4. Resultado del modelo estructural.

Fuente: Elaboración propia utilizando RStudio (R Core Team, 2022).

Partiendo de la información cuantitativa del estudio se establece el modelo estructural (Figura 2.4), donde se muestra la dirección de las relaciones entre las diversas variables y el efecto que causan. El modelo plantea la existencia de cinco variables endógenas con una relación causal recíproca (trabajo en equipo, comunicación, liderazgo, toma de decisiones y negociación). Las cinco variables tienen una relación causal directa con los ítems que conforman la variable, en todos los casos el grado de significancia fue <0.05 (los resultados se muestran en la Figura 2.4) dando un correcto ajuste del modelo (Bentler & Bonett, 1980; Martínez et al., 2012)

Con el objetivo de medir el impacto que tienen las habilidades directivas sobre el clima organizacional de la mype se realiza la siguiente regresión lineal, donde el clima organizacional es la variable dependiente y las variables independientes son negociación, toma de decisiones, liderazgo, comunicación y trabajo en equipo. Al final se sustituyen los valores tal y como se observa en la tabla 2.5.

Fórmula:

y = clima = constante + negociación + toma de decisiones + liderazgo + comunicación + trabajo en equipo

Tabla 2.5. Regresión lineal.

Fórmula: lm(fórmula = clima ~ negociación + toma de decisiones + liderazgo + comunicación + trabajo en equipo)				
		Residuales		
Min	**1Q**	**Mediana**	**3Q**	**Max**
-0.92614	-0.12758	0.01104	0.14523	0.77263
Coeficientes	**Estimado**	**Std. Error**	**T-valor**	**P-valor**
(Clima/Intercept)	0.35662	0.13936	2.559	0.01085
Negociación	0.06590	0.03967	1.661	0.09738
Toma de decisiones	0.04528	0.04107	1.102	0.27089
Liderazgo	0.29463	0.05618	5.244	2.51e-07
Comunicación	0.16634	0.05455	3.050	0.00244
Trabajo en equipo	0.34774	0.05141	6.764	4.58e-11

Signif. codes: 0 '***' 0.001 '**' 0.01 '*' 0.05 '.' 0.1 ' ' 1
Residual standard error: 0.2542 on 414 degrees of freedom
Multiple R-squared: 0.672, Adjusted R-squared: 0.6681
F-statistic: 169.7 on 5 and 414 DF, p-value: < 2.2e-16
Fuente: Elaboración propia utilizando RStudio (R Core Team, 2022).

Para poder medir el impacto, se multiplica el valor estimado de cada una de las variables independientes (tabla 2.5) por su media (tabla 2.3).

$$y=0.35662 + (0.0659 * 4.209) + (0.04528 * 4.207) + (0.29463 * 4.339) + (0.16634 * 4.313) + (0.34774 * 4.297)$$

Resolvemos la ecuación:

$$y=0.35662+0.2773731+0.190493+1.2783996+0.7174244+1.4942388$$
$$y=4.3145488$$

Se observa que la variable que tiene un mayor impacto es trabajo en equipo con 1.4942388 mientras que la de menor impacto es toma de decisiones con 0.190493. El impacto total que tienen las habilidades directivas sobre el clima organizacional es de 4.3145488.

DISCUSIÓN

En la ciudad de Aguascalientes, Aguascalientes, se observa claramente que las microempresas superan en cantidad y proporción a las pequeñas empresas. Esto se aprecia en la tabla 2.1 donde el porcentaje más bajo obtenido es de 68 % correspondiente a la explotación de minas y canteras. Por consecuencia, ninguna pequeña empresa en los diversos sectores sobrepasa 23 %, por lo que trasciende la importancia que juega la microempresa en la generación de actividades productivas.

La confiabilidad de nuestro estudio medida por medio del coeficiente alfa de Cronbach es aceptable y consistente entre variables, ya que el valor más bajo obtenido fue de 0.767 en la variable negociación, y en contraste con la más alta de 0.817 obtenida en la variable trabajo en equipo. Este último hallazgo en la variable trabajo en equipo coincide como la de mayor incidencia dado que al correr el análisis de regresión lineal se obtuvo el coeficiente más alto de 1.4942388.

Los resultados de nuestro estudio obtenidos mediante el modelo de regresión lineal, donde el clima organizacional se considera la variable dependiente y el resto independientes, arrojó un resultado de $y = 4.3145488$, con lo cual se da como válida la hipótesis H_1: Las habilidades directivas inciden en el clima organizacional de la mype. Queda pendiente para un estudio futuro determinar de qué forma inciden estas habilidades en las actividades de la organización y cómo la capacitación especializada puede coadyuvar al mejoramiento de los procesos administrativos y, por consecuencia, del clima organizacional.

Es importante resaltar que, dado que la mayor magnitud del número de empresas estudiadas es representada por las microempresas que tienen un máximo de 10 trabajadores en relación con las pequeñas empresas que emplean entre 11 y 30 trabajadores, se puede inferir que entre más pequeñas sean las organizaciones en cuanto al número de trabajadores y directivos, más influencia existe de las habilidades directivas en el clima organizacional. Esto puede ser explicado, porque se da un trato más directo entre el directivo y el trabajador; sin embargo, para este equipo de investigación, sería importante plantear un estudio posterior con el propósito de analizar si con el crecimiento de la organización se incrementan los problemas de clima organizacional, o dependen sólo y exclusivamente del grado de desarrollo de las habilidades en directivos, o pueden ser ambos factores; en este último caso, la proporción de cada uno de ellos. Con estos resultados, se podrían establecer estrategias más eficaces y eficientes para mejorar el desempeño de las organizaciones con el fin de preservar su permanencia, contribución social y económica de su entorno.

REFERENCIAS

Aburto, H.I. & Bonales, J. (2011). Habilidades directivas: Determinantes en el clima organizacional. *Investigación y Ciencia,* 19(51), 41–49.

Alegría-Zebadúa, R.M., & Alarcón-Martínez, G. (2022). Marco teórico e instrumento de medición de las habilidades gerenciales y clima organizacional en *Instituciones Bancarias de México. Vinculatégica,* 7(1). https://doi.org/10.29105/vtga7.1-82

Álvarez-Vásquez, C.A., Rivera-Vera, H.F., Conforme-Cedeño, G.M., Campoverde-Flores, F.K., Sornoza-Parrales, D.R., & Merchán-Nieto, L. (2018). *Los procesos, las técnicas de negociación y la tecnología. Ciencias. Economía, Organización y Ciencias Sociales. Editorial Área de Innovación y Desarrollo, S.L.* https://doi.org/10.17993/ecoorgycso.2018.41

Ávila-Morales, H., Palumbo-Pinto, G.B., De la Cruz-Ríos, H.A., & Ogosi-Auqui, J.A. (2022). Toma de decisiones estratégicas en la gestión pública para el desarrollo social. *Revista Venezolana de Gerencia,* 27(Edición Especial 7), 648–662. https://doi.org/10.52080/rvgluz.27.7.42

Bentler, P. M., & Bonett, D. G. (1980). Significance Tests and Goodness of Fit in the Analysis of Covariance Structures. *In Psychological Bulletin* (Vol. 88, Issue 3).

Brunet, L. (2007). El clima de trabajo en las organizaciones. Definición, diagnóstico y consecuencias. *Editorial Trillas.*

Busro, M. (2018). Teori-teori Manajemen Sumber Daya Manusia. *Jakarta. PrenadaMedia.*

Dini, M. & Stumpo, G. (2020). MiPyMEs en América Latina: un frágil desempeño y nuevos desafíos para las políticas de fomento. Documentos de Proyectos (LC/TS.2018/75/Rev.1), Santiago. *Comisión Económica para América Latina y el Caribe* (CEPAL).

Forbes (2021). Inclusión digital: el futuro de las MyPEs. *Forbes Content.* https://www.forbes.com.mx/ad-inclusion-digital-futuro-mypes-mexico-visa/

Ibarra-Morales, L.E., Paredes-Zempual, D., & Carrillo-Cisneros, E. (2022). Impacto del COVID-19 en las variables que determinan la competitividad de las micro, pequeñas y medianas empresas mexicanas. *Revista RELAYN. Micro y Pequeña Empresa en Latinoamérica,* 6(1), 7–22. https://doi.org/10.46990/relayn.2022.6.1.532

Instituto Nacional de Estadística y Geografía (Inegi) (2020). *Censo de población y vivienda 2020.* https://www.inegi.org.mx/programas/ccpv/2020/

King, E.B., Helb, M.R., George, J.M. & Matusik, S.F. (2010). Understanding tokenism: Antecedents and consequences of a psychological climate of gender inequity. *Journal of Management,* 36(2), 482–510. https://doi.org/10.1177/0149206308328508

Leyva-Carreras, A.B., Cavazos-Arroyo, J., & Espejel-Blanco, J.E. (2018). Influencia de la planeación estratégica y habilidades gerenciales como factores internos de la competitividad empresarial de las Pymes. *Contaduría y Administración,* 63(3), 41. https://doi.org/10.22201/fca.24488410e.2018.1085

Leyva-Carreras, A.B., Espejel-Blanco, J.E., & Cavazos-Arroyo, J. (2017). Habilidades gerenciales como estrategia de competitividad empresarial en las pequeñas y medianas empresas (Pymes). *Revista Perspectiva Empresarial,* 4(1), 7–22. https://doi.org/10.16967/rpe.v4n1a1

Martinez, E., García-Alandete, J., Selles, P., Bernabe, G., & Soucase, B. (2012). Análisis factorial confirmatorio de los principales modelos propuestos para el purpose-in-life test en una muestra de universitarios españoles. *Acta Colombiana de Psicología,* 67–76.

Mendoza-Vargas, E.Y., Villaroel-Puma, M.F. & Carranza-Quimi, W.D. (2020). Caracterización de los microemprendimientos de los sectores urbanos marginales de Quevedo. *Centro Sur. Social Science Journal.* 4(4), 1–23. https://doi.org/10.37955/cs.v4i1.40

Moreno, M. J., & Wong Aitken, H. G. (2019). Relación de las habilidades directivas y la satisfacción laboral en la empresa Chicken King de Trujillo, 2018. *Cuadernos Latinoamericanos de Administración,* 14(27), 1–17. https://doi.org/10.18270/cuaderlam.v14i27.2475

Naranjo, R. (2015). Management skills in leaders of mid-sized businesses of Colombia. *Revista Científica Pensamiento y Gestión,* 38, 119–146. https://doi.org/10.14482/pege.38.7703

Niebles-Núñez, L., Torres-Anillo, K. & Montenegro-Rada, A. (2020). Habilidades gerenciales como herramienta para el fortalecimiento del liderazgo transformacional en las mipymes. *Editorial Universidad del Atlántico.* https://repositorio.uniatlantico.edu.co/bitstream/handle/20.500.12834/1030/admin %2c %2bHABILIDADES %2bGERENCIALES %2bCOMO %2bHERRAMIENTA %2bEN %2bMIPYMES.pdf?sequence=1&isAllowed=y

Paredes-Zempual, D., Ibarra-Morales, L.E., & Moreno-Freites, Z.E. (2021). Habilidades directivas y clima organizacional en pequeñas y medianas empresas. *Investigación Administrativa,* 50–1, 1–23. https://doi.org/10.35426/iav50n127.05

Puga-Villarreal, J., & Martínez-Cerna, L. (2008). Competencias Directivas en Escenarios Globales. *Estudios Gerenciales,* 24(109), 87–103. https://doi.org/10.1016/s0123-5923(08)70054-8

R Core Team (2022). R: A language and environment for statistical computing. R *Foundation for Statistical Computing, Vienna, Austria.* URL https://www.R-project.org/

Red de Estudios Latinoamericanos en Administración y Negocios. (RELAYN) (2023). *Investigación anual,* N. Peña & O. Aguilar (coords.) https://relayn.redesla.la

Red de Estudios Latinoamericanos (RedesLA) (2023). *Investigaciones anuales.* https://redesla.la

Rojero-Jiménez, R., Gómez-Romero, J.G.I., & Quintero-Robles, L.M. (2019). El liderazgo transformacional y su influencia en los atributos de los seguidores en las Mipymes mexicanas. *Estudios Gerenciales,* 35(151), 178–189. https://doi.org/10.18046/j.estger.2019.151.3192

Vargas, B., & del Castillo, C. (2008). Competitividad sostenible de la pequeña empresa: Un modelo de promoción de capacidades endógenas para promover ventajas competitivas sostenibles y alta productividad. *Journal of Economics, Finance and Administrative Science,* 13(24), 59–80. https://www.redalyc.org/articulo.oa?id=360733604004

Viamontes, M.O., & Oliva, E.J.D. (2015). Las agrupaciones corales como estrategia de formación de competencias para trabajo en equipo en las organizaciones: una perspectiva comparativa. *Suma de Negocios*, 6(13), 92–97. https://doi.org/10.1016/j.sumneg.2015.08.008

Whetten, D. & Cameron, K. (2016). Desarrollo de habilidades directivas. México: *Editorial Prentice Hall.*

CAPÍTULO 3

Las habilidades directivas y el clima organizacional en las micro y pequeñas empresas de Calvillo, Aguascalientes, México

Management skills and the organizational climate in micro and small companies in Calvillo, Aguascalientes, Mexico

MARÍA DEL CARMEN RUIZ CALVILLO, FRANCISCO MANUEL CARDONA GONZÁLEZ, ANA KARINA GUTIÉRREZ REYES Y PEDRO MORENO VÁZQUEZ

Universidad Tecnológica de Calvillo

Resumen: El objetivo de la presente investigación es determinar el impacto que tienen las habilidades directivas sobre el clima organizacional en las micro y pequeñas empresas de Latinoamérica. Se presenta un estudio cuantitativo, no experimental, de forma transversal y con un alcance causal. La pertinencia del estudio contribuye a la generación de conocimiento para el desarrollo de un modelo de gestión de la mype en América Latina que permita maximizar la productividad. Entre los principales resultados, podemos observar que la variable de la habilidad directiva trabajo en equipo es la que tiene un mayor impacto en el clima organizacional, con 1.8529056, pues los integrantes de la organización perciben como determinante la colaboración conjunta entre ellos para lograr el cumplimiento de los objetivos de la empresa. La clave del trabajo en equipo es sumar esfuerzos y talentos individuales para crear cohesión, sentido de pertenencia y arraigo. Mientras que la variable de liderazgo tiene menor impacto debido a que la motivación puede ser una cuestión autogestiva y no determinante del director de la mype. Cuando se habla de clima organizacional, las variables negociación, toma de decisiones, liderazgo, comunicación y trabajo en equipo influyen en el desempeño laboral abonando a la productividad de la empresa.

Abstract: The objective of this research is to determine the impact that management skills have on the organizational climate in micro and small companies in Latin America. A quantitative, non-experimental, cross-sectional study with a causal scope is presented. The relevance of the study contributes to the generation of knowledge for the development of a management model for mypes in Latin America that allows maximizing productivity. Among the main results, we can observe that the variable of teamwork managerial ability is the one that has the greatest impact on the organizational climate, with 1.8529056, since the members of the organization perceive joint collaboration among themselves as a determinant to achieve compliance. of the company's objectives. The key to teamwork is to add individual efforts and talents to create cohesion, a sense of belonging and rootedness. While the leadership variable has less impact because motivation can be a self-management issue and not a determining factor of the director of the mype. When talking about organizational climate, the variables of negotiation, decision making, leadership, communication and teamwork influence job performance, contributing to the productivity of the company.

Palabras clave: clima organizacional, habilidades directivas, competitividad y desempeño laboral.

INTRODUCCIÓN

De acuerdo con el último Censo Económico publicado por el Instituto Nacional de Estadística y Geografía (INEGI, 2020), 98.3 % del universo de unidades económicas está constituido por micro y pequeñas empresas, las cuales generan —al menos— el 55 % de los empleos y amasan el 39 % del Producto Interno Bruto (PIB) del país. Las microempresas están configuradas por aquellos negocios que tienen menos de 10 trabajadores y generan anualmente ventas hasta por 4 millones de pesos. Las pequeñas empresas son unidades económicas que emplean entre 11 y 50 trabajadores, generando ventas anuales que oscilan entre 4 y 100 millones de pesos (Mendoza-Vargas, Villaroel-Puma & Carranza-Quimi, 2020; Forbes, 2021).

Es importante mencionar que actualmente las mypes se enfrentan a múltiples retos y problemáticas, específicamente, el desarrollo de habilidades gerenciales o directivas por parte de los líderes cumple una labor fundamental en el clima organizacional para este tipo de empresas, al establecerse como un diferenciador con otras organizaciones (Busro, 2018). En esa perspectiva, la formación y el desarrollo de habilidades directivas del personal encargado de implementar estrategias y tomar decisiones son fundamentales, pues de ello depende que las mypes cumplan sus metas y objetivos estratégicos, lo cual permite a las organizaciones volverse más competitivas, pues propicia la formación de un clima organizacional donde los empleados estén satisfechos con su organización (Aburto & Bonales, 2011; Brunet, 2007).

Derivado de la importancia que representa el desarrollo de habilidades directivas en los líderes que dirigen los esfuerzos estratégicos de las mypes, así como la importancia de contar con un buen clima organizacional, se plantean las siguientes preguntas de investigación: ¿cuáles habilidades directivas tienen repercusión en el clima organizacional de las mypes?, ¿cuál es el clima organizacional que predomina en las mypes?

Para cumplir con lo anterior, el objetivo de la investigación es determinar el grado de asociación entre las habilidades directivas y el clima organizacional de las micro y pequeñas empresas, lo cual permitirá conocer con mayor precisión las habilidades directivas que los gerentes o mandos medios deben desarrollar para que prevalezca un clima organizacional satisfactorio entre los empleados al interior de las mypes. En ese sentido, las mypes podrán determinar si éstas son las causales de un clima organizacional adecuado o inconveniente, lo que, a su vez, permitirá diseñar programas de capacitación para sus líderes y, con ello, generar información que contribuya —si es el caso— a resolver el problema o mantener y fortalecer lo que se tiene.

Los diferentes análisis estadísticos correlacionales entre las variables del estudio permitirán identificar si las habilidades directivas son la causa principal del clima organizacional que prevalece en las mypes. Lo anterior será de gran apoyo en la búsqueda de factores endógenos diferenciados que permita a las mypes obtener ventajas competitivas sostenibles, ya que, si bien es cierto, una mejor gestión empresarial no es suficiente para lograr ser más competitivas, sino que está determinada por otros factores internos como un buen clima organizacional y el desarrollo de habilidades directivas (Vargas & Del Castillo, 2008).

REVISIÓN DE LA LITERATURA

Las organizaciones del siglo XXI afrontan un entorno dinámico y complejo caracterizado por la incertidumbre, debido a esto deben estar preparadas para dar respuesta a los cambios vertiginosos, en aras de cumplir sus objetivos y metas organizacionales así como volverse más competitivas. Las micro y pequeñas empresas (mypes) también deben responder a ese contexto, sin embargo, las características estructurales de su magnitud las coloca en desventaja respecto a la gran empresa, misma que tiene a su disposición una mayor cantidad de recursos y capacidades. El tema aquí analizado ha obtenido gran relevancia en los rubros de la investigación y las políticas públicas recientemente, lo cual ha permitido una mejora de determinados aspectos directamente vinculados con la competitividad de las empresas (Leyva-Carreras, Cavazos-Arroyo & Espejel-Blanco, 2018).

La situación actual de las mypes es compleja —aun siendo una parte fundamental del aparato económico a nivel mundial—, presenta una serie de desafíos

y retos, enfrenta diversos obstáculos que limitan su capacidad de crecimiento y desarrollo. Uno de los principales problemas que enfrentan estas empresas es la falta de acceso al financiamiento, ya que esto restringe su capacidad para invertir en innovación, en maquinaria y equipos, software y tecnologías digitales; así como en la capacitación y adiestramiento para sus empleados. Otra problemática a la cual se enfrentan es la poca inversión en capacitación a sus directivos y gerentes, de modo que éstos puedan desarrollar sus habilidades directivas, permitiéndoles contar con las herramientas necesarias al momento de tomar decisiones estratégicas de impacto en sus portafolios de negocios, a través de una visión diferente y más competitiva, no sólo a nivel local, sino a niveles superiores en la configuración y escala del negocio.

Es importante destacar que la pandemia por el Covid-19 tuvo un impacto significativo en las mypes debido a que muchas de ellas tuvieron que cerrar de forma temporal o permanente. Las restricciones de movimiento y confinamiento social provocaron una disminución significativa en la demanda de productos y servicios (Ibarra-Morales, Paredes-Zempual & Carrillo-Cisneros, 2022). Para dimensionar y tener una mejor visión de la magnitud de la presencia e importancia de las mypes en Latinoamérica, Dini y Stumpo (2021) realizan una clasificación tomando como parámetros el sector y el tamaño de la empresa (tabla 3.1.).

Tabla 3.1. Clasificación de acuerdo con el sector y tamaño de la empresa.

Sector	**Micro empresa**	**Pequeña empresa**
Agricultura, ganadería, caza, silvicultura y pesca	80 %	16 %
Explotación de minas y canteras	68 %	23 %
Industria manufacturera	82 %	14 %
Suministro de electricidad, gas y agua	70 %	20 %
Construcción	76 %	19 %
Comercio al por mayor y menor	92 %	07 %
Hoteles y restaurantes	89 %	10 %
Transporte, almacenamiento y comunicaciones	83 %	13 %
Intermediación financiera	81 %	14 %
Actividades inmobiliarias, empresariales y de alquiler	87 %	10 %
Enseñanza	76 %	19 %
Servicios sociales y de salud	89 %	09 %
Otras actividades comunitarias, sociales y personales	95 %	04 %
Total	**88.4 %**	**09.6 %**

Fuente: elaboración propia a partir de Dini & Stumpo (2021).

Leyva-Carreras, Espejel-Blanco y Cavazos-Arroyo (2017) destacan que el director o gerente de una mype debe tomar en cuenta ciertas variables para lograr la excelencia, el buen clima organizacional y la competitividad empresarial, para lo cual es preciso contar con personal directivo que reúna las siguientes características: dinámicos, actualizados, con habilidades directivas, operativas y de gestión, conocimientos de administración y planeación estratégica, así como administración y dirección de talento humano, siempre proactivo al cambio organizacional y tecnológico, para que se convierta en vehículo que potencia la creatividad, la innovación y el desarrollo sustentable. Sin embargo, por desconocer esas características de gestión o habilidades directivas que son propias de los líderes, esa ignorancia puede ser la causa de algunos problemas administrativos y de competitividad en las mypes, lo que genera algunas consecuencias en la transición de una economía local y proteccionista a un mercado libre y globalizado (Naranjo, 2015).

Niebles-Núñez, Torres-Anillo y Montenegro-Rada (2020) establecen que las habilidades directivas comprenden el proceso de la gerencia, estas son: planificar, organizar, dirigir, ejecutar y controlar que, a su vez, constituyen el conjunto de destrezas, cualidades, competencias, conocimientos, acciones, experiencias y capacidades que inciden en el efectivo desempeño del rol gerencial, al contribuir al logro de objetivos y metas organizacionales, asimismo, representan la implementación práctica por la acción del conocimiento adquirido académicamente o por experiencias a través del proceso de aprendizaje. Es por ello que, en los últimos años, las habilidades directivas desempeñan un papel muy importante en la satisfacción de los colaboradores en las empresas a nivel mundial, pues se ha demostrado que la manera o particularidad en que los directivos lideran a sus equipos generan una repercusión directa en su satisfacción y, por ende, en su desempeño laboral (Moreno & Wong, 2018).

Paredes-Zempual, Ibarra-Morales y Moreno-Freites (2021) adoptan otra perspectiva, sostienen que el buen desempeño de la empresa está en función de las habilidades directivas y el buen clima organizacional, sobre todo en este tiempo donde las empresas se encuentran inmersas en un proceso de globalización y de rápidos cambios que demanda líderes más preparados en actitudes y aptitudes, capaces de administrar de manera eficaz y eficiente los procesos y procedimientos, tanto administrativos como operativos, comprometidos con la rentabilidad de la organización.

El clima organizacional es observado y analizado por las empresas con el fin de mantenerlo en niveles positivos y, de esa forma, estimular la productividad de los empleados, motivo por el cual las empresas buscan los elementos y condiciones necesarias que puedan incidir de forma positiva en el clima organizacional, ya que existen estudios empíricos que así lo demuestran, en otras palabras, un mejor clima organizacional en la empresa se traduce en mejores resultados en los ámbitos financieros, administrativos y productivos (Alegría-Zebadúa & Alarcón-Martínez, 2022).

Whetten y Cameron (2016) clasifican las habilidades en tres grandes grupos: personales, interpersonales y grupales, mismas que en su conjunto aportan al éxito de una administración eficaz y centrada en los logros financieros, pero también de posición competitiva. En este sentido, para el presente estudio se han seleccionado como habilidades directivas las siguientes: negociación, toma de decisiones, liderazgo, comunicación y trabajo en equipo, ya que predominan en la literatura y en los diferentes modelos conceptuales, además de ser las más importantes para Whetten y Cameron. Adicionalmente, se ha seleccionado como variable el clima organizacional debido al impacto y la importancia que ostenta para las mypes. Las definiciones conceptuales para cada una de las variables se muestran en la tabla 3.2.

Tabla 3.2. Definición conceptual de las variables.

Variable	Definición conceptual
Negociación	Presentar y discutir propuestas comunes con el propósito de llegar a un acuerdo en un marco de interés común (Álvarez-Vásquez, et al., 2018).
Toma de decisiones	Decidir por una alternativa que requiere atender situaciones planificadas o de incertidumbre entre un abanico de varias opciones (Ávila-Morales et al., 2022).
Liderazgo	Lograr la motivación de los colaboradores mediante la promoción de conductas positivas que reditúan en mejores niveles de desempeño laboral para la empresa (Rojero-Jiménez, Gómez-Romero & Quintero-Robles, 2019).
Comunicación	Recibir y transmitir mensajes oportunos y unívocos, independientemente del canal o la forma de comunicación, lo cual facilita la emisión y recepción de los mensajes que se producen entre los miembros de la organización y su entorno, facilitando el alcance de los objetivos y metas que establecen los miembros de la organización (Puga-Villarreal & Martínez-Cerna, 2008).
Trabajo en equipo	Fomentar la colaboración conjunta entre los integrantes que conforman un equipo de trabajo, a través del talento individual, la comunicación, las competencias y las fortalezas de cada uno en su relación con los demás, para lograr el cumplimiento de un objetivo común (Viamontes & Oliva, 2015).
Clima organizacional	Variable que media entre el contexto de una organización y la conducta de sus empleados o miembros, desde la perspectiva del cómo ellos experimentan el trabajo en sus empresas (King, Hebl, George & Matusik, 2010).

Fuente: elaboración propia.

METODOLOGÍA

El presente trabajo de investigación ha sido propuesto por la Red de Estudios Latinoamericanos en Administración y Negocios (RELAYN, 2023), la cual consiste en conceptualizar la micro y pequeña empresa (mype) como una serie de elementos de entradas, procesos y salidas enmarcados en un ambiente que influye en el clima organizacional de las mypes, según la percepción del director, considerado como la persona que toma la mayor parte de las decisiones. Este estudio tiene un enfoque cuantitativo de diseño transversal de tipo causal.

Se realizó un muestreo probabilístico aleatorio simple con las mypes de Calvillo, Aguascalientes, México, cuya cantidad de empleados se encuentra en el rango de 1 a 50, con un nivel de confianza del 95 %, un margen de error del ±5 % y una probabilidad estimada de p=0.5 (50 %). Se obtuvieron de la muestra aplicada un total de 380 encuestas válidas en el periodo del 01 de marzo al 30 de abril de 2023. Se utilizó un instrumento de medición tipo encuesta, la cual fue dirigida a los propietarios, directores o gerentes de las mypes, para lo cual sirvió la asistencia de estudiantes universitarios que previamente fueron capacitados para aplicar la encuesta.

Características de la muestra son:

El 47.9 % de la muestra fueron del sexo biológico femenino y el restante 52.1 % masculino. La edad de los sujetos tiene un rango de 18 a 86 años, con un promedio de 44 años y una moda de 50 años. El 22.6 % de los empresarios tienen estudios de nivel superior, seguido de un 27.6 % con nivel media superior, 46.3 % con educación básica. En cuanto a estado civil predominan los casados con un 72.1 % seguidos de los solteros con 16.6 %.

La mayoría de los negocios 72.1 % pertenecen al giro comercial, un 24.7 % a la prestación de servicios y sólo 3.2 % a la producción de manufacturas, la antigüedad del 19.2 %de los negocios es menor a 3 años. Los empleos que ofrecen están en el rango de 1 a 35 trabajadores, de las empresas el 94.7 % emplea de 1 a 10 trabajadores y el 81.6 % tienen en su plantilla de 1 a 10 mujeres y en el 78.4 % colaboran de 1 a 5 familiares del propietario.

Alineado al objetivo general de la investigación y a la revisión de la literatura, se plantean las siguientes hipótesis:

H0: Las habilidades directivas no inciden en el clima organizacional de la mype.

H1: Las habilidades directivas inciden en el clima organizacional de la mype.

En cuanto al instrumento de medición, éste se integró por seis partes o bloques. El primero de ellos, con datos que abordan aspectos generales de la empresa: tamaño de la empresa, personal ocupado, así como información sobre los ingresos y gastos. La segunda parte aborda los datos del directivo y el tiempo destinado a las labores de la empresa. La tercera parte se refiere a los insumos del sistema: recursos humanos, análisis del mercado y proveedores. En una cuarta parte del instrumento de medición se exponen los procesos del sistema: dirección, gestión de ventas, finanzas, innovación, mercadotecnia, producción-operación. La quinta parte estuvo integrada por los resultados del sistema: satisfacción del sistema, ventaja competitiva, RSC-Asuntos de ISO 26000, valoración del entorno y, por último, la sexta parte quedó integrada por los dos temas anuales de investigación: a) el trabajo decente desde la perspectiva directiva y b) el impacto de las habilidades directivas (negociación, toma de decisiones, liderazgo, comunicación, trabajo en equipo) sobre el clima organizacional. Para las secciones comprendidas del tercer al sexto bloque se emplea una escala de Likert de cinco puntos, los cuales van de 'No sé / No aplica' (1) a 'muy de acuerdo' (5).

RESULTADOS

Las seis variables muestran consistencia interna del instrumento mediante el análisis del alfa de Cronbach de las variables objeto de estudio, de la misma forma se analiza la correlación que tienen con el clima organizacional como se muestra en la tabla 3.3.

Tabla 3.3. Alfa de Cronbach y correlación de las variables.

Variables	Correlación con clima	Cronbach	Media	Desviación Estándar
Negociación	0.353	0.841	4.051	0.663
Toma de decisiones	0.234	0.900	4.088	0.711
Liderazgo	0.396	0.900	4.435	0.510
Comunicación	0.3	0.884	4.397	0.516
Trabajo en equipo	0.401	0.919	4.368	0.604
Clima Organizacional	1	0.872	4.417	0.500

Fuente: Elaboración propia utilizando RStudio (R Core Team, 2022).

Se procede a realizar el modelo estructural del instrumento en la figura 3.4, el ajuste absolutorio muestra el error cuadrático medio de aproximación (RMSEA) es de 0.028 y el residuo cuadrático medio estandarizado (SRMR) es de 0.056, en

ambos casos se consideran aceptables, en el ajuste comparativo (CFI) muestra un resultado de 0.996 y el índice de Tucker-Lewis (TLI) de 0.996 consideramos ajustes óptimos.

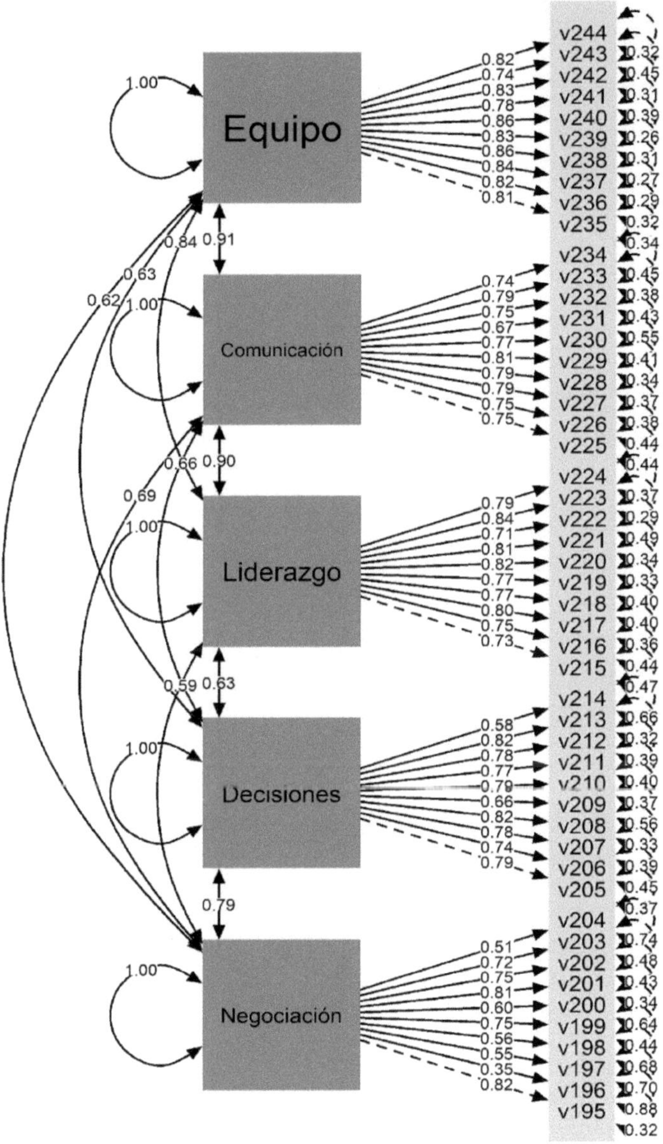

Figura 3.4. Resultado del modelo estructural.

Fuente: Elaboración propia utilizando RStudio (R Core Team, 2022).

Partiendo de la información cuantitativa del estudio se establece el modelo estructural (Figura 3.4), donde se muestra la dirección de las relaciones entre las diversas variables y el efecto que causan. El modelo plantea la existencia de cinco variables endógenas con una relación causal recíproca (trabajo en equipo, comunicación, liderazgo, toma de decisiones y negociación). Las cinco variables tienen una relación causal directa con los ítems que conforman la variable, en todos los casos el grado de significancia fue <0.05 (los resultados se muestran en la Figura 3.4) dando un correcto ajuste del modelo (Bentler & Bonett, 1980; Martínez et al., 2012)

Con el objetivo de medir el impacto que tienen las habilidades directivas sobre el clima organizacional de la mype se realiza la siguiente regresión lineal, donde el clima organizacional es la variable dependiente y las variables independientes son negociación, toma de decisiones, liderazgo, comunicación y trabajo en equipo. Al final se sustituyen los valores tal y como se observa en la tabla 3.5.

Fórmula:

y = clima = constante + negociación + toma de decisiones + liderazgo + comunicación + trabajo en equipo.

Tabla 3.5 Regresión lineal.

Fórmula: lm(fórmula = clima ~ negociación + toma de decisiones + liderazgo + comunicación + trabajo en equipo)				
Residuales				
Min	**1Q**	**Mediana**	**3Q**	**Max**
-1.44131	-0.14105	0.04007	0.14069	1.11037
Coeficientes	**Estimado**	**Std. Error**	**T-valor**	**P-valor**
(Clima/Intercept)	1.207877	0.150052	8.050	1.12e-14
Negociación	0.010719	0.033114	0.324	0.746
Toma de decisiones	-0.006275	0.032669	-0.192	0.848
Liderazgo	-0.018000	0.052992	-0.340	0.734
Comunicación	0.322655	0.060237	5.356	1.49e-07
Trabajo en equipo	0.424195	0.044890	9.450	2e-16

Signif. codes: 0 '***' 0.001 '**' 0.01 '*' 0.05 '.' 0.1 ' ' 1
Residual standard error: 0.3092 on 374 degrees of freedom
Multiple R-squared: 0.6229, Adjusted R-squared: 0.6178
F-statistic: 123.5 on 5 and 374 DF, p-value: < 2.2e-16
Fuente: Elaboración propia utilizando RStudio (R Core Team, 2022).

Para poder medir el impacto, se multiplica el valor estimado de cada una de las variables independientes (tabla 3.5) por su media (tabla 3.3).

y=1.20788 + (0.01072 * 4.051) + (-0.00627 * 4.088) + (-0.018 * 4.435) + (0.32265 * 4.397) + (0.4242 * 4.368)

Resolvemos la ecuación:

y=1.20788+0.0434267+-0.0256318+-0.07983+1.418692+1.8529056
y=4.4174426

Se observa que la variable que tiene mayor impacto es trabajo en equipo. con 1.8529056 mientras que la de menor impacto es liderazgo con —0.07983. El impacto total que tienen las habilidades directivas sobre el clima organizacional es de 4.4174426.

DISCUSIÓN

El presente estudio en las mypes del municipio de Calvillo permite observar las habilidades directivas y el clima organizacional existente en las organizaciones; asimismo determinar el impacto que tienen estas variables en las empresas de Latinoamérica.

Para llevar a cabo el estudio, se analizó una muestra de 380 mypes, con el fin de examinar de manera más exacta las habilidades directivas, las cuales se dividen en cinco variables: negociación, toma de decisiones, liderazgo, comunicación y trabajo en equipo. Los directivos tienen un nivel de aceptación que de 4.051, que equivale a un nivel de 81.02 % de aprobación hasta 4.435, que equivale a un nivel de 88.7 % de aprobación y una desviación estándar promedio en las cinco variables de 0.6008, que equivale a 12.01 %; este buen nivel de aceptación se confirma con los resultados del alfa de Cronbach, en donde 60 % de las variables tienen un alfa de entre 0.900 a 0.919, que es un nivel de aceptación excelente, el restante 40 % tiene un buen nivel de aceptación con un alfa de 0.841 y 0.884. Estas cinco variables que componen las habilidades directivas tienen una correlación positiva que va de 0.234 hasta 0.401, lo cual significa que si una de ellas aumenta, trae resultados positivos en las cuatro restantes.

La última variable analizada es la de clima organizacional, la cual tiene una media de aceptación de 4.417, lo cual equivale a 88.34 % de aceptación y una desviación estándar de 0.500, que equivale a 10 %; estos resultados se confirman con el alfa de Cronbach de 0.872, que es equivale a un buen nivel de aceptación. Estos resultados representan el buen nivel de percepción de los colaboradores de las organizaciones, quienes perciben un buen clima organizacional. El análisis de correlación realizado al clima organizacional y las variables para medir las habilidades directivas da como resultado una correlación de 1, que es una correlación perfecta, lo cual indica que si los trabajadores perciben buenas habilidades y estrategias directivas en su organización, el clima organizacional también mejora de manera significativa.

Alineando la interpretación estadística de los resultados de la investigación al objetivo general planteado, se rechaza H_0 y se acepta H_1, lo cual confirma que las habilidades directivas inciden en el clima organizacional de la mype.

El hallazgo encontrado es que el trabajo en equipo tiene mayor impacto en el desarrollo óptimo de la organización, ya que democratiza la toma de decisiones, lo que genera un nivel de satisfacción individual y colectivo. La comunicación influye en la organización; difundir la información estratégica entre los niveles jerárquicos de la organización tiene un alto impacto en la comprensión de las metas. La negociación posibilita la capacidad de unificar criterios e ideas para lograr los objetivos. La toma de decisiones es un ejercicio que vela por el interés común de la organización, lo cual es el resultado de un proceso de análisis y consensos. Finalmente, el liderazgo contribuye a las buenas conductas y mejores prácticas, motivando a los miembros de la organización.

REFERENCIAS

Aburto, H.I. & Bonales, J. (2011). Habilidades directivas: Determinantes en el clima organizacional. *Investigación y Ciencia,* 19(51), 41–49.

Alegría-Zebadúa, R.M., & Alarcón-Martínez, G. (2022). Marco teórico e instrumento de medición de las habilidades gerenciales y clima organizacional en *Instituciones Bancarias de México. Vinculatégica,* 7(1). https://doi.org/10.29105/vtga7.1-82

Álvarez-Vásquez, C.A., Rivera-Vera, H.F., Conforme-Cedeño, G.M., Campoverde-Flores, F.K., Sornoza-Parrales, D.R., & Merchán-Nieto, L. (2018). *Los procesos, las técnicas de negociación y la tecnología. Ciencias. Economía, Organización y Ciencias Sociales. Editorial Área de Innovación y Desarrollo, S.L.* https://doi.org/10.17993/ecoorgycso.2018.41

Ávila-Morales, H., Palumbo-Pinto, G.B., De la Cruz-Ríos, H.A., & Ogosi-Auqui, J.A. (2022). Toma de decisiones estratégicas en la gestión pública para el desarrollo social. *Revista Venezolana de Gerencia*, 27(Edición Especial 7), 648–662. https://doi.org/10.52080/rvgluz.27.7.42

Bentler, P. M., & Bonett, D. G. (1980). Significance Tests and Goodness of Fit in the Analysis of Covariance Structures. *In Psychological Bulletin* (Vol. 88, Issue 3).

Brunet, L. (2007). El clima de trabajo en las organizaciones. Definición, diagnóstico y consecuencias. *Editorial Trillas.*

Busro, M. (2018). Teori-teori Manajemen Sumber Daya Manusia. *Jakarta. PrenadaMedia.*

Dini, M. & Stumpo, G. (2020). MiPyMEs en América Latina: un frágil desempeño y nuevos desafíos para las políticas de fomento. Documentos de Proyectos (LC/TS.2018/75/Rev.1), Santiago. *Comisión Económica para América Latina y el Caribe* (CEPAL).

Forbes (2021). Inclusión digital: el futuro de las MyPEs. *Forbes Content.* https://www.forbes.com.mx/ad-inclusion-digital-futuro-mypes-mexico-visa/

Ibarra-Morales, L.E., Paredes-Zempual, D., & Carrillo-Cisneros, E. (2022). Impacto del COVID-19 en las variables que determinan la competitividad de las micro, pequeñas y medianas empresas mexicanas. *Revista RELAYN. Micro y Pequeña Empresa en Latinoamérica,* 6(1), 7–22. https://doi.org/10.46990/relayn.2022.6.1.532

Instituto Nacional de Estadística y Geografía (Inegi) (2020). *Censo de población y vivienda 2020.* https://www.inegi.org.mx/programas/ccpv/2020/

King, E.B., Helb, M.R., George, J.M. & Matusik, S.F. (2010). Understanding tokenism: Antecedents and consequences of a psychological climate of gender inequity. *Journal of Management,* 36(2), 482–510. https://doi.org/10.1177/0149206308328508

Leyva-Carreras, A.B., Cavazos-Arroyo, J., & Espejel-Blanco, J.E. (2018). Influencia de la planeación estratégica y habilidades gerenciales como factores internos de la competitividad empresarial de las Pymes. *Contaduría y Administración,* 63(3), 41. https://doi.org/10.22201/fca.24488410e.2018.1085

Leyva-Carreras, A.B., Espejel-Blanco, J.E., & Cavazos-Arroyo, J. (2017). Habilidades gerenciales como estrategia de competitividad empresarial en las pequeñas y medianas empresas (Pymes). *Revista Perspectiva Empresarial,* 4(1), 7–22. https://doi.org/10.16967/rpe.v4n1a1

Martinez, E., García-Alandete, J., Selles, P., Bernabe, G., & Soucase, B. (2012). Análisis factorial confirmatorio de los principales modelos propuestos para el purpose-in-life test en una muestra de universitarios españoles. *Acta Colombiana de Psicología,* 67–76.

Mendoza-Vargas, E.Y., Villaroel-Puma, M.F. & Carranza-Quimi, W.D. (2020). Caracterización de los microemprendimientos de los sectores urbanos marginales de Quevedo. *Centro Sur. Social Science Journal.* 4(4), 1–23. https://doi.org/10.37955/cs.v4i1.40

Moreno, M. J., & Wong Aitken, H. G. (2019). Relación de las habilidades directivas y la satisfacción laboral en la empresa Chicken King de Trujillo, 2018. *Cuadernos Latinoamericanos de Administración,* 14(27), 1–17. https://doi.org/10.18270/cuaderlam.v14i27.2475

Naranjo, R. (2015). Management skills in leaders of mid-sized businesses of Colombia. *Revista Científica Pensamiento y Gestión,* 38, 119–146. https://doi.org/10.14482/pege.38.7703

Niebles-Núñez, L., Torres-Anillo, K. & Montenegro-Rada, A. (2020). Habilidades gerenciales como herramienta para el fortalecimiento del liderazgo transformacional en las mipymes. *Editorial Universidad del Atlántico.* https://repositorio.uniatlantico.edu.co/bitstream/handle/20.500.12834/1030/admin %2c %2bHABILIDADES %2bGERENCIALES %2bCOMO %2bHERRAMIENTA %2bEN %2bMIPYMES.pdf?sequence=1&isAllowed=y

Paredes-Zempual, D., Ibarra-Morales, L.E., & Moreno-Freites, Z.E. (2021). Habilidades directivas y clima organizacional en pequeñas y medianas empresas. *Investigación Administrativa,* 50–1, 1–23. https://doi.org/10.35426/iav50n127.05

Puga-Villarreal, J., & Martínez-Cerna, L. (2008). Competencias Directivas en Escenarios Globales. *Estudios Gerenciales,* 24(109), 87–103. https://doi.org/10.1016/s0123-5923(08)70054-8

R Core Team (2022). R: A language and environment for statistical computing. R *Foundation for Statistical Computing, Vienna, Austria.* URL https://www.R-project.org/

Red de Estudios Latinoamericanos en Administración y Negocios. (RELAYN) (2023). *Investigación anual,* N. Peña & O. Aguilar (coords.) https://relayn.redesla.la

Red de Estudios Latinoamericanos (RedesLA) (2023). *Investigaciones anuales.* https://redesla.la

Rojero-Jiménez, R., Gómez-Romero, J.G.I., & Quintero-Robles, L.M. (2019). El liderazgo transformacional y su influencia en los atributos de los seguidores en las Mipymes mexicanas. *Estudios Gerenciales,* 35(151), 178–189. https://doi.org/10.18046/j.estger.2019.151.3192

Vargas, B., & del Castillo, C. (2008). Competitividad sostenible de la pequeña empresa: Un modelo de promoción de capacidades endógenas para promover ventajas competitivas sostenibles y alta productividad. *Journal of Economics, Finance and Administrative Science,* 13(24), 59–80. https://www.redalyc.org/articulo.oa?id=360733604004

Viamontes, M.O., & Oliva, E.J.D. (2015). Las agrupaciones corales como estrategia de formación de competencias para trabajo en equipo en las organizaciones: una perspectiva comparativa. *Suma de Negocios,* 6(13), 92–97. https://doi.org/10.1016/j.sumneg.2015.08.008

Whetten, D. & Cameron, K. (2016). Desarrollo de habilidades directivas. México: *Editorial Prentice Hall.*

CAPÍTULO 4

Las habilidades directivas y el clima organizacional en las micro y pequeñas empresas de Jesús María, Aguascalientes, México

Management skills and the organizational climate in micro and small businesses in Jesús María, Aguascalientes, Mexico

MARCO ANTONIO AVELAR SALDÍVAR, TERESA CRUZ CORDERO, JUDITH ESPERANZA RAMÍREZ RODRÍGUEZ Y MA. ANTONIETA HERNÁNDEZ DE LIRA

Universidad Tecnológica de Aguascalientes

Resumen: El objetivo de la presente investigación es determinar el impacto que tienen las habilidades directivas sobre el clima organizacional en las micro y pequeñas empresas de Latinoamérica; por el tamaño de la muestra, es pertinente tomar los valores con cierta prudencia, ya que pueden adolecer de significancia estadística. Se presenta un estudio cuantitativo, no experimental, de forma transversal y con un alcance causal. La pertinencia del estudio contribuye a la generación de conocimiento para el desarrollo de un modelo de gestión de la mype en América Latina que permita maximizar la productividad. Entre los principales resultados, podemos observar que la variable de la habilidad directiva trabajo en equipo es la que tiene un mayor impacto en el clima organizacional, con 1.658466.

Se realizó un muestreo probabilístico aleatorio simple con las mypes de Jesús María, Aguascalientes, México. Los diferentes análisis estadísticos correlacionales entre las variables del estudio permitirán identificar si las habilidades directivas son la causa principal del clima organizacional que prevalece en las mypes.

La formación y el desarrollo de habilidades directivas del personal encargado de implementar estrategias y tomar decisiones son fundamentales, pues de ello depende que las mypes cumplan sus metas y objetivos, ya que propician la formación de un clima organizacional donde los empleados estén satisfechos con su organización.

Se utilizó un instrumento de medición tipo encuesta, la cual fue dirigida a los propietarios, directores o gerentes de las mypes, para lo cual se contó con el apoyo de estudiantes universitarios capacitados previamente.

Abstract: The objective of this research is to determine the impact that management skills have on the organizational climate in micro and small companies in Latin America; Due to the size of the sample, it is pertinent to take the values with some caution, since they may suffer from statistical significance. A quantitative, non-experimental, cross-sectional study with a causal scope is presented. The relevance of the study contributes to the generation of knowledge for the development of a management model for mypes in Latin America that allows maximizing productivity. Among the main results, we can observe that the variable of teamwork managerial ability is the one that has the greatest impact on the organizational climate, with 1.658466.

A simple random probabilistic sampling was carried out with the mypes of Jesús María, Aguascalientes, Mexico. The different correlational statistical analyzes between the study variables will make it possible to identify if management skills are the main cause of the organizational climate that prevails in mypes.

The training and development of managerial skills of the personnel in charge of implementing strategies and making decisions are fundamental, since it depends on the mypes meeting their goals and objectives, since they promote the formation of an organizational climate where employees are satisfied with their organization. .

A survey-type measurement instrument was used, which was addressed to the owners, directors or managers of the mypes, for which they had the support of previously trained university students.

Palabras clave: clima organizacional, conocimiento, gestión de mypes, habilidades directivas, productividad.

INTRODUCCIÓN

De acuerdo con el último Censo Económico publicado por el Instituto Nacional de Estadística y Geografía (INEGI, 2020), 98.3 % del universo de unidades económicas está constituido por micro y pequeñas empresas, las cuales generan —al menos— el 55 % de los empleos y amasan el 39 % del Producto Interno Bruto (PIB) del país. Las microempresas están configuradas por aquellos negocios que tienen menos de 10 trabajadores y generan anualmente ventas hasta por 4 millones de pesos. Las pequeñas empresas son unidades económicas que emplean entre 11 y 50 trabajadores, generando ventas anuales que oscilan entre 4 y 100 millones de pesos (Mendoza-Vargas, Villaroel-Puma & Carranza-Quimi, 2020; Forbes, 2021).

Es importante mencionar que actualmente las mypes se enfrentan a múltiples retos y problemáticas, específicamente, el desarrollo de habilidades gerenciales o directivas por parte de los líderes cumple una labor fundamental en el clima organizacional para este tipo de empresas, al establecerse como un diferenciador con otras organizaciones (Busro, 2018). En esa perspectiva, la formación y el desarrollo de habilidades directivas del personal encargado de implementar estrategias y tomar decisiones son fundamentales, pues de ello depende que las mypes cumplan sus metas y objetivos estratégicos, lo cual permite a las organizaciones volverse más competitivas, pues propicia la formación de un clima organizacional donde los empleados estén satisfechos con su organización (Aburto & Bonales, 2011; Brunet, 2007).

Derivado de la importancia que representa el desarrollo de habilidades directivas en los líderes que dirigen los esfuerzos estratégicos de las mypes, así como la importancia de contar con un buen clima organizacional, se plantean las siguientes preguntas de investigación: ¿Cuáles habilidades directivas tienen repercusión en el clima organizacional de las mypes?, ¿cuál es el clima organizacional que predomina en las mypes?

Para cumplir con lo anterior, el objetivo de la investigación es determinar el grado de asociación entre las habilidades directivas y el clima organizacional de las micro y pequeñas empresas, lo cual permitirá conocer con mayor precisión las habilidades directivas que los gerentes o mandos medios deben desarrollar para que prevalezca un clima organizacional satisfactorio entre los empleados al interior de las mypes. En ese sentido, las mypes podrán determinar si éstas son las causales de un clima organizacional adecuado o inconveniente, lo que, a su vez, permitirá diseñar programas de capacitación para sus líderes y, con ello, generar información que contribuya —si es el caso— a resolver el problema o mantener y fortalecer lo que se tiene.

Los diferentes análisis estadísticos correlacionales entre las variables del estudio permitirán identificar si las habilidades directivas son la causa principal del clima organizacional que prevalece en las mypes. Lo anterior será de gran apoyo en la búsqueda de factores endógenos diferenciados que permita a las mypes obtener ventajas competitivas sostenibles, ya que, si bien es cierto, una mejor gestión empresarial no es suficiente para lograr ser más competitivas, sino que está determinada por otros factores internos como un buen clima organizacional y el desarrollo de habilidades directivas (Vargas & Del Castillo, 2008).

REVISIÓN DE LA LITERATURA

Las organizaciones del siglo XXI afrontan un entorno dinámico y complejo caracterizado por la incertidumbre, debido a esto deben estar preparadas para dar respuesta a los cambios vertiginosos, en aras de cumplir sus objetivos y metas organizacionales así como volverse más competitivas. Las micro y pequeñas empresas (mypes) también deben responder a ese contexto, sin embargo, las características estructurales de su magnitud las coloca en desventaja respecto a la gran empresa, misma que tiene a su disposición una mayor cantidad de recursos y capacidades. El tema aquí analizado ha obtenido gran relevancia en los rubros de la investigación y las políticas públicas recientemente, lo cual ha permitido una mejora de determinados aspectos directamente vinculados con la competitividad de las empresas (Leyva-Carreras, Cavazos-Arroyo & Espejel-Blanco, 2018).

La situación actual de las mypes es compleja —aun siendo una parte fundamental del aparato económico a nivel mundial—, presenta una serie de desafíos y retos, enfrenta diversos obstáculos que limitan su capacidad de crecimiento y desarrollo. Uno de los principales problemas que enfrentan estas empresas es la falta de acceso al financiamiento, ya que esto restringe su capacidad para invertir en innovación, en maquinaria y equipos, software y tecnologías digitales; así como en la capacitación y adiestramiento para sus empleados. Otra problemática a la cual se enfrentan es la poca inversión en capacitación a sus directivos y gerentes, de modo que éstos puedan desarrollar sus habilidades directivas, permitiéndoles contar con las herramientas necesarias al momento de tomar decisiones estratégicas de impacto en sus portafolios de negocios, a través de una visión diferente y más competitiva, no sólo a nivel local, sino a niveles superiores en la configuración y escala del negocio.

Es importante destacar que la pandemia por el Covid-19 tuvo un impacto significativo en las mypes debido a que muchas de ellas tuvieron que cerrar de forma temporal o permanente. Las restricciones de movimiento y confinamiento social provocaron una disminución significativa en la demanda de productos y servicios (Ibarra-Morales, Paredes-Zempual & Carrillo-Cisneros, 2022). Para dimensionar y tener una mejor visión de la magnitud de la presencia e importancia de las mypes en Latinoamérica, Dini y Stumpo (2021) realizan una clasificación tomando como parámetros el sector y el tamaño de la empresa (tabla 4.1.).

Tabla 4.1. Clasificación de acuerdo con el sector y tamaño de la empresa.

Sector	Micro empresa	Pequeña empresa
Agricultura, ganadería, caza, silvicultura y pesca	80 %	16 %
Explotación de minas y canteras	68 %	23 %
Industria manufacturera	82 %	14 %
Suministro de electricidad, gas y agua	70 %	20 %
Construcción	76 %	19 %
Comercio al por mayor y menor	92 %	07 %
Hoteles y restaurantes	89 %	10 %
Transporte, almacenamiento y comunicaciones	83 %	13 %
Intermediación financiera	81 %	14 %
Actividades inmobiliarias, empresariales y de alquiler	87 %	10 %
Enseñanza	76 %	19 %
Servicios sociales y de salud	89 %	09 %
Otras actividades comunitarias, sociales y personales	95 %	04 %
Total	**88.4 %**	**09.6 %**

Fuente: elaboración propia a partir de Dini & Stumpo (2021).

Leyva-Carreras, Espejel-Blanco y Cavazos-Arroyo (2017) destacan que el director o gerente de una mype debe tomar en cuenta ciertas variables para lograr la excelencia, el buen clima organizacional y la competitividad empresarial, para lo cual es preciso contar con personal directivo que reúna las siguientes características: dinámicos, actualizados, con habilidades directivas, operativas y de gestión, conocimientos de administración y planeación estratégica, así como administración y dirección de talento humano, siempre proactivo al cambio organizacional y tecnológico, para que se convierta en vehículo que potencia la creatividad, la innovación y el desarrollo sustentable. Sin embargo, por desconocer esas características de gestión o habilidades directivas que son propias de los líderes, esa ignorancia puede ser la causa de algunos problemas administrativos y de competitividad en las mypes, lo que genera algunas consecuencias en la transición de una economía local y proteccionista a un mercado libre y globalizado (Naranjo, 2015).

Niebles-Núñez, Torres-Anillo y Montenegro-Rada (2020) establecen que las habilidades directivas comprenden el proceso de la gerencia, estas son: planificar, organizar, dirigir, ejecutar y controlar que, a su vez, constituyen el conjunto de destrezas, cualidades, competencias, conocimientos, acciones, experiencias y capacidades que inciden en el efectivo desempeño del rol gerencial, al contribuir al logro de objetivos y metas organizacionales, asimismo, representan la implementación práctica por la acción del conocimiento adquirido académicamente o por

experiencias a través del proceso de aprendizaje. Es por ello que, en los últimos años, las habilidades directivas desempeñan un papel muy importante en la satisfacción de los colaboradores en las empresas a nivel mundial, pues se ha demostrado que la manera o particularidad en que los directivos lideran a sus equipos generan una repercusión directa en su satisfacción y, por ende, en su desempeño laboral (Moreno & Wong, 2018).

Paredes-Zempual, Ibarra-Morales y Moreno-Freites (2021) adoptan otra perspectiva, sostienen que el buen desempeño de la empresa está en función de las habilidades directivas y el buen clima organizacional, sobre todo en este tiempo donde las empresas se encuentran inmersas en un proceso de globalización y de rápidos cambios que demanda líderes más preparados en actitudes y aptitudes, capaces de administrar de manera eficaz y eficiente los procesos y procedimientos, tanto administrativos como operativos, comprometidos con la rentabilidad de la organización.

El clima organizacional es observado y analizado por las empresas con el fin de mantenerlo en niveles positivos y, de esa forma, estimular la productividad de los empleados, motivo por el cual las empresas buscan los elementos y condiciones necesarias que puedan incidir de forma positiva en el clima organizacional, ya que existen estudios empíricos que así lo demuestran, en otras palabras, un mejor clima organizacional en la empresa se traduce en mejores resultados en los ámbitos financieros, administrativos y productivos (Alegría-Zebadúa & Alarcón-Martínez, 2022).

Whetten y Cameron (2016) clasifican las habilidades en tres grandes grupos: personales, interpersonales y grupales, mismas que en su conjunto aportan al éxito de una administración eficaz y centrada en los logros financieros, pero también de posición competitiva. En este sentido, para el presente estudio se han seleccionado como habilidades directivas las siguientes: negociación, toma de decisiones, liderazgo, comunicación y trabajo en equipo, ya que predominan en la literatura y en los diferentes modelos conceptuales, además de ser las más importantes para Whetten y Cameron. Adicionalmente, se ha seleccionado como variable el 'clima organizacional' debido al impacto y la importancia que ostenta para las mypes. Las definiciones conceptuales para cada una de las variables se muestran en la tabla 4.2.

Tabla 4.2. Definición conceptual de las variables.

Variable	Definición conceptual
Negociación	Presentar y discutir propuestas comunes con el propósito de llegar a un acuerdo en un marco de interés común (Álvarez-Vásquez, et al., 2018).
Toma de decisiones	Decidir por una alternativa que requiere atender situaciones planificadas o de incertidumbre entre un abanico de varias opciones (Ávila-Morales et al., 2022).
Liderazgo	Lograr la motivación de los colaboradores mediante la promoción de conductas positivas que reditúan en mejores niveles de desempeño laboral para la empresa (Rojero-Jiménez, Gómez-Romero & Quintero-Robles, 2019).
Comunicación	Recibir y transmitir mensajes oportunos y unívocos, independientemente del canal o la forma de comunicación, lo cual facilita la emisión y recepción de los mensajes que se producen entre los miembros de la organización y su entorno, facilitando el alcance de los objetivos y metas que establecen los miembros de la organización (Puga-Villarreal & Martínez-Cerna, 2008).
Trabajo en equipo	Fomentar la colaboración conjunta entre los integrantes que conforman un equipo de trabajo, a través del talento individual, la comunicación, las competencias y las fortalezas de cada uno en su relación con los demás, para lograr el cumplimiento de un objetivo común (Viamontes & Oliva, 2015).
Clima organizacional	Variable que media entre el contexto de una organización y la conducta de sus empleados o miembros, desde la perspectiva del cómo ellos experimentan el trabajo en sus empresas (King, Hebl, George & Matusik, 2010).

Fuente: elaboración propia.

METODOLOGÍA

El presente trabajo de investigación ha sido propuesto por la Red de Estudios Latinoamericanos en Administración y Negocios (RELAYN, 2023), la cual consiste en conceptualizar la micro y pequeña empresa (mype) como una serie de elementos de entradas, procesos y salidas enmarcados en un ambiente que influye en el clima organizacional de las mypes, según la percepción del director, considerado como la persona que toma la mayor parte de las decisiones. Este estudio tiene un enfoque cuantitativo de diseño transversal de tipo causal.

Se realizó un muestreo probabilístico aleatorio simple con las mypes de Jesús María, Aguascalientes, México, cuya cantidad de empleados se encuentra en el rango de 1 a 50, con un nivel de confianza del 95 %, un margen de error del ±5 % y una probabilidad estimada de p=0.5 (50 %). Se obtuvieron de la muestra aplicada un total de 292 encuestas válidas en el periodo del 01 de marzo al 30 de abril de 2023. Se utilizó un instrumento de medición tipo encuesta, la cual fue dirigida a los propietarios, directores o gerentes de las mypes, para lo cual sirvió la asistencia de estudiantes universitarios que previamente fueron capacitados para aplicar la encuesta.

Características de la muestra son:

El 44.2 % de la muestra fueron del sexo biológico femenino y el restante 55.8 % masculino. La edad de los sujetos tiene un rango de 18 a 89 años, con un promedio de 42 años y una moda de 45 años. El 22.9 % de los empresarios tienen estudios de nivel superior, seguido de un 38 % con nivel media superior, 36.6 % con educación básica. En cuanto a estado civil predominan los casados con un 65.4 % seguidos de los solteros con 26.7 %.

La mayoría de los negocios 78.4 % pertenecen al giro comercial, un 18.8 % a la prestación de servicios y sólo 2.7 % a la producción de manufacturas, la antigüedad del 19.5 %de los negocios es menor a 3 años. Los empleos que ofrecen están en el rango de 1 a 50 trabajadores, de las empresas el 95.5 % emplea de 1 a 10 trabajadores y el 80.1 % tienen en su plantilla de 1 a 10 mujeres y en el 63.4 % colaboran de 1 a 5 familiares del propietario.

Alineado al objetivo general de la investigación y a la revisión de la literatura, se plantean las siguientes hipótesis:

H0: Las habilidades directivas no inciden en el clima organizacional de la mype.
H1: Las habilidades directivas inciden en el clima organizacional de la mype.

En cuanto al instrumento de medición, éste se integró por seis partes o bloques. El primero de ellos, con datos que abordan aspectos generales de la empresa: tamaño de la empresa, personal ocupado, así como información sobre los ingresos y gastos. La segunda parte aborda los datos del directivo y el tiempo destinado a las labores de la empresa. La tercera parte se refiere a los insumos del sistema: recursos humanos, análisis del mercado y proveedores. En una cuarta parte del instrumento de medición se exponen los procesos del sistema: dirección, gestión de ventas, finanzas, innovación, mercadotecnia, producción-operación. La quinta parte estuvo integrada por los resultados del sistema: satisfacción del sistema, ventaja competitiva, RSC-Asuntos de ISO 26000, valoración del entorno y, por último, la sexta parte quedó integrada por los dos temas anuales de investigación: a) el trabajo decente desde la perspectiva directiva y b) el impacto de las habilidades directivas (negociación, toma de decisiones, liderazgo, comunicación, trabajo en equipo) sobre el clima organizacional. Para las secciones comprendidas del tercer al sexto bloque se emplea una escala de Likert de cinco puntos, los cuales van de 'No sé / No aplica' (1) a 'muy de acuerdo' (5).

RESULTADOS

Por el tamaño de la muestra, es pertinente tomar los valores con cierta prudencia, ya que pueden adolecer de significancia estadística.

Las seis variables muestran consistencia interna del instrumento mediante el análisis del alfa de Cronbach de las variables objeto de estudio, de la misma forma se analiza la correlación que tienen con el clima organizacional como se muestra en la tabla 4.3.

Tabla 4.3. Alfa de Cronbach y correlación de las variables.

Variables	Correlación con clima	Cronbach	Media	Desviación Estándar
Negociación	0.56	0.894	4.366	0.571
Toma de decisiones	0.467	0.912	4.365	0.608
Liderazgo	0.639	0.923	4.433	0.601
Comunicación	0.437	0.916	4.407	0.602
Trabajo en equipo	0.527	0.926	4.461	0.569
Clima Organizacional	1	0.918	4.446	0.557

Fuente: Elaboración propia utilizando RStudio (R Core Team, 2022).

Se procede a realizar el modelo estructural del instrumento en la figura 4.4, el ajuste absolutorio muestra el error cuadrático medio de aproximación (RMSEA) es de 0.014 y el residuo cuadrático medio estandarizado (SRMR) es de 0.058, en ambos casos se consideran aceptables, en el ajuste comparativo (CFI) muestra un resultado de 0.999 y el índice de Tucker-Lewis (TLI) de 0.999 consideramos ajustes óptimos.

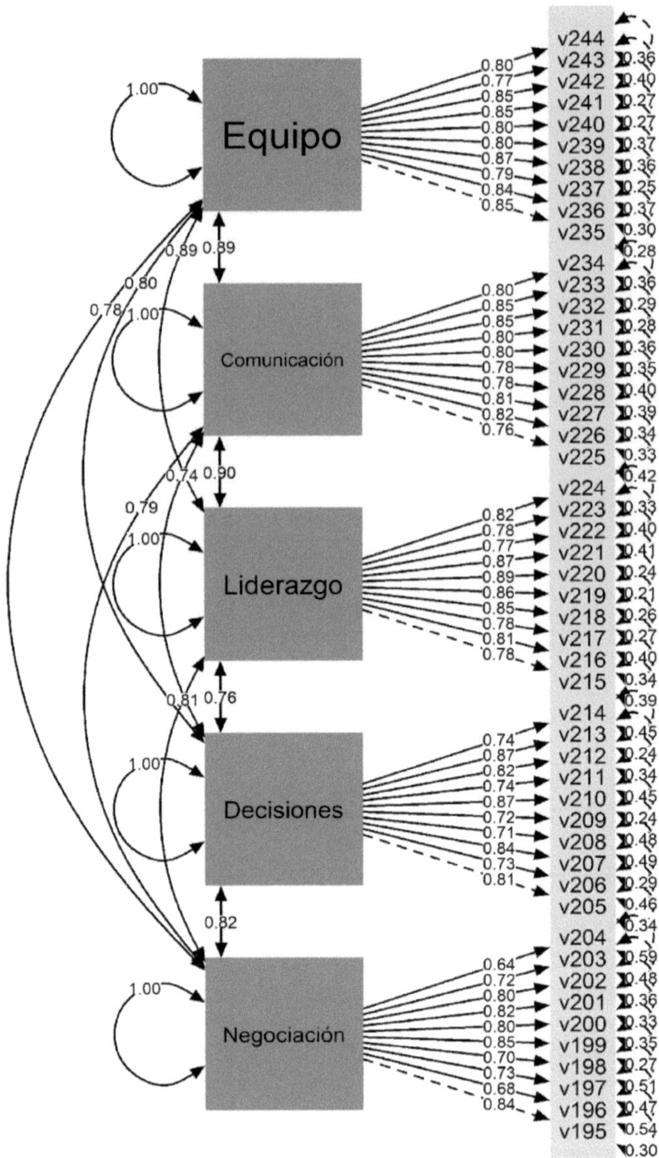

Figura 4.4. Resultado del modelo estructural.

Fuente: Elaboración propia utilizando RStudio (R Core Team, 2022).

Partiendo de la información cuantitativa del estudio se establece el modelo estructural (Figura 4.4), donde se muestra la dirección de las relaciones entre las diversas variables y el efecto que causan. El modelo plantea la existencia de cinco variables endógenas con una relación causal recíproca (trabajo en equipo, comunicación, liderazgo, toma de decisiones y negociación). Las cinco variables tienen una relación causal directa con los ítems que conforman la variable, en todos los casos el grado de significancia fue <0.05 (los resultados se muestran en la Figura 4.4) dando un correcto ajuste del modelo (Bentler & Bonett, 1980; Martínez et al., 2012)

Con el objetivo de medir el impacto que tienen las habilidades directivas sobre el clima organizacional de la mype se realiza la siguiente regresión lineal, donde el clima organizacional es la variable dependiente y las variables independientes son negociación, toma de decisiones, liderazgo, comunicación y trabajo en equipo. Al final se sustituyen los valores tal y como se observa en la tabla 4.5.

Fórmula:

y = clima = constante + negociación + toma de decisiones + liderazgo + comunicación + trabajo en equipo.

Tabla 4.5 Regresión lineal.

Fórmula: lm(fórmula = clima ~ negociación + toma de decisiones + liderazgo + comunicación + trabajo en equipo)				
		Residuales		
Min	**1Q**	**Mediana**	**3Q**	**Max**
-0.95846	-0.14468	0.05095	0.18493	0.88708
Coeficientes	**Estimado**	**Std. Error**	**T-valor**	**P-valor**
(Clima/Intercept)	0.58910	0.16330	3.607	0.000365
Negociación	0.14082	0.05295	2.660	0.008263
Toma de decisiones	0.09367	0.04800	1.951	0.051989
Liderazgo	0.13785	0.06247	2.207	0.028134
Comunicación	0.12788	0.06087	2.101	0.036529
Trabajo en equipo	0.37177	0.06604	5.630	4.31e-08

Signif. codes: 0 '***' 0.001 '**' 0.01 '*' 0.05 '.' 0.1 ' ' 1
Residual standard error: 0.3228 on 286 degrees of freedom
Multiple R-squared: 0.67, Adjusted R-squared: 0.6643
F-statistic: 116.1 on 5 and 286 DF, p-value: < 2.2e-16
Fuente: Elaboración propia utilizando RStudio (R Core Team, 2022).

Para poder medir el impacto, se multiplica el valor estimado de cada una de las variables independientes (tabla 4.5) por su media (tabla 4.3).

y=0.5891 + (0.14082 * 4.366) + (0.09367 * 4.365) + (0.13785 * 4.433) + (0.12788 * 4.407) + (0.37177 * 4.461)

Resolvemos la ecuación:

y=0.5891+0.6148201+0.4088696+0.611089+0.5635672+1.658466
y=4.4459118

Se observa que la variable que tiene un mayor impacto es trabajo en equipo con 1.658466 mientras que la de menor impacto es toma de decisiones con 0.4088696. El impacto total que tienen las habilidades directivas sobre el clima organizacional es de 4.4459118.

DISCUSIÓN

Para las conclusiones de este estudio es importante hacer referencia a lo planteado al inicio de este capítulo, en relación con la situación actual de las mipymes, las cuales se enfrentan a diversos desafíos ante los cambios acelerados y vertiginosos del entorno que las rodea.

En consecuencia, es necesario revolucionar las habilidades gerenciales o directivas enfocadas en la adaptabilidad y el fortalecimiento del clima organizacional en este tipo de empresas.

Ante el planteamiento anterior, es imprescindible preguntarse: cuál es la realidad que enfrentan las mipymes en el municipio de Jesús María, en Aguascalientes, haciendo énfasis en el grado de asociación entre las habilidades directivas y el clima organizacional.

En este estudio, el análisis realizado ha permitido detectar que las seis variables muestran consistencia interna del instrumento aplicado.

Por otra parte, se evidencian las relaciones entre las diversas variables y el efecto que causan, teniendo éstas una relación causal directa entre ellas.

El mayor impacto que tienen las habilidades directivas en relación con el clima organizacional de la mype del municipio de Jesús María, Aguascalientes, está dado en el equipo de trabajo.

Lo planteado en el párrafo anterior se debe destacar por su importancia para el desarrollo de un adecuado clima organizacional en consonancia con los avances de la industria 4.0.

REFERENCIAS

Aburto, H.I. & Bonales, J. (2011). Habilidades directivas: Determinantes en el clima organizacional. *Investigación y Ciencia,* 19(51), 41–49.

Alegría-Zebadúa, R.M., & Alarcón-Martínez, G. (2022). Marco teórico e instrumento de medición de las habilidades gerenciales y clima organizacional en *Instituciones Bancarias de México. Vinculatégica,* 7(1). https://doi.org/10.29105/vtga7.1-82

Álvarez-Vásquez, C.A., Rivera-Vera, H.F., Conforme-Cedeño, G.M., Campoverde-Flores, F.K., Sornoza-Parrales, D.R., & Merchán-Nieto, L. (2018). *Los procesos, las técnicas de negociación y la tecnología. Ciencias. Economía, Organización y Ciencias Sociales. Editorial Área de Innovación y Desarrollo, S.L.* https://doi.org/10.17993/ecoorgycso.2018.41

Ávila-Morales, H., Palumbo-Pinto, G.B., De la Cruz-Ríos, H.A., & Ogosi-Auqui, J.A. (2022). Toma de decisiones estratégicas en la gestión pública para el desarrollo social. *Revista Venezolana de Gerencia,* 27(Edición Especial 7), 648–662. https://doi.org/10.52080/rvgluz.27.7.42

Bentler, P. M., & Bonett, D. G. (1980). Significance Tests and Goodness of Fit in the Analysis of Covariance Structures. *In Psychological Bulletin* (Vol. 88, Issue 3).

Brunet, L. (2007). El clima de trabajo en las organizaciones. Definición, diagnóstico y consecuencias. *Editorial Trillas.*

Busro, M. (2018). Teori-teori Manajemen Sumber Daya Manusia. *Jakarta. PrenadaMedia.*

Dini, M. & Stumpo, G. (2020). MiPyMEs en América Latina: un frágil desempeño y nuevos desafíos para las políticas de fomento. Documentos de Proyectos (LC/TS.2018/75/Rev.1), Santiago. *Comisión Económica para América Latina y el Caribe* (CEPAL).

Forbes (2021). Inclusión digital: el futuro de las MyPEs. *Forbes Content.* https://www.forbes.com.mx/ad-inclusion-digital-futuro-mypes-mexico-visa/

Ibarra-Morales, L.E., Paredes-Zempual, D., & Carrillo-Cisneros, E. (2022). Impacto del COVID-19 en las variables que determinan la competitividad de las micro, pequeñas y medianas empresas mexicanas. *Revista RELAYN. Micro y Pequeña Empresa en Latinoamérica,* 6(1), 7–22. https://doi.org/10.46990/relayn.2022.6.1.532

Instituto Nacional de Estadística y Geografía (Inegi) (2020). *Censo de población y vivienda 2020.* https://www.inegi.org.mx/programas/ccpv/2020/

King, E.B., Helb, M.R., George, J.M. & Matusik, S.F. (2010). Understanding tokenism: Antecedents and consequences of a psychological climate of gender inequity. *Journal of Management,* 36(2), 482–510. https://doi.org/10.1177/0149206308328508

Leyva-Carreras, A.B., Cavazos-Arroyo, J., & Espejel-Blanco, J.E. (2018). Influencia de la planeación estratégica y habilidades gerenciales como factores internos de la competitividad empresarial de las Pymes. *Contaduría y Administración,* 63(3), 41. https://doi.org/10.22201/fca.24488410e.2018.1085

Leyva-Carreras, A.B., Espejel-Blanco, J.E., & Cavazos-Arroyo, J. (2017). Habilidades gerenciales como estrategia de competitividad empresarial en las pequeñas y medianas empresas (Pymes). *Revista Perspectiva Empresarial,* 4(1), 7–22. https://doi.org/10.16967/rpe.v4n1a1

Martinez, E., García-Alandete, J., Selles, P., Bernabe, G., & Soucase, B. (2012). Análisis factorial confirmatorio de los principales modelos propuestos para el purpose-in-life test en una muestra de universitarios españoles. *Acta Colombiana de Psicología,* 67–76.

Mendoza-Vargas, E.Y., Villaroel-Puma, M.F. & Carranza-Quimi, W.D. (2020). Caracterización de los microemprendimientos de los sectores urbanos marginales de Quevedo. *Centro Sur. Social Science Journal.* 4(4), 1–23. https://doi.org/10.37955/cs.v4i1.40

Moreno, M. J., & Wong Aitken, H. G. (2019). Relación de las habilidades directivas y la satisfacción laboral en la empresa Chicken King de Trujillo, 2018. *Cuadernos Latinoamericanos de Administración,* 14(27), 1–17. https://doi.org/10.18270/cuaderlam.v14i27.2475

Naranjo, R. (2015). Management skills in leaders of mid-sized businesses of Colombia. *Revista Científica Pensamiento y Gestión,* 38, 119–146. https://doi.org/10.14482/pege.38.7703

Niebles-Núñez, L., Torres-Anillo, K. & Montenegro-Rada, A. (2020). Habilidades gerenciales como herramienta para el fortalecimiento del liderazgo transformacional en las mipymes. *Editorial Universidad del Atlántico.* https://repositorio.uniatlantico.edu.co/bitstream/handle/20.500.12834/1030/admin %2c %2bHABILIDADES %2bGERENCIALES %2bCOMO %2bHERRAMIENTA %2bEN %2bMIPYMES.pdf?sequence=1&isAllowed=y

Paredes-Zempual, D., Ibarra-Morales, L.E., & Moreno-Freites, Z.E. (2021). Habilidades directivas y clima organizacional en pequeñas y medianas empresas. *Investigación Administrativa,* 50–1, 1–23. https://doi.org/10.35426/iav50n127.05

Puga-Villarreal, J., & Martínez-Cerna, L. (2008). Competencias Directivas en Escenarios Globales. *Estudios Gerenciales,* 24(109), 87–103. https://doi.org/10.1016/s0123-5923(08)70054-8

R Core Team (2022). R: A language and environment for statistical computing. R *Foundation for Statistical Computing, Vienna, Austria.* URL https://www.R-project.org/

Red de Estudios Latinoamericanos en Administración y Negocios. (RELAYN) (2023). *Investigación anual,* N. Peña & O. Aguilar (coords.) https://relayn.redesla.la

Red de Estudios Latinoamericanos (RedesLA) (2023). *Investigaciones anuales.* https://redesla.la

Rojero-Jiménez, R., Gómez-Romero, J.G.I., & Quintero-Robles, L.M. (2019). El liderazgo transformacional y su influencia en los atributos de los seguidores en las Mipymes mexicanas. *Estudios Gerenciales*, 35(151), 178–189. https://doi.org/10.18046/j.estger.2019.151.3192

Vargas, B., & del Castillo, C. (2008). Competitividad sostenible de la pequeña empresa: Un modelo de promoción de capacidades endógenas para promover ventajas competitivas sostenibles y alta productividad. *Journal of Economics, Finance and Administrative Science,* 13(24), 59–80. https://www.redalyc.org/articulo.oa?id=360733604004

Viamontes, M.O., & Oliva, E.J.D. (2015). Las agrupaciones corales como estrategia de formación de competencias para trabajo en equipo en las organizaciones: una perspectiva comparativa. *Suma de Negocios,* 6(13), 92–97. https://doi.org/10.1016/j.sumneg.2015.08.008

Whetten, D. & Cameron, K. (2016). Desarrollo de habilidades directivas. México: *Editorial Prentice Hall.*

CAPÍTULO 5

Las habilidades directivas y el clima organizacional en las micro y pequeñas empresas de Rincón de Romos, Pabellón de Arteaga, Asientos, Tepezalá y Cosío, Aguascalientes, México

Management skills and organizational climate in micro and small businesses in Rincon de Romos, Pabellon de Arteaga, Asientos, Tepezala and Cosio, Aguascalientes, Mexico

FELIPE ESPINOZA AGUILAR, ZAIDA RAQUEL GUERRERO CONTRERAS, FELIPE FERNANDO GONZÁLEZ MEDINA Y CHRISTIAN FLORES GUTIÉRREZ

Universidad Tecnológica del Norte de Aguascalientes

Resumen: La presente investigación pretende determinar el impacto que tienen las habilidades directivas sobre el clima organizacional en las micro y pequeñas empresas de Latinoamérica. Se presenta un estudio cuantitativo, no experimental, de forma transversal y con un alcance causal.

Entre los principales resultados, podemos observar que la variable de la habilidad directiva trabajo en equipo es la que tiene un mayor impacto en el clima organizacional, con 1.7201087, seguida por la variable de comunicación con 1.3352187; aspectos relevantes a considerar para el desarrollo de un modelo de gestión pertinente en la mype de América Latina que permita maximizar la productividad.

Abstract: This research aims to determine the impact that management skills have on the organizational climate in micro and small companies in Latin America. A quantitative, non-experimental, cross-sectional study with a causal scope is presented. Among the main results, we can observe that the teamwork managerial ability variable is the one that has the greatest impact on the organizational climate, with 1.7201087, followed by the communication variable with 1.3352187; Relevant aspects to consider for the development of a relevant management model in the Latin American mype that allows maximizing productivity.

Palabras clave: habilidades directivas, clima organizacional, micro y pequeñas empresas.

INTRODUCCIÓN

De acuerdo con el último Censo Económico publicado por el Instituto Nacional de Estadística y Geografía (INEGI, 2020), 98.3 % del universo de unidades económicas está constituido por micro y pequeñas empresas, las cuales generan —al menos— el 55 % de los empleos y amasan el 39 % del Producto Interno Bruto (PIB) del país. Las microempresas están configuradas por aquellos negocios que tienen menos de 10 trabajadores y generan anualmente ventas hasta por 4 millones de pesos. Las pequeñas empresas son unidades económicas que emplean entre 11 y 50 trabajadores, generando ventas anuales que oscilan entre 4 y 100 millones de pesos (Mendoza-Vargas, Villaroel-Puma & Carranza-Quimi, 2020; Forbes, 2021).

Es importante mencionar que actualmente las mypes se enfrentan a múltiples retos y problemáticas, específicamente, el desarrollo de habilidades gerenciales o directivas por parte de los líderes cumple una labor fundamental en el clima organizacional para este tipo de empresas, al establecerse como un diferenciador con otras organizaciones (Busro, 2018). En esa perspectiva, la formación y el desarrollo de habilidades directivas del personal encargado de implementar estrategias y tomar decisiones son fundamentales, pues de ello depende que las mypes cumplan sus metas y objetivos estratégicos, lo cual permite a las organizaciones volverse más competitivas, pues propicia la formación de un clima organizacional donde los empleados estén satisfechos con su organización (Aburto & Bonales, 2011; Brunet, 2007).

Derivado de la importancia que representa el desarrollo de habilidades directivas en los líderes que dirigen los esfuerzos estratégicos de las mypes, así como la importancia de contar con un buen clima organizacional, se plantean las siguientes preguntas de investigación: ¿cuáles habilidades directivas tienen repercusión en el clima organizacional de las mypes?, ¿cuál es el clima organizacional que predomina en las mypes?

Para cumplir con lo anterior, el objetivo de la investigación es determinar el grado de asociación entre las habilidades directivas y el clima organizacional de las micro y pequeñas empresas, lo cual permitirá conocer con mayor precisión las habilidades directivas que los gerentes o mandos medios deben desarrollar para que prevalezca un clima organizacional satisfactorio entre los empleados al interior de las mypes. En ese sentido, las mypes podrán determinar si éstas son las causales de un clima organizacional adecuado o inconveniente, lo que, a su vez, permitirá diseñar programas de capacitación para sus líderes y, con ello, generar información que contribuya —si es el caso— a resolver el problema o mantener y fortalecer lo que se tiene.

Los diferentes análisis estadísticos correlacionales entre las variables del estudio permitirán identificar si las habilidades directivas son la causa principal del clima organizacional que prevalece en las mypes. Lo anterior será de gran apoyo en la búsqueda de factores endógenos diferenciados que permita a las mypes obtener ventajas competitivas sostenibles, ya que, si bien es cierto, una mejor gestión empresarial no es suficiente para lograr ser más competitivas, sino que está determinada por otros factores internos como un buen clima organizacional y el desarrollo de habilidades directivas (Vargas & Del Castillo, 2008).

REVISIÓN DE LA LITERATURA

Las organizaciones del siglo XXI afrontan un entorno dinámico y complejo caracterizado por la incertidumbre, debido a esto deben estar preparadas para dar respuesta a los cambios vertiginosos, en aras de cumplir sus objetivos y metas organizacionales así como volverse más competitivas. Las micro y pequeñas empresas (mypes) también deben responder a ese contexto, sin embargo, las características estructurales de su magnitud las coloca en desventaja respecto a la gran empresa, misma que tiene a su disposición una mayor cantidad de recursos y capacidades. El tema aquí analizado ha obtenido gran relevancia en los rubros de la investigación y las políticas públicas recientemente, lo cual ha permitido una mejora de determinados aspectos directamente vinculados con la competitividad de las empresas (Leyva-Carreras, Cavazos-Arroyo & Espejel-Blanco, 2018).

La situación actual de las mypes es compleja —aun siendo una parte fundamental del aparato económico a nivel mundial—, presenta una serie de desafíos y retos, enfrenta diversos obstáculos que limitan su capacidad de crecimiento y desarrollo. Uno de los principales problemas que enfrentan estas empresas es la falta de acceso al financiamiento, ya que esto restringe su capacidad para invertir

en innovación, en maquinaria y equipos, software y tecnologías digitales; así como en la capacitación y adiestramiento para sus empleados. Otra problemática a la cual se enfrentan es la poca inversión en capacitación a sus directivos y gerentes, de modo que éstos puedan desarrollar sus habilidades directivas, permitiéndoles contar con las herramientas necesarias al momento de tomar decisiones estratégicas de impacto en sus portafolios de negocios, a través de una visión diferente y más competitiva, no sólo a nivel local, sino a niveles superiores en la configuración y escala del negocio.

Es importante destacar que la pandemia por el Covid-19 tuvo un impacto significativo en las mypes debido a que muchas de ellas tuvieron que cerrar de forma temporal o permanente. Las restricciones de movimiento y confinamiento social provocaron una disminución significativa en la demanda de productos y servicios (Ibarra-Morales, Paredes-Zempual & Carrillo-Cisneros, 2022). Para dimensionar y tener una mejor visión de la magnitud de la presencia e importancia de las mypes en Latinoamérica, Dini y Stumpo (2021) realizan una clasificación tomando como parámetros el sector y el tamaño de la empresa (tabla 5.1.).

Tabla 5.1. Clasificación de acuerdo con el sector y tamaño de la empresa.

Sector	Micro empresa	Pequeña empresa
Agricultura, ganadería, caza, silvicultura y pesca	80 %	16 %
Explotación de minas y canteras	68 %	23 %
Industria manufacturera	82 %	14 %
Suministro de electricidad, gas y agua	70 %	20 %
Construcción	76 %	19 %
Comercio al por mayor y menor	92 %	07 %
Hoteles y restaurantes	89 %	10 %
Transporte, almacenamiento y comunicaciones	83 %	13 %
Intermediación financiera	81 %	14 %
Actividades inmobiliarias, empresariales y de alquiler	87 %	10 %
Enseñanza	76 %	19 %
Servicios sociales y de salud	89 %	09 %
Otras actividades comunitarias, sociales y personales	95 %	04 %
Total	**88.4 %**	**09.6 %**

Fuente: elaboración propia a partir de Dini & Stumpo (2021).

Leyva-Carreras, Espejel-Blanco y Cavazos-Arroyo (2017) destacan que el director o gerente de una mype debe tomar en cuenta ciertas variables para lograr la excelencia, el buen clima organizacional y la competitividad empresarial, para

lo cual es preciso contar con personal directivo que reúna las siguientes características: dinámicos, actualizados, con habilidades directivas, operativas y de gestión, conocimientos de administración y planeación estratégica, así como administración y dirección de talento humano, siempre proactivo al cambio organizacional y tecnológico, para que se convierta en vehículo que potencia la creatividad, la innovación y el desarrollo sustentable. Sin embargo, por desconocer esas características de gestión o habilidades directivas que son propias de los líderes, esa ignorancia puede ser la causa de algunos problemas administrativos y de competitividad en las mypes, lo que genera algunas consecuencias en la transición de una economía local y proteccionista a un mercado libre y globalizado (Naranjo, 2015).

Niebles-Núñez, Torres-Anillo y Montenegro-Rada (2020) establecen que las habilidades directivas comprenden el proceso de la gerencia, estas son: planificar, organizar, dirigir, ejecutar y controlar que, a su vez, constituyen el conjunto de destrezas, cualidades, competencias, conocimientos, acciones, experiencias y capacidades que inciden en el efectivo desempeño del rol gerencial, al contribuir al logro de objetivos y metas organizacionales, asimismo, representan la implementación práctica por la acción del conocimiento adquirido académicamente o por experiencias a través del proceso de aprendizaje. Es por ello que, en los últimos años, las habilidades directivas desempeñan un papel muy importante en la satisfacción de los colaboradores en las empresas a nivel mundial, pues se ha demostrado que la manera o particularidad en que los directivos lideran a sus equipos generan una repercusión directa en su satisfacción y, por ende, en su desempeño laboral (Moreno & Wong, 2018).

Paredes-Zempual, Ibarra-Morales y Moreno-Freites (2021) adoptan otra perspectiva, sostienen que el buen desempeño de la empresa está en función de las habilidades directivas y el buen clima organizacional, sobre todo en este tiempo donde las empresas se encuentran inmersas en un proceso de globalización y de rápidos cambios que demanda líderes más preparados en actitudes y aptitudes, capaces de administrar de manera eficaz y eficiente los procesos y procedimientos, tanto administrativos como operativos, comprometidos con la rentabilidad de la organización.

El clima organizacional es observado y analizado por las empresas con el fin de mantenerlo en niveles positivos y, de esa forma, estimular la productividad de los empleados, motivo por el cual las empresas buscan los elementos y condiciones necesarias que puedan incidir de forma positiva en el clima organizacional, ya que existen estudios empíricos que así lo demuestran, en otras palabras, un mejor clima organizacional en la empresa se traduce en mejores resultados en los ámbitos financieros, administrativos y productivos (Alegría-Zebadúa & Alarcón-Martínez, 2022).

Whetten y Cameron (2016) clasifican las habilidades en tres grandes grupos: personales, interpersonales y grupales, mismas que en su conjunto aportan

al éxito de una administración eficaz y centrada en los logros financieros, pero también de posición competitiva. En este sentido, para el presente estudio se han seleccionado como habilidades directivas las siguientes: negociación, toma de decisiones, liderazgo, comunicación y trabajo en equipo, ya que predominan en la literatura y en los diferentes modelos conceptuales, además de ser las más importantes para Whetten y Cameron. Adicionalmente, se ha seleccionado como variable el 'clima organizacional' debido al impacto y la importancia que ostenta para las mypes. Las definiciones conceptuales para cada una de las variables se muestran en la tabla 5.2.

Tabla 5.2. Definición conceptual de las variables.

Variable	Definición conceptual
Negociación	Presentar y discutir propuestas comunes con el propósito de llegar a un acuerdo en un marco de interés común (Álvarez-Vásquez, et al., 2018).
Toma de decisiones	Decidir por una alternativa que requiere atender situaciones planificadas o de incertidumbre entre un abanico de varias opciones (Ávila-Morales et al., 2022).
Liderazgo	Lograr la motivación de los colaboradores mediante la promoción de conductas positivas que reditúan en mejores niveles de desempeño laboral para la empresa (Rojero-Jiménez, Gómez-Romero & Quintero-Robles, 2019).
Comunicación	Recibir y transmitir mensajes oportunos y unívocos, independientemente del canal o la forma de comunicación, lo cual facilita la emisión y recepción de los mensajes que se producen entre los miembros de la organización y su entorno, facilitando el alcance de los objetivos y metas que establecen los miembros de la organización (Puga-Villarreal & Martínez-Cerna, 2008).
Trabajo en equipo	Fomentar la colaboración conjunta entre los integrantes que conforman un equipo de trabajo, a través del talento individual, la comunicación, las competencias y las fortalezas de cada uno en su relación con los demás, para lograr el cumplimiento de un objetivo común (Viamontes & Oliva, 2015).
Clima organizacional	Variable que media entre el contexto de una organización y la conducta de sus empleados o miembros, desde la perspectiva del cómo ellos experimentan el trabajo en sus empresas (King, Hebl, George & Matusik, 2010).

Fuente: elaboración propia.

METODOLOGÍA

El presente trabajo de investigación ha sido propuesto por la Red de Estudios Latinoamericanos en Administración y Negocios (RELAYN, 2023), la cual consiste en conceptualizar la micro y pequeña empresa (mype) como una serie de elementos de entradas, procesos y salidas enmarcados en un ambiente que influye en el clima organizacional de las mypes, según la percepción del director, considerado como la persona que toma la mayor parte de las decisiones. Este estudio tiene un enfoque cuantitativo de diseño transversal de tipo causal.

Se realizó un muestreo probabilístico aleatorio simple con las mypes de Rincón de Romos, Pabellón de Arteaga, Asientos, Tepezalá y Cosío, Aguascalientes, México, cuya cantidad de empleados se encuentra en el rango de 1 a 50, con un nivel de confianza del 95 %, un margen de error del ±5 % y una probabilidad estimada de p=0.5 (50 %). Se obtuvieron de la muestra aplicada un total de 384 encuestas válidas en el periodo del 01 de marzo al 30 de abril de 2023. Se utilizó un instrumento de medición tipo encuesta, la cual fue dirigida a los propietarios, directores o gerentes de las mypes, para lo cual sirvió la asistencia de estudiantes universitarios que previamente fueron capacitados para aplicar la encuesta.

Características de la muestra son:

El 45.3 % de la muestra fueron del sexo biológico femenino y el restante 54.7 % masculino. La edad de los sujetos tiene un rango de 18 a 100 años, con un promedio de 41 años y una moda de 40 años. El 24.7 % de los empresarios tienen estudios de nivel superior, seguido de un 46.6 % con nivel media superior, 27.1 % con educación básica. En cuanto a estado civil predominan los casados con un 64.8 % seguidos de los solteros con 24.5 %.

La mayoría de los negocios 74 % pertenecen al giro comercial, un 25 % a la prestación de servicios y sólo 1 % a la producción de manufacturas, la antigüedad del 13.3 %de los negocios es menor a 3 años. Los empleos que ofrecen están en el rango de 1 a 50 trabajadores, de las empresas el 93.2 % emplea de 1 a 10 trabajadores y el 90.9 % tienen en su plantilla de 1 a 10 mujeres y en el 81.2 % colaboran de 1 a 5 familiares del propietario.

Alineado al objetivo general de la investigación y a la revisión de la literatura, se plantean las siguientes hipótesis:

- H0: Las habilidades directivas no inciden en el clima organizacional de la mype.
- H1: Las habilidades directivas inciden en el clima organizacional de la mype.

En cuanto al instrumento de medición, éste se integró por seis partes o bloques. El primero de ellos, con datos que abordan aspectos generales de la empresa: tamaño de la empresa, personal ocupado, así como información sobre los ingresos y gastos. La segunda parte aborda los datos del directivo y el tiempo destinado a las labores de la empresa. La tercera parte se refiere a los insumos del sistema: recursos humanos, análisis del mercado y proveedores. En una cuarta parte del instrumento de medición se exponen los procesos del sistema: dirección, gestión de ventas, finanzas, innovación, mercadotecnia, producción-operación. La quinta parte estuvo integrada por los resultados del sistema: satisfacción del sistema, ventaja competitiva, RSC-Asuntos de ISO 26000, valoración del entorno y, por último, la sexta parte quedó integrada por los dos temas anuales de investigación: a) el trabajo decente desde la perspectiva directiva y b) el impacto de las habilidades directivas (negociación, toma de decisiones, liderazgo, comunicación, trabajo en equipo) sobre el clima organizacional. Para las secciones comprendidas del tercer al sexto bloque se emplea una escala de Likert de cinco puntos, los cuales van de 'No sé / No aplica' (1) a 'muy de acuerdo' (5).

RESULTADOS

Las seis variables muestran consistencia interna del instrumento mediante el análisis del alfa de Cronbach de las variables objeto de estudio, de la misma forma se analiza la correlación que tienen con el clima organizacional como se muestra en la tabla 5.3.

Tabla 5.3. Alfa de Cronbach y correlación de las variables.

Variables	Correlación con clima	Cronbach	Media	Desviación Estándar
Negociación	0.451	0.882	4.183	0.589
Toma de decisiones	0.399	0.914	4.177	0.637
Liderazgo	0.483	0.912	4.363	0.510
Comunicación	0.507	0.910	4.334	0.528
Trabajo en equipo	0.553	0.937	4.317	0.581
Clima Organizacional	1	0.921	4.327	0.549

Fuente: Elaboración propia utilizando RStudio (R Core Team, 2022).

Se procede a realizar el modelo estructural del instrumento en la figura 5.4, el ajuste absolutorio muestra el error cuadrático medio de aproximación (RMSEA) es de 0 y el residuo cuadrático medio estandarizado (SRMR) es de 0.048, en ambos casos se consideran aceptables, en el ajuste comparativo (CFI) muestra un resultado de 1 y el índice de Tucker-Lewis (TLI) de 1 consideramos ajustes óptimos.

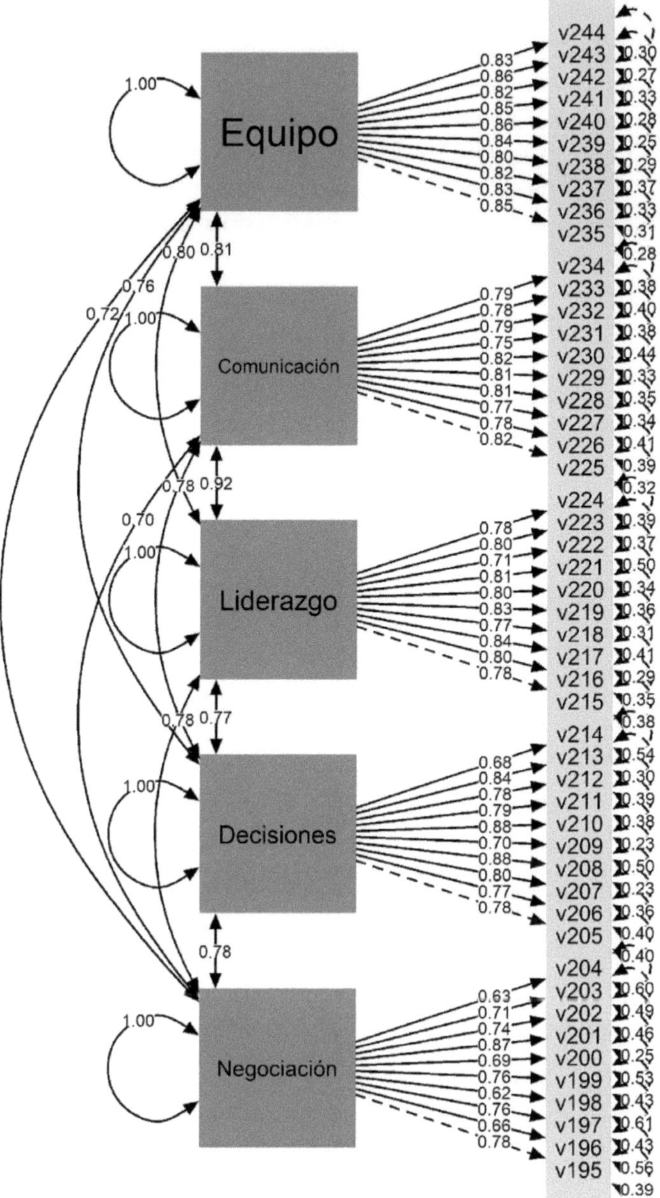

Figura 5.4. Resultado del modelo estructural.

Fuente: Elaboración propia utilizando RStudio (R Core Team, 2022).

Partiendo de la información cuantitativa del estudio se establece el modelo estructural (Figura 5.4), donde se muestra la dirección de las relaciones entre las diversas variables y el efecto que causan. El modelo plantea la existencia de cinco variables endógenas con una relación causal recíproca (Trabajo en equipo, comunicación, liderazgo, toma de decisiones y negociación). Las cinco variables tienen una relación causal directa con los ítems que conforman la variable, en todos los casos el grado de significancia fue <0.05 (los resultados se muestran en la Figura 5.4) dando un correcto ajuste del modelo (Bentler & Bonett, 1980; Martínez et al., 2012)

Con el objetivo de medir el impacto que tienen las habilidades directivas sobre el clima organizacional de la mype se realiza la siguiente regresión lineal, donde el clima organizacional es la variable dependiente y las variables independientes son negociación, toma de decisiones, liderazgo, comunicación y trabajo en equipo. Al final se sustituyen los valores tal y como se observa en la tabla 5.5.

Fórmula:

y = clima = constante + negociación + toma de decisiones + liderazgo + comunicación + trabajo en equipo.

Tabla 5.5 Regresión lineal.

Fórmula: lm(fórmula = clima ~ negociación + toma de decisiones + liderazgo + comunicación + trabajo en equipo)				
Residuales				
Min	1Q	Mediana	3Q	Max
-1.29164	-0.11856	0.00779	0.10649	1.03056
Coeficientes	**Estimado**	**Std. Error**	**T-valor**	**P-valor**
(Clima/Intercept)	0.27292	0.13207	2.066	0.03947
Negociación	0.01320	0.03445	0.383	0.70186
Toma de decisiones	0.09322	0.03506	2.659	0.00817
Liderazgo	0.12692	0.05587	2.272	0.02366
Comunicación	0.30808	0.05411	5.694	2.5e-08
Trabajo en equipo	0.39845	0.03980	10.011	2e-16

Signif. codes: 0 '***' 0.001 '**' 0.01 '*' 0.05 '.' 0.1 ' ' 1
Residual standard error: 0.2837 on 378 degrees of freedom
Multiple R-squared: 0.7368, Adjusted R-squared: 0.7333
F-statistic: 211.6 on 5 and 378 DF, p-value: < 2.2e-16
Fuente: Elaboración propia utilizando RStudio (R Core Team, 2022).

Para poder medir el impacto, se multiplica el valor estimado de cada una de las variables independientes (tabla 5.5) por su media (tabla 5.3).

$$y=0.27292 + (0.0132 * 4.183) + (0.09322 * 4.177) + (0.12692 * 4.363) + (0.30808 * 4.334) + (0.39845 * 4.317)$$

Resolvemos la ecuación:

$$y=0.27292+0.0552156+0.3893799+0.553752+1.3352187+1.7201087$$
$$y=4.3265949$$

Se observa que la variable que tiene un mayor impacto es trabajo en equipo con 1.7201087, mientras que la de menor impacto es negociación con 0.0552156. El impacto total que tienen las habilidades directivas sobre el clima organizacional es de 4.3265949.

DISCUSIÓN

Como se pudo observar, para esta investigación, la variable dependiente de trabajo en equipo es la más significativa, ya que en las mypes de los municipios del norte de Aguascalientes se deben presentar las estrategias de mejora a trabajar, como capacitar a las microempresas para el fortalecimiento de cómo integrar a las personas en sus trabajos, y que esto impacte en la forma de trabajo integral para una mejor armonía, donde las personas estén dispuestas a trabajar de forma colaborativa en sus centros de trabajo. Otro punto importante es la comunicación que hay entre las personas, donde esos paradigmas que existen entre su comunicación deben cambiar significativamente para tener una mejor afluencia en su comunicación y, con esto, se fortalezcan los equipos de trabajo para el bien de las organizaciones donde se labora.

Nos damos cuenta de que en cualquier empresa para fortalecer los equipos de trabajo es importante que haya una buena comunicación entre los trabajadores. Esto depende del dueño o gerente para que su operación sea de la mejor manera, al mismo tiempo integrando al personal para la mejora continua de las mypes y, con ello, cambie el clima organizacional de manera significativa.

Con lo anterior, podemos concluir que en cualquier tipo de empresa la formación de equipos, la comunicación, el liderazgo, la toma decisiones y la negociación, son variables que involucran la operación y el desarrollo de las mismas, favoreciendo o perjudicando el clima organizacional. Por ello, los dueños o gerentes deben estar preparados para el manejo de sus operaciones en 360° con el fin de alcanzar el éxito, lo que conlleva a un crecimiento global y operante de cualquier empresa.

REFERENCIAS

Aburto, H.I. & Bonales, J. (2011). Habilidades directivas: Determinantes en el clima organizacional. *Investigación y Ciencia,* 19(51), 41–49.

Alegría-Zebadúa, R.M., & Alarcón-Martínez, G. (2022). Marco teórico e instrumento de medición de las habilidades gerenciales y clima organizacional en *Instituciones Bancarias de México. Vinculatégica,* 7(1). https://doi.org/10.29105/vtga7.1-82

Álvarez-Vásquez, C.A., Rivera-Vera, H.F., Conforme-Cedeño, G.M., Campoverde-Flores, F.K., Sornoza-Parrales, D.R., & Merchán-Nieto, L. (2018). *Los procesos, las técnicas de negociación y la tecnología. Ciencias. Economía, Organización y Ciencias Sociales. Editorial Área de Innovación y Desarrollo,* S.L. https://doi.org/10.17993/ecoorgycso.2018.41

Ávila-Morales, H., Palumbo-Pinto, G.B., De la Cruz-Ríos, H.A., & Ogosi-Auqui, J.A. (2022). Toma de decisiones estratégicas en la gestión pública para el desarrollo social. *Revista Venezolana de Gerencia,* 27(Edición Especial 7), 648–662. https://doi.org/10.52080/rvgluz.27.7.42

Bentler, P. M., & Bonett, D. G. (1980). Significance Tests and Goodness of Fit in the Analysis of Covariance Structures. *In Psychological Bulletin* (Vol. 88, Issue 3).

Brunet, L. (2007). El clima de trabajo en las organizaciones. Definición, diagnóstico y consecuencias. *Editorial Trillas.*

Busro, M. (2018). Teori-teori Manajemen Sumber Daya Manusia. Jakarta. *PrenadaMedia.*

Dini, M. & Stumpo, G. (2020). MiPyMEs en América Latina: un frágil desempeño y nuevos desafíos para las políticas de fomento. *Documentos de Proyectos* (LC/TS.2018/75/Rev.1), Santiago. Comisión Económica para América Latina y el Caribe (CEPAL).

Forbes (2021). Inclusión digital: el futuro de las MyPEs. *Forbes* Content. https://www.forbes.com.mx/ad-inclusion-digital-futuro-mypes-mexico-visa/

Ibarra-Morales, L.E., Paredes-Zempual, D., & Carrillo-Cisneros, E. (2022). Impacto del COVID-19 en las variables que determinan la competitividad de las micro, pequeñas y medianas empresas mexicanas. *Revista RELAYN. Micro y Pequeña Empresa en Latinoamérica,* 6(1), 7–22. https://doi.org/10.46990/relayn.2022.6.1.532

Instituto Nacional de Estadística y Geografía (Inegi) (2020). *Censo de población y vivienda 2020.* https://www.inegi.org.mx/programas/ccpv/2020/

King, E.B., Helb, M.R., George, J.M. & Matusik, S.F. (2010). Understanding tokenism: Antecedents and consequences of a psychological climate of gender inequity. *Journal of Management,* 36(2), 482–510. https://doi.org/10.1177/0149206308328508

Leyva-Carreras, A.B., Cavazos-Arroyo, J., & Espejel-Blanco, J.E. (2018). Influencia de la planeación estratégica y habilidades gerenciales como factores internos de la competitividad empresarial de las Pymes. *Contaduría y Administración,* 63(3), 41. https://doi.org/10.22201/fca.24488410e.2018.1085

Leyva-Carreras, A.B., Espejel-Blanco, J.E., & Cavazos-Arroyo, J. (2017). Habilidades gerenciales como estrategia de competitividad empresarial en las pequeñas y medianas empresas (Pymes). *Revista Perspectiva Empresarial, 4*(1), 7–22. https://doi.org/10.16967/rpe.v4n1a1

Martinez, E., García-Alandete, J., Selles, P., Bernabe, G., & Soucase, B. (2012). Análisis factorial confirmatorio de los principales modelos propuestos para el purpose-in-life test en una muestra de universitarios españoles. *Acta Colombiana de Psicología,* 67–76.

Mendoza-Vargas, E.Y., Villaroel-Puma, M.F. & Carranza-Quimi, W.D. (2020). Caracterización de los microemprendimientos de los sectores urbanos marginales de Quevedo. *Centro Sur. Social Science Journal.* 4(4), 1–23. https://doi.org/10.37955/cs.v4i1.40

Moreno, M. J., & Wong Aitken, H. G. (2019). Relación de las habilidades directivas y la satisfacción laboral en la empresa Chicken King de Trujillo, 2018. *Cuadernos Latinoamericanos de Administración,* 14(27), 1–17. https://doi.org/10.18270/cuaderlam.v14i27.2475

Naranjo, R. (2015). Management skills in leaders of mid-sized businesses of Colombia. *Revista Científica Pensamiento y Gestión,* 38, 119–146. https://doi.org/10.14482/pege.38.7703

Niebles-Núñez, L., Torres-Anillo, K. & Montenegro-Rada, A. (2020). Habilidades gerenciales como herramienta para el fortalecimiento del liderazgo transformacional en las mipymes. *Editorial Universidad del Atlántico.* https://repositorio.uniatlantico.edu.co/bitstream/handle/20.500.12834/1030/admin %2c %2bHABILIDADES %2bGERENCIALES %2bCOMO %2bHERRAMIENTA %2bEN %2bMIPYMES.pdf?sequence=1&isAllowed=y

Paredes-Zempual, D., Ibarra-Morales, L.E., & Moreno-Freites, Z.E. (2021). Habilidades directivas y clima organizacional en pequeñas y medianas empresas. *Investigación Administrativa,* 50–1, 1–23. https://doi.org/10.35426/iav50n127.05

Puga-Villarreal, J., & Martínez-Cerna, L. (2008). Competencias Directivas en Escenarios Globales. *Estudios Gerenciales,* 24(109), 87–103. https://doi.org/10.1016/s0123-5923(08)70054-8

R Core Team (2022). R: A language and environment for statistical computing. R *Foundation for Statistical Computing, Vienna, Austria.* URL https://www.R-project.org/

Red de Estudios Latinoamericanos en Administración y Negocios. (RELAYN) (2023). *Investigación anual,* N. Peña & O. Aguilar (coords.) https://relayn.redesla.la

Red de Estudios Latinoamericanos (RedesLA) (2023). *Investigaciones anuales.* https://redesla.la

Rojero-Jiménez, R., Gómez-Romero, J.G.I., & Quintero-Robles, L.M. (2019). El liderazgo transformacional y su influencia en los atributos de los seguidores en las Mipymes mexicanas. *Estudios Gerenciales,* 35(151), 178–189. https://doi.org/10.18046/j.estger.2019.151.3192

Vargas, B., & del Castillo, C. (2008). Competitividad sostenible de la pequeña empresa: Un modelo de promoción de capacidades endógenas para promover ventajas competitivas sostenibles y alta productividad. *Journal of Economics, Finance and Administrative Science,* 13(24), 59–80. https://www.redalyc.org/articulo.oa?id=360733604004

Viamontes, M.O., & Oliva, E.J.D. (2015). Las agrupaciones corales como estrategia de formación de competencias para trabajo en equipo en las organizaciones: una perspectiva comparativa. *Suma de Negocios,* 6(13), 92–97. https://doi.org/10.1016/j.sumneg.2015.08.008

Whetten, D. & Cameron, K. (2016). Desarrollo de habilidades directivas. México: *Editorial Prentice Hall.*

CAPÍTULO 6

Las habilidades directivas y el clima organizacional en las micro y pequeñas empresas de San Francisco de los Romo, Aguascalientes, México

Management skills and the organizational climate in micro and small businesses in San Francisco de los Romo, Aguascalientes, Mexico

MARÍA CECILIA MORENO NUNGARAY, FRANCISCO JAVIER TORRES ROJAS, MARÍA GUADALUPE RODRÍGUEZ PALOMINO Y CLAUDIA VERÓNICA MUÑOZ ESPARZA

Universidad Tecnológica de Aguascalientes

Resumen: El objetivo de la presente investigación es determinar el impacto que tienen las habilidades directivas sobre el clima organizacional en las micro y pequeñas empresas de Latinoamérica. Por el tamaño de la muestra, es pertinente tomar los valores con ciertas reservas, ya que pueden adolecer de significancia estadística. Se presenta un estudio cuantitativo, no experimental, de forma transversal y con un alcance causal. La pertinencia del estudio contribuye a la generación de conocimiento para el desarrollo de un modelo de gestión de la mype en América Latina que permita maximizar la productividad. Entre los principales resultados, podemos observar que la variable de la habilidad directiva trabajo en equipo es la que tiene mayor impacto en el clima organizacional, con 1.7591632.

Las habilidades directivas y el clima organizacional en las mypes del municipio de San Francisco de los Romo son temas poco estudiados, los cuales son fundamentales para la permanencia y el crecimiento de los negocios, ya que inciden directamente en la estancia y productividad de los colaboradores. Esto, a su vez, impacta en la productividad y las actividades de las empresas, así como en aquellas que aportan para que la producción, la venta o la prestación del servicio se apegue a criterios de calidad que cada vez son más observados por los consumidores en el mercado. El propósito de este trabajo se centra en determinar si las habilidades directivas inciden en el clima organizacional de las mypes del municipio de San Francisco de los Romo.

Establecer con datos sólidos la importancia que tiene el desarrollo de habilidades en los directores de las empresas de este municipio, así como su relación con mantener un buen clima organizacional radica en que la información pueda ser usada por las empresas y autoridades para desarrollar planes y programas que impulsen el desarrollo de las habilidades gerenciales, fomentando el crecimiento de las empresas.

Abstract: The objective of this research is to determine the impact that management skills have on the organizational climate in micro and small companies in Latin America. Due to the size of the sample, it is pertinent to take the values with certain reservations, since they may suffer from statistical significance. A quantitative, non-experimental, cross-sectional study with a causal scope is presented. The relevance of the study contributes to the generation of knowledge for the development of a management model for mypes in Latin America that allows maximizing productivity. Among the main results, we can observe that the variable of teamwork managerial ability is the one that has the greatest impact on the organizational climate, with 1.7591632.

The management skills and the organizational climate in the mypes of the municipality of San Francisco de los Romo are little studied topics, which are fundamental for the permanence and growth of the businesses, since they directly affect the stay and productivity of the collaborators. This, in turn, impacts the productivity and activities of companies, as well as those that contribute so that the production, sale or provision of the service adheres to quality criteria that are increasingly observed by consumers. in the market. The purpose of this work is focused on determining if management skills affect the organizational climate of mypes in the municipality of San Francisco de los Romo.

To establish with solid data the importance of the development of skills in the directors of the companies in this municipality, as well as its relationship with maintaining a good organizational climate, lies in the fact that the information can be used by companies and authorities to develop plans and programs. that promote the development of managerial skills, fostering the growth of companies.

Palabras clave: clima organizacional, competitividad, estrategias competitivas, habilidades gerenciales.

INTRODUCCIÓN

De acuerdo con el último Censo Económico publicado por el Instituto Nacional de Estadística y Geografía (INEGI, 2020), 98.3 % del universo de unidades económicas está constituido por micro y pequeñas empresas, las cuales generan —al menos— el 55 % de los empleos y amasan el 39 % del Producto Interno

Bruto (PIB) del país. Las microempresas están configuradas por aquellos negocios que tienen menos de 10 trabajadores y generan anualmente ventas hasta por 4 millones de pesos. Las pequeñas empresas son unidades económicas que emplean entre 11 y 50 trabajadores, generando ventas anuales que oscilan entre 4 y 100 millones de pesos (Mendoza-Vargas, Villaroel-Puma & Carranza-Quimi, 2020; Forbes, 2021).

Es importante mencionar que actualmente las mypes se enfrentan a múltiples retos y problemáticas, específicamente, el desarrollo de habilidades gerenciales o directivas por parte de los líderes cumple una labor fundamental en el clima organizacional para este tipo de empresas, al establecerse como un diferenciador con otras organizaciones (Busro, 2018). En esa perspectiva, la formación y el desarrollo de habilidades directivas del personal encargado de implementar estrategias y tomar decisiones son fundamentales, pues de ello depende que las mypes cumplan sus metas y objetivos estratégicos, lo cual permite a las organizaciones volverse más competitivas, pues propicia la formación de un clima organizacional donde los empleados estén satisfechos con su organización (Aburto & Bonales, 2011; Brunet, 2007).

Derivado de la importancia que representa el desarrollo de habilidades directivas en los líderes que dirigen los esfuerzos estratégicos de las mypes, así como la importancia de contar con un buen clima organizacional, se plantean las siguientes preguntas de investigación: ¿cuáles habilidades directivas tienen repercusión en el clima organizacional de las mypes?, ¿cuál es el clima organizacional que predomina en las mypes?

Para cumplir con lo anterior, el objetivo de la investigación es determinar el grado de asociación entre las habilidades directivas y el clima organizacional de las micro y pequeñas empresas, lo cual permitirá conocer con mayor precisión las habilidades directivas que los gerentes o mandos medios deben desarrollar para que prevalezca un clima organizacional satisfactorio entre los empleados al interior de las mypes. En ese sentido, las mypes podrán determinar si éstas son las causales de un clima organizacional adecuado o inconveniente, lo que, a su vez, permitirá diseñar programas de capacitación para sus líderes y, con ello, generar información que contribuya —si es el caso— a resolver el problema o mantener y fortalecer lo que se tiene.

Los diferentes análisis estadísticos correlacionales entre las variables del estudio permitirán identificar si las habilidades directivas son la causa principal del clima organizacional que prevalece en las mypes. Lo anterior será de gran apoyo en la búsqueda de factores endógenos diferenciados que permita a las mypes obtener ventajas competitivas sostenibles, ya que, si bien es cierto, una mejor gestión empresarial no es suficiente para lograr ser más competitivas, sino que está determinada por otros factores internos como un buen clima organizacional y el desarrollo de habilidades directivas (Vargas & Del Castillo, 2008).

REVISIÓN DE LA LITERATURA

Las organizaciones del siglo XXI afrontan un entorno dinámico y complejo caracterizado por la incertidumbre, debido a esto deben estar preparadas para dar respuesta a los cambios vertiginosos, en aras de cumplir sus objetivos y metas organizacionales así como volverse más competitivas. Las micro y pequeñas empresas (mypes) también deben responder a ese contexto, sin embargo, las características estructurales de su magnitud las coloca en desventaja respecto a la gran empresa, misma que tiene a su disposición una mayor cantidad de recursos y capacidades. El tema aquí analizado ha obtenido gran relevancia en los rubros de la investigación y las políticas públicas recientemente, lo cual ha permitido una mejora de determinados aspectos directamente vinculados con la competitividad de las empresas (Leyva-Carreras, Cavazos-Arroyo & Espejel-Blanco, 2018).

La situación actual de las mypes es compleja —aun siendo una parte fundamental del aparato económico a nivel mundial—, presenta una serie de desafíos y retos, enfrenta diversos obstáculos que limitan su capacidad de crecimiento y desarrollo. Uno de los principales problemas que enfrentan estas empresas es la falta de acceso al financiamiento, ya que esto restringe su capacidad para invertir en innovación, en maquinaria y equipos, software y tecnologías digitales; así como en la capacitación y adiestramiento para sus empleados. Otra problemática a la cual se enfrentan es la poca inversión en capacitación a sus directivos y gerentes, de modo que éstos puedan desarrollar sus habilidades directivas, permitiéndoles contar con las herramientas necesarias al momento de tomar decisiones estratégicas de impacto en sus portafolios de negocios, a través de una visión diferente y más competitiva, no sólo a nivel local, sino a niveles superiores en la configuración y escala del negocio.

Es importante destacar que la pandemia por el Covid-19 tuvo un impacto significativo en las mypes debido a que muchas de ellas tuvieron que cerrar de forma temporal o permanente. Las restricciones de movimiento y confinamiento social provocaron una disminución significativa en la demanda de productos y servicios (Ibarra-Morales, Paredes-Zempual & Carrillo-Cisneros, 2022). Para dimensionar y tener una mejor visión de la magnitud de la presencia e importancia de las mypes en Latinoamérica, Dini y Stumpo (2021) realizan una clasificación tomando como parámetros el sector y el tamaño de la empresa (tabla 6.1.).

Tabla 6.1. Clasificación de acuerdo con el sector y tamaño de la empresa.

Sector	Micro empresa	Pequeña empresa
Agricultura, ganadería, caza, silvicultura y pesca	80 %	16 %
Explotación de minas y canteras	68 %	23 %
Industria manufacturera	82 %	14 %
Suministro de electricidad, gas y agua	70 %	20 %
Construcción	76 %	19 %
Comercio al por mayor y menor	92 %	07 %
Hoteles y restaurantes	89 %	10 %
Transporte, almacenamiento y comunicaciones	83 %	13 %
Intermediación financiera	81 %	14 %
Actividades inmobiliarias, empresariales y de alquiler	87 %	10 %
Enseñanza	76 %	19 %
Servicios sociales y de salud	89 %	09 %
Otras actividades comunitarias, sociales y personales	95 %	04 %
Total	**88.4 %**	**09.6 %**

Fuente: elaboración propia a partir de Dini & Stumpo (2021).

Leyva-Carreras, Espejel-Blanco y Cavazos-Arroyo (2017) destacan que el director o gerente de una mype debe tomar en cuenta ciertas variables para lograr la excelencia, el buen clima organizacional y la competitividad empresarial, para lo cual es preciso contar con personal directivo que reúna las siguientes características: dinámicos, actualizados, con habilidades directivas, operativas y de gestión, conocimientos de administración y planeación estratégica, así como administración y dirección de talento humano, siempre proactivo al cambio organizacional y tecnológico, para que se convierta en vehículo que potencia la creatividad, la innovación y el desarrollo sustentable. Sin embargo, por desconocer esas características de gestión o habilidades directivas que son propias de los líderes, esa ignorancia puede ser la causa de algunos problemas administrativos y de competitividad en las mypes, lo que genera algunas consecuencias en la transición de una economía local y proteccionista a un mercado libre y globalizado (Naranjo, 2015).

Niebles-Núñez, Torres-Anillo y Montenegro-Rada (2020) establecen que las habilidades directivas comprenden el proceso de la gerencia, estas son: planificar, organizar, dirigir, ejecutar y controlar que, a su vez, constituyen el conjunto de destrezas, cualidades, competencias, conocimientos, acciones, experiencias y capacidades que inciden en el efectivo desempeño del rol gerencial, al contribuir al logro de objetivos y metas organizacionales, asimismo, representan la implementación práctica por la acción del conocimiento adquirido académicamente o por

experiencias a través del proceso de aprendizaje. Es por ello que, en los últimos años, las habilidades directivas desempeñan un papel muy importante en la satisfacción de los colaboradores en las empresas a nivel mundial, pues se ha demostrado que la manera o particularidad en que los directivos lideran a sus equipos generan una repercusión directa en su satisfacción y, por ende, en su desempeño laboral (Moreno & Wong, 2018).

Paredes-Zempual, Ibarra-Morales y Moreno-Freites (2021) adoptan otra perspectiva, sostienen que el buen desempeño de la empresa está en función de las habilidades directivas y el buen clima organizacional, sobre todo en este tiempo donde las empresas se encuentran inmersas en un proceso de globalización y de rápidos cambios que demanda líderes más preparados en actitudes y aptitudes, capaces de administrar de manera eficaz y eficiente los procesos y procedimientos, tanto administrativos como operativos, comprometidos con la rentabilidad de la organización.

El clima organizacional es observado y analizado por las empresas con el fin de mantenerlo en niveles positivos y, de esa forma, estimular la productividad de los empleados, motivo por el cual las empresas buscan los elementos y condiciones necesarias que puedan incidir de forma positiva en el clima organizacional, ya que existen estudios empíricos que así lo demuestran, en otras palabras, un mejor clima organizacional en la empresa se traduce en mejores resultados en los ámbitos financieros, administrativos y productivos (Alegría-Zebadúa & Alarcón-Martínez, 2022).

Whetten y Cameron (2016) clasifican las habilidades en tres grandes grupos: personales, interpersonales y grupales, mismas que en su conjunto aportan al éxito de una administración eficaz y centrada en los logros financieros, pero también de posición competitiva. En este sentido, para el presente estudio se han seleccionado como habilidades directivas las siguientes: negociación, toma de decisiones, liderazgo, comunicación y trabajo en equipo, ya que predominan en la literatura y en los diferentes modelos conceptuales, además de ser las más importantes para Whetten y Cameron. Adicionalmente, se ha seleccionado como variable el 'clima organizacional' debido al impacto y la importancia que ostenta para las mypes. Las definiciones conceptuales para cada una de las variables se muestran en la tabla 6.2.

Tabla 6.2. Definición conceptual de las variables.

Variable	Definición conceptual
Negociación	Presentar y discutir propuestas comunes con el propósito de llegar a un acuerdo en un marco de interés común (Álvarez-Vásquez, et al., 2018).
Toma de decisiones	Decidir por una alternativa que requiere atender situaciones planificadas o de incertidumbre entre un abanico de varias opciones (Ávila-Morales et al., 2022).
Liderazgo	Lograr la motivación de los colaboradores mediante la promoción de conductas positivas que reditúan en mejores niveles de desempeño laboral para la empresa (Rojero-Jiménez, Gómez-Romero & Quintero-Robles, 2019).
Comunicación	Recibir y transmitir mensajes oportunos y unívocos, independientemente del canal o la forma de comunicación, lo cual facilita la emisión y recepción de los mensajes que se producen entre los miembros de la organización y su entorno, facilitando el alcance de los objetivos y metas que establecen los miembros de la organización (Puga-Villarreal & Martínez-Cerna, 2008).
Trabajo en equipo	Fomentar la colaboración conjunta entre los integrantes que conforman un equipo de trabajo, a través del talento individual, la comunicación, las competencias y las fortalezas de cada uno en su relación con los demás, para lograr el cumplimiento de un objetivo común (Viamontes & Oliva, 2015).
Clima organizacional	Variable que media entre el contexto de una organización y la conducta de sus empleados o miembros, desde la perspectiva del cómo ellos experimentan el trabajo en sus empresas (King, Hebl, George & Matusik, 2010).

Fuente: elaboración propia.

METODOLOGÍA

El presente trabajo de investigación ha sido propuesto por la Red de Estudios Latinoamericanos en Administración y Negocios (RELAYN, 2023), la cual consiste en conceptualizar la micro y pequeña empresa (mype) como una serie de elementos de entradas, procesos y salidas enmarcados en un ambiente que influye en el clima organizacional de las mypes, según la percepción del director, considerado como la persona que toma la mayor parte de las decisiones. Este estudio tiene un enfoque cuantitativo de diseño transversal de tipo causal.

Se realizó un muestreo probabilístico aleatorio simple con las mypes de San Francisco de los Romo, Aguascalientes, México, cuya cantidad de empleados se encuentra en el rango de 1 a 50, con un nivel de confianza del 95 %, un margen de error del ±5 % y una probabilidad estimada de p=0.5 (50 %). Se obtuvieron de la muestra aplicada un total de 310 encuestas válidas en el periodo del 01 de marzo al 30 de abril de 2023. Se utilizó un instrumento de medición tipo encuesta, la cual fue dirigida a los propietarios, directores o gerentes de las mypes, para lo cual sirvió la asistencia de estudiantes universitarios que previamente fueron capacitados para aplicar la encuesta.

Características de la muestra son:

El 41.6 % de la muestra fueron del sexo biológico femenino y el restante 58.4 % masculino. La edad de los sujetos tiene un rango de 19 a 76 años, con un promedio de 42 años y una moda de 45 años. El 18.7 % de los empresarios tienen estudios de nivel superior, seguido de un 49.7 % con nivel media superior, 29.4 % con educación básica. En cuanto a estado civil predominan los casados con un 69.7 % seguidos de los solteros con 17.4 %.

La mayoría de los negocios 81 % pertenecen al giro comercial, un 15.5 % a la prestación de servicios y sólo 3.5 % a la producción de manufacturas, la antigüedad del 16.1 %de los negocios es menor a 3 años. Los empleos que ofrecen están en el rango de 1 a 30 trabajadores, de las empresas el 92.6 % emplea de 1 a 10 trabajadores y el 89 % tienen en su plantilla de 1 a 10 mujeres y en el 73.2 % colaboran de 1 a 5 familiares del propietario.

Alineado al objetivo general de la investigación y a la revisión de la literatura, se plantean las siguientes hipótesis:

H0: Las habilidades directivas no inciden en el clima organizacional de la mype.
H1: Las habilidades directivas inciden en el clima organizacional de la mype.

En cuanto al instrumento de medición, éste se integró por seis partes o bloques. El primero de ellos, con datos que abordan aspectos generales de la empresa: tamaño de la empresa, personal ocupado, así como información sobre los ingresos y gastos. La segunda parte aborda los datos del directivo y el tiempo destinado a las labores de la empresa. La tercera parte se refiere a los insumos del sistema: recursos humanos, análisis del mercado y proveedores. En una cuarta parte del instrumento de medición se exponen los procesos del sistema: dirección, gestión de ventas, finanzas, innovación, mercadotecnia, producción-operación. La quinta parte estuvo integrada por los resultados del sistema: satisfacción del sistema, ventaja competitiva, RSC-Asuntos de ISO 26000, valoración del entorno y, por último, la sexta parte quedó integrada por los dos temas anuales de investigación: a) el trabajo decente desde la perspectiva directiva y b) el impacto de las habilidades directivas (negociación, toma de decisiones, liderazgo, comunicación, trabajo en equipo) sobre el clima organizacional. Para las secciones comprendidas del tercer al sexto bloque se emplea una escala de Likert de cinco puntos, los cuales van de 'No sé / No aplica' (1) a 'muy de acuerdo' (5).

RESULTADOS

Por el tamaño de la muestra, es pertinente tomar los valores con ciertas reservas, ya que pueden adolecer de significancia estadística.

Las seis variables muestran consistencia interna del instrumento mediante el análisis del alfa de Cronbach de las variables objeto de estudio, de la misma forma se analiza la correlación que tienen con el clima organizacional como se muestra en la tabla 6.3.

Tabla 6.3. Alfa de Cronbach y correlación de las variables.

Variables	Correlación con clima	Cronbach	Media	Desviación Estándar
Negociación	0.507	0.828	4.397	0.499
Toma de decisiones	0.382	0.870	4.368	0.531
Liderazgo	0.516	0.899	4.457	0.494
Comunicación	0.402	0.888	4.502	0.446
Trabajo en equipo	0.476	0.894	4.495	0.469
Clima Organizacional	1	0.867	4.476	0.472

Fuente: Elaboración propia utilizando RStudio (R Core Team, 2022).

Se procede a realizar el modelo estructural del instrumento en la figura 6.4, el ajuste absolutorio muestra el error cuadrático medio de aproximación (RMSEA) es de 0.022 y el residuo cuadrático medio estandarizado (SRMR) es de 0.058, en ambos casos se consideran aceptables, en el ajuste comparativo (CFI) muestra un resultado de 0.998 y el índice de Tucker-Lewis (TLI) de 0.998 consideramos ajustes óptimos.

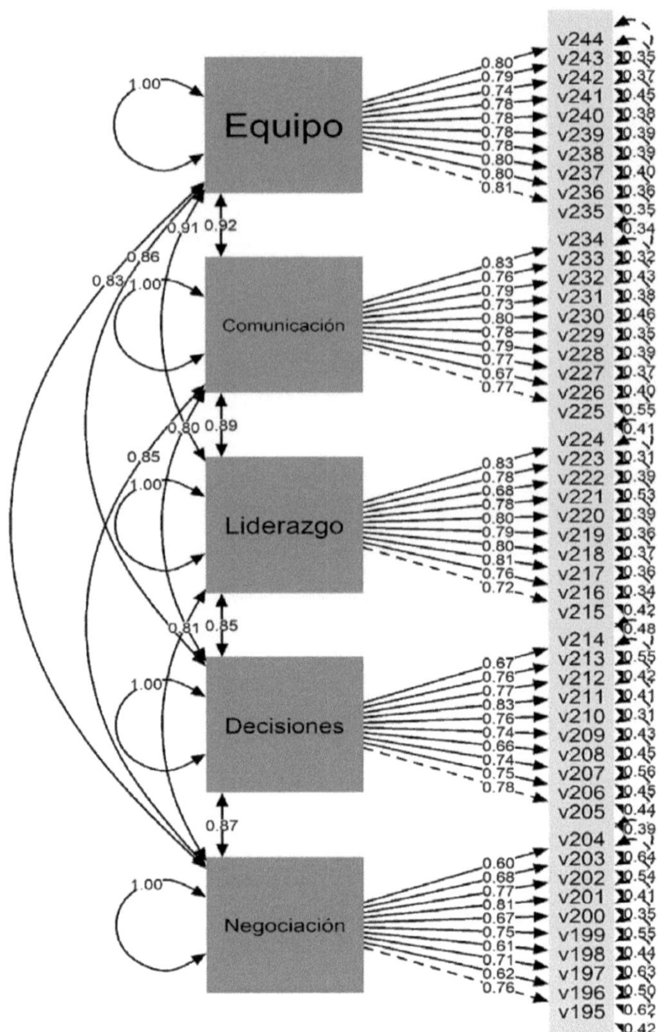

Figura 6.4. Resultado del modelo estructural.

Fuente: Elaboración propia utilizando RStudio (R Core Team, 2022).

Partiendo de la información cuantitativa del estudio se establece el modelo estructural (Figura 6.4), donde se muestra la dirección de las relaciones entre las diversas variables y el efecto que causan. El modelo plantea la existencia de cinco variables endógenas con una relación causal recíproca (trabajo en equipo, comunicación, liderazgo, toma de decisiones y negociación). Las cinco variables tienen una relación causal directa con los ítems que conforman la variable, en todos los casos el grado de significancia fue <0.05 (los resultados se muestran en la Figura 6.4) dando un correcto ajuste del modelo (Bentler & Bonett, 1980; Martínez et al., 2012).

Con el objetivo de medir el impacto que tienen las habilidades directivas sobre el clima organizacional de la mype se realiza la siguiente regresión lineal, donde el clima organizacional es la variable dependiente y las variables independientes son negociación, toma de decisiones, liderazgo, comunicación y trabajo en equipo. Al final se sustituyen los valores tal y como se observa en la tabla 6.5.

Fórmula:

y = clima = constante + negociación + toma de decisiones + liderazgo + comunicación + trabajo en equipo.

Tabla 6.5. Regresión lineal.

Fórmula: lm(fórmula = clima ~ negociación + toma de decisiones + liderazgo + comunicación + trabajo en equipo)				
		Residuales		
Min	1Q	Mediana	3Q	Max
-1.42269	-0.11770	0.05764	0.13531	1.22050
Coeficientes	**Estimado**	**Std. Error**	**T-valor**	**P-valor**
(Clima/Intercept)	0.54303	0.17307	3.138	0.00187
Negociación	0.11073	0.05173	2.141	0.03310
Toma de decisiones	0.04647	0.05170	0.899	0.36939
Liderazgo	0.16075	0.05925	2.713	0.00704
Comunicación	0.17055	0.06696	2.547	0.01135
Trabajo en equipo	0 0.39136	0.06755	5.794	1.72e-08

Signif. codes: 0 '***' 0.001 '**' 0.01 '*' 0.05 '.' 0.1 ' ' 1
Residual standard error: 0.2849 on 304 degrees of freedom
Multiple R-squared: 0.641, Adjusted R-squared: 0.635
F-statistic: 108.5 on 5 and 304 DF, p-value: < 2.2e-16
Fuente: Elaboración propia utilizando RStudio (R Core Team, 2022).

Para poder medir el impacto, se multiplica el valor estimado de cada una de las variables independientes (tabla 6.5) por su media (tabla 6.3).

y=0.54303 + (0.11073 * 4.397) + (0.04647 * 4.368) + (0.16075 * 4.457) + (0.17055 * 4.502) + (0.39136 * 4.495)

Resolvemos la ecuación:

y=0.54303+0.4868798+0.202981+0.7164628+0.7678161+1.7591632
y=4.4763328

Se observa que la variable que tiene un mayor impacto es trabajo en equipo con 1.7591632, mientras que la de menor impacto es toma de decisiones con 0.202981. El impacto total que tienen las habilidades directivas sobre el clima organizacional es de 4.4763328.

DISCUSIÓN

Al revisar la tabla 6.3, se observa, en primer lugar, que la información de todas las habilidades contempladas es consistente o fiable internamente, considerando el coeficiente alfa de Cronbach, con valores en todos los casos superiores a 0.70 (el dato más bajo es 0.828).

El análisis del modelo estructural de la tabla 6.4 muestra resultados que indican que hay un buen ajuste en los datos y que éstos son óptimos.

Esto lleva a la revisión del modelo de regresión de la tabla 6.5, la cual explica si las habilidades de los directivos de las mypes de San Francisco de los Romo, Aguascalientes, inciden en el clima organizacional de las empresas de este municipio. En esta tabla, se muestran las habilidades directivas consideradas para el modelo con sus coeficientes de regresión. Se observa que todas las variables tienen un coeficiente de regresión positivo, por lo que todas suman al clima organizacional, aunque de manera distinta. Tal como se comenta en los resultados, la variable de mayor impacto es trabajo en equipo; esto se refuerza con el valor p más bajo y el mayor coeficiente de regresión, y la de menor impacto es toma de decisiones con el valor p más alto y el menor coeficiente de regresión.

Adicionalmente, las variables negociación, liderazgo, comunicación y trabajo en equipo arrojan valores de p menores a 0.05, lo que indica que estas habilidades son relevantes para el modelo; es decir, son relevantes en la determinación del clima organizacional de las empresas de San Francisco de los Romo, Aguascalientes. En cambio, la variable toma de decisiones arroja un valor p de 0.36939, lo que hace que esta habilidad no sea relevante para la determinación del clima organizacional.

Con esto, se rechaza H_0 y se acepta H_1, además se afirma que las habilidades directivas de los directores de mypes del municipio de San Francisco de los Romo inciden en el clima organizacional.

Dada la vulnerabilidad de las mypes en el país, aunque se detectan habilidades importantes para la determinación del clima organizacional, se hace necesario el desarrollo de programas que impulsen estas habilidades en los directivos y, con ello, se fortalezca tanto su uso como el impacto en el clima organizacional, así como en muchos otros aspectos del ámbito empresarial.

REFERENCIAS

Aburto, H.I. & Bonales, J. (2011). Habilidades directivas: *Determinantes en el clima organizacional. Investigación y Ciencia,* 19(51), 41–49.

Alegría-Zebadúa, R.M., & Alarcón-Martínez, G. (2022). Marco teórico e instrumento de medición de las habilidades gerenciales y clima organizacional en *Instituciones Bancarias de México. Vinculatégica,* 7(1). https://doi.org/10.29105/vtga7.1-82

Álvarez-Vásquez, C.A., Rivera-Vera, H.F., Conforme-Cedeño, G.M., Campoverde-Flores, F.K., Sornoza-Parrales, D.R., & Merchán-Nieto, L. (2018). Los procesos, las técnicas de negociación y la tecnología. 3Ciencias. Economía, Organización y Ciencias Sociales. *Editorial Área de Innovación y Desarrollo,* S.L. https://doi.org/10.17993/ecoorgycso.2018.41

Ávila-Morales, H., Palumbo-Pinto, G.B., De la Cruz-Ríos, H.A., & Ogosi-Auqui, J.A. (2022). Toma de decisiones estratégicas en la gestión pública para el desarrollo social. *Revista Venezolana de Gerencia,* 27(Edición Especial 7), 648–662. https://doi.org/10.52080/rvgluz.27.7.42

Bentler, P. M., & Bonett, D. G. (1980). Significance Tests and Goodness of Fit in the Analysis of Covariance Structures. *In Psychological Bulletin* (Vol. 88, Issue 3).

Brunet, L. (2007). El clima de trabajo en las organizaciones. Definición, diagnóstico y consecuencias. *Editorial Trillas.*

Busro, M. (2018). Teori-teori Manajemen Sumber Daya Manusia. *Jakart*a. PrenadaMedia.

Dini, M. & Stumpo, G. (2020). MiPyMEs en América Latina: un frágil desempeño y nuevos desafíos para las políticas de fomento. Documentos de Proyectos (LC/TS.2018/75/Rev.1), Santiago. *Comisión Económica para América Latina y el Caribe (CEPAL).*

Forbes (2021). Inclusión digital: el futuro de las MyPEs. *Forbes Content.* https://www.forbes.com.mx/ad-inclusion-digital-futuro-mypes-mexico-visa/

Ibarra-Morales, L.E., Paredes-Zempual, D., & Carrillo-Cisneros, E. (2022). Impacto del COVID-19 en las variables que determinan la competitividad de las micro, pequeñas y medianas empresas mexicanas. *Revista RELAYN. Micro y Pequeña Empresa en Latinoamérica,* 6(1), 7–22. https://doi.org/10.46990/relayn.2022.6.1.532

Instituto Nacional de Estadística y Geografía (Inegi) (2020). *Censo de población y vivienda 2020.* https://www.inegi.org.mx/programas/ccpv/2020/

King, E.B., Helb, M.R., George, J.M. & Matusik, S.F. (2010). Understanding tokenism: Antecedents and consequences of a psychological climate of gender inequity. *Journal of Management,* 36(2), 482–510. https://doi.org/10.1177/0149206308328508

Leyva-Carreras, A.B., Cavazos-Arroyo, J., & Espejel-Blanco, J.E. (2018). Influencia de la planeación estratégica y habilidades gerenciales como factores internos de la competitividad empresarial de las Pymes. *Contaduría y Administración,* 63(3), 41. https://doi.org/10.22201/fca.24488410e.2018.1085

Leyva-Carreras, A.B., Espejel-Blanco, J.E., & Cavazos-Arroyo, J. (2017). Habilidades gerenciales como estrategia de competitividad empresarial en las pequeñas y medianas empresas (Pymes). *Revista Perspectiva Empresarial,* 4(1), 7–22. https://doi.org/10.16967/rpe.v4n1a1

Martinez, E., García-Alandete, J., Selles, P., Bernabe, G., & Soucase, B. (2012). Análisis factorial confirmatorio de los principales modelos propuestos para el purpose-in-life test en una muestra de universitarios españoles. *Acta Colombiana de Psicología,* 67–76.

Mendoza-Vargas, E.Y., Villaroel-Puma, M.F. & Carranza-Quimi, W.D. (2020). Caracterización de los microemprendimientos de los sectores urbanos marginales de Quevedo. *Centro Sur. Social Science Journal.* 4(4), 1–23. https://doi.org/10.37955/cs.v4i1.40

Moreno, M. J., & Wong Aitken, H. G. (2019). Relación de las habilidades directivas y la satisfacción laboral en la empresa Chicken King de Trujillo, 2018. *Cuadernos Latinoamericanos de Administración,* 14(27), 1–17. https://doi.org/10.18270/cuaderlam.v14i27.2475

Naranjo, R. (2015). Management skills in leaders of mid-sized businesses of Colombia. *Revista Científica Pensamiento y Gestión,* 38, 119–146. https://doi.org/10.14482/pege.38.7703

Niebles-Núñez, L., Torres-Anillo, K. & Montenegro-Rada, A. (2020). Habilidades gerenciales como herramienta para el fortalecimiento del liderazgo transformacional en las mipymes. *Editorial Universidad del Atlántico.* https://repositorio.uniatlantico.edu.co/bitstream/handle/20.500.12834/1030/admin %2c %2bHABILIDADES %2bGERENCIALES %2bCOMO %2bHERRAMIENTA %2bEN %2bMIPYMES.pdf?sequence=1&isAllowed=y

Paredes-Zempual, D., Ibarra-Morales, L.E., & Moreno-Freites, Z.E. (2021). Habilidades directivas y clima organizacional en pequeñas y medianas empresas. *Investigación Administrativa,* 50–1, 1–23. https://doi.org/10.35426/iav50n127.05

Puga-Villarreal, J., & Martínez-Cerna, L. (2008). Competencias Directivas en Escenarios Globales. *Estudios Gerenciales,* 24(109), 87–103. https://doi.org/10.1016/s0123-5923(08)70054-8

R Core Team (2022). R: A language and environment for statistical computing. R *Foundation for Statistical Computing, Vienna, Austria.* URL https://www.R-project.org/

Red de Estudios Latinoamericanos en Administración y Negocios. (RELAYN) (2023). *Investigación anual,* N. Peña & O. Aguilar (coords.) https://relayn.redesla.la

Red de Estudios Latinoamericanos (RedesLA) (2023). *Investigaciones anuales.* https://redesla.la

Rojero-Jiménez, R., Gómez-Romero, J.G.I., & Quintero-Robles, L.M. (2019). El liderazgo transformacional y su influencia en los atributos de los seguidores en las Mipymes mexicanas. *Estudios Gerenciales,* 35(151), 178–189. https://doi.org/10.18046/j.estger.2019.151.3192

Vargas, B., & del Castillo, C. (2008). Competitividad sostenible de la pequeña empresa: Un modelo de promoción de capacidades endógenas para promover ventajas competitivas sostenibles y alta productividad. *Journal of Economics, Finance and Administrative Science,* 13(24), 59–80. https://www.redalyc.org/articulo.oa?id=360733604004

Viamontes, M.O., & Oliva, E.J.D. (2015). Las agrupaciones corales como estrategia de formación de competencias para trabajo en equipo en las organizaciones: una perspectiva comparativa. *Suma de Negocios,* 6(13), 92–97. https://doi.org/10.1016/j.sumneg.2015.08.008

Whetten, D. & Cameron, K. (2016). Desarrollo de habilidades directivas. México: *Editorial Prentice Hall.*

CAPÍTULO 7

Las habilidades directivas y el clima organizacional en las micro y pequeñas empresas de San José de Gracia, Aguascalientes, México

Management skills and the organizational climate in micro and small businesses in San José de Gracia, Aguascalientes, Mexico

ANA JAZMÍN GASPAR ORTEGA, LUIS CORTES DOMÍNGUEZ Y ANTONIO DÍAZ PALACIOS

Universidad Tecnológica de Aguascalientes

Resumen: El objetivo de la presente investigación es determinar el impacto que tienen las habilidades directivas sobre el clima organizacional en las micro y pequeñas empresas de Latinoamérica. Por el tamaño de la muestra, es pertinente tomar los valores con ciertas reservas, ya que pueden adolecer de significancia estadística. Se presenta un estudio cuantitativo, no experimental, de forma transversal y con un alcance causal. La pertinencia del estudio contribuye a la generación de conocimiento para el desarrollo de un modelo de gestión de la mype en América Latina que permita maximizar la productividad. Entre los principales resultados, podemos observar que la variable de la habilidad directiva liderazgo es la que tiene un mayor impacto en el clima organizacional, con 1.4465561.

Las organizaciones del siglo XXI afrontan un entorno dinámico y complejo caracterizado por la incertidumbre, debido a esto deben estar preparadas para dar respuesta a los cambios vertiginosos, a fin de cumplir sus objetivos y metas organizacionales, así como volverse más competitivas.

Otra problemática que enfrentan es la poca inversión en capacitación a sus directivos y gerentes, de modo que éstos puedan desarrollar sus habilidades directivas, lo que les permitiría contar con las herramientas necesarias al momento de tomar decisiones estratégicas de impacto en sus negocios mediante una visión diferente y más competitiva.

Abstract: The objective of this research is to determine the impact that management skills have on the organizational climate in micro and small companies in Latin America. Due to the size of the sample, it is pertinent to take the values with certain reservations, since they may suffer from statistical significance. A quantitative, non-experimental, cross-sectional study with a causal scope is presented. The relevance of the study contributes to the generation of knowledge for the development of a management model for mypes in Latin America that allows maximizing productivity. Among the main results, we can observe that the leadership management ability variable is the one that has the greatest impact on the organizational climate, with 1.4465561.

Organizations of the 21st century face a dynamic and complex environment characterized by uncertainty, due to which they must be prepared to respond to rapid changes, in order to meet their organizational objectives and goals, as well as become more competitive.

Another problem they face is the little investment in training their directors and managers, so that they can develop their managerial skills, which would allow them to have the necessary tools when making strategic decisions with an impact on their businesses through a different vision. and more competitive.

Palabras clave: clima organizacional, directiva, liderazgo, modelo de gestión y productividad.

INTRODUCCIÓN

De acuerdo con el último Censo Económico publicado por el Instituto Nacional de Estadística y Geografía (INEGI, 2020), 98.3 % del universo de unidades económicas está constituido por micro y pequeñas empresas, las cuales generan —al menos— el 55 % de los empleos y amasan el 39 % del Producto Interno Bruto (PIB) del país. Las microempresas están configuradas por aquellos negocios que tienen menos de 10 trabajadores y generan anualmente ventas hasta por 4 millones de pesos. Las pequeñas empresas son unidades económicas que emplean entre 11 y 50 trabajadores, generando ventas anuales que oscilan entre 4 y 100 millones de pesos (Mendoza-Vargas, Villaroel-Puma & Carranza-Quimi, 2020; Forbes, 2021).

Es importante mencionar que actualmente las mypes se enfrentan a múltiples retos y problemáticas, específicamente, el desarrollo de habilidades gerenciales o directivas por parte de los líderes cumple una labor fundamental en el clima organizacional para este tipo de empresas, al establecerse como un diferenciador con otras organizaciones (Busro, 2018). En esa perspectiva, la formación y el desarrollo de habilidades directivas del personal encargado de implementar estrategias y tomar decisiones son fundamentales, pues de ello depende que las mypes cumplan sus metas y objetivos estratégicos, lo cual permite a las organizaciones volverse más competitivas, pues propicia la formación de un clima organizacional donde

los empleados estén satisfechos con su organización (Aburto & Bonales, 2011; Brunet, 2007).

Derivado de la importancia que representa el desarrollo de habilidades directivas en los líderes que dirigen los esfuerzos estratégicos de las mypes, así como la importancia de contar con un buen clima organizacional, se plantean las siguientes preguntas de investigación: ¿cuáles habilidades directivas tienen repercusión en el clima organizacional de las mypes?, ¿cuál es el clima organizacional que predomina en las mypes?

Para cumplir con lo anterior, el objetivo de la investigación es determinar el grado de asociación entre las habilidades directivas y el clima organizacional de las micro y pequeñas empresas, lo cual permitirá conocer con mayor precisión las habilidades directivas que los gerentes o mandos medios deben desarrollar para que prevalezca un clima organizacional satisfactorio entre los empleados al interior de las mypes. En ese sentido, las mypes podrán determinar si éstas son las causales de un clima organizacional adecuado o inconveniente, lo que, a su vez, permitirá diseñar programas de capacitación para sus líderes y, con ello, generar información que contribuya —si es el caso— a resolver el problema o mantener y fortalecer lo que se tiene.

Los diferentes análisis estadísticos correlacionales entre las variables del estudio permitirán identificar si las habilidades directivas son la causa principal del clima organizacional que prevalece en las mypes. Lo anterior será de gran apoyo en la búsqueda de factores endógenos diferenciados que permita a las mypes obtener ventajas competitivas sostenibles, ya que, si bien es cierto, una mejor gestión empresarial no es suficiente para lograr ser más competitivas, sino que está determinada por otros factores internos como un buen clima organizacional y el desarrollo de habilidades directivas (Vargas & Del Castillo, 2008).

REVISIÓN DE LA LITERATURA

Las organizaciones del siglo XXI afrontan un entorno dinámico y complejo caracterizado por la incertidumbre, debido a esto deben estar preparadas para dar respuesta a los cambios vertiginosos, en aras de cumplir sus objetivos y metas organizacionales así como volverse más competitivas. Las micro y pequeñas empresas (mypes) también deben responder a ese contexto, sin embargo, las características estructurales de su magnitud las coloca en desventaja respecto a la gran empresa, misma que tiene a su disposición una mayor cantidad de recursos y capacidades. El tema aquí analizado ha obtenido gran relevancia en los rubros de la investigación y las políticas públicas recientemente, lo cual ha permitido una mejora de determinados aspectos directamente vinculados con la competitividad de las empresas (Leyva-Carreras, Cavazos-Arroyo & Espejel-Blanco, 2018).

La situación actual de las mypes es compleja —aun siendo una parte fundamental del aparato económico a nivel mundial—, presenta una serie de desafíos y retos, enfrenta diversos obstáculos que limitan su capacidad de crecimiento y desarrollo. Uno de los principales problemas que enfrentan estas empresas es la falta de acceso al financiamiento, ya que esto restringe su capacidad para invertir en innovación, en maquinaria y equipos, software y tecnologías digitales; así como en la capacitación y adiestramiento para sus empleados. Otra problemática a la cual se enfrentan es la poca inversión en capacitación a sus directivos y gerentes, de modo que éstos puedan desarrollar sus habilidades directivas, permitiéndoles contar con las herramientas necesarias al momento de tomar decisiones estratégicas de impacto en sus portafolios de negocios, a través de una visión diferente y más competitiva, no sólo a nivel local, sino a niveles superiores en la configuración y escala del negocio.

Es importante destacar que la pandemia por el Covid-19 tuvo un impacto significativo en las mypes debido a que muchas de ellas tuvieron que cerrar de forma temporal o permanente. Las restricciones de movimiento y confinamiento social provocaron una disminución significativa en la demanda de productos y servicios (Ibarra-Morales, Paredes-Zempual & Carrillo-Cisneros, 2022). Para dimensionar y tener una mejor visión de la magnitud de la presencia e importancia de las mypes en Latinoamérica, Dini y Stumpo (2021) realizan una clasificación tomando como parámetros el sector y el tamaño de la empresa (tabla 7.1.).

Tabla 7.1. Clasificación de acuerdo con el sector y tamaño de la empresa.

Sector	Micro empresa	Pequeña empresa
Agricultura, ganadería, caza, silvicultura y pesca	80 %	16 %
Explotación de minas y canteras	68 %	23 %
Industria manufacturera	82 %	14 %
Suministro de electricidad, gas y agua	70 %	20 %
Construcción	76 %	19 %
Comercio al por mayor y menor	92 %	07 %
Hoteles y restaurantes	89 %	10 %
Transporte, almacenamiento y comunicaciones	83 %	13 %
Intermediación financiera	81 %	14 %
Actividades inmobiliarias, empresariales y de alquiler	87 %	10 %
Enseñanza	76 %	19 %
Servicios sociales y de salud	89 %	09 %
Otras actividades comunitarias, sociales y personales	95 %	04 %
Total	**88.4 %**	**09.6 %**

Fuente: elaboración propia a partir de Dini & Stumpo (2021).

Leyva-Carreras, Espejel-Blanco y Cavazos-Arroyo (2017) destacan que el director o gerente de una mype debe tomar en cuenta ciertas variables para lograr la excelencia, el buen clima organizacional y la competitividad empresarial, para lo cual es preciso contar con personal directivo que reúna las siguientes características: dinámicos, actualizados, con habilidades directivas, operativas y de gestión, conocimientos de administración y planeación estratégica, así como administración y dirección de talento humano, siempre proactivo al cambio organizacional y tecnológico, para que se convierta en vehículo que potencia la creatividad, la innovación y el desarrollo sustentable. Sin embargo, por desconocer esas características de gestión o habilidades directivas que son propias de los líderes, esa ignorancia puede ser la causa de algunos problemas administrativos y de competitividad en las mypes, lo que genera algunas consecuencias en la transición de una economía local y proteccionista a un mercado libre y globalizado (Naranjo, 2015).

Niebles-Núñez, Torres-Anillo y Montenegro-Rada (2020) establecen que las habilidades directivas comprenden el proceso de la gerencia, estas son: planificar, organizar, dirigir, ejecutar y controlar que, a su vez, constituyen el conjunto de destrezas, cualidades, competencias, conocimientos, acciones, experiencias y capacidades que inciden en el efectivo desempeño del rol gerencial, al contribuir al logro de objetivos y metas organizacionales, asimismo, representan la implementación práctica por la acción del conocimiento adquirido académicamente o por experiencias a través del proceso de aprendizaje. Es por ello que, en los últimos años, las habilidades directivas desempeñan un papel muy importante en la satisfacción de los colaboradores en las empresas a nivel mundial, pues se ha demostrado que la manera o particularidad en que los directivos lideran a sus equipos generan una repercusión directa en su satisfacción y, por ende, en su desempeño laboral (Moreno & Wong, 2018).

Paredes-Zempual, Ibarra-Morales y Moreno-Freites (2021) adoptan otra perspectiva, sostienen que el buen desempeño de la empresa está en función de las habilidades directivas y el buen clima organizacional, sobre todo en este tiempo donde las empresas se encuentran inmersas en un proceso de globalización y de rápidos cambios que demanda líderes más preparados en actitudes y aptitudes, capaces de administrar de manera eficaz y eficiente los procesos y procedimientos, tanto administrativos como operativos, comprometidos con la rentabilidad de la organización.

El clima organizacional es observado y analizado por las empresas con el fin de mantenerlo en niveles positivos y, de esa forma, estimular la productividad de los empleados, motivo por el cual las empresas buscan los elementos y condiciones necesarias que puedan incidir de forma positiva en el clima organizacional, ya que existen estudios empíricos que así lo demuestran, en otras palabras, un mejor clima organizacional en la empresa se traduce en mejores resultados en los ámbitos financieros, administrativos y productivos (Alegría-Zebadúa & Alarcón-Martínez, 2022).

Whetten y Cameron (2016) clasifican las habilidades en tres grandes grupos: personales, interpersonales y grupales, mismas que en su conjunto aportan al éxito de una administración eficaz y centrada en los logros financieros, pero también de posición competitiva. En este sentido, para el presente estudio se han seleccionado como habilidades directivas las siguientes: negociación, toma de decisiones, liderazgo, comunicación y trabajo en equipo, ya que predominan en la literatura y en los diferentes modelos conceptuales, además de ser las más importantes para Whetten y Cameron. Adicionalmente, se ha seleccionado como variable el 'clima organizacional' debido al impacto y la importancia que ostenta para las mypes. Las definiciones conceptuales para cada una de las variables se muestran en la tabla 7.2.

Tabla 7.2. Definición conceptual de las variables.

Variable	Definición conceptual
Negociación	Presentar y discutir propuestas comunes con el propósito de llegar a un acuerdo en un marco de interés común (Álvarez-Vásquez, et al., 2018).
Toma de decisiones	Decidir por una alternativa que requiere atender situaciones planificadas o de incertidumbre entre un abanico de varias opciones (Ávila-Morales et al., 2022).
Liderazgo	Lograr la motivación de los colaboradores mediante la promoción de conductas positivas que reditúan en mejores niveles de desempeño laboral para la empresa (Rojero-Jiménez, Gómez-Romero & Quintero-Robles, 2019).
Comunicación	Recibir y transmitir mensajes oportunos y unívocos, independientemente del canal o la forma de comunicación, lo cual facilita la emisión y recepción de los mensajes que se producen entre los miembros de la organización y su entorno, facilitando el alcance de los objetivos y metas que establecen los miembros de la organización (Puga-Villarreal & Martínez-Cerna, 2008).
Trabajo en equipo	Fomentar la colaboración conjunta entre los integrantes que conforman un equipo de trabajo, a través del talento individual, la comunicación, las competencias y las fortalezas de cada uno en su relación con los demás, para lograr el cumplimiento de un objetivo común (Viamontes & Oliva, 2015).
Clima organizacional	Variable que media entre el contexto de una organización y la conducta de sus empleados o miembros, desde la perspectiva del cómo ellos experimentan el trabajo en sus empresas (King, Hebl, George & Matusik, 2010).

Fuente: elaboración propia.

METODOLOGÍA

El presente trabajo de investigación ha sido propuesto por la Red de Estudios Latinoamericanos en Administración y Negocios (RELAYN, 2023), la cual consiste en conceptualizar la micro y pequeña empresa (mype) como una serie de elementos de entradas, procesos y salidas enmarcados en un ambiente que influye en el clima organizacional de las mypes, según la percepción del director, considerado como la persona que toma la mayor parte de las decisiones. Este estudio tiene un enfoque cuantitativo de diseño transversal de tipo causal.

Se realizó un muestreo probabilístico aleatorio simple con las mypes de San José de Gracia, Aguascalientes, México, cuya cantidad de empleados se encuentra en el rango de 1 a 50, con un nivel de confianza del 95 %, un margen de error del ±5 % y una probabilidad estimada de p=0.5 (50 %). Se obtuvieron de la muestra aplicada un total de 201 encuestas válidas en el periodo del 01 de marzo al 30 de abril de 2023. Se utilizó un instrumento de medición tipo encuesta, la cual fue dirigida a los propietarios, directores o gerentes de las mypes, para lo cual sirvió la asistencia de estudiantes universitarios que previamente fueron capacitados para aplicar la encuesta.

Características de la muestra son:

El 36.3 % de la muestra fueron del sexo biológico femenino y el restante 63.7 % masculino. La edad de los sujetos tiene un rango de 19 a 78 años, con un promedio de 43 años y una moda de 40 años. El 17.9 % de los empresarios tienen estudios de nivel superior, seguido de un 38.8 % con nivel media superior, 38.3 % con educación básica. En cuanto a estado civil predominan los casados con un 67.2 % seguidos de los solteros con 21.9 %.

La mayoría de los negocios 75.1 % pertenecen al giro comercial, un 20.4 % a la prestación de servicios y sólo 4.5 % a la producción de manufacturas, la antigüedad del 18.4 %de los negocios es menor a 3 años. Los empleos que ofrecen están en el rango de 1 a 50 trabajadores, de las empresas el 97 % emplea de 1 a 10 trabajadores y el 78.6 % tienen en su plantilla de 1 a 10 mujeres y en el 65.7 % colaboran de 1 a 5 familiares del propietario.

Alineado al objetivo general de la investigación y a la revisión de la literatura, se plantean las siguientes hipótesis:

H0: Las habilidades directivas no inciden en el clima organizacional de la mype.

H1: Las habilidades directivas inciden en el clima organizacional de la mype.

En cuanto al instrumento de medición, éste se integró por seis partes o bloques. El primero de ellos, con datos que abordan aspectos generales de la empresa: tamaño de la empresa, personal ocupado, así como información sobre los ingresos y gastos. La segunda parte aborda los datos del directivo y el tiempo destinado a las labores de la empresa. La tercera parte se refiere a los insumos del sistema: recursos humanos, análisis del mercado y proveedores. En una cuarta parte del instrumento de medición se exponen los procesos del sistema: dirección, gestión de ventas, finanzas, innovación, mercadotecnia, producción-operación. La quinta parte estuvo integrada por los resultados del sistema: satisfacción del sistema, ventaja competitiva, RSC-Asuntos de ISO 26000, valoración del entorno y, por último, la sexta parte quedó integrada por los dos temas anuales de investigación: a) el trabajo decente desde la perspectiva directiva y b) el impacto de las habilidades directivas (negociación, toma de decisiones, liderazgo, comunicación, trabajo en equipo) sobre el clima organizacional. Para las secciones comprendidas del tercer al sexto bloque se emplea una escala de Likert de cinco puntos, los cuales van de 'No sé / No aplica' (1) a 'muy de acuerdo' (5).

RESULTADOS

Por el tamaño de la muestra, es pertinente tomar los valores con ciertas reservas, ya que pueden adolecer de significancia estadística.

Las seis variables muestran consistencia interna del instrumento mediante el análisis del alfa de Cronbach de las variables objeto de estudio, de la misma forma se analiza la correlación que tienen con el clima organizacional como se muestra en la tabla 7.3.

Tabla 7.3. Alfa de Cronbach y correlación de las variables.

Variables	Correlación con clima	Cronbach	Media	Desviación Estándar
Negociación	0.501	0.831	4.275	0.546
Toma de decisions	0.45	0.920	4.234	0.723
Liderazgo	0.3	0.899	4.414	0.528
Comunicación	0.456	0.916	4.374	0.569
Trabajo en equipo	0.461	0.928	4.352	0.653
Clima Organizacional	1	0.915	4.378	0.602

Fuente: Elaboración propia utilizando RStudio (R Core Team, 2022).

Se procede a realizar el modelo estructural del instrumento en la figura 7.4, el ajuste absolutorio muestra el error cuadrático medio de aproximación (RMSEA) es de 0 y el residuo cuadrático medio estandarizado (SRMR) es de 0.061, en ambos casos se consideran aceptables, en el ajuste comparativo (CFI) muestra un resultado de 1 y el índice de Tucker-Lewis (TLI) de 1.003 consideramos ajustes óptimos.

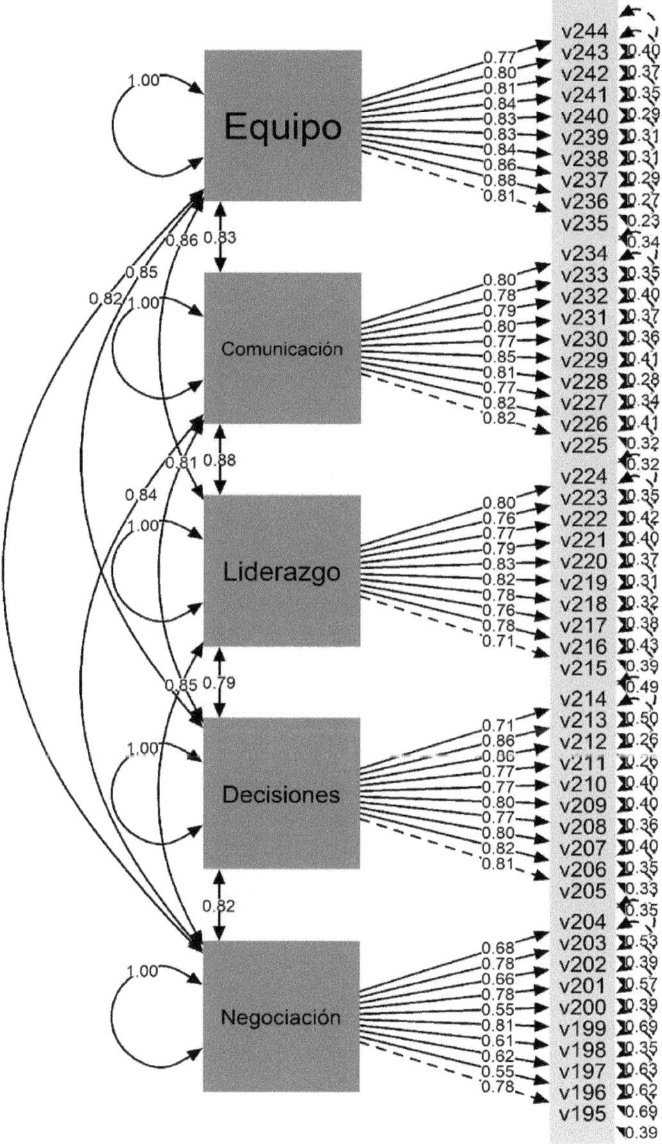

Figura 7.4. Resultado del modelo estructural.

Fuente: Elaboración propia utilizando RStudio (R Core Team, 2022).

Partiendo de la información cuantitativa del estudio se establece el modelo estructural (Figura 7.4), donde se muestra la dirección de las relaciones entre las diversas variables y el efecto que causan. El modelo plantea la existencia de cinco variables endógenas con una relación causal recíproca (trabajo en equipo, comunicación, liderazgo, toma de decisiones y negociación). Las cinco variables tienen una relación causal directa con los ítems que conforman la variable, en todos los casos el grado de significancia fue <0.05 (los resultados se muestran en la Figura 7.4) dando un correcto ajuste del modelo (Bentler & Bonett, 1980; Martínez et al., 2012)

Con el objetivo de medir el impacto que tienen las habilidades directivas sobre el clima organizacional de la mype se realiza la siguiente regresión lineal, donde el clima organizacional es la variable dependiente y las variables independientes son negociación, toma de decisiones, liderazgo, comunicación y trabajo en equipo. Al final se sustituyen los valores tal y como se observa en la tabla 7.5.

Fórmula:

y = clima = constante + negociación + toma de decisiones + liderazgo + comunicación + trabajo en equipo.

Tabla 7.5. Regresión lineal.

Fórmula: lm(fórmula = clima ~ negociación + toma de decisiones + liderazgo + comunicación + trabajo en equipo)				
		Residuales		
Min	**1Q**	**Mediana**	**3Q**	**Max**
-1.42138	-0.14442	0.00065	0.18375	0.73686
Coeficientes	**Estimado**	**Std. Error**	**T-valor**	**P-valor**
(Clima/Intercept)	0.1105182	0.2177309	0.508	0.61231
Negociación	0.1612561	0.0671864	2.400	0.01733
Toma de decisiones	0.0001348	0.0559319	0.002	0.99808
Liderazgo	0.3277161	0.0808566	4.053	7.30e-05
Comunicación	0.2099393	0.0753752	2.785	0.00588
Trabajo en equipo	0.2787201	0.0649995	4.288	2.83e-05

Signif. codes: 0 '***' 0.001 '**' 0.01 '*' 0.05 '.' 0.1 ' ' 1
Residual standard error: 0.3398 on 195 degrees of freedom
Multiple R-squared: 0.6896, Adjusted R-squared: 0.6816
F-statistic: 86.64 on 5 and 195 DF, p-value: < 2.2e-16
Fuente: Elaboración propia utilizando RStudio (R Core Team, 2022).

Para poder medir el impacto, se multiplica el valor estimado de cada una de las variables independientes (tabla 7.5) por su media (tabla 7.3).

y=0.11052 + (0.16126 * 4.275) + (1.3^{-4} * 4.234) + (0.32772 * 4.414) +
(0.20994 * 4.374) + (0.27872 * 4.352)

Resolvemos la ecuación:

y=0.11052+0.6893865+5.5042^{-4}+1.4465561+0.9182776+1.2129894
y=4.37828

Se observa que la variable que tiene un mayor impacto es liderazgo con 1.4465561 mientras que la de menor impacto es toma de decisiones con 5.5042^{—4}. El impacto total que tienen las habilidades directivas sobre el clima organizacional es de 4.37828.

DISCUSIÓN

Las organizaciones del siglo XXI afrontan un entorno dinámico y complejo caracterizado por la incertidumbre, debido a esto deben estar preparadas para dar respuesta a los cambios vertiginosos, a fin de cumplir sus objetivos y metas organizacionales, así como volverse más competitivas.

Otra problemática a la cual se enfrentan es la poca inversión en capacitación a sus directivos y gerentes, de modo que éstos puedan desarrollar sus habilidades directivas, lo que les permitiría contar con las herramientas necesarias al momento de tomar decisiones estratégicas de impacto en sus portafolios de negocios, mediante una visión diferente y más competitiva, no sólo en el ámbito local, sino en niveles superiores en la configuración y escala del negocio.

El modelo plantea la existencia de cinco variables endógenas con una relación causal recíproca (trabajo en equipo, comunicación, liderazgo, toma de decisiones y negociación).

Las cinco variables tienen una relación causal directa con los ítems que conforman la variable. En todos los casos, el grado de significancia fue <0.05 (los resultados se muestran en la figura 7.4), dando un correcto ajuste del modelo (Bentler & Bonett, 1980; Martínez et al., 2012).

Se puede concluir que la importancia del liderazgo es fundamental para realizar estas acciones, por lo que nuestra hipótesis H_1: Las habilidades directivas inciden en el clima organizacional de la mype se confirma con los resultados obtenidos, y ofrece un referente de las prioridades en la formación que se debe aplicar por medio de los diferentes apoyos a las medianas y pequeñas empresas de la región, además de la oportunidad para ofertar este tipo de capacitación formal.

Agradecemos a las empresas del municipio de San José de Gracia, Aguascalientes por su participación en el presente estudio, así como a todos los estudiantes que colaboraron en la investigación.

REFERENCIAS

Aburto, H.I. & Bonales, J. (2011). Habilidades directivas: Determinantes en el clima organizacional. *Investigación y Ciencia*, 19(51), 41–49.

Alegría-Zebadúa, R.M., & Alarcón-Martínez, G. (2022). Marco teórico e instrumento de medición de las habilidades gerenciales y clima organizacional en *Instituciones Bancarias de México. Vinculatégica,* 7(1). https://doi.org/10.29105/vtga7.1-82

Álvarez-Vásquez, C.A., Rivera-Vera, H.F., Conforme-Cedeño, G.M., Campoverde-Flores, F.K., Sornoza-Parrales, D.R., & Merchán-Nieto, L. (2018). Los procesos, las técnicas de negociación y la tecnología. 3Ciencias. Economía, Organización y Ciencias Sociales. *Editorial Área de Innovación y Desarrollo*, S.L. https://doi.org/10.17993/ecoorgycso.2018.41

Ávila-Morales, H., Palumbo-Pinto, G.B., De la Cruz-Ríos, H.A., & Ogosi-Auqui, J.A. (2022). Toma de decisiones estratégicas en la gestión pública para el desarrollo social. *Revista Venezolana de Gerencia*, 27(Edición Especial 7), 648–662. https://doi.org/10.52080/rvgluz.27.7.42

Bentler, P. M., & Bonett, D. G. (1980). Significance Tests and Goodness of Fit in the Analysis of Covariance Structures. *In Psychological Bulletin* (Vol. 88, Issue 3).

Brunet, L. (2007). El clima de trabajo en las organizaciones. Definición, diagnóstico y consecuencias. *Editorial Trillas.*

Busro, M. (2018). Teori-teori Manajemen Sumber Daya Manusia. Jakarta. *PrenadaMedia.*

Dini, M. & Stumpo, G. (2020). MiPyMEs en América Latina: un frágil desempeño y nuevos desafíos para las políticas de fomento. Documentos de Proyectos (LC/TS.2018/75/Rev.1), S*antiago. Comisión Económica para América Latina y el Caribe* (CEPAL).

Forbes (2021). Inclusión digital: el futuro de las MyPEs. *Forbes Content.* https://www.forbes.com.mx/ad-inclusion-digital-futuro-mypes-mexico-visa/

Ibarra-Morales, L.E., Paredes-Zempual, D., & Carrillo-Cisneros, E. (2022). Impacto del COVID-19 en las variables que determinan la competitividad de las micro, pequeñas y medianas empresas mexicanas. *Revista RELAYN. Micro y Pequeña Empresa en Latinoamérica,* 6(1), 7–22. https://doi.org/10.46990/relayn.2022.6.1.532

Instituto Nacional de Estadística y Geografía (Inegi) (2020). *Censo de población y vivienda 2020.* https://www.inegi.org.mx/programas/ccpv/2020/

King, E.B., Helb, M.R., George, J.M. & Matusik, S.F. (2010). Understanding tokenism: Antecedents and consequences of a psychological climate of gender inequity. *Journal of Management,* 36(2), 482–510. https://doi.org/10.1177/0149206308328508

Leyva-Carreras, A.B., Cavazos-Arroyo, J., & Espejel-Blanco, J.E. (2018). Influencia de la planeación estratégica y habilidades gerenciales como factores internos de la competitividad empresarial de las Pymes. *Contaduría y Administración,* 63(3), 41. https://doi.org/10.22201/fca.24488410e.2018.1085

Leyva-Carreras, A.B., Espejel-Blanco, J.E., & Cavazos-Arroyo, J. (2017). Habilidades gerenciales como estrategia de competitividad empresarial en las pequeñas y medianas empresas (Pymes). *Revista Perspectiva Empresarial,* 4(1), 7–22. https://doi.org/10.16967/rpe.v4n1a1

Martinez, E., García-Alandete, J., Selles, P., Bernabe, G., & Soucase, B. (2012). Análisis factorial confirmatorio de los principales modelos propuestos para el purpose-in-life test en una muestra de universitarios españoles. *Acta Colombiana de Psicología,* 67–76.

Mendoza-Vargas, E.Y., Villaroel-Puma, M.F. & Carranza-Quimi, W.D. (2020). Caracterización de los microemprendimientos de los sectores urbanos marginales de Quevedo. *Centro Sur. Social Science Journal.* 4(4), 1–23. https://doi.org/10.37955/cs.v4i1.40

Moreno, M. J., & Wong Aitken, H. G. (2019). Relación de las habilidades directivas y la satisfacción laboral en la empresa Chicken King de Trujillo, 2018. *Cuadernos Latinoamericanos de Administración,* 14(27), 1–17. https://doi.org/10.18270/cuaderlam.v14i27.2475

Naranjo, R. (2015). Management skills in leaders of mid-sized businesses of Colombia. *Revista Científica Pensamiento y Gestión,* 38, 119–146. https://doi.org/10.14482/pege.38.7703

Niebles-Núñez, L., Torres-Anillo, K. & Montenegro-Rada, A. (2020). Habilidades gerenciales como herramienta para el fortalecimiento del liderazgo transformacional en las mipymes. *Editorial Universidad del Atlántico.* https://repositorio.uniatlantico.edu.co/bitstream/handle/20.500.12834/1030/admin %2c %2bHABILIDADES %2bGERENCIALES %2bCOMO %2bHERRAMIENTA %2bEN %2bMIPYMES.pdf?sequence=1&isAllowed=y

Paredes-Zempual, D., Ibarra-Morales, L.E., & Moreno-Freites, Z.E. (2021). Habilidades directivas y clima organizacional en pequeñas y medianas empresas. *Investigación Administrativa,* 50–1, 1–23. https://doi.org/10.35426/iav50n127.05

Puga-Villarreal, J., & Martínez-Cerna, L. (2008). Competencias Directivas en Escenarios Globales. *Estudios Gerenciales,* 24(109), 87–103. https://doi.org/10.1016/s0123-5923(08)70054-8

R Core Team (2022). R: A language and environment for statistical computing. R *Foundation for Statistical Computing, Vienna, Austria.* URL https://www.R-project.org/

Red de Estudios Latinoamericanos en Administración y Negocios. (RELAYN) (2023). *Investigación anual,* N. Peña & O. Aguilar (coords.) https://relayn.redesla.la

Red de Estudios Latinoamericanos (RedesLA) (2023). *Investigaciones anuales.* https://redesla.la

Rojero-Jiménez, R., Gómez-Romero, J.G.I., & Quintero-Robles, L.M. (2019). El liderazgo transformacional y su influencia en los atributos de los seguidores en las Mipymes mexicanas. *Estudios Gerenciales,* 35(151), 178–189. https://doi.org/10.18046/j.estger.2019.151.3192

Vargas, B., & del Castillo, C. (2008). Competitividad sostenible de la pequeña empresa: Un modelo de promoción de capacidades endógenas para promover ventajas competitivas sostenibles y alta productividad. *Journal of Economics, Finance and Administrative Science,* 13(24), 59–80. https://www.redalyc.org/articulo.oa?id=360733604004

Viamontes, M.O., & Oliva, E.J.D. (2015). Las agrupaciones corales como estrategia de formación de competencias para trabajo en equipo en las organizaciones: una perspectiva comparativa. *Suma de Negocios,* 6(13), 92–97. https://doi.org/10.1016/j.sumneg.2015.08.008

Whetten, D. & Cameron, K. (2016). Desarrollo de habilidades directivas. México: *Editorial Prentice Hall.*

CAPÍTULO 8

Las habilidades directivas y el clima organizacional en las micro y pequeñas empresas de Mexicali, Baja California, México

Management skills and the organizational climate in micro and small businesses in Mexicali, Baja California, Mexico

SÓSIMA CARRILLO, ZULEMA CORDOVA RUIZ, SERGIO BERNARDINO LÓPEZ Y FRANCISCO MEZA HERNÁNDEZ

Universidad Autónoma de Baja California

Resumen: El objetivo de la presente investigación es determinar el impacto que tienen las habilidades directivas sobre el clima organizacional en las micro y pequeñas empresas (mypes) de Mexicali, Baja California, México. Se presenta un estudio cuantitativo, no experimental, de forma transversal y con un alcance causal. La pertinencia del estudio contribuye a la generación de conocimiento para el desarrollo de un modelo de gestión de las mypes en América Latina que permita maximizar la productividad. Entre los principales resultados, podemos observar que la variable de la habilidad directiva liderazgo es la que tiene un mayor impacto en el clima organizacional, con 1.1077425. Es relevante considerar que las mypes están compuestas por personas que viven en ambientes diversos, complejos y dinámicos, lo que genera comportamientos que inciden en su funcionamiento. El resultado de esta interacción media en el ambiente que se respira en la organización, por lo que es evidente su efecto en la productividad, la motivación, la felicidad laboral, el compromiso y la calidad en general.

Palabras clave: clima organizacional, habilidades directivas, liderazgo, productividad.

Abstract: The objective of this research is to determine the impact that management skills have on the organizational climate in micro and small companies in Mexicali, Baja California, Mexico. A quantitative, non-experimental, cross-sectional study with a causal scope is presented. The relevance of the study contributes to the generation of knowledge for the development of a management model for this type of companies in Latin America that allows maximizing productivity. Among the main results, we can observe that the leadership management ability variable is the one that has the greatest impact on the organizational climate, with 1.1077425. It is relevant to consider that mypes are made up of people who live in diverse, complex and dynamic environments, which generates behaviors that affect their functioning. The result of this interaction mediates the environment that is breathed in the organization, so its effect on productivity, motivation, job happiness, commitment and quality in general is evident.

Keywords: organizational climate, management skills, leadership, productivity.

INTRODUCCIÓN

De acuerdo con el último Censo Económico publicado por el Instituto Nacional de Estadística y Geografía (INEGI, 2020), 98.3 % del universo de unidades económicas está constituido por mypes, las cuales generan —al menos— el 55 % de los empleos y amasan el 39 % del Producto Interno Bruto (PIB) del país. Las microempresas están configuradas por aquellos negocios que tienen menos de 10 trabajadores y generan anualmente ventas hasta por 4 millones de pesos. Las pequeñas empresas son unidades económicas que emplean entre 11 y 50 trabajadores, generando ventas anuales que oscilan entre 4 y 100 millones de pesos (Mendoza-Vargas, Villaroel-Puma & Carranza-Quimi, 2020; Forbes, 2021).

Es importante mencionar que actualmente las mypes se enfrentan a múltiples retos y problemáticas, específicamente, el desarrollo de habilidades gerenciales o directivas por parte de los líderes cumple una labor fundamental en el clima organizacional para este tipo de empresas, al establecerse como un diferenciador con otras organizaciones (Busro, 2018). En esa perspectiva, la formación y el desarrollo de habilidades directivas del personal encargado de implementar estrategias y tomar decisiones son fundamentales, pues de ello depende que las mypes cumplan sus metas y objetivos estratégicos, lo cual permite a las organizaciones volverse más competitivas, pues propicia la formación de un clima organizacional donde los empleados estén satisfechos con su organización (Aburto & Bonales, 2011; Brunet, 2007).

Derivado de la importancia que representa el desarrollo de habilidades directivas en los líderes que dirigen los esfuerzos estratégicos de las mypes, así como la importancia de contar con un buen clima organizacional, se plantean las siguientes preguntas de investigación: ¿cuáles habilidades directivas tienen repercusión en el clima organizacional de las mypes?, ¿cuál es el clima organizacional que predomina en las mypes?

Para cumplir con lo anterior, el objetivo de la investigación es determinar el grado de asociación entre las habilidades directivas y el clima organizacional de las micro y pequeñas empresas, lo cual permitirá conocer con mayor precisión las habilidades directivas que los gerentes o mandos medios deben desarrollar para que prevalezca un clima organizacional satisfactorio entre los empleados al interior de las mypes. En ese sentido, las mypes podrán determinar si éstas son las causales de un clima organizacional adecuado o inconveniente, lo que, a su vez, permitirá diseñar programas de capacitación para sus líderes y, con ello, generar información que contribuya —si es el caso— a resolver el problema o mantener y fortalecer lo que se tiene.

Los diferentes análisis estadísticos correlacionales entre las variables del estudio permitirán identificar si las habilidades directivas son la causa principal del clima organizacional que prevalece en las mypes. Lo anterior será de gran apoyo en la búsqueda de factores endógenos diferenciados que permita a las mypes obtener ventajas competitivas sostenibles, ya que, si bien es cierto, una mejor gestión empresarial no es suficiente para lograr ser más competitivas, sino que está determinada por otros factores internos como un buen clima organizacional y el desarrollo de habilidades directivas (Vargas & Del Castillo, 2008).

REVISIÓN DE LA LITERATURA

Las organizaciones del siglo XXI afrontan un entorno dinámico y complejo caracterizado por la incertidumbre, debido a esto deben estar preparadas para dar respuesta a los cambios vertiginosos, en aras de cumplir sus objetivos y metas organizacionales así como volverse más competitivas. Las micro y pequeñas empresas (mypes) también deben responder a ese contexto, sin embargo, las características estructurales de su magnitud las coloca en desventaja respecto a la gran empresa, misma que tiene a su disposición una mayor cantidad de recursos y capacidades. El tema aquí analizado ha obtenido gran relevancia en los rubros de la investigación y las políticas públicas recientemente, lo cual ha permitido una mejora de determinados aspectos directamente vinculados con la competitividad de las empresas (Leyva-Carreras, Cavazos-Arroyo & Espejel-Blanco, 2018).

La situación actual de las mypes es compleja —aun siendo una parte fundamental del aparato económico a nivel mundial—, presenta una serie de desafíos y retos, enfrenta diversos obstáculos que limitan su capacidad de crecimiento y desarrollo. Uno de los principales problemas que enfrentan estas empresas es la falta de acceso al financiamiento, ya que esto restringe su capacidad para invertir en innovación, en maquinaria y equipos, software y tecnologías digitales; así como en la capacitación y adiestramiento para sus empleados. Otra problemática a la cual se enfrentan es la poca inversión en capacitación a sus directivos y gerentes, de modo que éstos puedan desarrollar sus habilidades directivas, permitiéndoles contar con las herramientas necesarias al momento de tomar decisiones estratégicas de impacto en sus portafolios de negocios, a través de una visión diferente y más competitiva, no sólo a nivel local, sino a niveles superiores en la configuración y escala del negocio.

Es importante destacar que la pandemia por el Covid-19 tuvo un impacto significativo en las mypes debido a que muchas de ellas tuvieron que cerrar de forma temporal o permanente. Las restricciones de movimiento y confinamiento social provocaron una disminución significativa en la demanda de productos y servicios (Ibarra-Morales, Paredes-Zempual & Carrillo-Cisneros, 2022). Para dimensionar y tener una mejor visión de la magnitud de la presencia e importancia de las mypes en Latinoamérica, Dini y Stumpo (2021) realizan una clasificación tomando como parámetros el sector y el tamaño de la empresa tabla 8.1.

Tabla 8.1. Clasificación de acuerdo al sector y tamaño de la empresa.

Sector	Micro empresa	Pequeña empresa
Agricultura, ganadería, caza, silvicultura y pesca	80 %	16 %
Explotación de minas y canteras	68 %	23 %
Industria manufacturera	82 %	14 %
Suministro de electricidad, gas y agua	70 %	20 %
Construcción	76 %	19 %
Comercio al por mayor y menor	92 %	07 %
Hoteles y restaurantes	89 %	10 %
Transporte, almacenamiento y comunicaciones	83 %	13 %
Intermediación financiera	81 %	14 %
Actividades inmobiliarias, empresariales y de alquiler	87 %	10 %
Enseñanza	76 %	19 %
Servicios sociales y de salud	89 %	09 %
Otras actividades comunitarias, sociales y personales	95 %	04 %
Total	**88.4 %**	**09.6 %**

Fuente: elaboración propia a partir de Dini & Stumpo (2021).

Leyva-Carreras, Espejel-Blanco y Cavazos-Arroyo (2017) destacan que el director o gerente de una mype debe tomar en cuenta ciertas variables para lograr la excelencia, el buen clima organizacional y la competitividad empresarial, para lo cual es preciso contar con personal directivo que reúna las siguientes características: dinámicos, actualizados, con habilidades directivas, operativas y de gestión, conocimientos de administración y planeación estratégica, así como administración y dirección de talento humano, siempre proactivo al cambio organizacional y tecnológico, para que se convierta en vehículo que potencia la creatividad, la innovación y el desarrollo sustentable. Sin embargo, por desconocer esas características de gestión o habilidades directivas que son propias de los líderes, esa ignorancia puede ser la causa de algunos problemas administrativos y de competitividad en las mypes, lo que genera algunas consecuencias en la transición de una economía local y proteccionista a un mercado libre y globalizado (Naranjo, 2015).

Niebles-Núñez, Torres-Anillo y Montenegro-Rada (2020) establecen que las habilidades directivas comprenden el proceso de la gerencia, estas son: planificar, organizar, dirigir, ejecutar y controlar que, a su vez, constituyen el conjunto de destrezas, cualidades, competencias, conocimientos, acciones, experiencias y capacidades que inciden en el efectivo desempeño del rol gerencial, al contribuir al logro de objetivos y metas organizacionales, asimismo, representan la implementación práctica por la acción del conocimiento adquirido académicamente o por experiencias a través del proceso de aprendizaje. Es por ello que, en los últimos años, las habilidades directivas desempeñan un papel muy importante en la satisfacción de los colaboradores en las empresas a nivel mundial, pues se ha demostrado que la manera o particularidad en que los directivos lideran a sus equipos generan una repercusión directa en su satisfacción y, por ende, en su desempeño laboral (Moreno & Wong, 2018).

Paredes-Zempual, Ibarra-Morales y Moreno-Freites (2021) adoptan otra perspectiva, sostienen que el buen desempeño de la empresa está en función de las habilidades directivas y el buen clima organizacional, sobre todo en este tiempo donde las empresas se encuentran inmersas en un proceso de globalización y de rápidos cambios que demanda líderes más preparados en actitudes y aptitudes, capaces de administrar de manera eficaz y eficiente los procesos y procedimientos, tanto administrativos como operativos, comprometidos con la rentabilidad de la organización.

El clima organizacional es observado y analizado por las empresas con el fin de mantenerlo en niveles positivos y, de esa forma, estimular la productividad de los empleados, motivo por el cual las empresas buscan los elementos y condiciones necesarias que puedan incidir de forma positiva en el clima organizacional, ya que existen estudios empíricos que así lo demuestran, en otras palabras, un mejor clima organizacional en la empresa se traduce en mejores resultados en los ámbitos financieros, administrativos y productivos (Alegría-Zebadúa & Alarcón-Martínez, 2022).

Whetten y Cameron (2016) clasifican las habilidades en tres grandes grupos: personales, interpersonales y grupales, mismas que en su conjunto aportan al éxito de una administración eficaz y centrada en los logros financieros, pero también de posición competitiva. En este sentido, para el presente estudio se han seleccionado como habilidades directivas las siguientes: negociación, toma de decisiones, liderazgo, comunicación y trabajo en equipo, ya que predominan en la literatura y en los diferentes modelos conceptuales, además de ser las más importantes para Whetten y Cameron. Adicionalmente, se ha seleccionado como variable el 'clima organizacional' debido al impacto y la importancia que ostenta para las mypes. Las definiciones conceptuales para cada una de las variables se muestran en la tabla 8.2.

Tabla 8.2. Definición conceptual de las variables.

Variable	Definición conceptual
Negociación	Presentar y discutir propuestas comunes con el propósito de llegar a un acuerdo en un marco de interés común (Álvarez-Vásquez, et al., 2018).
Toma de decisiones	Decidir por una alternativa que requiere atender situaciones planificadas o de incertidumbre entre un abanico de varias opciones (Ávila-Morales et al., 2022).
Liderazgo	Lograr la motivación de los colaboradores mediante la promoción de conductas positivas que reditúan en mejores niveles de desempeño laboral para la empresa (Rojero-Jiménez, Gómez-Romero & Quintero-Robles, 2019).
Comunicación	Recibir y transmitir mensajes oportunos y unívocos, independientemente del canal o la forma de comunicación, lo cual facilita la emisión y recepción de los mensajes que se producen entre los miembros de la organización y su entorno, facilitando el alcance de los objetivos y metas que establecen los miembros de la organización (Puga-Villarreal & Martínez-Cerna, 2008).
Trabajo en equipo	Fomentar la colaboración conjunta entre los integrantes que conforman un equipo de trabajo, a través del talento individual, la comunicación, las competencias y las fortalezas de cada uno en su relación con los demás, para lograr el cumplimiento de un objetivo común (Viamontes & Oliva, 2015).
Clima organizacional	Variable que media entre el contexto de una organización y la conducta de sus empleados o miembros, desde la perspectiva del cómo ellos experimentan el trabajo en sus empresas (King, Hebl, George & Matusik, 2010).

Fuente: elaboración propia.

METODOLOGÍA

El presente trabajo de investigación ha sido propuesto por la Red de Estudios Latinoamericanos en Administración y Negocios (RELAYN, 2023), la cual consiste en conceptualizar la micro y pequeña empresa (mype) como una serie de elementos de entradas, procesos y salidas enmarcados en un ambiente que influye en el clima organizacional de las mypes, según la percepción del director, considerado como la persona que toma la mayor parte de las decisiones. Este estudio tiene un enfoque cuantitativo de diseño transversal de tipo causal.

Se realizó un muestreo probabilístico aleatorio simple con las mypes de Mexicali, Baja California, México, cuya cantidad de empleados se encuentra en el rango de 1 a 50, con un nivel de confianza del 95 %, un margen de error del ±5 % y una probabilidad estimada de p=0.5 (50 %). Se obtuvieron de la muestra aplicada un total de 614 encuestas válidas en el periodo del 01 de marzo al 30 de abril de 2023. Se utilizó un instrumento de medición tipo encuesta, la cual fue dirigida a los propietarios, directores o gerentes de las mypes, para lo cual sirvió la asistencia de estudiantes universitarios que previamente fueron capacitados para aplicar la encuesta.

Características de la muestra son:

El 45.3 % de la muestra fueron del sexo biológico femenino y el restante 54.7 % masculino. La edad de los sujetos tiene un rango de 18 a 82 años, con un promedio de 40 años y una moda de 45 años. El 46.7 % de los empresarios tienen estudios de nivel superior, seguido de un 35.5 % con nivel media superior, 16.1 % con educación básica. En cuanto a estado civil predominan los casados con un 53.6 % seguidos de los solteros con 33.2 %.

La mayoría de los negocios 58.8 % pertenecen al giro comercial, un 38.1 % a la prestación de servicios y sólo 3.1 % a la producción de manufacturas, la antigüedad del 20.5 %de los negocios es menor a 3 años. Los empleos que ofrecen están en el rango de 1 a 50 trabajadores, de las empresas el 86.8 % emplea de 1 a 10 trabajadores y el 81.3 % tienen en su plantilla de 1 a 10 mujeres y en el 67.1 % colaboran de 1 a 5 familiares del propietario.

Alineado al objetivo general de la investigación y a la revisión de la literatura, se plantean las siguientes hipótesis:

H0: Las habilidades directivas no inciden en el clima organizacional de la mype.
H1: Las habilidades directivas inciden en el clima organizacional de la mype.

En cuanto al instrumento de medición, éste se integró por seis partes o bloques. El primero de ellos, con datos que abordan aspectos generales de la empresa: tamaño de la empresa, personal ocupado, así como información sobre los ingresos y gastos. La segunda parte aborda los datos del directivo y el tiempo destinado a las labores de la empresa. La tercera parte se refiere a los insumos del sistema: recursos humanos, análisis del mercado y proveedores. En una cuarta parte del instrumento de medición se exponen los procesos del sistema: dirección, gestión de ventas, finanzas, innovación, mercadotecnia, producción-operación. La quinta parte estuvo integrada por los resultados del sistema: satisfacción del sistema, ventaja competitiva, RSC-Asuntos de ISO 26000, valoración del entorno y, por último, la sexta parte quedó integrada por los dos temas anuales de investigación: a) el trabajo decente desde la perspectiva directiva y b) el impacto de las habilidades directivas (negociación, toma de decisiones, liderazgo, comunicación, trabajo en equipo) sobre el clima organizacional. Para las secciones comprendidas del tercer al sexto bloque se emplea una escala de Likert de cinco puntos, los cuales van de 'No sé / No aplica' (1) a 'muy de acuerdo' (5).

RESULTADOS

Las seis variables muestran consistencia interna del instrumento mediante el análisis del alfa de Cronbach de las variables objeto de estudio, de la misma forma se analiza la correlación que tienen con el clima organizacional como se muestra en la tabla 8.3.

Tabla 8.3. Alfa de Cronbach y correlación de las variables.

Variables	Correlación con clima	Cronbach	Media	Desviación Estándar
Negociación	0.243	0.799	4.118	0.571
Toma de decisiones	0.204	0.801	4.142	0.534
Liderazgo	0.3	0.818	4.371	0.440
Comunicación	0.334	0.824	4.359	0.458
Trabajo en equipo	0.407	0.851	4.343	0.477
Clima Organizacional	1	0.825	4.332	0.487

Fuente: Elaboración propia utilizando RStudio (R Core Team, 2022).

Se procede a realizar el modelo estructural del instrumento en la figura 8.4, el ajuste absolutorio muestra el error cuadrático medio de aproximación (RMSEA) es de 0.041 y el residuo cuadrático medio estandarizado (SRMR) es de 0.055, en ambos casos se consideran aceptables, en el ajuste comparativo (CFI) muestra un resultado de 0.985 y el índice de Tucker-Lewis (TLI) de 0.984 consideramos ajustes óptimos.

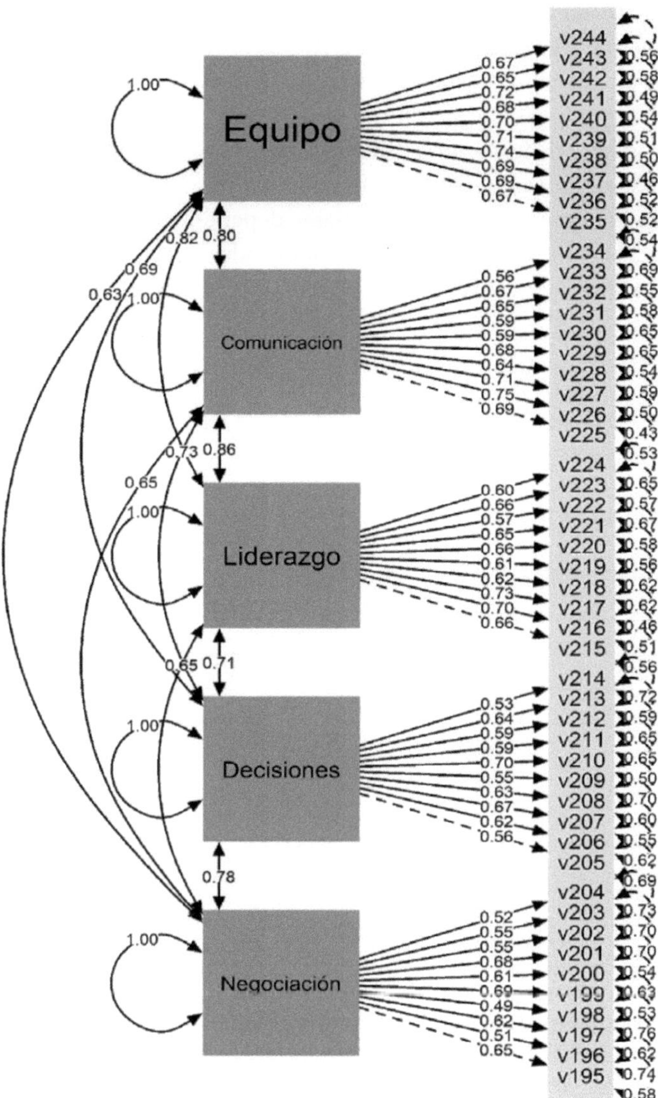

Figura 8.4. Resultado del modelo estructural.

Fuente: Elaboración propia utilizando RStudio (R Core Team, 2022).

Partiendo de la información cuantitativa del estudio se establece el modelo estructural (Figura 8.4), donde se muestra la dirección de las relaciones entre las diversas variables y el efecto que causan. El modelo plantea la existencia de cinco variables endógenas con una relación causal recíproca (Trabajo en equipo, comunicación, liderazgo, toma de decisiones y negociación). Las cinco variables tienen una relación causal directa con los ítems que conforman la variable, en todos los casos el grado de significancia fue <0.05 (los resultados se muestran en la Figura 8.4) dando un correcto ajuste del modelo (Bentler & Bonett, 1980; Martínez et al., 2012)

Con el objetivo de medir el impacto que tienen las habilidades directivas sobre el clima organizacional de la mype se realiza la siguiente regresión lineal, donde el clima organizacional es la variable dependiente y las variables independientes son negociación, toma de decisiones, liderazgo, comunicación y trabajo en equipo. Al final se sustituyen los valores tal y como se observa en la tabla 8.5.

Fórmula:

y = clima = constante + negociación + toma de decisiones + liderazgo + comunicación + trabajo en equipo.

Tabla 8.5. Regresión lineal.

Fórmula: lm(fórmula = clima ~ negociación + toma de decisiones + liderazgo + comunicación + trabajo en equipo)				
Residuales				
Min	1Q	Mediana	3Q	Max
-1.67092	-0.16321	0.00636	0.18712	1.41241
Coeficientes	**Estimado**	**Std. Error**	**T-valor**	**P-valor**
(Clima/Intercept)	0.48965	0.15055	3.252	0.001207
Negociación	0.03213	0.03049	1.054	0.292424
Toma de decisiones	0.12675	0.03529	3.592	0.000355
Liderazgo	0.25343	0.04813	5.265	1.94e-07
Comunicación	0.25397	0.04569	5.559	4.07e-08
Trabajo en equipo	0.22339	0.04197	5.322	1.44e-07

Signif. codes: 0 '***' 0.001 '**' 0.01 '*' 0.05 '.' 0.1 ' ' 1
Residual standard error: 0.3376 on 608 degrees of freedom
Multiple R-squared: 0.5228, Adjusted R-squared: 0.5189
F-statistic: 133.2 on 5 and 608 DF, p-value: < 2.2e-16
Fuente: Elaboración propia utilizando RStudio (R Core Team, 2022).

Para poder medir el impacto, se multiplica el valor estimado de cada una de las variables independientes (tabla 8.5) por su media (tabla 8.3).

y=0.48965 + (0.03213 * 4.118) + (0.12675 * 4.142) + (0.25343 * 4.371) + (0.25397 * 4.359) + (0.22339 * 4.343).

Resolvemos la ecuación:

$$y=0.48965+0.1323113+0.5249985+1.1077425+1.1070552+0.9701828$$
$$y=4.3319404$$

Se observa que la variable que tiene un mayor impacto es liderazgo con 1.1077425, mientras que la de menor impacto es negociación con 0.1323113. El impacto total que tienen las habilidades directivas sobre el clima organizacional es de 4.3319404.

DISCUSIÓN

Se ha demostrado que existe un efecto positivo significativo de las habilidades directivas sobre el clima organizacional en las micro y pequeñas empresas de Mexicali, Baja California, México, con diferentes pesos entre las variables del modelo: las más significativas son el liderazgo y la comunicación; por ello, se acepta la hipótesis alternativa del trabajo. Los resultados abren un espacio para crear programas de apoyo e intervención focalizados en los aspectos de mayor incidencia e impacto sobre el clima organizacional (como el liderazgo y la comunicación efectiva), que permitan una mayor competitividad de las empresas, así como mayor compromiso y bienestar para los colaboradores.

El clima organizacional posibilita alcanzar los objetivos empresariales de productividad. Es condición necesaria para que los colaboradores puedan expresar sus habilidades y destrezas de forma positiva, sintiéndose motivados, integrados en equipos, poniendo en juego las habilidades blandas como el liderazgo y la comunicación por parte de los directivos, manteniendo canales de comunicación abiertos. De igual forma, esto se puede convertir en una herramienta estratégica que favorecerá la mejora continua de las organizaciones, elevando la calidad de vida de los colaboradores y, con ello, se logrará generar un efecto notorio en la productividad, la motivación, la felicidad laboral, el compromiso y la calidad en general.

Se requiere un mayor número de investigaciones que hagan posible evidenciar los factores que promueven y apuntalan mayores niveles de eficiencia y competitividad de las pymes, especialmente en las ciudades fronterizas del norte de México, puesto que están expuestas a un mayor grado de competitividad al enfrentarse a un mayor tránsito de mercancías, pues deben asimilar aspectos diversos en los resultados de una organización, como flexibilidad, responsabilidad, estándares, formas de recompensar, claridad y compromiso de equipo, sin dejar de lado factores productivos provenientes de Estados Unidos, los cuales son la principal razón en la que reside la pertinencia de esta investigación.

REFERENCIAS

Aburto, H.I. & Bonales, J. (2011). Habilidades directivas: Determinantes en el clima organizacional. *Investigación y Ciencia,* 19(51), 41–49.

Alegría-Zebadúa, R.M., & Alarcón-Martínez, G. (2022). Marco teórico e instrumento de medición de las habilidades gerenciales y clima organizacional en *Instituciones Bancarias de México. Vinculatégica,* 7(1). https://doi.org/10.29105/vtga7.1-82

Álvarez-Vásquez, C.A., Rivera-Vera, H.F., Conforme-Cedeño, G.M., Campoverde-Flores, F.K., Sornoza-Parrales, D.R., & Merchán-Nieto, L. (2018). *Los procesos, las técnicas de negociación y la tecnología. Ciencias. Economía, Organización y Ciencias Sociales. Editorial Área de Innovación y Desarrollo, S.L.* https://doi.org/10.17993/ecoorgycso.2018.41

Ávila-Morales, H., Palumbo-Pinto, G.B., De la Cruz-Ríos, H.A., & Ogosi-Auqui, J.A. (2022). Toma de decisiones estratégicas en la gestión pública para el desarrollo social. *Revista Venezolana de Gerencia,* 27(Edición Especial 7), 648–662. https://doi.org/10.52080/rvgluz.27.7.42

Bentler, P. M., & Bonett, D. G. (1980). Significance Tests and Goodness of Fit in the Analysis of Covariance Structures. *In Psychological Bulletin* (Vol. 88, Issue 3).

Brunet, L. (2007). El clima de trabajo en las organizaciones. Definición, diagnóstico y consecuencias. *Editorial Trillas.*

Busro, M. (2018). Teori-teori Manajemen Sumber Daya Manusia. *Jakarta. PrenadaMedia.*

Dini, M. & Stumpo, G. (2020). MiPyMEs en América Latina: un frágil desempeño y nuevos desafíos para las políticas de fomento. Documentos de Proyectos (LC/TS.2018/75/Rev.1), Santiago. *Comisión Económica para América Latina y el Caribe* (CEPAL).

Forbes (2021). Inclusión digital: el futuro de las MyPEs. *Forbes Content.* https://www.forbes.com.mx/ad-inclusion-digital-futuro-mypes-mexico-visa/

Ibarra-Morales, L.E., Paredes-Zempual, D., & Carrillo-Cisneros, E. (2022). Impacto del COVID-19 en las variables que determinan la competitividad de las micro, pequeñas y medianas empresas mexicanas. *Revista RELAYN. Micro y Pequeña Empresa en Latinoamérica,* 6(1), 7–22. https://doi.org/10.46990/relayn.2022.6.1.532

Instituto Nacional de Estadística y Geografía (Inegi) (2020). *Censo de población y vivienda 2020.* https://www.inegi.org.mx/programas/ccpv/2020/

King, E.B., Helb, M.R., George, J.M. & Matusik, S.F. (2010). Understanding tokenism: Antecedents and consequences of a psychological climate of gender inequity. *Journal of Management,* 36(2), 482–510. https://doi.org/10.1177/0149206308328508

Leyva-Carreras, A.B., Cavazos-Arroyo, J., & Espejel-Blanco, J.E. (2018). Influencia de la planeación estratégica y habilidades gerenciales como factores internos de la competitividad empresarial de las Pymes. *Contaduría y Administración,* 63(3), 41. https://doi.org/10.22201/fca.24488410e.2018.1085

Leyva-Carreras, A.B., Espejel-Blanco, J.E., & Cavazos-Arroyo, J. (2017). Habilidades gerenciales como estrategia de competitividad empresarial en las pequeñas y medianas empresas (Pymes). *Revista Perspectiva Empresarial,* 4(1), 7–22. https://doi.org/10.16967/rpe.v4n1a1

Martinez, E., García-Alandete, J., Selles, P., Bernabe, G., & Soucase, B. (2012). Análisis factorial confirmatorio de los principales modelos propuestos para el purpose-in-life test en una muestra de universitarios españoles. *Acta Colombiana de Psicología,* 67–76.

Mendoza-Vargas, E.Y., Villaroel-Puma, M.F. & Carranza-Quimi, W.D. (2020). Caracterización de los microemprendimientos de los sectores urbanos marginales de Quevedo. *Centro Sur. Social Science Journal.* 4(4), 1–23. https://doi.org/10.37955/cs.v4i1.40

Moreno, M. J., & Wong Aitken, H. G. (2019). Relación de las habilidades directivas y la satisfacción laboral en la empresa Chicken King de Trujillo, 2018. *Cuadernos Latinoamericanos de Administración,* 14(27), 1–17. https://doi.org/10.18270/cuaderlam.v14i27.2475

Naranjo, R. (2015). Management skills in leaders of mid-sized businesses of Colombia. *Revista Científica Pensamiento y Gestión,* 38, 119–146. https://doi.org/10.14482/pege.38.7703

Niebles-Núñez, L., Torres-Anillo, K. & Montenegro-Rada, A. (2020). Habilidades gerenciales como herramienta para el fortalecimiento del liderazgo transformacional en las mipymes. *Editorial Universidad del Atlántico.* https://repositorio.uniatlantico.edu.co/bitstream/handle/20.500.12834/1030/admin %2c %2bHABILIDADES %2bGERENCIALES %2bCOMO %2bHERRAMIENTA %2bEN %2bMIPYMES.pdf?sequence=1&isAllowed=y

Paredes-Zempual, D., Ibarra-Morales, L.E., & Moreno-Freites, Z.E. (2021). Habilidades directivas y clima organizacional en pequeñas y medianas empresas. *Investigación Administrativa,* 50–1, 1–23. https://doi.org/10.35426/iav50n127.05

Puga-Villarreal, J., & Martínez-Cerna, L. (2008). Competencias Directivas en Escenarios Globales. *Estudios Gerenciales,* 24(109), 87–103. https://doi.org/10.1016/s0123-5923(08)70054-8

R Core Team (2022). R: A language and environment for statistical computing. R *Foundation for Statistical Computing, Vienna, Austria.* URL https://www.R-project.org/

Red de Estudios Latinoamericanos en Administración y Negocios. (RELAYN) (2023). *Investigación anual,* N. Peña & O. Aguilar (coords.) https://relayn.redesla.la

Red de Estudios Latinoamericanos (RedesLA) (2023). *Investigaciones anuales.* https://redesla.la

Rojero-Jiménez, R., Gómez-Romero, J.G.I., & Quintero-Robles, L.M. (2019). El liderazgo transformacional y su influencia en los atributos de los seguidores en las Mipymes mexicanas. *Estudios Gerenciales*, 35(151), 178–189. https://doi.org/10.18046/j.estger.2019.151.3192

Vargas, B., & del Castillo, C. (2008). Competitividad sostenible de la pequeña empresa: Un modelo de promoción de capacidades endógenas para promover ventajas competitivas sostenibles y alta productividad. *Journal of Economics, Finance and Administrative Science,* 13(24), 59–80. https://www.redalyc.org/articulo.oa?id=360733604004

Viamontes, M.O., & Oliva, E.J.D. (2015). Las agrupaciones corales como estrategia de formación de competencias para trabajo en equipo en las organizaciones: una perspectiva comparativa. *Suma de Negocios,* 6(13), 92–97. https://doi.org/10.1016/j.sumneg.2015.08.008

Whetten, D. & Cameron, K. (2016). Desarrollo de habilidades directivas. México: *Editorial Prentice Hall.*

CAPÍTULO 9

Las habilidades directivas y el clima organizacional en las micro y pequeñas empresas de Ocosingo, Chiapas, México

Management skills and the organizational climate in micro and small businesses in Ocosingo, Chiapas, Mexico

GIOVANNI ORANTES MORALES, BEATRIZ MARLENE CANCINO MOLINA, LILLIAN GUTIÉRREZ BERRÍOS Y VANESSA VIVAS RAMOS

Universidad Tecnológica de la Selva

Resumen: El objetivo de la presente investigación es determinar el impacto que tienen las habilidades directivas sobre el clima organizacional en las micro y pequeñas empresas de Latinoamérica. Se presenta un estudio cuantitativo, no experimental, de forma transversal y con un alcance causal. La pertinencia del estudio contribuye a la generación de conocimiento para el desarrollo de un modelo de gestión de la mype en América Latina que permita maximizar la productividad. Entre los principales resultados, podemos observar que la variable de la habilidad directiva trabajo en equipo es la que tiene un mayor impacto en el clima organizacional, con 1.7061334.

En el estudio realizado en Ocosingo, Chiapas, las variables directivas que tienen más incidencia en el clima organizacional de las mypes son trabajo en equipo, negociación y liderazgo. Estas variables son las que mayor fiabilidad presentan en el estudio, porque la probabilidad es menor a 0.05; por lo que es improbable que su resultado se deba al azar, lo que demuestra que la hipótesis afirmativa es aceptada.

Abstract: The objective of this research is to determine the impact that management skills have on the organizational climate in micro and small companies in Latin America. A quantitative, non-experimental, cross-sectional study with a causal scope is presented. The relevance of the study contributes to the generation of knowledge for the development of a management model for mypes in Latin America that allows maximizing productivity. Among the main results, we can observe that the variable of teamwork managerial ability is the one that has the greatest impact on the organizational climate, with 1.7061334.

In the study carried out in Ocosingo, Chiapas, the managerial variables that have the most impact on the organizational climate of mypes are teamwork, negotiation and leadership. These variables are the ones with the highest reliability in the study, because the probability is less than 0.05; so it is unlikely that its result is due to chance, which shows that the affirmative hypothesis is accepted.

Palabras clave: clima organizacional, gestión de la mype, habilidades directivas, líderes, micro y pequeñas empresas.

INTRODUCCIÓN

De acuerdo con el último Censo Económico publicado por el Instituto Nacional de Estadística y Geografía (INEGI, 2020), 98.3 % del universo de unidades económicas está constituido por micro y pequeñas empresas, las cuales generan —al menos— el 55 % de los empleos y amasan el 39 % del Producto Interno Bruto (PIB) del país. Las microempresas están configuradas por aquellos negocios que tienen menos de 10 trabajadores y generan anualmente ventas hasta por 4 millones de pesos. Las pequeñas empresas son unidades económicas que emplean entre 11 y 50 trabajadores, generando ventas anuales que oscilan entre 4 y 100 millones de pesos (Mendoza-Vargas, Villaroel-Puma & Carranza-Quimi, 2020; Forbes, 2021).

Es importante mencionar que actualmente las mypes se enfrentan a múltiples retos y problemáticas, específicamente, el desarrollo de habilidades gerenciales o directivas por parte de los líderes cumple una labor fundamental en el clima organizacional para este tipo de empresas, al establecerse como un diferenciador con otras organizaciones (Busro, 2018). En esa perspectiva, la formación y el desarrollo de habilidades directivas del personal encargado de implementar estrategias y tomar decisiones son fundamentales, pues de ello depende que las mypes cumplan sus metas y objetivos estratégicos, lo cual permite a las organizaciones volverse más competitivas, pues propicia la formación de un clima organizacional donde los empleados estén satisfechos con su organización (Aburto & Bonales, 2011; Brunet, 2007).

Derivado de la importancia que representa el desarrollo de habilidades directivas en los líderes que dirigen los esfuerzos estratégicos de las mypes, así como la importancia de contar con un buen clima organizacional, se plantean las siguientes preguntas de investigación: ¿cuáles habilidades directivas tienen repercusión en el clima organizacional de las mypes?, ¿cuál es el clima organizacional que predomina en las mypes?

Para cumplir con lo anterior, el objetivo de la investigación es determinar el grado de asociación entre las habilidades directivas y el clima organizacional de las micro y pequeñas empresas, lo cual permitirá conocer con mayor precisión las habilidades directivas que los gerentes o mandos medios deben desarrollar para que prevalezca un clima organizacional satisfactorio entre los empleados al interior de las mypes. En ese sentido, las mypes podrán determinar si éstas son las causales de un clima organizacional adecuado o inconveniente, lo que, a su vez, permitirá diseñar programas de capacitación para sus líderes y, con ello, generar información que contribuya —si es el caso— a resolver el problema o mantener y fortalecer lo que se tiene.

Los diferentes análisis estadísticos correlacionales entre las variables del estudio permitirán identificar si las habilidades directivas son la causa principal del clima organizacional que prevalece en las mypes. Lo anterior será de gran apoyo en la búsqueda de factores endógenos diferenciados que permita a las mypes obtener ventajas competitivas sostenibles, ya que, si bien es cierto, una mejor gestión empresarial no es suficiente para lograr ser más competitivas, sino que está determinada por otros factores internos como un buen clima organizacional y el desarrollo de habilidades directivas (Vargas & Del Castillo, 2008).

REVISIÓN DE LA LITERATURA

Las organizaciones del siglo XXI afrontan un entorno dinámico y complejo caracterizado por la incertidumbre, debido a esto deben estar preparadas para dar respuesta a los cambios vertiginosos, en aras de cumplir sus objetivos y metas organizacionales así como volverse más competitivas. Las micro y pequeñas empresas (mypes) también deben responder a ese contexto, sin embargo, las características estructurales de su magnitud las coloca en desventaja respecto a la gran empresa, misma que tiene a su disposición una mayor cantidad de recursos y capacidades. El tema aquí analizado ha obtenido gran relevancia en los rubros de la investigación y las políticas públicas recientemente, lo cual ha permitido una mejora de determinados aspectos directamente vinculados con la competitividad de las empresas (Leyva-Carreras, Cavazos-Arroyo & Espejel-Blanco, 2018).

La situación actual de las mypes es compleja —aun siendo una parte fundamental del aparato económico a nivel mundial—, presenta una serie de desafíos y retos, enfrenta diversos obstáculos que limitan su capacidad de crecimiento y desarrollo. Uno de los principales problemas que enfrentan estas empresas es la falta de acceso al financiamiento, ya que esto restringe su capacidad para invertir

en innovación, en maquinaria y equipos, software y tecnologías digitales; así como en la capacitación y adiestramiento para sus empleados. Otra problemática a la cual se enfrentan es la poca inversión en capacitación a sus directivos y gerentes, de modo que éstos puedan desarrollar sus habilidades directivas, permitiéndoles contar con las herramientas necesarias al momento de tomar decisiones estratégicas de impacto en sus portafolios de negocios, a través de una visión diferente y más competitiva, no sólo a nivel local, sino a niveles superiores en la configuración y escala del negocio.

Es importante destacar que la pandemia por el Covid-19 tuvo un impacto significativo en las mypes debido a que muchas de ellas tuvieron que cerrar de forma temporal o permanente. Las restricciones de movimiento y confinamiento social provocaron una disminución significativa en la demanda de productos y servicios (Ibarra-Morales, Paredes-Zempual & Carrillo-Cisneros, 2022). Para dimensionar y tener una mejor visión de la magnitud de la presencia e importancia de las mypes en Latinoamérica, Dini y Stumpo (2021) realizan una clasificación tomando como parámetros el sector y el tamaño de la empresa (tabla 9.1.).

Tabla 9.1. Clasificación de acuerdo con el sector y tamaño de la empresa.

Sector	**Micro empresa**	**Pequeña empresa**
Agricultura, ganadería, caza, silvicultura y pesca	80 %	16 %
Explotación de minas y canteras	68 %	23 %
Industria manufacturera	82 %	14 %
Suministro de electricidad, gas y agua	70 %	20 %
Construcción	76 %	19 %
Comercio al por mayor y menor	92 %	07 %
Hoteles y restaurantes	89 %	10 %
Transporte, almacenamiento y comunicaciones	83 %	13 %
Intermediación financiera	81 %	14 %
Actividades inmobiliarias, empresariales y de alquiler	87 %	10 %
Enseñanza	76 %	19 %
Servicios sociales y de salud	89 %	09 %
Otras actividades comunitarias, sociales y personales	95 %	04 %
Total	**88.4 %**	**09.6 %**

Fuente: elaboración propia a partir de Dini & Stumpo (2021).

Leyva-Carreras, Espejel-Blanco y Cavazos-Arroyo (2017) destacan que el director o gerente de una mype debe tomar en cuenta ciertas variables para lograr la excelencia, el buen clima organizacional y la competitividad empresarial, para

lo cual es preciso contar con personal directivo que reúna las siguientes características: dinámicos, actualizados, con habilidades directivas, operativas y de gestión, conocimientos de administración y planeación estratégica, así como administración y dirección de talento humano, siempre proactivo al cambio organizacional y tecnológico, para que se convierta en vehículo que potencia la creatividad, la innovación y el desarrollo sustentable. Sin embargo, por desconocer esas características de gestión o habilidades directivas que son propias de los líderes, esa ignorancia puede ser la causa de algunos problemas administrativos y de competitividad en las mypes, lo que genera algunas consecuencias en la transición de una economía local y proteccionista a un mercado libre y globalizado (Naranjo, 2015).

Niebles-Núñez, Torres-Anillo y Montenegro-Rada (2020) establecen que las habilidades directivas comprenden el proceso de la gerencia, estas son: planificar, organizar, dirigir, ejecutar y controlar que, a su vez, constituyen el conjunto de destrezas, cualidades, competencias, conocimientos, acciones, experiencias y capacidades que inciden en el efectivo desempeño del rol gerencial, al contribuir al logro de objetivos y metas organizacionales, asimismo, representan la implementación práctica por la acción del conocimiento adquirido académicamente o por experiencias a través del proceso de aprendizaje. Es por ello que, en los últimos años, las habilidades directivas desempeñan un papel muy importante en la satisfacción de los colaboradores en las empresas a nivel mundial, pues se ha demostrado que la manera o particularidad en que los directivos lideran a sus equipos generan una repercusión directa en su satisfacción y, por ende, en su desempeño laboral (Moreno & Wong, 2018).

Paredes-Zempual, Ibarra-Morales y Moreno-Freites (2021) adoptan otra perspectiva, sostienen que el buen desempeño de la empresa está en función de las habilidades directivas y el buen clima organizacional, sobre todo en este tiempo donde las empresas se encuentran inmersas en un proceso de globalización y de rápidos cambios que demanda líderes más preparados en actitudes y aptitudes, capaces de administrar de manera eficaz y eficiente los procesos y procedimientos, tanto administrativos como operativos, comprometidos con la rentabilidad de la organización.

El clima organizacional es observado y analizado por las empresas con el fin de mantenerlo en niveles positivos y, de esa forma, estimular la productividad de los empleados, motivo por el cual las empresas buscan los elementos y condiciones necesarias que puedan incidir de forma positiva en el clima organizacional, ya que existen estudios empíricos que así lo demuestran, en otras palabras, un mejor clima organizacional en la empresa se traduce en mejores resultados en los ámbitos financieros, administrativos y productivos (Alegría-Zebadúa & Alarcón-Martínez, 2022).

Whetten y Cameron (2016) clasifican las habilidades en tres grandes grupos: personales, interpersonales y grupales, mismas que en su conjunto aportan

al éxito de una administración eficaz y centrada en los logros financieros, pero también de posición competitiva. En este sentido, para el presente estudio se han seleccionado como habilidades directivas las siguientes: negociación, toma de decisiones, liderazgo, comunicación y trabajo en equipo, ya que predominan en la literatura y en los diferentes modelos conceptuales, además de ser las más importantes para Whetten y Cameron. Adicionalmente, se ha seleccionado como variable el 'clima organizacional' debido al impacto y la importancia que ostenta para las mypes. Las definiciones conceptuales para cada una de las variables se muestran en la tabla 9.2.

Tabla 9.2. Definición conceptual de las variables.

Variable	Definición conceptual
Negociación	Presentar y discutir propuestas comunes con el propósito de llegar a un acuerdo en un marco de interés común (Álvarez-Vásquez, et al., 2018).
Toma de decisiones	Decidir por una alternativa que requiere atender situaciones planificadas o de incertidumbre entre un abanico de varias opciones (Ávila-Morales et al., 2022).
Liderazgo	Lograr la motivación de los colaboradores mediante la promoción de conductas positivas que reditúan en mejores niveles de desempeño laboral para la empresa (Rojero-Jiménez, Gómez-Romero & Quintero-Robles, 2019).
Comunicación	Recibir y transmitir mensajes oportunos y unívocos, independientemente del canal o la forma de comunicación, lo cual facilita la emisión y recepción de los mensajes que se producen entre los miembros de la organización y su entorno, facilitando el alcance de los objetivos y metas que establecen los miembros de la organización (Puga-Villarreal & Martínez-Cerna, 2008).
Trabajo en equipo	Fomentar la colaboración conjunta entre los integrantes que conforman un equipo de trabajo, a través del talento individual, la comunicación, las competencias y las fortalezas de cada uno en su relación con los demás, para lograr el cumplimiento de un objetivo común (Viamontes & Oliva, 2015).
Clima organizacional	Variable que media entre el contexto de una organización y la conducta de sus empleados o miembros, desde la perspectiva del cómo ellos experimentan el trabajo en sus empresas (King, Hebl, George & Matusik, 2010).

Fuente: elaboración propia.

METODOLOGÍA

El presente trabajo de investigación ha sido propuesto por la Red de Estudios Latinoamericanos en Administración y Negocios (RELAYN, 2023), la cual consiste en conceptualizar la micro y pequeña empresa (mype) como una serie de elementos de entradas, procesos y salidas enmarcados en un ambiente que influye en el clima organizacional de las mypes, según la percepción del director, considerado como la persona que toma la mayor parte de las decisiones. Este estudio tiene un enfoque cuantitativo de diseño transversal de tipo causal.

Se realizó un muestreo probabilístico aleatorio simple con las mypes de Ocosingo, Chiapas, México, cuya cantidad de empleados se encuentra en el rango de 1 a 50 con un nivel de confianza del 95 %, un margen de error del ±5 % y una probabilidad estimada de p=0.5 (50 %). Se obtuvieron de la muestra aplicada un total de 386 encuestas válidas en el periodo del 01 de marzo al 30 de abril de 2023. Se utilizó un instrumento de medición tipo encuesta, la cual fue dirigida a los propietarios, directores o gerentes de las mypes, para lo cual sirvió la asistencia de estudiantes universitarios que previamente fueron capacitados para aplicar la encuesta.

Características de la muestra son:

El 51.3 % de la muestra fueron del sexo biológico femenino y el restante 48.7 % masculino. La edad de los sujetos tiene un rango de 18 a 80 años, con un promedio de 40 años y una moda de 40 años. El 31.1 % de los empresarios tienen estudios de nivel superior, seguido de un 35.5 % con nivel media superior, 29 % con educación básica. En cuanto a estado civil predominan los casados con un 53.6 % seguidos de los solteros con 19.2 %.

La mayoría de los negocios 63.7 % pertenecen al giro comercial, un 27.7 % a la prestación de servicios y sólo 8.5 % a la producción de manufacturas, la antigüedad del 22.3 %de los negocios es menor a 3 años. Los empleos que ofrecen están en el rango de 1 a 30 trabajadores, de las empresas el 98.2 % emplea de 1 a 10 trabajadores y el 86.8 % tienen en su plantilla de 1 a 10 mujeres y en el 74.1 % colaboran de 1 a 5 familiares del propietario.

Alineado al objetivo general de la investigación y a la revisión de la literatura, se plantean las siguientes hipótesis:

H0: Las habilidades directivas no inciden en el clima organizacional de la mype.
H1: Las habilidades directivas inciden en el clima organizacional de la mype.

En cuanto al instrumento de medición, éste se integró por seis partes o bloques. El primero de ellos, con datos que abordan aspectos generales de la empresa: tamaño de la empresa, personal ocupado, así como información sobre los ingresos y gastos. La segunda parte aborda los datos del directivo y el tiempo destinado a las labores de la empresa. La tercera parte se refiere a los insumos del sistema: recursos humanos, análisis del mercado y proveedores. En una cuarta parte del instrumento de medición se exponen los procesos del sistema: dirección, gestión de ventas, finanzas, innovación, mercadotecnia, producción-operación. La quinta parte estuvo integrada por los resultados del sistema: satisfacción del sistema, ventaja competitiva, RSC-Asuntos de ISO 26000, valoración del entorno y, por último, la sexta parte quedó integrada por los dos temas anuales de investigación: a) el trabajo decente desde la perspectiva directiva y b) el impacto de las habilidades directivas (negociación, toma de decisiones, liderazgo, comunicación, trabajo en equipo) sobre el clima organizacional. Para las secciones comprendidas del tercer al sexto bloque se emplea una escala de Likert de cinco puntos, los cuales van de 'No sé / No aplica' (1) a 'muy de acuerdo' (5).

RESULTADOS

Las seis variables muestran consistencia interna del instrumento mediante el análisis del alfa de Cronbach de las variables objeto de estudio, de la misma forma se analiza la correlación que tienen con el clima organizacional como se muestra en la tabla 9.3.

Tabla 9.3. Alfa de Cronbach y correlación de las variables.

Variables	Correlación con clima	Cronbach	Media	Desviación Estándar
Negociación	0.383	0.870	3.910	0.700
Toma de decisiones	0.27	0.892	3.917	0.703
Liderazgo	0.361	0.913	4.279	0.609
Comunicación	0.307	0.902	4.216	0.612
Trabajo en equipo	0.354	0.920	4.141	0.625
Clima Organizacional	1	0.902	4.177	0.651

Fuente: Elaboración propia utilizando RStudio (R Core Team, 2022).

Se procede a realizar el modelo estructural del instrumento en la figura 9.4, el ajuste absolutorio muestra el error cuadrático medio de aproximación (RMSEA) es de 0.023 y el residuo cuadrático medio estandarizado (SRMR) es de 0.053, en ambos casos se consideran aceptables, en el ajuste comparativo (CFI) muestra

un resultado de 0.998 y el índice de Tucker-Lewis (TLI) de 0.997 consideramos ajustes óptimos.

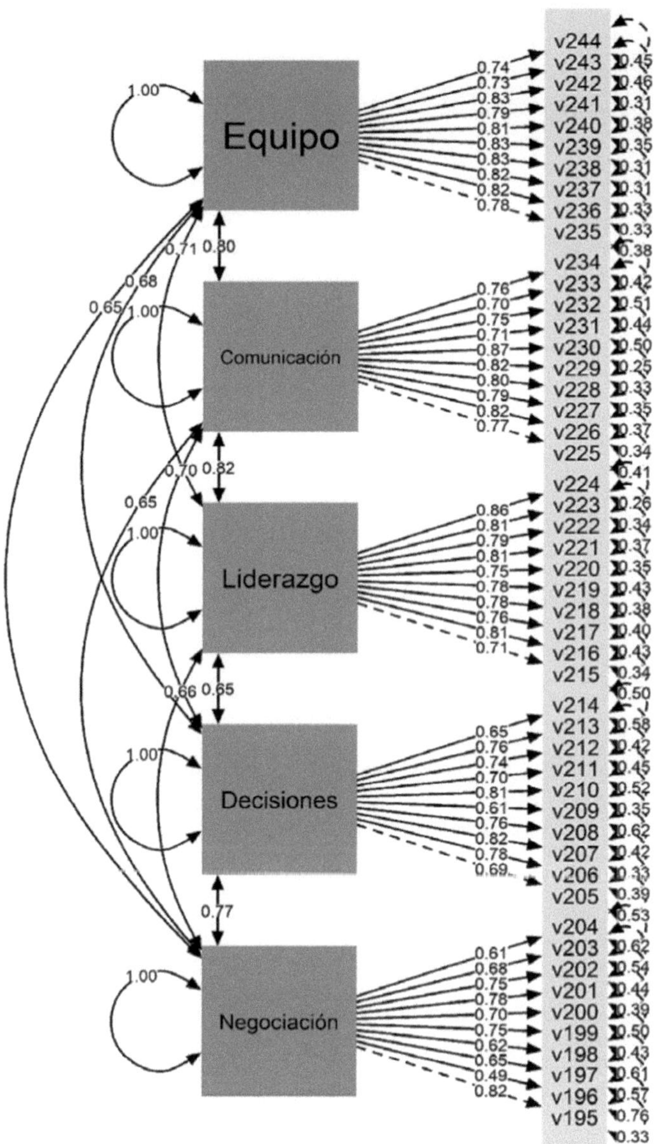

Figura 9.4. Resultado del modelo estructural.

Fuente: Elaboración propia utilizando RStudio (R Core Team, 2022).

Partiendo de la información cuantitativa del estudio se establece el modelo estructural (Figura 9.4), donde se muestra la dirección de las relaciones entre las diversas variables y el efecto que causan. El modelo plantea la existencia de cinco variables exógenas con una relación causal recíproca (trabajo en equipo, comunicación, liderazgo, toma de decisiones y negociación). Las cinco variables tienen una relación causal directa con los ítems que conforman la variable, en todos los casos el grado de significancia fue <0.05 (los resultados se muestran en la Figura 9.4) dando un correcto ajuste del modelo (Bentler & Bonett, 1980; Martínez et al., 2012)

Con el objetivo de medir el impacto que tienen las habilidades directivas sobre el clima organizacional de la mype se realiza la siguiente regresión lineal, donde el clima organizacional es la variable dependiente y las variables independientes son negociación, toma de decisiones, liderazgo, comunicación y trabajo en equipo … Al final se sustituyen los valores tal y como se observa en la tabla 9.5.

Fórmula:

y = clima = constante + negociación + toma de decisiones + liderazgo + comunicación + trabajo en equipo.

Tabla 9.5. Regresión lineal.

Fórmula: lm(fórmula = clima ~ negociación + toma de decisiones + liderazgo + comunicación + trabajo en equipo)				
Residuales				
Min	**1Q**	**Mediana**	**3Q**	**Max**
-2.30455	-0.18516	0.04313	0.24938	1.53559
Coeficientes	**Estimado**	**Std. Error**	**T-valor**	**P-valor**
(Clima/Intercept)	0.56857	0.18272	3.112	0.00200
Negociación	0.13675	0.04540	3.012	0.00277
Toma de decisiones	0.08949	0.04720	1.896	0.05871
Liderazgo	0.13427	0.05622	2.388	0.01741
Comunicación	0.10491	0.06198	1.693	0.09135
Trabajo en equipo	0.41201	0.05473	7.528	3.77e-13

Signif. codes: 0 '***' 0.001 '**' 0.01 '*' 0.05 '.' 0.1 ' ' 1
Residual standard error: 0.4515 on 380 degrees of freedom
Multiple R-squared: 0.5253, Adjusted R-squared: 0.5191
F-statistic: 84.1 on 5 and 380 DF, p-value: < 2.2e-16
Fuente: Elaboración propia utilizando RStudio (R Core Team, 2022).

Para poder medir el impacto, se multiplica el valor estimado de cada una de las variables independientes (tabla 9.5) por su media (tabla 9.3).

y=0.56857 + (0.13675 * 3.91) + (0.08949 * 3.917) + (0.13427 * 4.279) + (0.10491 * 4.216) + (0.41201 * 4.141)

Resolvemos la ecuación:

y=0.56857+0.5346925+0.3505323+0.5745413+0.4423006+1.7061334
y=4.1767701

Se observa que la variable que tiene mayor impacto es trabajo equipo con 1.7061334, mientras que la de menor impacto es toma de decisiones con 0.3505323. El impacto total que tienen las habilidades directivas sobre el clima organizacional es de 4.1767701.

DISCUSIÓN

Se acepta la hipótesis alternativa, porque se comprueba que existe un impacto total de las habilidades directivas sobre el clima organizacional, y las cinco variables exógenas (trabajo en equipo, comunicación, liderazgo, toma de decisiones y negociación) tienen una relación recíproca.

La totalidad de las habilidades directivas consideradas en la investigación tiene un impacto de 4.1767701, equivalente también a la media, si se compara con la t student, nos indica que es fiable, porque su probabilidad es menor a 0.005.

Las habilidades directivas que tienen mayor repercusión en el clima organizacional de las mypes de Ocosingo, Chiapas, son trabajo en equipo (grupal), negociación (interpersonal) y liderazgo (interpersonal), consideradas en el modelo de 10 habilidades de Whetten y Cameron (2016). Estas variables son las que mayor fiabilidad presentan en el estudio, ya que su probabilidad es menor a 0.05; es improbable que su resultado se deba al azar, lo que demuestra que la hipótesis nula es falsa. La F-statistic indica que es más fiable evaluar el impacto de todas estas habilidades directivas en conjunto que por separado.

Trabajo en equipo es la variable que mayor incidencia tiene sobre el clima organizacional, debido a que repercute directamente en el ambiente laboral, la productividad y la calidad del trabajo, porque involucra a todos los miembros del sistema. La deficiencia del trabajo en equipo puede generar problemas de comunicación, ausencia de motivación, manejo inadecuado de conflictos, debilidades en los procesos de negociación y toma de decisiones, evidenciando carencia de liderazgo.

Según Newmark, Koehler y Philippe (2008, citados en Pérez & Azzollini, 2013), los grupos se hacen equipos cuando desarrollan un sentido del compromiso compartido y luchan por conseguir sinergia entre sus miembros. De acuerdo con el modelo de liderazgo de Peter Senge (Bolívar, 2000), el liderazgo consiste en los procesos de aprendizaje recíprocos que posibilitan a los participantes formar una comunidad con propósitos y visiones comunes compartidas, lo que implica construir la capacidad de liderazgo de toda la organización, con procesos de participación y colaboración que capaciten e impliquen a todo el personal en el desarrollo institucional.

Al analizar la definición de negociación de Ávila (2008, citado en Henao et al., 2017), la cual señala que es "un proceso en el que dos o más personas intercambian ideas con la intención de modificar sus relaciones y alcanzar un acuerdo tendiente a satisfacer necesidades mutuas" (p. 29), se comprende que la negociación es un medio de interacción comunicativa que ayuda a la resolución de conflictos y al logro de objetivos comunes que intervienen directamente de manera positiva o negativa en el trabajo en equipo.

Finalmente, es necesario que las mypes de Ocosingo potencialicen primero el desarrollo de habilidades de liderazgo, para después hacerlo con las habilidades de negociación y de trabajo en equipo en todos los miembros de las empresas.

REFERENCIAS

Aburto, H.I. & Bonales, J. (2011). Habilidades directivas: Determinantes en el clima organizacional. *Investigación y Ciencia,* 19(51), 41–49.

Alegría-Zebadúa, R.M., & Alarcón-Martínez, G. (2022). Marco teórico e instrumento de medición de las habilidades gerenciales y clima organizacional en *Instituciones Bancarias de México. Vinculatégica,* 7(1). https://doi.org/10.29105/vtga7.1-82

Álvarez-Vásquez, C.A., Rivera-Vera, H.F., Conforme-Cedeño, G.M., Campoverde-Flores, F.K., Sornoza-Parrales, D.R., & Merchán-Nieto, L. (2018). *Los procesos, las técnicas de negociación y la tecnología. Ciencias. Economía, Organización y Ciencias Sociales. Editorial Área de Innovación y Desarrollo, S.L.* https://doi.org/10.17993/ecoorgycso.2018.41

Ávila-Morales, H., Palumbo-Pinto, G.B., De la Cruz-Ríos, H.A., & Ogosi-Auqui, J.A. (2022). Toma de decisiones estratégicas en la gestión pública para el desarrollo social. *Revista Venezolana de Gerencia*, 27(Edición Especial 7), 648–662. https://doi.org/10.52080/rvgluz.27.7.42

Bentler, P. M., & Bonett, D. G. (1980). Significance Tests and Goodness of Fit in the Analysis of Covariance Structures. *In Psychological Bulletin* (Vol. 88, Issue 3).

Bolivar, Antonio. (2000). El liderazgo compartido según Peter Senge. Liderazgo y organizaciones que aprenden (III Congreso Internacional sobre Dirección de Centros Educativos). Bilbao, ICE de la Universidad de Deusto, pp. 459–471. https://www.researchgate.net/profile/Antonio-Bolivar/publication/300170863_El_liderazgo_compartido_segun_Peter_Senge/links/5709da9708aed09e916f9ad3/El-liderazgo-compartido-segun-Peter-Senge.pdf

Brunet, L. (2007). El clima de trabajo en las organizaciones. Definición, diagnóstico y consecuencias. *Editorial Trillas.*

Busro, M. (2018). Teori-teori Manajemen Sumber Daya Manusia. *Jakarta. PrenadaMedia.*

Dini, M. & Stumpo, G. (2020). MiPyMEs en América Latina: un frágil desempeño y nuevos desafíos para las políticas de fomento. Documentos de Proyectos (LC/TS.2018/75/Rev.1), Santiago. *Comisión Económica para América Latina y el Caribe* (CEPAL).

Forbes (2021). Inclusión digital: el futuro de las MyPEs. *Forbes Content.* https://www.forbes.com.mx/ad-inclusion-digital-futuro-mypes-mexico-visa/

Henao, C.A, Fierro, I., Cardona, D.A. (2017), La negociación profesional, un acercamiento conceptual, *Revista Espacios,* Vol. 38 (N° 32), p. 12, ISSN 0798 101. https://www.revistaespacios.com/a17v38n32/a17v38n32p12.pdf

Ibarra-Morales, L.E., Paredes-Zempual, D., & Carrillo-Cisneros, E. (2022). Impacto del COVID-19 en las variables que determinan la competitividad de las micro, pequeñas y medianas empresas mexicanas. *Revista RELAYN. Micro y Pequeña Empresa en Latinoamérica,* 6(1), 7–22. https://doi.org/10.46990/relayn.2022.6.1.532

Instituto Nacional de Estadística y Geografía (Inegi) (2020). *Censo de población y vivienda 2020.* https://www.inegi.org.mx/programas/ccpv/2020/

King, E.B., Helb, M.R., George, J.M. & Matusik, S.F. (2010). Understanding tokenism: Antecedents and consequences of a psychological climate of gender inequity. *Journal of Management,* 36(2), 482–510. https://doi.org/10.1177/0149206308328508

Leyva-Carreras, A.B., Cavazos-Arroyo, J., & Espejel-Blanco, J.E. (2018). Influencia de la planeación estratégica y habilidades gerenciales como factores internos de la competitividad empresarial de las Pymes. *Contaduría y Administración,* 63(3), 41. https://doi.org/10.22201/fca.24488410e.2018.1085

Leyva-Carreras, A.B., Espejel-Blanco, J.E., & Cavazos-Arroyo, J. (2017). Habilidades gerenciales como estrategia de competitividad empresarial en las pequeñas y medianas empresas (Pymes). *Revista Perspectiva Empresarial,* 4(1), 7–22. https://doi.org/10.16967/rpe.v4n1a1

Martinez, E., García-Alandete, J., Selles, P., Bernabe, G., & Soucase, B. (2012). Análisis factorial confirmatorio de los principales modelos propuestos para el purpose-in-life test en una muestra de universitarios españoles. *Acta Colombiana de Psicología,* 67–76.

Mendoza-Vargas, E.Y., Villaroel-Puma, M.F. & Carranza-Quimi, W.D. (2020). Caracterización de los microemprendimientos de los sectores urbanos marginales de Quevedo. *Centro Sur. Social Science Journal.* 4(4), 1–23. https://doi.org/10.37955/cs.v4i1.40

Moreno, M. J., & Wong Aitken, H. G. (2019). Relación de las habilidades directivas y la satisfacción laboral en la empresa Chicken King de Trujillo, 2018. *Cuadernos Latinoamericanos de Administración,* 14(27), 1–17. https://doi.org/10.18270/cuaderlam.v14i27.2475

Naranjo, R. (2015). Management skills in leaders of mid-sized businesses of Colombia. *Revista Científica Pensamiento y Gestión,* 38, 119–146. https://doi.org/10.14482/pege.38.7703

Niebles-Núñez, L., Torres-Anillo, K. & Montenegro-Rada, A. (2020). Habilidades gerenciales como herramienta para el fortalecimiento del liderazgo transformacional en las mipymes. *Editorial Universidad del Atlántico.* https://repositorio.uniatlantico.edu.co/bitstream/handle/20.500.12834/1030/admin %2c %2bHABILIDADES %2bGERENCIALES %2bCOMO %2bHERRAMIENTA %2bEN %2bMIPYMES.pdf?sequence=1&isAllowed=y

Paredes-Zempual, D., Ibarra-Morales, L.E., & Moreno-Freites, Z.E. (2021). Habilidades directivas y clima organizacional en pequeñas y medianas empresas. *Investigación Administrativa,* 50–1, 1–23. https://doi.org/10.35426/iav50n127.05

Pérez Vilar, Pablo Sebastián, & Azzollini, Susana. (2013). Liderazgo, equipos y grupos de trabajo: su relación con la satisfacción laboral. *Revista de Psicología* (PUCP), 31(1), 151–169. Recuperado en 18 de mayo de 2023, de http://www.scielo.org.pe/scielo.php?script=sci_arttext&pid=S0254-92472013000100006&lng=es&tlng=es.

Puga-Villarreal, J., & Martínez-Cerna, L. (2008). Competencias Directivas en Escenarios Globales. *Estudios Gerenciales,* 24(109), 87–103. https://doi.org/10.1016/s0123-5923(08)70054-8

R Core Team (2022). R: A language and environment for statistical computing. R *Foundation for Statistical Computing, Vienna, Austria.* URL https://www.R-project.org/

Red de Estudios Latinoamericanos en Administración y Negocios. (RELAYN) (2023). *Investigación anual,* N. Peña & O. Aguilar (coords.) https://relayn.redesla.la

Red de Estudios Latinoamericanos (RedesLA) (2023). *Investigaciones anuales.* https://redesla.la

Rojero-Jiménez, R., Gómez-Romero, J.G.I., & Quintero-Robles, L.M. (2019). El liderazgo transformacional y su influencia en los atributos de los seguidores en las Mipymes mexicanas. *Estudios Gerenciales,* 35(151), 178–189. https://doi.org/10.18046/j.estger.2019.151.3192

Vargas, B., & del Castillo, C. (2008). Competitividad sostenible de la pequeña empresa: Un modelo de promoción de capacidades endógenas para promover ventajas competitivas sostenibles y alta productividad. *Journal of Economics, Finance and Administrative Science,* 13(24), 59–80. https://www.redalyc.org/articulo.oa?id=360733604004

Viamontes, M.O., & Oliva, E.J.D. (2015). Las agrupaciones corales como estrategia de formación de competencias para trabajo en equipo en las organizaciones: una perspectiva comparativa. *Suma de Negocios,* 6(13), 92–97. https://doi.org/10.1016/j.sumneg.2015.08.008

Whetten, D. & Cameron, K. (2016). Desarrollo de habilidades directivas. México: *Editorial Prentice Hall.*

CAPÍTULO 10

Las habilidades directivas y el clima organizacional en las micro y pequeñas empresas de Aldama, Chihuahua, México

Management skills and the organizational climate in micro and small businesses in Aldama, Chihuahua, Mexico

ILEANA GONZÁLEZ HOLGUÍN, JUAN AGUILAR VÁZQUEZ, NELLY JOYCE PÉREZ QUIÑONEZ Y GLORIA GUADALUPE POLANCO MARTÍNEZ

Tecnológico Nacional de México/Instituto Tecnológico de Chihuahua

Resumen: El objetivo de la presente investigación es determinar el impacto que tienen las habilidades directivas sobre el clima organizacional en las micro y pequeñas empresas de Latinoamérica. Se presenta un estudio cuantitativo, no experimental, de forma transversal y con un alcance causal. La pertinencia del estudio contribuye a la generación de conocimiento para el desarrollo de un modelo de gestión de la mype en América Latina que permita maximizar la productividad. Entre los principales resultados, podemos observar que la variable de la habilidad directiva trabajo en equipo es la que tiene un mayor impacto en el clima organizacional, con 2.3549383. Por ello, se concluye que las habilidades directivas sí inciden en el clima organizacional de la mype de ciudad de Aldama, Chihuahua, México, debido a que dicho modelo tiene valores de ajuste óptimo. Por otro lado, la relación entre la variable dependiente y las independientes es proporcionada por R cuadrada, la cual es de 73.16 %, esto indica que de las cinco variables (trabajo en equipo, comunicación, liderazgo, toma de decisiones y negociación), cuatro de ellas tienen un alto impacto de acuerdo con la regresión lineal del estudio.

Abstract: The objective of this research is to determine the impact that management skills have on the organizational climate in micro and small companies in Latin America. A quantitative, non-experimental, cross-sectional study with a causal scope is presented. The relevance of the study contributes to the generation of knowledge for the development of a management model for mypes in Latin America that allows maximizing productivity. Among the main results, we can observe that the variable of teamwork managerial ability is the one that has the greatest impact on the organizational climate, with 2.3549383. Therefore, it is concluded that management skills do affect the organizational climate of the mype of the city of Aldama, Chihuahua, Mexico, because said model has optimal fit values. On the other hand, the relationship between the dependent variable and the independent ones is provided by R squared, which is 73.16 %, this indicates that of the five variables (teamwork, communication, leadership, decision making and negotiation), four of them have a high impact according to the linear regression of the study.

Palabras clave: clima organizacional, habilidades directivas, mype.

INTRODUCCIÓN

De acuerdo con el último Censo Económico publicado por el Instituto Nacional de Estadística y Geografía (INEGI, 2020), 98.3 % del universo de unidades económicas está constituido por micro y pequeñas empresas, las cuales generan —al menos— el 55 % de los empleos y amasan el 39 % del Producto Interno Bruto (PIB) del país. Las microempresas están configuradas por aquellos negocios que tienen menos de 10 trabajadores y generan anualmente ventas hasta por 4 millones de pesos. Las pequeñas empresas son unidades económicas que emplean entre 11 y 50 trabajadores, generando ventas anuales que oscilan entre 4 y 100 millones de pesos (Mendoza-Vargas, Villaroel-Puma & Carranza-Quimi, 2020; Forbes, 2021).

Es importante mencionar que actualmente las mypes se enfrentan a múltiples retos y problemáticas, específicamente, el desarrollo de habilidades gerenciales o directivas por parte de los líderes cumple una labor fundamental en el clima organizacional para este tipo de empresas, al establecerse como un diferenciador con otras organizaciones (Busro, 2018). En esa perspectiva, la formación y el desarrollo de habilidades directivas del personal encargado de implementar estrategias y tomar decisiones son fundamentales, pues de ello depende que las mypes cumplan sus metas y objetivos estratégicos, lo cual permite a las organizaciones volverse más competitivas, pues propicia la formación de un clima organizacional donde los empleados estén satisfechos con su organización (Aburto & Bonales, 2011; Brunet, 2007).

Derivado de la importancia que representa el desarrollo de habilidades directivas en los líderes que dirigen los esfuerzos estratégicos de las mypes, así como la importancia de contar con un buen clima organizacional, se plantean las siguientes preguntas de investigación: ¿Cuáles habilidades directivas tienen repercusión en el clima organizacional de las mypes?, ¿cuál es el clima organizacional que predomina en las mypes?

Para cumplir con lo anterior, el objetivo de la investigación es determinar el grado de asociación entre las habilidades directivas y el clima organizacional de las micro y pequeñas empresas, lo cual permitirá conocer con mayor precisión las habilidades directivas que los gerentes o mandos medios deben desarrollar para que prevalezca un clima organizacional satisfactorio entre los empleados al interior de las mypes. En ese sentido, las mypes podrán determinar si éstas son las causales de un clima organizacional adecuado o inconveniente, lo que, a su vez, permitirá diseñar programas de capacitación para sus líderes y, con ello, generar información que contribuya —si es el caso— a resolver el problema o mantener y fortalecer lo que se tiene.

Los diferentes análisis estadísticos correlacionales entre las variables del estudio permitirán identificar si las habilidades directivas son la causa principal del clima organizacional que prevalece en las mypes. Lo anterior será de gran apoyo en la búsqueda de factores endógenos diferenciados que permita a las mypes obtener ventajas competitivas sostenibles, ya que, si bien es cierto, una mejor gestión empresarial no es suficiente para lograr ser más competitivas, sino que está determinada por otros factores internos como un buen clima organizacional y el desarrollo de habilidades directivas (Vargas & Del Castillo, 2008).

REVISIÓN DE LA LITERATURA

Las organizaciones del siglo XXI afrontan un entorno dinámico y complejo caracterizado por la incertidumbre, debido a esto deben estar preparadas para dar respuesta a los cambios vertiginosos, en aras de cumplir sus objetivos y metas organizacionales así como volverse más competitivas. Las micro y pequeñas empresas (mypes) también deben responder a ese contexto, sin embargo, las características estructurales de su magnitud las coloca en desventaja respecto a la gran empresa, misma que tiene a su disposición una mayor cantidad de recursos y capacidades. El tema aquí analizado ha obtenido gran relevancia en los rubros de la investigación y las políticas públicas recientemente, lo cual ha permitido una mejora de determinados aspectos directamente vinculados con la competitividad de las empresas (Leyva-Carreras, Cavazos-Arroyo & Espejel-Blanco, 2018).

La situación actual de las mypes es compleja —aun siendo una parte fundamental del aparato económico a nivel mundial—, presenta una serie de desafíos

y retos, enfrenta diversos obstáculos que limitan su capacidad de crecimiento y desarrollo. Uno de los principales problemas que enfrentan estas empresas es la falta de acceso al financiamiento, ya que esto restringe su capacidad para invertir en innovación, en maquinaria y equipos, software y tecnologías digitales; así como en la capacitación y adiestramiento para sus empleados. Otra problemática a la cual se enfrentan es la poca inversión en capacitación a sus directivos y gerentes, de modo que éstos puedan desarrollar sus habilidades directivas, permitiéndoles contar con las herramientas necesarias al momento de tomar decisiones estratégicas de impacto en sus portafolios de negocios, a través de una visión diferente y más competitiva, no sólo a nivel local, sino a niveles superiores en la configuración y escala del negocio.

Es importante destacar que la pandemia por el Covid-19 tuvo un impacto significativo en las mypes debido a que muchas de ellas tuvieron que cerrar de forma temporal o permanente. Las restricciones de movimiento y confinamiento social provocaron una disminución significativa en la demanda de productos y servicios (Ibarra-Morales, Paredes-Zempual & Carrillo-Cisneros, 2022). Para dimensionar y tener una mejor visión de la magnitud de la presencia e importancia de las mypes en Latinoamérica, Dini y Stumpo (2021) realizan una clasificación tomando como parámetros el sector y el tamaño de la empresa (tabla 10.1.).

Tabla 10.1. Clasificación de acuerdo con el sector y tamaño de la empresa.

Sector	Micro empresa	Pequeña empresa
Agricultura, ganadería, caza, silvicultura y pesca	80 %	16 %
Explotación de minas y canteras	68 %	23 %
Industria manufacturera	82 %	14 %
Suministro de electricidad, gas y agua	70 %	20 %
Construcción	76 %	19 %
Comercio al por mayor y menor	92 %	07 %
Hoteles y restaurantes	89 %	10 %
Transporte, almacenamiento y comunicaciones	83 %	13 %
Intermediación financiera	81 %	14 %
Actividades inmobiliarias, empresariales y de alquiler	87 %	10 %
Enseñanza	76 %	19 %
Servicios sociales y de salud	89 %	09 %
Otras actividades comunitarias, sociales y personales	95 %	04 %
Total	**88.4 %**	**09.6 %**

Fuente: elaboración propia a partir de Dini & Stumpo (2021).

Leyva-Carreras, Espejel-Blanco y Cavazos-Arroyo (2017) destacan que el director o gerente de una mype debe tomar en cuenta ciertas variables para lograr la excelencia, el buen clima organizacional y la competitividad empresarial, para lo cual es preciso contar con personal directivo que reúna las siguientes características: dinámicos, actualizados, con habilidades directivas, operativas y de gestión, conocimientos de administración y planeación estratégica, así como administración y dirección de talento humano, siempre proactivo al cambio organizacional y tecnológico, para que se convierta en vehículo que potencia la creatividad, la innovación y el desarrollo sustentable. Sin embargo, por desconocer esas características de gestión o habilidades directivas que son propias de los líderes, esa ignorancia puede ser la causa de algunos problemas administrativos y de competitividad en las mypes, lo que genera algunas consecuencias en la transición de una economía local y proteccionista a un mercado libre y globalizado (Naranjo, 2015).

Niebles-Núñez, Torres-Anillo y Montenegro-Rada (2020) establecen que las habilidades directivas comprenden el proceso de la gerencia, estas son: planificar, organizar, dirigir, ejecutar y controlar que, a su vez, constituyen el conjunto de destrezas, cualidades, competencias, conocimientos, acciones, experiencias y capacidades que inciden en el efectivo desempeño del rol gerencial, al contribuir al logro de objetivos y metas organizacionales, asimismo, representan la implementación práctica por la acción del conocimiento adquirido académicamente o por experiencias a través del proceso de aprendizaje. Es por ello que, en los últimos años, las habilidades directivas desempeñan un papel muy importante en la satisfacción de los colaboradores en las empresas a nivel mundial, pues se ha demostrado que la manera o particularidad en que los directivos lideran a sus equipos generan una repercusión directa en su satisfacción y, por ende, en su desempeño laboral (Moreno & Wong, 2018).

Paredes-Zempual, Ibarra-Morales y Moreno-Freites (2021) adoptan otra perspectiva, sostienen que el buen desempeño de la empresa está en función de las habilidades directivas y el buen clima organizacional, sobre todo en este tiempo donde las empresas se encuentran inmersas en un proceso de globalización y de rápidos cambios que demanda líderes más preparados en actitudes y aptitudes, capaces de administrar de manera eficaz y eficiente los procesos y procedimientos, tanto administrativos como operativos, comprometidos con la rentabilidad de la organización.

El clima organizacional es observado y analizado por las empresas con el fin de mantenerlo en niveles positivos y, de esa forma, estimular la productividad de los empleados, motivo por el cual las empresas buscan los elementos y condiciones necesarias que puedan incidir de forma positiva en el clima organizacional, ya que existen estudios empíricos que así lo demuestran, en otras palabras, un mejor clima organizacional en la empresa se traduce en mejores resultados en los ámbitos financieros, administrativos y productivos (Alegría-Zebadúa & Alarcón-Martínez, 2022).

Whetten y Cameron (2016) clasifican las habilidades en tres grandes grupos: personales, interpersonales y grupales, mismas que en su conjunto aportan al éxito de una administración eficaz y centrada en los logros financieros, pero también de posición competitiva. En este sentido, para el presente estudio se han seleccionado como habilidades directivas las siguientes: negociación, toma de decisiones, liderazgo, comunicación y trabajo en equipo, ya que predominan en la literatura y en los diferentes modelos conceptuales, además de ser las más importantes para Whetten y Cameron. Adicionalmente, se ha seleccionado como variable el 'clima organizacional' debido al impacto y la importancia que ostenta para las mypes. Las definiciones conceptuales para cada una de las variables se muestran en la tabla 10.2.

Tabla 10.2. Definición conceptual de las variables.

Variable	Definición conceptual
Negociación	Presentar y discutir propuestas comunes con el propósito de llegar a un acuerdo en un marco de interés común (Álvarez-Vásquez, et al., 2018).
Toma de decisiones	Decidir por una alternativa que requiere atender situaciones planificadas o de incertidumbre entre un abanico de varias opciones (Ávila-Morales et al., 2022).
Liderazgo	Lograr la motivación de los colaboradores mediante la promoción de conductas positivas que reditúan en mejores niveles de desempeño laboral para la empresa (Rojero-Jiménez, Gómez-Romero & Quintero-Robles, 2019).
Comunicación	Recibir y transmitir mensajes oportunos y unívocos, independientemente del canal o la forma de comunicación, lo cual facilita la emisión y recepción de los mensajes que se producen entre los miembros de la organización y su entorno, facilitando el alcance de los objetivos y metas que establecen los miembros de la organización (Puga-Villarreal & Martínez-Cerna, 2008).
Trabajo en equipo	Fomentar la colaboración conjunta entre los integrantes que conforman un equipo de trabajo, a través del talento individual, la comunicación, las competencias y las fortalezas de cada uno en su relación con los demás, para lograr el cumplimiento de un objetivo común (Viamontes & Oliva, 2015).
Clima organizacional	Variable que media entre el contexto de una organización y la conducta de sus empleados o miembros, desde la perspectiva del cómo ellos experimentan el trabajo en sus empresas (King, Hebl, George & Matusik, 2010).

Fuente: elaboración propia.

METODOLOGÍA

El presente trabajo de investigación ha sido propuesto por la Red de Estudios Latinoamericanos en Administración y Negocios (RELAYN, 2023), la cual consiste en conceptualizar la micro y pequeña empresa (mype) como una serie de elementos de entradas, procesos y salidas enmarcados en un ambiente que influye en el clima organizacional de las mypes, según la percepción del director, considerado como la persona que toma la mayor parte de las decisiones. Este estudio tiene un enfoque cuantitativo de diseño transversal de tipo causal.

Se realizó un muestreo probabilístico aleatorio simple con las mypes de Aldama, Chihuahua, México, cuya cantidad de empleados se encuentra en el rango de 1 a 50, con un nivel de confianza del 95 %, un margen de error del ±5 % y una probabilidad estimada de p=0.5 (50 %). Se obtuvieron de la muestra aplicada un total de 594 encuestas válidas en el periodo del 01 de marzo al 30 de abril de 2023. Se utilizó un instrumento de medición tipo encuesta, la cual fue dirigida a los propietarios, directores o gerentes de las mypes, para lo cual sirvió la asistencia de estudiantes universitarios que previamente fueron capacitados para aplicar la encuesta.

Características de la muestra son:

El 52.5 % de la muestra fueron del sexo biológico femenino y el restante 47.5 % masculino. La edad de los sujetos tiene un rango de 18 a 86 años, con un promedio de 45 años y una moda de 40 años. El 22.1 % de los empresarios tienen estudios de nivel superior, seguido de un 37.4 % con nivel media superior, 39.2 % con educación básica. En cuanto a estado civil predominan los casados con un 64.1 % seguidos de los solteros con 19 %.

La mayoría de los negocios 72.6 % pertenecen al giro comercial, un 24.1 % a la prestación de servicios y sólo 3.4 % a la producción de manufacturas, la antigüedad del 25.6 %de los negocios es menor a 3 años. Los empleos que ofrecen están en el rango de 1 a 40 trabajadores, de las empresas el 98.1 % emplea de 1 a 10 trabajadores y el 84.2 % tienen en su plantilla de 1 a 10 mujeres y en el 79.8 % colaboran de 1 a 5 familiares del propietario.

Alineado al objetivo general de la investigación y a la revisión de la literatura, se plantean las siguientes hipótesis:

H0: Las habilidades directivas no inciden en el clima organizacional de la mype.
H1: Las habilidades directivas inciden en el clima organizacional de la mype.

En cuanto al instrumento de medición, éste se integró por seis partes o bloques. El primero de ellos, con datos que abordan aspectos generales de la empresa: tamaño de la empresa, personal ocupado, así como información sobre los ingresos y gastos. Una segunda parte aborda los datos del directivo y el tiempo de dedicación a las labores de la empresa. La tercera parte se refiere a los insumos del sistema: recursos humanos, análisis del mercado y proveedores. En una cuarta parte del instrumento de medición se exponen los procesos del sistema: dirección, gestión de ventas, finanzas, innovación, mercadotecnia, producción-operación. La quinta parte estuvo integrada por los resultados del sistema: satisfacción del sistema, ventaja competitiva, RSC-Asuntos de ISO 26000, valoración del entorno y, por último, la sexta parte quedó integrada por los dos temas anuales de investigación: a) el trabajo decente desde la perspectiva directiva y b) el impacto de las habilidades directivas (negociación, toma de decisiones, liderazgo, comunicación, trabajo en equipo) sobre el clima organizacional. Para las secciones comprendidas del tercer al sexto bloque se emplea una escala de Likert de cinco puntos, los cuales van de 'muy en desacuerdo' (1) a 'muy de acuerdo' (5).

RESULTADOS

Las seis variables muestran consistencia interna del instrumento mediante el análisis del alfa de Cronbach de las variables objeto de estudio, de la misma forma se analiza la correlación que tienen con el clima organizacional como se muestra en la tabla 10.3.

Tabla 10.3. Alfa de Cronbach y correlación de las variables.

Variables	Correlación con clima	Cronbach	Media	Desviación Estándar
Negociación	0.488	0.862	4.093	0.602
Toma de decisiones	0.286	0.897	4.090	0.611
Liderazgo	0.42	0.896	4.410	0.506
Comunicación	0.492	0.893	4.381	0.504
Trabajo en equipo	0.578	0.937	4.296	0.621
Clima Organizacional	1	0.932	4.319	0.639

Fuente: Elaboración propia utilizando Rstudio (R Core Team, 2022).

Se procede a realizar el modelo estructural del instrumento en la figura 10.4, el ajuste absolutorio muestra el error cuadrático medio de aproximación (RMSEA) es de 0.025 y el residuo cuadrático medio estandarizado (SRMR) es de 0.046, en

ambos casos se consideran aceptables, en el ajuste comparativo (CFI) muestra un resultado de 0.997 y el índice de Tucker-Lewis (TLI) de 0.997 consideramos ajustes óptimos.

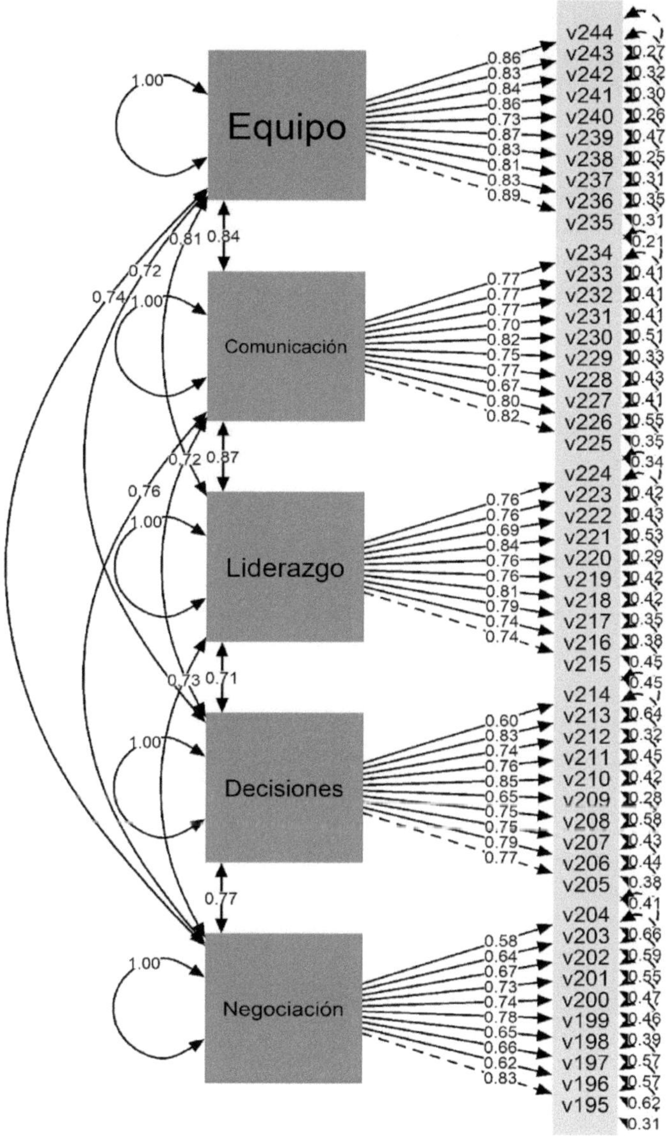

Figura 10.4. Resultado del modelo estructural.

Fuente: Elaboración propia utilizando Rstudio (R Core Team, 2022).

Partiendo de la información cuantitativa del estudio se establece el modelo estructural (Figura 10.4), donde se muestra la dirección de las relaciones entre las diversas variables y el efecto que causan. El modelo plantea la existencia de cinco variables endógenas con una relación causal recíproca (trabajo en equipo, comunicación, liderazgo, toma de decisiones y negociación). Las cinco variables tienen una relación causal directa con los ítems que conforman la variable, en todos los casos el grado de significancia fue <0.05 (los resultados se muestran en la Figura 10.4) dando un correcto ajuste del modelo (Bentler & Bonett, 1980; Martínez et al., 2012)

Con el objetivo de medir el impacto que tienen las habilidades directivas sobre el clima organizacional de la mype se realiza la siguiente regresión lineal, donde el clima organizacional es la variable dependiente y las variables independientes son negociación, toma de decisiones, liderazgo, comunicación y trabajo en equipo. Al final se sustituyen los valores tal y como se observa en la tabla 10.5.

Fórmula:

y = clima = constante + negociación + toma de decisiones + liderazgo + comunicación + trabajo en equipo.

Tabla 10.5. Regresión lineal.

Fórmula: lm(fórmula = clima ~ negociación + toma de decisiones + liderazgo + comunicación + trabajo en equipo)				
		Residuales		
Min	**1Q**	**Mediana**	**3Q**	**Max**
-2.03978	-0.12319	0.02043	0.14892	1.04154
Coeficientes	**Estimado**	**Std. Error**	**T-valor**	**P-valor**
(Clima/Intercept)	-0.23827	0.12834	-1.856	0.06388
Negociación	0.09560	0.03381	2.827	0.00485
Toma de decisiones	-0.02369	0.03281	-0.722	0.47045
Liderazgo	0.18997	0.04502	4.220	2.83e-05
Comunicación	0.24422	0.04757	5.134	3.85e-07
Trabajo en equipo	0.54817	0.03599	15.231	2e-16

Signif. codes: 0 '***' 0.001 '**' 0.01 '*' 0.05 '.' 0.1 ' ' 1
Residual standard error: 0.3323 on 588 degrees of freedom
Multiple R-squared: 0.7316, Adjusted R-squared: 0.7293
F-statistic: 320.5 on 5 and 588 DF, p-value: < 2.2e-16
Fuente: Elaboración propia utilizando Rstudio (R Core Team, 2022).

Para poder medir el impacto, procedemos se multiplica el valor estimado de cada una de las variables independientes (tabla 10.5) por su media (tabla 10.3).

y=-0.23827 + (0.0956 * 4.093) + (-0.02369 * 4.09) + (0.18997 * 4.41) + (0.24422 * 4.381) + (0.54817 * 4.296)

Resolvemos la ecuación:

y=-0.23827+0.3912908+-0.0968921+0.8377677+1.0699278+2.3549383
y=4.3187625

Se observa que la variable que tiene mayor impacto es trabajo en equipo con 2.3549383, mientras que la de menor impacto es toma de decisiones con —0.0968921. El impacto total que tienen las habilidades directivas sobre el clima organizacional es de 4.3187625.

DISCUSIÓN

El personal directivo de una empresa debe tener características que coadyuven al desarrollo de la creatividad, la innovación y el desarrollo sustentable.

Hoy día, la participación de las mypes en el mercado ha disminuido debido a diferentes circunstancias, la contingencia sanitaria por SARS-CoV-2 (COVID-19) fue una de entre tantas situaciones; sin embargo continúa siendo el sector de mayor importancia para el desarrollo de la economía de los países latinoamericanos, por lo que es relevante para cada una de las mypes conocer las características con las que cuenta su personal directivo con el propósito de tener un clima organizacional adecuado que contribuye al cumplimiento de los objetivos de la empresa.

De acuerdo con la investigación realizada y con base en el modelo estructural del instrumento que se muestra en la figura 10.1, se acepta la hipótesis alternativa (H_1), donde las habilidades directivas inciden en el clima organizacional de la mype de ciudad de Aldama, Chihuahua, México, debido a que dicho modelo tiene valores de ajuste óptimo. Por otro lado, la relación entre la variable independiente y las dependientes es proporcionada por R cuadrada, la cual es de 73.16 %, esto indica que de las cinco variables (trabajo en equipo, comunicación, liderazgo, toma de decisiones y negociación), cuatro (trabajo en equipo, comunicación, liderazgo y negociación) tienen un alto impacto; asimismo, de acuerdo con la regresión lineal, se observa que la variable que tiene mayor impacto en las habilidades directivas es la de equipo y la de menor impacto es la de toma de decisiones.

Por último, el éxito de la mype converge en las habilidades directivas y en un buen clima organizacional que le permita ser más competitiva en un mundo de constantes cambios.

REFERENCIAS

Aburto, H.I. & Bonales, J. (2011). Habilidades directivas: Determinantes en el clima organizacional. *Investigación y Ciencia,* 19(51), 41–49.

Alegría-Zebadúa, R.M., & Alarcón-Martínez, G. (2022). Marco teórico e instrumento de medición de las habilidades gerenciales y clima organizacional en *Instituciones Bancarias de México. Vinculatégica,* 7(1). https://doi.org/10.29105/vtga7.1-82

Álvarez-Vásquez, C.A., Rivera-Vera, H.F., Conforme-Cedeño, G.M., Campoverde-Flores, F.K., Sornoza-Parrales, D.R., & Merchán-Nieto, L. (2018). *Los procesos, las técnicas de negociación y la tecnología. Ciencias. Economía, Organización y Ciencias Sociales. Editorial Área de Innovación y Desarrollo, S.L.* https://doi.org/10.17993/ecoorgycso.2018.41

Ávila-Morales, H., Palumbo-Pinto, G.B., De la Cruz-Ríos, H.A., & Ogosi-Auqui, J.A. (2022). Toma de decisiones estratégicas en la gestión pública para el desarrollo social. *Revista Venezolana de Gerencia*, 27(Edición Especial 7), 648–662. https://doi.org/10.52080/rvgluz.27.7.42

Bentler, P. M., & Bonett, D. G. (1980). Significance Tests and Goodness of Fit in the Analysis of Covariance Structures. *In Psychological Bulletin* (Vol. 88, Issue 3).

Brunet, L. (2007). El clima de trabajo en las organizaciones. Definición, diagnóstico y consecuencias. *Editorial Trillas.*

Busro, M. (2018). Teori-teori Manajemen Sumber Daya Manusia. *Jakarta. PrenadaMedia.*

Dini, M. & Stumpo, G. (2020). MiPyMEs en América Latina: un frágil desempeño y nuevos desafíos para las políticas de fomento. Documentos de Proyectos (LC/TS.2018/75/Rev.1), Santiago. *Comisión Económica para América Latina y el Caribe* (CEPAL).

Forbes (2021). Inclusión digital: el futuro de las MyPEs. *Forbes Content.* https://www.forbes.com.mx/ad-inclusion-digital-futuro-mypes-mexico-visa/

Ibarra-Morales, L.E., Paredes-Zempual, D., & Carrillo-Cisneros, E. (2022). Impacto del COVID-19 en las variables que determinan la competitividad de las micro, pequeñas y medianas empresas mexicanas. *Revista RELAYN. Micro y Pequeña Empresa en Latinoamérica,* 6(1), 7–22. https://doi.org/10.46990/relayn.2022.6.1.532

Instituto Nacional de Estadística y Geografía (Inegi) (2020). *Censo de población y vivienda 2020.* https://www.inegi.org.mx/programas/ccpv/2020/

King, E.B., Helb, M.R., George, J.M. & Matusik, S.F. (2010). Understanding tokenism: Antecedents and consequences of a psychological climate of gender inequity. *Journal of Management,* 36(2), 482–510. https://doi.org/10.1177/0149206308328508

Leyva-Carreras, A.B., Cavazos-Arroyo, J., & Espejel-Blanco, J.E. (2018). Influencia de la planeación estratégica y habilidades gerenciales como factores internos de la competitividad empresarial de las Pymes. *Contaduría y Administración,* 63(3), 41. https://doi.org/10.22201/fca.24488410e.2018.1085

Leyva-Carreras, A.B., Espejel-Blanco, J.E., & Cavazos-Arroyo, J. (2017). Habilidades gerenciales como estrategia de competitividad empresarial en las pequeñas y medianas empresas (Pymes). *Revista Perspectiva Empresarial*, 4(1), 7–22. https://doi.org/10.16967/rpe.v4n1a1

Martinez, E., García-Alandete, J., Selles, P., Bernabe, G., & Soucase, B. (2012). Análisis factorial confirmatorio de los principales modelos propuestos para el purpose-in-life test en una muestra de universitarios españoles. *Acta Colombiana de Psicología,* 67–76.

Mendoza-Vargas, E.Y., Villaroel-Puma, M.F. & Carranza-Quimi, W.D. (2020). Caracterización de los microemprendimientos de los sectores urbanos marginales de Quevedo. *Centro Sur. Social Science Journal.* 4(4), 1–23. https://doi.org/10.37955/cs.v4i1.40

Moreno, M. J., & Wong Aitken, H. G. (2019). Relación de las habilidades directivas y la satisfacción laboral en la empresa Chicken King de Trujillo, 2018. *Cuadernos Latinoamericanos de Administración,* 14(27), 1–17. https://doi.org/10.18270/cuaderlam.v14i27.2475

Naranjo, R. (2015). Management skills in leaders of mid-sized businesses of Colombia. *Revista Científica Pensamiento y Gestión,* 38, 119–146. https://doi.org/10.14482/pege.38.7703

Niebles-Núñez, L., Torres-Anillo, K. & Montenegro-Rada, A. (2020). Habilidades gerenciales como herramienta para el fortalecimiento del liderazgo transformacional en las mipymes. *Editorial Universidad del Atlántico.* https://repositorio.uniatlantico.edu.co/bitstream/handle/20.500.12834/1030/admin %2c %2bHABILIDADES %2bGERENCIALES %2bCOMO %2bHERRAMIENTA %2bEN %2bMIPYMES.pdf?sequence=1&isAllowed=y

Paredes-Zempual, D., Ibarra-Morales, L.E., & Moreno-Freites, Z.E. (2021). Habilidades directivas y clima organizacional en pequeñas y medianas empresas. *Investigación Administrativa,* 50–1, 1–23. https://doi.org/10.35426/iav50n127.05

Puga-Villarreal, J., & Martínez-Cerna, L. (2008). Competencias Directivas en Escenarios Globales. *Estudios Gerenciales,* 24(109), 87–103. https://doi.org/10.1016/s0123-5923(08)70054-8

R Core Team (2022). R: A language and environment for statistical computing. R *Foundation for Statistical Computing, Vienna, Austria.* URL https://www.R-project.org/

Red de Estudios Latinoamericanos en Administración y Negocios. (RELAYN) (2023). *Investigación anual,* N. Peña & O. Aguilar (coords.) https://relayn.redesla.la

Red de Estudios Latinoamericanos (RedesLA) (2023). *Investigaciones anuales.* https://redesla.la

Rojero-Jiménez, R., Gómez-Romero, J.G.I., & Quintero-Robles, L.M. (2019). El liderazgo transformacional y su influencia en los atributos de los seguidores en las Mipymes mexicanas. *Estudios Gerenciales,* 35(151), 178–189. https://doi.org/10.18046/j.estger.2019.151.3192

Vargas, B., & del Castillo, C. (2008). Competitividad sostenible de la pequeña empresa: Un modelo de promoción de capacidades endógenas para promover ventajas competitivas sostenibles y alta productividad. *Journal of Economics, Finance and Administrative Science,* 13(24), 59–80. https://www.redalyc.org/articulo.oa?id=360733604004

Viamontes, M.O., & Oliva, E.J.D. (2015). Las agrupaciones corales como estrategia de formación de competencias para trabajo en equipo en las organizaciones: una perspectiva comparativa. *Suma de Negocios,* 6(13), 92–97. https://doi.org/10.1016/j.sumneg.2015.08.008

Whetten, D. & Cameron, K. (2016). Desarrollo de habilidades directivas. México: *Editorial Prentice Hall.*

CAPÍTULO 11

Las habilidades directivas y el clima organizacional en las micro y pequeñas empresas de Chihuahua, Chihuahua, México

Management skills and the organizational climate in micro and small businesses in Chihuahua, Chihuahua, Mexico

BRENDA PRIETO GARCÍA, GUADALUPE ANCHONDO CHAVARRÍA, MARÍA REBECA MARTÍNEZ ARANDA Y JAVIER ANTONIO GONZÁLEZ GONZÁLEZ

Universidad Tecnológica de Chihuahua

Resumen: El objetivo de la presente investigación es determinar el impacto que tienen las habilidades directivas sobre el clima organizacional en las micro y pequeñas empresas de Latinoamérica. Se presenta un estudio cuantitativo, no experimental, de forma transversal y con un alcance causal. La pertinencia del estudio contribuye a la generación de conocimiento para el desarrollo de un modelo de gestión de la mype en América Latina que permita maximizar la productividad. Se examinó una muestra de 501 mypes de forma aleatoria de diferentes sectores del municipio de Chihuahua. Entre los principales resultados, podemos observar que la variable de la habilidad directiva trabajo en equipo es la que tiene mayor impacto en el clima organizacional, con 1.3959906, y la más baja es toma de decisiones con —0.00912, por lo que es importante que los gerentes desarrollen habilidades directivas que les permitan generar un clima organizacional adecuado para el logro de los objetivos generales de la organización. La investigación arrojó que, por la conformación y la naturaleza de las empresas, al tratarse de micro y pequeñas empresas, la toma de decisiones es facultad del propietario, por lo que no se delega ni el liderazgo ni las responsabilidades.

Abstract: The objective of this research is to determine the impact that management skills have on the organizational climate in micro and small companies in Latin America. A quantitative, non-experimental, cross-sectional study with a causal scope is presented. The relevance of the study contributes to the generation of knowledge for the development of a management model for mypes in Latin America that allows maximizing productivity. A sample of 501 mypes was examined randomly from different sectors of the municipality of Chihuahua. Among the main results, we can observe that the variable of teamwork management ability is the one that has the greatest impact on the organizational climate, with 1.3959906, and the lowest is decision making with -0.00912, so it is important that the Managers develop managerial skills that allow them to generate an adequate organizational climate for the achievement of the general objectives of the organization. The investigation showed that, due to the conformation and nature of the companies, since they are micro and small companies, decision-making is the power of the owner, therefore neither leadership nor responsibilities are delegated.

INTRODUCCIÓN

De acuerdo con el último Censo Económico publicado por el Instituto Nacional de Estadística y Geografía (INEGI, 2020), 98.3 % del universo de unidades económicas está constituido por micro y pequeñas empresas, las cuales generan —al menos— el 55 % de los empleos y amasan el 39 % del Producto Interno Bruto (PIB) del país. Las microempresas están configuradas por aquellos negocios que tienen menos de 10 trabajadores y generan anualmente ventas hasta por 4 millones de pesos. Las pequeñas empresas son unidades económicas que emplean entre 11 y 50 trabajadores, generando ventas anuales que oscilan entre 4 y 100 millones de pesos (Mendoza-Vargas, Villaroel-Puma & Carranza-Quimi, 2020; Forbes, 2021).

Es importante mencionar que actualmente las mypes se enfrentan a múltiples retos y problemáticas, específicamente, el desarrollo de habilidades gerenciales o directivas por parte de los líderes cumple una labor fundamental en el clima organizacional para este tipo de empresas, al establecerse como un diferenciador con otras organizaciones (Busro, 2018). En esa perspectiva, la formación y el desarrollo de habilidades directivas del personal encargado de implementar estrategias y tomar decisiones son fundamentales, pues de ello depende que las mypes cumplan sus metas y objetivos estratégicos, lo cual permite a las organizaciones volverse más competitivas, pues propicia la formación de un clima organizacional donde los empleados estén satisfechos con su organización (Aburto & Bonales, 2011; Brunet, 2007).

Derivado de la importancia que representa el desarrollo de habilidades directivas en los líderes que dirigen los esfuerzos estratégicos de las mypes, así como la

importancia de contar con un buen clima organizacional, se plantean las siguientes preguntas de investigación: ¿cuáles habilidades directivas tienen repercusión en el clima organizacional de las mypes?, ¿cuál es el clima organizacional que predomina en las mypes?

Para cumplir con lo anterior, el objetivo de la investigación es determinar el grado de asociación entre las habilidades directivas y el clima organizacional de las micro y pequeñas empresas, lo cual permitirá conocer con mayor precisión las habilidades directivas que los gerentes o mandos medios deben desarrollar para que prevalezca un clima organizacional satisfactorio entre los empleados al interior de las mypes. En ese sentido, las mypes podrán determinar si éstas son las causales de un clima organizacional adecuado o inconveniente, lo que, a su vez, permitirá diseñar programas de capacitación para sus líderes y, con ello, generar información que contribuya —si es el caso— a resolver el problema o mantener y fortalecer lo que se tiene.

Los diferentes análisis estadísticos correlacionales entre las variables del estudio permitirán identificar si las habilidades directivas son la causa principal del clima organizacional que prevalece en las mypes. Lo anterior será de gran apoyo en la búsqueda de factores endógenos diferenciados que permita a las mypes obtener ventajas competitivas sostenibles, ya que, si bien es cierto, una mejor gestión empresarial no es suficiente para lograr ser más competitivas, sino que está determinada por otros factores internos como un buen clima organizacional y el desarrollo de habilidades directivas (Vargas & Del Castillo, 2008).

REVISIÓN DE LA LITERATURA

Las organizaciones del siglo XXI afrontan un entorno dinámico y complejo caracterizado por la incertidumbre, debido a esto deben estar preparadas para dar respuesta a los cambios vertiginosos, en aras de cumplir sus objetivos y metas organizacionales así como volverse más competitivas. Las micro y pequeñas empresas (mypes) también deben responder a ese contexto, sin embargo, las características estructurales de su magnitud las coloca en desventaja respecto a la gran empresa, misma que tiene a su disposición una mayor cantidad de recursos y capacidades. El tema aquí analizado ha obtenido gran relevancia en los rubros de la investigación y las políticas públicas recientemente, lo cual ha permitido una mejora de determinados aspectos directamente vinculados con la competitividad de las empresas (Leyva-Carreras, Cavazos-Arroyo & Espejel-Blanco, 2018).

La situación actual de las mypes es compleja —aun siendo una parte fundamental del aparato económico a nivel mundial—, presenta una serie de desafíos y retos, enfrenta diversos obstáculos que limitan su capacidad de crecimiento y desarrollo. Uno de los principales problemas que enfrentan estas empresas es la

falta de acceso al financiamiento, ya que esto restringe su capacidad para invertir en innovación, en maquinaria y equipos, software y tecnologías digitales; así como en la capacitación y adiestramiento para sus empleados. Otra problemática a la cual se enfrentan es la poca inversión en capacitación a sus directivos y gerentes, de modo que éstos puedan desarrollar sus habilidades directivas, permitiéndoles contar con las herramientas necesarias al momento de tomar decisiones estratégicas de impacto en sus portafolios de negocios, a través de una visión diferente y más competitiva, no sólo a nivel local, sino a niveles superiores en la configuración y escala del negocio.

Es importante destacar que la pandemia por el Covid-19 tuvo un impacto significativo en las mypes debido a que muchas de ellas tuvieron que cerrar de forma temporal o permanente. Las restricciones de movimiento y confinamiento social provocaron una disminución significativa en la demanda de productos y servicios (Ibarra-Morales, Paredes-Zempual & Carrillo-Cisneros, 2022). Para dimensionar y tener una mejor visión de la magnitud de la presencia e importancia de las mypes en Latinoamérica, Dini y Stumpo (2021) realizan una clasificación tomando como parámetros el sector y el tamaño de la empresa (tabla 11.1.).

Tabla 11.1. Clasificación de acuerdo con el sector y tamaño de la empresa.

Sector	Micro empresa	Pequeña empresa
Agricultura, ganadería, caza, silvicultura y pesca	80 %	16 %
Explotación de minas y canteras	68 %	23 %
Industria manufacturera	82 %	14 %
Suministro de electricidad, gas y agua	70 %	20 %
Construcción	76 %	19 %
Comercio al por mayor y menor	92 %	07 %
Hoteles y restaurantes	89 %	10 %
Transporte, almacenamiento y comunicaciones	83 %	13 %
Intermediación financiera	81 %	14 %
Actividades inmobiliarias, empresariales y de alquiler	87 %	10 %
Enseñanza	76 %	19 %
Servicios sociales y de salud	89 %	09 %
Otras actividades comunitarias, sociales y personales	95 %	04 %
Total	**88.4 %**	**09.6 %**

Fuente: elaboración propia a partir de Dini & Stumpo (2021).

Leyva-Carreras, Espejel-Blanco y Cavazos-Arroyo (2017) destacan que el director o gerente de una mype debe tomar en cuenta ciertas variables para lograr la excelencia, el buen clima organizacional y la competitividad empresarial, para

lo cual es preciso contar con personal directivo que reúna las siguientes características: dinámicos, actualizados, con habilidades directivas, operativas y de gestión, conocimientos de administración y planeación estratégica, así como administración y dirección de talento humano, siempre proactivo al cambio organizacional y tecnológico, para que se convierta en vehículo que potencia la creatividad, la innovación y el desarrollo sustentable. Sin embargo, por desconocer esas características de gestión o habilidades directivas que son propias de los líderes, esa ignorancia puede ser la causa de algunos problemas administrativos y de competitividad en las mypes, lo que genera algunas consecuencias en la transición de una economía local y proteccionista a un mercado libre y globalizado (Naranjo, 2015).

Niebles-Núñez, Torres-Anillo y Montenegro-Rada (2020) establecen que las habilidades directivas comprenden el proceso de la gerencia, estas son: planificar, organizar, dirigir, ejecutar y controlar que, a su vez, constituyen el conjunto de destrezas, cualidades, competencias, conocimientos, acciones, experiencias y capacidades que inciden en el efectivo desempeño del rol gerencial, al contribuir al logro de objetivos y metas organizacionales, asimismo, representan la implementación práctica por la acción del conocimiento adquirido académicamente o por experiencias a través del proceso de aprendizaje. Es por ello que, en los últimos años, las habilidades directivas desempeñan un papel muy importante en la satisfacción de los colaboradores en las empresas a nivel mundial, pues se ha demostrado que la manera o particularidad en que los directivos lideran a sus equipos generan una repercusión directa en su satisfacción y, por ende, en su desempeño laboral (Moreno & Wong, 2018).

Paredes-Zempual, Ibarra-Morales y Moreno-Freites (2021) adoptan otra perspectiva, sostienen que el buen desempeño de la empresa está en función de las habilidades directivas y el buen clima organizacional, sobre todo en este tiempo donde las empresas se encuentran inmersas en un proceso de globalización y de rápidos cambios que demanda líderes más preparados en actitudes y aptitudes, capaces de administrar de manera eficaz y eficiente los procesos y procedimientos, tanto administrativos como operativos, comprometidos con la rentabilidad de la organización.

El clima organizacional es observado y analizado por las empresas con el fin de mantenerlo en niveles positivos y, de esa forma, estimular la productividad de los empleados, motivo por el cual las empresas buscan los elementos y condiciones necesarias que puedan incidir de forma positiva en el clima organizacional, ya que existen estudios empíricos que así lo demuestran, en otras palabras, un mejor clima organizacional en la empresa se traduce en mejores resultados en los ámbitos financieros, administrativos y productivos (Alegría-Zebadúa & Alarcón-Martínez, 2022).

Whetten y Cameron (2016) clasifican las habilidades en tres grandes grupos: personales, interpersonales y grupales, mismas que en su conjunto aportan

al éxito de una administración eficaz y centrada en los logros financieros, pero también de posición competitiva. En este sentido, para el presente estudio se han seleccionado como habilidades directivas las siguientes: negociación, toma de decisiones, liderazgo, comunicación y trabajo en equipo, ya que predominan en la literatura y en los diferentes modelos conceptuales, además de ser las más importantes para Whetten y Cameron. Adicionalmente, se ha seleccionado como variable el 'clima organizacional' debido al impacto y la importancia que ostenta para las mypes. Las definiciones conceptuales para cada una de las variables se muestran en la tabla 11.2.

Tabla 11.2. Definición conceptual de las variables.

Variable	Definición conceptual
Negociación	Presentar y discutir propuestas comunes con el propósito de llegar a un acuerdo en un marco de interés común (Álvarez-Vásquez, et al., 2018).
Toma de decisiones	Decidir por una alternativa que requiere atender situaciones planificadas o de incertidumbre entre un abanico de varias opciones (Ávila-Morales et al., 2022).
Liderazgo	Lograr la motivación de los colaboradores mediante la promoción de conductas positivas que reditúan en mejores niveles de desempeño laboral para la empresa (Rojero-Jiménez, Gómez-Romero & Quintero-Robles, 2019).
Comunicación	Recibir y transmitir mensajes oportunos y unívocos, independientemente del canal o la forma de comunicación, lo cual facilita la emisión y recepción de los mensajes que se producen entre los miembros de la organización y su entorno, facilitando el alcance de los objetivos y metas que establecen los miembros de la organización (Puga-Villarreal & Martínez-Cerna, 2008).
Trabajo en equipo	Fomentar la colaboración conjunta entre los integrantes que conforman un equipo de trabajo, a través del talento individual, la comunicación, las competencias y las fortalezas de cada uno en su relación con los demás, para lograr el cumplimiento de un objetivo común (Viamontes & Oliva, 2015).
Clima organizacional	Variable que media entre el contexto de una organización y la conducta de sus empleados o miembros, desde la perspectiva del cómo ellos experimentan el trabajo en sus empresas (King, Hebl, George & Matusik, 2010).

Fuente: elaboración propia.

METODOLOGÍA

El presente trabajo de investigación ha sido propuesto por la Red de Estudios Latinoamericanos en Administración y Negocios (RELAYN, 2023), la cual consiste en conceptualizar la micro y pequeña empresa (mype) como una serie de elementos de entradas, procesos y salidas enmarcados en un ambiente que influye en el clima organizacional de las mypes, según la percepción del director, considerado como la persona que toma la mayor parte de las decisiones. Este estudio tiene un enfoque cuantitativo de diseño transversal de tipo causal.

Se realizó un muestreo probabilístico aleatorio simple con las mypes de Chihuahua, Chihuahua, México, cuya cantidad de empleados se encuentra en el rango de 1 a 50, con un nivel de confianza del 95 %, un margen de error del ±5 % y una probabilidad estimada de p=0.5 (50 %). Se obtuvieron de la muestra aplicada un total de 501 encuestas válidas en el periodo del 01 de marzo al 30 de abril de 2023. Se utilizó un instrumento de medición tipo encuesta, la cual fue dirigida a los propietarios, directores o gerentes de las mypes, para lo cual sirvió la asistencia de estudiantes universitarios que previamente fueron capacitados para aplicar la encuesta.

Características de la muestra son:

El 37.9 % de la muestra fueron del sexo biológico femenino y el restante 62.1 % masculino. La edad de los sujetos tiene un rango de 18 a 90 años, con un promedio de 40 años y una moda de 45 años. El 49.7 % de los empresarios tienen estudios de nivel superior, seguido de un 31.3 % con nivel media superior, 17.4 % con educación básica. En cuanto a estado civil predominan los casados con un 61.3 % seguidos de los solteros con 25.3 %.

La mayoría de los negocios 56.1 % pertenecen al giro comercial, un 38.7 % a la prestación de servicios y sólo 5.2 % a la producción de manufacturas, la antigüedad del 18.6 %de los negocios es menor a 3 años. Los empleos que ofrecen están en el rango de 1 a 50 trabajadores, de las empresas el 87.4 % emplea de 1 a 10 trabajadores y el 85.8 % tienen en su plantilla de 1 a 10 mujeres y en el 72.7 % colaboran de 1 a 5 familiares del propietario.

Alineado al objetivo general de la investigación y a la revisión de la literatura, se plantean las siguientes hipótesis:

H0: Las habilidades directivas no inciden en el clima organizacional de la mype.
H1: Las habilidades directivas inciden en el clima organizacional de la mype.

En cuanto al instrumento de medición, éste se integró por seis partes o bloques. El primero de ellos, con datos que abordan aspectos generales de la empresa: tamaño de la empresa, personal ocupado, así como información sobre los ingresos y gastos. La segunda parte aborda los datos del directivo y el tiempo destinado a las labores de la empresa. La tercera parte se refiere a los insumos del sistema: recursos humanos, análisis del mercado y proveedores. En una cuarta parte del instrumento de medición se exponen los procesos del sistema: dirección, gestión de ventas, finanzas, innovación, mercadotecnia, producción-operación. La quinta parte estuvo integrada por los resultados del sistema: satisfacción del sistema, ventaja competitiva, RSC-Asuntos de ISO 26000, valoración del entorno y, por último, la sexta parte quedó integrada por los dos temas anuales de investigación: a) el trabajo decente desde la perspectiva directiva y b) el impacto de las habilidades directivas (negociación, toma de decisiones, liderazgo, comunicación, trabajo en equipo) sobre el clima organizacional. Para las secciones comprendidas del tercer al sexto bloque se emplea una escala de Likert de cinco puntos, los cuales van de 'No sé / No aplica' (1) a 'muy de acuerdo' (5).

RESULTADOS

Las seis variables muestran consistencia interna del instrumento mediante el análisis del alfa de Cronbach de las variables objeto de estudio, de la misma forma se analiza la correlación que tienen con el clima organizacional como se muestra en la tabla 11.3.

Tabla 11.3. Alfa de Cronbach y correlación de las variables.

Variables	Correlación con clima	Cronbach	Media	Desviación Estándar
Negociación	0.413	0.845	4.228	0.556
Toma de decisiones	0.288	0.887	4.252	0.573
Liderazgo	0.481	0.904	4.485	0.467
Comunicación	.	0.917	4.470	0.475
Trabajo en equipo	0.517	0.933	4.443	0.515
Clima Organizacional	1	0.906	4.468	0.505

Fuente: Elaboración propia utilizando RStudio (R Core Team, 2022).

Se procede a realizar el modelo estructural del instrumento en la figura 11.4, el ajuste absolutorio muestra el error cuadrático medio de aproximación (RMSEA) es de 0.022 y el residuo cuadrático medio estandarizado (SRMR) es de 0.047, en

ambos casos se consideran aceptables, en el ajuste comparativo (CFI) muestra un resultado de 0.998 y el índice de Tucker-Lewis (TLI) de 0.998 consideramos ajustes óptimos.

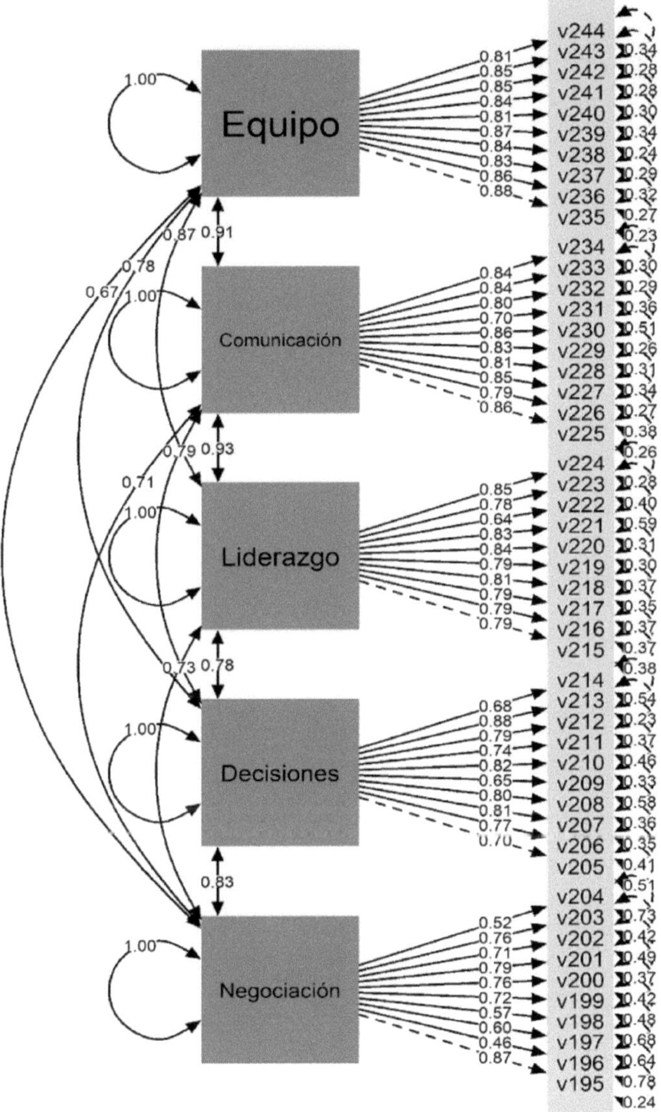

Figura 11.4. Resultado del modelo estructural.

Fuente: Elaboración propia utilizando RStudio (R Core Team, 2022).

Partiendo de la información cuantitativa del estudio se establece el modelo estructural (Figura 11.4), donde se muestra la dirección de las relaciones entre las diversas variables y el efecto que causan. El modelo plantea la existencia de cinco variables endógenas con una relación causal recíproca (trabajo en equipo, comunicación, liderazgo, toma de decisiones y negociación). Las cinco variables tienen una relación causal directa con los ítems que conforman la variable, en todos los casos el grado de significancia fue <0.05 (los resultados se muestran en la Figura 11.4) dando un correcto ajuste del modelo (Bentler & Bonett, 1980; Martínez et al., 2012)

Con el objetivo de medir el impacto que tienen las habilidades directivas sobre el clima organizacional de la mype se realiza la siguiente regresión lineal, donde el clima organizacional es la variable dependiente y las variables independientes son trabajo en equipo, negociación, toma de decisiones, liderazgo, comunicación y trabajo en equipo. Al final se sustituyen los valores tal y como se observa en la tabla 11.5.

Fórmula:

y = clima = constante + negociación + toma de decisiones + liderazgo + comunicación + trabajo en equipo

Tabla 11.5. Regresión lineal.

Fórmula: lm(fórmula = clima ~ negociación + toma de decisiones + liderazgo + comunicación + trabajo en equipo)				
Residuales				
Min	**1Q**	**Mediana**	**3Q**	**Max**
-1.56829	-0.09124	0.03171	0.11371	0.96261
Coeficientes	**Estimado**	**Std. Error**	**T-valor**	**P-valor**
(Clima/Intercept)	0.31378	0.12954	2.422	0.0158
Negociación	0.02062	0.03117	0.662	0.5085
Toma de decisiones	-0.00912	0.03496	-0.261	0.7943
Liderazgo	0.29971	0.05255	5.703	2.03e-08
Comunicación	0.30550	0.05657	5.401	1.03e-07
Trabajo en equipo	0.31420	0.04589	6.847	2.24e-11

Signif. codes: 0 '***' 0.001 '**' 0.01 '*' 0.05 '.' 0.1 ' ' 1
Residual standard error: 0.2809 on 495 degrees of freedom
Multiple R-squared: 0.6939, Adjusted R-squared: 0.6908
F-statistic: 224.5 on 5 and 495 DF, p-value: < 2.2e-16
Fuente: Elaboración propia utilizando RStudio (R Core Team, 2022).

Para poder medir el impacto, se multiplica el valor estimado de cada una de las variables independientes (tabla 11.5) por su media (tabla 11.3).

y=0.31378 + (0.02062 * 4.228) + (-0.00912 * 4.252) + (0.29971 * 4.485) + (0.3055 * 4.47) + (0.3142 * 4.443)

Resolvemos la ecuación:

y=0.31378+0.0871814+-0.0387782+1.3441994+1.365585+1.3959906
y=4.4679581

Se observa que la variable que tiene mayor impacto es trabajo en equipo con 1.3959906, mientras que la de menor impacto es toma de decisiones con —0.0387782. El impacto total de las habilidades directivas sobre el clima organizacional es de 4.4679581.

DISCUSIÓN

El impacto que tienen las habilidades directivas en el clima organizacional es alto, y por consiguiente importante; sobre todo el trabajo en equipo, la comunicación y el liderazgo. Esto debido a la correlación que existe entre estas variables independientes y la variable dependiente, clima organizacional. Las variables toma de decisiones y negociación muestran resultados más bajos, ya que los gerentes o propietarios de los negocios tienden a centralizar el poder y no compartirlo con los subordinados.

Las habilidades directivas de comunicación son esenciales para influir en el clima organizacional. Los líderes que son capaces de comunicarse de manera clara, efectiva y abierta fomentan una comunicación fluida y transparente dentro de la organización; esto facilita la resolución de conflictos, la toma de decisiones colaborativa y el intercambio de información relevante.

Las organizaciones que priorizan el desarrollo de habilidades directivas sólidas que se obtienen mediante una capacitación constante pueden obtener una ventaja competitiva y promover un éxito sostenible a largo plazo, que propicie un ambiente laboral positivo, que influya en la satisfacción y el comportamiento de las personas que laboran en ella y que le permita desarrollar estrategias para motivar a los trabajadores, ya que esto repercute en la satisfacción del cliente, en la mejora del servicio y en el incremento de la productividad.

Con base en la investigación realizada, se concluye de manera contundente que las habilidades directivas inciden en el clima organizacional de la mype, por lo que la hipótesis H_1 se acepta.

Los hallazgos demuestran que un clima organizacional positivo está estrechamente relacionado con una serie de resultados beneficiosos, tanto para los empleados como para la organización en su conjunto, y desempeña un papel crucial en el éxito y bienestar de una empresa.

REFERENCIAS

Aburto, H.I. & Bonales, J. (2011). Habilidades directivas: Determinantes en el clima organizacional. *Investigación y Ciencia,* 19(51), 41–49.

Alegría-Zebadúa, R.M., & Alarcón-Martínez, G. (2022). Marco teórico e instrumento de medición de las habilidades gerenciales y clima organizacional en *Instituciones Bancarias de México. Vinculatégica,* 7(1). https://doi.org/10.29105/vtga7.1-82

Álvarez-Vásquez, C.A., Rivera-Vera, H.F., Conforme-Cedeño, G.M., Campoverde-Flores, F.K., Sornoza-Parrales, D.R., & Merchán-Nieto, L. (2018). *Los procesos, las técnicas de negociación y la tecnología. Ciencias. Economía, Organización y Ciencias Sociales. Editorial Área de Innovación y Desarrollo, S.L.* https://doi.org/10.17993/ecoorgycso.2018.41

Ávila-Morales, H., Palumbo-Pinto, G.B., De la Cruz-Ríos, H.A., & Ogosi-Auqui, J.A. (2022). Toma de decisiones estratégicas en la gestión pública para el desarrollo social. *Revista Venezolana de Gerencia,* 27(Edición Especial 7), 648–662. https://doi.org/10.52080/rvgluz.27.7.42

Bentler, P. M., & Bonett, D. G. (1980). Significance Tests and Goodness of Fit in the Analysis of Covariance Structures. *In Psychological Bulletin* (Vol. 88, Issue 3).

Brunet, L. (2007). El clima de trabajo en las organizaciones. Definición, diagnóstico y consecuencias. *Editorial Trillas.*

Busro, M. (2018). Teori-teori Manajemen Sumber Daya Manusia. *Jakarta. PrenadaMedia.*

Dini, M. & Stumpo, G. (2020). MiPyMEs en América Latina: un frágil desempeño y nuevos desafíos para las políticas de fomento. Documentos de Proyectos (LC/TS.2018/75/Rev.1), Santiago. *Comisión Económica para América Latina y el Caribe* (CEPAL).

Forbes (2021). Inclusión digital: el futuro de las MyPEs. *Forbes Content.* https://www.forbes.com.mx/ad-inclusion-digital-futuro-mypes-mexico-visa/

Ibarra-Morales, L.E., Paredes-Zempual, D., & Carrillo-Cisneros, E. (2022). Impacto del COVID-19 en las variables que determinan la competitividad de las micro, pequeñas y medianas empresas mexicanas. *Revista RELAYN. Micro y Pequeña Empresa en Latinoamérica,* 6(1), 7–22. https://doi.org/10.46990/relayn.2022.6.1.532

Instituto Nacional de Estadística y Geografía (Inegi) (2020). *Censo de población y vivienda 2020.* https://www.inegi.org.mx/programas/ccpv/2020/

King, E.B., Helb, M.R., George, J.M. & Matusik, S.F. (2010). Understanding tokenism: Antecedents and consequences of a psychological climate of gender inequity. *Journal of Management,* 36(2), 482–510. https://doi.org/10.1177/0149206308328508

Leyva-Carreras, A.B., Cavazos-Arroyo, J., & Espejel-Blanco, J.E. (2018). Influencia de la planeación estratégica y habilidades gerenciales como factores internos de la competitividad empresarial de las Pymes. *Contaduría y Administración,* 63(3), 41. https://doi.org/10.22201/fca.24488410e.2018.1085

Leyva-Carreras, A.B., Espejel-Blanco, J.E., & Cavazos-Arroyo, J. (2017). Habilidades gerenciales como estrategia de competitividad empresarial en las pequeñas y medianas empresas (Pymes). *Revista Perspectiva Empresarial*, 4(1), 7–22. https://doi.org/10.16967/rpe.v4n1a1

Martinez, E., García-Alandete, J., Selles, P., Bernabe, G., & Soucase, B. (2012). Análisis factorial confirmatorio de los principales modelos propuestos para el purpose-in-life test en una muestra de universitarios españoles. *Acta Colombiana de Psicología,* 67–76.

Mendoza-Vargas, E.Y., Villaroel-Puma, M.F. & Carranza-Quimi, W.D. (2020). Caracterización de los microemprendimientos de los sectores urbanos marginales de Quevedo. *Centro Sur. Social Science Journal.* 4(4), 1–23. https://doi.org/10.37955/cs.v4i1.40

Moreno, M. J., & Wong Aitken, H. G. (2019). Relación de las habilidades directivas y la satisfacción laboral en la empresa Chicken King de Trujillo, 2018. *Cuadernos Latinoamericanos de Administración,* 14(27), 1–17. https://doi.org/10.18270/cuaderlam.v14i27.2475

Naranjo, R. (2015). Management skills in leaders of mid-sized businesses of Colombia. *Revista Científica Pensamiento y Gestión,* 38, 119–146. https://doi.org/10.14482/pege.38.7703

Niebles-Núñez, L., Torres-Anillo, K. & Montenegro-Rada, A. (2020). Habilidades gerenciales como herramienta para el fortalecimiento del liderazgo transformacional en las mipymes. *Editorial Universidad del Atlántico.* https://repositorio.uniatlantico.edu.co/bitstream/handle/20.500.12834/1030/admin %2c %2bHABILIDADES %2bGERENCIALES %2bCOMO %2bHERRAMIENTA %2bEN %2bMIPYMES.pdf?sequence=1&isAllowed=y

Paredes-Zempual, D., Ibarra-Morales, L.E., & Moreno-Freites, Z.E. (2021). Habilidades directivas y clima organizacional en pequeñas y medianas empresas. *Investigación Administrativa,* 50–1, 1–23. https://doi.org/10.35426/iav50n127.05

Puga-Villarreal, J., & Martínez-Cerna, L. (2008). Competencias Directivas en Escenarios Globales. *Estudios Gerenciales,* 24(109), 87–103. https://doi.org/10.1016/s0123-5923(08)70054-8

R Core Team (2022). R: A language and environment for statistical computing. R *Foundation for Statistical Computing, Vienna, Austria.* URL https://www.R-project.org/

Red de Estudios Latinoamericanos en Administración y Negocios. (RELAYN) (2023). *Investigación anual,* N. Peña & O. Aguilar (coords.) https://relayn.redesla.la

Red de Estudios Latinoamericanos (RedesLA) (2023). *Investigaciones anuales.* https://redesla.la

Rojero-Jiménez, R., Gómez-Romero, J.G.I., & Quintero-Robles, L.M. (2019). El liderazgo transformacional y su influencia en los atributos de los seguidores en las Mipymes mexicanas. *Estudios Gerenciales*, 35(151), 178–189. https://doi.org/10.18046/j.estger.2019.151.3192

Vargas, B., & del Castillo, C. (2008). Competitividad sostenible de la pequeña empresa: Un modelo de promoción de capacidades endógenas para promover ventajas competitivas sostenibles y alta productividad. *Journal of Economics, Finance and Administrative Science,* 13(24), 59–80. https://www.redalyc.org/articulo.oa?id=360733604004

Viamontes, M.O., & Oliva, E.J.D. (2015). Las agrupaciones corales como estrategia de formación de competencias para trabajo en equipo en las organizaciones: una perspectiva comparativa. *Suma de Negocios,* 6(13), 92–97. https://doi.org/10.1016/j.sumneg.2015.08.008

Whetten, D. & Cameron, K. (2016). Desarrollo de habilidades directivas. México: *Editorial Prentice Hall.*

CAPÍTULO 12

Las habilidades directivas y el clima organizacional en las micro y pequeñas empresas de Juárez, Chihuahua, México

Management skills and the organizational climate in micro and small companies in Juarez, Chihuahua, Mexico

BRENDA MARCELA SALCIDO TRILLO, MARÍA DE LA LUZ ROJAS NEVÁREZ, LORENA MENDOZA GINER Y ANAYANCIN CORONADO GRANADOS

Universidad Tecnológica de Ciudad Juárez

Resumen: El objetivo de la presente investigación es determinar el impacto que tienen las habilidades directivas sobre el clima organizacional en las micro y pequeñas empresas de Latinoamérica. Se presenta un estudio cuantitativo, no experimental, de forma transversal y con un alcance causal. La pertinencia del estudio contribuye a la generación de conocimiento para el desarrollo de un modelo de gestión de la mype en América Latina que permita maximizar la productividad.

En la región de Ciudad Juárez, Chihuahua, México, se pudo observar un incremento en las mypes orientadas a otras actividades comunitarias, sociales y personales, donde la participación de las microempresas es 95 % frente a 4 % de las pequeñas empresas, seguidas del comercio al por mayor y menor con 92 % y 7 % de la pequeña empresa.

Entre los principales resultados, se puede observar que la variable independiente de la habilidad directiva trabajo en equipo es la que tiene mayor impacto en el clima organizacional, con 2.1566824, impactando a corto plazo en el clima organizacional, por lo cual la alta dirección debe impulsar estrategias que fomenten la cohesión en su equipo de trabajo, apostando por la capacitación y el desarrollo de la inteligencia emocional entre su personal.

Abstract: The objective of this research is to determine the impact that management skills have on the organizational climate in micro and small companies in Latin America. A quantitative, non-experimental, cross-sectional study with a causal scope is presented. The relevance of the study contributes to the generation of knowledge for the development of a management model for mypes in Latin America that allows maximizing productivity.

In the region of Ciudad Juárez, Chihuahua, Mexico, it was possible to observe an increase in mypes oriented to other community, social and personal activities, where the participation of microenterprises is 95 % compared to 4 % of small companies, followed by commerce wholesale and retail with 92 % and 7 % of the small business.

Among the main results, it can be observed that the independent variable of teamwork managerial ability is the one that has the greatest impact on the organizational climate, with 2.1566824, having a short-term impact on the organizational climate, for which senior management should promote Strategies that promote cohesion in your work team, betting on the training and development of emotional intelligence among your staff.

Palabras clave: clima organizacional, comunicación, equipo, liderazgo y mype.

INTRODUCCIÓN

De acuerdo con el último Censo Económico publicado por el Instituto Nacional de Estadística y Geografía (INEGI, 2020), 98.3 % del universo de unidades económicas está constituido por micro y pequeñas empresas, las cuales generan —al menos— el 55 % de los empleos y amasan el 39 % del Producto Interno Bruto (PIB) del país. Las microempresas están configuradas por aquellos negocios que tienen menos de 10 trabajadores y generan anualmente ventas hasta por 4 millones de pesos. Las pequeñas empresas son unidades económicas que emplean entre 11 y 50 trabajadores, generando ventas anuales que oscilan entre 4 y 100 millones de pesos (Mendoza-Vargas, Villaroel-Puma & Carranza-Quimi, 2020; Forbes, 2021).

Es importante mencionar que actualmente las mypes se enfrentan a múltiples retos y problemáticas, específicamente, el desarrollo de habilidades gerenciales o directivas por parte de los líderes cumple una labor fundamental en el clima organizacional para este tipo de empresas, al establecerse como un diferenciador con otras organizaciones (Busro, 2018). En esa perspectiva, la formación y el desarrollo de habilidades directivas del personal encargado de implementar estrategias y tomar decisiones son fundamentales, pues de ello depende que las mypes cumplan sus metas y objetivos estratégicos, lo cual permite a las organizaciones volverse más competitivas, pues propicia la formación de un clima organizacional donde los empleados estén satisfechos con su organización (Aburto & Bonales, 2011; Brunet, 2007).

Derivado de la importancia que representa el desarrollo de habilidades directivas en los líderes que dirigen los esfuerzos estratégicos de las mypes, así como la importancia de contar con un buen clima organizacional, se plantean las siguientes preguntas de investigación: ¿cuáles habilidades directivas tienen repercusión en el clima organizacional de las mypes?, ¿cuál es el clima organizacional que predomina en las mypes?

Para cumplir con lo anterior, el objetivo de la investigación es determinar el grado de asociación entre las habilidades directivas y el clima organizacional de las micro y pequeñas empresas, lo cual permitirá conocer con mayor precisión las habilidades directivas que los gerentes o mandos medios deben desarrollar para que prevalezca un clima organizacional satisfactorio entre los empleados al interior de las mypes. En ese sentido, las mypes podrán determinar si éstas son las causales de un clima organizacional adecuado o inconveniente, lo que, a su vez, permitirá diseñar programas de capacitación para sus líderes y, con ello, generar información que contribuya —si es el caso— a resolver el problema o mantener y fortalecer lo que se tiene.

Los diferentes análisis estadísticos correlacionales entre las variables del estudio permitirán identificar si las habilidades directivas son la causa principal del clima organizacional que prevalece en las mypes. Lo anterior será de gran apoyo en la búsqueda de factores endógenos diferenciados que permita a las mypes obtener ventajas competitivas sostenibles, ya que, si bien es cierto, una mejor gestión empresarial no es suficiente para lograr ser más competitivas, sino que está determinada por otros factores internos como un buen clima organizacional y el desarrollo de habilidades directivas (Vargas & Del Castillo, 2008).

REVISIÓN DE LA LITERATURA

Las organizaciones del siglo XXI afrontan un entorno dinámico y complejo caracterizado por la incertidumbre, debido a esto deben estar preparadas para dar respuesta a los cambios vertiginosos, en aras de cumplir sus objetivos y metas organizacionales así como volverse más competitivas. Las micro y pequeñas empresas (mypes) también deben responder a ese contexto, sin embargo, las características estructurales de su magnitud las coloca en desventaja respecto a la gran empresa, misma que tiene a su disposición una mayor cantidad de recursos y capacidades. El tema aquí analizado ha obtenido gran relevancia en los rubros de la investigación y las políticas públicas recientemente, lo cual ha permitido una mejora de determinados aspectos directamente vinculados con la competitividad de las empresas (Leyva-Carreras, Cavazos-Arroyo & Espejel-Blanco, 2018).

La situación actual de las mypes es compleja —aun siendo una parte fundamental del aparato económico a nivel mundial—, presenta una serie de desafíos

y retos, enfrenta diversos obstáculos que limitan su capacidad de crecimiento y desarrollo. Uno de los principales problemas que enfrentan estas empresas es la falta de acceso al financiamiento, ya que esto restringe su capacidad para invertir en innovación, en maquinaria y equipos, software y tecnologías digitales; así como en la capacitación y adiestramiento para sus empleados. Otra problemática a la cual se enfrentan es la poca inversión en capacitación a sus directivos y gerentes, de modo que éstos puedan desarrollar sus habilidades directivas, permitiéndoles contar con las herramientas necesarias al momento de tomar decisiones estratégicas de impacto en sus portafolios de negocios, a través de una visión diferente y más competitiva, no sólo a nivel local, sino a niveles superiores en la configuración y escala del negocio.

Es importante destacar que la pandemia por el Covid-19 tuvo un impacto significativo en las mypes debido a que muchas de ellas tuvieron que cerrar de forma temporal o permanente. Las restricciones de movimiento y confinamiento social provocaron una disminución significativa en la demanda de productos y servicios (Ibarra-Morales, Paredes-Zempual & Carrillo-Cisneros, 2022). Para dimensionar y tener una mejor visión de la magnitud de la presencia e importancia de las mypes en Latinoamérica, Dini y Stumpo (2021) realizan una clasificación tomando como parámetros el sector y el tamaño de la empresa (tabla 12.1.).

Tabla 12.1. Clasificación de acuerdo con el sector y tamaño de la empresa.

Sector	**Micro empresa**	**Pequeña empresa**
Agricultura, ganadería, caza, silvicultura y pesca	80 %	16 %
Explotación de minas y canteras	68 %	23 %
Industria manufacturera	82 %	14 %
Suministro de electricidad, gas y agua	70 %	20 %
Construcción	76 %	19 %
Comercio al por mayor y menor	92 %	07 %
Hoteles y restaurantes	89 %	10 %
Transporte, almacenamiento y comunicaciones	83 %	13 %
Intermediación financiera	81 %	14 %
Actividades inmobiliarias, empresariales y de alquiler	87 %	10 %
Enseñanza	76 %	19 %
Servicios sociales y de salud	89 %	09 %
Otras actividades comunitarias, sociales y personales	95 %	04 %
Total	**88.4 %**	**09.6 %**

Fuente: elaboración propia a partir de Dini & Stumpo (2021).

Leyva-Carreras, Espejel-Blanco y Cavazos-Arroyo (2017) destacan que el director o gerente de una mype debe tomar en cuenta ciertas variables para lograr la excelencia, el buen clima organizacional y la competitividad empresarial, para lo cual es preciso contar con personal directivo que reúna las siguientes características: dinámicos, actualizados, con habilidades directivas, operativas y de gestión, conocimientos de administración y planeación estratégica, así como administración y dirección de talento humano, siempre proactivo al cambio organizacional y tecnológico, para que se convierta en vehículo que potencia la creatividad, la innovación y el desarrollo sustentable. Sin embargo, por desconocer esas características de gestión o habilidades directivas que son propias de los líderes, esa ignorancia puede ser la causa de algunos problemas administrativos y de competitividad en las mypes, lo que genera algunas consecuencias en la transición de una economía local y proteccionista a un mercado libre y globalizado (Naranjo, 2015).

Niebles-Núñez, Torres-Anillo y Montenegro-Rada (2020) establecen que las habilidades directivas comprenden el proceso de la gerencia, estas son: planificar, organizar, dirigir, ejecutar y controlar que, a su vez, constituyen el conjunto de destrezas, cualidades, competencias, conocimientos, acciones, experiencias y capacidades que inciden en el efectivo desempeño del rol gerencial, al contribuir al logro de objetivos y metas organizacionales, asimismo, representan la implementación práctica por la acción del conocimiento adquirido académicamente o por experiencias a través del proceso de aprendizaje. Es por ello que, en los últimos años, las habilidades directivas desempeñan un papel muy importante en la satisfacción de los colaboradores en las empresas a nivel mundial, pues se ha demostrado que la manera o particularidad en que los directivos lideran a sus equipos generan una repercusión directa en su satisfacción y, por ende, en su desempeño laboral (Moreno & Wong, 2018).

Paredes-Zempual, Ibarra-Morales y Moreno-Freites (2021) adoptan otra perspectiva, sostienen que el buen desempeño de la empresa está en función de las habilidades directivas y el buen clima organizacional, sobre todo en este tiempo donde las empresas se encuentran inmersas en un proceso de globalización y de rápidos cambios que demanda líderes más preparados en actitudes y aptitudes, capaces de administrar de manera eficaz y eficiente los procesos y procedimientos, tanto administrativos como operativos, comprometidos con la rentabilidad de la organización.

El clima organizacional es observado y analizado por las empresas con el fin de mantenerlo en niveles positivos y, de esa forma, estimular la productividad de los empleados, motivo por el cual las empresas buscan los elementos y condiciones necesarias que puedan incidir de forma positiva en el clima organizacional, ya que existen estudios empíricos que así lo demuestran, en otras palabras, un mejor clima organizacional en la empresa se traduce en mejores resultados en los ámbitos financieros, administrativos y productivos (Alegría-Zebadúa & Alarcón-Martínez, 2022).

Whetten y Cameron (2016) clasifican las habilidades en tres grandes grupos: personales, interpersonales y grupales, mismas que en su conjunto aportan al éxito de una administración eficaz y centrada en los logros financieros, pero también de posición competitiva. En este sentido, para el presente estudio se han seleccionado como habilidades directivas las siguientes: negociación, toma de decisiones, liderazgo, comunicación y trabajo en equipo, ya que predominan en la literatura y en los diferentes modelos conceptuales, además de ser las más importantes para Whetten y Cameron. Adicionalmente, se ha seleccionado como variable el 'clima organizacional' debido al impacto y la importancia que ostenta para las mypes. Las definiciones conceptuales para cada una de las variables se muestran en la tabla 12.2.

Tabla 12.2. Definición conceptual de las variables.

Variable	Definición conceptual
Negociación	Presentar y discutir propuestas comunes con el propósito de llegar a un acuerdo en un marco de interés común (Álvarez-Vásquez, et al., 2018).
Toma de decisiones	Decidir por una alternativa que requiere atender situaciones planificadas o de incertidumbre entre un abanico de varias opciones (Ávila-Morales et al., 2022).
Liderazgo	Lograr la motivación de los colaboradores mediante la promoción de conductas positivas que reditúan en mejores niveles de desempeño laboral para la empresa (Rojero-Jiménez, Gómez-Romero & Quintero-Robles, 2019).
Comunicación	Recibir y transmitir mensajes oportunos y unívocos, independientemente del canal o la forma de comunicación, lo cual facilita la emisión y recepción de los mensajes que se producen entre los miembros de la organización y su entorno, facilitando el alcance de los objetivos y metas que establecen los miembros de la organización (Puga-Villarreal & Martínez-Cerna, 2008).
Trabajo en equipo	Fomentar la colaboración conjunta entre los integrantes que conforman un equipo de trabajo, a través del talento individual, la comunicación, las competencias y las fortalezas de cada uno en su relación con los demás, para lograr el cumplimiento de un objetivo común (Viamontes & Oliva, 2015).
Clima organizacional	Variable que media entre el contexto de una organización y la conducta de sus empleados o miembros, desde la perspectiva del cómo ellos experimentan el trabajo en sus empresas (King, Hebl, George & Matusik, 2010).

Fuente: elaboración propia.

METODOLOGÍA

El presente trabajo de investigación ha sido propuesto por la Red de Estudios Latinoamericanos en Administración y Negocios (RELAYN, 2023), la cual consiste en conceptualizar la micro y pequeña empresa (mype) como una serie de elementos de entradas, procesos y salidas enmarcados en un ambiente que influye en el clima organizacional de las mypes, según la percepción del director, considerado como la persona que toma la mayor parte de las decisiones. Este estudio tiene un enfoque cuantitativo de diseño transversal de tipo causal.

Se realizó un muestreo probabilístico aleatorio simple con las mypes de Juárez, Chihuahua, México, cuya cantidad de empleados se encuentra en el rango de 1 a 50, con un nivel de confianza del 95 %, un margen de error del ±5 % y una probabilidad estimada de p=0.5 (50 %). Se obtuvieron de la muestra aplicada un total de 404 encuestas válidas en el periodo del 01 de marzo al 30 de abril de 2023. Se utilizó un instrumento de medición tipo encuesta, la cual fue dirigida a los propietarios, directores o gerentes de las mypes, para lo cual sirvió la asistencia de estudiantes universitarios que previamente fueron capacitados para aplicar la encuesta.

Características de la muestra son:

El 38.4 % de la muestra fueron del sexo biológico femenino y el restante 61.6 % masculino. La edad de los sujetos tiene un rango de 19 a 78 años, con un promedio de 41 años y una moda de 40 años. El 20.8 % de los empresarios tienen estudios de nivel superior, seguido de un 37.1 % con nivel media superior, 39.4 % con educación básica. En cuanto a estado civil predominan los casados con un 60.4 % seguidos de los solteros con 19.8 %.

La mayoría de los negocios 72 % pertenecen al giro comercial, un 25.5 % a la prestación de servicios y sólo 2.5 % a la producción de manufacturas, la antigüedad del 18.3 %de los negocios es menor a 3 años. Los empleos que ofrecen están en el rango de 1 a 44 trabajadores, de las empresas el 91.1 % emplea de 1 a 10 trabajadores y el 85.4 % tienen en su plantilla de 1 a 10 mujeres y en el 71.5 % colaboran de 1 a 5 familiares del propietario.

Alineado al objetivo general de la investigación y a la revisión de la literatura, se plantean las siguientes hipótesis:

H0: Las habilidades directivas no inciden en el clima organizacional de la mype.

H1: Las habilidades directivas inciden en el clima organizacional de la mype.

En cuanto al instrumento de medición, éste se integró por seis partes o bloques. El primero de ellos, con datos que abordan aspectos generales de la empresa: tamaño de la empresa, personal ocupado, así como información sobre los ingresos y gastos. La segunda parte aborda los datos del directivo y el tiempo destinado a las labores de la empresa. La tercera parte se refiere a los insumos del sistema: recursos humanos, análisis del mercado y proveedores. En una cuarta parte del instrumento de medición se exponen los procesos del sistema: dirección, gestión de ventas, finanzas, innovación, mercadotecnia, producción-operación. La quinta parte estuvo integrada por los resultados del sistema: satisfacción del sistema, ventaja competitiva, RSC-Asuntos de ISO 26000, valoración del entorno y, por último, la sexta parte quedó integrada por los dos temas anuales de investigación: a) el trabajo decente desde la perspectiva directiva y b) el impacto de las habilidades directivas (negociación, toma de decisiones, liderazgo, comunicación, trabajo en equipo) sobre el clima organizacional. Para las secciones comprendidas del tercer al sexto bloque se emplea una escala de Likert de cinco puntos, los cuales van de 'No sé / No aplica' (1) a 'muy de acuerdo' (5).

RESULTADOS

Las seis variables muestran consistencia interna del instrumento mediante el análisis del alfa de Cronbach de las variables objeto de estudio, de la misma forma se analiza la correlación que tienen con el clima organizacional como se muestra en la tabla 12.3.

Tabla 12.3. Alfa de Cronbach y correlación de las variables.

Variables	Correlación con clima	Cronbach	Media	Desviación Estándar
Negociación	0.255	0.835	4.166	0.555
Toma de decisiones	0.26	0.894	4.188	0.592
Liderazgo	0.413	0.902	4.442	0.474
Comunicación	0.486	0.892	4.384	0.477
Trabajo en equipo	0.426	0.911	4.370	0.509
Clima Organizacional	1	0.888	4.384	0.502

Fuente: Elaboración propia utilizando RStudio (R Core Team, 2022).

Se procede a realizar el modelo estructural del instrumento en la figura 12.4, el ajuste absolutorio muestra el error cuadrático medio de aproximación (RMSEA) es de 0.022 y el residuo cuadrático medio estandarizado (SRMR) es de 0.052, en ambos casos se consideran aceptables, en el ajuste comparativo (CFI) muestra

un resultado de 0.998 y el índice de Tucker-Lewis (TLI) de 0.998 consideramos ajustes óptimos.

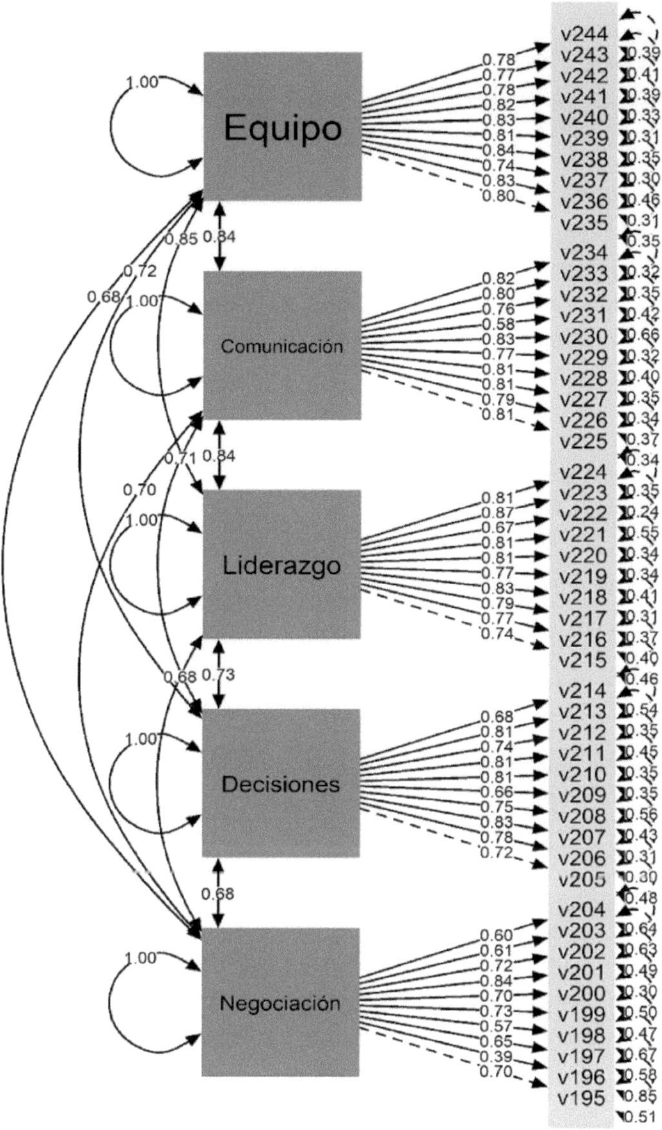

Figura 12.4. Resultado del modelo estructural.

Fuente: Elaboración propia utilizando RStudio (R Core Team, 2022).

Partiendo de la información cuantitativa del estudio se establece el modelo estructural (Figura 12.4), donde se muestra la dirección de las relaciones entre las diversas variables y el efecto que causan. El modelo plantea la existencia de cinco variables endógenas con una relación causal recíproca (Trabajo en equipo, comunicación, liderazgo, toma de decisiones y negociación). Las cinco variables tienen una relación causal directa con los ítems que conforman la variable, en todos los casos el grado de significancia fue <0.05 (los resultados se muestran en la Figura 12.4) dando un correcto ajuste del modelo (Bentler & Bonett, 1980; Martínez et al., 2012)

Con el objetivo de medir el impacto que tienen las habilidades directivas sobre el clima organizacional de la mype se realiza la siguiente regresión lineal, donde el clima organizacional es la variable dependiente y las variables independientes son negociación, toma de decisiones, liderazgo, comunicación y trabajo en equipo. Al final se sustituyen los valores tal y como se observa en la tabla 12.5.

Fórmula:

y = clima = constante + negociación + toma de decisiones + liderazgo + comunicación + trabajo en equipo.

Tabla 12.5. Regresión lineal.

Fórmula: lm(fórmula = clima ~ negociación + toma de decisiones + liderazgo + comunicación + trabajo en equipo)				
		Residuales		
Min	**1Q**	**Mediana**	**3Q**	**Max**
-2.04287	-0.11853	0.02206	0.13617	1.04614
Coeficientes	**Estimado**	**Std. Error**	**T-valor**	**P-valor**
(Clima/ Intercept)	0.45367	0.15944	2.845	0.00467
Negociación	0.02152	0.03287	0.655	0.51299
Toma de decisiones	0.02979	0.03425	0.870	0.38499
Liderazgo	0.23059	0.05215	4.422	1.27e-05
Comunicación	0.12199	0.05213	2.340	0.01977
Trabajo en equipo	0.49352	0.04610	10.705	2e-16

Signif. codes: 0 '***' 0.001 '**' 0.01 '*' 0.05 '.' 0.1 ' ' 1
Residual standard error: 0.3045 on 398 degrees of freedom
Multiple R-squared: 0.6366, Adjusted R-squared: 0.632
F-statistic: 139.4 on 5 and 398 DF, p-value: < 2.2e-16
Fuente: Elaboración propia utilizando RStudio (R Core Team, 2022).

Para poder medir el impacto, se multiplica el valor estimado de cada una de las variables independientes (tabla 12.5) por su media (tabla 12.3).

y=0.45367 + (0.02152 * 4.166) + (0.02979 * 4.188) + (0.23059 * 4.442) + (0.12199 * 4.384) + (0.49352 * 4.37)

Resolvemos la ecuación:

y=0.45367+0.0896523+0.1247605+1.0242808+0.5348042+2.1566824
y=4.3838502

Se observa que la variable que tiene un mayor impacto es Trabajo en equipo con 2.1566824, mientras que la de menor impacto es Negociación con 0.0896523. El impacto total de las habilidades directivas sobre el clima organizacional es de 4.3838502.

DISCUSIÓN

La importancia de la identificación y el desarrollo de las habilidades del director(a) de una micro y pequeña empresa tiene un gran impacto en el clima organizacional, ya que influye en su competitividad. De acuerdo con la tabla 12.1 (clasificación de acuerdo con el sector y tamaño de la empresa), en la región se pudo observar un incremento en las mypes orientadas a otras actividades comunitarias, sociales y personales, donde la participación de las microempresas es 95 % frente a 4 % de las pequeñas empresas, seguidas del comercio al por mayor y menor con 92 % y 7 % de la pequeña empresa.

Con respecto al alfa de Cronbach, muestra una confiabilidad y validez del instrumento en relación con las variables e ítems estudiados, donde se puede observar conforme a la tabla 12.3 que hay mayor correlación entre las variables de comunicación y clima organizacional, seguida de trabajo en equipo y liderazgo, mostrando que la emisión y recepción de los mensajes, así como el trabajo en equipo permean dentro de la organización, logrando mayor cohesión entre sus miembros y facilitando la consecución de las metas y los objetivos establecidos.

La información de la tabla 12.4 (el modelo estructural) muestra la dirección de las relaciones entre las diversas variables y el efecto que causan, donde se observa que el modelo plantea la existencia de cinco variables internas con un alto grado de significancia.

Asimismo, la tabla 12.5 (regresión lineal) refleja mayor impacto de la variable trabajo en equipo (0.49352), seguida de liderazgo (0.23059), comunicación (0.12199), toma de decisiones (0.02979) y negociación (0.02152). Lo anterior indica que cualquier variación en los ítems de la variable de trabajo en equipo tiene una relación estrecha con el clima organizacional, por lo cual uno de los puntos que debe cuidar la alta dirección es fomentar la comunicación abierta, promover el liderazgo participativo para generar mayor cohesión y un ambiente colaborativo, por lo cual se acepta la hipótesis H_1, donde las habilidades directivas inciden en el clima organizacional de la mype.

REFERENCIAS

Aburto, H.I. & Bonales, J. (2011). Habilidades directivas: Determinantes en el clima organizacional. *Investigación y Ciencia,* 19(51), 41–49.

Alegría-Zebadúa, R.M., & Alarcón-Martínez, G. (2022). Marco teórico e instrumento de medición de las habilidades gerenciales y clima organizacional en *Instituciones Bancarias de México. Vinculatégica,* 7(1). https://doi.org/10.29105/vtga7.1-82

Álvarez-Vásquez, C.A., Rivera-Vera, H.F., Conforme-Cedeño, G.M., Campoverde-Flores, F.K., Sornoza-Parrales, D.R., & Merchán-Nieto, L. (2018). *Los procesos, las técnicas de negociación y la tecnología. Ciencias. Economía, Organización y Ciencias Sociales. Editorial Área de Innovación y Desarrollo, S.L.* https://doi.org/10.17993/ecoorgycso.2018.41

Ávila-Morales, H., Palumbo-Pinto, G.B., De la Cruz-Ríos, H.A., & Ogosi-Auqui, J.A. (2022). Toma de decisiones estratégicas en la gestión pública para el desarrollo social. *Revista Venezolana de Gerencia*, 27(Edición Especial 7), 648–662. https://doi.org/10.52080/rvgluz.27.7.42

Bentler, P. M., & Bonett, D. G. (1980). Significance Tests and Goodness of Fit in the Analysis of Covariance Structures. *In Psychological Bulletin* (Vol. 88, Issue 3).

Brunet, L. (2007). El clima de trabajo en las organizaciones. Definición, diagnóstico y consecuencias. *Editorial Trillas.*

Busro, M. (2018). Teori-teori Manajemen Sumber Daya Manusia. *Jakarta. PrenadaMedia.*

Dini, M. & Stumpo, G. (2020). MiPyMEs en América Latina: un frágil desempeño y nuevos desafíos para las políticas de fomento. Documentos de Proyectos (LC/TS.2018/75/Rev.1), Santiago. *Comisión Económica para América Latina y el Caribe* (CEPAL).

Forbes (2021). Inclusión digital: el futuro de las MyPEs. *Forbes Content.* https://www.forbes.com.mx/ad-inclusion-digital-futuro-mypes-mexico-visa/

Ibarra-Morales, L.E., Paredes-Zempual, D., & Carrillo-Cisneros, E. (2022). Impacto del COVID-19 en las variables que determinan la competitividad de las micro, pequeñas y medianas empresas mexicanas. *Revista RELAYN. Micro y Pequeña Empresa en Latinoamérica,* 6(1), 7–22. https://doi.org/10.46990/relayn.2022.6.1.532

Instituto Nacional de Estadística y Geografía (Inegi) (2020). *Censo de población y vivienda 2020.* https://www.inegi.org.mx/programas/ccpv/2020/

King, E.B., Helb, M.R., George, J.M. & Matusik, S.F. (2010). Understanding tokenism: Antecedents and consequences of a psychological climate of gender inequity. *Journal of Management,* 36(2), 482–510. https://doi.org/10.1177/0149206308328508

Leyva-Carreras, A.B., Cavazos-Arroyo, J., & Espejel-Blanco, J.E. (2018). Influencia de la planeación estratégica y habilidades gerenciales como factores internos de la competitividad empresarial de las Pymes. *Contaduría y Administración,* 63(3), 41. https://doi.org/10.22201/fca.24488410e.2018.1085

Leyva-Carreras, A.B., Espejel-Blanco, J.E., & Cavazos-Arroyo, J. (2017). Habilidades gerenciales como estrategia de competitividad empresarial en las pequeñas y medianas empresas (Pymes). *Revista Perspectiva Empresarial*, 4(1), 7–22. https://doi.org/10.16967/rpe.v4n1a1

Martinez, E., García-Alandete, J., Selles, P., Bernabe, G., & Soucase, B. (2012). Análisis factorial confirmatorio de los principales modelos propuestos para el purpose-in-life test en una muestra de universitarios españoles. *Acta Colombiana de Psicología*, 67–76.

Mendoza-Vargas, E.Y., Villaroel-Puma, M.F. & Carranza-Quimi, W.D. (2020). Caracterización de los microemprendimientos de los sectores urbanos marginales de Quevedo. *Centro Sur. Social Science Journal*. 4(4), 1–23. https://doi.org/10.37955/cs.v4i1.40

Moreno, M. J., & Wong Aitken, H. G. (2019). Relación de las habilidades directivas y la satisfacción laboral en la empresa Chicken King de Trujillo, 2018. *Cuadernos Latinoamericanos de Administración*, 14(27), 1–17. https://doi.org/10.18270/cuaderlam.v14i27.2475

Naranjo, R. (2015). Management skills in leaders of mid-sized businesses of Colombia. *Revista Científica Pensamiento y Gestión*, 38, 119–146. https://doi.org/10.14482/pege.38.7703

Niebles-Núñez, L., Torres-Anillo, K. & Montenegro-Rada, A. (2020). Habilidades gerenciales como herramienta para el fortalecimiento del liderazgo transformacional en las mipymes. *Editorial Universidad del Atlántico*. https://repositorio.uniatlantico.edu.co/bitstream/handle/20.500.12834/1030/admin %2c %2bHABILIDADES %2bGERENCIALES %2bCOMO %2bHERRAMIENTA %2bEN %2bMIPYMES.pdf?sequence=1&isAllowed=y

Paredes-Zempual, D., Ibarra-Morales, L.E., & Moreno-Freites, Z.E. (2021). Habilidades directivas y clima organizacional en pequeñas y medianas empresas. *Investigación Administrativa*, 50–1, 1–23. https://doi.org/10.35426/iav50n127.05

Puga-Villarreal, J., & Martínez-Cerna, L. (2008). Competencias Directivas en Escenarios Globales. *Estudios Gerenciales*, 24(109), 87–103. https://doi.org/10.1016/s0123-5923(08)70054-8

R Core Team (2022). R: A language and environment for statistical computing. R *Foundation for Statistical Computing, Vienna, Austria*. URL https://www.R-project.org/

Red de Estudios Latinoamericanos en Administración y Negocios. (RELAYN) (2023). *Investigación anual*, N. Peña & O. Aguilar (coords.) https://relayn.redesla.la

Red de Estudios Latinoamericanos (RedesLA) (2023). *Investigaciones anuales*. https://redesla.la

Rojero-Jiménez, R., Gómez-Romero, J.G.I., & Quintero-Robles, L.M. (2019). El liderazgo transformacional y su influencia en los atributos de los seguidores en las Mipymes mexicanas. *Estudios Gerenciales*, 35(151), 178–189. https://doi.org/10.18046/j.estger.2019.151.3192

Vargas, B., & del Castillo, C. (2008). Competitividad sostenible de la pequeña empresa: Un modelo de promoción de capacidades endógenas para promover ventajas competitivas sostenibles y alta productividad. *Journal of Economics, Finance and Administrative Science*, 13(24), 59–80. https://www.redalyc.org/articulo.oa?id=360733604004

Viamontes, M.O., & Oliva, E.J.D. (2015). Las agrupaciones corales como estrategia de formación de competencias para trabajo en equipo en las organizaciones: una perspectiva comparativa. *Suma de Negocios*, 6(13), 92–97. https://doi.org/10.1016/j.sumneg.2015.08.008

Whetten, D. & Cameron, K. (2016). Desarrollo de habilidades directivas. México: *Editorial Prentice Hall*.

CAPÍTULO 13

Las habilidades directivas y el clima organizacional en las micro y pequeñas empresas de Piedras Negras, Coahuila, México

Management skills and organizational climate in micro and small businesses in Piedras Negras, Coahuila, Mexico

WALTER SAUCEDO SEGOVIA, MARÍA DEL ROSARIO GÓMEZ VALDEZ, EDUARDO DANIEL ESQUIVEL VILLASEÑOR Y DORA AZALIA CASTRO TREVIÑO

Universidad Tecnológica del Norte de Coahuila

Resumen: El objetivo de la presente investigación es determinar el impacto que tienen las habilidades directivas sobre el clima organizacional en las micro y pequeñas empresas de Latinoamérica. Se presenta un estudio cuantitativo, no experimental, de forma transversal y con un alcance causal. La pertinencia del estudio contribuye a la generación de conocimiento para el desarrollo de un modelo de gestión de la mype en América Latina que permita maximizar la productividad. Entre los principales resultados, podemos observar que la variable de la habilidad directiva trabajo en equipo es la que tiene un mayor impacto en el clima organizacional, con 1.7750137. En cuanto al estudio en el que se analizó el clima laboral de las mypes de Piedras Negras, Coahuila, México, y su relación con diferentes variables, los resultados revelaron que cuatro variables (negociación, liderazgo, comunicación y trabajo en equipo) mostraron una relación significativa con el clima laboral. Cada una de estas variables tuvo un coeficiente estimado que indicó la magnitud de su influencia en el clima organizacional. Por ello, se acepta la hipótesis alternativa aquí planteada.

Abstract: The objective of this research is to determine the impact that management skills have on the organizational climate in micro and small companies in Latin America. A quantitative, non-experimental, cross-sectional study with a causal scope is presented. The relevance of the study contributes to the generation of knowledge for the development of a management model for mypes in Latin America that allows maximizing productivity. Among the main results, we can observe that the variable of teamwork managerial ability is the one that has the greatest impact on the organizational climate, with 1.7750137. Regarding the study in which the work environment of the mypes of Piedras Negras, Coahuila, Mexico was analyzed, and its relationship with different variables, the results revealed that four variables (negotiation, leadership, communication and teamwork) showed a relationship significantly with the work environment. Each of these variables had an estimated coefficient that indicated the magnitude of their influence on the organizational climate. Therefore, the alternative hypothesis proposed here is accepted.

Palabras clave: clima organizacional, Piedras Negras, estudio correlacional, unidades económicas.

INTRODUCCIÓN

De acuerdo con el último Censo Económico publicado por el Instituto Nacional de Estadística y Geografía (INEGI, 2020), 98.3 % del universo de unidades económicas está constituido por micro y pequeñas empresas, las cuales generan —al menos— el 55 % de los empleos y amasan el 39 % del Producto Interno Bruto (PIB) del país. Las microempresas están configuradas por aquellos negocios que tienen menos de 10 trabajadores y generan anualmente ventas hasta por 4 millones de pesos. Las pequeñas empresas son unidades económicas que emplean entre 11 y 50 trabajadores, generando ventas anuales que oscilan entre 4 y 100 millones de pesos (Mendoza-Vargas, Villaroel-Puma & Carranza-Quimi, 2020; Forbes, 2021).

Es importante mencionar que actualmente las mypes se enfrentan a múltiples retos y problemáticas, específicamente, el desarrollo de habilidades gerenciales o directivas por parte de los líderes cumple una labor fundamental en el clima organizacional para este tipo de empresas, al establecerse como un diferenciador con otras organizaciones (Busro, 2018). En esa perspectiva, la formación y el desarrollo de habilidades directivas del personal encargado de implementar estrategias y tomar decisiones son fundamentales, pues de ello depende que las mypes cumplan sus metas y objetivos estratégicos, lo cual permite a las organizaciones volverse más competitivas, pues propicia la formación de un clima organizacional donde los empleados estén satisfechos con su organización (Aburto & Bonales, 2011; Brunet, 2007).

Derivado de la importancia que representa el desarrollo de habilidades directivas en los líderes que dirigen los esfuerzos estratégicos de las mypes, así como la importancia de contar con un buen clima organizacional, se plantean las siguientes preguntas de investigación: ¿cuáles habilidades directivas tienen repercusión

en el clima organizacional de las mypes?, ¿cuál es el clima organizacional que predomina en las mypes?

Para cumplir con lo anterior, el objetivo de la investigación es determinar el grado de asociación entre las habilidades directivas y el clima organizacional de las micro y pequeñas empresas, lo cual permitirá conocer con mayor precisión las habilidades directivas que los gerentes o mandos medios deben desarrollar para que prevalezca un clima organizacional satisfactorio entre los empleados al interior de las mypes. En ese sentido, las mypes podrán determinar si éstas son las causales de un clima organizacional adecuado o inconveniente, lo que, a su vez, permitirá diseñar programas de capacitación para sus líderes y, con ello, generar información que contribuya —si es el caso— a resolver el problema o mantener y fortalecer lo que se tiene.

Los diferentes análisis estadísticos correlacionales entre las variables del estudio permitirán identificar si las habilidades directivas son la causa principal del clima organizacional que prevalece en las mypes. Lo anterior será de gran apoyo en la búsqueda de factores endógenos diferenciados que permita a las mypes obtener ventajas competitivas sostenibles, ya que, si bien es cierto, una mejor gestión empresarial no es suficiente para lograr ser más competitivas, sino que está determinada por otros factores internos como un buen clima organizacional y el desarrollo de habilidades directivas (Vargas & Del Castillo, 2008).

REVISIÓN DE LA LITERATURA

Las organizaciones del siglo XXI afrontan un entorno dinámico y complejo caracterizado por la incertidumbre, debido a esto deben estar preparadas para dar respuesta a los cambios vertiginosos, en aras de cumplir sus objetivos y metas organizacionales así como volverse más competitivas. Las micro y pequeñas empresas (mypes) también deben responder a ese contexto, sin embargo, las características estructurales de su magnitud las coloca en desventaja respecto a la gran empresa, misma que tiene a su disposición una mayor cantidad de recursos y capacidades. El tema aquí analizado ha obtenido gran relevancia en los rubros de la investigación y las políticas públicas recientemente, lo cual ha permitido una mejora de determinados aspectos directamente vinculados con la competitividad de las empresas (Leyva-Carreras, Cavazos-Arroyo & Espejel-Blanco, 2018).

La situación actual de las mypes es compleja —aun siendo una parte fundamental del aparato económico a nivel mundial—, presenta una serie de desafíos y retos, enfrenta diversos obstáculos que limitan su capacidad de crecimiento y desarrollo. Uno de los principales problemas que enfrentan estas empresas es la falta de acceso al financiamiento, ya que esto restringe su capacidad para invertir en innovación, en maquinaria y equipos, software y tecnologías digitales; así como

en la capacitación y adiestramiento para sus empleados. Otra problemática a la cual se enfrentan es la poca inversión en capacitación a sus directivos y gerentes, de modo que éstos puedan desarrollar sus habilidades directivas, permitiéndoles contar con las herramientas necesarias al momento de tomar decisiones estratégicas de impacto en sus portafolios de negocios, a través de una visión diferente y más competitiva, no sólo a nivel local, sino a niveles superiores en la configuración y escala del negocio.

Es importante destacar que la pandemia por el Covid-19 tuvo un impacto significativo en las mypes debido a que muchas de ellas tuvieron que cerrar de forma temporal o permanente. Las restricciones de movimiento y confinamiento social provocaron una disminución significativa en la demanda de productos y servicios (Ibarra-Morales, Paredes-Zempual & Carrillo-Cisneros, 2022). Para dimensionar y tener una mejor visión de la magnitud de la presencia e importancia de las mypes en Latinoamérica, Dini y Stumpo (2021) realizan una clasificación tomando como parámetros el sector y el tamaño de la empresa (tabla 13.1.).

Tabla 13.1. Clasificación de acuerdo con el sector y tamaño de la empresa.

Sector	**Micro empresa**	**Pequeña empresa**
Agricultura, ganadería, caza, silvicultura y pesca	80 %	16 %
Explotación de minas y canteras	68 %	23 %
Industria manufacturera	82 %	14 %
Suministro de electricidad, gas y agua	70 %	20 %
Construcción	76 %	19 %
Comercio al por mayor y menor	92 %	07 %
Hoteles y restaurantes	89 %	10 %
Transporte, almacenamiento y comunicaciones	83 %	13 %
Intermediación financiera	81 %	14 %
Actividades inmobiliarias, empresariales y de alquiler	87 %	10 %
Enseñanza	76 %	19 %
Servicios sociales y de salud	89 %	09 %
Otras actividades comunitarias, sociales y personales	95 %	04 %
Total	**88.4 %**	**09.6 %**

Fuente: elaboración propia a partir de Dini & Stumpo (2021).

Leyva-Carreras, Espejel-Blanco y Cavazos-Arroyo (2017) destacan que el director o gerente de una mype debe tomar en cuenta ciertas variables para lograr la excelencia, el buen clima organizacional y la competitividad empresarial, para lo cual es preciso contar con personal directivo que reúna las siguientes

características: dinámicos, actualizados, con habilidades directivas, operativas y de gestión, conocimientos de administración y planeación estratégica, así como administración y dirección de talento humano, siempre proactivo al cambio organizacional y tecnológico, para que se convierta en vehículo que potencia la creatividad, la innovación y el desarrollo sustentable. Sin embargo, por desconocer esas características de gestión o habilidades directivas que son propias de los líderes, esa ignorancia puede ser la causa de algunos problemas administrativos y de competitividad en las mypes, lo que genera algunas consecuencias en la transición de una economía local y proteccionista a un mercado libre y globalizado (Naranjo, 2015).

Niebles-Núñez, Torres-Anillo y Montenegro-Rada (2020) establecen que las habilidades directivas comprenden el proceso de la gerencia, estas son: planificar, organizar, dirigir, ejecutar y controlar que, a su vez, constituyen el conjunto de destrezas, cualidades, competencias, conocimientos, acciones, experiencias y capacidades que inciden en el efectivo desempeño del rol gerencial, al contribuir al logro de objetivos y metas organizacionales, asimismo, representan la implementación práctica por la acción del conocimiento adquirido académicamente o por experiencias a través del proceso de aprendizaje. Es por ello que, en los últimos años, las habilidades directivas desempeñan un papel muy importante en la satisfacción de los colaboradores en las empresas a nivel mundial, pues se ha demostrado que la manera o particularidad en que los directivos lideran a sus equipos generan una repercusión directa en su satisfacción y, por ende, en su desempeño laboral (Moreno & Wong, 2018).

Paredes-Zempual, Ibarra-Morales y Moreno-Freites (2021) adoptan otra perspectiva, sostienen que el buen desempeño de la empresa está en función de las habilidades directivas y el buen clima organizacional, sobre todo en este tiempo donde las empresas se encuentran inmersas en un proceso de globalización y de rápidos cambios que demanda líderes más preparados en actitudes y aptitudes, capaces de administrar de manera eficaz y eficiente los procesos y procedimientos, tanto administrativos como operativos, comprometidos con la rentabilidad de la organización.

El clima organizacional es observado y analizado por las empresas con el fin de mantenerlo en niveles positivos y, de esa forma, estimular la productividad de los empleados, motivo por el cual las empresas buscan los elementos y condiciones necesarias que puedan incidir de forma positiva en el clima organizacional, ya que existen estudios empíricos que así lo demuestran, en otras palabras, un mejor clima organizacional en la empresa se traduce en mejores resultados en los ámbitos financieros, administrativos y productivos (Alegría-Zebadúa & Alarcón-Martínez, 2022).

Whetten y Cameron (2016) clasifican las habilidades en tres grandes grupos: personales, interpersonales y grupales, mismas que en su conjunto aportan

al éxito de una administración eficaz y centrada en los logros financieros, pero también de posición competitiva. En este sentido, para el presente estudio se han seleccionado como habilidades directivas las siguientes: negociación, toma de decisiones, liderazgo, comunicación y trabajo en equipo, ya que predominan en la literatura y en los diferentes modelos conceptuales, además de ser las más importantes para Whetten y Cameron. Adicionalmente, se ha seleccionado como variable el 'clima organizacional' debido al impacto y la importancia que ostenta para las mypes. Las definiciones conceptuales para cada una de las variables se muestran en la tabla 13.2.

Tabla 13.2. Definición conceptual de las variables.

Variable	Definición conceptual
Negociación	Presentar y discutir propuestas comunes con el propósito de llegar a un acuerdo en un marco de interés común (Álvarez-Vásquez, et al., 2018).
Toma de decisiones	Decidir por una alternativa que requiere atender situaciones planificadas o de incertidumbre entre un abanico de varias opciones (Ávila-Morales et al., 2022).
Liderazgo	Lograr la motivación de los colaboradores mediante la promoción de conductas positivas que reditúan en mejores niveles de desempeño laboral para la empresa (Rojero-Jiménez, Gómez-Romero & Quintero-Robles, 2019).
Comunicación	Recibir y transmitir mensajes oportunos y unívocos, independientemente del canal o la forma de comunicación, lo cual facilita la emisión y recepción de los mensajes que se producen entre los miembros de la organización y su entorno, facilitando el alcance de los objetivos y metas que establecen los miembros de la organización (Puga-Villarreal & Martínez-Cerna, 2008).
Trabajo en equipo	Fomentar la colaboración conjunta entre los integrantes que conforman un equipo de trabajo, a través del talento individual, la comunicación, las competencias y las fortalezas de cada uno en su relación con los demás, para lograr el cumplimiento de un objetivo común (Viamontes & Oliva, 2015).
Clima organizacional	Variable que media entre el contexto de una organización y la conducta de sus empleados o miembros, desde la perspectiva del cómo ellos experimentan el trabajo en sus empresas (King, Hebl, George & Matusik, 2010).

Fuente: elaboración propia.

METODOLOGÍA

El presente trabajo de investigación ha sido propuesto por la Red de Estudios Latinoamericanos en Administración y Negocios (RELAYN, 2023), la cual consiste en conceptualizar la micro y pequeña empresa (mype) como una serie de elementos de entradas, procesos y salidas enmarcados en un ambiente que influye en el clima organizacional de las mypes, según la percepción del director, considerado como la persona que toma la mayor parte de las decisiones. Este estudio tiene un enfoque cuantitativo de diseño transversal de tipo causal.

Se realizó un muestreo probabilístico aleatorio simple con las mypes de Piedras Negras, Coahuila, México, cuya cantidad de empleados se encuentra en el rango de 1 a 50, con un nivel de confianza del 95 %, un margen de error del ±5 % y una probabilidad estimada de p=0.5 (50 %). Se obtuvieron de la muestra aplicada un total de 945 encuestas válidas en el periodo del 01 de marzo al 30 de abril de 2023. Se utilizó un instrumento de medición tipo encuesta, la cual fue dirigida a los propietarios, directores o gerentes de las mypes, para lo cual sirvió la asistencia de estudiantes universitarios que previamente fueron capacitados para aplicar la encuesta.

Características de la muestra son:

El 55.4 % de la muestra fueron del sexo biológico femenino y el restante 44.6 % masculino. La edad de los sujetos tiene un rango de 18 a 83 años, con un promedio de 39 años y una moda de 35 años. El 35.4 % de los empresarios tienen estudios de nivel superior, seguido de un 38.1 % con nivel media superior, 25.5 % con educación básica. En cuanto a estado civil predominan los casados con un 58.6 % seguidos de los solteros con 23.8 %.

La mayoría de los negocios 63.4 % pertenecen al giro comercial, un 35.7 % a la prestación de servicios y sólo 1 % a la producción de manufacturas, la antigüedad del 19.8 %de los negocios es menor a 3 años. Los empleos que ofrecen están en el rango de 1 a 42 trabajadores, de las empresas el 93.8 % emplea de 1 a 10 trabajadores y el 85.5 % tienen en su plantilla de 1 a 10 mujeres y en el 72.8 % colaboran de 1 a 5 familiares del propietario.

Alineado al objetivo general de la investigación y a la revisión de la literatura, se plantean las siguientes hipótesis:

H0: Las habilidades directivas no inciden en el clima organizacional de la mype.

H1: Las habilidades directivas inciden en el clima organizacional de la mype.

En cuanto al instrumento de medición, éste se integró por seis partes o bloques. El primero de ellos, con datos que abordan aspectos generales de la empresa: tamaño de la empresa, personal ocupado, así como información sobre los ingresos y gastos. La segunda parte aborda los datos del directivo y el tiempo destinado a las labores de la empresa. La tercera parte se refiere a los insumos del sistema: recursos humanos, análisis del mercado y proveedores. En una cuarta parte del instrumento de medición se exponen los procesos del sistema: dirección, gestión de ventas, finanzas, innovación, mercadotecnia, producción-operación. La quinta parte estuvo integrada por los resultados del sistema: satisfacción del sistema, ventaja competitiva, RSC-Asuntos de ISO 26000, valoración del entorno y, por último, la sexta parte quedó integrada por los dos temas anuales de investigación: a) el trabajo decente desde la perspectiva directiva y b) el impacto de las habilidades directivas (negociación, toma de decisiones, liderazgo, comunicación, trabajo en equipo) sobre el clima organizacional. Para las secciones comprendidas del tercer al sexto bloque se emplea una escala de Likert de cinco puntos, los cuales van de 'No sé / No aplica' (1) a 'muy de acuerdo' (5).

RESULTADOS

Las seis variables muestran consistencia interna del instrumento mediante el análisis del alfa de Cronbach de las variables objeto de estudio, de la misma forma se analiza la correlación que tienen con el clima organizacional como se muestra en la tabla 13.3.

Tabla 13.3. Alfa de Cronbach y correlación de las variables.

Variables	Correlación con clima	Cronbach	Media	Desviación Estándar
Negociación	0.426	0.868	4.278	0.553
Toma de decisiones	0.322	0.894	4.348	0.506
Liderazgo	0.443	0.924	4.507	0.443
Comunicación	0.533	0.916	4.491	0.441
Trabajo en equipo	0.482	0.933	4.481	0.460
Clima Organizacional	1	0.905	4.493	0.441

Fuente: Elaboración propia utilizando RStudio (R Core Team, 2022).

Se procede a realizar el modelo estructural del instrumento en la figura 13.4, el ajuste absolutorio muestra el error cuadrático medio de aproximación (RMSEA) es de 0.026 y el residuo cuadrático medio estandarizado (SRMR) es de 0.04, en

ambos casos se consideran aceptables, en el ajuste comparativo (CFI) muestra un resultado de 0.998 y el índice de Tucker-Lewis (TLI) de 0.998 consideramos ajustes óptimos.

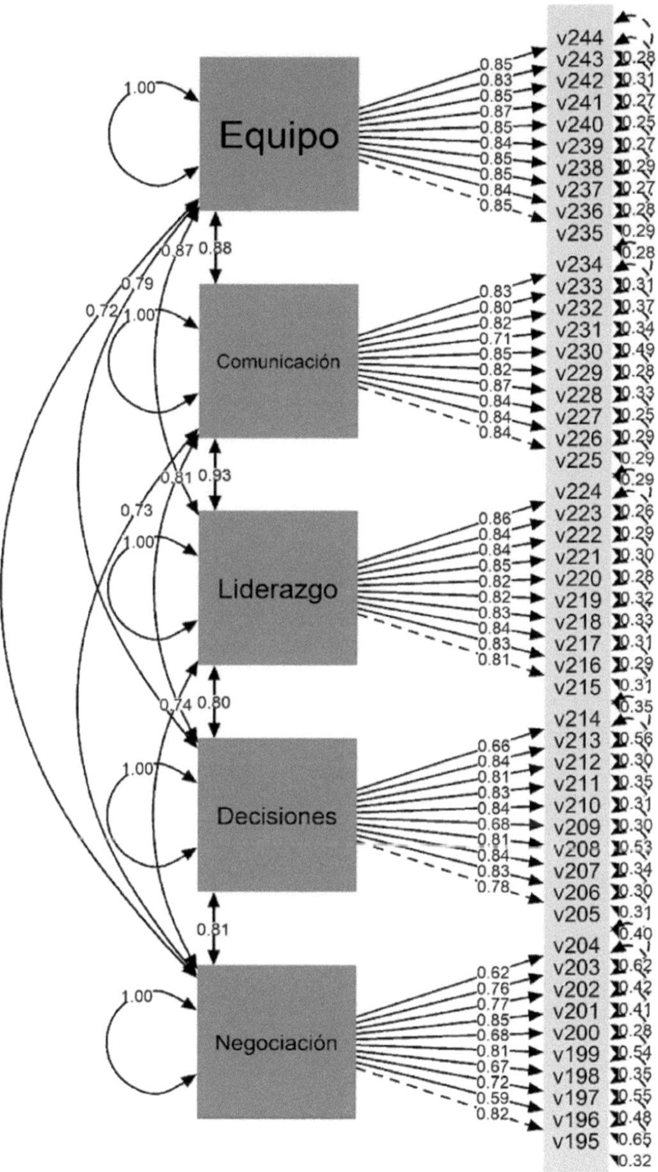

Figura 13.4. Resultado del modelo estructural.

Fuente: Elaboración propia utilizando RStudio (R Core Team, 2022).

Partiendo de la información cuantitativa del estudio se establece el modelo estructural (Figura 13.4), donde se muestra la dirección de las relaciones entre las diversas variables y el efecto que causan. El modelo plantea la existencia de cinco variables endógenas con una relación causal recíproca (trabajo en equipo, comunicación, liderazgo, toma de decisiones y negociación). Las cinco variables tienen una relación causal directa con los ítems que conforman la variable, en todos los casos el grado de significancia fue <0.05 (los resultados se muestran en la Figura 13.4) dando un correcto ajuste del modelo (Bentler & Bonett, 1980; Martínez et al., 2012)

Con el objetivo de medir el impacto que tienen las habilidades directivas sobre el clima organizacional de la mype se realiza la siguiente regresión lineal, donde el clima organizacional es la variable dependiente y las variables independientes son negociación, toma de decisiones, liderazgo, comunicación y trabajo en equipo. Al final se sustituyen los valores tal y como se observa en la tabla 13.5.

Fórmula:

y = clima = constante + negociación + toma de decisiones + liderazgo + comunicación + trabajo en equipo.

Tabla 13.5. Regresión lineal.

Fórmula: lm(fórmula = clima ~ negociación + toma de decisiones + liderazgo + comunicación + trabajo en equipo)				
		Residuales		
Min	**1Q**	**Mediana**	**3Q**	**Max**
-1.71132	-0.08107	0.03605	0.10274	0.91463
Coeficientes	**Estimado**	**Std. Error**	**T-valor**	**P-valor**
(Clima/Intercept)	0.60072	0.09275	6.477	1.51e-10
Negociación	0.04296	0.02022	2.125	0.033868
Toma de decisiones	0.03224	0.02613	1.234	0.217483
Liderazgo	0.12926	0.03640	3.551	0.000403
Comunicación	0.26950	0.03778	7.134	1.95e-12
Trabajo en equipo	0.39612	0.03095	12.798	2e-16

Signif. codes: 0 '***' 0.001 '**' 0.01 '*' 0.05 '.' 0.1 ' ' 1
Residual standard error: 0.2571 on 939 degrees of freedom
Multiple R-squared: 0.662, Adjusted R-squared: 0.6602
F-statistic: 367.9 on 5 and 939 DF, p-value: < 2.2e-16
Fuente: Elaboración propia utilizando RStudio (R Core Team, 2022).

Para poder medir el impacto, se multiplica el valor estimado de cada una de las variables independientes (tabla 13.5) por su media (tabla 13.3).

$$y=0.60072 + (0.04296 * 4.278) + (0.03224 * 4.348) + (0.12926 * 4.507) + (0.2695 * 4.491) + (0.39612 * 4.481)$$

Resolvemos la ecuación:

$$y=0.60072+0.1837829+0.1401795+0.5825748+1.2103245+1.7750137$$
$$y=4.4925954$$

Se observa que la variable que tiene mayor impacto es trabajo en equipo con 1.7750137, mientras que la de menor impacto es toma de decisiones con 0.1401795. El impacto total de las habilidades directivas sobre el clima organizacional es de 4.4925954.

DISCUSIÓN

El clima laboral en las mypes de Piedras Negras, Coahuila, México, se encuentra altamente relacionado con cuatro variables que muestran en su valor *p* un resultado menor a 0.05; para cada una de las variables, se estima un coeficiente que indica cómo influye el cambio en esa variable en el clima laboral. Para el caso de la variable negociación, el coeficiente estimado es 0.04296; esto significa que, manteniendo constantes las demás variables, un aumento de una unidad en la negociación se asocia con un aumento de aproximadamente 0.04296 en el clima laboral. Lo mismo se aprecia en los coeficientes observados para las variables toma de decisiones, liderazgo, comunicación y trabajo en equipo, las cuales indican sus respectivas influencias en el clima laboral. Sin embargo, la variable toma de decisiones tiene un nivel de significancia estadística en el valor *p* mayor que 0.05, lo que muestra que no es estadísticamente significativa para predecir el clima laboral.

En cuanto a su coeficiente de determinación (R-cuadrado), el cual mide la variabilidad en el clima laboral por parte de las variables independientes, se obtuvo un valor de 0.662, lo que quiere decir que aproximadamente 66.2 % de la variabilidad en el clima laboral puede ser explicada por las variables de negociación, toma de decisiones, liderazgo, comunicación y trabajo en equipo. Estos resultados sugieren que mejorar estos aspectos dentro de un entorno puede influir positivamente en el clima organizacional o en el ambiente de un equipo. Sin embargo, la variable de decisiones no parece tener una relación significativa con el clima laboral según este modelo.

En cuanto a la correlación entre las variables independientes y el clima laboral, todas las variables muestran una correlación positiva, siendo la variable comunicación la que mantiene principalmente una relación positiva de moderada a fuerte, sin excluir las demás que mantienen valores positivos. Cada uno de los ítems se analizó de acuerdo con el alfa de Cronbach, el cual mostró una confiabilidad superior a 0.8, lo que indica confiabilidad y consistencia en las escalas utilizadas para medir dichas variables.

Por lo tanto, se acepta la H_1 en la cual se establece que las habilidades directivas inciden en el clima organizacional de la mype; en general, las percepciones en relación con estas variables están por encima del punto medio de la escala utilizada. Sin embargo, hay una variabilidad ligeramente mayor en las percepciones sobre negociación y decisiones en comparación con las otras variables.

REFERENCIAS

Aburto, H.I. & Bonales, J. (2011). Habilidades directivas: Determinantes en el clima organizacional. *Investigación y Ciencia,* 19(51), 41–49.

Alegría-Zebadúa, R.M., & Alarcón-Martínez, G. (2022). Marco teórico e instrumento de medición de las habilidades gerenciales y clima organizacional en *Instituciones Bancarias de México. Vinculatégica,* 7(1). https://doi.org/10.29105/vtga7.1-82

Álvarez-Vásquez, C.A., Rivera-Vera, H.F., Conforme-Cedeño, G.M., Campoverde-Flores, F.K., Sornoza-Parrales, D.R., & Merchán-Nieto, L. (2018). *Los procesos, las técnicas de negociación y la tecnología. Ciencias. Economía, Organización y Ciencias Sociales. Editorial Área de Innovación y Desarrollo, S.L.* https://doi.org/10.17993/ecoorgycso.2018.41

Ávila-Morales, H., Palumbo-Pinto, G.B., De la Cruz-Ríos, H.A., & Ogosi-Auqui, J.A. (2022). Toma de decisiones estratégicas en la gestión pública para el desarrollo social. *Revista Venezolana de Gerencia,* 27(Edición Especial 7), 648–662. https://doi.org/10.52080/rvgluz.27.7.42

Bentler, P. M., & Bonett, D. G. (1980). Significance Tests and Goodness of Fit in the Analysis of Covariance Structures. *In Psychological Bulletin* (Vol. 88, Issue 3).

Brunet, L. (2007). El clima de trabajo en las organizaciones. Definición, diagnóstico y consecuencias. *Editorial Trillas.*

Busro, M. (2018). Teori-teori Manajemen Sumber Daya Manusia. *Jakarta. PrenadaMedia.*

Dini, M. & Stumpo, G. (2020). MiPyMEs en América Latina: un frágil desempeño y nuevos desafíos para las políticas de fomento. Documentos de Proyectos (LC/TS.2018/75/Rev.1), Santiago. *Comisión Económica para América Latina y el Caribe* (CEPAL).

Forbes (2021). Inclusión digital: el futuro de las MyPEs. *Forbes Content.* https://www.forbes.com.mx/ad-inclusion-digital-futuro-mypes-mexico-visa/

Ibarra-Morales, L.E., Paredes-Zempual, D., & Carrillo-Cisneros, E. (2022). Impacto del COVID-19 en las variables que determinan la competitividad de las micro, pequeñas y medianas empresas mexicanas. *Revista RELAYN. Micro y Pequeña Empresa en Latinoamérica,* 6(1), 7–22. https://doi.org/10.46990/relayn.2022.6.1.532

Instituto Nacional de Estadística y Geografía (Inegi) (2020). *Censo de población y vivienda 2020.* https://www.inegi.org.mx/programas/ccpv/2020/

King, E.B., Helb, M.R., George, J.M. & Matusik, S.F. (2010). Understanding tokenism: Antecedents and consequences of a psychological climate of gender inequity. *Journal of Management,* 36(2), 482–510. https://doi.org/10.1177/0149206308328508

Leyva-Carreras, A.B., Cavazos-Arroyo, J., & Espejel-Blanco, J.E. (2018). Influencia de la planeación estratégica y habilidades gerenciales como factores internos de la competitividad empresarial de las Pymes. *Contaduría y Administración,* 63(3), 41. https://doi.org/10.22201/fca.24488410e.2018.1085

Leyva-Carreras, A.B., Espejel-Blanco, J.E., & Cavazos-Arroyo, J. (2017). Habilidades gerenciales como estrategia de competitividad empresarial en las pequeñas y medianas empresas (Pymes). *Revista Perspectiva Empresarial,* 4(1), 7–22. https://doi.org/10.16967/rpe.v4n1a1

Martinez, E., García-Alandete, J., Selles, P., Bernabe, G., & Soucase, B. (2012). Análisis factorial confirmatorio de los principales modelos propuestos para el purpose-in-life test en una muestra de universitarios españoles. *Acta Colombiana de Psicología,* 67–76.

Mendoza-Vargas, E.Y., Villaroel-Puma, M.F. & Carranza-Quimi, W.D. (2020). Caracterización de los microemprendimientos de los sectores urbanos marginales de Quevedo. *Centro Sur. Social Science Journal.* 4(4), 1–23. https://doi.org/10.37955/cs.v4i1.40

Moreno, M. J., & Wong Aitken, H. G. (2019). Relación de las habilidades directivas y la satisfacción laboral en la empresa Chicken King de Trujillo, 2018. *Cuadernos Latinoamericanos de Administración,* 14(27), 1–17. https://doi.org/10.18270/cuaderlam.v14i27.2475

Naranjo, R. (2015). Management skills in leaders of mid-sized businesses of Colombia. *Revista Científica Pensamiento y Gestión,* 38, 119–146. https://doi.org/10.14482/pege.38.7703

Niebles-Núñez, L., Torres-Anillo, K. & Montenegro-Rada, A. (2020). Habilidades gerenciales como herramienta para el fortalecimiento del liderazgo transformacional en las mipymes. *Editorial Universidad del Atlántico.* https://repositorio.uniatlantico.edu.co/bitstream/handle/20.500.12834/1030/admin %2c %2bHABILIDADES %2bGERENCIALES %2bCOMO %2bHERRAMIENTA %2bEN %2bMIPYMES.pdf?sequence=1&isAllowed=y

Paredes-Zempual, D., Ibarra-Morales, L.E., & Moreno-Freites, Z.E. (2021). Habilidades directivas y clima organizacional en pequeñas y medianas empresas. *Investigación Administrativa,* 50–1, 1–23. https://doi.org/10.35426/iav50n127.05

Puga-Villarreal, J., & Martínez-Cerna, L. (2008). Competencias Directivas en Escenarios Globales. *Estudios Gerenciales,* 24(109), 87–103. https://doi.org/10.1016/s0123-5923(08)70054-8

R Core Team (2022). R: A language and environment for statistical computing. R *Foundation for Statistical Computing, Vienna, Austria.* URL https://www.R-project.org/

Red de Estudios Latinoamericanos en Administración y Negocios. (RELAYN) (2023). *Investigación anual,* N. Peña & O. Aguilar (coords.) https://relayn.redesla.la

Red de Estudios Latinoamericanos (RedesLA) (2023). *Investigaciones anuales.* https://redesla.la

Rojero-Jiménez, R., Gómez-Romero, J.G.I., & Quintero-Robles, L.M. (2019). El liderazgo transformacional y su influencia en los atributos de los seguidores en las Mipymes mexicanas. *Estudios Gerenciales*, 35(151), 178–189. https://doi.org/10.18046/j.estger.2019.151.3192

Vargas, B., & del Castillo, C. (2008). Competitividad sostenible de la pequeña empresa: Un modelo de promoción de capacidades endógenas para promover ventajas competitivas sostenibles y alta productividad. *Journal of Economics, Finance and Administrative Science,* 13(24), 59–80. https://www.redalyc.org/articulo.oa?id=360733604004

Viamontes, M.O., & Oliva, E.J.D. (2015). Las agrupaciones corales como estrategia de formación de competencias para trabajo en equipo en las organizaciones: una perspectiva comparativa. *Suma de Negocios,* 6(13), 92–97. https://doi.org/10.1016/j.sumneg.2015.08.008

Whetten, D. & Cameron, K. (2016). Desarrollo de habilidades directivas. México: *Editorial Prentice Hall.*

CAPÍTULO 14

Las habilidades directivas y el clima organizacional en las micro y pequeñas empresas de Durango, Durango, México

Management skills and the organizational climate in micro and small businesses in Durango, Durango, Mexico

JESÚS GUILLERMO SOTELO ASEF, ERNESTO GEOVANI FIGUEROA GONZÁLEZ, DELIA ARRIETA DÍAZ Y MIGUEL GARCÍA ALVARADO

Universidad Juárez del Estado de Durango

Resumen: El objetivo de la presente investigación es determinar el impacto que tienen las habilidades directivas sobre el clima organizacional en las micro y pequeñas empresas de Latinoamérica. Se presenta un estudio cuantitativo, no experimental, de forma transversal y con un alcance causal. La pertinencia del estudio contribuye a la generación de conocimiento para el desarrollo de un modelo de gestión de la mype en América Latina que permita maximizar la productividad. Entre los principales resultados, podemos observar que la variable de la habilidad directiva trabajo en equipo es la que tiene un mayor impacto en el clima organizacional, con 1.6386361. Se concluye que existe una correlación positiva entre la variable clima organizacional y las variables negociación, toma de decisiones, liderazgo, comunicación y trabajo en equipo; estas habilidades directivas inciden positivamente en el clima organizacional de las micro y pequeñas empresas de Durango, Durango, México, por lo que mejorar estas habilidades directivas, favorece que haya un mejor clima organizacional.

Abstract: The objective of this research is to determine the impact that management skills have on the organizational climate in micro and small companies in Latin America. A quantitative, non-experimental, cross-sectional study with a causal scope is presented. The relevance of the study contributes to the generation of knowledge for the development of a management model for mypes in Latin America that allows maximizing productivity. Among the main results, we can observe that the variable of teamwork managerial ability is the one that has the greatest impact on the organizational climate, with 1.6386361. It is concluded that there is a positive correlation between the organizational climate variable and the negotiation, decision-making, leadership, communication and teamwork variables; These managerial skills positively affect the organizational climate of micro and small companies in Durango, Durango, Mexico, so improving these managerial skills favors a better organizational climate.

Palabras clave: clima organizacional, habilidades directivas, mype, regresión lineal múltiple.

INTRODUCCIÓN

De acuerdo con el último Censo Económico publicado por el Instituto Nacional de Estadística y Geografía (INEGI, 2020), 98.3 % del universo de unidades económicas está constituido por micro y pequeñas empresas, las cuales generan —al menos— el 55 % de los empleos y amasan el 39 % del Producto Interno Bruto (PIB) del país. Las microempresas están configuradas por aquellos negocios que tienen menos de 10 trabajadores y generan anualmente ventas hasta por 4 millones de pesos. Las pequeñas empresas son unidades económicas que emplean entre 11 y 50 trabajadores, generando ventas anuales que oscilan entre 4 y 100 millones de pesos (Mendoza-Vargas, Villaroel-Puma & Carranza-Quimi, 2020; Forbes, 2021).

Es importante mencionar que actualmente las mypes se enfrentan a múltiples retos y problemáticas, específicamente, el desarrollo de habilidades gerenciales o directivas por parte de los líderes cumple una labor fundamental en el clima organizacional para este tipo de empresas, al establecerse como un diferenciador con otras organizaciones (Busro, 2018). En esa perspectiva, la formación y el desarrollo de habilidades directivas del personal encargado de implementar estrategias y tomar decisiones son fundamentales, pues de ello depende que las mypes cumplan sus metas y objetivos estratégicos, lo cual permite a las organizaciones volverse más competitivas, pues propicia la formación de un clima organizacional donde los empleados estén satisfechos con su organización (Aburto & Bonales, 2011; Brunet, 2007).

Derivado de la importancia que representa el desarrollo de habilidades directivas en los líderes que dirigen los esfuerzos estratégicos de las mypes, así como la importancia de contar con un buen clima organizacional, se plantean las siguientes preguntas de investigación: ¿cuáles habilidades directivas tienen repercusión

en el clima organizacional de las mypes?, ¿cuál es el clima organizacional que predomina en las mypes?

Para cumplir con lo anterior, el objetivo de la investigación es determinar el grado de asociación entre las habilidades directivas y el clima organizacional de las micro y pequeñas empresas, lo cual permitirá conocer con mayor precisión las habilidades directivas que los gerentes o mandos medios deben desarrollar para que prevalezca un clima organizacional satisfactorio entre los empleados al interior de las mypes. En ese sentido, las mypes podrán determinar si éstas son las causales de un clima organizacional adecuado o inconveniente, lo que, a su vez, permitirá diseñar programas de capacitación para sus líderes y, con ello, generar información que contribuya —si es el caso— a resolver el problema o mantener y fortalecer lo que se tiene.

Los diferentes análisis estadísticos correlacionales entre las variables del estudio permitirán identificar si las habilidades directivas son la causa principal del clima organizacional que prevalece en las mypes. Lo anterior será de gran apoyo en la búsqueda de factores endógenos diferenciados que permita a las mypes obtener ventajas competitivas sostenibles, ya que, si bien es cierto, una mejor gestión empresarial no es suficiente para lograr ser más competitivas, sino que está determinada por otros factores internos como un buen clima organizacional y el desarrollo de habilidades directivas (Vargas & Del Castillo, 2008).

REVISIÓN DE LA LITERATURA

Las organizaciones del siglo XXI afrontan un entorno dinámico y complejo caracterizado por la incertidumbre, debido a esto deben estar preparadas para dar respuesta a los cambios vertiginosos, en aras de cumplir sus objetivos y metas organizacionales así como volverse más competitivas. Las micro y pequeñas empresas (mypes) también deben responder a ese contexto, sin embargo, las características estructurales de su magnitud las coloca en desventaja respecto a la gran empresa, misma que tiene a su disposición una mayor cantidad de recursos y capacidades. El tema aquí analizado ha obtenido gran relevancia en los rubros de la investigación y las políticas públicas recientemente, lo cual ha permitido una mejora de determinados aspectos directamente vinculados con la competitividad de las empresas (Leyva-Carreras, Cavazos-Arroyo & Espejel-Blanco, 2018).

La situación actual de las mypes es compleja —aun siendo una parte fundamental del aparato económico a nivel mundial—, presenta una serie de desafíos y retos, enfrenta diversos obstáculos que limitan su capacidad de crecimiento y desarrollo. Uno de los principales problemas que enfrentan estas empresas es la falta de acceso al financiamiento, ya que esto restringe su capacidad para invertir

en innovación, en maquinaria y equipos, software y tecnologías digitales; así como en la capacitación y adiestramiento para sus empleados. Otra problemática a la cual se enfrentan es la poca inversión en capacitación a sus directivos y gerentes, de modo que éstos puedan desarrollar sus habilidades directivas, permitiéndoles contar con las herramientas necesarias al momento de tomar decisiones estratégicas de impacto en sus portafolios de negocios, a través de una visión diferente y más competitiva, no sólo a nivel local, sino a niveles superiores en la configuración y escala del negocio.

Es importante destacar que la pandemia por el Covid-19 tuvo un impacto significativo en las mypes debido a que muchas de ellas tuvieron que cerrar de forma temporal o permanente. Las restricciones de movimiento y confinamiento social provocaron una disminución significativa en la demanda de productos y servicios (Ibarra-Morales, Paredes-Zempual & Carrillo-Cisneros, 2022). Para dimensionar y tener una mejor visión de la magnitud de la presencia e importancia de las mypes en Latinoamérica, Dini y Stumpo (2021) realizan una clasificación tomando como parámetros el sector y el tamaño de la empresa (tabla 14.1.).

Tabla 14.1. Clasificación de acuerdo con el sector y tamaño de la empresa.

Sector	Micro empresa	Pequeña empresa
Agricultura, ganadería, caza, silvicultura y pesca	80 %	16 %
Explotación de minas y canteras	68 %	23 %
Industria manufacturera	82 %	14 %
Suministro de electricidad, gas y agua	70 %	20 %
Construcción	76 %	19 %
Comercio al por mayor y menor	92 %	07 %
Hoteles y restaurantes	89 %	10 %
Transporte, almacenamiento y Comunicaciones	83 %	13 %
Intermediación financiera	81 %	14 %
Actividades inmobiliarias, empresariales y de alquiler	87 %	10 %
Enseñanza	76 %	19 %
Servicios sociales y de salud	89 %	09 %
Otras actividades comunitarias, sociales y personales	95 %	04 %
Total	**88.4 %**	**09.6 %**

Fuente: elaboración propia a partir de Dini & Stumpo (2021).

Leyva-Carreras, Espejel-Blanco y Cavazos-Arroyo (2017) destacan que el director o gerente de una mype debe tomar en cuenta ciertas variables para lograr la excelencia, el buen clima organizacional y la competitividad empresarial, para lo cual es preciso contar con personal directivo que reúna las siguientes

características: dinámicos, actualizados, con habilidades directivas, operativas y de gestión, conocimientos de administración y planeación estratégica, así como administración y dirección de talento humano, siempre proactivo al cambio organizacional y tecnológico, para que se convierta en vehículo que potencia la creatividad, la innovación y el desarrollo sustentable. Sin embargo, por desconocer esas características de gestión o habilidades directivas que son propias de los líderes, esa ignorancia puede ser la causa de algunos problemas administrativos y de competitividad en las mypes, lo que genera algunas consecuencias en la transición de una economía local y proteccionista a un mercado libre y globalizado (Naranjo, 2015).

Niebles-Núñez, Torres-Anillo y Montenegro-Rada (2020) establecen que las habilidades directivas comprenden el proceso de la gerencia, estas son: planificar, organizar, dirigir, ejecutar y controlar que, a su vez, constituyen el conjunto de destrezas, cualidades, competencias, conocimientos, acciones, experiencias y capacidades que inciden en el efectivo desempeño del rol gerencial, al contribuir al logro de objetivos y metas organizacionales, asimismo, representan la implementación práctica por la acción del conocimiento adquirido académicamente o por experiencias a través del proceso de aprendizaje. Es por ello que, en los últimos años, las habilidades directivas desempeñan un papel muy importante en la satisfacción de los colaboradores en las empresas a nivel mundial, pues se ha demostrado que la manera o particularidad en que los directivos lideran a sus equipos generan una repercusión directa en su satisfacción y, por ende, en su desempeño laboral (Moreno & Wong, 2018).

Paredes-Zempual, Ibarra-Morales y Moreno-Freites (2021) adoptan otra perspectiva, sostienen que el buen desempeño de la empresa está en función de las habilidades directivas y el buen clima organizacional, sobre todo en este tiempo donde las empresas se encuentran inmersas en un proceso de globalización y de rápidos cambios que demanda líderes más preparados en actitudes y aptitudes, capaces de administrar de manera eficaz y eficiente los procesos y procedimientos, tanto administrativos como operativos, comprometidos con la rentabilidad de la organización.

El clima organizacional es observado y analizado por las empresas con el fin de mantenerlo en niveles positivos y, de esa forma, estimular la productividad de los empleados, motivo por el cual las empresas buscan los elementos y condiciones necesarias que puedan incidir de forma positiva en el clima organizacional, ya que existen estudios empíricos que así lo demuestran, en otras palabras, un mejor clima organizacional en la empresa se traduce en mejores resultados en los ámbitos financieros, administrativos y productivos (Alegría-Zebadúa & Alarcón-Martínez, 2022).

Whetten y Cameron (2016) clasifican las habilidades en tres grandes grupos: personales, interpersonales y grupales, mismas que en su conjunto aportan

al éxito de una administración eficaz y centrada en los logros financieros, pero también de posición competitiva. En este sentido, para el presente estudio se han seleccionado como habilidades directivas las siguientes: negociación, toma de decisiones, liderazgo, comunicación y trabajo en equipo, ya que predominan en la literatura y en los diferentes modelos conceptuales, además de ser las más importantes para Whetten y Cameron. Adicionalmente, se ha seleccionado como variable el 'clima organizacional' debido al impacto y la importancia que ostenta para las mypes. Las definiciones conceptuales para cada una de las variables se muestran en la tabla 14.2.

Tabla 14.2. Definición conceptual de las variables.

Variable	Definición conceptual
Negociación	Presentar y discutir propuestas comunes con el propósito de llegar a un acuerdo en un marco de interés común (Álvarez-Vásquez, et al., 2018).
Toma de decisiones	Decidir por una alternativa que requiere atender situaciones planificadas o de incertidumbre entre un abanico de varias opciones (Ávila-Morales et al., 2022).
Liderazgo	Lograr la motivación de los colaboradores mediante la promoción de conductas positivas que reditúan en mejores niveles de desempeño laboral para la empresa (Rojero-Jiménez, Gómez-Romero & Quintero-Robles, 2019).
Comunicación	Recibir y transmitir mensajes oportunos y unívocos, independientemente del canal o la forma de comunicación, lo cual facilita la emisión y recepción de los mensajes que se producen entre los miembros de la organización y su entorno, facilitando el alcance de los objetivos y metas que establecen los miembros de la organización (Puga-Villarreal & Martínez-Cerna, 2008).
Trabajo en equipo	Fomentar la colaboración conjunta entre los integrantes que conforman un equipo de trabajo, a través del talento individual, la comunicación, las competencias y las fortalezas de cada uno en su relación con los demás, para lograr el cumplimiento de un objetivo común (Viamontes & Oliva, 2015).
Clima organizacional	Variable que media entre el contexto de una organización y la conducta de sus empleados o miembros, desde la perspectiva del cómo ellos experimentan el trabajo en sus empresas (King, Hebl, George & Matusik, 2010).

Fuente: elaboración propia.

METODOLOGÍA

El presente trabajo de investigación ha sido propuesto por la Red de Estudios Latinoamericanos en Administración y Negocios (RELAYN, 2023), la cual consiste en conceptualizar la micro y pequeña empresa (mype) como una serie de elementos de entradas, procesos y salidas enmarcados en un ambiente que influye en el clima organizacional de las mypes, según la percepción del director, considerado como la persona que toma la mayor parte de las decisiones. Este estudio tiene un enfoque cuantitativo de diseño transversal de tipo causal.

Se realizó un muestreo probabilístico aleatorio simple con las mypes de Durango, Durango, México, cuya cantidad de empleados se encuentra en el rango de 1 a 50, con un nivel de confianza del 95 %, un margen de error del ±5 % y una probabilidad estimada de p=0.5 (50 %). Se obtuvieron de la muestra aplicada un total de 404 encuestas válidas en el periodo del 01 de marzo al 30 de abril de 2023. Se utilizó un instrumento de medición tipo encuesta, la cual fue dirigida a los propietarios, directores o gerentes de las mypes, para lo cual sirvió la asistencia de estudiantes universitarios que previamente fueron capacitados para aplicar la encuesta.

Características de la muestra son:

El 49.8 % de la muestra fueron del sexo biológico femenino y el restante 50.2 % masculino. La edad de los sujetos tiene un rango de 18 a 78 años, con un promedio de 42 años y una moda de 50 años. El 40.8 % de los empresarios tienen estudios de nivel superior, seguido de un 35.1 % con nivel media superior, 22.8 % con educación básica. En cuanto a estado civil predominan los casados con un 54.5 % seguidos de los solteros con 29.2 %.

La mayoría de los negocios 76 % pertenecen al giro comercial, un 21.8 % a la prestación de servicios y sólo 2.2 % a la producción de manufacturas, la antigüedad del 22.5 %de los negocios es menor a 3 años. Los empleos que ofrecen están en el rango de 1 a 47 trabajadores, de las empresas el 93.8 % emplea de 1 a 10 trabajadores y el 87.1 % tienen en su plantilla de 1 a 10 mujeres y en el 68.8 % colaboran de 1 a 5 familiares del propietario.

Alineado al objetivo general de la investigación y a la revisión de la literatura, se plantean las siguientes hipótesis:

H0: Las habilidades directivas no inciden en el clima organizacional de la mype.
H1: Las habilidades directivas inciden en el clima organizacional de la mype.

En cuanto al instrumento de medición, éste se integró por seis partes o bloques. El primero de ellos, con datos que abordan aspectos generales de la empresa: tamaño de la empresa, personal ocupado, así como información sobre los ingresos y gastos. La segunda parte aborda los datos del directivo y el tiempo destinado a las labores de la empresa. La tercera parte se refiere a los insumos del sistema: recursos humanos, análisis del mercado y proveedores. En una cuarta parte del instrumento de medición se exponen los procesos del sistema: dirección, gestión de ventas, finanzas, innovación, mercadotecnia, producción-operación. La quinta parte estuvo integrada por los resultados del sistema: satisfacción del sistema, ventaja competitiva, RSC-Asuntos de ISO 26000, valoración del entorno y, por último, la sexta parte quedó integrada por los dos temas anuales de investigación: a) el trabajo decente desde la perspectiva directiva y b) el impacto de las habilidades directivas (negociación, toma de decisiones, liderazgo, comunicación, trabajo en equipo) sobre el clima organizacional. Para las secciones comprendidas del tercer al sexto bloque se emplea una escala de Likert de cinco puntos, los cuales van de 'No sé / No aplica' (1) a 'muy de acuerdo' (5).

RESULTADOS

Las seis variables muestran consistencia interna del instrumento mediante el análisis del alfa de Cronbach de las variables objeto de estudio, de la misma forma se analiza la correlación que tienen con el clima organizacional como se muestra en la tabla 14.3.

Tabla 14.3. Alfa de Cronbach y correlación de las variables.

Variables	Correlación con clima	Cronbach	Media	Desviación Estándar
Negociación	0.338	0.873	4.222	0.541
Toma de decisiones	0.244	0.916	4.251	0.528
Liderazgo	0.472	0.922	4.412	0.448
Comunicación	0.478	0.936	4.390	0.481
Trabajo en equipo	0.336	0.940	4.338	0.503
Clima Organizacional	1	0.910	4.345	0.496

Fuente: Elaboración propia utilizando RStudio (R Core Team, 2022).

Se procede a realizar el modelo estructural del instrumento en la figura 14.4, el ajuste absolutorio muestra el error cuadrático medio de aproximación (RMSEA) es de 0 y el residuo cuadrático medio estandarizado (SRMR) es de

0.045, en ambos casos se consideran aceptables, en el ajuste comparativo (CFI) muestra un resultado de 1 y el índice de Tucker-Lewis (TLI) de 1.001 consideramos ajustes óptimos.

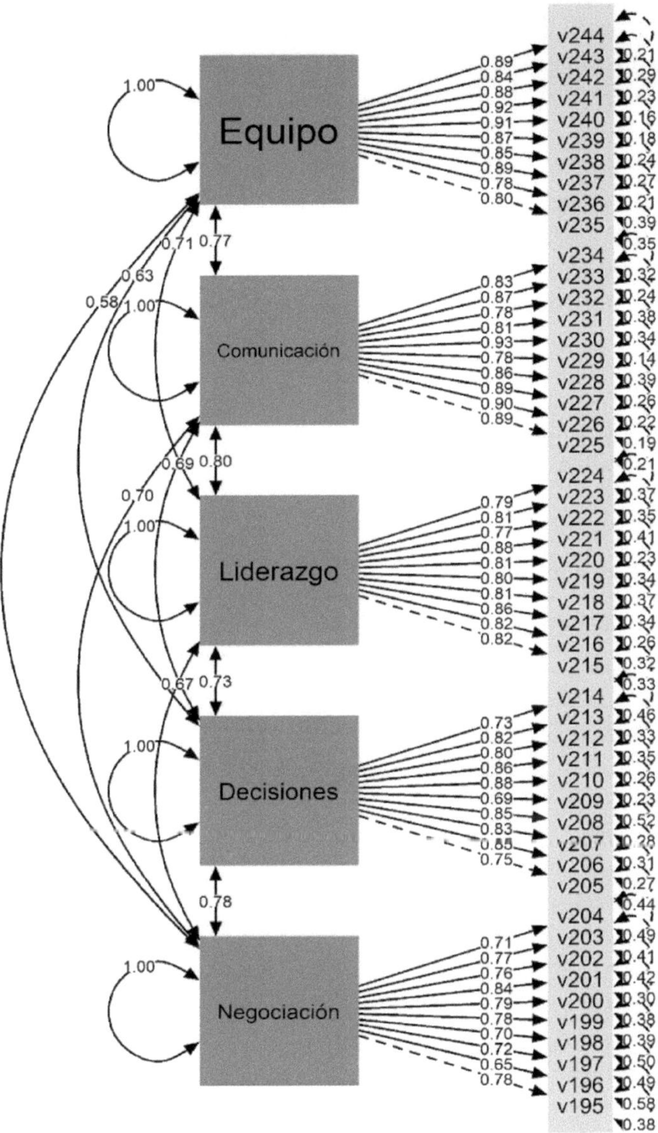

Figura 14.4. Resultado del modelo estructural.

Fuente: Elaboración propia utilizando RStudio (R Core Team, 2022).

Partiendo de la información cuantitativa del estudio se establece el modelo estructural (Figura 14.4), donde se muestra la dirección de las relaciones entre las diversas variables y el efecto que causan. El modelo plantea la existencia de cinco variables endógenas con una relación causal recíproca (trabajo en equipo, comunicación, liderazgo, toma de decisiones y negociación). Las cinco variables tienen una relación causal directa con los ítems que conforman la variable, en todos los casos el grado de significancia fue <0.05 (los resultados se muestran en la Figura 14.4) dando un correcto ajuste del modelo (Bentler & Bonett, 1980; Martínez et al., 2012)

Con el objetivo de medir el impacto que tienen las habilidades directivas sobre el clima organizacional de la mype se realiza la siguiente regresión lineal, donde el clima organizacional es la variable dependiente y las variables independientes son negociación, toma de decisiones, liderazgo, comunicación y trabajo en equipo. Al final se sustituyen los valores tal y como se observa en la tabla 14.5.

Fórmula:

y = clima = constante + negociación + toma de decisiones + liderazgo + comunicación + trabajo en equipo.

Tabla 14.5. Regresión lineal.

Fórmula: lm(fórmula = clima ~ negociación + toma de decisiones + liderazgo + comunicación + trabajo en equipo)				
Residuales				
Min	1Q	Mediana	3Q	Max
-1.30043	-0.09400	-0.00027	0.13167	1.00757
Coeficientes	**Estimado**	**Std. Error**	**T-valor**	**P-valor**
(Clima/Intercept)	0.16728	0.15999	1.046	0.2964
Negociación	0.11940	0.03838	3.111	0.0020
Toma de decisiones	0.07540	0.04215	1.789	0.0744
Liderazgo	0.15633	0.05073	3.082	0.0022
Comunicación	0.23338	0.04968	4.698	3.62e-06
Trabajo en equipo	0.37774	0.04156	9.089	2e-16

Signif. codes: 0 '***' 0.001 '**' 0.01 '*' 0.05 '.' 0.1 ' ' 1
Residual standard error: 0.2967 on 398 degrees of freedom
Multiple R-squared: 0.6469, Adjusted R-squared: 0.6425
F-statistic: 145.9 on 5 and 398 DF, p-value: < 2.2e-16
Fuente: Elaboración propia utilizando RStudio (R Core Team, 2022).

Para poder medir el impacto, se multiplica el valor estimado de cada una de las variables independientes (tabla 14.5) por su media (tabla 14.3).

y=0.16728 + (0.1194 * 4.222) + (0.0754 * 4.251) + (0.15633 * 4.412) + (0.23338 * 4.39) + (0.37774 * 4.338)

Resolvemos la ecuación:

y=0.16728+0.5041068+0.3205254+0.689728+1.0245382+1.6386361
y=4.3448145

Se observa que la variable que tiene mayor impacto es trabajo en equipo con 1.6386361, mientras que la de menor impacto es toma de decisiones con 0.3205254. El impacto total de las habilidades directivas sobre el clima organizacional es de 4.3448145.

DISCUSIÓN

Se concluye que existe una correlación positiva entre la variable clima organizacional y las variables negociación, toma de decisiones, liderazgo, comunicación y trabajo en equipo; estas habilidades directivas inciden positivamente en el clima organizacional de las micro y pequeñas empresas de Durango, Durango, México, por lo que mejorar estas habilidades directivas, favorece que haya un mejor clima organizacional.

Se propone un modelo de regresión lineal múltiple que ayude a visualizar que la medición del clima organizacional y las habilidades directivas en las micro y pequeñas empresas de Durango, Durango, México, es un factor de suma importancia a fin de diseñar estrategias para mejorar su desempeño.

Los resultados del presente estudio permitirán que los directores, considerados como las personas que toman la mayor parte de las decisiones en las micro y pequeñas empresas de Durango, tomen conciencia de lo importante que es atender las habilidades directivas para mejorar el clima organizacional y, por ende, enfrentar los cambios que en la actualidad exigen las organizaciones en el mundo globalizado, pues no sólo se debe estar preparado hacia el interior, sino también hacia los factores externos que influyen, ya sea de manera directa o indirecta, y que a la vez son un reto para la competitividad.

REFERENCIAS

Aburto, H.I. & Bonales, J. (2011). Habilidades directivas: Determinantes en el clima organizacional. *Investigación y Ciencia,* 19(51), 41–49.

Alegría-Zebadúa, R.M., & Alarcón-Martínez, G. (2022). Marco teórico e instrumento de medición de las habilidades gerenciales y clima organizacional en *Instituciones Bancarias de México. Vinculatégica,* 7(1). https://doi.org/10.29105/vtga7.1-82

Álvarez-Vásquez, C.A., Rivera-Vera, H.F., Conforme-Cedeño, G.M., Campoverde-Flores, F.K., Sornoza-Parrales, D.R., & Merchán-Nieto, L. (2018). *Los procesos, las técnicas de negociación y la tecnología. Ciencias. Economía, Organización y Ciencias Sociales. Editorial Área de Innovación y Desarrollo, S.L.* https://doi.org/10.17993/ecoorgycso.2018.41

Ávila-Morales, H., Palumbo-Pinto, G.B., De la Cruz-Ríos, H.A., & Ogosi-Auqui, J.A. (2022). Toma de decisiones estratégicas en la gestión pública para el desarrollo social. *Revista Venezolana de Gerencia*, 27(Edición Especial 7), 648–662. https://doi.org/10.52080/rvgluz.27.7.42

Bentler, P. M., & Bonett, D. G. (1980). Significance Tests and Goodness of Fit in the Analysis of Covariance Structures. *In Psychological Bulletin* (Vol. 88, Issue 3).

Brunet, L. (2007). El clima de trabajo en las organizaciones. Definición, diagnóstico y consecuencias. *Editorial Trillas.*

Busro, M. (2018). Teori-teori Manajemen Sumber Daya Manusia. *Jakarta. PrenadaMedia.*

Dini, M. & Stumpo, G. (2020). MiPyMEs en América Latina: un frágil desempeño y nuevos desafíos para las políticas de fomento. Documentos de Proyectos (LC/TS.2018/75/Rev.1), Santiago. *Comisión Económica para América Latina y el Caribe* (CEPAL).

Forbes (2021). Inclusión digital: el futuro de las MyPEs. *Forbes Content.* https://www.forbes.com.mx/ad-inclusion-digital-futuro-mypes-mexico-visa/

Ibarra-Morales, L.E., Paredes-Zempual, D., & Carrillo-Cisneros, E. (2022). Impacto del COVID-19 en las variables que determinan la competitividad de las micro, pequeñas y medianas empresas mexicanas. *Revista RELAYN. Micro y Pequeña Empresa en Latinoamérica,* 6(1), 7–22. https://doi.org/10.46990/relayn.2022.6.1.532

Instituto Nacional de Estadística y Geografía (Inegi) (2020). *Censo de población y vivienda 2020.* https://www.inegi.org.mx/programas/ccpv/2020/

King, E.B., Helb, M.R., George, J.M. & Matusik, S.F. (2010). Understanding tokenism: Antecedents and consequences of a psychological climate of gender inequity. *Journal of Management,* 36(2), 482–510. https://doi.org/10.1177/0149206308328508

Leyva-Carreras, A.B., Cavazos-Arroyo, J., & Espejel-Blanco, J.E. (2018). Influencia de la planeación estratégica y habilidades gerenciales como factores internos de la competitividad empresarial de las Pymes. *Contaduría y Administración,* 63(3), 41. https://doi.org/10.22201/fca.24488410e.2018.1085

Leyva-Carreras, A.B., Espejel-Blanco, J.E., & Cavazos-Arroyo, J. (2017). Habilidades gerenciales como estrategia de competitividad empresarial en las pequeñas y medianas empresas (Pymes). *Revista Perspectiva Empresarial*, 4(1), 7–22. https://doi.org/10.16967/rpe.v4n1a1

Martinez, E., García-Alandete, J., Selles, P., Bernabe, G., & Soucase, B. (2012). Análisis factorial confirmatorio de los principales modelos propuestos para el purpose-in-life test en una muestra de universitarios españoles. *Acta Colombiana de Psicología,* 67–76.

Mendoza-Vargas, E.Y., Villaroel-Puma, M.F. & Carranza-Quimi, W.D. (2020). Caracterización de los microemprendimientos de los sectores urbanos marginales de Quevedo. *Centro Sur. Social Science Journal.* 4(4), 1–23. https://doi.org/10.37955/cs.v4i1.40

Moreno, M. J., & Wong Aitken, H. G. (2019). Relación de las habilidades directivas y la satisfacción laboral en la empresa Chicken King de Trujillo, 2018. *Cuadernos Latinoamericanos de Administración,* 14(27), 1–17. https://doi.org/10.18270/cuaderlam.v14i27.2475

Naranjo, R. (2015). Management skills in leaders of mid-sized businesses of Colombia. *Revista Científica Pensamiento y Gestión,* 38, 119–146. https://doi.org/10.14482/pege.38.7703

Niebles-Núñez, L., Torres-Anillo, K. & Montenegro-Rada, A. (2020). Habilidades gerenciales como herramienta para el fortalecimiento del liderazgo transformacional en las mipymes. *Editorial Universidad del Atlántico.* https://repositorio.uniatlantico.edu.co/bitstream/handle/20.500.12834/1030/admin %2c %2bHABILIDADES %2bGERENCIALES %2bCOMO %2bHERRAMIENTA %2bEN %2bMIPYMES.pdf?sequence=1&isAllowed=y

Paredes-Zempual, D., Ibarra-Morales, L.E., & Moreno-Freites, Z.E. (2021). Habilidades directivas y clima organizacional en pequeñas y medianas empresas. *Investigación Administrativa,* 50–1, 1–23. https://doi.org/10.35426/iav50n127.05

Puga-Villarreal, J., & Martínez-Cerna, L. (2008). Competencias Directivas en Escenarios Globales. *Estudios Gerenciales,* 24(109), 87–103. https://doi.org/10.1016/s0123-5923(08)70054-8

R Core Team (2022). R: A language and environment for statistical computing. R *Foundation for Statistical Computing, Vienna, Austria.* URL https://www.R-project.org/

Red de Estudios Latinoamericanos en Administración y Negocios. (RELAYN) (2023). *Investigación anual,* N. Peña & O. Aguilar (coords.) https://relayn.redesla.la

Red de Estudios Latinoamericanos (RedesLA) (2023). *Investigaciones anuales.* https://redesla.la

Rojero-Jiménez, R., Gómez-Romero, J.G.I., & Quintero-Robles, L.M. (2019). El liderazgo transformacional y su influencia en los atributos de los seguidores en las Mipymes mexicanas. *Estudios Gerenciales*, 35(151), 178–189. https://doi.org/10.18046/j.estger.2019.151.3192

Vargas, B., & del Castillo, C. (2008). Competitividad sostenible de la pequeña empresa: Un modelo de promoción de capacidades endógenas para promover ventajas competitivas sostenibles y alta productividad. *Journal of Economics, Finance and Administrative Science,* 13(24), 59–80. https://www.redalyc.org/articulo.oa?id=360733604004

Viamontes, M.O., & Oliva, E.J.D. (2015). Las agrupaciones corales como estrategia de formación de competencias para trabajo en equipo en las organizaciones: una perspectiva comparativa. *Suma de Negocios,* 6(13), 92–97. https://doi.org/10.1016/j.sumneg.2015.08.008

Whetten, D. & Cameron, K. (2016). Desarrollo de habilidades directivas. México: *Editorial Prentice Hall.*

CAPÍTULO 15

Las habilidades directivas y el clima organizacional en las micro y pequeñas empresas de Gómez Palacio, Durango, México

Management skills and the organizational climate in micro and small companies in Gómez Palacio, Durango, Mexico

REBECA SANDOVAL CHÁVEZ, DIANA MARICELA RUBIO ESPINO, AROLDO DIMITRI CAMARGO RAMÍREZ Y JAZMIN MONTSERRAT GAUCÍN DELGADO

Universidad Politécnica de Gómez Palacio

Resumen: El objetivo de la presente investigación es determinar el impacto que tienen las habilidades directivas sobre el clima organizacional en las micro y pequeñas empresas de Latinoamérica. Se presenta un estudio cuantitativo, no experimental, de forma transversal y con un alcance causal. La pertinencia del estudio contribuye a la generación de conocimiento para el desarrollo de un modelo de gestión de la mype en América Latina que permita maximizar la productividad.

Entre los principales resultados, podemos observar que la variable de la habilidad directiva trabajo en equipo es la que tiene mayor impacto en el clima organizacional, con 2.0438063; sin embargo, se presenta el desarrollo de un modelo que demuestra que todas las habilidades directivas se interrelacionan entre sí, por lo que es importante que los micro y pequeños empresarios tomen conciencia de la relevancia del desarrollo de este tipo de habilidades en sus directivos, ya que esto impactará en el clima organizacional y, por tanto, en el incremento de la productividad, y esto generará mejores resultados para la empresa.

Este capítulo hace especial énfasis en el municipio de Gómez Palacio, Durango, ubicado en el norte de México, en la zona metropolitana de la Comarca Lagunera.

Abstract: The objective of this research is to determine the impact that management skills have on the organizational climate in micro and small companies in Latin America. A quantitative, non-experimental, cross-sectional study with a causal scope is presented. The relevance of the study contributes to the generation of knowledge for the development of a management model for mypes in Latin America that allows maximizing productivity.

Among the main results, we can observe that the variable of teamwork managerial ability is the one that has the greatest impact on the organizational climate, with 2.0438063; However, the development of a model that demonstrates that all management skills are interrelated is presented, so it is important that micro and small entrepreneurs become aware of the relevance of developing this type of skills in their managers, since that this will impact the organizational climate and, therefore, increase productivity, and this will generate better results for the company.

This chapter places special emphasis on the municipality of Gómez Palacio, Durango, located in northern Mexico, in the Comarca Lagunera metropolitan area.

Palabras clave: clima organizacional, estrategia empresarial, habilidades directivas, micro y pequeñas empresas, productividad.

INTRODUCCIÓN

De acuerdo con el último Censo Económico publicado por el Instituto Nacional de Estadística y Geografía (INEGI, 2020), 98.3 % del universo de unidades económicas está constituido por micro y pequeñas empresas, las cuales generan —al menos— el 55 % de los empleos y amasan el 39 % del Producto Interno Bruto (PIB) del país. Las microempresas están configuradas por aquellos negocios que tienen menos de 10 trabajadores y generan anualmente ventas hasta por 4 millones de pesos. Las pequeñas empresas son unidades económicas que emplean entre 11 y 50 trabajadores, generando ventas anuales que oscilan entre 4 y 100 millones de pesos (Mendoza-Vargas, Villaroel-Puma & Carranza-Quimi, 2020; Forbes, 2021).

Es importante mencionar que actualmente las mypes se enfrentan a múltiples retos y problemáticas, específicamente, el desarrollo de habilidades gerenciales o directivas por parte de los líderes cumple una labor fundamental en el clima organizacional para este tipo de empresas, al establecerse como un diferenciador con otras organizaciones (Busro, 2018). En esa perspectiva, la formación y el desarrollo de habilidades directivas del personal encargado de implementar estrategias y tomar decisiones son fundamentales, pues de ello depende que las mypes cumplan sus metas y objetivos estratégicos, lo cual permite a las organizaciones volverse más competitivas, pues propicia la formación de un clima organizacional donde los empleados estén satisfechos con su organización (Aburto & Bonales, 2011; Brunet, 2007).

Derivado de la importancia que representa el desarrollo de habilidades directivas en los líderes que dirigen los esfuerzos estratégicos de las mypes, así como la importancia de contar con un buen clima organizacional, se plantean las siguientes preguntas de investigación: ¿cuáles habilidades directivas tienen repercusión en el clima organizacional de las mypes?, ¿cuál es el clima organizacional que predomina en las mypes?

Para cumplir con lo anterior, el objetivo de la investigación es determinar el grado de asociación entre las habilidades directivas y el clima organizacional de las micro y pequeñas empresas, lo cual permitirá conocer con mayor precisión las habilidades directivas que los gerentes o mandos medios deben desarrollar para que prevalezca un clima organizacional satisfactorio entre los empleados al interior de las mypes. En ese sentido, las mypes podrán determinar si éstas son las causales de un clima organizacional adecuado o inconveniente, lo que, a su vez, permitirá diseñar programas de capacitación para sus líderes y, con ello, generar información que contribuya —si es el caso— a resolver el problema o mantener y fortalecer lo que se tiene.

Los diferentes análisis estadísticos correlacionales entre las variables del estudio permitirán identificar si las habilidades directivas son la causa principal del clima organizacional que prevalece en las mypes. Lo anterior será de gran apoyo en la búsqueda de factores endógenos diferenciados que permita a las mypes obtener ventajas competitivas sostenibles, ya que, si bien es cierto, una mejor gestión empresarial no es suficiente para lograr ser más competitivas, sino que está determinada por otros factores internos como un buen clima organizacional y el desarrollo de habilidades directivas (Vargas & Del Castillo, 2008).

REVISIÓN DE LA LITERATURA

Las organizaciones del siglo XXI afrontan un entorno dinámico y complejo caracterizado por la incertidumbre, debido a esto deben estar preparadas para dar respuesta a los cambios vertiginosos, en aras de cumplir sus objetivos y metas organizacionales así como volverse más competitivas. Las micro y pequeñas empresas (mypes) también deben responder a ese contexto, sin embargo, las características estructurales de su magnitud las coloca en desventaja respecto a la gran empresa, misma que tiene a su disposición una mayor cantidad de recursos y capacidades. El tema aquí analizado ha obtenido gran relevancia en los rubros de la investigación y las políticas públicas recientemente, lo cual ha permitido una mejora de determinados aspectos directamente vinculados con la competitividad de las empresas (Leyva-Carreras, Cavazos-Arroyo & Espejel-Blanco, 2018).

La situación actual de las mypes es compleja —aun siendo una parte fundamental del aparato económico a nivel mundial—, presenta una serie de desafíos

y retos, enfrenta diversos obstáculos que limitan su capacidad de crecimiento y desarrollo. Uno de los principales problemas que enfrentan estas empresas es la falta de acceso al financiamiento, ya que esto restringe su capacidad para invertir en innovación, en maquinaria y equipos, software y tecnologías digitales; así como en la capacitación y adiestramiento para sus empleados. Otra problemática a la cual se enfrentan es la poca inversión en capacitación a sus directivos y gerentes, de modo que éstos puedan desarrollar sus habilidades directivas, permitiéndoles contar con las herramientas necesarias al momento de tomar decisiones estratégicas de impacto en sus portafolios de negocios, a través de una visión diferente y más competitiva, no sólo a nivel local, sino a niveles superiores en la configuración y escala del negocio.

Es importante destacar que la pandemia por el Covid-19 tuvo un impacto significativo en las mypes debido a que muchas de ellas tuvieron que cerrar de forma temporal o permanente. Las restricciones de movimiento y confinamiento social provocaron una disminución significativa en la demanda de productos y servicios (Ibarra-Morales, Paredes-Zempual & Carrillo-Cisneros, 2022). Para dimensionar y tener una mejor visión de la magnitud de la presencia e importancia de las mypes en Latinoamérica, Dini y Stumpo (2021) realizan una clasificación tomando como parámetros el sector y el tamaño de la empresa (tabla 15.1.).

Tabla 15.1. Clasificación de acuerdo con el sector y tamaño de la empresa.

Sector	**Micro empresa**	**Pequeña empresa**
Agricultura, ganadería, caza, silvicultura y pesca	80 %	16 %
Explotación de minas y canteras	68 %	23 %
Industria manufacturera	82 %	14 %
Suministro de electricidad, gas y agua	70 %	20 %
Construcción	76 %	19 %
Comercio al por mayor y menor	92 %	07 %
Hoteles y restaurantes	89 %	10 %
Transporte, almacenamiento y comunicaciones	83 %	13 %
Intermediación financiera	81 %	14 %
Actividades inmobiliarias, empresariales y de alquiler	87 %	10 %
Enseñanza	76 %	19 %
Servicios sociales y de salud	89 %	09 %
Otras actividades comunitarias, sociales y personales	95 %	04 %
Total	**88.4 %**	**09.6 %**

Fuente: elaboración propia a partir de Dini & Stumpo (2021).

Leyva-Carreras, Espejel-Blanco y Cavazos-Arroyo (2017) destacan que el director o gerente de una mype debe tomar en cuenta ciertas variables para lograr la excelencia, el buen clima organizacional y la competitividad empresarial, para lo cual es preciso contar con personal directivo que reúna las siguientes características: dinámicos, actualizados, con habilidades directivas, operativas y de gestión, conocimientos de administración y planeación estratégica, así como administración y dirección de talento humano, siempre proactivo al cambio organizacional y tecnológico, para que se convierta en vehículo que potencia la creatividad, la innovación y el desarrollo sustentable. Sin embargo, por desconocer esas características de gestión o habilidades directivas que son propias de los líderes, esa ignorancia puede ser la causa de algunos problemas administrativos y de competitividad en las mypes, lo que genera algunas consecuencias en la transición de una economía local y proteccionista a un mercado libre y globalizado (Naranjo, 2015).

Niebles-Núñez, Torres-Anillo y Montenegro-Rada (2020) establecen que las habilidades directivas comprenden el proceso de la gerencia, estas son: planificar, organizar, dirigir, ejecutar y controlar que, a su vez, constituyen el conjunto de destrezas, cualidades, competencias, conocimientos, acciones, experiencias y capacidades que inciden en el efectivo desempeño del rol gerencial, al contribuir al logro de objetivos y metas organizacionales, asimismo, representan la implementación práctica por la acción del conocimiento adquirido académicamente o por experiencias a través del proceso de aprendizaje. Es por ello que, en los últimos años, las habilidades directivas desempeñan un papel muy importante en la satisfacción de los colaboradores en las empresas a nivel mundial, pues se ha demostrado que la manera o particularidad en que los directivos lideran a sus equipos generan una repercusión directa en su satisfacción y, por ende, en su desempeño laboral (Moreno & Wong, 2018).

Paredes-Zempual, Ibarra-Morales y Moreno-Freites (2021) adoptan otra perspectiva, sostienen que el buen desempeño de la empresa está en función de las habilidades directivas y el buen clima organizacional, sobre todo en este tiempo donde las empresas se encuentran inmersas en un proceso de globalización y de rápidos cambios que demanda líderes más preparados en actitudes y aptitudes, capaces de administrar de manera eficaz y eficiente los procesos y procedimientos, tanto administrativos como operativos, comprometidos con la rentabilidad de la organización.

El clima organizacional es observado y analizado por las empresas con el fin de mantenerlo en niveles positivos y, de esa forma, estimular la productividad de los empleados, motivo por el cual las empresas buscan los elementos y condiciones necesarias que puedan incidir de forma positiva en el clima organizacional, ya que existen estudios empíricos que así lo demuestran, en otras palabras, un mejor clima organizacional en la empresa se traduce en mejores resultados en los ámbitos financieros, administrativos y productivos (Alegría-Zebadúa & Alarcón-Martínez, 2022).

Whetten y Cameron (2016) clasifican las habilidades en tres grandes grupos: personales, interpersonales y grupales, mismas que en su conjunto aportan al éxito de una administración eficaz y centrada en los logros financieros, pero también de posición competitiva. En este sentido, para el presente estudio se han seleccionado como habilidades directivas las siguientes: negociación, toma de decisiones, liderazgo, comunicación y trabajo en equipo, ya que predominan en la literatura y en los diferentes modelos conceptuales, además de ser las más importantes para Whetten y Cameron. Adicionalmente, se ha seleccionado como variable el 'clima organizacional' debido al impacto y la importancia que ostenta para las mypes. Las definiciones conceptuales para cada una de las variables se muestran en la tabla 15.2.

Tabla 15.2. Definición conceptual de las variables.

Variable	Definición conceptual
Negociación	Presentar y discutir propuestas comunes con el propósito de llegar a un acuerdo en un marco de interés común (Álvarez-Vásquez, et al., 2018).
Toma de decisiones	Decidir por una alternativa que requiere atender situaciones planificadas o de incertidumbre entre un abanico de varias opciones (Ávila-Morales et al., 2022).
Liderazgo	Lograr la motivación de los colaboradores mediante la promoción de conductas positivas que reditúan en mejores niveles de desempeño laboral para la empresa (Rojero-Jiménez, Gómez-Romero & Quintero-Robles, 2019).
Comunicación	Recibir y transmitir mensajes oportunos y unívocos, independientemente del canal o la forma de comunicación, lo cual facilita la emisión y recepción de los mensajes que se producen entre los miembros de la organización y su entorno, facilitando el alcance de los objetivos y metas que establecen los miembros de la organización (Puga-Villarreal & Martínez-Cerna, 2008).
Trabajo en equipo	Fomentar la colaboración conjunta entre los integrantes que conforman un equipo de trabajo, a través del talento individual, la comunicación, las competencias y las fortalezas de cada uno en su relación con los demás, para lograr el cumplimiento de un objetivo común (Viamontes & Oliva, 2015).
Clima organizacional	Variable que media entre el contexto de una organización y la conducta de sus empleados o miembros, desde la perspectiva del cómo ellos experimentan el trabajo en sus empresas (King, Hebl, George & Matusik, 2010).

Fuente: elaboración propia.

METODOLOGÍA

El presente trabajo de investigación ha sido propuesto por la Red de Estudios Latinoamericanos en Administración y Negocios (RELAYN, 2023), la cual consiste en conceptualizar la micro y pequeña empresa (mype) como una serie de elementos de entradas, procesos y salidas enmarcados en un ambiente que influye en el clima organizacional de las mypes, según la percepción del director, considerado como la persona que toma la mayor parte de las decisiones. Este estudio tiene un enfoque cuantitativo de diseño transversal de tipo causal.

Se realizó un muestreo probabilístico aleatorio simple con las mypes de Gómez Palacio, Durango, México, cuya cantidad de empleados se encuentra en el rango de 1 a 50, con un nivel de confianza del 95 %, un margen de error del ±5 % y una probabilidad estimada de p=0.5 (50 %). Se obtuvieron de la muestra aplicada un total de 446 encuestas válidas en el periodo del 01 de marzo al 30 de abril de 2023. Se utilizó un instrumento de medición tipo encuesta, la cual fue dirigida a los propietarios, directores o gerentes de las mypes, para lo cual sirvió la asistencia de estudiantes universitarios que previamente fueron capacitados para aplicar la encuesta.

Características de la muestra son:

El 48 % de la muestra fueron del sexo biológico femenino y el restante 52 % masculino. La edad de los sujetos tiene un rango de 18 a 80 años, con un promedio de 40 años y una moda de 45 años. El 35.4 % de los empresarios tienen estudios de nivel superior, seguido de un 39.5 % con nivel media superior, 23.8 % con educación básica. En cuanto a estado civil predominan los casados con un 58.3 % seguidos de los solteros con 26.5 %.

La mayoría de los negocios 71.7 % pertenecen al giro comercial, un 24.9 % a la prestación de servicios y sólo 3.4 % a la producción de manufacturas, la antigüedad del 19.5 %de los negocios es menor a 3 años. Los empleos que ofrecen están en el rango de 1 a 50 trabajadores, de las empresas el 93.3 % emplea de 1 a 10 trabajadores y el 88.3 % tienen en su plantilla de 1 a 10 mujeres y en el 77.4 % colaboran de 1 a 5 familiares del propietario.

Alineado al objetivo general de la investigación y a la revisión de la literatura, se plantean las siguientes hipótesis:

H0: Las habilidades directivas no inciden en el clima organizacional de la mype.
H1: Las habilidades directivas inciden en el clima organizacional de la mype.

En cuanto al instrumento de medición, éste se integró por seis partes o bloques. El primero de ellos, con datos que abordan aspectos generales de la empresa: tamaño de la empresa, personal ocupado, así como información sobre los ingresos y gastos. La segunda parte aborda los datos del directivo y el tiempo destinado a las labores de la empresa. La tercera parte se refiere a los insumos del sistema: recursos humanos, análisis del mercado y proveedores. En una cuarta parte del instrumento de medición se exponen los procesos del sistema: dirección, gestión de ventas, finanzas, innovación, mercadotecnia, producción-operación. La quinta parte estuvo integrada por los resultados del sistema: satisfacción del sistema, ventaja competitiva, RSC-Asuntos de ISO 26000, valoración del entorno y, por último, la sexta parte quedó integrada por los dos temas anuales de investigación: a) el trabajo decente desde la perspectiva directiva y b) el impacto de las habilidades directivas (negociación, toma de decisiones, liderazgo, comunicación, trabajo en equipo) sobre el clima organizacional. Para las secciones comprendidas del tercer al sexto bloque se emplea una escala de Likert de cinco puntos, los cuales van de 'No sé / No aplica' (1) a 'muy de acuerdo' (5).

RESULTADOS

Las seis variables muestran consistencia interna del instrumento mediante el análisis del alfa de Cronbach de las variables objeto de estudio, de la misma forma se analiza la correlación que tienen con el clima organizacional como se muestra en la tabla 15.3.

Tabla 15.3. Alfa de Cronbach y correlación de las variables.

Variables	Correlación con clima	Cronbach	Media	Desviación Estándar
Negociación	0.195	0.880	4.169	0.606
Toma de decisiones	0.142	0.893	4.257	0.519
Liderazgo	0.335	0.903	4.417	0.454
Comunicación	0.416	0.912	4.410	0.447
Trabajo en equipo	0.473	0.926	4.429	0.451
Clima Organizacional	1	0.917	4.424	0.489

Fuente: Elaboración propia utilizando RStudio (R Core Team, 2022).

Se procede a realizar el modelo estructural del instrumento en la figura 15.4, el ajuste absolutorio muestra el error cuadrático medio de aproximación (RMSEA) es de 0.033 y el residuo cuadrático medio estandarizado (SRMR) es de 0.055, en ambos casos se consideran aceptables, en el ajuste comparativo (CFI) muestra

un resultado de 0.996 y el índice de Tucker-Lewis (TLI) de 0.996 consideramos ajustes óptimos.

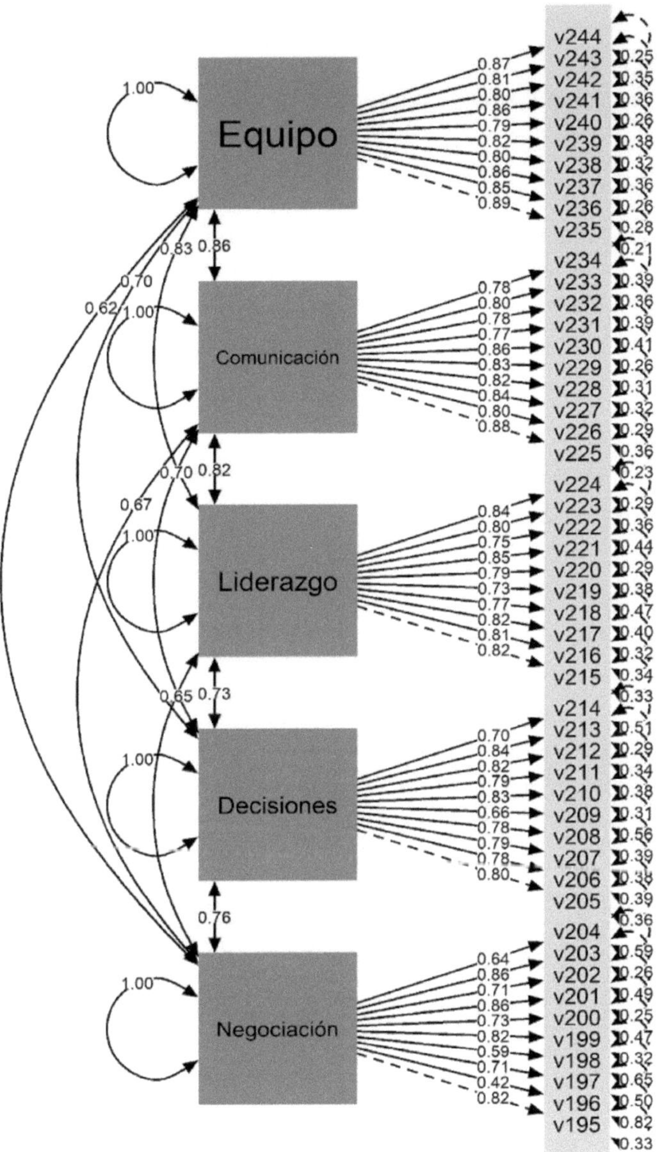

Figura 15.4. Resultado del modelo estructural.

Fuente: Elaboración propia utilizando RStudio (R Core Team, 2022).

Partiendo de la información cuantitativa del estudio se establece el modelo estructural (Figura 15.4), donde se muestra la dirección de las relaciones entre las diversas variables y el efecto que causan. El modelo plantea la existencia de cinco variables endógenas con una relación causal recíproca (trabajo en equipo, comunicación, liderazgo, toma de decisiones y negociación). Las cinco variables tienen una relación causal directa con los ítems que conforman la variable, en todos los casos el grado de significancia fue <0.05 (los resultados se muestran en la Figura 15.4) dando un correcto ajuste del modelo (Bentler & Bonett, 1980; Martínez et al., 2012)

Con el objetivo de medir el impacto que tienen las habilidades directivas sobre el clima organizacional de la mype se realiza la siguiente regresión lineal, donde el clima organizacional es la variable dependiente y las variables independientes son negociación, toma de decisiones, liderazgo, comunicación y trabajo en equipo. Al final se sustituyen los valores tal y como se observa en la tabla 15.5.

Fórmula:

y = clima = constante + negociación + toma de decisiones + liderazgo + comunicación + trabajo en equipo.

Tabla 15.5. Regresión lineal.

Fórmula: lm(fórmula = clima ~ negociación + toma de decisiones + liderazgo + comunicación + trabajo en equipo)				
Residuales				
Min	**1Q**	**Mediana**	**3Q**	**Max**
-3.03273	-0.10030	0.00969	0.11095	1.21151
Coeficientes	**Estimado**	**Std. Error**	**T-valor**	**P-valor**
(Clima/Intercept)	0.374030	0.163074	2.294	0.0223
Negociación	-0.004125	0.029982	-0.138	0.8906
Toma de decisiones	-0.029395	0.039964	-0.736	0.4624
Liderazgo	0.217472	0.052126	4.172	3.64e-05
Comunicación	0.269262	0.055190	4.879	1.49e-06
Trabajo en equipo	0.461460	0.055758	8.276	1.53e-15

Signif. codes: 0 '***' 0.001 '**' 0.01 '*' 0.05 '.' 0.1 ' ' 1
Residual standard error: 0.3104 on 440 degrees of freedom
Multiple R-squared: 0.6022, Adjusted R-squared: 0.5977
F-statistic: 133.2 on 5 and 440 DF, p-value: < 2.2e-16
Fuente: Elaboración propia utilizando RStudio (R Core Team, 2022).

Para poder medir el impacto, se multiplica el valor estimado de cada una de las variables independientes (tabla 15.5) por su media (tabla 15.3).

y=0.37403 + (-0.00413 * 4.169) + (-0.0294 * 4.257) + (0.21747 * 4.417) + (0.26926 * 4.41) + (0.46146 * 4.429)

Resolvemos la ecuación:

y=0.37403+-0.017218+-0.1251558+0.960565+1.1874366+2.0438063
y=4.4234642

Se observa que la variable que tiene un mayor impacto es trabajo en equipo con 2.0438063, mientras que la de menor impacto es toma de decisiones con —0.1251558. El impacto total de las habilidades directivas sobre el clima organizacional es de 4.4234642.

DISCUSIÓN

Los resultados arrojados por el estudio cuantitativo demuestran que, tal como se planteó, las habilidades organizacionales con las que cuentan los directivos de las micro y pequeñas empresas sí tienen un impacto directo en el clima organizacional. Como se ha mencionado anteriormente, un buen clima organizacional tiende a estimular la productividad de la empresa y, por tanto, lograr mejores resultados, lo cual se refleja en el aumento de la calidad de los productos o servicios ofrecidos, clientes más satisfechos y fidelizados, mejor imagen que permita el buen posicionamiento de la empresa, incremento de las ventas, así como mayores y mejores utilidades para el negocio. Esto trae como consecuencia mejores resultados financieros que permiten que la empresa permanezca en el mercado, además de que se vuelva más competitiva y crezca.

El clima organizacional puede tener un efecto significativo en los empleados, tanto en su nivel de motivación, compromiso y satisfacción laboral, como en su salud y bienestar.

Es pertinente recordar que el engrane más importante para el buen funcionamiento de la empresa es el capital humano, ya que, entre otras cosas, el trabajo de los empleados permite desarrollar productos y servicios de calidad. Los empleados son la cara de una empresa y tienen un impacto directo en las relaciones con los clientes. Un capital humano capacitado y orientado al servicio puede proporcionar una experiencia satisfactoria a los clientes, lo que resulta en una mayor lealtad y retención, por lo cual el capital humano puede ser una fuente de ventaja competitiva sostenible. Las empresas que invierten en el desarrollo y retención de su talento humano suelen tener mejores resultados en comparación con aquellas que no lo hacen.

Es responsabilidad de los líderes y gestores de las empresas crear un clima positivo, que fomente la confianza, la comunicación efectiva y el apoyo mutuo para potenciar el rendimiento y el desarrollo integral de los empleados.

Es por ello que es de vital importancia que los micro y pequeños empresarios inviertan recursos para que los directivos desarrollen habilidades gerenciales, ya que, como se ha mostrado en el presente estudio, este desarrollo tendrá un impacto positivo en el clima organizacional de sus empresas.

La falta de acceso al financiamiento restringe la capacidad para la innovación tecnológica e inversión en capacitación para directivos, lo que provoca una disminución en la calidad. Por ello, la adopción de otras perspectivas está en función de las habilidades directivas y el buen clima organizacional.

En el caso específico del municipio de Gómez Palacio, Durango, se demostró que la habilidad que mayor impacto tiene en el clima organizacional es la de trabajo en equipo; sin embargo, el modelo estructural que se presenta en la figura 15.4 muestra que todas las habilidades tienen una relación entre ellas y, por tanto, todas impactan en el clima organizacional de la empresa.

Por tanto, se considera que se deben diseñar e implementar programas de capacitación dirigidos a los líderes sobre el tema de habilidades directivas que permitan tomar decisiones con fundamentos con el propósito de cumplir con metas y objetivos estratégicos, en conjunto con la academia y el estado.

REFERENCIAS

Aburto, H.I. & Bonales, J. (2011). Habilidades directivas: Determinantes en el clima organizacional. *Investigación y Ciencia,* 19(51), 41–49.

Alegría-Zebadúa, R.M., & Alarcón-Martínez, G. (2022). Marco teórico e instrumento de medición de las habilidades gerenciales y clima organizacional en *Instituciones Bancarias de México. Vinculatégica,* 7(1). https://doi.org/10.29105/vtga7.1-82

Álvarez-Vásquez, C.A., Rivera-Vera, H.F., Conforme-Cedeño, G.M., Campoverde-Flores, F.K., Sornoza-Parrales, D.R., & Merchán-Nieto, L. (2018). *Los procesos, las técnicas de negociación y la tecnología. Ciencias. Economía, Organización y Ciencias Sociales. Editorial Área de Innovación y Desarrollo, S.L.* https://doi.org/10.17993/ecoorgycso.2018.41

Ávila-Morales, H., Palumbo-Pinto, G.B., De la Cruz-Ríos, H.A., & Ogosi-Auqui, J.A. (2022). Toma de decisiones estratégicas en la gestión pública para el desarrollo social. *Revista Venezolana de Gerencia*, 27(Edición Especial 7), 648–662. https://doi.org/10.52080/rvgluz.27.7.42

Bentler, P. M., & Bonett, D. G. (1980). Significance Tests and Goodness of Fit in the Analysis of Covariance Structures. *In Psychological Bulletin* (Vol. 88, Issue 3).

Brunet, L. (2007). El clima de trabajo en las organizaciones. Definición, diagnóstico y consecuencias. *Editorial Trillas.*

Busro, M. (2018). Teori-teori Manajemen Sumber Daya Manusia. *Jakarta. PrenadaMedia.*

Dini, M. & Stumpo, G. (2020). MiPyMEs en América Latina: un frágil desempeño y nuevos desafíos para las políticas de fomento. Documentos de Proyectos (LC/TS.2018/75/Rev.1), Santiago. *Comisión Económica para América Latina y el Caribe* (CEPAL).

Forbes (2021). Inclusión digital: el futuro de las MyPEs. *Forbes Content.* https://www.forbes.com.mx/ad-inclusion-digital-futuro-mypes-mexico-visa/

Ibarra-Morales, L.E., Paredes-Zempual, D., & Carrillo-Cisneros, E. (2022). Impacto del COVID-19 en las variables que determinan la competitividad de las micro, pequeñas y medianas empresas mexicanas. *Revista RELAYN. Micro y Pequeña Empresa en Latinoamérica,* 6(1), 7–22. https://doi.org/10.46990/relayn.2022.6.1.532

Instituto Nacional de Estadística y Geografía (Inegi) (2020). *Censo de población y vivienda 2020.* https://www.inegi.org.mx/programas/ccpv/2020/

King, E.B., Helb, M.R., George, J.M. & Matusik, S.F. (2010). Understanding tokenism: Antecedents and consequences of a psychological climate of gender inequity. *Journal of Management,* 36(2), 482–510. https://doi.org/10.1177/0149206308328508

Leyva-Carreras, A.B., Cavazos-Arroyo, J., & Espejel-Blanco, J.E. (2018). Influencia de la planeación estratégica y habilidades gerenciales como factores internos de la competitividad empresarial de las Pymes. *Contaduría y Administración,* 63(3), 41. https://doi.org/10.22201/fca.24488410e.2018.1085

Leyva-Carreras, A.B., Espejel-Blanco, J.E., & Cavazos-Arroyo, J. (2017). Habilidades gerenciales como estrategia de competitividad empresarial en las pequeñas y medianas empresas (Pymes). *Revista Perspectiva Empresarial,* 4(1), 7–22. https://doi.org/10.16967/rpe.v4n1a1

Martinez, E., García-Alandete, J., Selles, P., Bernabe, G., & Soucase, B. (2012). Análisis factorial confirmatorio de los principales modelos propuestos para el purpose-in-life test en una muestra de universitarios españoles. *Acta Colombiana de Psicología,* 67–76.

Mendoza-Vargas, E.Y., Villaroel-Puma, M.F. & Carranza-Quimi, W.D. (2020). Caracterización de los microemprendimientos de los sectores urbanos marginales de Quevedo. *Centro Sur. Social Science Journal.* 4(4), 1–23. https://doi.org/10.37955/cs.v4i1.40

Moreno, M. J., & Wong Aitken, H. G. (2019). Relación de las habilidades directivas y la satisfacción laboral en la empresa Chicken King de Trujillo, 2018. *Cuadernos Latinoamericanos de Administración,* 14(27), 1–17. https://doi.org/10.18270/cuaderlam.v14i27.2475

Naranjo, R. (2015). Management skills in leaders of mid-sized businesses of Colombia. *Revista Científica Pensamiento y Gestión,* 38, 119–146. https://doi.org/10.14482/pege.38.7703

Niebles-Núñez, L., Torres-Anillo, K. & Montenegro Rada, A. (2020). Habilidades gerenciales como herramienta para el fortalecimiento del liderazgo transformacional en las mipymes. *Editorial Universidad del Atlántico.* https://repositorio.uniatlantico.edu.co/bitstream/handle/20.500.12834/1030/admin %2c %2bHABILIDADES %2bGERENCIALES %2bCOMO %2bHERRAMIENTA %2bEN %2bMIPYMES.pdf?sequence=1&isAllowed=y

Paredes-Zempual, D., Ibarra-Morales, L.E., & Moreno-Freites, Z.E. (2021). Habilidades directivas y clima organizacional en pequeñas y medianas empresas. *Investigación Administrativa,* 50–1, 1–23. https://doi.org/10.35426/iav50n127.05

Puga-Villarreal, J., & Martínez-Cerna, L. (2008). Competencias Directivas en Escenarios Globales. *Estudios Gerenciales,* 24(109), 87–103. https://doi.org/10.1016/s0123-5923(08)70054-8

R Core Team (2022). R: A language and environment for statistical computing. R *Foundation for Statistical Computing, Vienna, Austria.* URL https://www.R-project.org/

Red de Estudios Latinoamericanos en Administración y Negocios. (RELAYN) (2023). *Investigación anual,* N. Peña & O. Aguilar (coords.) https://relayn.redesla.la

Red de Estudios Latinoamericanos (RedesLA) (2023). *Investigaciones anuales.* https://redesla.la

Rojero-Jiménez, R., Gómez-Romero, J.G.I., & Quintero-Robles, L.M. (2019). El liderazgo transformacional y su influencia en los atributos de los seguidores en las Mipymes mexicanas. *Estudios Gerenciales*, 35(151), 178–189. https://doi.org/10.18046/j.estger.2019.151.3192

Vargas, B., & del Castillo, C. (2008). Competitividad sostenible de la pequeña empresa: Un modelo de promoción de capacidades endógenas para promover ventajas competitivas sostenibles y alta productividad. *Journal of Economics, Finance and Administrative Science,* 13(24), 59–80. https://www.redalyc.org/articulo.oa?id=360733604004

Viamontes, M.O., & Oliva, E.J.D. (2015). Las agrupaciones corales como estrategia de formación de competencias para trabajo en equipo en las organizaciones: una perspectiva comparativa. *Suma de Negocios,* 6(13), 92–97. https://doi.org/10.1016/j.sumneg.2015.08.008

Whetten, D. & Cameron, K. (2016). Desarrollo de habilidades directivas. México: *Editorial Prentice Hall.*

CAPÍTULO 16

Las habilidades directivas y el clima organizacional en las micro y pequeñas empresas de Poanas, Durango, México

Management skills and the organizational climate in micro and small businesses in Poanas, Durango, Mexico

IDALIA RUBÍ FLORES CISNEROS, PALOMA RUIZ VALLES, MARÍA DEL SOCORRO PIEDRA CASTAÑEDA Y KARLA MARÍA ORTEGA VALDEZ

Universidad Tecnológica de Durango/Universidad Tecnológica de Poanas

Resumen: El objetivo de la presente investigación es determinar el impacto que tienen las habilidades directivas sobre el clima organizacional en las micro y pequeñas empresas de Latinoamérica. Se presenta un estudio cuantitativo, no experimental, de forma transversal y con un alcance causal. La pertinencia del estudio contribuye a la generación de conocimiento para el desarrollo de un modelo de gestión de la mype en América Latina que permita maximizar la productividad. Entre los principales resultados, podemos observar que la variable de la habilidad directiva trabajo en equipo es la que tiene un mayor impacto en el clima organizacional, con 1.4030313, mientras que la de menor impacto es toma de decisiones con un puntaje de 0.1996845; el efecto total que tienen las habilidades directivas sobre el clima organizacional es de 4.4476795, por lo que el grado de asociación entre las habilidades directivas y el clima organizacional de las mypes es significativo. Se recomienda, a partir de estos resultados, desarrollar programas de capacitación para los directivos de las mypes poanenses en dichas habilidades, y con ello, coadyuvar a la competitividad de las mypes, al contar con talento humano satisfecho en su ambiente laboral, que se traduce en mejores resultados en los ámbitos financieros, administrativos y productivos.

Abstract: The objective of this research is to determine the impact that management skills have on the organizational climate in micro and small companies in Latin America. A quantitative, non-experimental, cross-sectional study with a causal scope is presented. The relevance of the study contributes to the generation of knowledge for the development of a management model for mypes in Latin America that allows maximizing productivity. Among the main results, we can observe that the variable of teamwork managerial ability is the one that has the greatest impact on the organizational climate, with 1.4030313, while the one with the least impact is decision-making with a score of 0.1996845; the total effect that management skills have on the organizational climate is 4.4476795, so the degree of association between management skills and the organizational climate of mypes is significant. Based on these results, it is recommended to develop training programs for the managers of the mypes from Poana in these skills, and with this, contribute to the competitiveness of the mypes, by having satisfied human talent in their work environment, which translates in better results in the financial, administrative and productive spheres.

Palabras clave: micro y pequeñas empresas, habilidades directivas, clima organizacional.

INTRODUCCIÓN

De acuerdo con el último Censo Económico publicado por el Instituto Nacional de Estadística y Geografía (INEGI, 2020), 98.3 % del universo de unidades económicas está constituido por micro y pequeñas empresas, las cuales generan —al menos— el 55 % de los empleos y amasan el 39 % del Producto Interno Bruto (PIB) del país. Las microempresas están configuradas por aquellos negocios que tienen menos de 10 trabajadores y generan anualmente ventas hasta por 4 millones de pesos. Las pequeñas empresas son unidades económicas que emplean entre 11 y 50 trabajadores, generando ventas anuales que oscilan entre 4 y 100 millones de pesos (Mendoza-Vargas, Villaroel-Puma & Carranza-Quimi, 2020; Forbes, 2021).

Es importante mencionar que actualmente las mypes se enfrentan a múltiples retos y problemáticas, específicamente, el desarrollo de habilidades gerenciales o directivas por parte de los líderes cumple una labor fundamental en el clima organizacional para este tipo de empresas, al establecerse como un diferenciador con otras organizaciones (Busro, 2018). En esa perspectiva, la formación y el desarrollo de habilidades directivas del personal encargado de implementar estrategias y tomar decisiones son fundamentales, pues de ello depende que las mypes cumplan sus metas y objetivos estratégicos, lo cual permite a las organizaciones volverse más competitivas, pues propicia la formación de un clima organizacional donde los empleados estén satisfechos con su organización (Aburto & Bonales, 2011; Brunet, 2007).

Derivado de la importancia que representa el desarrollo de habilidades directivas en los líderes que dirigen los esfuerzos estratégicos de las mypes, así como la importancia de contar con un buen clima organizacional, se plantean las siguientes preguntas de investigación: ¿cuáles habilidades directivas tienen repercusión en el clima organizacional de las mypes?, ¿cuál es el clima organizacional que predomina en las mypes?

Para cumplir con lo anterior, el objetivo de la investigación es determinar el grado de asociación entre las habilidades directivas y el clima organizacional de las micro y pequeñas empresas, lo cual permitirá conocer con mayor precisión las habilidades directivas que los gerentes o mandos medios deben desarrollar para que prevalezca un clima organizacional satisfactorio entre los empleados al interior de las mypes. En ese sentido, las mypes podrán determinar si éstas son las causales de un clima organizacional adecuado o inconveniente, lo que, a su vez, permitirá diseñar programas de capacitación para sus líderes y, con ello, generar información que contribuya —si es el caso— a resolver el problema ó mantener y fortalecer lo que se tiene.

Los diferentes análisis estadísticos correlacionales entre las variables del estudio permitirán identificar si las habilidades directivas son la causa principal del clima organizacional que prevalece en las mypes. Lo anterior será de gran apoyo en la búsqueda de factores endógenos diferenciados que permita a las mypes obtener ventajas competitivas sostenibles, ya que, si bien es cierto, una mejor gestión empresarial no es suficiente para lograr ser más competitivas, sino que está determinada por otros factores internos como un buen clima organizacional y el desarrollo de habilidades directivas (Vargas & Del Castillo, 2008).

REVISIÓN DE LA LITERATURA

Las organizaciones del siglo XXI afrontan un entorno dinámico y complejo caracterizado por la incertidumbre, debido a esto deben estar preparadas para dar respuesta a los cambios vertiginosos, en aras de cumplir sus objetivos y metas organizacionales así como volverse más competitivas. Las micro y pequeñas empresas (mypes) también deben responder a ese contexto, sin embargo, las características estructurales de su magnitud las coloca en desventaja respecto a la gran empresa, misma que tiene a su disposición una mayor cantidad de recursos y capacidades. El tema aquí analizado ha obtenido gran relevancia en los rubros de la investigación y las políticas públicas recientemente, lo cual ha permitido una mejora de determinados aspectos directamente vinculados con la competitividad de las empresas (Leyva-Carreras, Cavazos-Arroyo & Espejel-Blanco, 2018).

La situación actual de las mypes es compleja —aun siendo una parte fundamental del aparato económico a nivel mundial—, presenta una serie de desafíos

y retos, enfrenta diversos obstáculos que limitan su capacidad de crecimiento y desarrollo. Uno de los principales problemas que enfrentan estas empresas es la falta de acceso al financiamiento, ya que esto restringe su capacidad para invertir en innovación, en maquinaria y equipos, software y tecnologías digitales; así como en la capacitación y adiestramiento para sus empleados. Otra problemática a la cual se enfrentan es la poca inversión en capacitación a sus directivos y gerentes, de modo que éstos puedan desarrollar sus habilidades directivas, permitiéndoles contar con las herramientas necesarias al momento de tomar decisiones estratégicas de impacto en sus portafolios de negocios, a través de una visión diferente y más competitiva, no sólo a nivel local, sino a niveles superiores en la configuración y escala del negocio.

Es importante destacar que la pandemia por el Covid-19 tuvo un impacto significativo en las mypes debido a que muchas de ellas tuvieron que cerrar de forma temporal o permanente. Las restricciones de movimiento y confinamiento social provocaron una disminución significativa en la demanda de productos y servicios (Ibarra-Morales, Paredes-Zempual & Carrillo-Cisneros, 2022). Para dimensionar y tener una mejor visión de la magnitud de la presencia e importancia de las mypes en Latinoamérica, Dini y Stumpo (2021) realizan una clasificación tomando como parámetros el sector y el tamaño de la empresa (tabla 16.1.).

Tabla 16.1. Clasificación de acuerdo con el sector y tamaño de la empresa.

Sector	**Micro empresa**	**Pequeña empresa**
Agricultura, ganadería, caza, silvicultura y pesca	80 %	16 %
Explotación de minas y canteras	68 %	23 %
Industria manufacturera	82 %	14 %
Suministro de electricidad, gas y agua	70 %	20 %
Construcción	76 %	19 %
Comercio al por mayor y menor	92 %	07 %
Hoteles y restaurantes	89 %	10 %
Transporte, almacenamiento y comunicaciones	83 %	13 %
Intermediación financiera	81 %	14 %
Actividades inmobiliarias, empresariales y de alquiler	87 %	10 %
Enseñanza	76 %	19 %
Servicios sociales y de salud	89 %	09 %
Otras actividades comunitarias, sociales y personales	95 %	04 %
Total	**88.4 %**	**09.6 %**

Fuente: elaboración propia a partir de Dini & Stumpo (2021).

Leyva-Carreras, Espejel-Blanco y Cavazos-Arroyo (2017) destacan que el director o gerente de una mype debe tomar en cuenta ciertas variables para lograr la excelencia, el buen clima organizacional y la competitividad empresarial, para lo cual es preciso contar con personal directivo que reúna las siguientes características: dinámicos, actualizados, con habilidades directivas, operativas y de gestión, conocimientos de administración y planeación estratégica, así como administración y dirección de talento humano, siempre proactivo al cambio organizacional y tecnológico, para que se convierta en vehículo que potencia la creatividad, la innovación y el desarrollo sustentable. Sin embargo, por desconocer esas características de gestión o habilidades directivas que son propias de los líderes, esa ignorancia puede ser la causa de algunos problemas administrativos y de competitividad en las mypes, lo que genera algunas consecuencias en la transición de una economía local y proteccionista a un mercado libre y globalizado (Naranjo, 2015).

Niebles-Núñez, Torres-Anillo y Montenegro-Rada (2020) establecen que las habilidades directivas comprenden el proceso de la gerencia, estas son: planificar, organizar, dirigir, ejecutar y controlar que, a su vez, constituyen el conjunto de destrezas, cualidades, competencias, conocimientos, acciones, experiencias y capacidades que inciden en el efectivo desempeño del rol gerencial, al contribuir al logro de objetivos y metas organizacionales, asimismo, representan la implementación práctica por la acción del conocimiento adquirido académicamente o por experiencias a través del proceso de aprendizaje. Es por ello que, en los últimos años, las habilidades directivas desempeñan un papel muy importante en la satisfacción de los colaboradores en las empresas a nivel mundial, pues se ha demostrado que la manera o particularidad en que los directivos lideran a sus equipos generan una repercusión directa en su satisfacción y, por ende, en su desempeño laboral (Moreno & Wong, 2018).

Paredes-Zempual, Ibarra-Morales y Moreno-Freites (2021) adoptan otra perspectiva, sostienen que el buen desempeño de la empresa está en función de las habilidades directivas y el buen clima organizacional, sobre todo en este tiempo donde las empresas se encuentran inmersas en un proceso de globalización y de rápidos cambios que demanda líderes más preparados en actitudes y aptitudes, capaces de administrar de manera eficaz y eficiente los procesos y procedimientos, tanto administrativos como operativos, comprometidos con la rentabilidad de la organización.

El clima organizacional es observado y analizado por las empresas con el fin de mantenerlo en niveles positivos y, de esa forma, estimular la productividad de los empleados, motivo por el cual las empresas buscan los elementos y condiciones necesarias que puedan incidir de forma positiva en el clima organizacional, ya que existen estudios empíricos que así lo demuestran, en otras palabras, un mejor clima organizacional en la empresa se traduce en mejores resultados en los ámbitos financieros, administrativos y productivos (Alegría-Zebadúa & Alarcón-Martínez, 2022).

Whetten y Cameron (2016) clasifican las habilidades en tres grandes grupos: personales, interpersonales y grupales, mismas que en su conjunto aportan al éxito de una administración eficaz y centrada en los logros financieros, pero también de posición competitiva. En este sentido, para el presente estudio se han seleccionado como habilidades directivas las siguientes: negociación, toma de decisiones, liderazgo, comunicación y trabajo en equipo, ya que predominan en la literatura y en los diferentes modelos conceptuales, además de ser las más importantes para Whetten y Cameron. Adicionalmente, se ha seleccionado como variable el 'clima organizacional' debido al impacto y la importancia que ostenta para las mypes. Las definiciones conceptuales para cada una de las variables se muestran en la tabla 16.2.

Tabla 16.2. Definición conceptual de las variables.

Variable	Definición conceptual
Negociación	Presentar y discutir propuestas comunes con el propósito de llegar a un acuerdo en un marco de interés común (Álvarez-Vásquez, et al., 2018).
Toma de decisiones	Decidir por una alternativa que requiere atender situaciones planificadas o de incertidumbre entre un abanico de varias opciones (Ávila-Morales et al., 2022).
Liderazgo	Lograr la motivación de los colaboradores mediante la promoción de conductas positivas que reditúan en mejores niveles de desempeño laboral para la empresa (Rojero-Jiménez, Gómez-Romero & Quintero-Robles, 2019).
Comunicación	Recibir y transmitir mensajes oportunos y unívocos, independientemente del canal o la forma de comunicación, lo cual facilita la emisión y recepción de los mensajes que se producen entre los miembros de la organización y su entorno, facilitando el alcance de los objetivos y metas que establecen los miembros de la organización (Puga-Villarreal & Martínez-Cerna, 2008).
Trabajo en equipo	Fomentar la colaboración conjunta entre los integrantes que conforman un equipo de trabajo, a través del talento individual, la comunicación, las competencias y las fortalezas de cada uno en su relación con los demás, para lograr el cumplimiento de un objetivo común (Viamontes & Oliva, 2015).
Clima organizacional	Variable que media entre el contexto de una organización y la conducta de sus empleados o miembros, desde la perspectiva del cómo ellos experimentan el trabajo en sus empresas (King, Hebl, George & Matusik, 2010).

Fuente: elaboración propia.

METODOLOGÍA

El presente trabajo de investigación ha sido propuesto por la Red de Estudios Latinoamericanos en Administración y Negocios (RELAYN, 2023), la cual consiste en conceptualizar la micro y pequeña empresa (mype) como una serie de elementos de entradas, procesos y salidas enmarcados en un ambiente que influye en el clima organizacional de las mypes, según la percepción del director, considerado como la persona que toma la mayor parte de las decisiones. Este estudio tiene un enfoque cuantitativo de diseño transversal de tipo causal.

Se realizó un muestreo probabilístico aleatorio simple con las mypes de Poanas, Durango, México, cuya cantidad de empleados se encuentra en el rango de 1 a 50, con un nivel de confianza del 95 %, un margen de error del ±5 % y una probabilidad estimada de p=0.5 (50 %). Se obtuvieron de la muestra aplicada un total de 444 encuestas válidas en el periodo del 01 de marzo al 30 de abril de 2023. Se utilizó un instrumento de medición tipo encuesta, la cual fue dirigida a los propietarios, directores o gerentes de las mypes, para lo cual sirvió la asistencia de estudiantes universitarios que previamente fueron capacitados para aplicar la encuesta.

Características de la muestra son:

El 52.9 % de la muestra fueron del sexo biológico femenino y el restante 47.1 % masculino. La edad de los sujetos tiene un rango de 19 a 92 años, con un promedio de 44 años y una moda de 40, 44, 54 años. El 28.2 % de los empresarios tienen estudios de nivel superior, seguido de un 30.9 % con nivel media superior, 37.4 % con educación básica. En cuanto a estado civil predominan los casados con un 61.7 % seguidos de los solteros con 20.7 %.

La mayoría de los negocios 72.5 % pertenecen al giro comercial, un 23 % a la prestación de servicios y sólo 4.5 % a la producción de manufacturas, la antigüedad del 21.6 %de los negocios es menor a 3 años. Los empleos que ofrecen están en el rango de 1 a 30 trabajadores, de las empresas el 97.3 % emplea de 1 a 10 trabajadores y el 82.7 % tienen en su plantilla de 1 a 10 mujeres y en el 74.8 % colaboran de 1 a 5 familiares del propietario.

Alineado al objetivo general de la investigación y a la revisión de la literatura, se plantean las siguientes hipótesis:

H0: Las habilidades directivas no inciden en el clima organizacional de la mype.

H1: Las habilidades directivas inciden en el clima organizacional de la mype.

En cuanto al instrumento de medición, éste se integró por seis partes o bloques. El primero de ellos, con datos que abordan aspectos generales de la empresa: tamaño de la empresa, personal ocupado, así como información sobre los ingresos y gastos. La segunda parte aborda los datos del directivo y el tiempo destinado a las labores de la empresa. La tercera parte se refiere a los insumos del sistema: recursos humanos, análisis del mercado y proveedores. En una cuarta parte del instrumento de medición se exponen los procesos del sistema: dirección, gestión de ventas, finanzas, innovación, mercadotecnia, producción-operación. La quinta parte estuvo integrada por los resultados del sistema: satisfacción del sistema, ventaja competitiva, RSC-Asuntos de ISO 26000, valoración del entorno y, por último, la sexta parte quedó integrada por los dos temas anuales de investigación: a) el trabajo decente desde la perspectiva directiva y b) el impacto de las habilidades directivas (negociación, toma de decisiones, liderazgo, comunicación, trabajo en equipo) sobre el clima organizacional. Para las secciones comprendidas del tercer al sexto bloque se emplea una escala de Likert de cinco puntos, los cuales van de 'No sé / No aplica' (1) a 'muy de acuerdo' (5).

RESULTADOS

Las seis variables muestran consistencia interna del instrumento mediante el análisis del alfa de Cronbach de las variables objeto de estudio, de la misma forma se analiza la correlación que tienen con el clima organizacional como se muestra en la tabla 16.3.

Tabla 16.3. Alfa de Cronbach y correlación de las variables.

Variables	**Correlación con clima**	**Cronbach**	**Media**	**Desviación Estándar**
Negociación	0.21	0.844	4.255	0.575
Toma de decisiones	0.072	0.860	4.203	0.621
Liderazgo	0.229	0.877	4.502	0.448
Comunicación	0.211	0.888	4.425	0.484
Trabajo en equipo	0.337	0.924	4.462	0.511
Clima Organizacional	1	0.908	4.448	0.559

Fuente: Elaboración propia utilizando RStudio (R Core Team, 2022).

Se procede a realizar el modelo estructural del instrumento en la figura 16.4, el ajuste absolutorio muestra el error cuadrático medio de aproximación (RMSEA) es de 0.022 y el residuo cuadrático medio estandarizado (SRMR) es de 0.05, en ambos casos se consideran aceptables, en el ajuste comparativo (CFI) muestra

un resultado de 0.998 y el índice de Tucker-Lewis (TLI) de 0.997 consideramos ajustes óptimos.

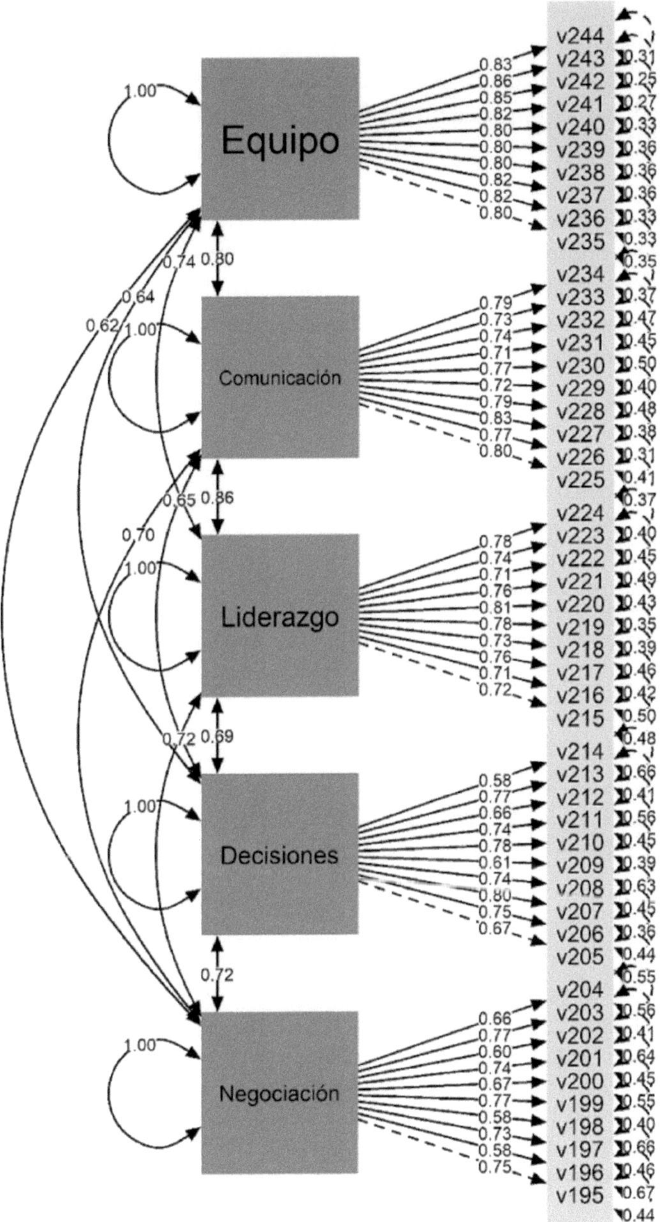

Figura 16.4. Resultado del modelo estructural.

Fuente: Elaboración propia utilizando RStudio (R Core Team, 2022).

Partiendo de la información cuantitativa del estudio se establece el modelo estructural (Figura 16.4), donde se muestra la dirección de las relaciones entre las diversas variables y el efecto que causan. El modelo plantea la existencia de cinco variables endógenas con una relación causal recíproca (trabajo en equipo, comunicación, liderazgo, toma de decisiones y negociación). Las cinco variables tienen una relación causal directa con los ítems que conforman la variable, en todos los casos el grado de significancia fue <0.05 (los resultados se muestran en la Figura 16.4) dando un correcto ajuste del modelo (Bentler & Bonett, 1980; Martínez et al., 2012)

Con el objetivo de medir el impacto que tienen las habilidades directivas sobre el clima organizacional de la mype se realiza la siguiente regresión lineal, donde el clima organizacional es la variable dependiente y las variables independientes son negociación, toma de decisiones, liderazgo, comunicación y trabajo en equipo. Al final se sustituyen los valores tal y como se observa en la tabla 16.5.

Fórmula:

y = clima = constante + negociación + toma de decisiones + liderazgo + comunicación + trabajo en equipo.

Tabla 16.5. Regresión lineal.

Fórmula: lm(fórmula = clima ~ negociación + toma de decisiones + liderazgo + comunicación + trabajo en equipo)				
		Residuales		
Min	**1Q**	**Mediana**	**3Q**	**Max**
-3.9033	-0.1063	0.0504	0.2084	1.4345
Coeficientes	**Estimado**	**Std. Error**	**T-valor**	**P-valor**
(Clima/Intercept)	0.80607	0.23029	3.500	0.000512
Negociación	0.07097	0.04870	1.457	0.145789
Toma de decisiones	0.04751	0.04436	1.071	0.284703
Liderazgo	0.26340	0.07335	3.591	0.000367
Comunicación	0.12454	0.07198	1.730	0.084275
Trabajo en equipo	0.31444	0.05763	5.457	8.14e-08

Signif. codes: 0 '***' 0.001 '**' 0.01 '*' 0.05 '.' 0.1 ' ' 1
Residual standard error: 0.4458 on 438 degrees of freedom
Multiple R-squared: 0.3719, Adjusted R-squared: 0.3647
F-statistic: 51.87 on 5 and 438 DF, p-value: < 2.2e-16
Fuente: Elaboración propia utilizando RStudio (R Core Team, 2022).

Para poder medir el impacto, se multiplica el valor estimado de cada una de las variables independientes (tabla 16.5) por su media (tabla 16.3).

$$y=0.80607 + (0.07097 * 4.255) + (0.04751 * 4.203) + (0.2634 * 4.502) + (0.12454 * 4.425) + (0.31444 * 4.462)$$

Resolvemos la ecuación:

$$y=0.80607+0.3019774+0.1996845+1.1858268+0.5510895+1.4030313$$

$$y=4.4476795$$

Se observa que la variable que tiene mayor impacto es trabajo en equipo, con 1.4030313, mientras que la de menor impacto es toma de decisiones con 0.1996845. El impacto total de las habilidades directivas sobre el clima organizacional es de 4.4476795.

DISCUSIÓN

El municipio de Poanas es sin duda uno de los más importantes en el estado de Durango, según datos del Inegi (2023), Poanas ocupa 0.9 % de la superficie de la entidad, cuenta con 28 localidades y una población total de 25 623 habitantes. De acuerdo con el Directorio Estadístico Nacional de Unidades Económicas (DENUE, 2023), existen 883 micro y pequeñas empresas, de las cuales las que predominan son aquellas dedicadas al comercio al por menor con 42.13 % y las de servicios con 38.05 %; se realizó un estudio cuantitativo, no experimental, de forma transversal y con un alcance causal, en el cual el objeto de estudio fueron las mypes de la región. A partir de las variables analizadas, habilidades directivas como la negociación, la toma de decisiones, el liderazgo, la comunicación, el trabajo en equipo y el clima organizacional, se pudo observar que la variable que tiene mayor impacto es trabajo en equipo con 1.4030313, mientras que la de menor impacto es decisiones con 0.1996845. El impacto total de las habilidades directivas sobre el clima organizacional es de 4.4476795.

Respecto de las variables del instrumento de medición y sus respectivas definiciones operacionales denominados ítems, todas las variables lograron una buena consistencia interna, al obtener valores superiores a 0.7, fluctuando de 0.844 a 0.924, por lo que se puede concluir que el instrumento tiene buena consistencia interna y fiabilidad.

En conclusión, el grado de asociación entre las habilidades directivas y el clima organizacional de las micro y pequeñas empresas es significativo. El estudio realizado permite conocer con mayor precisión las habilidades directivas que los gerentes o mandos medios deben desarrollar para que prevalezca un clima organizacional satisfactorio entre los empleados en el interior de las mypes: trabajo en equipo y liderazgo, en primera instancia, y comunicación, negociación y toma de decisiones en una etapa posterior. Se recomienda, a partir de estos resultados, desarrollar programas de capacitación para los directivos de las micro y pequeñas empresas poanenses en dichas habilidades. De esta manera, se coadyuvará a la competitividad de las mypes, al contar con talento humano satisfecho en su ambiente laboral, que se traduce en mejores resultados en los ámbitos financieros, administrativos y productivos (Alegría-Zebadúa & Alarcón-Martínez, 2022).

REFERENCIAS

Aburto, H.I. & Bonales, J. (2011). Habilidades directivas: Determinantes en el clima organizacional. *Investigación y Ciencia,* 19(51), 41–49.

Alegría-Zebadúa, R.M., & Alarcón-Martínez, G. (2022). Marco teórico e instrumento de medición de las habilidades gerenciales y clima organizacional en *Instituciones Bancarias de México. Vinculatégica,* 7(1). https://doi.org/10.29105/vtga7.1-82

Álvarez-Vásquez, C.A., Rivera-Vera, H.F., Conforme-Cedeño, G.M., Campoverde-Flores, F.K., Sornoza-Parrales, D.R., & Merchán-Nieto, L. (2018). *Los procesos, las técnicas de negociación y la tecnología. Ciencias. Economía, Organización y Ciencias Sociales. Editorial Área de Innovación y Desarrollo, S.L.* https://doi.org/10.17993/ecoorgycso.2018.41

Ávila-Morales, H., Palumbo-Pinto, G.B., De la Cruz-Ríos, H.A., & Ogosi-Auqui, J.A. (2022). Toma de decisiones estratégicas en la gestión pública para el desarrollo social. *Revista Venezolana de Gerencia*, 27(Edición Especial 7), 648–662. https://doi.org/10.52080/rvgluz.27.7.42

Bentler, P. M., & Bonett, D. G. (1980). Significance Tests and Goodness of Fit in the Analysis of Covariance Structures. *In Psychological Bulletin* (Vol. 88, Issue 3).

Brunet, L. (2007). El clima de trabajo en las organizaciones. Definición, diagnóstico y consecuencias. *Editorial Trillas.*

Busro, M. (2018). Teori-teori Manajemen Sumber Daya Manusia. *Jakarta. PrenadaMedia.*

Directorio Estadístico Nacional de Unidades Económicas (DENUE) (2023). *Unidades económicas del Municipio de Poanas.* https://www.inegi.org.mx/app/mapa/denue/default.aspx

Dini, M. & Stumpo, G. (2020). MiPyMEs en América Latina: un frágil desempeño y nuevos desafíos para las políticas de fomento. Documentos de Proyectos (LC/TS.2018/75/Rev.1), Santiago. *Comisión Económica para América Latina y el Caribe* (CEPAL).

Forbes (2021). Inclusión digital: el futuro de las MyPEs. *Forbes Content.* https://www.forbes.com.mx/ad-inclusion-digital-futuro-mypes-mexico-visa/

Ibarra-Morales, L.E., Paredes-Zempual, D., & Carrillo-Cisneros, E. (2022). Impacto del COVID-19 en las variables que determinan la competitividad de las micro, pequeñas y medianas empresas mexicanas. *Revista RELAYN. Micro y Pequeña Empresa en Latinoamérica,* 6(1), 7–22. https://doi.org/10.46990/relayn.2022.6.1.532

Instituto Nacional de Geografía y Estadística. (2023). *Consulta de indicadores sociodemográficos y económicos por área geográfica.* https://www.inegi.org.mx/

Instituto Nacional de Estadística y Geografía (Inegi) (2020). *Censo de población y vivienda 2020.* https://www.inegi.org.mx/programas/ccpv/2020/

King, E.B., Helb, M.R., George, J.M. & Matusik, S.F. (2010). Understanding tokenism: Antecedents and consequences of a psychological climate of gender inequity. *Journal of Management,* 36(2), 482–510. https://doi.org/10.1177/0149206308328508

Leyva-Carreras, A.B., Cavazos-Arroyo, J., & Espejel-Blanco, J.E. (2018). Influencia de la planeación estratégica y habilidades gerenciales como factores internos de la competitividad empresarial de las Pymes. *Contaduría y Administración,* 63(3), 41. https://doi.org/10.22201/fca.24488410e.2018.1085

Leyva-Carreras, A.B., Espejel-Blanco, J.E., & Cavazos-Arroyo, J. (2017). Habilidades gerenciales como estrategia de competitividad empresarial en las pequeñas y medianas empresas (Pymes). *Revista Perspectiva Empresarial,* 4(1), 7–22. https://doi.org/10.16967/rpe.v4n1a1

Martinez, E., García-Alandete, J., Selles, P., Bernabe, G., & Soucase, B. (2012). Análisis factorial confirmatorio de los principales modelos propuestos para el purpose-in-life test en una muestra de universitarios españoles. *Acta Colombiana de Psicología,* 67–76.

Mendoza-Vargas, E.Y., Villaroel-Puma, M.F. & Carranza-Quimi, W.D. (2020). Caracterización de los microemprendimientos de los sectores urbanos marginales de Quevedo. *Centro Sur. Social Science Journal.* 4(4), 1–23. https://doi.org/10.37955/cs.v4i1.40

Moreno, M. J., & Wong Aitken, H. G. (2019). Relación de las habilidades directivas y la satisfacción laboral en la empresa Chicken King de Trujillo, 2018. *Cuadernos Latinoamericanos de Administración,* 14(27), 1–17. https://doi.org/10.18270/cuaderlam.v14i27.2475

Naranjo, R. (2015). Management skills in leaders of mid-sized businesses of Colombia. *Revista Científica Pensamiento y Gestión,* 38, 119–146. https://doi.org/10.14482/pege.38.7703

Niebles-Núñez, L., Torres-Anillo, K. & Montenegro-Rada, A. (2020). Habilidades gerenciales como herramienta para el fortalecimiento del liderazgo transformacional en las mipymes. *Editorial Universidad del Atlántico.* https://repositorio.uniatlantico.edu.co/bitstream/handle/20.500.12834/1030/admin %2c %2bHABILIDADES %2bGERENCIALES %2bCOMO %2bHERRAMIENTA %2bEN %2bMIPYMES.pdf?sequence=1&isAllowed=y

Paredes-Zempual, D., Ibarra-Morales, L.E., & Moreno-Freites, Z.E. (2021). Habilidades directivas y clima organizacional en pequeñas y medianas empresas. *Investigación Administrativa,* 50–1, 1–23. https://doi.org/10.35426/iav50n127.05

Puga-Villarreal, J., & Martínez-Cerna, L. (2008). Competencias Directivas en Escenarios Globales. *Estudios Gerenciales,* 24(109), 87–103. https://doi.org/10.1016/s0123-5923(08)70054-8

R Core Team (2022). R: A language and environment for statistical computing. R *Foundation for Statistical Computing, Vienna, Austria.* URL https://www.R-project.org/

Red de Estudios Latinoamericanos en Administración y Negocios. (RELAYN) (2023). *Investigación anual,* N. Peña & O. Aguilar (coords.) https://relayn.redesla.la

Red de Estudios Latinoamericanos (RedesLA) (2023). *Investigaciones anuales.* https://redesla.la

Rojero-Jiménez, R., Gómez-Romero, J.G.I., & Quintero-Robles, L.M. (2019). El liderazgo transformacional y su influencia en los atributos de los seguidores en las Mipymes mexicanas. *Estudios Gerenciales,* 35(151), 178–189. https://doi.org/10.18046/j.estger.2019.151.3192

Vargas, B., & del Castillo, C. (2008). Competitividad sostenible de la pequeña empresa: Un modelo de promoción de capacidades endógenas para promover ventajas competitivas sostenibles y alta productividad. *Journal of Economics, Finance and Administrative Science,* 13(24), 59–80. https://www.redalyc.org/articulo.oa?id=360733604004

Viamontes, M.O., & Oliva, E.J.D. (2015). Las agrupaciones corales como estrategia de formación de competencias para trabajo en equipo en las organizaciones: una perspectiva comparativa. *Suma de Negocios,* 6(13), 92–97. https://doi.org/10.1016/j.sumneg.2015.08.008

Whetten, D. & Cameron, K. (2016). Desarrollo de habilidades directivas. México: *Editorial Prentice Hall.*

CAPÍTULO 17

Las habilidades directivas y el clima organizacional en las micro y pequeñas empresas de Ecatepec de Morelos, Estado de México, México

Management skills and the organizational climate in micro and small companies in Ecatepec de Morelos, State of Mexico, Mexico

CARLOS ROBLES ACOSTA, SARAHI GUADALUPE HERNANDEZ CASTRO, LAURA EDITH ALVITER ROJAS Y ZUGAIDE ESCAMILLA SALAZAR

Universidad Autónoma del Estado de México

Resumen: El objetivo de la presente investigación es determinar el impacto que tienen las habilidades directivas sobre el clima organizacional en las micro y pequeñas empresas (mype) del municipio de Ecatepec de Morelos, Estado de México. Se presenta un estudio cuantitativo, no experimental, transversal y con un alcance causal. La pertinencia del estudio contribuye a la generación de conocimiento para el desarrollo de un modelo de gestión de la mype en América Latina que permita maximizar la productividad. Entre los principales resultados, se observan en el análisis de la fiabilidad niveles aceptables y altos. Las variables presentan un nivel alto en las medias y bajos niveles de desviación estándar. Las correlaciones tienen una incidencia baja entre el clima organizacional, la toma de decisiones y el liderazgo; una relación media entre el clima organizacional, negociación, comunicación y trabajo en equipo. El modelo estructural cumple con los estándares de los índices de adecuación. La variable de la habilidad directiva trabajo en equipo es la que tiene mayor impacto en el clima organizacional, con 2.025. Por tanto, se acepta la hipótesis que indica la incidencia de las habilidades directivas en el clima organizacional.

Abstract: The objective of this research is to determine the impact that management skills have on the organizational climate in micro and small enterprises (mype) in the municipality of Ecatepec de Morelos, State of Mexico. A quantitative, non-experimental, cross-sectional study with a causal scope is presented. The relevance of the study contributes to the generation of knowledge for the development of a management model for mypes in Latin America that allows maximizing productivity. Among the main results, acceptable and high levels are observed in the reliability analysis. The variables present a high level in the means and low levels of standard deviation. The correlations have a low incidence between the organizational climate, decision making and leadership; a medium relationship between the organizational climate, negotiation, communication and teamwork. The structural model complies with the adequacy indices standards. The variable of teamwork management ability is the one that has the greatest impact on the organizational climate, with 2,025. Therefore, the hypothesis that indicates the incidence of managerial skills in the organizational climate is accepted.

Palabras clave: clima organizacional, habilidades directivas, mypes, trabajo en equipo, modelo estructural.

INTRODUCCIÓN

De acuerdo con el último Censo Económico publicado por el Instituto Nacional de Estadística y Geografía (INEGI, 2020), 98.3 % del universo de unidades económicas está constituido por micro y pequeñas empresas (mypes), las cuales generan —al menos— el 55 % de los empleos y amasan el 39 % del Producto Interno Bruto (PIB) del país. Las microempresas están configuradas por aquellos negocios que tienen menos de 10 trabajadores y generan anualmente ventas hasta por 4 millones de pesos. Las pequeñas empresas son unidades económicas que emplean entre 11 y 50 trabajadores, generando ventas anuales que oscilan entre 4 y 100 millones de pesos (Mendoza-Vargas, Villaroel-Puma & Carranza-Quimi, 2020; Forbes, 2021).

Es importante mencionar que actualmente las mypes se enfrentan a múltiples retos y problemáticas, específicamente, el desarrollo de habilidades gerenciales o directivas por parte de los líderes que cumplen una labor fundamental en el clima organizacional para este tipo de empresas, al establecerse como un diferenciador con otras organizaciones (Busro, 2018). En esa perspectiva, la formación y el desarrollo de habilidades directivas del personal encargado de implementar estrategias y tomar decisiones son fundamentales, pues de ello depende que las mypes cumplan sus metas y objetivos estratégicos, lo cual permite a las organizaciones volverse más competitivas, pues propicia la formación de un clima organizacional donde los empleados estén satisfechos con su organización (Aburto & Bonales, 2011; Brunet, 2007).

Derivado de la importancia que representa el desarrollo de habilidades directivas en los líderes que dirigen los esfuerzos estratégicos de las mypes, así como la importancia de contar con un buen clima organizacional, se plantean las siguientes preguntas de investigación: ¿cuáles habilidades directivas tienen repercusión en el clima organizacional de las mypes?, ¿cuál es el clima organizacional que predomina en las mypes?

Para cumplir con lo anterior, el objetivo de la investigación es determinar el grado de asociación entre las habilidades directivas y el clima organizacional de las micro y pequeñas empresas, lo cual permitirá conocer con mayor precisión las habilidades directivas que los gerentes o mandos medios deben desarrollar para que prevalezca un clima organizacional satisfactorio entre los empleados al interior de las mypes. En ese sentido, las mypes podrán determinar si éstas son las causales de un clima organizacional adecuado o inconveniente, lo que, a su vez, permitirá diseñar programas de capacitación para sus líderes y, con ello, generar información que contribuya —si es el caso— a resolver el problema o mantener y fortalecer lo que se tiene.

Los diferentes análisis estadísticos correlacionales entre las variables del estudio permitirán identificar si las habilidades directivas son la causa principal del clima organizacional que prevalece en las mypes. Lo anterior será de gran apoyo en la búsqueda de factores endógenos diferenciados que permita a las mypes obtener ventajas competitivas sostenibles, ya que, si bien es cierto, una mejor gestión empresarial no es suficiente para lograr ser más competitivas, sino que está determinada por otros factores internos como un buen clima organizacional y el desarrollo de habilidades directivas (Vargas & Del Castillo, 2008).

REVISIÓN DE LA LITERATURA

Las organizaciones del siglo XXI afrontan un entorno dinámico y complejo caracterizado por la incertidumbre, debido a esto deben estar preparadas para dar respuesta a los cambios vertiginosos, en aras de cumplir sus objetivos y metas organizacionales así como volverse más competitivas. Las micro y pequeñas empresas (mypes) también deben responder a ese contexto, sin embargo, las características estructurales de su magnitud las coloca en desventaja respecto a la gran empresa, misma que tiene a su disposición una mayor cantidad de recursos y capacidades. El tema aquí analizado ha obtenido gran relevancia en los rubros de la investigación y las políticas públicas recientemente, lo cual ha permitido una mejora de determinados aspectos directamente vinculados con la competitividad de las empresas (Leyva-Carreras, Cavazos-Arroyo & Espejel-Blanco, 2018).

La situación actual de las mypes es compleja —aun siendo una parte fundamental del aparato económico a nivel mundial—, presenta una serie de desafíos y retos, enfrenta diversos obstáculos que limitan su capacidad de crecimiento y desarrollo. Uno de los principales problemas que enfrentan estas empresas es la falta de acceso al financiamiento, lo que restringe su capacidad para invertir en innovación, en maquinaria y equipos, software y tecnologías digitales; así como en la capacitación y adiestramiento para sus empleados. Otra problemática a la cual se enfrentan es la poca inversión en capacitación a sus directivos y gerentes, de modo que éstos puedan desarrollar sus habilidades directivas, permitiéndoles contar con las herramientas necesarias al momento de tomar decisiones estratégicas de impacto en sus portafolios de negocios, a través de una visión diferente y más competitiva, no sólo a nivel local, sino a niveles superiores en la configuración y escala del negocio.

Es importante destacar que la pandemia por el Covid-19 tuvo un impacto significativo en las mypes debido a que muchas de ellas tuvieron que cerrar de forma temporal o permanente. Las restricciones de movimiento y confinamiento social provocaron una disminución significativa en la demanda de productos y servicios (Ibarra-Morales, Paredes-Zempual & Carrillo-Cisneros, 2022). Para dimensionar y tener una mejor visión de la magnitud de la presencia e importancia de las mypes en Latinoamérica, Dini y Stumpo (2021) realizan una clasificación tomando como parámetros el sector y el tamaño de la empresa (tabla 17.1.).

Tabla 17.1. Clasificación de acuerdo con el sector y tamaño de la empresa.

Sector	Micro empresa	Pequeña empresa
Agricultura, ganadería, caza, silvicultura y pesca	80 %	16 %
Explotación de minas y canteras	68 %	23 %
Industria manufacturera	82 %	14 %
Suministro de electricidad, gas y agua	70 %	20 %
Construcción	76 %	19 %
Comercio al por mayor y menor	92 %	07 %
Hoteles y restaurantes	89 %	10 %
Transporte, almacenamiento y comunicaciones	83 %	13 %
Intermediación financiera	81 %	14 %
Actividades inmobiliarias, empresariales y de alquiler	87 %	10 %
Enseñanza	76 %	19 %
Servicios sociales y de salud	89 %	09 %
Otras actividades comunitarias, sociales y personales	95 %	04 %
Total	**88.4 %**	**09.6 %**

Fuente: elaboración propia a partir de Dini & Stumpo (2021).

Leyva-Carreras, Espejel-Blanco y Cavazos-Arroyo (2017) destacan que el director o gerente de una mype debe tomar en cuenta ciertas variables para lograr la excelencia, el buen clima organizacional y la competitividad empresarial, para lo cual es preciso contar con personal directivo que reúna las siguientes características: dinámicos, actualizados, con habilidades directivas, operativas y de gestión, conocimientos de administración y planeación estratégica, así como administración y dirección de talento humano, siempre proactivo al cambio organizacional y tecnológico, para que se convierta en vehículo que potencia la creatividad, la innovación y el desarrollo sustentable. Sin embargo, el desconocer esas características de gestión o habilidades directivas que son propias de los líderes, puede ser la causa de algunos problemas administrativos y de competitividad en las mypes, lo que genera ciertas consecuencias en la transición de una economía local y proteccionista a un mercado libre y globalizado (Naranjo, 2015).

Niebles-Núñez, Torres-Anillo y Montenegro-Rada (2020) establecen que las habilidades directivas que comprenden el proceso de la gerencia, estas son: planificar, organizar, dirigir, ejecutar y controlar que, a su vez, constituyen el conjunto de destrezas, cualidades, competencias, conocimientos, acciones, experiencias y capacidades que inciden en el efectivo desempeño del rol gerencial, al contribuir al logro de objetivos y metas organizacionales, asimismo, representan la implementación práctica por la acción del conocimiento adquirido académicamente o por experiencias a través del proceso de aprendizaje. Es por ello que, en los últimos años, las habilidades directivas desempeñan un papel muy importante en la satisfacción de los colaboradores en las empresas a nivel mundial, pues se ha demostrado que la manera o particularidad en que los directivos lideran a sus equipos generan una repercusión directa en su satisfacción y, por ende, en su desempeño laboral (Moreno & Wong, 2018).

Paredes-Zempual, Ibarra-Morales y Moreno-Freites (2021) adoptan otra perspectiva, sostienen que el buen desempeño de la empresa está en función de las habilidades directivas y el buen clima organizacional, sobre todo en este tiempo donde las empresas se encuentran inmersas en un proceso de globalización y de rápidos cambios que demandan líderes más preparados en actitudes y aptitudes, capaces de administrar de manera eficaz y eficiente los procesos y procedimientos, tanto administrativos como operativos, comprometidos con la rentabilidad de la organización.

El clima organizacional es observado y analizado por las empresas con el fin de mantenerlo en niveles positivos y, de esa forma, estimular la productividad de los empleados, motivo por el cual las empresas buscan los elementos y condiciones necesarias que puedan incidir de forma positiva en el clima organizacional, debido a que existen estudios empíricos que así lo demuestran, en otras palabras, un mejor clima organizacional en la empresa se traduce en mejores resultados en los ámbitos financieros, administrativos y productivos (Alegría-Zebadúa & Alarcón-Martínez, 2022).

Whetten y Cameron (2016) clasifican las habilidades en tres grandes grupos: personales, interpersonales y grupales, mismas que en su conjunto aportan al éxito de una administración eficaz y centrada en los logros financieros, pero también de posición competitiva. En este sentido, para el presente estudio se han seleccionado como habilidades directivas las siguientes: negociación, toma de decisiones, liderazgo, comunicación y trabajo en equipo, ya que predominan en la literatura y en los diferentes modelos conceptuales, además de ser las más importantes para Whetten y Cameron. Adicionalmente, se ha seleccionado como variable el 'clima organizacional' debido al impacto y la importancia que ostenta para las mypes. Las definiciones conceptuales para cada una de las variables se muestran en la tabla 17.2.

Tabla 17.2. Definición conceptual de las variables.

Variable	**Definición conceptual**
Negociación	Presentar y discutir propuestas comunes con el propósito de llegar a un acuerdo en un marco de interés común (Álvarez-Vásquez, et al., 2018).
Toma de decisiones	Decidir por una alternativa que requiere atender situaciones planificadas o de incertidumbre entre un abanico de varias opciones (Ávila-Morales et al., 2022).
Liderazgo	Lograr la motivación de los colaboradores mediante la promoción de conductas positivas que reditúan en mejores niveles de desempeño laboral para la empresa (Rojero-Jiménez, Gómez-Romero & Quintero-Robles, 2019).
Comunicación	Recibir y transmitir mensajes oportunos y unívocos, independientemente del canal o la forma de comunicación, lo cual facilita la emisión y recepción de los mensajes que se producen entre los miembros de la organización y su entorno, facilitando el alcance de los objetivos y metas que establecen los miembros de la organización (Puga-Villarreal & Martínez-Cerna, 2008).
Trabajo en equipo	Fomentar la colaboración conjunta entre los integrantes que conforman un equipo de trabajo, a través del talento individual, la comunicación, las competencias y las fortalezas de cada uno en su relación con los demás, para lograr el cumplimiento de un objetivo común (Viamontes & Oliva, 2015).
Clima organizacional	Variable que media entre el contexto de una organización y la conducta de sus empleados o miembros, desde la perspectiva del cómo ellos experimentan el trabajo en sus empresas (King, Hebl, George & Matusik, 2010).

Fuente: elaboración propia.

METODOLOGÍA

El presente trabajo de investigación ha sido propuesto por la Red de Estudios Latinoamericanos en Administración y Negocios (RELAYN, 2023), la cual consiste en conceptualizar la micro y pequeña empresa (mype) como una serie de elementos de entradas, procesos y salidas enmarcados en un ambiente que influye en el clima organizacional de las mypes, según la percepción del director, considerado como la persona que toma la mayor parte de las decisiones. Este estudio tiene un enfoque cuantitativo de diseño transversal de tipo causal.

Se realizó un muestreo probabilístico aleatorio simple con las mypes de Ecatepec de Morelos, Estado de México, México, cuya cantidad de empleados se encuentra en el rango de 1 a 50, con un nivel de confianza del 95 %, un margen de error del ±5 % y una probabilidad estimada de p=0.5 (50 %). Se obtuvieron de la muestra aplicada un total de 383 encuestas válidas en el periodo del 01 de marzo al 30 de abril de 2023. Se utilizó un instrumento de medición tipo encuesta, la cual fue dirigida a los propietarios, directores o gerentes de las mypes, para lo cual sirvió la asistencia de estudiantes universitarios que previamente fueron capacitados para aplicar la encuesta.

Características de la muestra son:

El 45.2 % de la muestra fueron del sexo biológico femenino y el restante 54.8 % masculino. La edad de los sujetos tiene un rango de 18 a 77 años, con un promedio de 43 años y una moda de 45 años. El 30 % de los empresarios tienen estudios de nivel superior, seguido de un 40.2 % con nivel media superior, 27.7 % con educación básica. En cuanto a estado civil predominan los casados con un 56.7 % seguidos de los solteros con 22.7 %.

La mayoría de los negocios 60.6 % pertenecen al giro comercial, un 31.6 % a la prestación de servicios y sólo 7.8 % a la producción de manufacturas, la antigüedad del 19.6 %de los negocios es menor a 3 años. Los empleos que ofrecen están en el rango de 1 a 50 trabajadores, de las empresas el 85.9 % emplea de 1 a 10 trabajadores y el 86.7 % tienen en su plantilla de 1 a 10 mujeres y en el 71.5 % colaboran de 1 a 5 familiares del propietario.

Alineado al objetivo general de la investigación y a la revisión de la literatura, se plantean las siguientes hipótesis:

- H0: Las habilidades directivas no inciden en el clima organizacional de la mype.
- H1: Las habilidades directivas inciden en el clima organizacional de la mype.

En cuanto al instrumento de medición, éste se integró por seis partes o bloques. El primero de ellos, con datos que abordan aspectos generales de la empresa: tamaño de la empresa, personal ocupado, así como información sobre los ingresos y gastos. La segunda parte aborda los datos del directivo y el tiempo destinado a las labores de la empresa. La tercera parte se refiere a los insumos del sistema: recursos humanos, análisis del mercado y proveedores. En una cuarta parte del instrumento de medición se exponen los procesos del sistema: dirección, gestión de ventas, finanzas, innovación, mercadotecnia, producción-operación. La quinta parte estuvo integrada por los resultados del sistema: satisfacción del sistema, ventaja competitiva, RSC-Asuntos de ISO 26000, valoración del entorno y, por último, la sexta parte quedó integrada por los dos temas anuales de investigación: a) el trabajo decente desde la perspectiva directiva y b) el impacto de las habilidades directivas (negociación, toma de decisiones, liderazgo, comunicación, trabajo en equipo) sobre el clima organizacional. Para las secciones comprendidas del tercer al sexto bloque se emplea una escala de Likert de cinco puntos, los cuales van de 'No sé / No aplica' (1) a 'muy de acuerdo' (5).

RESULTADOS

Las seis variables del instrumento muestran buena consistencia interna del instrumento mediante el análisis del alfa de Cronbach de las variables objeto de estudio, de la misma forma se analiza la correlación que tienen con el clima organizacional como se muestra en la tabla 17.3.

Tabla 17.3. Alfa de Cronbach y correlación de las variables.

Variables	Correlación con clima	Cronbach	Media	Desviación Estándar
Negociación	0.377	0.848	4.179	0.578
Toma de decisiones	0.24	0.861	4.222	0.562
Liderazgo	0.28	0.892	4.417	0.488
Comunicación	0.379	0.895	4.373	0.509
Trabajo en equipo	0.481	0.923	4.403	0.524
Clima Organizacional	1	0.905	4.424	0.523

Fuente: Elaboración propia utilizando RStudio (R Core Team, 2022).

Se procede a realizar el modelo estructural del instrumento en la figura 17.4, el ajuste absolutorio muestra el error cuadrático medio de aproximación (RMSEA) es de 0.024 y el residuo cuadrático medio estandarizado (SRMR) es de 0.054, en ambos casos se consideran aceptables, en el ajuste comparativo (CFI) muestra un resultado de 0.998 y el índice de Tucker-Lewis (TLI) de 0.998 considerados ajustes óptimos.

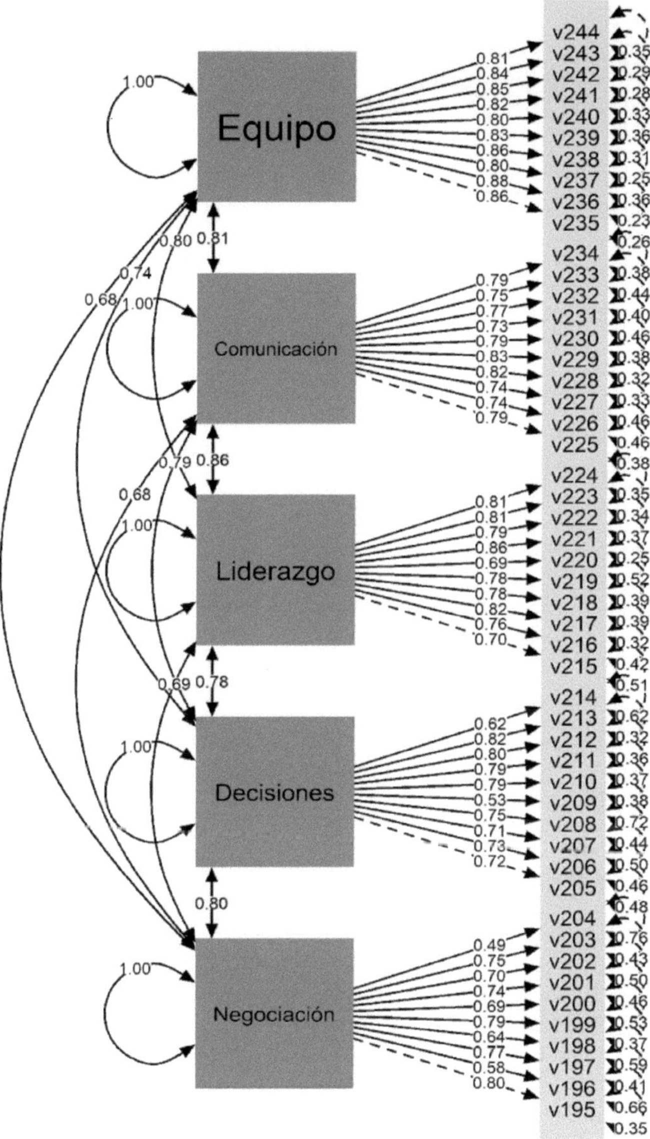

Figura 17.4. Resultado del modelo estructural.

Fuente: Elaboración propia utilizando RStudio (R Core Team, 2022).

Partiendo de la información cuantitativa del estudio se establece el modelo estructural (Figura 17.4), donde se muestra la dirección de las relaciones entre las diversas variables y el efecto que causan. El modelo plantea la existencia de cinco variables endógenas con una relación causal recíproca (trabajo en equipo, comunicación, liderazgo, toma de decisiones y negociación). Las cinco variables tienen una relación causal directa con los ítems que conforman la variable, en todos los casos el grado de significancia fue <0.05 (los resultados se muestran en la Figura 17.4) dando un correcto ajuste del modelo (Bentler & Bonett, 1980; Martínez et al., 2012)

Con el objetivo de medir el impacto que tienen las habilidades directivas sobre el clima organizacional de la mype se realiza la siguiente regresión lineal, donde el clima organizacional es la variable dependiente y las variables independientes son negociación, decisiones, liderazgo y comunicación. Al final se sustituyen los valores tal y como se observa en la tabla 17.5.

Fórmula:

y = clima = constante + negociación + toma de decisiones + liderazgo + comunicación + trabajo en equipo.

Tabla 17.5. Regresión lineal.

Fórmula: lm(fórmula = clima ~ negociación + toma de decisiones + liderazgo + comunicación + trabajo en equipo)				
		Residuales		
Min	**1Q**	**Mediana**	**3Q**	**Max**
-2.61833	-0.12219	0.01557	0.15676	1.03128
Coeficientes	**Estimado**	**Std. Error**	**T-valor**	**P-valor**
(Clima/Intercept)	0.55670	0.16593	3.355	0.000874
Negociación	-0.04874	0.03913	-1.245	0.213728
Toma de decisiones	0.13171	0.04531	2.907	0.003863
Liderazgo	0.19901	0.05526	3.602	0.000359
Comunicación	0.13957	0.05423	2.574	0.010440
Trabajo en equipo	0.46009	0.05091	9.037	2e-16

Signif. codes: 0 '***' 0.001 '**' 0.01 '*' 0.05 '.' 0.1 ' ' 1
Residual standard error: 0.3255 on 377 degrees of freedom
Multiple R-squared: 0.6177, Adjusted R-squared: 0.6127
F-statistic: 121.8 on 5 and 377 DF, p-value: < 2.2e-16
Fuente: Elaboración propia utilizando RStudio (R Core Team, 2022).

Para poder medir el impacto, se multiplica el valor estimado de cada una de las variables independientes (tabla 17.5) por su media (tabla 17.3).

y=0.5567 + (-0.04874 * 4.179) + (0.13171 * 4.222) + (0.19901 * 4.417) + (0.13957 * 4.373) + (0.46009 * 4.403)

Resolvemos la ecuación:

y=0.5567+-0.2036845+0.5560796+0.8790272+0.6103396+2.0257763
y=4.4242382

Se observa que la variable que tiene mayor impacto es trabajo en equipo con 2.0257763, mientras que la de menor impacto es negociación con —0.2036845. El impacto total de las habilidades directivas sobre el clima organizacional es de 4.4242382.

DISCUSIÓN

Las mypes son relevantes en la economía tanto por su contribución al PIB como en la generación de empleos. La complejidad de la mype, particularmente la que enfrentan sus directivos, inicia desde la presencia o ausencia de habilidades gerenciales o directivas cuyos efectos son previsibles en variables como el clima organizacional; sin embargo, la evidencia de esta relación causal no es común en la literatura y menos aún cuando se trata de microempresas.

El propósito de esta investigación fue determinar el grado de asociación entre las habilidades directivas y el clima organizacional; sin embargo, es importante señalar que el clima organizacional, así como la competitividad, no son factores que dependen únicamente de una variable o que la relación entre variables ocurra igual en todo contexto. Para el cumplimiento del propósito, se analizó la fiabilidad de las escalas, se obtuvieron niveles altos en la de clima organizacional y trabajo en equipo, así como niveles aceptables en negociación, decisiones, liderazgo y comunicación. Las variables en su comportamiento individual presentan un nivel positivo de acuerdo a bajos niveles de desviación estándar, lo cual representa un comportamiento homogéneo de las variables.

En las empresas estudiadas en Ecatepec de Morelos, México, las correlaciones presentan una incidencia que puede ser considerada baja entre el clima, la toma de decisiones y el liderazgo, y una relación media entre el clima, la negociación, la comunicación y el trabajo en equipo. Por tanto, se acepta la hipótesis que señala la incidencia de las habilidades directivas en el clima organizacional. El modelo estructural cumple con los estándares más aceptados en los índices de adecuación y permite comprobar la relación causal más elevada entre el clima y el trabajo en equipo. La implicación práctica de este resultado es que en la medida en que se trabaja en la integración de equipos de trabajo, se obtendrán condiciones adecuadas en el clima de la organización; dicho de otra manera, si se buscan mejoras en la interacción de los integrantes de la organización, deberán realizarse acciones encaminadas a la integración de equipos.

REFERENCIAS

Aburto, H.I. & Bonales, J. (2011). Habilidades directivas: Determinantes en el clima organizacional. *Investigación y Ciencia,* 19(51), 41–49.

Alegría-Zebadúa, R.M., & Alarcón-Martínez, G. (2022). Marco teórico e instrumento de medición de las habilidades gerenciales y clima organizacional en *Instituciones Bancarias de México. Vinculatégica,* 7(1). https://doi.org/10.29105/vtga7.1-82

Álvarez-Vásquez, C.A., Rivera-Vera, H.F., Conforme-Cedeño, G.M., Campoverde-Flores, F.K., Sornoza-Parrales, D.R., & Merchán-Nieto, L. (2018). *Los procesos, las técnicas de negociación y la tecnología. Ciencias. Economía, Organización y Ciencias Sociales. Editorial Área de Innovación y Desarrollo, S.L.* https://doi.org/10.17993/ecoorgycso.2018.41

Ávila-Morales, H., Palumbo-Pinto, G.B., De la Cruz-Ríos, H.A., & Ogosi-Auqui, J.A. (2022). Toma de decisiones estratégicas en la gestión pública para el desarrollo social. *Revista Venezolana de Gerencia*, 27(Edición Especial 7), 648–662. https://doi.org/10.52080/rvgluz.27.7.42

Bentler, P. M., & Bonett, D. G. (1980). Significance Tests and Goodness of Fit in the Analysis of Covariance Structures. *In Psychological Bulletin* (Vol. 88, Issue 3).

Brunet, L. (2007). El clima de trabajo en las organizaciones. Definición, diagnóstico y consecuencias. *Editorial Trillas.*

Busro, M. (2018). Teori-teori Manajemen Sumber Daya Manusia. *Jakarta. PrenadaMedia.*

Dini, M. & Stumpo, G. (2020). MiPyMEs en América Latina: un frágil desempeño y nuevos desafíos para las políticas de fomento. Documentos de Proyectos (LC/TS.2018/75/Rev.1), Santiago. *Comisión Económica para América Latina y el Caribe* (CEPAL).

Forbes (2021). Inclusión digital: el futuro de las MyPEs. *Forbes Content.* https://www.forbes.com.mx/ad-inclusion-digital-futuro-mypes-mexico-visa/

Ibarra-Morales, L.E., Paredes-Zempual, D., & Carrillo-Cisneros, E. (2022). Impacto del COVID-19 en las variables que determinan la competitividad de las micro, pequeñas y medianas empresas mexicanas. *Revista RELAYN. Micro y Pequeña Empresa en Latinoamérica,* 6(1), 7–22. https://doi.org/10.46990/relayn.2022.6.1.532

Instituto Nacional de Estadística y Geografía (Inegi) (2020). *Censo de población y vivienda 2020.* https://www.inegi.org.mx/programas/ccpv/2020/

King, E.B., Helb, M.R., George, J.M. & Matusik, S.F. (2010). Understanding tokenism: Antecedents and consequences of a psychological climate of gender inequity. *Journal of Management,* 36(2), 482–510. https://doi.org/10.1177/0149206308328508

Leyva-Carreras, A.B., Cavazos-Arroyo, J., & Espejel-Blanco, J.E. (2018). Influencia de la planeación estratégica y habilidades gerenciales como factores internos de la competitividad empresarial de las Pymes. *Contaduría y Administración,* 63(3), 41. https://doi.org/10.22201/fca.24488410e.2018.1085

Leyva-Carreras, A.B., Espejel-Blanco, J.E., & Cavazos-Arroyo, J. (2017). Habilidades gerenciales como estrategia de competitividad empresarial en las pequeñas y medianas empresas (Pymes). *Revista Perspectiva Empresarial*, 4(1), 7–22. https://doi.org/10.16967/rpe.v4n1a1

Martinez, E., García-Alandete, J., Selles, P., Bernabe, G., & Soucase, B. (2012). Análisis factorial confirmatorio de los principales modelos propuestos para el purpose-in-life test en una muestra de universitarios españoles. *Acta Colombiana de Psicología,* 67–76.

Mendoza-Vargas, E.Y., Villaroel-Puma, M.F. & Carranza-Quimi, W.D. (2020). Caracterización de los microemprendimientos de los sectores urbanos marginales de Quevedo. *Centro Sur. Social Science Journal.* 4(4), 1–23. https://doi.org/10.37955/cs.v4i1.40

Moreno, M. J., & Wong Aitken, H. G. (2019). Relación de las habilidades directivas y la satisfacción laboral en la empresa Chicken King de Trujillo, 2018. *Cuadernos Latinoamericanos de Administración,* 14(27), 1–17. https://doi.org/10.18270/cuaderlam.v14i27.2475

Naranjo, R. (2015). Management skills in leaders of mid-sized businesses of Colombia. *Revista Científica Pensamiento y Gestión,* 38, 119–146. https://doi.org/10.14482/pege.38.7703

Niebles-Núñez, L., Torres-Anillo, K. & Montenegro-Rada, A. (2020). Habilidades gerenciales como herramienta para el fortalecimiento del liderazgo transformacional en las mipymes. *Editorial Universidad del Atlántico.* https://repositorio.uniatlantico.edu.co/bitstream/handle/20.500.12834/1030/admin %2c %2bHABILIDADES %2bGERENCIALES %2bCOMO %2bHERRAMIENTA %2bEN %2bMIPYMES.pdf?sequence=1&isAllowed=y

Paredes-Zempual, D., Ibarra-Morales, L.E., & Moreno-Freites, Z.E. (2021). Habilidades directivas y clima organizacional en pequeñas y medianas empresas. *Investigación Administrativa,* 50–1, 1–23. https://doi.org/10.35426/iav50n127.05

Puga-Villarreal, J., & Martínez-Cerna, L. (2008). Competencias Directivas en Escenarios Globales. *Estudios Gerenciales,* 24(109), 87–103. https://doi.org/10.1016/s0123-5923(08)70054-8

R Core Team (2022). R: A language and environment for statistical computing. R *Foundation for Statistical Computing, Vienna, Austria.* URL https://www.R-project.org/

Red de Estudios Latinoamericanos en Administración y Negocios. (RELAYN) (2023). *Investigación anual,* N. Peña & O. Aguilar (coords.) https://relayn.redesla.la

Red de Estudios Latinoamericanos (RedesLA) (2023). *Investigaciones anuales.* https://redesla.la

Rojero-Jiménez, R., Gómez-Romero, J.G.I., & Quintero-Robles, L.M. (2019). El liderazgo transformacional y su influencia en los atributos de los seguidores en las Mipymes mexicanas. *Estudios Gerenciales,* 35(151), 178–189. https://doi.org/10.18046/j.estger.2019.151.3192

Vargas, B., & del Castillo, C. (2008). Competitividad sostenible de la pequeña empresa: Un modelo de promoción de capacidades endógenas para promover ventajas competitivas sostenibles y alta productividad. *Journal of Economics, Finance and Administrative Science,* 13(24), 59–80. https://www.redalyc.org/articulo.oa?id=360733604004

Viamontes, M.O., & Oliva, E.J.D. (2015). Las agrupaciones corales como estrategia de formación de competencias para trabajo en equipo en las organizaciones: una perspectiva comparativa. *Suma de Negocios,* 6(13), 92–97. https://doi.org/10.1016/j.sumneg.2015.08.008

Whetten, D. & Cameron, K. (2016). Desarrollo de habilidades directivas. México: *Editorial Prentice Hall.*

CAPÍTULO 18

Las habilidades directivas y el clima organizacional en las micro y pequeñas empresas de La Paz, Estado de México, México

Management skills and the organizational climate in micro and small companies in La Paz, State of Mexico, Mexico

JUAN MANUEL ORTEGA CAMACHO, JUAN DEMETRIO SANCHEZ GRANADOS, ABDIEL CARMONA MORALES Y JOSÉ LUIS RODRÍGUEZ REVILLA

Tecnológico de Estudios Superiores del Oriente del Estado de México

Resumen: El objetivo de la presente investigación es determinar el impacto que tienen las habilidades directivas sobre el clima organizacional en las micro y pequeñas empresas de Latinoamérica. Se presenta un estudio cuantitativo, no experimental, de forma transversal y con un alcance causal. La pertinencia del estudio contribuye a la generación de conocimiento para el desarrollo de un modelo de gestión de la mype en América Latina que permita maximizar la productividad.

Para este trabajo, se construyó un modelo estructural que permitiera mostrar las relaciones entre las diversas variables y el efecto que causan. El modelo plantea la existencia de cinco variables endógenas con una relación causal.

En el ámbito municipal y con el objetivo de medir el impacto que tienen las habilidades directivas (negociación, toma de decisiones, liderazgo, comunicación y trabajo en equipo) sobre el clima organizacional de las mypes, se realizó una regresión lineal, en donde se observa que la variable que tiene mayor impacto es trabajo en equipo con 1.6360344, mientras que la de menor impacto es toma de decisiones con 0.1979438. El impacto total de las habilidades directivas sobre el clima organizacional es de 4.3037139.

Abstract: The objective of this research is to determine the impact that management skills have on the organizational climate in micro and small companies in Latin America. A quantitative, non-experimental, cross-sectional study with a causal scope is presented. The relevance of the study contributes to the generation of knowledge for the development of a management model for mypes in Latin America that allows maximizing productivity.

For this work, a structural model was built to show the relationships between the various variables and the effect they cause. The model suggests the existence of five endogenous variables with a causal relationship.

At the municipal level and with the objective of measuring the impact that management skills (negotiation, decision-making, leadership, communication and teamwork) have on the organizational climate of mypes, a linear regression was carried out, where it is observed that the variable with the greatest impact is teamwork with 1.6360344, while the one with the least impact is decision-making with 0.1979438. The total impact of management skills on the organizational climate is 4.3037139.

Palabras clave: clima organizacional, habilidades directivas, micro y pequeñas empresas.

INTRODUCCIÓN

De acuerdo con el último Censo Económico publicado por el Instituto Nacional de Estadística y Geografía (INEGI, 2020), 98.3 % del universo de unidades económicas está constituido por micro y pequeñas empresas, las cuales generan —al menos— el 55 % de los empleos y amasan el 39 % del Producto Interno Bruto (PIB) del país. Las microempresas están configuradas por aquellos negocios que tienen menos de 10 trabajadores y generan anualmente ventas hasta por 4 millones de pesos. Las pequeñas empresas son unidades económicas que emplean entre 11 y 50 trabajadores, generando ventas anuales que oscilan entre 4 y 100 millones de pesos (Mendoza-Vargas, Villaroel-Puma & Carranza-Quimi, 2020; Forbes, 2021).

Es importante mencionar que actualmente las mypes se enfrentan a múltiples retos y problemáticas, específicamente, el desarrollo de habilidades gerenciales o directivas por parte de los líderes cumple una labor fundamental en el clima organizacional para este tipo de empresas, al establecerse como un diferenciador con otras organizaciones (Busro, 2018). En esa perspectiva, la formación y el desarrollo de habilidades directivas del personal encargado de implementar estrategias y tomar decisiones son fundamentales, pues de ello depende que las mypes cumplan sus metas y objetivos estratégicos, lo cual permite a las organizaciones volverse más competitivas, pues propicia la formación de un clima organizacional donde los empleados estén satisfechos con su organización (Aburto & Bonales, 2011; Brunet, 2007).

Derivado de la importancia que representa el desarrollo de habilidades directivas en los líderes que dirigen los esfuerzos estratégicos de las mypes, así como la importancia de contar con un buen clima organizacional, se plantean las siguientes preguntas de investigación: ¿cuáles habilidades directivas tienen repercusión en el clima organizacional de las mypes?, ¿cuál es el clima organizacional que predomina en las mypes?

Para cumplir con lo anterior, el objetivo de la investigación es determinar el grado de asociación entre las habilidades directivas y el clima organizacional de las micro y pequeñas empresas, lo cual permitirá conocer con mayor precisión las habilidades directivas que los gerentes o mandos medios deben desarrollar para que prevalezca un clima organizacional satisfactorio entre los empleados al interior de las mypes. En ese sentido, las mypes podrán determinar si éstas son las causales de un clima organizacional adecuado o inconveniente, lo que, a su vez, permitirá diseñar programas de capacitación para sus líderes y, con ello, generar información que contribuya —si es el caso— a resolver el problema o mantener y fortalecer lo que se tiene.

Los diferentes análisis estadísticos correlacionales entre las variables del estudio permitirán identificar si las habilidades directivas son la causa principal del clima organizacional que prevalece en las mypes. Lo anterior será de gran apoyo en la búsqueda de factores endógenos diferenciados que permita a las mypes obtener ventajas competitivas sostenibles, ya que, si bien es cierto, una mejor gestión empresarial no es suficiente para lograr ser más competitivas, sino que está determinada por otros factores internos como un buen clima organizacional y el desarrollo de habilidades directivas (Vargas & Del Castillo, 2008).

REVISIÓN DE LA LITERATURA

Las organizaciones del siglo XXI afrontan un entorno dinámico y complejo caracterizado por la incertidumbre, debido a esto deben estar preparadas para dar respuesta a los cambios vertiginosos, en aras de cumplir sus objetivos y metas organizacionales así como volverse más competitivas. Las micro y pequeñas empresas (mypes) también deben responder a ese contexto, sin embargo, las características estructurales de su magnitud las coloca en desventaja respecto a la gran empresa, misma que tiene a su disposición una mayor cantidad de recursos y capacidades. El tema aquí analizado ha obtenido gran relevancia en los rubros de la investigación y las políticas públicas recientemente, lo cual ha permitido una mejora de determinados aspectos directamente vinculados con la competitividad de las empresas (Leyva-Carreras, Cavazos-Arroyo & Espejel-Blanco, 2018).

La situación actual de las mypes es compleja —aun siendo una parte fundamental del aparato económico a nivel mundial—, presenta una serie de desafíos

y retos, enfrenta diversos obstáculos que limitan su capacidad de crecimiento y desarrollo. Uno de los principales problemas que enfrentan estas empresas es la falta de acceso al financiamiento, ya que esto restringe su capacidad para invertir en innovación, en maquinaria y equipos, software y tecnologías digitales; así Como en la capacitación y adiestramiento para sus empleados. Otra problemática a la cual se enfrentan es la poca inversión en capacitación a sus directivos y gerentes, de modo que éstos puedan desarrollar sus habilidades directivas, permitiéndoles contar con las herramientas necesarias al momento de tomar decisiones estratégicas de impacto en sus portafolios de negocios, a través de una visión diferente y más competitiva, no sólo a nivel local, sino a niveles superiores en la configuración y escala del negocio.

Es importante destacar que la pandemia por el Covid-19 tuvo un impacto significativo en las mypes debido a que muchas de ellas tuvieron que cerrar de forma temporal o permanente. Las restricciones de movimiento y confinamiento social provocaron una disminución significativa en la demanda de productos y servicios (Ibarra-Morales, Paredes-Zempual & Carrillo-Cisneros, 2022). Para dimensionar y tener una mejor visión de la magnitud de la presencia e importancia de las mypes en Latinoamérica, Dini y Stumpo (2021) realizan una clasificación tomando como parámetros el sector y el tamaño de la empresa (tabla 18.1.).

Tabla 18.1. Clasificación de acuerdo con el sector y tamaño de la empresa.

Sector	Micro empresa	Pequeña empresa
Agricultura, ganadería, caza, silvicultura y pesca	80 %	16 %
Explotación de minas y canteras	68 %	23 %
Industria manufacturera	82 %	14 %
Suministro de electricidad, gas y agua	70 %	20 %
Construcción	76 %	19 %
Comercio al por mayor y menor	92 %	07 %
Hoteles y restaurantes	89 %	10 %
Transporte, almacenamiento y Comunicaciones	83 %	13 %
Intermediación financiera	81 %	14 %
Actividades inmobiliarias, empresariales y de alquiler	87 %	10 %
Enseñanza	76 %	19 %
Servicios sociales y de salud	89 %	09 %
Otras actividades comunitarias, sociales y personales	95 %	04 %
Total	**88.4 %**	**09.6 %**

Fuente: elaboración propia a partir de Dini & Stumpo (2021).

Leyva-Carreras, Espejel-Blanco y Cavazos-Arroyo (2017) destacan que el director o gerente de una mype debe tomar en cuenta ciertas variables para lograr la excelencia, el buen clima organizacional y la competitividad empresarial, para lo cual es preciso contar con personal directivo que reúna las siguientes características: dinámicos, actualizados, con habilidades directivas, operativas y de gestión, conocimientos de administración y planeación estratégica, así como administración y dirección de talento humano, siempre proactivo al cambio organizacional y tecnológico, para que se convierta en vehículo que potencia la creatividad, la innovación y el desarrollo sustentable. Sin embargo, por desconocer esas características de gestión o habilidades directivas que son propias de los líderes, esa ignorancia puede ser la causa de algunos problemas administrativos y de competitividad en las mypes, lo que genera algunas consecuencias en la transición de una economía local y proteccionista a un mercado libre y globalizado (Naranjo, 2015).

Niebles-Núñez, Torres-Anillo y Montenegro-Rada (2020) establecen que las habilidades directivas comprenden el proceso de la gerencia, estas son: planificar, organizar, dirigir, ejecutar y controlar que, a su vez, constituyen el conjunto de destrezas, cualidades, competencias, conocimientos, acciones, experiencias y capacidades que inciden en el efectivo desempeño del rol gerencial, al contribuir al logro de objetivos y metas organizacionales, asimismo, representan la implementación práctica por la acción del conocimiento adquirido académicamente o por experiencias a través del proceso de aprendizaje. Es por ello que, en los últimos años, las habilidades directivas desempeñan un papel muy importante en la satisfacción de los colaboradores en las empresas a nivel mundial, pues se ha demostrado que la manera o particularidad en que los directivos lideran a sus equipos generan una repercusión directa en su satisfacción y, por ende, en su desempeño laboral (Moreno & Wong, 2018).

Paredes-Zempual, Ibarra-Morales y Moreno-Freites (2021) adoptan otra perspectiva, sostienen que el buen desempeño de la empresa está en función de las habilidades directivas y el buen clima organizacional, sobre todo en este tiempo donde las empresas se encuentran inmersas en un proceso de globalización y de rápidos cambios que demanda líderes más preparados en actitudes y aptitudes, capaces de administrar de manera eficaz y eficiente los procesos y procedimientos, tanto administrativos como operativos, comprometidos con la rentabilidad de la organización.

El clima organizacional es observado y analizado por las empresas con el fin de mantenerlo en niveles positivos y, de esa forma, estimular la productividad de los empleados, motivo por el cual las empresas buscan los elementos y condiciones necesarias que puedan incidir de forma positiva en el clima organizacional, ya que existen estudios empíricos que así lo demuestran, en otras palabras, un mejor clima organizacional en la empresa se traduce en mejores resultados en los ámbitos financieros, administrativos y productivos (Alegría-Zebadúa & Alarcón-Martínez, 2022).

Whetten y Cameron (2016) clasifican las habilidades en tres grandes grupos: personales, interpersonales y grupales, mismas que en su conjunto aportan al éxito de una administración eficaz y centrada en los logros financieros, pero también de posición competitiva. En este sentido, para el presente estudio se han seleccionado como habilidades directivas las siguientes: negociación, toma de decisiones, liderazgo, comunicación y trabajo en equipo, ya que predominan en la literatura y en los diferentes modelos conceptuales, además de ser las más importantes para Whetten y Cameron. Adicionalmente, se ha seleccionado como variable el 'clima organizacional' debido al impacto y la importancia que ostenta para las mypes. Las definiciones conceptuales para cada una de las variables se muestran en la tabla 18.2.

Tabla 18.2. Definición conceptual de las variables.

Variable	Definición conceptual
Negociación	Presentar y discutir propuestas comunes con el propósito de llegar a un acuerdo en un marco de interés común (Álvarez-Vásquez, et al., 2018).
Toma de decisiones	Decidir por una alternativa que requiere atender situaciones planificadas o de incertidumbre entre un abanico de varias opciones (Ávila-Morales et al., 2022).
Liderazgo	Lograr la motivación de los colaboradores mediante la promoción de conductas positivas que reditúan en mejores niveles de desempeño laboral para la empresa (Rojero-Jiménez, Gómez-Romero & Quintero-Robles, 2019).
Comunicación	Recibir y transmitir mensajes oportunos y unívocos, independientemente del canal o la forma de comunicación, lo cual facilita la emisión y recepción de los mensajes que se producen entre los miembros de la organización y su entorno, facilitando el alcance de los objetivos y metas que establecen los miembros de la organización (Puga-Villarreal & Martínez-Cerna, 2008).
Trabajo en equipo	Fomentar la colaboración conjunta entre los integrantes que conforman un equipo de trabajo, a través del talento individual, la comunicación, las competencias y las fortalezas de cada uno en su relación con los demás, para lograr el cumplimiento de un objetivo común (Viamontes & Oliva, 2015).
Clima organizacional	Variable que media entre el contexto de una organización y la conducta de sus empleados o miembros, desde la perspectiva del cómo ellos experimentan el trabajo en sus empresas (King, Hebl, George & Matusik, 2010).

Fuente: elaboración propia.

METODOLOGÍA

El presente trabajo de investigación ha sido propuesto por la Red de Estudios Latinoamericanos en Administración y Negocios (RELAYN, 2023), la cual consiste en conceptualizar la micro y pequeña empresa (mype) como una serie de elementos de entradas, procesos y salidas enmarcados en un ambiente que influye en el clima organizacional de las mypes, según la percepción del director, considerado como la persona que toma la mayor parte de las decisiones. Este estudio tiene un enfoque cuantitativo de diseño transversal de tipo causal.

Se realizó un muestreo probabilístico aleatorio simple con las mypes de La Paz, Estado de México, México, cuya cantidad de empleados se encuentra en el rango de 1 a 50, con un nivel de confianza del 95 %, un margen de error del ±5 % y una probabilidad estimada de p=0.5 (50 %). Se obtuvieron de la muestra aplicada un total de 455 encuestas válidas en el periodo del 01 de marzo al 30 de abril de 2023. Se utilizó un instrumento de medición tipo encuesta, la cual fue dirigida a los propietarios, directores o gerentes de las mypes, para lo cual sirvió la asistencia de estudiantes universitarios que previamente fueron capacitados para aplicar la encuesta.

Características de la muestra son:

El 40.2 % de la muestra fueron del sexo biológico femenino y el restante 59.8 % masculino. La edad de los sujetos tiene un rango de 18 a 89 años, con un promedio de 41 años y una moda de 45 años. El 17.8 % de los empresarios tienen estudios de nivel superior, seguido de un 43.5 % con nivel media superior, 37.1 % con educación básica. En cuanto a estado civil predominan los casados con un 54.1 % seguidos de los solteros con 20.4 %.

La mayoría de los negocios 74.3 % pertenecen al giro comercial, un 22.4 % a la prestación de servicios y sólo 3.3 % a la producción de manufacturas, la antigüedad del 14.3 %de los negocios es menor a 3 años. Los empleos que ofrecen están en el rango de 1 a 50 trabajadores, de las empresas el 89.7 % emplea de 1 a 10 trabajadores y el 89.7 % tienen en su plantilla de 1 a 10 mujeres y en el 77.1 % colaboran de 1 a 5 familiares del propietario.

Alineado al objetivo general de la investigación y a la revisión de la literatura, se plantean las siguientes hipótesis:

- H0: Las habilidades directivas no inciden en el clima organizacional de la mype.
- H1: Las habilidades directivas inciden en el clima organizacional de la mype.

En cuanto al instrumento de medición, éste se integró por seis partes o bloques. El primero de ellos, con datos que abordan aspectos generales de la empresa: tamaño de la empresa, personal ocupado, así como información sobre los ingresos y gastos. La segunda parte aborda los datos del directivo y el tiempo destinado a las labores de la empresa. La tercera parte se refiere a los insumos del sistema: recursos humanos, análisis del mercado y proveedores. En una cuarta parte del instrumento de medición se exponen los procesos del sistema: dirección, gestión de ventas, finanzas, innovación, mercadotecnia, producción-operación. La quinta parte estuvo integrada por los resultados del sistema: satisfacción del sistema, ventaja competitiva, RSC-Asuntos de ISO 26000, valoración del entorno y, por último, la sexta parte quedó integrada por los dos temas anuales de investigación: a) el trabajo decente desde la perspectiva directiva y b) el impacto de las habilidades directivas (negociación, toma de decisiones, liderazgo, comunicación, trabajo en equipo) sobre el clima organizacional. Para las secciones comprendidas del tercer al sexto bloque se emplea una escala de Likert de cinco puntos, los cuales van de 'No sé / No aplica' (1) a 'muy de acuerdo' (5).

RESULTADOS

Las seis variables muestran consistencia interna del instrumento mediante el análisis del alfa de Cronbach de las variables objeto de estudio, de la misma forma se analiza la correlación que tienen con el clima organizacional como se muestra en la tabla 18.3.

Tabla 18.3. Alfa de Cronbach y correlación de las variables.

Variables	Correlación con clima	Cronbach	Media	Desviación Estándar
Negociación	0.41	0.832	4.044	0.602
Toma de decisiones	0.272	0.880	4.083	0.593
Liderazgo	0.356	0.902	4.300	0.523
Comunicación	0.356	0.891	4.304	0.504
Trabajo en equipo	0.454	0.899	4.290	0.525
Clima Organizacional	1	0.878	4.304	0.518

Fuente: Elaboración propia utilizando RStudio (R Core Team, 2022).

Se procede a realizar el modelo estructural del instrumento en la figura 18.4, el ajuste absolutorio muestra el error cuadrático medio de aproximación (RMSEA) es de 0.026 y el residuo cuadrático medio estandarizado (SRMR) es de 0.051, en

ambos casos se consideran aceptables, en el ajuste comparativo (CFI) muestra un resultado de 0.997 y el índice de Tucker-Lewis (TLI) de 0.997 consideramos ajustes óptimos.

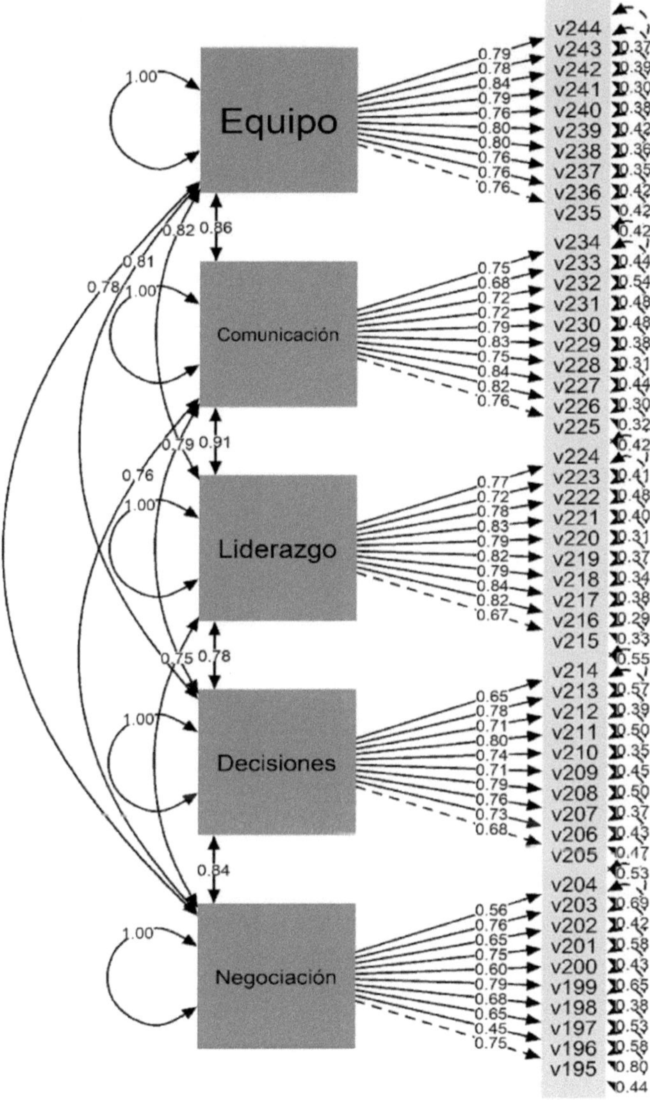

Figura 18.4. Resultado del modelo estructural.

Fuente: Elaboración propia utilizando RStudio (R Core Team, 2022).

Partiendo de la información cuantitativa del estudio se establece el modelo estructural (Figura 18.4), donde se muestra la dirección de las relaciones entre las diversas variables y el efecto que causan. El modelo plantea la existencia de cinco variables endógenas con una relación causal recíproca (trabajo en equipo, comunicación, liderazgo, toma de decisiones y negociación). Las cinco variables tienen una relación causal directa con los ítems que conforman la variable, en todos los casos el grado de significancia fue <0.05 (los resultados se muestran en la Figura 18.4) dando un correcto ajuste del modelo (Bentler & Bonett, 1980; Martínez et al., 2012)

Con el objetivo de medir el impacto que tienen las habilidades directivas sobre el clima organizacional de la mype se realiza la siguiente regresión lineal, donde el clima organizacional es la variable dependiente y las variables independientes son negociación, toma de decisiones, liderazgo, comunicación y trabajo en equipo. Al final se sustituyen los valores tal y como se observa en la tabla 18.5.

Fórmula:

y = clima = constante + negociación + toma de decisiones + liderazgo + comunicación + trabajo en equipo.

Tabla 18.5. Regresión lineal.

Fórmula: lm(fórmula = clima ~ negociación + toma de decisiones + liderazgo + comunicación + trabajo en equipo)				
Residuales				
Min	1Q	Mediana	3Q	Max
-0.99409	-0.09957	0.01140	0.12637	1.02560
Coeficientes	**Estimado**	**Std. Error**	**T-valor**	**P-valor**
(Clima/Intercept)	0.41575	0.12553	3.312	0.001001
Negociación	0.05326	0.03271	1.628	0.104130
Toma de decisiones	0.04848	0.03740	1.297	0.195464
Liderazgo	0.24261	0.04683	5.180	3.35e-07
Comunicación	0.18480	0.05142	3.594	0.000362
Trabajo en equipo	0.38136	0.04458	8.554	2e-16

Signif. codes: 0 '***' 0.001 '**' 0.01 '*' 0.05 '.' 0.1 ' ' 1
Residual standard error: 0.291 on 449 degrees of freedom
Multiple R-squared: 0.6877, Adjusted R-squared: 0.6842
F-statistic: 197.8 on 5 and 449 DF, p-value: < 2.2e-16
Fuente: Elaboración propia utilizando RStudio (R Core Team, 2022).

Para poder medir el impacto, se multiplica el valor estimado de cada una de las variables independientes (tabla 18.5) por su media (tabla 18.3).

y=0.41575 + (0.05326 * 4.044) + (0.04848 * 4.083) + (0.24261 * 4.3) + (0.1848 * 4.304) + (0.38136 * 4.29)

Resolvemos la ecuación:

y=0.41575+0.2153834+0.1979438+1.043223+0.7953792+1.6360344

y=4.3037139

Se observa que la variable que tiene mayor impacto es trabajo en equipo con 1.6360344, mientras que la de menor impacto es toma de decisiones con 0.1979438. El impacto total de las habilidades directivas sobre el clima organizacional es de 4.3037139.

DISCUSIÓN

El grado de asociación entre las habilidades directivas (negociación, toma de decisiones, liderazgo, comunicación y trabajo en equipo) y el clima organizacional (propiedades medibles del entorno laboral que son percibidas por los empleados y que afectan su motivación y comportamiento) de las micro y pequeñas empresas del municipio de La Paz en el Estado de México muestra un R-squared aceptable de 0.684

Por otro lado, de los resultados obtenidos mediante el análisis estadístico, se puede concluir que las habilidades directivas son la causa principal del clima organizacional que prevalece en las mypes del municipio objeto de estudio. Mediante el modelo estructural, se muestra la dirección de las relaciones entre las diversas variables y el efecto, encontrando cinco variables endógenas (trabajo en equipo, comunicación, liderazgo, toma de decisiones y negociación), con una relación causal directa con los ítems que conforman la variable; en todos los casos, el grado de significancia fue <0.05 (figura 18.4), dando un correcto ajuste del modelo.

De acuerdo con la tabla 18.5, las habilidades directivas en las que existe mayor colinealidad son liderazgo, comunicación y trabajo en equipo. También se observa el impacto que tienen estas cinco habilidades directivas, siendo la de mayor relevancia la variable trabajo en equipo (que se refiere a fomentar la colaboración conjunta entre los integrantes que conforman un equipo de trabajo, por medio del talento individual, la comunicación, las competencias y las fortalezas de cada uno en su relación con los demás, para lograr el cumplimiento de un objetivo común) con un valor de 1.6360344, mientras que la habilidad directiva de menor impacto es toma de decisiones (que se refiere a decidir por una alternativa que requiere atender situaciones planificadas o de incertidumbre entre un abanico de varias opciones) con un valor de 0.1979438. Por tanto, el impacto total de las habilidades directivas sobre el clima organizacional es de 4.3037139, que resulta ser altamente considerable.

Finalmente, considerando que el P-valor obtenido en la tabla 18.5 es menor que 2.2e-16, se rechaza la hipótesis nula, confirmando que las habilidades directivas inciden en el clima organizacional de las mypes de La Paz, Estado de México.

REFERENCIAS

Aburto, H.I. & Bonales, J. (2011). Habilidades directivas: Determinantes en el clima organizacional. *Investigación y Ciencia,* 19(51), 41–49.

Alegría-Zebadúa, R.M., & Alarcón-Martínez, G. (2022). Marco teórico e instrumento de medición de las habilidades gerenciales y clima organizacional en *Instituciones Bancarias de México. Vinculatégica,* 7(1). https://doi.org/10.29105/vtga7.1-82

Álvarez-Vásquez, C.A., Rivera-Vera, H.F., Conforme-Cedeño, G.M., Campoverde-Flores, F.K., Sornoza-Parrales, D.R., & Merchán-Nieto, L. (2018). *Los procesos, las técnicas de negociación y la tecnología. Ciencias. Economía, Organización y Ciencias Sociales. Editorial Área de Innovación y Desarrollo, S.L.* https://doi.org/10.17993/ecoorgycso.2018.41

Ávila-Morales, H., Palumbo-Pinto, G.B., De la Cruz-Ríos, H.A., & Ogosi-Auqui, J.A. (2022). Toma de decisiones estratégicas en la gestión pública para el desarrollo social. *Revista Venezolana de Gerencia*, 27(Edición Especial 7), 648–662. https://doi.org/10.52080/rvgluz.27.7.42

Bentler, P. M., & Bonett, D. G. (1980). Significance Tests and Goodness of Fit in the Analysis of Covariance Structures. *In Psychological Bulletin* (Vol. 88, Issue 3).

Brunet, L. (2007). El clima de trabajo en las organizaciones. Definición, diagnóstico y consecuencias. *Editorial Trillas.*

Busro, M. (2018). Teori-teori Manajemen Sumber Daya Manusia. *Jakarta. PrenadaMedia.*

Dini, M. & Stumpo, G. (2020). MiPyMEs en América Latina: un frágil desempeño y nuevos desafíos para las políticas de fomento. Documentos de Proyectos (LC/TS.2018/75/Rev.1), Santiago. *Comisión Económica para América Latina y el Caribe* (CEPAL).

Forbes (2021). Inclusión digital: el futuro de las MyPEs. *Forbes Content.* https://www.forbes.com.mx/ad-inclusion-digital-futuro-mypes-mexico-visa/

Ibarra-Morales, L.E., Paredes-Zempual, D., & Carrillo-Cisneros, E. (2022). Impacto del COVID-19 en las variables que determinan la competitividad de las micro, pequeñas y medianas empresas mexicanas. *Revista RELAYN. Micro y Pequeña Empresa en Latinoamérica,* 6(1), 7–22. https://doi.org/10.46990/relayn.2022.6.1.532

Instituto Nacional de Estadística y Geografía (Inegi) (2020). *Censo de población y vivienda 2020.* https://www.inegi.org.mx/programas/ccpv/2020/

King, E.B., Helb, M.R., George, J.M. & Matusik, S.F. (2010). Understanding tokenism: Antecedents and consequences of a psychological climate of gender inequity. *Journal of Management,* 36(2), 482–510. https://doi.org/10.1177/0149206308328508

Leyva-Carreras, A.B., Cavazos-Arroyo, J., & Espejel-Blanco, J.E. (2018). Influencia de la planeación estratégica y habilidades gerenciales como factores internos de la competitividad

empresarial de las Pymes. *Contaduría y Administración,* 63(3), 41. https://doi.org/10.22201/fca.24488410e.2018.1085

Leyva-Carreras, A.B., Espejel-Blanco, J.E., & Cavazos-Arroyo, J. (2017). Habilidades gerenciales como estrategia de competitividad empresarial en las pequeñas y medianas empresas (Pymes). *Revista Perspectiva Empresarial,* 4(1), 7–22. https://doi.org/10.16967/rpe.v4n1a1

Martinez, E., García-Alandete, J., Selles, P., Bernabe, G., & Soucase, B. (2012). Análisis factorial confirmatorio de los principales modelos propuestos para el purpose-in-life test en una muestra de universitarios españoles. *Acta Colombiana de Psicología,* 67–76.

Mendoza-Vargas, E.Y., Villaroel-Puma, M.F. & Carranza-Quimi, W.D. (2020). Caracterización de los microemprendimientos de los sectores urbanos marginales de Quevedo. *Centro Sur. Social Science Journal.* 4(4), 1–23. https://doi.org/10.37955/cs.v4i1.40

Moreno, M. J., & Wong Aitken, H. G. (2019). Relación de las habilidades directivas y la satisfacción laboral en la empresa Chicken King de Trujillo, 2018. *Cuadernos Latinoamericanos de Administración,* 14(27), 1–17. https://doi.org/10.18270/cuaderlam.v14i27.2475

Naranjo, R. (2015). Management skills in leaders of mid-sized businesses of Colombia. *Revista Científica Pensamiento y Gestión,* 38, 119–146. https://doi.org/10.14482/pege.38.7703

Niebles-Núñez, L., Torres-Anillo, K. & Montenegro-Rada, A. (2020). Habilidades gerenciales como herramienta para el fortalecimiento del liderazgo transformacional en las mipymes. *Editorial Universidad del Atlántico.* https://repositorio.uniatlantico.edu.co/bitstream/handle/20.500.12834/1030/admin %2c %2bHABILIDADES %2bGERENCIALES %2bCOMO %2bHERRAMIENTA %2bEN %2bMIPYMES.pdf?sequence=1&isAllowed=y

Paredes-Zempual, D., Ibarra-Morales, L.E., & Moreno-Freites, Z.E. (2021). Habilidades directivas y clima organizacional en pequeñas y medianas empresas. *Investigación Administrativa,* 50–1, 1–23. https://doi.org/10.35426/iav50n127.05

Puga-Villarreal, J., & Martínez-Cerna, L. (2008). Competencias Directivas en Escenarios Globales. *Estudios Gerenciales,* 24(109), 87–103. https://doi.org/10.1016/s0123-5923(08)70054-8

R Core Team (2022). R: A language and environment for statistical computing. R *Foundation for Statistical Computing, Vienna, Austria.* URL https://www.R-project.org/

Red de Estudios Latinoamericanos en Administración y Negocios. (RELAYN) (2023). *Investigación anual,* N. Peña & O. Aguilar (coords.) https://relayn.redesla.la

Red de Estudios Latinoamericanos (RedesLA) (2023). *Investigaciones anuales.* https://redesla.la

Rojero-Jiménez, R., Gómez-Romero, J.G.I., & Quintero-Robles, L.M. (2019). El liderazgo transformacional y su influencia en los atributos de los seguidores en las Mipymes mexicanas. *Estudios Gerenciales,* 35(151), 178–189. https://doi.org/10.18046/j.estger.2019.151.3192

Vargas, B., & del Castillo, C. (2008). Competitividad sostenible de la pequeña empresa: Un modelo de promoción de capacidades endógenas para promover ventajas competitivas sostenibles y alta productividad. *Journal of Economics, Finance and Administrative Science,* 13(24), 59–80. https://www.redalyc.org/articulo.oa?id=360733604004

Viamontes, M.O., & Oliva, E.J.D. (2015). Las agrupaciones corales como estrategia de formación de competencias para trabajo en equipo en las organizaciones: una perspectiva comparativa. *Suma de Negocios,* 6(13), 92–97. https://doi.org/10.1016/j.sumneg.2015.08.008

Whetten, D. & Cameron, K. (2016). Desarrollo de habilidades directivas. México: *Editorial Prentice Hall.*

CAPÍTULO 19

Las habilidades directivas y el clima organizacional en las micro y pequeñas empresas de Lerma, Estado de México, México

Management skills and the organizational climate in micro and small companies in Lerma, State of Mexico, Mexico

DANIA ELBA VILLASEÑOR PADILLA, EDWIN FLORES ORTIZ, JORGE CUEVAS SANABRIA Y EDGAR OLVERA ESPINOSA

Universidad Tecnológica del Valle de Toluca

Resumen: El objetivo de la presente investigación es determinar el impacto que tienen las habilidades directivas sobre el clima organizacional en las micro y pequeñas empresas de Latinoamérica. Se presenta un estudio cuantitativo, no experimental, de forma transversal y con un alcance causal. La pertinencia del estudio contribuye a la generación de conocimiento para el desarrollo de un modelo de gestión de la mype en América Latina que permita maximizar la productividad. Entre los principales resultados, podemos observar que la variable de la habilidad directiva trabajo en equipo es la que tiene un mayor impacto en el clima organizacional, con 1.8847683. Asimismo, existe una alta correlación entre las variables de comunicación, trabajo en equipo y liderazgo, las cuales están presentes en las mypes de Lerma, Estado de México. En este sentido, se identifica que la variable comunicación es elemental, la cual es el detonante para que las mypes logren tener un buen desarrollo en relación con el funcionamiento de sus equipos de trabajo, así como en las habilidades de liderazgo de sus directivos, contribuyendo al alcance de los objetivos de las organizaciones.

Abstract: The objective of this research is to determine the impact that management skills have on the organizational climate in micro and small companies in Latin America. A quantitative, non-experimental, cross-sectional study with a causal scope is presented. The relevance of the study contributes to the generation of knowledge for the development of a management model for mypes in Latin America that allows maximizing productivity. Among the main results, we can observe that the variable of teamwork managerial ability is the one that has the greatest impact on the organizational climate, with 1.8847683. Likewise, there is a high correlation between the variables of communication, teamwork and leadership, which are present in the mypes of Lerma, State of Mexico. In this sense, it is identified that the communication variable is elementary, which is the trigger for the mypes to achieve a good development in relation to the functioning of their work teams, as well as in the leadership skills of their managers, contributing to reach the objectives of the organizations.

Palabras clave: clima organizacional, habilidades directivas, mype.

INTRODUCCIÓN

De acuerdo con el último Censo Económico publicado por el Instituto Nacional de Estadística y Geografía (INEGI, 2020), 98.3 % del universo de unidades económicas está constituido por micro y pequeñas empresas, las cuales generan —al menos— el 55 % de los empleos y amasan el 39 % del Producto Interno Bruto (PIB) del país. Las microempresas están configuradas por aquellos negocios que tienen menos de 10 trabajadores y generan anualmente ventas hasta por 4 millones de pesos. Las pequeñas empresas son unidades económicas que emplean entre 11 y 50 trabajadores, generando ventas anuales que oscilan entre 4 y 100 millones de pesos (Mendoza-Vargas, Villaroel-Puma & Carranza-Quimi, 2020; Forbes, 2021).

Es importante mencionar que actualmente las mypes se enfrentan a múltiples retos y problemáticas, específicamente, el desarrollo de habilidades gerenciales o directivas por parte de los líderes cumple una labor fundamental en el clima organizacional para este tipo de empresas, al establecerse como un diferenciador con otras organizaciones (Busro, 2018). En esa perspectiva, la formación y el desarrollo de habilidades directivas del personal encargado de implementar estrategias y tomar decisiones son fundamentales, pues de ello depende que las mypes cumplan sus metas y objetivos estratégicos, lo cual permite a las organizaciones volverse más competitivas, pues propicia la formación de un clima organizacional donde los empleados estén satisfechos con su organización (Aburto & Bonales, 2011; Brunet, 2007).

Derivado de la importancia que representa el desarrollo de habilidades directivas en los líderes que dirigen los esfuerzos estratégicos de las mypes, así como la importancia de contar con un buen clima organizacional, se plantean las siguientes preguntas de investigación: ¿cuáles habilidades directivas tienen repercusión

en el clima organizacional de las mypes?, ¿cuál es el clima organizacional que predomina en las mypes?

Para cumplir con lo anterior, el objetivo de la investigación es determinar el grado de asociación entre las habilidades directivas y el clima organizacional de las micro y pequeñas empresas, lo cual permitirá conocer con mayor precisión las habilidades directivas que los gerentes o mandos medios deben desarrollar para que prevalezca un clima organizacional satisfactorio entre los empleados al interior de las mypes. En ese sentido, las mypes podrán determinar si éstas son las causales de un clima organizacional adecuado o inconveniente, lo que, a su vez, permitirá diseñar programas de capacitación para sus líderes y, con ello, generar información que contribuya —si es el caso— a resolver el problema o mantener y fortalecer lo que se tiene.

Los diferentes análisis estadísticos correlacionales entre las variables del estudio permitirán identificar si las habilidades directivas son la causa principal del clima organizacional que prevalece en las mypes. Lo anterior será de gran apoyo en la búsqueda de factores endógenos diferenciados que permita a las mypes obtener ventajas competitivas sostenibles, ya que, si bien es cierto, una mejor gestión empresarial no es suficiente para lograr ser más competitivas, sino que está determinada por otros factores internos como un buen clima organizacional y el desarrollo de habilidades directivas (Vargas & Del Castillo, 2008).

REVISIÓN DE LA LITERATURA

Las organizaciones del siglo XXI afrontan un entorno dinámico y complejo caracterizado por la incertidumbre, debido a esto deben estar preparadas para dar respuesta a los cambios vertiginosos, en aras de cumplir sus objetivos y metas organizacionales así como volverse más competitivas. Las micro y pequeñas empresas (mypes) también deben responder a ese contexto, sin embargo, las características estructurales de su magnitud las coloca en desventaja respecto a la gran empresa, misma que tiene a su disposición una mayor cantidad de recursos y capacidades. El tema aquí analizado ha obtenido gran relevancia en los rubros de la investigación y las políticas públicas recientemente, lo cual ha permitido una mejora de determinados aspectos directamente vinculados con la competitividad de las empresas (Leyva-Carreras, Cavazos-Arroyo & Espejel-Blanco, 2018).

La situación actual de las mypes es compleja —aun siendo una parte fundamental del aparato económico a nivel mundial—, presenta una serie de desafíos y retos, enfrenta diversos obstáculos que limitan su capacidad de crecimiento y desarrollo. Uno de los principales problemas que enfrentan estas empresas es la falta de acceso al financiamiento, ya que esto restringe su capacidad para invertir en innovación, en maquinaria y equipos, software y tecnologías digitales; así como

en la capacitación y adiestramiento para sus empleados. Otra problemática a la cual se enfrentan es la poca inversión en capacitación a sus directivos y gerentes, de modo que éstos puedan desarrollar sus habilidades directivas, permitiéndoles contar con las herramientas necesarias al momento de tomar decisiones estratégicas de impacto en sus portafolios de negocios, a través de una visión diferente y más competitiva, no sólo a nivel local, sino a niveles superiores en la configuración y escala del negocio.

Es importante destacar que la pandemia por el Covid-19 tuvo un impacto significativo en las mypes debido a que muchas de ellas tuvieron que cerrar de forma temporal o permanente. Las restricciones de movimiento y confinamiento social provocaron una disminución significativa en la demanda de productos y servicios (Ibarra-Morales, Paredes-Zempual & Carrillo-Cisneros, 2022). Para dimensionar y tener una mejor visión de la magnitud de la presencia e importancia de las mypes en Latinoamérica, Dini y Stumpo (2021) realizan una clasificación tomando como parámetros el sector y el tamaño de la empresa (tabla 19.1.).

Tabla 19.1. Clasificación de acuerdo con el sector y tamaño de la empresa.

Sector	**Micro empresa**	**Pequeña empresa**
Agricultura, ganadería, caza, silvicultura y pesca	80 %	16 %
Explotación de minas y canteras	68 %	23 %
Industria manufacturera	82 %	14 %
Suministro de electricidad, gas y agua	70 %	20 %
Construcción	76 %	19 %
Comercio al por mayor y menor	92 %	07 %
Hoteles y restaurantes	89 %	10 %
Transporte, almacenamiento y comunicaciones	83 %	13 %
Intermediación financiera	81 %	14 %
Actividades inmobiliarias, empresariales y de alquiler	87 %	10 %
Enseñanza	76 %	19 %
Servicios sociales y de salud	89 %	09 %
Otras actividades comunitarias, sociales y personales	95 %	04 %
Total	**88.4 %**	**09.6 %**

Fuente: elaboración propia a partir de Dini & Stumpo (2021).

Leyva-Carreras, Espejel-Blanco y Cavazos-Arroyo (2017) destacan que el director o gerente de una mype debe tomar en cuenta ciertas variables para lograr la excelencia, el buen clima organizacional y la competitividad empresarial, para lo cual es preciso contar con personal directivo que reúna las siguientes características: dinámicos, actualizados, con habilidades directivas, operativas y de gestión, conocimientos de administración y planeación estratégica, así como administración y dirección de talento humano, siempre proactivo al cambio organizacional y tecnológico, para que se convierta en vehículo que potencia la creatividad, la innovación y el desarrollo sustentable. Sin embargo, por desconocer esas características de gestión o habilidades directivas que son propias de los líderes, esa ignorancia puede ser la causa de algunos problemas administrativos y de competitividad en las mypes, lo que genera algunas consecuencias en la transición de una economía local y proteccionista a un mercado libre y globalizado (Naranjo, 2015).

Niebles-Núñez, Torres-Anillo y Montenegro-Rada (2020) establecen que las habilidades directivas comprenden el proceso de la gerencia, estas son: planificar, organizar, dirigir, ejecutar y controlar que, a su vez, constituyen el conjunto de destrezas, cualidades, competencias, conocimientos, acciones, experiencias y capacidades que inciden en el efectivo desempeño del rol gerencial, al contribuir al logro de objetivos y metas organizacionales, asimismo, representan la implementación práctica por la acción del conocimiento adquirido académicamente o por experiencias a través del proceso de aprendizaje. Es por ello que, en los últimos años, las habilidades directivas desempeñan un papel muy importante en la satisfacción de los colaboradores en las empresas a nivel mundial, pues se ha demostrado que la manera o particularidad en que los directivos lideran a sus equipos generan una repercusión directa en su satisfacción y, por ende, en su desempeño laboral (Moreno & Wong, 2018).

Paredes-Zempual, Ibarra-Morales y Moreno-Freites (2021) adoptan otra perspectiva, sostienen que el buen desempeño de la empresa está en función de las habilidades directivas y el buen clima organizacional, sobre todo en este tiempo donde las empresas se encuentran inmersas en un proceso de globalización y de rápidos cambios que demanda líderes más preparados en actitudes y aptitudes, capaces de administrar de manera eficaz y eficiente los procesos y procedimientos, tanto administrativos como operativos, comprometidos con la rentabilidad de la organización.

El clima organizacional es observado y analizado por las empresas con el fin de mantenerlo en niveles positivos y, de esa forma, estimular la productividad de los empleados, motivo por el cual las empresas buscan los elementos y condiciones necesarias que puedan incidir de forma positiva en el clima organizacional, ya que existen estudios empíricos que así lo demuestran, en otras palabras, un mejor clima organizacional en la empresa se traduce en mejores resultados en los ámbitos financieros, administrativos y productivos (Alegría-Zebadúa & Alarcón-Martínez, 2022).

Whetten y Cameron (2016) clasifican las habilidades en tres grandes grupos: personales, interpersonales y grupales, mismas que en su conjunto aportan al éxito de una administración eficaz y centrada en los logros financieros, pero también de posición competitiva. En este sentido, para el presente estudio se han seleccionado como habilidades directivas las siguientes: negociación, toma de decisiones, liderazgo, comunicación y trabajo en equipo, ya que predominan en la literatura y en los diferentes modelos conceptuales, además de ser las más importantes para Whetten y Cameron. Adicionalmente, se ha seleccionado como variable el 'clima organizacional' debido al impacto y la importancia que ostenta para las mypes. Las definiciones conceptuales para cada una de las variables se muestran en la tabla 19.2.

Tabla 19.2. Definición conceptual de las variables.

Variable	Definición conceptual
Negociación	Presentar y discutir propuestas comunes con el propósito de llegar a un acuerdo en un marco de interés común (Álvarez-Vásquez, et al., 2018).
Toma de decisiones	Decidir por una alternativa que requiere atender situaciones planificadas o de incertidumbre entre un abanico de varias opciones (Ávila-Morales et al., 2022).
Liderazgo	Lograr la motivación de los colaboradores mediante la promoción de conductas positivas que reditúan en mejores niveles de desempeño laboral para la empresa (Rojero-Jiménez, Gómez-Romero & Quintero-Robles, 2019).
Comunicación	Recibir y transmitir mensajes oportunos y unívocos, independientemente del canal o la forma de comunicación, lo cual facilita la emisión y recepción de los mensajes que se producen entre los miembros de la organización y su entorno, facilitando el alcance de los objetivos y metas que establecen los miembros de la organización (Puga-Villarreal & Martínez-Cerna, 2008).
Trabajo en equipo	Fomentar la colaboración conjunta entre los integrantes que conforman un equipo de trabajo, a través del talento individual, la comunicación, las competencias y las fortalezas de cada uno en su relación con los demás, para lograr el cumplimiento de un objetivo común (Viamontes & Oliva, 2015).
Clima organizacional	Variable que media entre el contexto de una organización y la conducta de sus empleados o miembros, desde la perspectiva del cómo ellos experimentan el trabajo en sus empresas (King, Hebl, George & Matusik, 2010).

Fuente: elaboración propia.

METODOLOGÍA

El presente trabajo de investigación ha sido propuesto por la Red de Estudios Latinoamericanos en Administración y Negocios (RELAYN, 2023), la cual consiste en conceptualizar la micro y pequeña empresa (mype) como una serie de elementos de entradas, procesos y salidas enmarcados en un ambiente que influye en el clima organizacional de las mypes, según la percepción del director, considerado como la persona que toma la mayor parte de las decisiones. Este estudio tiene un enfoque cuantitativo de diseño transversal de tipo causal.

Se realizó un muestreo probabilístico aleatorio simple con las mypes de Lerma, Estado de México, México, cuya cantidad de empleados se encuentra en el rango de 1 a 50, con un nivel de confianza del 95 %, un margen de error del ±5 % y una probabilidad estimada de p=0.5 (50 %). Se obtuvieron de la muestra aplicada un total de 394 encuestas válidas en el periodo del 01 de marzo al 30 de abril de 2023. Se utilizó un instrumento de medición tipo encuesta, la cual fue dirigida a los propietarios, directores o gerentes de las mypes, para lo cual sirvió la asistencia de estudiantes universitarios que previamente fueron capacitados para aplicar la encuesta.

Características de la muestra son:

El 47.5 % de la muestra fueron del sexo biológico femenino y el restante 52.5 % masculino. La edad de los sujetos tiene un rango de 18 a 80 años, con un promedio de 42 años y una moda de 40 años. El 24.9 % de los empresarios tienen estudios de nivel superior, seguido de un 39.6 % con nivel media superior, 33.2 % con educación básica. En cuanto a estado civil predominan los casados con un 67 % seguidos de los solteros con 19.3 %.

La mayoría de los negocios 73.9 % pertenecen al giro comercial, un 22.3 % a la prestación de servicios y sólo 3.8 % a la producción de manufacturas, la antigüedad del 19.3 %de los negocios es menor a 3 años. Los empleos que ofrecen están en el rango de 1 a 48 trabajadores, de las empresas el 97.2 % emplea de 1 a 10 trabajadores y el 89.6 % tienen en su plantilla de 1 a 10 mujeres y en el 83.2 % colaboran de 1 a 5 familiares del propietario.

Alineado al objetivo general de la investigación y a la revisión de la literatura, se plantean las siguientes hipótesis:

- H0: Las habilidades directivas no inciden en el clima organizacional de la mype.
- H1: Las habilidades directivas inciden en el clima organizacional de la mype.

En cuanto al instrumento de medición, éste se integró por seis partes o bloques. El primero de ellos, con datos que abordan aspectos generales de la empresa: tamaño de la empresa, personal ocupado, así como información sobre los ingresos y gastos. La segunda parte aborda los datos del directivo y el tiempo destinado a las labores de la empresa. La tercera parte se refiere a los insumos del sistema: recursos humanos, análisis del mercado y proveedores. En una cuarta parte del instrumento de medición se exponen los procesos del sistema: dirección, gestión de ventas, finanzas, innovación, mercadotecnia, producción-operación. La quinta parte estuvo integrada por los resultados del sistema: satisfacción del sistema, ventaja competitiva, RSC-Asuntos de ISO 26000, valoración del entorno y, por último, la sexta parte quedó integrada por los dos temas anuales de investigación: a) el trabajo decente desde la perspectiva directiva y b) el impacto de las habilidades directivas (negociación, toma de decisiones, liderazgo, comunicación, trabajo en equipo) sobre el clima organizacional. Para las secciones comprendidas del tercer al sexto bloque se emplea una escala de Likert de cinco puntos, los cuales van de 'No sé / No aplica' (1) a 'muy de acuerdo' (5).

RESULTADOS

Las seis variables muestran consistencia interna del instrumento mediante el análisis del alfa de Cronbach de las variables objeto de estudio, de la misma forma se analiza la correlación que tienen con el clima organizacional como se muestra en la tabla 19.3.

Tabla 19.3. Alfa de Cronbach y correlación de las variables.

Variables	Correlación con clima	Cronbach	Media	Desviación Estándar
Negociación	0.419	0.840	4.122	0.606
Toma de decisiones	0.14	0.848	4.118	0.603
Liderazgo	0.236	0.883	4.397	0.489
Comunicación	0.394	0.893	4.333	0.542
Trabajo en equipo	0.392	0.910	4.389	0.515
Clima Organizacional	1	0.878	4.385	0.520

Fuente: Elaboración propia utilizando RStudio (R Core Team, 2022).

Se procede a realizar el modelo estructural del instrumento en la figura 19.4, el ajuste absolutorio muestra el error cuadrático medio de aproximación (RMSEA) es de 0.028 y el residuo cuadrático medio estandarizado (SRMR) es de 0.055, en

ambos casos se consideran aceptables, en el ajuste comparativo (CFI) muestra un resultado de 0.996 y el índice de Tucker-Lewis (TLI) de 0.996 consideramos ajustes óptimos.

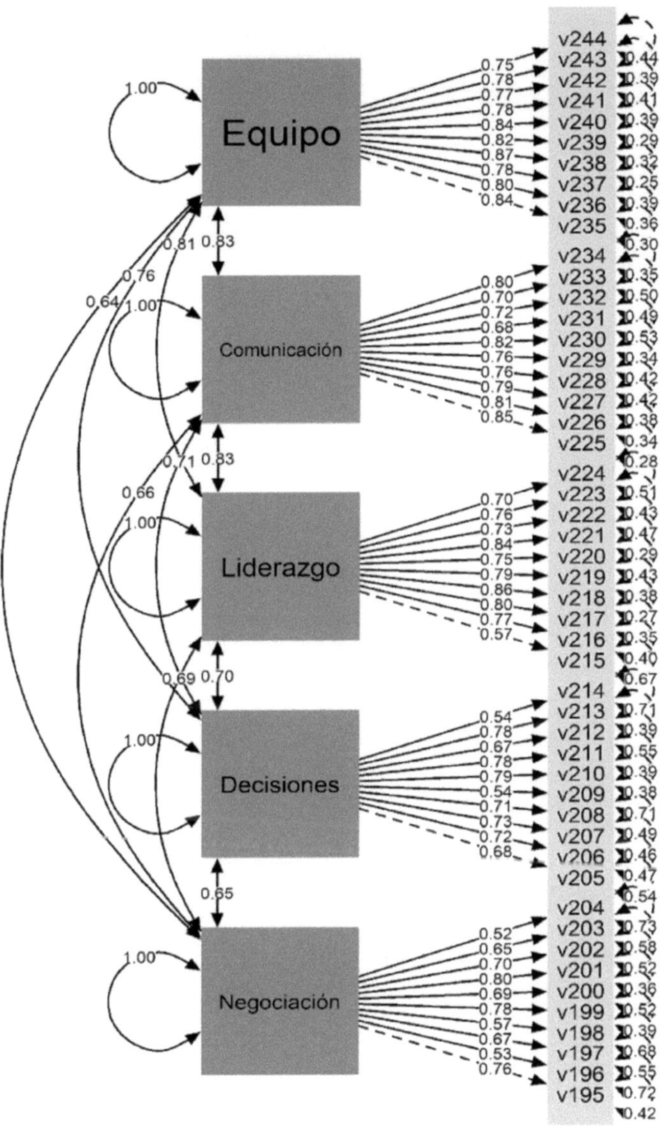

Figura 19.4. Resultado del modelo estructural.

Fuente: Elaboración propia utilizando RStudio (R Core Team, 2022).

Partiendo de la información cuantitativa del estudio se establece el modelo estructural (Figura 19.4), donde se muestra la dirección de las relaciones entre las diversas variables y el efecto que causan. El modelo plantea la existencia de cinco variables endógenas con una relación causal recíproca (trabajo en equipo, comunicación, liderazgo, toma de decisiones y negociación). Las cinco variables tienen una relación causal directa con los ítems que conforman la variable, en todos los casos el grado de significancia fue <0.05 (los resultados se muestran en la Figura 19.4) dando un correcto ajuste del modelo (Bentler & Bonett, 1980; Martínez et al., 2012)

Con el objetivo de medir el impacto que tienen las habilidades directivas sobre el clima organizacional de la mype se realiza la siguiente regresión lineal, donde el clima organizacional es la variable dependiente y las variables independientes son negociación, toma de decisiones, liderazgo, comunicación y trabajo en equipo. Al final se sustituyen los valores tal y como se observa en la tabla 19.5.

Fórmula:

y = clima = constante + negociación + toma de decisiones + liderazgo + comunicación + trabajo en equipo.

Tabla 19.5. Regresión lineal.

Fórmula: lm(fórmula = clima ~ negociación + toma de decisiones + liderazgo + comunicación + trabajo en equipo)				
		Residuales		
Min	1Q	Mediana	3Q	Max
-2.21105	-0.14246	0.01801	0.17374	1.38821
Coeficientes	**Estimado**	**Std. Error**	**T-valor**	**P-valor**
(Clima/Intercept)	0.57179	0.16779	3.408	0.000723
Negociación	0.10114	0.03379	2.993	0.002941
Toma de decisiones	-0.05091	0.03669	-1.388	0.166069
Liderazgo	0.25385	0.05509	4.608	5.53e-06
Comunicación	0.13964	0.04844	2.883	0.004160
Trabajo en equipo	0.42943	0.05415	7.931	2.35e-14

Signif. codes: 0 '***' 0.001 '**' 0.01 '*' 0.05 '.' 0.1 ' ' 1
Residual standard error: 0.3364 on 388 degrees of freedom
Multiple R-squared: 0.5864, Adjusted R-squared: 0.5811
F-statistic: 110 on 5 and 388 DF, p-value: < 2.2e-16
Fuente: Elaboración propia utilizando RStudio (R Core Team, 2022).

Para poder medir el impacto, se multiplica el valor estimado de cada una de las variables independientes (tabla 19.5) por su media (tabla 19.3).

y=0.57179 + (0.10114 * 4.122) + (-0.05091 * 4.118) + (0.25385 * 4.397) + (0.13964 * 4.333) + (0.42943 * 4.389)

Resolvemos la ecuación:

y=0.57179+0.4168991+-0.2096474+1.1161785+0.6050601+1.8847683
y=4.3850485

Se observa que la variable que tiene mayor impacto es trabajo en equipo con 1.8847683, mientras que la de menor impacto es toma de decisiones. con —0.2096474. El impacto total de las habilidades directivas sobre el clima organizacional es de 4.3850485.

DISCUSIÓN

Dentro de toda empresa sin importar su tamaño, las habilidades directivas y el buen clima organizacional juegan un papel importante, ya que dichas habilidades contribuyen al logro de los objetivos de las organizaciones. En el presente estudio enfocado en las mypes del municipio de Lerma, se evidencia que dentro de las diversas habilidades directivas (trabajo en equipo, comunicación, liderazgo, toma de decisiones y negociación) existe una correlación positiva representativa entre ellas, en las cuales destaca la variable de comunicación, que tiene una correlación de 0.83 con las variables de equipo y liderazgo. A partir de esto, se recalca la importancia que tiene la comunicación en las organizaciones para la motivación, la difusión, el alcance y el alineamiento de los objetivos, lo cual es fundamental para el ejercicio de un buen liderazgo y trabajo en equipo. Por otro lado, las variables de liderazgo y equipo tienen una correlación de 0.81; por tanto, si en la organización existen individuos con características destacadas referentes a liderazgo, se espera que impacten en el desempeño del equipo de trabajo y viceversa; sin embargo, este estudio nos ayuda a observar que dicha interacción entre ambas variables al ser cohesionadas con la variable comunicación detonan en mejores resultados en las empresas de la región, donde la comunicación es una variable fundamental como habilidad directiva.

Al analizar el impacto que tienen las variables de las habilidades directivas con el clima organizacional, se observa que la de mayor repercusión es trabajo en equipo con 1.8847683, seguida de liderazgo con 1.1161785 y, en tercer lugar, comunicación con 0.6050601. Definitivamente, la variable de trabajo en equipo tiene gran influencia en el clima organizacional, debido a que ésta permite la interacción y el apoyo entre el grupo, lo cual conlleva al desarrollo de relaciones personales dentro del equipo, y considerando que el ser humano es netamente social, el trabajo en equipo repercutirá de forma positiva o negativa en el clima organizacional, dependiendo de la dinámica presentada dentro del equipo. Lo anterior genera el interés de investigar las características que debería presentar el equipo para generar y mantener un clima organizacional positivo y productivo.

REFERENCIAS

Aburto, H.I. & Bonales, J. (2011). Habilidades directivas: Determinantes en el clima organizacional. *Investigación y Ciencia,* 19(51), 41–49.

Alegría-Zebadúa, R.M., & Alarcón-Martínez, G. (2022). Marco teórico e instrumento de medición de las habilidades gerenciales y clima organizacional en *Instituciones Bancarias de México. Vinculatégica,* 7(1). https://doi.org/10.29105/vtga7.1-82

Álvarez-Vásquez, C.A., Rivera-Vera, H.F., Conforme-Cedeño, G.M., Campoverde-Flores, F.K., Sornoza-Parrales, D.R., & Merchán-Nieto, L. (2018). *Los procesos, las técnicas de negociación y la tecnología. Ciencias. Economía, Organización y Ciencias Sociales. Editorial Área de Innovación y Desarrollo, S.L.* https://doi.org/10.17993/ecoorgycso.2018.41

Ávila-Morales, H., Palumbo-Pinto, G.B., De la Cruz-Ríos, H.A., & Ogosi-Auqui, J.A. (2022). Toma de decisiones estratégicas en la gestión pública para el desarrollo social. *Revista Venezolana de Gerencia,* 27(Edición Especial 7), 648–662. https://doi.org/10.52080/rvgluz.27.7.42

Bentler, P. M., & Bonett, D. G. (1980). Significance Tests and Goodness of Fit in the Analysis of Covariance Structures. *In Psychological Bulletin* (Vol. 88, Issue 3).

Brunet, L. (2007). El clima de trabajo en las organizaciones. Definición, diagnóstico y consecuencias. *Editorial Trillas.*

Busro, M. (2018). Teori-teori Manajemen Sumber Daya Manusia. *Jakarta. PrenadaMedia.*

Dini, M. & Stumpo, G. (2020). MiPyMEs en América Latina: un frágil desempeño y nuevos desafíos para las políticas de fomento. Documentos de Proyectos (LC/TS.2018/75/Rev.1), Santiago. *Comisión Económica para América Latina y el Caribe* (CEPAL).

Forbes (2021). Inclusión digital: el futuro de las MyPEs. *Forbes Content.* https://www.forbes.com.mx/ad-inclusion-digital-futuro-mypes-mexico-visa/

Ibarra-Morales, L.E., Paredes-Zempual, D., & Carrillo-Cisneros, E. (2022). Impacto del COVID-19 en las variables que determinan la competitividad de las micro, pequeñas y medianas empresas mexicanas. *Revista RELAYN. Micro y Pequeña Empresa en Latinoamérica,* 6(1), 7–22. https://doi.org/10.46990/relayn.2022.6.1.532

Instituto Nacional de Estadística y Geografía (Inegi) (2020). *Censo de población y vivienda 2020.* https://www.inegi.org.mx/programas/ccpv/2020/

King, E.B., Helb, M.R., George, J.M. & Matusik, S.F. (2010). Understanding tokenism: Antecedents and consequences of a psychological climate of gender inequity. *Journal of Management,* 36(2), 482–510. https://doi.org/10.1177/0149206308328508

Leyva-Carreras, A.B., Cavazos-Arroyo, J., & Espejel-Blanco, J.E. (2018). Influencia de la planeación estratégica y habilidades gerenciales como factores internos de la competitividad

empresarial de las Pymes. *Contaduría y Administración,* 63(3), 41. https://doi.org/10.22201/fca.24488410e.2018.1085

Leyva-Carreras, A.B., Espejel-Blanco, J.E., & Cavazos-Arroyo, J. (2017). Habilidades gerenciales como estrategia de competitividad empresarial en las pequeñas y medianas empresas (Pymes). *Revista Perspectiva Empresarial,* 4(1), 7–22. https://doi.org/10.16967/rpe.v4n1a1

Martinez, E., García-Alandete, J., Selles, P., Bernabe, G., & Soucase, B. (2012). Análisis factorial confirmatorio de los principales modelos propuestos para el purpose-in-life test en una muestra de universitarios españoles. *Acta Colombiana de Psicología,* 67–76.

Mendoza-Vargas, E.Y., Villaroel-Puma, M.F. & Carranza-Quimi, W.D. (2020). Caracterización de los microemprendimientos de los sectores urbanos marginales de Quevedo. *Centro Sur. Social Science Journal.* 4(4), 1–23. https://doi.org/10.37955/cs.v4i1.40

Moreno, M. J., & Wong Aitken, H. G. (2019). Relación de las habilidades directivas y la satisfacción laboral en la empresa Chicken King de Trujillo, 2018. *Cuadernos Latinoamericanos de Administración,* 14(27), 1–17. https://doi.org/10.18270/cuaderlam.v14i27.2475

Naranjo, R. (2015). Management skills in leaders of mid-sized businesses of Colombia. *Revista Científica Pensamiento y Gestión,* 38, 119–146. https://doi.org/10.14482/pege.38.7703

Niebles-Núñez, L., Torres-Anillo, K. & Montenegro-Rada, A. (2020). Habilidades gerenciales como herramienta para el fortalecimiento del liderazgo transformacional en las mipymes. *Editorial Universidad del Atlántico.* https://repositorio.uniatlantico.edu.co/bitstream/handle/20.500.12834/1030/admin %2c %2bHABILIDADES %2bGERENCIALES %2bCOMO %2bHERRAMIENTA %2bEN %2bMIPYMES.pdf?sequence=1&isAllowed=y

Paredes-Zempual, D., Ibarra-Morales, L.E., & Moreno-Freites, Z.E. (2021). Habilidades directivas y clima organizacional en pequeñas y medianas empresas. *Investigación Administrativa,* 50–1, 1–23. https://doi.org/10.35426/iav50n127.05

Puga-Villarreal, J., & Martínez-Cerna, L. (2008). Competencias Directivas en Escenarios Globales. *Estudios Gerenciales,* 24(109), 87–103. https://doi.org/10.1016/s0123-5923(08)70054-8

R Core Team (2022). R: A language and environment for statistical computing. R *Foundation for Statistical Computing, Vienna, Austria.* URL https://www.R-project.org/

Red de Estudios Latinoamericanos en Administración y Negocios. (RELAYN) (2023). *Investigación anual,* N. Peña & O. Aguilar (coords.) https://relayn.redesla.la

Red de Estudios Latinoamericanos (RedesLA) (2023). *Investigaciones anuales.* https://redesla.la

Rojero-Jiménez, R., Gómez-Romero, J.G.I., & Quintero-Robles, L.M. (2019). El liderazgo transformacional y su influencia en los atributos de los seguidores en las Mipymes mexicanas. *Estudios Gerenciales,* 35(151), 178–189. https://doi.org/10.18046/j.estger.2019.151.3192

Vargas, B., & del Castillo, C. (2008). Competitividad sostenible de la pequeña empresa: Un modelo de promoción de capacidades endógenas para promover ventajas competitivas sostenibles y alta productividad. *Journal of Economics, Finance and Administrative Science,* 13(24), 59–80. https://www.redalyc.org/articulo.oa?id=360733604004

Viamontes, M.O., & Oliva, E.J.D. (2015). Las agrupaciones corales como estrategia de formación de competencias para trabajo en equipo en las organizaciones: una perspectiva comparativa. *Suma de Negocios,* 6(13), 92–97. https://doi.org/10.1016/j.sumneg.2015.08.008

Whetten, D. & Cameron, K. (2016). Desarrollo de habilidades directivas. México: *Editorial Prentice Hall.*

CAPÍTULO 20

Las habilidades directivas y el clima organizacional en las micro y pequeñas empresas de Nezahualcóyotl, Estado de México, México

Management skills and the organizational climate in micro and small companies in Nezahualcoyotl, State of Mexico, Mexico

PATRICIA CRUZ RAMÍREZ, PAZ VERÓNICA HERNÁNDEZ CALVA, SALOMÉ PILAR MONTOYA GÓMEZ Y MARÍA MERCEDES MENDOZA TORRES

Universidad Tecnológica de Nezahualcóyotl

Resumen: El objetivo de la presente investigación es determinar el impacto que tienen las habilidades directivas sobre el clima organizacional en las micro y pequeñas empresas de Latinoamérica. Se presenta un estudio cuantitativo, no experimental, de forma transversal y con un alcance causal. La pertinencia del estudio contribuye a la generación de conocimiento para el desarrollo de un modelo de gestión de la mype en América Latina que permita maximizar la productividad. Entre los principales resultados, se puede observar que las variables de las habilidades directivas trabajo en equipo y liderazgo son las que tienen mayor impacto en el clima organizacional. Existe una correlación positiva y moderada con todas las variables excepto con la habilidad directiva de toma de decisiones; además hay una correlación alta entre ellas. Los directivos se ubican en el valor "de acuerdo" en la escala de Likert en las habilidades directivas del estudio; por ello, existen evidencias suficientes para aceptar la hipótesis alternativa. El modelo estructural derivado de esta investigación está conformado por 5 variables independientes y 45 variables dependientes. Finalmente, se propone diseñar programas de capacitación orientados a fortalecer las debilidades detectadas en la población de estudio.

Abstract: The objective of this research is to determine the impact that management skills have on the organizational climate in micro and small companies in Latin America. A quantitative, non-experimental, cross-sectional study with a causal scope is presented. The relevance of the study contributes to the generation of knowledge for the development of a management model for mypes in Latin America that allows maximizing productivity. Among the main results, it can be observed that the variables of management skills, teamwork and leadership are those that have the greatest impact on the organizational climate. There is a positive and moderate correlation with all the variables except for the decision-making managerial ability; In addition, there is a high correlation between them. The managers are located in the "agree" value on the Likert scale in the managerial skills of the study; therefore, there is sufficient evidence to accept the alternative hypothesis. The structural model derived from this research is made up of 5 independent variables and 45 dependent variables. Finally, it is proposed to design training programs aimed at strengthening the weaknesses detected in the study population.

Palabras clave: clima organizacional, habilidades directivas, micro y pequeñas empresas, Nezahualcóyotl.

INTRODUCCIÓN

De acuerdo con el último Censo Económico publicado por el Instituto Nacional de Estadística y Geografía (INEGI, 2020), 98.3 % del universo de unidades económicas está constituido por micro y pequeñas empresas, las cuales generan —al menos— el 55 % de los empleos y amasan el 39 % del Producto Interno Bruto (PIB) del país. Las microempresas están configuradas por aquellos negocios que tienen menos de 10 trabajadores y generan anualmente ventas hasta por 4 millones de pesos. Las pequeñas empresas son unidades económicas que emplean entre 11 y 50 trabajadores, generando ventas anuales que oscilan entre 4 y 100 millones de pesos (Mendoza-Vargas, Villaroel-Puma & Carranza-Quimi, 2020; Forbes, 2021).

Es importante mencionar que actualmente las mypes se enfrentan a múltiples retos y problemáticas, específicamente, el desarrollo de habilidades gerenciales o directivas por parte de los líderes cumple una labor fundamental en el clima organizacional para este tipo de empresas, al establecerse como un diferenciador con otras organizaciones (Busro, 2018). En esa perspectiva, la formación y el desarrollo de habilidades directivas del personal encargado de implementar estrategias y tomar decisiones son fundamentales, pues de ello depende que las mypes cumplan sus metas y objetivos estratégicos, lo cual permite a las organizaciones volverse más competitivas, pues propicia la formación de un clima organizacional donde

los empleados estén satisfechos con su organización (Aburto & Bonales, 2011; Brunet, 2007).

Derivado de la importancia que representa el desarrollo de habilidades directivas en los líderes que dirigen los esfuerzos estratégicos de las mypes, así como la importancia de contar con un buen clima organizacional, se plantean las siguientes preguntas de investigación: ¿cuáles habilidades directivas tienen repercusión en el clima organizacional de las mypes?, ¿cuál es el clima organizacional que predomina en las mypes?

Para cumplir con lo anterior, el objetivo de la investigación es determinar el grado de asociación entre las habilidades directivas y el clima organizacional de las micro y pequeñas empresas, lo cual permitirá conocer con mayor precisión las habilidades directivas que los gerentes o mandos medios deben desarrollar para que prevalezca un clima organizacional satisfactorio entre los empleados al interior de las mypes. En ese sentido, las mypes podrán determinar si éstas son las causales de un clima organizacional adecuado o inconveniente, lo que, a su vez, permitirá diseñar programas de capacitación para sus líderes y, con ello, generar información que contribuya —si es el caso— a resolver el problema o mantener y fortalecer lo que se tiene.

Los diferentes análisis estadísticos correlacionales entre las variables del estudio permitirán identificar si las habilidades directivas son la causa principal del clima organizacional que prevalece en las mypes. Lo anterior será de gran apoyo en la búsqueda de factores endógenos diferenciados que permita a las mypes obtener ventajas competitivas sostenibles, ya que, si bien es cierto, una mejor gestión empresarial no es suficiente para lograr ser más competitivas, sino que está determinada por otros factores internos como un buen clima organizacional y el desarrollo de habilidades directivas (Vargas & Del Castillo, 2008).

REVISIÓN DE LA LITERATURA

Las organizaciones del siglo XXI afrontan un entorno dinámico y complejo caracterizado por la incertidumbre, debido a esto deben estar preparadas para dar respuesta a los cambios vertiginosos, en aras de cumplir sus objetivos y metas organizacionales, así como volverse más competitivas. Las micro y pequeñas empresas (mypes) también deben responder a ese contexto, sin embargo, las características estructurales de su magnitud las coloca en desventaja respecto a la gran empresa, misma que tiene a su disposición una mayor cantidad de recursos y capacidades. El tema aquí analizado ha obtenido gran relevancia en los rubros de la investigación y las políticas públicas recientemente, lo cual ha permitido una mejora de determinados aspectos directamente vinculados con la competitividad de las empresas (Leyva-Carreras, Cavazos-Arroyo & Espejel-Blanco, 2018).

La situación actual de las mypes es compleja —aun siendo una parte fundamental del aparato económico a nivel mundial—, presenta una serie de desafíos y retos, enfrenta diversos obstáculos que limitan su capacidad de crecimiento y desarrollo. Uno de los principales problemas que enfrentan estas empresas es la falta de acceso al financiamiento, ya que esto restringe su capacidad para invertir en innovación, en maquinaria y equipos, software y tecnologías digitales; así como en la capacitación y adiestramiento para sus empleados. Otra problemática a la cual se enfrentan es la poca inversión en capacitación a sus directivos y gerentes, de modo que éstos puedan desarrollar sus habilidades directivas, permitiéndoles contar con las herramientas necesarias al momento de tomar decisiones estratégicas de impacto en sus portafolios de negocios, a través de una visión diferente y más competitiva, no sólo a nivel local, sino a niveles superiores en la configuración y escala del negocio.

Es importante destacar que la pandemia por el Covid-19 tuvo un impacto significativo en las mypes debido a que muchas de ellas tuvieron que cerrar de forma temporal o permanente. Las restricciones de movimiento y confinamiento social provocaron una disminución significativa en la demanda de productos y servicios (Ibarra-Morales, Paredes-Zempual & Carrillo-Cisneros, 2022). Para dimensionar y tener una mejor visión de la magnitud de la presencia e importancia de las mypes en Latinoamérica, Dini y Stumpo (2021) realizan una clasificación tomando como parámetros el sector y el tamaño de la empresa (tabla 20.1.).

Tabla 20.1. Clasificación de acuerdo con el sector y tamaño de la empresa.

Sector	Micro empresa	Pequeña empresa
Agricultura, ganadería, caza, silvicultura y pesca	80 %	16 %
Explotación de minas y canteras	68 %	23 %
Industria manufacturera	82 %	14 %
Suministro de electricidad, gas y agua	70 %	20 %
Construcción	76 %	19 %
Comercio al por mayor y menor	92 %	07 %
Hoteles y restaurantes	89 %	10 %
Transporte, almacenamiento y comunicaciones	83 %	13 %
Intermediación financiera	81 %	14 %
Actividades inmobiliarias, empresariales y de alquiler	87 %	10 %
Enseñanza	76 %	19 %
Servicios sociales y de salud	89 %	09 %
Otras actividades comunitarias, sociales y personales	95 %	04 %
Total	**88.4 %**	**09.6 %**

Fuente: elaboración propia a partir de Dini & Stumpo (2021).

Leyva-Carreras, Espejel-Blanco y Cavazos-Arroyo (2017) destacan que el director o gerente de una mype debe tomar en cuenta ciertas variables para lograr la excelencia, el buen clima organizacional y la competitividad empresarial, para lo cual es preciso contar con personal directivo que reúna las siguientes características: dinámicos, actualizados, con habilidades directivas, operativas y de gestión, conocimientos de administración y planeación estratégica, así como administración y dirección de talento humano, siempre proactivo al cambio organizacional y tecnológico, para que se convierta en vehículo que potencia la creatividad, la innovación y el desarrollo sustentable. Sin embargo, por desconocer esas características de gestión o habilidades directivas que son propias de los líderes, esa ignorancia puede ser la causa de algunos problemas administrativos y de competitividad en las mypes, lo que genera algunas consecuencias en la transición de una economía local y proteccionista a un mercado libre y globalizado (Naranjo, 2015).

Niebles-Núñez, Torres-Anillo y Montenegro-Rada (2020) establecen que las habilidades directivas comprenden el proceso de la gerencia, estas son: planificar, organizar, dirigir, ejecutar y controlar que, a su vez, constituyen el conjunto de destrezas, cualidades, competencias, conocimientos, acciones, experiencias y capacidades que inciden en el efectivo desempeño del rol gerencial, al contribuir al logro de objetivos y metas organizacionales, asimismo, representan la implementación práctica por la acción del conocimiento adquirido académicamente o por experiencias a través del proceso de aprendizaje. Es por ello que, en los últimos años, las habilidades directivas desempeñan un papel muy importante en la satisfacción de los colaboradores en las empresas a nivel mundial, pues se ha demostrado que la manera o particularidad en que los directivos lideran a sus equipos generan una repercusión directa en su satisfacción y, por ende, en su desempeño laboral (Moreno & Wong, 2018).

Paredes-Zempual, Ibarra-Morales y Moreno-Freites (2021) adoptan otra perspectiva, sostienen que el buen desempeño de la empresa está en función de las habilidades directivas y el buen clima organizacional, sobre todo en este tiempo donde las empresas se encuentran inmersas en un proceso de globalización y de rápidos cambios que demanda líderes más preparados en actitudes y aptitudes, capaces de administrar de manera eficaz y eficiente los procesos y procedimientos, tanto administrativos como operativos, comprometidos con la rentabilidad de la organización.

El clima organizacional es observado y analizado por las empresas con el fin de mantenerlo en niveles positivos y, de esa forma, estimular la productividad de los empleados, motivo por el cual las empresas buscan los elementos y condiciones necesarias que puedan incidir de forma positiva en el clima organizacional, ya que existen estudios empíricos que así lo demuestran, en otras palabras, un mejor clima organizacional en la empresa se traduce en mejores resultados en los ámbitos financieros, administrativos y productivos (Alegría-Zebadúa & Alarcón-Martínez, 2022).

Whetten y Cameron (2016) clasifican las habilidades en tres grandes grupos: personales, interpersonales y grupales, mismas que en su conjunto aportan al éxito de una administración eficaz y centrada en los logros financieros, pero también de posición competitiva. En este sentido, para el presente estudio se han seleccionado como habilidades directivas las siguientes: negociación, toma de decisiones, liderazgo, comunicación y trabajo en equipo, ya que predominan en la literatura y en los diferentes modelos conceptuales, además de ser las más importantes para Whetten y Cameron. Adicionalmente, se ha seleccionado como variable el 'clima organizacional' debido al impacto y la importancia que ostenta para las mypes. Las definiciones conceptuales para cada una de las variables se muestran en la tabla 20.2.

Tabla 20.2. Definición conceptual de las variables.

Variable	Definición conceptual
Negociación	Presentar y discutir propuestas comunes con el propósito de llegar a un acuerdo en un marco de interés común (Álvarez-Vásquez, et al., 2018).
Toma de decisiones	Decidir por una alternativa que requiere atender situaciones planificadas o de incertidumbre entre un abanico de varias opciones (Ávila-Morales et al., 2022).
Liderazgo	Lograr la motivación de los colaboradores mediante la promoción de conductas positivas que reditúan en mejores niveles de desempeño laboral para la empresa (Rojero-Jiménez, Gómez-Romero & Quintero-Robles, 2019).
Comunicación	Recibir y transmitir mensajes oportunos y unívocos, independientemente del canal o la forma de comunicación, lo cual facilita la emisión y recepción de los mensajes que se producen entre los miembros de la organización y su entorno, facilitando el alcance de los objetivos y metas que establecen los miembros de la organización (Puga-Villarreal & Martínez-Cerna, 2008).
Trabajo en equipo	Fomentar la colaboración conjunta entre los integrantes que conforman un equipo de trabajo, a través del talento individual, la comunicación, las competencias y las fortalezas de cada uno en su relación con los demás, para lograr el cumplimiento de un objetivo común (Viamontes & Oliva, 2015).
Clima organizacional	Variable que media entre el contexto de una organización y la conducta de sus empleados o miembros, desde la perspectiva del cómo ellos experimentan el trabajo en sus empresas (King, Hebl, George & Matusik, 2010).

Fuente: elaboración propia.

METODOLOGÍA

El presente trabajo de investigación ha sido propuesto por la Red de Estudios Latinoamericanos en Administración y Negocios (RELAYN, 2023), la cual consiste en conceptualizar la micro y pequeña empresa (mype) como una serie de elementos de entradas, procesos y salidas enmarcados en un ambiente que influye en el clima organizacional de las mypes, según la percepción del director, considerado como la persona que toma la mayor parte de las decisiones. Este estudio tiene un enfoque cuantitativo de diseño transversal de tipo causal.

Se realizó un muestreo probabilístico aleatorio simple con las mypes de Nezahualcóyotl, Estado de México, México, cuya cantidad de empleados se encuentra en el rango de 1 a 50, con un nivel de confianza del 95 %, un margen de error del ±5 % y una probabilidad estimada de p=0.5 (50 %). Se obtuvieron de la muestra aplicada un total de 386 encuestas válidas en el periodo del 01 de marzo al 30 de abril de 2023. Se utilizó un instrumento de medición tipo encuesta, la cual fue dirigida a los propietarios, directores o gerentes de las mypes, para lo cual sirvió la asistencia de estudiantes universitarios que previamente fueron capacitados para aplicar la encuesta.

Características de la muestra son:

El 38.6 % de la muestra fueron del sexo biológico femenino y el restante 61.4 % masculino. La edad de los sujetos tiene un rango de 18 a 83 años, con un promedio de 42 años y una moda de 45 años. El 21.5 % de los empresarios tienen estudios de nivel superior, seguido de un 50.3 % con nivel media superior, 27.7 % con educación básica. En cuanto a estado civil predominan los casados con un 53.9 % seguidos de los solteros con 23.8 %.

La mayoría de los negocios 66.8 % pertenecen al giro comercial, un 30.1 % a la prestación de servicios y sólo 3.1 % a la producción de manufacturas, la antigüedad del 10.9 % de los negocios es menor a 3 años. Los empleos que ofrecen están en el rango de 1 a 50 trabajadores, de las empresas el 89.4 % emplea de 1 a 10 trabajadores y el 85 % tienen en su plantilla de 1 a 10 mujeres y en el 65.8 % colaboran de 1 a 5 familiares del propietario.

Alineado al objetivo general de la investigación y a la revisión de la literatura, se plantean las siguientes hipótesis:

- H0: Las habilidades directivas no inciden en el clima organizacional de la mype.
- H1: Las habilidades directivas inciden en el clima organizacional de la mype.

En cuanto al instrumento de medición, éste se integró por seis partes o bloques. El primero de ellos, con datos que abordan aspectos generales de la empresa: tamaño de la empresa, personal ocupado, así como información sobre los ingresos y gastos. La segunda parte aborda los datos del directivo y el tiempo destinado a las labores de la empresa. La tercera parte se refiere a los insumos del sistema: recursos humanos, análisis del mercado y proveedores. En una cuarta parte del instrumento de medición se exponen los procesos del sistema: dirección, gestión de ventas, finanzas, innovación, mercadotecnia, producción-operación. La quinta parte estuvo integrada por los resultados del sistema: satisfacción del sistema, ventaja competitiva, RSC-Asuntos de ISO 26000, valoración del entorno y, por último, la sexta parte quedó integrada por los dos temas anuales de investigación: a) el trabajo decente desde la perspectiva directiva y b) el impacto de las habilidades directivas (negociación, toma de decisiones, liderazgo, comunicación, trabajo en equipo) sobre el clima organizacional. Para las secciones comprendidas del tercer al sexto bloque se emplea una escala de Likert de cinco puntos, los cuales van de 'No sé / No aplica' (1) a 'muy de acuerdo' (5).

RESULTADOS

Las seis variables muestran consistencia interna del instrumento mediante el análisis del alfa de Cronbach de las variables objeto de estudio, de la misma forma se analiza la correlación que tienen con el clima organizacional como se muestra en la tabla 20.3.

Tabla 20.3. Alfa de Cronbach y correlación de las variables.

Variables	Correlación con clima	Cronbach	Media	Desviación Estándar
Negociación	0.527	0.870	4.127	0.557
Toma de decisiones	0.292	0.886	4.127	0.560
Liderazgo	0.451	0.908	4.273	0.490
Comunicación	0.545	0.902	4.270	0.494
Trabajo en equipo	0.512	0.908	4.269	0.481
Clima Organizacional	1	0.891	4.247	0.518

Fuente: Elaboración propia utilizando RStudio (R Core Team, 2022).

Se procede a realizar el modelo estructural del instrumento en la figura 20.4, el ajuste absolutorio muestra el error cuadrático medio de aproximación (RMSEA) es de 0.014 y el residuo cuadrático medio estandarizado (SRMR) es de 0.051, en

ambos casos se consideran aceptables, en el ajuste comparativo (CFI) muestra un resultado de 0.999 y el índice de Tucker-Lewis (TLI) de 0.999 consideramos ajustes óptimos.

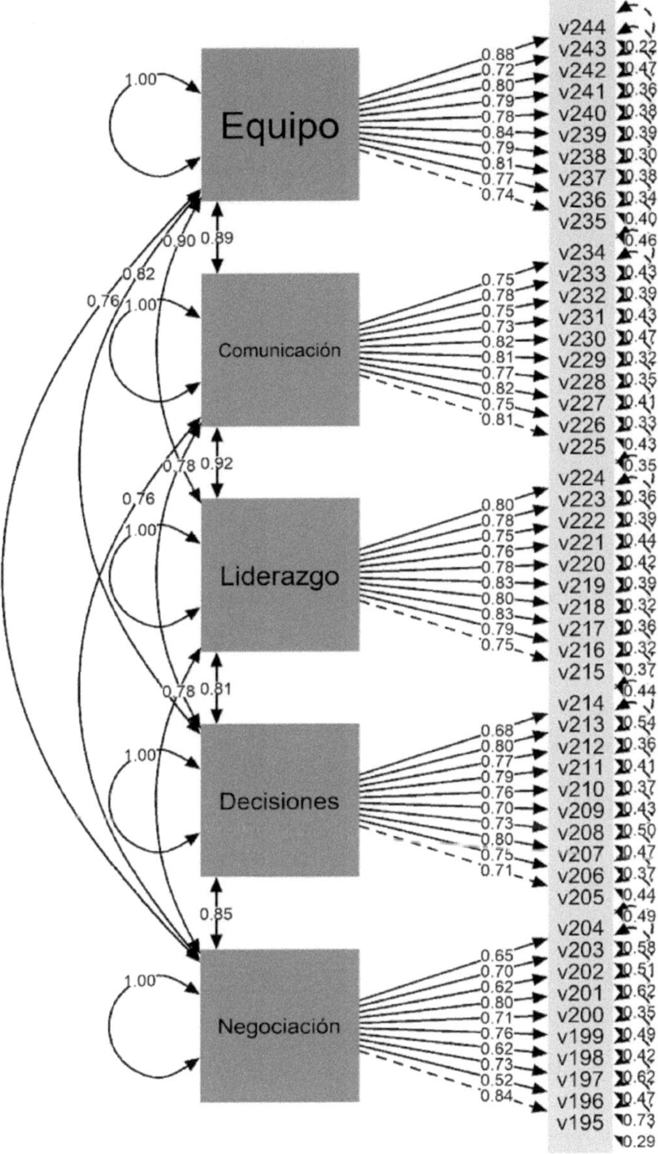

Figura 20.4. Resultado del modelo estructural.

Fuente: Elaboración propia utilizando RStudio (R Core Team, 2022).

Partiendo de la información cuantitativa del estudio se establece el modelo estructural (Figura 20.4), donde se muestra la dirección de las relaciones entre las diversas variables y el efecto que causan. El modelo plantea la existencia de cinco variables endógenas con una relación causal recíproca (trabajo en equipo, comunicación, liderazgo, toma de decisiones y negociación). Las cinco variables tienen una relación causal directa con los ítems que conforman la variable, en todos los casos el grado de significancia fue <0.05 (los resultados se muestran en la Figura 20.4) dando un correcto ajuste del modelo (Bentler & Bonett, 1980; Martínez et al., 2012)

Con el objetivo de medir el impacto que tienen las habilidades directivas sobre el clima organizacional de la mype se realiza la siguiente regresión lineal, donde el clima organizacional es la variable dependiente y las variables independientes son negociación, toma de decisiones, liderazgo, comunicación y trabajo en equipo. Al final se sustituyen los valores tal y como se observa en la tabla 20.5.

Fórmula:

y = clima = constante + negociación + toma de decisiones + liderazgo + comunicación + trabajo en equipo.

Tabla 20.5. Regresión lineal.

Fórmula: lm(fórmula = clima ~ negociación + toma de decisiones + liderazgo + comunicación + trabajo en equipo)				
		Residuales		
Min	1Q	Mediana	3Q	Max
-2.45850	-0.11112	-0.00848	0.15405	0.93461
Coeficientes	**Estimado**	**Std. Error**	**T-valor**	**P-valor**
(Clima/Intercept)	0.44553	0.16355	2.724	0.006746
Negociación	0.13915	0.04689	2.968	0.003191
Toma de decisiones	0.07135	0.05063	1.409	0.159615
Liderazgo	0.24223	0.07005	3.458	0.000606
Comunicación	0.19185	0.06778	2.830	0.004894
Trabajo en equipo	0.25255	0.06594	3.830	0.000150

Signif. codes: 0 '***' 0.001 '**' 0.01 '*' 0.05 '.' 0.1 ' ' 1
Residual standard error: 0.3337 on 380 degrees of freedom
Multiple R-squared: 0.5907, Adjusted R-squared: 0.5853
F-statistic: 109.7 on 5 and 380 DF, p-value: < 2.2e-16
Fuente: Elaboración propia utilizando RStudio (R Core Team, 2022).

Para poder medir el impacto, se multiplica el valor estimado de cada una de las variables independientes (tabla 20.5) por su media (tabla 20.3).

y=0.44553 + (0.13915 * 4.127) + (0.07135 * 4.127) + (0.24223 * 4.273) + (0.19185 * 4.27) + (0.25255 * 4.269)

Resolvemos la ecuación:

y=0.44553+0.574272+0.2944614+1.0350488+0.8191995+1.078136
y=4.2466477

Se observa que la variable que tiene mayor impacto es trabajo en equipo con 1.078136, mientras que la de menor impacto es toma de decisiones con 0.2944614. El impacto total de las habilidades directivas sobre el clima organizacional es de 4.2466477.

DISCUSIÓN

De acuerdo con la correlación de las variables, que se muestra en la tabla 20.3, todas las variables tienen una correlación positiva moderada, ya que los valores van de 0.451 a 0.545; excepto la variable de la habilidad directiva decisiones que presenta una correlación baja con un valor de 0.292. Lo anterior muestra que existe un impacto de las habilidades directivas en el clima organizacional de las mypes de Nezahualcóyotl.

Los directivos de las mypes de Nezahualcóyotl están de acuerdo en que las habilidades directivas influyen en el clima organizacional, dado el resultado de la ecuación de la regresión lineal (4.2466477), y que tienen mayor impacto las habilidades directivas de trabajo en equipo (1.078) y liderazgo (1.035).

Los resultados de la evaluación de las variables muestran que los directivos se ubican en el valor "de acuerdo" en la escala de Likert en las habilidades directivas en estudio. Esto se observa en las medias estadísticas de cada una de las variables, donde negociación obtuvo 4.127, toma de decisiones 4.127, liderazgo 4.273, comunicación 4.270 y trabajo en equipo 4.269.

Se acepta la hipótesis alternativa H_1: Las habilidades directivas inciden en el clima organizacional de las mypes de Nezahualcóyotl, dado que los valores obtenidos en t de student son menores de 0.05, excepto en el caso de la variable decisiones.

El modelo estructural derivado de esta investigación está conformado por 5 variables independientes, donde cada una de ellas tiene 10 variables dependientes, donde se observan cargas factoriales fuertes con valores mayores a 0.7; excepto en el caso de la variable independiente de aplicación de metodologías para la toma de decisiones con 0.68, y de 4 variables independientes de la variable negociación con puntuaciones de 0.52 a 0.65, que corresponde a las habilidades para una negociación de ganar-ganar, objetiva y flexible.

En cuanto a la correlación dentro del conjunto de las variables independientes estudiadas, podemos concluir que existe una correlación muy alta en la mayoría de las variables, ya que la puntuación es mayor a 0.80; alta para el caso de negociación con trabajo en equipo (0.76), con comunicación (0.76) y con liderazgo (0.78), así como en el caso de la variable toma de decisiones con comunicación (0.78).

Dados los resultados, se pueden hacer las siguientes recomendaciones con el fin de diseñar programas de capacitación para los líderes y fortalecer las habilidades directivas de las mypes de Nezahualcóyotl como la toma de decisiones, donde se pueden desarrollar habilidades para aplicar la metodología y técnicas con el propósito de definir un problema y generar alternativas. Otro aspecto a desarrollar son las habilidades para manejar adecuadamente los conflictos y las negociaciones con base en diferentes técnicas, haciendo énfasis en la actitud personal.

REFERENCIAS

Aburto, H.I. & Bonales, J. (2011). Habilidades directivas: Determinantes en el clima organizacional. *Investigación y Ciencia,* 19(51), 41–49.

Alegría-Zebadúa, R.M., & Alarcón-Martínez, G. (2022). Marco teórico e instrumento de medición de las habilidades gerenciales y clima organizacional en *Instituciones Bancarias de México. Vinculatégica,* 7(1). https://doi.org/10.29105/vtga7.1-82

Álvarez-Vásquez, C.A., Rivera-Vera, H.F., Conforme-Cedeño, G.M., Campoverde-Flores, F.K., Sornoza-Parrales, D.R., & Merchán-Nieto, L. (2018). *Los procesos, las técnicas de negociación y la tecnología. Ciencias. Economía, Organización y Ciencias Sociales. Editorial Área de Innovación y Desarrollo, S.L.* https://doi.org/10.17993/ecoorgycso.2018.41

Ávila-Morales, H., Palumbo-Pinto, G.B., De la Cruz-Ríos, H.A., & Ogosi-Auqui, J.A. (2022). Toma de decisiones estratégicas en la gestión pública para el desarrollo social. *Revista Venezolana de Gerencia,* 27(Edición Especial 7), 648–662. https://doi.org/10.52080/rvgluz.27.7.42

Bentler, P. M., & Bonett, D. G. (1980). Significance Tests and Goodness of Fit in the Analysis of Covariance Structures. *In Psychological Bulletin* (Vol. 88, Issue 3).

Brunet, L. (2007). El clima de trabajo en las organizaciones. Definición, diagnóstico y consecuencias. *Editorial Trillas.*

Busro, M. (2018). Teori-teori Manajemen Sumber Daya Manusia. *Jakarta. PrenadaMedia.*

Dini, M. & Stumpo, G. (2020). MiPyMEs en América Latina: un frágil desempeño y nuevos desafíos para las políticas de fomento. Documentos de Proyectos (LC/TS.2018/75/Rev.1), Santiago. *Comisión Económica para América Latina y el Caribe* (CEPAL).

Forbes (2021). Inclusión digital: el futuro de las MyPEs. *Forbes Content.* https://www.forbes.com.mx/ad-inclusion-digital-futuro-mypes-mexico-visa/

Ibarra-Morales, L.E., Paredes-Zempual, D., & Carrillo-Cisneros, E. (2022). Impacto del COVID-19 en las variables que determinan la competitividad de las micro, pequeñas y medianas

empresas mexicanas. *Revista RELAYN. Micro y Pequeña Empresa en Latinoamérica*, 6(1), 7–22. https://doi.org/10.46990/relayn.2022.6.1.532

Instituto Nacional de Estadística y Geografía (Inegi) (2020). *Censo de población y vivienda 2020.* https://www.inegi.org.mx/programas/ccpv/2020/

King, E.B., Helb, M.R., George, J.M. & Matusik, S.F. (2010). Understanding tokenism: Antecedents and consequences of a psychological climate of gender inequity. *Journal of Management*, 36(2), 482–510. https://doi.org/10.1177/0149206308328508

Leyva-Carreras, A.B., Cavazos-Arroyo, J., & Espejel-Blanco, J.E. (2018). Influencia de la planeación estratégica y habilidades gerenciales como factores internos de la competitividad empresarial de las Pymes. *Contaduría y Administración,* 63(3), 41. https://doi.org/10.22201/fca.24488410e.2018.1085

Leyva-Carreras, A.B., Espejel-Blanco, J.E., & Cavazos-Arroyo, J. (2017). Habilidades gerenciales como estrategia de competitividad empresarial en las pequeñas y medianas empresas (Pymes). *Revista Perspectiva Empresarial*, 4(1), 7–22. https://doi.org/10.16967/rpe.v4n1a1

Martinez, E., García-Alandete, J., Selles, P., Bernabe, G., & Soucase, B. (2012). Análisis factorial confirmatorio de los principales modelos propuestos para el purpose-in-life test en una muestra de universitarios españoles. *Acta Colombiana de Psicología,* 67–76.

Mendoza-Vargas, E.Y., Villaroel-Puma, M.F. & Carranza-Quimi, W.D. (2020). Caracterización de los microemprendimientos de los sectores urbanos marginales de Quevedo. *Centro Sur. Social Science Journal.* 4(4), 1–23. https://doi.org/10.37955/cs.v4i1.40

Moreno, M. J., & Wong Aitken, H. G. (2019). Relación de las habilidades directivas y la satisfacción laboral en la empresa Chicken King de Trujillo, 2018. *Cuadernos Latinoamericanos de Administración,* 14(27), 1–17. https://doi.org/10.18270/cuaderlam.v14i27.2475

Naranjo, R. (2015). Management skills in leaders of mid-sized businesses of Colombia. *Revista Científica Pensamiento y Gestión,* 38, 119–146. https://doi.org/10.14482/pege.38.7703

Niebles-Núñez, L., Torres-Anillo, K. & Montenegro-Rada, A. (2020). Habilidades gerenciales como herramienta para el fortalecimiento del liderazgo transformacional en las mipymes. *Editorial Universidad del Atlántico.* https://repositorio.uniatlantico.edu.co/bitstream/handle/20.500.12834/1030/admin %2c %2bHABILIDADES %2bGERENCIALES %2bCOMO %2bHERRAMIENTA %2bEN %2bMIPYMES.pdf?sequence=1&isAllowed=y

Paredes-Zempual, D., Ibarra-Morales, L.E., & Moreno-Freites, Z.E. (2021). Habilidades directivas y clima organizacional en pequeñas y medianas empresas. *Investigación Administrativa,* 50–1, 1–23. https://doi.org/10.35426/iav50n127.05

Puga-Villarreal, J., & Martínez-Cerna, L. (2008). Competencias Directivas en Escenarios Globales. *Estudios Gerenciales,* 24(109), 87–103. https://doi.org/10.1016/s0123-5923(08)70054-8

R Core Team (2022). R: A language and environment for statistical computing. R *Foundation for Statistical Computing, Vienna, Austria.* URL https://www.R-project.org/

Red de Estudios Latinoamericanos en Administración y Negocios. (RELAYN) (2023). *Investigación anual,* N. Peña & O. Aguilar (coords.) https://relayn.redesla.la

Red de Estudios Latinoamericanos (RedesLA) (2023). *Investigaciones anuales.* https://redesla.la

Rojero-Jiménez, R., Gómez-Romero, J.G.I., & Quintero-Robles, L.M. (2019). El liderazgo transformacional y su influencia en los atributos de los seguidores en las Mipymes mexicanas. *Estudios Gerenciales*, 35(151), 178–189. https://doi.org/10.18046/j.estger.2019.151.3192

Vargas, B., & del Castillo, C. (2008). Competitividad sostenible de la pequeña empresa: Un modelo de promoción de capacidades endógenas para promover ventajas competitivas sostenibles y alta productividad. *Journal of Economics, Finance and Administrative Science,* 13(24), 59–80. https://www.redalyc.org/articulo.oa?id=360733604004

Viamontes, M.O., & Oliva, E.J.D. (2015). Las agrupaciones corales como estrategia de formación de competencias para trabajo en equipo en las organizaciones: una perspectiva comparativa. *Suma de Negocios,* 6(13), 92–97. https://doi.org/10.1016/j.sumneg.2015.08.008

Whetten, D. & Cameron, K. (2016). Desarrollo de habilidades directivas. México: *Editorial Prentice Hall.*

CAPÍTULO 21

Las habilidades directivas y el clima organizacional en las micro y pequeñas empresas de Otumba, Axapusco, y San Martín de las Pirámides, Estado de México, México

Management skills and the organizational climate in micro and small companies in Otumba, Axapusco and San Martin de las Piramides, State of Mexico, Mexico

DORIE CRUZ RAMÍREZ, SULY SENDY PÉREZ CASTAÑEDA, BEATRIZ SAUZA ÁVILA Y CLAUDIA BEATRIZ LECHUGA CANTO

Universidad Autónoma del Estado de Hidalgo, Escuela Superior de Ciudad Sahagún

Resumen: El objetivo de la presente investigación es determinar el impacto que tienen las habilidades directivas sobre el clima organizacional en las micro y pequeñas empresas de Latinoamérica. El tamaño de la muestra fue de 386 micro y pequeñas empresas de los municipios de Otumba, Axapusco, y San Martín de las Pirámides, pertenecientes al Estado de México, México. Se presenta un estudio cuantitativo, no experimental, de forma transversal y con un alcance causal. La pertinencia del estudio contribuye a la generación de conocimiento para el desarrollo de un modelo de gestión de la mype en América Latina que permita maximizar la productividad. Entre los principales resultados, mediante una regresión lineal, se puede observar que la variable de la habilidad directiva trabajo en equipo es la que tiene mayor impacto en el clima organizacional, con 2.3454534, seguida de liderazgo con 1.0714527; asimismo, las variables que tienen menor impacto son negociación (0.025374), comunicación (0.2360246) y toma de decisiones (0.2422165), aun cuando, y de acuerdo con el diagrama causal, en todas ellas las relaciones obtenidas son positivas y que en diferente medida estas variables inciden en el clima organizacional de las mypes.

Abstract: The objective of this research is to determine the impact that management skills have on the organizational climate in micro and small companies in Latin America. The sample size was 386 micro and small companies from the municipalities of Otumba, Axapusco, and San Martín de las Pirámides, belonging to the State of Mexico, Mexico. A quantitative, non-experimental, cross-sectional study with a causal scope is presented. The relevance of the study contributes to the generation of knowledge for the development of a management model for mypes in Latin America that allows maximizing productivity. Among the main results, through a linear regression, it can be observed that the variable of teamwork managerial ability is the one that has the greatest impact on the organizational climate, with 2.3454534, followed by leadership with 1.0714527; likewise, the variables that have the least impact are negotiation (0.025374), communication (0.2360246) and decision-making (0.2422165), even though, and according to the causal diagram, in all of them the relationships obtained are positive and that to a different extent These variables affect the organizational climate of the mypes.

Palabras clave: clima organizacional, habilidades directivas, mypes.

INTRODUCCIÓN

De acuerdo con el último Censo Económico publicado por el Instituto Nacional de Estadística y Geografía (INEGI, 2020), 98.3 % del universo de unidades económicas está constituido por micro y pequeñas empresas, las cuales generan —al menos— el 55 % de los empleos y amasan el 39 % del Producto Interno Bruto (PIB) del país. Las microempresas están configuradas por aquellos negocios que tienen menos de 10 trabajadores y generan anualmente ventas hasta por 4 millones de pesos. Las pequeñas empresas son unidades económicas que emplean entre 11 y 50 trabajadores, generando ventas anuales que oscilan entre 4 y 100 millones de pesos (Mendoza-Vargas, Villaroel-Puma & Carranza-Quimi, 2020; Forbes, 2021).

Es importante mencionar que actualmente las mypes se enfrentan a múltiples retos y problemáticas, específicamente, el desarrollo de habilidades gerenciales o directivas por parte de los líderes cumple una labor fundamental en el clima organizacional para este tipo de empresas, al establecerse como un diferenciador con otras organizaciones (Busro, 2018). En esa perspectiva, la formación y el desarrollo de habilidades directivas del personal encargado de implementar estrategias y tomar decisiones son fundamentales, pues de ello depende que las mypes cumplan sus metas y objetivos estratégicos, lo cual permite a las organizaciones volverse más competitivas, pues propicia la formación de un clima organizacional donde los empleados estén satisfechos con su organización (Aburto & Bonales, 2011; Brunet, 2007).

Derivado de la importancia que representa el desarrollo de habilidades directivas en los líderes que dirigen los esfuerzos estratégicos de las mypes, así como la importancia de contar con un buen clima organizacional, se plantean las siguientes preguntas de investigación: ¿cuáles habilidades directivas tienen repercusión en el clima organizacional de las mypes?, ¿cuál es el clima organizacional que predomina en las mypes?

Para cumplir con lo anterior, el objetivo de la investigación es determinar el grado de asociación entre las habilidades directivas y el clima organizacional de las micro y pequeñas empresas, lo cual permitirá conocer con mayor precisión las habilidades directivas que los gerentes o mandos medios deben desarrollar para que prevalezca un clima organizacional satisfactorio entre los empleados al interior de las mypes. En ese sentido, las mypes podrán determinar si éstas son las causales de un clima organizacional adecuado o inconveniente, lo que, a su vez, permitirá diseñar programas de capacitación para sus líderes y, con ello, generar información que contribuya —si es el caso— a resolver el problema o mantener y fortalecer lo que se tiene.

Los diferentes análisis estadísticos correlacionales entre las variables del estudio permitirán identificar si las habilidades directivas son la causa principal del clima organizacional que prevalece en las mypes. Lo anterior será de gran apoyo en la búsqueda de factores endógenos diferenciados que permita a las mypes obtener ventajas competitivas sostenibles, ya que, si bien es cierto, una mejor gestión empresarial no es suficiente para lograr ser más competitivas, sino que está determinada por otros factores internos como un buen clima organizacional y el desarrollo de habilidades directivas (Vargas & Del Castillo, 2008).

REVISIÓN DE LA LITERATURA

Las organizaciones del siglo XXI afrontan un entorno dinámico y complejo caracterizado por la incertidumbre, debido a esto deben estar preparadas para dar respuesta a los cambios vertiginosos, en aras de cumplir sus objetivos y metas organizacionales así como volverse más competitivas. Las micro y pequeñas empresas (mypes) también deben responder a ese contexto, sin embargo, las características estructurales de su magnitud las coloca en desventaja respecto a la gran empresa, misma que tiene a su disposición una mayor cantidad de recursos y capacidades. El tema aquí analizado ha obtenido gran relevancia en los rubros de la investigación y las políticas públicas recientemente, lo cual ha permitido una mejora de determinados aspectos directamente vinculados con la competitividad de las empresas (Leyva-Carreras, Cavazos-Arroyo & Espejel-Blanco, 2018).

La situación actual de las mypes es compleja —aun siendo una parte fundamental del aparato económico a nivel mundial—, presenta una serie de desafíos y retos, enfrenta diversos obstáculos que limitan su capacidad de crecimiento y desarrollo. Uno de los principales problemas que enfrentan estas empresas es la falta de acceso al financiamiento, ya que esto restringe su capacidad para invertir en innovación, en maquinaria y equipos, software y tecnologías digitales; así como en la capacitación y adiestramiento para sus empleados. Otra problemática a la cual se enfrentan es la poca inversión en capacitación a sus directivos y gerentes, de modo que éstos puedan desarrollar sus habilidades directivas, permitiéndoles contar con las herramientas necesarias al momento de tomar decisiones estratégicas de impacto en sus portafolios de negocios, a través de una visión diferente y más competitiva, no sólo a nivel local, sino a niveles superiores en la configuración y escala del negocio.

Es importante destacar que la pandemia por el Covid-19 tuvo un impacto significativo en las mypes debido a que muchas de ellas tuvieron que cerrar de forma temporal o permanente. Las restricciones de movimiento y confinamiento social provocaron una disminución significativa en la demanda de productos y servicios (Ibarra-Morales, Paredes-Zempual & Carrillo-Cisneros, 2022). Para dimensionar y tener una mejor visión de la magnitud de la presencia e importancia de las mypes en Latinoamérica, Dini y Stumpo (2021) realizan una clasificación tomando como parámetros el sector y el tamaño de la empresa (tabla 21.1.).

Tabla 21.1. Clasificación de acuerdo con el sector y tamaño de la empresa.

Sector	**Micro empresa**	**Pequeña empresa**
Agricultura, ganadería, caza, silvicultura y pesca	80 %	16 %
Explotación de minas y canteras	68 %	23 %
Industria manufacturera	82 %	14 %
Suministro de electricidad, gas y agua	70 %	20 %
Construcción	76 %	19 %
Comercio al por mayor y menor	92 %	07 %
Hoteles y restaurantes	89 %	10 %
Transporte, almacenamiento y comunicaciones	83 %	13 %
Intermediación financiera	81 %	14 %
Actividades inmobiliarias, empresariales y de alquiler	87 %	10 %
Enseñanza	76 %	19 %
Servicios sociales y de salud	89 %	09 %
Otras actividades comunitarias, sociales y personales	95 %	04 %
Total	**88.4 %**	**09.6 %**

Fuente: elaboración propia a partir de Dini & Stumpo (2021).

Leyva-Carreras, Espejel-Blanco y Cavazos-Arroyo (2017) destacan que el director o gerente de una mype debe tomar en cuenta ciertas variables para lograr la excelencia, el buen clima organizacional y la competitividad empresarial, para lo cual es preciso contar con personal directivo que reúna las siguientes características: dinámicos, actualizados, con habilidades directivas, operativas y de gestión, conocimientos de administración y planeación estratégica, así como administración y dirección de talento humano, siempre proactivo al cambio organizacional y tecnológico, para que se convierta en vehículo que potencia la creatividad, la innovación y el desarrollo sustentable. Sin embargo, por desconocer esas características de gestión o habilidades directivas que son propias de los líderes, esa ignorancia puede ser la causa de algunos problemas administrativos y de competitividad en las mypes, lo que genera algunas consecuencias en la transición de una economía local y proteccionista a un mercado libre y globalizado (Naranjo, 2015).

Niebles-Núñez, Torres-Anillo y Montenegro-Rada (2020) establecen que las habilidades directivas comprenden el proceso de la gerencia, estas son: planificar, organizar, dirigir, ejecutar y controlar que, a su vez, constituyen el conjunto de destrezas, cualidades, competencias, conocimientos, acciones, experiencias y capacidades que inciden en el efectivo desempeño del rol gerencial, al contribuir al logro de objetivos y metas organizacionales, asimismo, representan la implementación práctica por la acción del conocimiento adquirido académicamente o por experiencias a través del proceso de aprendizaje. Es por ello que, en los últimos años, las habilidades directivas desempeñan un papel muy importante en la satisfacción de los colaboradores en las empresas a nivel mundial, pues se ha demostrado que la manera o particularidad en que los directivos lideran a sus equipos generan una repercusión directa en su satisfacción y, por ende, en su desempeño laboral (Moreno & Wong, 2018).

Paredes-Zempual, Ibarra-Morales y Moreno-Freites (2021) adoptan otra perspectiva, sostienen que el buen desempeño de la empresa está en función de las habilidades directivas y el buen clima organizacional, sobre todo en este tiempo donde las empresas se encuentran inmersas en un proceso de globalización y de rápidos cambios que demanda líderes más preparados en actitudes y aptitudes, capaces de administrar de manera eficaz y eficiente los procesos y procedimientos, tanto administrativos como operativos, comprometidos con la rentabilidad de la organización.

El clima organizacional es observado y analizado por las empresas con el fin de mantenerlo en niveles positivos y, de esa forma, estimular la productividad de los empleados, motivo por el cual las empresas buscan los elementos y condiciones necesarias que puedan incidir de forma positiva en el clima organizacional, ya que existen estudios empíricos que así lo demuestran, en otras palabras, un mejor clima organizacional en la empresa se traduce en mejores resultados en los ámbitos financieros, administrativos y productivos (Alegría-Zebadúa & Alarcón-Martínez, 2022).

Whetten y Cameron (2016) clasifican las habilidades en tres grandes grupos: personales, interpersonales y grupales, mismas que en su conjunto aportan al éxito de una administración eficaz y centrada en los logros financieros, pero también de posición competitiva. En este sentido, para el presente estudio se han seleccionado como habilidades directivas las siguientes: negociación, toma de decisiones, liderazgo, comunicación y trabajo en equipo, ya que predominan en la literatura y en los diferentes modelos conceptuales, además de ser las más importantes para Whetten y Cameron. Adicionalmente, se ha seleccionado como variable el 'clima organizacional' debido al impacto y la importancia que ostenta para las mypes. Las definiciones conceptuales para cada una de las variables se muestran en la tabla 21.2.

Tabla 21.2. Definición conceptual de las variables.

Variable	Definición conceptual
Negociación	Presentar y discutir propuestas comunes con el propósito de llegar a un acuerdo en un marco de interés común (Álvarez-Vásquez, et al., 2018).
Toma de decisiones	Decidir por una alternativa que requiere atender situaciones planificadas o de incertidumbre entre un abanico de varias opciones (Ávila-Morales et al., 2022).
Liderazgo	Lograr la motivación de los colaboradores mediante la promoción de conductas positivas que reditúan en mejores niveles de desempeño laboral para la empresa (Rojero-Jiménez, Gómez-Romero & Quintero-Robles, 2019).
Comunicación	Recibir y transmitir mensajes oportunos y unívocos, independientemente del canal o la forma de comunicación, lo cual facilita la emisión y recepción de los mensajes que se producen entre los miembros de la organización y su entorno, facilitando el alcance de los objetivos y metas que establecen los miembros de la organización (Puga-Villarreal & Martínez-Cerna, 2008).
Trabajo en equipo	Fomentar la colaboración conjunta entre los integrantes que conforman un equipo de trabajo, a través del talento individual, la comunicación, las competencias y las fortalezas de cada uno en su relación con los demás, para lograr el cumplimiento de un objetivo común (Viamontes & Oliva, 2015).
Clima organizacional	Variable que media entre el contexto de una organización y la conducta de sus empleados o miembros, desde la perspectiva del cómo ellos experimentan el trabajo en sus empresas (King, Hebl, George & Matusik, 2010).

Fuente: elaboración propia.

METODOLOGÍA

El presente trabajo de investigación ha sido propuesto por la Red de Estudios Latinoamericanos en Administración y Negocios (RELAYN, 2023), la cual consiste en conceptualizar la micro y pequeña empresa (mype) como una serie de elementos de entradas, procesos y salidas enmarcados en un ambiente que influye en el clima organizacional de las mypes, según la percepción del director, considerado como la persona que toma la mayor parte de las decisiones. Este estudio tiene un enfoque cuantitativo de diseño transversal de tipo causal.

Se realizó un muestreo probabilístico aleatorio simple con las mypes de Otumba, Axapusco y San Martín de las Pirámides, Estado de México, México, cuya cantidad de empleados se encuentra en el rango de 1 a 50, con un nivel de confianza del 95 %, un margen de error del ±5 % y una probabilidad estimada de p=0.5 (50 %). Se obtuvieron de la muestra aplicada un total de 384 encuestas válidas en el periodo del 01 de marzo al 30 de abril de 2023. Se utilizó un instrumento de medición tipo encuesta, la cual fue dirigida a los propietarios, directores o gerentes de las mypes, para lo cual sirvió la asistencia de estudiantes universitarios que previamente fueron capacitados para aplicar la encuesta.

Características de la muestra son:

El 41.1 % de la muestra fueron del sexo biológico femenino y el restante 58.9 % masculino. La edad de los sujetos tiene un rango de 20 a 84 años, con un promedio de 42 años y una moda de 45 años. El 17.7 % de los empresarios tienen estudios de nivel superior, seguido de un 47.4 % con nivel media superior, 31.8 % con educación básica. En cuanto a estado civil predominan los casados con un 52.9 % seguidos de los solteros con 19.8 %.

La mayoría de los negocios 75.5 % pertenecen al giro comercial, un 18.2 % a la prestación de servicios y sólo 6.2 % a la producción de manufacturas, la antigüedad del 11.5 %de los negocios es menor a 3 años. Los empleos que ofrecen están en el rango de 1 a 30 trabajadores, de las empresas el 94 % emplea de 1 a 10 trabajadores y el 87.8 % tienen en su plantilla de 1 a 10 mujeres y en el 70.8 % colaboran de 1 a 5 familiares del propietario.

Alineado al objetivo general de la investigación y a la revisión de la literatura, se plantean las siguientes hipótesis:

H0: Las habilidades directivas no inciden en el clima organizacional de la mype.

H1: Las habilidades directivas inciden en el clima organizacional de la mype.

En cuanto al instrumento de medición, éste se integró por seis partes o bloques. El primero de ellos, con datos que abordan aspectos generales de la empresa: tamaño de la empresa, personal ocupado, así como información sobre los ingresos y gastos. La segunda parte aborda los datos del directivo y el tiempo destinado a las labores de la empresa. La tercera parte se refiere a los insumos del sistema: recursos humanos, análisis del mercado y proveedores. En una cuarta parte del instrumento de medición se exponen los procesos del sistema: dirección, gestión de ventas, finanzas, innovación, mercadotecnia, producción-operación. La quinta parte estuvo integrada por los resultados del sistema: satisfacción del sistema, ventaja competitiva, RSC-Asuntos de ISO 26000, valoración del entorno y, por último, la sexta parte quedó integrada por los dos temas anuales de investigación: a) el trabajo decente desde la perspectiva directiva y b) el impacto de las habilidades directivas (negociación, toma de decisiones, liderazgo, comunicación, trabajo en equipo) sobre el clima organizacional. Para las secciones comprendidas del tercer al sexto bloque se emplea una escala de Likert de cinco puntos, los cuales van de 'No sé / No aplica' (1) a 'muy de acuerdo' (5).

RESULTADOS

Por el tamaño de la muestra, es pertinente tomar los valores con ciertas reservas, ya que pueden adolecer de significancia estadística.

Las seis variables muestran consistencia interna del instrumento mediante el análisis del alfa de Cronbach de las variables objeto de estudio, de la misma forma se analiza la correlación que tienen con el clima organizacional como se muestra en la tabla 21.3.

Tabla 21.3. Alfa de Cronbach y correlación de las variables.

Variables	Correlación con clima	Cronbach	Media	Desviación Estándar
Negociación	0.368	0.852	4.229	0.502
Toma de decisiones	0.284	0.879	4.239	0.514
Liderazgo	0.308	0.901	4.393	0.451
Comunicación	0.496	0.906	4.380	0.461
Trabajo en equipo	0.456	0.913	4.398	0.445
Clima Organizacional	1	0.903	4.408	0.469

Fuente: Elaboración propia utilizando RStudio (R Core Team, 2022).

Se procede a realizar el modelo estructural del instrumento en la figura 21.4, el ajuste absolutorio muestra el error cuadrático medio de aproximación (RMSEA) es de 0.011 y el residuo cuadrático medio estandarizado (SRMR) es de 0.05, en ambos casos se consideran aceptables, en el ajuste comparativo (CFI) muestra un resultado de 1 y el índice de Tucker-Lewis (TLI) de 1 consideramos ajustes óptimos.

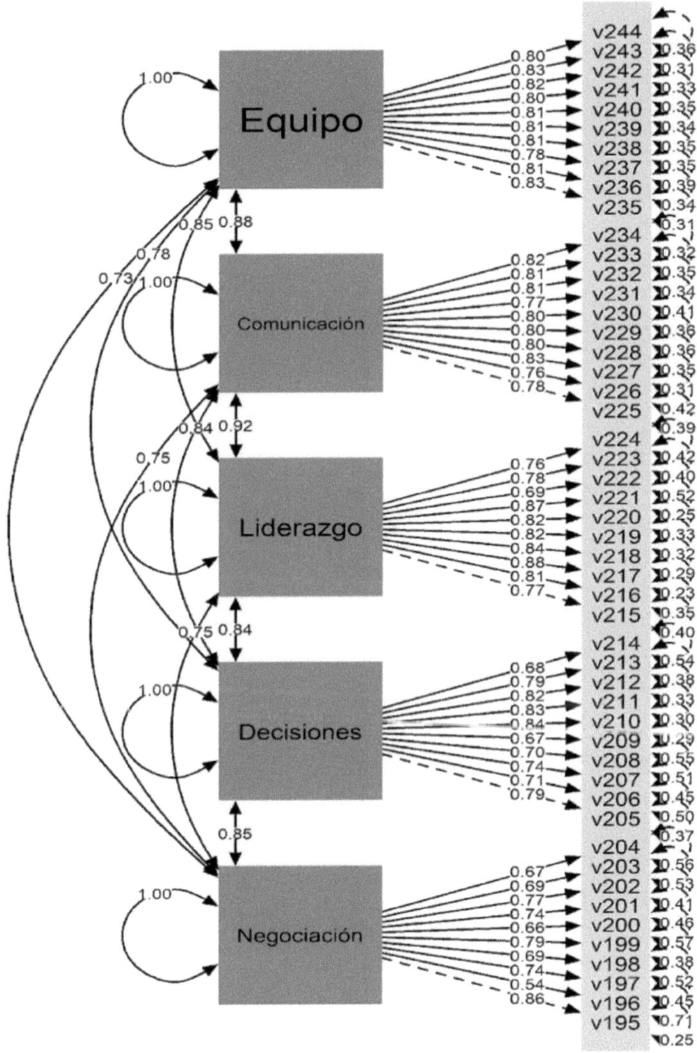

Figura 21.4. Resultado del modelo estructural.

Fuente: Elaboración propia utilizando RStudio (R Core Team, 2022).

Partiendo de la información cuantitativa del estudio se establece el modelo estructural (Figura 21.4), donde se muestra la dirección de las relaciones entre las diversas variables y el efecto que causan. El modelo plantea la existencia de cinco variables endógenas con una relación causal recíproca (trabajo en equipo, comunicación, liderazgo, toma de decisiones y negociación). Las cinco variables tienen una relación causal directa con los ítems que conforman la variable, en todos los casos el grado de significancia fue <0.05 (los resultados se muestran en la Figura 21.4) dando un correcto ajuste del modelo (Bentler & Bonett, 1980; Martínez et al., 2012)

Con el objetivo de medir el impacto que tienen las habilidades directivas sobre el clima organizacional de la mype se realiza la siguiente regresión lineal, donde el clima organizacional es la variable dependiente y las variables independientes son negociación, toma de decisiones, liderazgo, comunicación y trabajo en equipo. Al final se sustituyen los valores tal y como se observa en la tabla 21.5.

Fórmula:

y = clima = constante + negociación + toma de decisiones + liderazgo + comunicación + trabajo en equipo.

Tabla 21.5. Regresión lineal.

Fórmula: lm(fórmula = clima ~ negociación + toma de decisiones + liderazgo + comunicación + trabajo en equipo)				
Residuales				
Min	**1Q**	**Mediana**	**3Q**	**Max**
-1.18508	-0.08945	-0.01156	0.13188	0.93778
Coeficientes	**Estimado**	**Std. Error**	**T-valor**	**P-valor**
(Clima/Intercept)	0.477401	0.157457	3.032	0.0026
Negociación	0.006005	0.043597	0.138	0.8905
Toma de decisiones	0.057142	0.049327	1.158	0.2474
Liderazgo	0.243897	0.061485	3.967	8.72e-05
Comunicación	0.056165	0.063701	0.882	0.3785
Trabajo en equipo	0.533296	0.055396	9.627	< 2e-16

Signif. codes: 0 '***' 0.001 '**' 0.01 '*' 0.05 '.' 0.1 ' ' 1
Residual standard error: 0.2848 on 378 degrees of freedom
Multiple R-squared: 0.6355, Adjusted R-squared: 0.6306
F-statistic: 131.8 on 5 and 378 DF, p-value: < 2.2e-16
Fuente: Elaboración propia utilizando RStudio (R Core Team, 2022).

Para poder medir el impacto, se multiplica el valor estimado de cada una de las variables independientes (tabla 21.5) por su media (tabla 21.3).

$$y=0.4774 + (0.006 * 4.229) + (0.05714 * 4.239) + (0.2439 * 4.393) + (0.05617 * 4.38) + (0.5333 * 4.398)$$

Resolvemos la ecuación:

$$y=0.4774+0.025374+0.2422165+1.0714527+0.2460246+2.3454534$$
$$y=4.4079212$$

Se observa que la variable que tiene mayor impacto es trabajo en equipo con 2.3454534, mientras que la de menor impacto es negociación con 0.025374. El impacto total de las habilidades directivas sobre el clima organizacional es de 4.4079212.

DISCUSIÓN

Las mypes son consideradas un motor importante en la economía de la región del estado y del país que enfrentan innumerables retos, es por ello que se hace necesario realizar estudios que permitan identificar qué habilidades gerenciales deben poseer los dirigentes de éstas y mantener un adecuado clima organizacional, con la finalidad de alcanzar los objetivos que en cada mype se establezca, lo cual no es la excepción para las mypes de los municipios de Otumba, Axapusco, y San Martín de las Pirámides, en el Estado de México.

El análisis de los resultados arroja las siguientes conclusiones; las variables sujetas a estudio de acuerdo con el alfa de Cronbach muestran consistencia interna, entendida ésta como una medida de correlación de los ítems aplicados (mide el nivel de consistencia de 0 a 1), donde el resultado más cercano a 1 establece que existe mayor consistencia, por lo que con los datos obtenidos se puede observar que las variables analizadas están muy cercanas a 1, las que tienen mayor consistencia son trabajo en equipo, comunicación, clima organizacional y liderazgo, todas por arriba de 0.90.

Se cumple el objetivo de la investigación, el cual consistió en determinar el grado de asociación entre las habilidades directivas y el clima organizacional en las micro y pequeñas empresas de la región sujeta a análisis, estableciendo que sí existe un nivel de asociación entre las variables analizadas y el clima organizacional, ya que todas las relaciones que arrojó el diagrama causal son positivas.

Así en la pregunta de investigación: ¿cuáles son las habilidades directivas con mayor repercusión en el clima organizacional de las mypes?, se determina que existe un nivel de correlación en las variables analizadas y que las que tienen mayor relación son comunicación y equipo con respecto al clima organizacional, es así que el diagrama causal muestra que la variable equipo es la de mayor preponderancia para las habilidades gerenciales.

Con respecto a la regresión lineal, la variable con mayor impacto en cuanto al clima organizacional es equipo, seguida de liderazgo, pero hay que considerar que tomar especial interés con respecto a negociación, comunicación y toma de decisiones que son las variables con menor impacto.

Con base en los hallazgos de la investigación, se está en condiciones de diagnosticar la validez de la hipótesis formulada, que establece que las habilidades directivas inciden en el clima organizacional de la mype mediante el análisis de los parámetros de las relaciones en el modelo SEM.

REFERENCIAS

Aburto, H.I. & Bonales, J. (2011). Habilidades directivas: Determinantes en el clima organizacional. *Investigación y Ciencia,* 19(51), 41–49.

Alegría-Zebadúa, R.M., & Alarcón-Martínez, G. (2022). Marco teórico e instrumento de medición de las habilidades gerenciales y clima organizacional en *Instituciones Bancarias de México. Vinculatégica,* 7(1). https://doi.org/10.29105/vtga7.1-82

Álvarez-Vásquez, C.A., Rivera-Vera, H.F., Conforme-Cedeño, G.M., Campoverde-Flores, F.K., Sornoza-Parrales, D.R., & Merchán-Nieto, L. (2018). *Los procesos, las técnicas de negociación y la tecnología. Ciencias. Economía, Organización y Ciencias Sociales. Editorial Área de Innovación y Desarrollo, S.L.* https://doi.org/10.17993/ecoorgycso.2018.41

Ávila-Morales, H., Palumbo-Pinto, G.B., De la Cruz-Ríos, H.A., & Ogosi-Auqui, J.A. (2022). Toma de decisiones estratégicas en la gestión pública para el desarrollo social. *Revista Venezolana de Gerencia,* 27(Edición Especial 7), 648–662. https://doi.org/10.52080/rvgluz.27.7.42

Bentler, P. M., & Bonett, D. G. (1980). Significance Tests and Goodness of Fit in the Analysis of Covariance Structures. *In Psychological Bulletin* (Vol. 88, Issue 3).

Brunet, L. (2007). El clima de trabajo en las organizaciones. Definición, diagnóstico y consecuencias. *Editorial Trillas.*

Busro, M. (2018). Teori-teori Manajemen Sumber Daya Manusia. *Jakarta. PrenadaMedia.*

Dini, M. & Stumpo, G. (2020). MiPyMEs en América Latina: un frágil desempeño y nuevos desafíos para las políticas de fomento. Documentos de Proyectos (LC/TS.2018/75/Rev.1), Santiago. *Comisión Económica para América Latina y el Caribe* (CEPAL).

Forbes (2021). Inclusión digital: el futuro de las MyPEs. *Forbes Content.* https://www.forbes.com.mx/ad-inclusion-digital-futuro-mypes-mexico-visa/

Ibarra-Morales, L.E., Paredes-Zempual, D., & Carrillo-Cisneros, E. (2022). Impacto del COVID-19 en las variables que determinan la competitividad de las micro, pequeñas y medianas empresas mexicanas. *Revista RELAYN. Micro y Pequeña Empresa en Latinoamérica,* 6(1), 7–22. https://doi.org/10.46990/relayn.2022.6.1.532

Instituto Nacional de Estadística y Geografía (Inegi) (2020). *Censo de población y vivienda 2020.* https://www.inegi.org.mx/programas/ccpv/2020/

King, E.B., Helb, M.R., George, J.M. & Matusik, S.F. (2010). Understanding tokenism: Antecedents and consequences of a psychological climate of gender inequity. *Journal of Management,* 36(2), 482–510. https://doi.org/10.1177/0149206308328508

Leyva-Carreras, A.B., Cavazos-Arroyo, J., & Espejel-Blanco, J.E. (2018). Influencia de la planeación estratégica y habilidades gerenciales como factores internos de la competitividad empresarial de las Pymes. *Contaduría y Administración,* 63(3), 41. https://doi.org/10.22201/fca.24488410e.2018.1085

Leyva-Carreras, A.B., Espejel-Blanco, J.E., & Cavazos-Arroyo, J. (2017). Habilidades gerenciales como estrategia de competitividad empresarial en las pequeñas y medianas empresas (Pymes). *Revista Perspectiva Empresarial,* 4(1), 7–22. https://doi.org/10.16967/rpe.v4n1a1

Martinez, E., García-Alandete, J., Selles, P., Bernabe, G., & Soucase, B. (2012). Análisis factorial confirmatorio de los principales modelos propuestos para el purpose-in-life test en una muestra de universitarios españoles. *Acta Colombiana de Psicología,* 67–76.

Mendoza-Vargas, E.Y., Villaroel-Puma, M.F. & Carranza-Quimi, W.D. (2020). Caracterización de los microemprendimientos de los sectores urbanos marginales de Quevedo. *Centro Sur. Social Science Journal.* 4(4), 1–23. https://doi.org/10.37955/cs.v4i1.40

Moreno, M. J., & Wong Aitken, H. G. (2019). Relación de las habilidades directivas y la satisfacción laboral en la empresa Chicken King de Trujillo, 2018. *Cuadernos Latinoamericanos de Administración,* 14(27), 1–17. https://doi.org/10.18270/cuaderlam.v14i27.2475

Naranjo, R. (2015). Management skills in leaders of mid-sized businesses of Colombia. *Revista Científica Pensamiento y Gestión,* 38, 119–146. https://doi.org/10.14482/pege.38.7703

Niebles-Núñez, L., Torres-Anillo, K. & Montenegro-Rada, A. (2020). Habilidades gerenciales como herramienta para el fortalecimiento del liderazgo transformacional en las mipymes. *Editorial Universidad del Atlántico.* https://repositorio.uniatlantico.edu.co/bitstream/handle/20.500.12834/1030/admin %2c %2bHABILIDADES %2bGERENCIALES %2bCOMO %2bHERRAMIENTA %2bEN %2bMIPYMES.pdf?sequence=1&isAllowed=y

Paredes-Zempual, D., Ibarra-Morales, L.E., & Moreno-Freites, Z.E. (2021). Habilidades directivas y clima organizacional en pequeñas y medianas empresas. *Investigación Administrativa,* 50–1, 1–23. https://doi.org/10.35426/iav50n127.05

Puga-Villarreal, J., & Martínez-Cerna, L. (2008). Competencias Directivas en Escenarios Globales. *Estudios Gerenciales,* 24(109), 87–103. https://doi.org/10.1016/s0123-5923(08)70054-8

R Core Team (2022). R: A language and environment for statistical computing. R *Foundation for Statistical Computing, Vienna, Austria.* URL https://www.R-project.org/

Red de Estudios Latinoamericanos en Administración y Negocios. (RELAYN) (2023). *Investigación anual,* N. Peña & O. Aguilar (coords.) https://relayn.redesla.la

Red de Estudios Latinoamericanos (RedesLA) (2023). *Investigaciones anuales.* https://redesla.la

Rojero-Jiménez, R., Gómez-Romero, J.G.I., & Quintero-Robles, L.M. (2019). El liderazgo transformacional y su influencia en los atributos de los seguidores en las Mipymes mexicanas. *Estudios Gerenciales,* 35(151), 178–189. https://doi.org/10.18046/j.estger.2019.151.3192

Vargas, B., & del Castillo, C. (2008). Competitividad sostenible de la pequeña empresa: Un modelo de promoción de capacidades endógenas para promover ventajas competitivas sostenibles y alta productividad. *Journal of Economics, Finance and Administrative Science,* 13(24), 59–80. https://www.redalyc.org/articulo.oa?id=360733604004

Viamontes, M.O., & Oliva, E.J.D. (2015). Las agrupaciones corales como estrategia de formación de competencias para trabajo en equipo en las organizaciones: una perspectiva comparativa. *Suma de Negocios*, 6(13), 92–97. https://doi.org/10.1016/j.sumneg.2015.08.008

Whetten, D. & Cameron, K. (2016). Desarrollo de habilidades directivas. México: *Editorial Prentice Hall.*

CAPÍTULO 22

Las habilidades directivas y el clima organizacional en las micro y pequeñas empresas de Tecámac, Estado de México, México

Management skills and the organizational climate in micro and small companies in Tecámac, State of Mexico, Mexico

MARÍA CRUZ MARTÍNEZ ROSALES, PAULA CADENA ARENAS, MARÍA EUSTOLIA LLANILLO FLORES Y ROCÍO CRUZ OSORIO

Universidad Tecnológica de Tecámac

Resumen: El objetivo de la presente investigación es determinar el impacto que tienen las habilidades directivas sobre el clima organizacional en las micro y pequeñas empresas de Latinoamérica. Se presenta un estudio cuantitativo, no experimental, de forma transversal y con un alcance causal. La pertinencia del estudio contribuye a la generación de conocimiento para el desarrollo de un modelo de gestión de la mype en América Latina, que permita maximizar la productividad. Entre los principales resultados, se puede observar que la variable de la habilidad directiva "trabajo en equipo" es la que tiene un mayor impacto en el clima organizacional, con 1.8026736. El resultado obtenido constituye un elemento clave de estabilidad y conservación en el entorno en que se desarrollan estas unidades económicas del municipio de Tecámac; sin embargo, su posición representa un liderazgo competitivo como ventaja competitiva, manteniendo la motivación, el compromiso y la productividad de sus trabajadores para atraerlos y retenerlos, además de la fidelidad de clientes, fomentar las relaciones entre empresas, gobierno, proveedores y comunidad. Todo ello para favorecer la actualización y capacitación de los directivos y permear al resto de su equipo de trabajo, con el propósito de mejorar su productividad y aumentar la rentabilidad, logrando eficientemente sus metas y objetivos organizacionales.

Abstract: The objective of this research is to determine the impact that management skills have on the organizational climate in micro and small companies in Latin America. A quantitative, non-experimental, cross-sectional study with a causal scope is presented. The relevance of the study contributes to the generation of knowledge for the development of a management model for mypes in Latin America that allows maximizing productivity. Among the main results, we can observe that the variable of teamwork managerial ability is the one that has the greatest impact on the organizational climate, with 1.8026736. The result obtained constitutes a key element of stability and conservation in the environment in which these economic units of the municipality of Tecámac are developed; However, its competitive position shows that leadership represents a competitive advantage, maintaining the motivation, commitment and productivity of its workers to attract and retain them, in addition to customer loyalty, foster relationships between companies, government, suppliers and the community....All this to favor the updating and training of managers and permeate the rest of their work team, with the purpose of improving their productivity and increasing profitability, efficiently achieving their organizational goals and objectives.

Palabras clave: clima laboral, trabajo en equipo, habilidades directivas.

INTRODUCCIÓN

De acuerdo con el último Censo Económico publicado por el Instituto Nacional de Estadística y Geografía (INEGI, 2020), 98.3 % del universo de unidades económicas está constituido por micro y pequeñas empresas, las cuales generan —al menos— el 55 % de los empleos y amasan el 39 % del Producto Interno Bruto (PIB) del país. Las microempresas están configuradas por aquellos negocios que tienen menos de 10 trabajadores y generan anualmente ventas hasta por 4 millones de pesos. Las pequeñas empresas son unidades económicas que emplean entre 11 y 50 trabajadores, generando ventas anuales que oscilan entre 4 y 100 millones de pesos (Mendoza-Vargas, Villaroel-Puma & Carranza-Quimi, 2020; Forbes, 2021).

Es importante mencionar que actualmente las mypes se enfrentan a múltiples retos y problemáticas, específicamente, el desarrollo de habilidades gerenciales o directivas por parte de los líderes cumple una labor fundamental en el clima organizacional para este tipo de empresas, al establecerse como un diferenciador con otras organizaciones (Busro, 2018). En esa perspectiva, la formación y el desarrollo de habilidades directivas del personal encargado de implementar estrategias y tomar decisiones son fundamentales, pues de ello depende que las mypes cumplan sus metas y objetivos estratégicos, lo cual permite a las organizaciones volverse más competitivas, pues propicia la formación de un clima organizacional donde los empleados estén satisfechos con su organización (Aburto & Bonales, 2011; Brunet, 2007).

Derivado de la importancia que representa el desarrollo de habilidades directivas en los líderes que dirigen los esfuerzos estratégicos de las mypes, así como la importancia de contar con un buen clima organizacional, se plantean las siguientes preguntas de investigación: ¿cuáles habilidades directivas tienen repercusión en el clima organizacional de las mypes?, ¿cuál es el clima organizacional que predomina en las mypes?

Para cumplir con lo anterior, el objetivo de la investigación es determinar el grado de asociación entre las habilidades directivas y el clima organizacional de las micro y pequeñas empresas, lo cual permitirá conocer con mayor precisión las habilidades directivas que los gerentes o mandos medios deben desarrollar para que prevalezca un clima organizacional satisfactorio entre los empleados al interior de las mypes. En ese sentido, las mypes podrán determinar si éstas son las causales de un clima organizacional adecuado o inconveniente, lo que, a su vez, permitirá diseñar programas de capacitación para sus líderes y, con ello, generar información que contribuya —si es el caso— a resolver el problema o mantener y fortalecer lo que se tiene.

Los diferentes análisis estadísticos correlacionales entre las variables del estudio permitirán identificar si las habilidades directivas son la causa principal del clima organizacional que prevalece en las mypes. Lo anterior será de gran apoyo en la búsqueda de factores endógenos diferenciados que permita a las mypes obtener ventajas competitivas sostenibles, ya que, si bien es cierto, una mejor gestión empresarial no es suficiente para lograr ser más competitivas, sino que está determinada por otros factores internos como un buen clima organizacional y el desarrollo de habilidades directivas (Vargas & Del Castillo, 2008).

REVISIÓN DE LA LITERATURA

Las organizaciones del siglo XXI afrontan un entorno dinámico y complejo caracterizado por la incertidumbre, debido a esto deben estar preparadas para dar respuesta a los cambios vertiginosos, en aras de cumplir sus objetivos y metas organizacionales así como volverse más competitivas. Las micro y pequeñas empresas (mypes) también deben responder a ese contexto, sin embargo, las características estructurales de su magnitud las coloca en desventaja respecto a la gran empresa, misma que tiene a su disposición una mayor cantidad de recursos y capacidades. El tema aquí analizado ha obtenido gran relevancia en los rubros de la investigación y las políticas públicas recientemente, lo cual ha permitido una mejora de determinados aspectos directamente vinculados con la competitividad de las empresas (Leyva-Carreras, Cavazos-Arroyo & Espejel-Blanco, 2018).

La situación actual de las mypes es compleja —aun siendo una parte fundamental del aparato económico a nivel mundial—, presenta una serie de desafíos

y retos, enfrenta diversos obstáculos que limitan su capacidad de crecimiento y desarrollo. Uno de los principales problemas que enfrentan estas empresas es la falta de acceso al financiamiento, ya que esto restringe su capacidad para invertir en innovación, en maquinaria y equipos, software y tecnologías digitales; así como en la capacitación y adiestramiento para sus empleados. Otra problemática a la cual se enfrentan es la poca inversión en capacitación a sus directivos y gerentes, de modo que éstos puedan desarrollar sus habilidades directivas, permitiéndoles contar con las herramientas necesarias al momento de tomar decisiones estratégicas de impacto en sus portafolios de negocios, a través de una visión diferente y más competitiva, no sólo a nivel local, sino a niveles superiores en la configuración y escala del negocio.

Es importante destacar que la pandemia por el Covid-19 tuvo un impacto significativo en las mypes debido a que muchas de ellas tuvieron que cerrar de forma temporal o permanente. Las restricciones de movimiento y confinamiento social provocaron una disminución significativa en la demanda de productos y servicios (Ibarra-Morales, Paredes-Zempual & Carrillo-Cisneros, 2022). Para dimensionar y tener una mejor visión de la magnitud de la presencia e importancia de las mypes en Latinoamérica, Dini y Stumpo (2021) realizan una clasificación tomando como parámetros el sector y el tamaño de la empresa (tabla 22.1.).

Tabla 22.1. Clasificación de acuerdo con el sector y tamaño de la empresa.

Sector	Micro empresa	Pequeña empresa
Agricultura, ganadería, caza, silvicultura y pesca	80 %	16 %
Explotación de minas y canteras	68 %	23 %
Industria manufacturera	82 %	14 %
Suministro de electricidad, gas y agua	70 %	20 %
Construcción	76 %	19 %
Comercio al por mayor y menor	92 %	07 %
Hoteles y restaurantes	89 %	10 %
Transporte, almacenamiento y comunicaciones	83 %	13 %
Intermediación financiera	81 %	14 %
Actividades inmobiliarias, empresariales y de alquiler	87 %	10 %
Enseñanza	76 %	19 %
Servicios sociales y de salud	89 %	09 %
Otras actividades comunitarias, sociales y personales	95 %	04 %
Total	**88.4 %**	**09.6 %**

Fuente: elaboración propia a partir de Dini & Stumpo (2021).

Leyva-Carreras, Espejel-Blanco y Cavazos-Arroyo (2017) destacan que el director o gerente de una mype debe tomar en cuenta ciertas variables para lograr la excelencia, el buen clima organizacional y la competitividad empresarial, para lo cual es preciso contar con personal directivo que reúna las siguientes características: dinámicos, actualizados, con habilidades directivas, operativas y de gestión, conocimientos de administración y planeación estratégica, así como administración y dirección de talento humano, siempre proactivo al cambio organizacional y tecnológico, para que se convierta en vehículo que potencia la creatividad, la innovación y el desarrollo sustentable. Sin embargo, por desconocer esas características de gestión o habilidades directivas que son propias de los líderes, esa ignorancia puede ser la causa de algunos problemas administrativos y de competitividad en las mypes, lo que genera algunas consecuencias en la transición de una economía local y proteccionista a un mercado libre y globalizado (Naranjo, 2015).

Niebles-Núñez, Torres-Anillo y Montenegro-Rada (2020) establecen que las habilidades directivas comprenden el proceso de la gerencia, estas son: planificar, organizar, dirigir, ejecutar y controlar que, a su vez, constituyen el conjunto de destrezas, cualidades, competencias, conocimientos, acciones, experiencias y capacidades que inciden en el efectivo desempeño del rol gerencial, al contribuir al logro de objetivos y metas organizacionales, asimismo, representan la implementación práctica por la acción del conocimiento adquirido académicamente o por experiencias a través del proceso de aprendizaje. Es por ello que, en los últimos años, las habilidades directivas desempeñan un papel muy importante en la satisfacción de los colaboradores en las empresas a nivel mundial, pues se ha demostrado que la manera o particularidad en que los directivos lideran a sus equipos generan una repercusión directa en su satisfacción y, por ende, en su desempeño laboral (Moreno & Wong, 2018).

Paredes-Zempual, Ibarra-Morales y Moreno-Freites (2021) adoptan otra perspectiva, sostienen que el buen desempeño de la empresa está en función de las habilidades directivas y el buen clima organizacional, sobre todo en este tiempo donde las empresas se encuentran inmersas en un proceso de globalización y de rápidos cambios que demanda líderes más preparados en actitudes y aptitudes, capaces de administrar de manera eficaz y eficiente los procesos y procedimientos, tanto administrativos como operativos, comprometidos con la rentabilidad de la organización.

El clima organizacional es observado y analizado por las empresas con el fin de mantenerlo en niveles positivos y, de esa forma, estimular la productividad de los empleados, motivo por el cual las empresas buscan los elementos y condiciones necesarias que puedan incidir de forma positiva en el clima organizacional, ya que existen estudios empíricos que así lo demuestran, en otras palabras, un mejor clima organizacional en la empresa se traduce en mejores resultados en los ámbitos financieros, administrativos y productivos (Alegría-Zebadúa & Alarcón-Martínez, 2022).

Whetten y Cameron (2016) clasifican las habilidades en tres grandes grupos: personales, interpersonales y grupales, mismas que en su conjunto aportan al éxito de una administración eficaz y centrada en los logros financieros, pero también de posición competitiva. En este sentido, para el presente estudio se han seleccionado como habilidades directivas las siguientes: negociación, toma de decisiones, liderazgo, comunicación y trabajo en equipo, ya que predominan en la literatura y en los diferentes modelos conceptuales, además de ser las más importantes para Whetten y Cameron. Adicionalmente, se ha seleccionado como variable el 'clima organizacional' debido al impacto y la importancia que ostenta para las mypes. Las definiciones conceptuales para cada una de las variables se muestran en la tabla 22.2.

Tabla 22.2. Definición conceptual de las variables.

Variable	Definición conceptual
Negociación	Presentar y discutir propuestas comunes con el propósito de llegar a un acuerdo en un marco de interés común (Álvarez-Vásquez, et al., 2018).
Toma de decisiones	Decidir por una alternativa que requiere atender situaciones planificadas o de incertidumbre entre un abanico de varias opciones (Ávila-Morales et al., 2022).
Liderazgo	Lograr la motivación de los colaboradores mediante la promoción de conductas positivas que reditúan en mejores niveles de desempeño laboral para la empresa (Rojero-Jiménez, Gómez-Romero & Quintero-Robles, 2019).
Comunicación	Recibir y transmitir mensajes oportunos y unívocos, independientemente del canal o la forma de comunicación, lo cual facilita la emisión y recepción de los mensajes que se producen entre los miembros de la organización y su entorno, facilitando el alcance de los objetivos y metas que establecen los miembros de la organización (Puga-Villarreal & Martínez-Cerna, 2008).
Trabajo en equipo	Fomentar la colaboración conjunta entre los integrantes que conforman un equipo de trabajo, a través del talento individual, la comunicación, las competencias y las fortalezas de cada uno en su relación con los demás, para lograr el cumplimiento de un objetivo común (Viamontes & Oliva, 2015).
Clima organizacional	Variable que media entre el contexto de una organización y la conducta de sus empleados o miembros, desde la perspectiva del cómo ellos experimentan el trabajo en sus empresas (King, Hebl, George & Matusik, 2010).

Fuente: elaboración propia.

METODOLOGÍA

El presente trabajo de investigación ha sido propuesto por la Red de Estudios Latinoamericanos en Administración y Negocios (RELAYN, 2023), la cual consiste en conceptualizar la micro y pequeña empresa (mype) como una serie de elementos de entradas, procesos y salidas enmarcados en un ambiente que influye en el clima organizacional de las mypes, según la percepción del director, considerado como la persona que toma la mayor parte de las decisiones. Este estudio tiene un enfoque cuantitativo de diseño transversal de tipo causal.

Se realizó un muestreo probabilístico aleatorio simple con las mypes de Tecámac, Estado de México, México, cuya cantidad de empleados se encuentra en el rango de 1 a 50, con un nivel de confianza del 95 %, un margen de error del ±5 % y una probabilidad estimada de p=0.5 (50 %). Se obtuvieron de la muestra aplicada un total de 423 encuestas válidas en el periodo del 01 de marzo al 30 de abril de 2023. Se utilizó un instrumento de medición tipo encuesta, la cual fue dirigida a los propietarios, directores o gerentes de las mypes, para lo cual sirvió la asistencia de estudiantes universitarios que previamente fueron capacitados para aplicar la encuesta.

Características de la muestra son:

El 39.8 % de la muestra fueron del sexo biológico femenino y el restante 60.2 % masculino. La edad de los sujetos tiene un rango de 20 a 77 años, con un promedio de 43 años y una moda de 40 años. El 35.3 % de los empresarios tienen estudios de nivel superior, seguido de un 44.8 % con nivel media superior, 19.7 % con educación básica. En cuanto a estado civil predominan los casados con un 53.6 % seguidos de los solteros con 25.4 %.

La mayoría de los negocios 63.5 % pertenecen al giro comercial, un 34.4 % a la prestación de servicios y sólo 2.4 % a la producción de manufacturas, la antigüedad del 16.6 %de los negocios es menor a 3 años. Los empleos que ofrecen están en el rango de 1 a 50 trabajadores, de las empresas el 83.7 % emplea de 1 a 10 trabajadores y el 82.5 % tienen en su plantilla de 1 a 10 mujeres y en el 62.2 % colaboran de 1 a 5 familiares del propietario.

Alineado al objetivo general de la investigación y a la revisión de la literatura, se plantean las siguientes hipótesis:

- H0: Las habilidades directivas no inciden en el clima organizacional de la mype.
- H1: Las habilidades directivas inciden en el clima organizacional de la mype.

En cuanto al instrumento de medición, éste se integró por seis partes o bloques. El primero de ellos, con datos que abordan aspectos generales de la empresa: tamaño de la empresa, personal ocupado, así como información sobre los ingresos y gastos. La segunda parte aborda los datos del directivo y el tiempo destinado a las labores de la empresa. La tercera parte se refiere a los insumos del sistema: recursos humanos, análisis del mercado y proveedores. En una cuarta parte del instrumento de medición se exponen los procesos del sistema: dirección, gestión de ventas, finanzas, innovación, mercadotecnia, producción-operación. La quinta parte estuvo integrada por los resultados del sistema: satisfacción del sistema, ventaja competitiva, RSC-Asuntos de ISO 26000, valoración del entorno y, por último, la sexta parte quedó integrada por los dos temas anuales de investigación: a) el trabajo decente desde la perspectiva directiva y b) el impacto de las habilidades directivas (negociación, toma de decisiones, liderazgo, comunicación, trabajo en equipo) sobre el clima organizacional. Para las secciones comprendidas del tercer al sexto bloque se emplea una escala de Likert de cinco puntos, los cuales van de 'No sé / No aplica' (1) a 'muy de acuerdo' (5).

RESULTADOS

Las seis variables muestran consistencia interna del instrumento mediante el análisis del alfa de Cronbach de las variables objeto de estudio, de la misma forma se analiza la correlación que tienen con el clima organizacional como se muestra en la tabla 22.3.

Tabla 22.3. Alfa de Cronbach y correlación de las variables.

Variables	Correlación con clima	Cronbach	Media	Desviación Estándar
Negociación	0.413	0.844	4.212	0.506
Toma de decisiones	0.329	0.892	4.239	0.506
Liderazgo	0.385	0.888	4.377	0.432
Comunicación	0.474	0.888	4.382	0.440
Trabajo en equipo	0.417	0.908	4.368	0.455
Clima Organizacional	1	0.886	4.386	0.462

Fuente: Elaboración propia utilizando RStudio (R Core Team, 2022).

Se procede a realizar el modelo estructural del instrumento en la figura 22.4, el ajuste absolutorio muestra el error cuadrático medio de aproximación (RMSEA) es de 0.018 y el residuo cuadrático medio estandarizado (SRMR) es de 0.05, en

ambos casos se consideran aceptables, en el ajuste comparativo (CFI) muestra un resultado de 0.999 y el índice de Tucker-Lewis (TLI) de 0.999 consideramos ajustes óptimos.

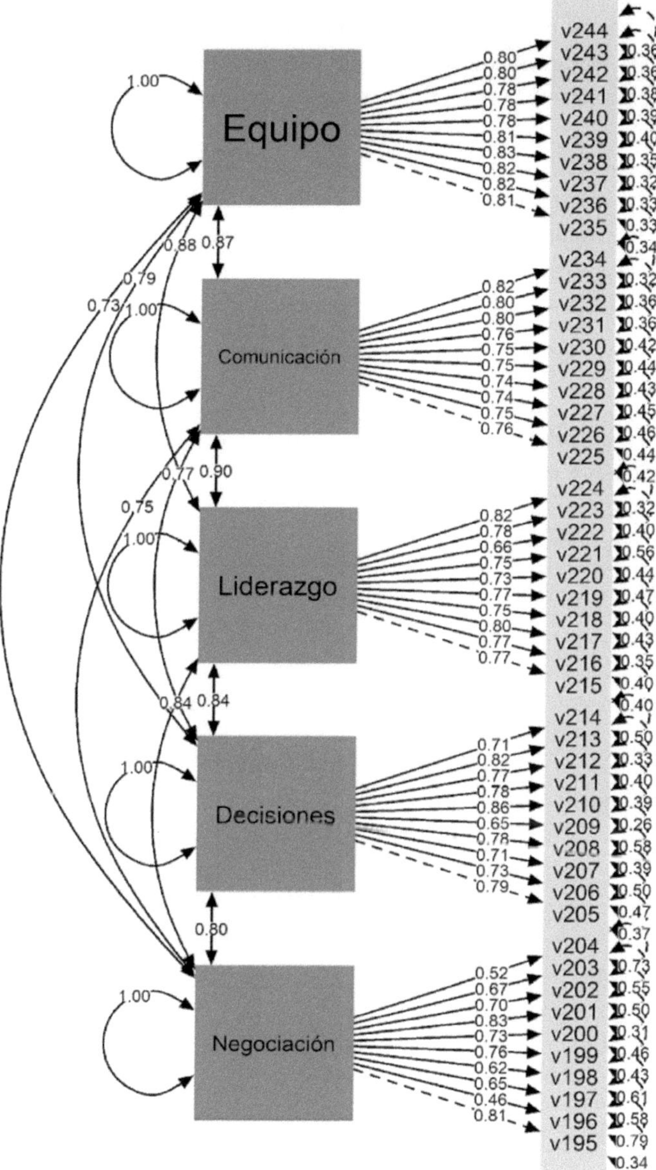

Figura 22.4. Resultado del modelo estructural.

Fuente: Elaboración propia utilizando RStudio (R Core Team, 2022).

Partiendo de la información cuantitativa del estudio se establece el modelo estructural (Figura 22.4), donde se muestra la dirección de las relaciones entre las diversas variables y el efecto que causan. El modelo plantea la existencia de cinco variables endógenas con una relación causal recíproca (trabajo en equipo, comunicación, liderazgo, toma de decisiones y negociación). Las cinco variables tienen una relación causal directa con los ítems que conforman la variable, en todos los casos el grado de significancia fue <0.05 (los resultados se muestran en la Figura 22.4) dando un correcto ajuste del modelo (Bentler & Bonett, 1980; Martínez et al., 2012)

Con el objetivo de medir el impacto que tienen las habilidades directivas sobre el clima organizacional de la mype se realiza la siguiente regresión lineal, donde el clima organizacional es la variable dependiente y las variables independientes son negociación, toma de decisiones, liderazgo. comunicación y trabajo en equipo. Al final se sustituyen los valores tal y como se observa en la tabla 22.5.

Fórmula:

y = clima = constante + negociación + toma de decisiones + liderazgo + comunicación + trabajo en equipo.

Tabla 22.5. Regresión lineal.

Fórmula: lm(fórmula = clima ~ negociación + toma de decisiones + liderazgo + comunicación + trabajo en equipo)				
		Residuales		
Min	1Q	Mediana	3Q	Max
-1.34026	-0.09436	0.00655	0.11842	0.93620
Coeficientes	**Estimado**	**Std. Error**	**T-valor**	**P-valor**
(Clima/Intercept)	0.42647	0.14976	2.848	0.00462
Negociación	0.06822	0.03661	1.863	0.06312
Toma de decisiones	0.04222	0.04189	1.008	0.31410
Liderazgo	0.26318	0.06114	4.305	2.08e-05
Comunicación	0.12301	0.05473	2.248	0.02512
Trabajo en equipo	0.41270	0.05202	7.934	1.97e-14

Signif. codes: 0 '***' 0.001 '**' 0.01 '*' 0.05 '.' 0.1 ' ' 1
Residual standard error: 0.2797 on 417 degrees of freedom
Multiple R-squared: 0.6374, Adjusted R-squared: 0.6331
F-statistic: 146.6 on 5 and 417 DF, p-value: < 2.2e-16
Fuente: Elaboración propia utilizando RStudio (R Core Team, 2022).

Para poder medir el impacto, se multiplica el valor estimado de cada una de las variables independientes (tabla 22.5) por su media (tabla 22.3).

$$y=0.42647 + (0.06822 * 4.212) + (0.04222 * 4.239) + (0.26318 * 4.377) + (0.12301 * 4.382) + (0.4127 * 4.368)$$

Resolvemos la ecuación:

$$y=0.42647+0.2873426+0.1789706+1.1519389+0.5390298+1.8026736$$
$$y=4.3864255$$

Se observa que la variable que tiene mayor impacto es trabajo en equipo con 1.8026736, mientras que la de menor impacto es toma de decisiones con 0.1789706. El impacto total de las habilidades directivas sobre el clima organizacional es de 4.3864255.

DISCUSIÓN

La importancia de las mypes, para la economía del entorno en el que se desarrollan, ha permitido conservar el equilibrio entre los factores endógenos y exógenos de un modelo económico único.

En el muestreo probabilístico aleatorio simple –obtenido de 477 encuestas aplicadas en el municipio de Tecámac, Estado de México, a los propietarios, directivos y gerentes de las mypes, con la colaboración de alumnos de los Programas Desarrollo de Negocios y Biotecnología, de la Universidad Tecnológica, de acuerdo con el sector y tamaño de la empresa, en donde las actividades comunitarias, sociales y personales predominan con 95 %, seguido por el comercio al por mayor y menor con 92 %, se ha observado reducción de microempresas como resultado de la situación económica y como consecuencia por la pandemia del SARS-CoV-2, recayendo en éstas el mayor impacto. Se determinó un nivel de confianza de 95 % del instrumento de medición, que se integró por los bloques; aspectos generales de la empresa, directivos, insumos, procesos, resultados del sistema y temas anuales de investigación, los cuales en el análisis alfa de Cronbach muestran consistencia en la correlación que tienen con el clima organizacional de 1. El residuo cuadrático medio estandarizado (SRMR) es de 0.05; ambos casos se muestran en la tabla 22.3. Con relación al análisis cuantitativo del modelo estructural (figura 22.4), se muestra la dirección de las relaciones entre las diversas variables y el efecto que causan. El planteamiento de cinco variables exógenas con una relación causal de <0.05 similar al SRMR.

Con relación a las habilidades gerenciales o directivas como parte del liderazgo en su negocio y fundamental para la creación de un ambiente laboral competitivo, el resultado de la prueba de hipótesis realizada mediante la regresión lineal da por válida la H_1 sobre las habilidades directivas, censadas en orden de importancia: trabajo en equipo, toma de decisiones, comunicación, liderazgo y negociación, incidentes dentro del clima organizacional de las mypes en el municipio. Además del clima organizacional que se vive en las empresas, como son el trabajo en equipo y la comunicación, elementos fundamentales en su toma de decisiones.

Por lo que, para que las organizaciones progresen, es fundamental desarrollar habilidades a fin de lograr un buen clima organizacional, un ambiente de trabajo saludable que genere mayor productividad, y por tanto trabajadores más comprometidos, impactando en la satisfacción del cliente, razón por la cual es de suma importancia que el ámbito laboral sea adecuado, agradable y motivador.

REFERENCIAS

Aburto, H.I. & Bonales, J. (2011). Habilidades directivas: Determinantes en el clima organizacional. *Investigación y Ciencia,* 19(51), 41–49.

Alegría-Zebadúa, R.M., & Alarcón-Martínez, G. (2022). Marco teórico e instrumento de medición de las habilidades gerenciales y clima organizacional en *Instituciones Bancarias de México. Vinculatégica,* 7(1). https://doi.org/10.29105/vtga7.1-82

Álvarez-Vásquez, C.A., Rivera-Vera, H.F., Conforme-Cedeño, G.M., Campoverde-Flores, F.K., Sornoza-Parrales, D.R., & Merchán-Nieto, L. (2018). *Los procesos, las técnicas de negociación y la tecnología. Ciencias. Economía, Organización y Ciencias Sociales. Editorial Área de Innovación y Desarrollo, S.L.* https://doi.org/10.17993/ecoorgycso.2018.41

Ávila-Morales, H., Palumbo-Pinto, G.B., De la Cruz-Ríos, H.A., & Ogosi-Auqui, J.A. (2022). Toma de decisiones estratégicas en la gestión pública para el desarrollo social. *Revista Venezolana de Gerencia,* 27(Edición Especial 7), 648–662. https://doi.org/10.52080/rvgluz.27.7.42

Bentler, P. M., & Bonett, D. G. (1980). Significance Tests and Goodness of Fit in the Analysis of Covariance Structures. *In Psychological Bulletin* (Vol. 88, Issue 3).

Brunet, L. (2007). El clima de trabajo en las organizaciones. Definición, diagnóstico y consecuencias. *Editorial Trillas.*

Busro, M. (2018). Teori-teori Manajemen Sumber Daya Manusia. *Jakarta. PrenadaMedia.*

Dini, M. & Stumpo, G. (2020). MiPyMEs en América Latina: un frágil desempeño y nuevos desafíos para las políticas de fomento. Documentos de Proyectos (LC/TS.2018/75/Rev.1), Santiago. *Comisión Económica para América Latina y el Caribe* (CEPAL).

Forbes (2021). Inclusión digital: el futuro de las MyPEs. *Forbes Content.* https://www.forbes.com.mx/ad-inclusion-digital-futuro-mypes-mexico-visa/

Ibarra-Morales, L.E., Paredes-Zempual, D., & Carrillo-Cisneros, E. (2022). Impacto del COVID-19 en las variables que determinan la competitividad de las micro, pequeñas y medianas empresas mexicanas. *Revista RELAYN. Micro y Pequeña Empresa en Latinoamérica,* 6(1), 7–22. https://doi.org/10.46990/relayn.2022.6.1.532

Instituto Nacional de Estadística y Geografía (Inegi) (2020). *Censo de población y vivienda 2020.* https://www.inegi.org.mx/programas/ccpv/2020/

King, E.B., Helb, M.R., George, J.M. & Matusik, S.F. (2010). Understanding tokenism: Antecedents and consequences of a psychological climate of gender inequity. *Journal of Management,* 36(2), 482–510. https://doi.org/10.1177/0149206308328508

Leyva-Carreras, A.B., Cavazos-Arroyo, J., & Espejel-Blanco, J.E. (2018). Influencia de la planeación estratégica y habilidades gerenciales como factores internos de la competitividad empresarial de las Pymes. *Contaduría y Administración,* 63(3), 41. https://doi.org/10.22201/fca.24488410e.2018.1085

Leyva-Carreras, A.B., Espejel-Blanco, J.E., & Cavazos-Arroyo, J. (2017). Habilidades gerenciales como estrategia de competitividad empresarial en las pequeñas y medianas empresas (Pymes). *Revista Perspectiva Empresarial,* 4(1), 7–22. https://doi.org/10.16967/rpe.v4n1a1

Martinez, E., García-Alandete, J., Selles, P., Bernabe, G., & Soucase, B. (2012). Análisis factorial confirmatorio de los principales modelos propuestos para el purpose-in-life test en una muestra de universitarios españoles. *Acta Colombiana de Psicología,* 67–76.

Mendoza-Vargas, E.Y., Villaroel-Puma, M.F. & Carranza-Quimi, W.D. (2020). Caracterización de los microemprendimientos de los sectores urbanos marginales de Quevedo. *Centro Sur. Social Science Journal.* 4(4), 1–23. https://doi.org/10.37955/cs.v4i1.40

Moreno, M. J., & Wong Aitken, H. G. (2019). Relación de las habilidades directivas y la satisfacción laboral en la empresa Chicken King de Trujillo, 2018. *Cuadernos Latinoamericanos de Administración,* 14(27), 1–17. https://doi.org/10.18270/cuaderlam.v14i27.2475

Naranjo, R. (2015). Management skills in leaders of mid-sized businesses of Colombia. *Revista Científica Pensamiento y Gestión,* 38, 119–146. https://doi.org/10.14482/pege.38.7703

Niebles-Núñez, L., Torres-Anillo, K. & Montenegro-Rada, A. (2020). Habilidades gerenciales como herramienta para el fortalecimiento del liderazgo transformacional en las mipymes. *Editorial Universidad del Atlántico.* https://repositorio.uniatlantico.edu.co/bitstream/handle/20.500.12834/1030/admin %2c %2bHABILIDADES %2bGERENCIALES %2bCOMO %2bHERRAMIENTA %2bEN %2bMIPYMES.pdf?sequence=1&isAllowed=y

Paredes-Zempual, D., Ibarra-Morales, L.E., & Moreno-Freites, Z.E. (2021). Habilidades directivas y clima organizacional en pequeñas y medianas empresas. *Investigación Administrativa,* 50–1, 1–23. https://doi.org/10.35426/iav50n127.05

Puga Villarreal, J., & Martínez-Cerna, L. (2008). Competencias Directivas en Escenarios Globales. *Estudios Gerenciales,* 24(109), 87–103. https://doi.org/10.1016/s0123-5923(08)70054-8

R Core Team (2022). R: A language and environment for statistical computing. R *Foundation for Statistical Computing, Vienna, Austria.* URL https://www.R-project.org/

Red de Estudios Latinoamericanos en Administración y Negocios. (RELAYN) (2023). *Investigación anual,* N. Peña & O. Aguilar (coords.) https://relayn.redesla.la

Red de Estudios Latinoamericanos (RedesLA) (2023). *Investigaciones anuales.* https://redesla.la

Rojero-Jiménez, R., Gómez-Romero, J.G.I., & Quintero-Robles, L.M. (2019). El liderazgo transformacional y su influencia en los atributos de los seguidores en las Mipymes mexicanas. *Estudios Gerenciales,* 35(151), 178–189. https://doi.org/10.18046/j.estger.2019.151.3192

Vargas, B., & del Castillo, C. (2008). Competitividad sostenible de la pequeña empresa: Un modelo de promoción de capacidades endógenas para promover ventajas competitivas sostenibles y alta productividad. *Journal of Economics, Finance and Administrative Science,* 13(24), 59–80. https://www.redalyc.org/articulo.oa?id=360733604004

Viamontes, M.O., & Oliva, E.J.D. (2015). Las agrupaciones corales como estrategia de formación de competencias para trabajo en equipo en las organizaciones: una perspectiva comparativa. *Suma de Negocios*, 6(13), 92–97. https://doi.org/10.1016/j.sumneg.2015.08.008

Whetten, D. & Cameron, K. (2016). Desarrollo de habilidades directivas. México: *Editorial Prentice Hall.*

CAPÍTULO 23

Las habilidades directivas y el clima organizacional en las micro y pequeñas empresas de León, Guanajuato, México

Management skills and the organizational climate in micro and small companies in Leon, Guanajuato, Mexico

MA. GUADALUPE SERRANO TORRES, MA. DE LA LUZ QUEZADA FLORES Y MAURICIO MEJIA GUERRERO

Universidad Tecnológica de León

Resumen: El objetivo de la presente investigación es determinar el impacto que tienen las habilidades directivas sobre el clima organizacional en las micro y pequeñas empresas de Latinoamérica. Se presenta un estudio cuantitativo, no experimental, de forma transversal y con un alcance causal. La pertinencia del estudio contribuye a la generación de conocimiento para el desarrollo de un modelo de gestión de la mype en América Latina que permita maximizar la productividad. Entre los principales resultados, podemos observar que la variable de la habilidad directiva trabajo en equipo es la que tiene mayor impacto en el clima organizacional, con 1.9712426, seguida por comunicación con un valor de 0.7649612, y liderazgo con un puntaje de 0.668442, así como por toma de decisiones con un resultado de 0.2463486, y finalmente negociación con el valor más bajo, —0.1021749. Por lo anterior, y partiendo del objetivo de esta investigación que es determinar el grado de asociación entre las habilidades directivas y el clima organizacional, se concluye que la principal habilidad directiva que tienen los directores de las mypes es trabajo en equipo, y la que se manifiesta con menor puntaje es negociación, teniendo como encomienda mejorarla a fin de lograr un clima organizacional más satisfactorio para las micro y pequeñas empresas de León, Guanajuato. México.

Abstract: The objective of this research is to determine the impact that management skills have on the organizational climate in micro and small companies in Latin America. A quantitative, non-experimental, cross-sectional study with a causal scope is presented. The relevance of the study contributes to the generation of knowledge for the development of a management model for mypes in Latin America that allows maximizing productivity. Among the main results, we can observe that the variable of teamwork management ability is the one that has the greatest impact on the organizational climate, with 1.9712426, followed by communication with a value of 0.7649612, and leadership with a score of 0.668442, as well as for decision making with a result of 0.2463486, and finally negotiation with the lowest value, -0.1021749. Based on the above, and based on the objective of this research, which is to determine the degree of association between managerial skills and the organizational climate, it is concluded that the main managerial skill that the directors of mypes have is teamwork, and the one that is The one with the lowest score is negotiation, with the task of improving it in order to achieve a more satisfactory organizational climate for micro and small companies in León, Guanajuato. Mexico.

Palabras clave: clima organizacional, habilidades directivas, León, Guanajuato, mypes.

INTRODUCCIÓN

De acuerdo con el último Censo Económico publicado por el Instituto Nacional de Estadística y Geografía (INEGI, 2020), 98.3 % del universo de unidades económicas está constituido por micro y pequeñas empresas, las cuales generan —al menos— el 55 % de los empleos y amasan el 39 % del Producto Interno Bruto (PIB) del país. Las microempresas están configuradas por aquellos negocios que tienen menos de 10 trabajadores y generan anualmente ventas hasta por 4 millones de pesos. Las pequeñas empresas son unidades económicas que emplean entre 11 y 50 trabajadores, generando ventas anuales que oscilan entre 4 y 100 millones de pesos (Mendoza-Vargas, Villaroel-Puma & Carranza-Quimi, 2020; Forbes, 2021).

Es importante mencionar que actualmente las mypes se enfrentan a múltiples retos y problemáticas, específicamente, el desarrollo de habilidades gerenciales o directivas por parte de los líderes cumple una labor fundamental en el clima organizacional para este tipo de empresas, al establecerse como un diferenciador con otras organizaciones (Busro, 2018). En esa perspectiva, la formación y el desarrollo de habilidades directivas del personal encargado de implementar estrategias y tomar decisiones son fundamentales, pues de ello depende que las mypes cumplan sus metas y objetivos estratégicos, lo cual permite a las organizaciones volverse más competitivas, pues propicia la formación de un clima organizacional donde los empleados estén satisfechos con su organización (Aburto & Bonales, 2011; Brunet, 2007).

Derivado de la importancia que representa el desarrollo de habilidades directivas en los líderes que dirigen los esfuerzos estratégicos de las mypes, así como la importancia de contar con un buen clima organizacional, se plantean las siguientes preguntas de investigación: ¿cuáles habilidades directivas tienen repercusión en el clima organizacional de las mypes?, ¿cuál es el clima organizacional que predomina en las mypes?

Para cumplir con lo anterior, el objetivo de la investigación es determinar el grado de asociación entre las habilidades directivas y el clima organizacional de las micro y pequeñas empresas, lo cual permitirá conocer con mayor precisión las habilidades directivas que los gerentes o mandos medios deben desarrollar para que prevalezca un clima organizacional satisfactorio entre los empleados al interior de las mypes. En ese sentido, las mypes podrán determinar si éstas son las causales de un clima organizacional adecuado o inconveniente, lo que, a su vez, permitirá diseñar programas de capacitación para sus líderes y, con ello, generar información que contribuya —si es el caso— a resolver el problema o mantener y fortalecer lo que se tiene.

Los diferentes análisis estadísticos correlacionales entre las variables del estudio permitirán identificar si las habilidades directivas son la causa principal del clima organizacional que prevalece en las mypes. Lo anterior será de gran apoyo en la búsqueda de factores endógenos diferenciados que permita a las mypes obtener ventajas competitivas sostenibles, ya que, si bien es cierto, una mejor gestión empresarial no es suficiente para lograr ser más competitivas, sino que está determinada por otros factores internos como un buen clima organizacional y el desarrollo de habilidades directivas (Vargas & Del Castillo, 2008).

REVISIÓN DE LA LITERATURA

Las organizaciones del siglo XXI afrontan un entorno dinámico y complejo caracterizado por la incertidumbre, debido a esto deben estar preparadas para dar respuesta a los cambios vertiginosos, en aras de cumplir sus objetivos y metas organizacionales así como volverse más competitivas. Las micro y pequeñas empresas (mypes) también deben responder a ese contexto, sin embargo, las características estructurales de su magnitud las coloca en desventaja respecto a la gran empresa, misma que tiene a su disposición una mayor cantidad de recursos y capacidades. El tema aquí analizado ha obtenido gran relevancia en los rubros de la investigación y las políticas públicas recientemente, lo cual ha permitido una mejora de determinados aspectos directamente vinculados con la competitividad de las empresas (Leyva-Carreras, Cavazos-Arroyo & Espejel-Blanco, 2018).

La situación actual de las mypes es compleja —aun siendo una parte fundamental del aparato económico a nivel mundial—, presenta una serie de desafíos

y retos, enfrenta diversos obstáculos que limitan su capacidad de crecimiento y desarrollo. Uno de los principales problemas que enfrentan estas empresas es la falta de acceso al financiamiento, ya que esto restringe su capacidad para invertir en innovación, en maquinaria y equipos, software y tecnologías digitales; así como en la capacitación y adiestramiento para sus empleados. Otra problemática a la cual se enfrentan es la poca inversión en capacitación a sus directivos y gerentes, de modo que éstos puedan desarrollar sus habilidades directivas, permitiéndoles contar con las herramientas necesarias al momento de tomar decisiones estratégicas de impacto en sus portafolios de negocios, a través de una visión diferente y más competitiva, no sólo a nivel local, sino a niveles superiores en la configuración y escala del negocio.

Es importante destacar que la pandemia por el Covid-19 tuvo un impacto significativo en las mypes debido a que muchas de ellas tuvieron que cerrar de forma temporal o permanente. Las restricciones de movimiento y confinamiento social provocaron una disminución significativa en la demanda de productos y servicios (Ibarra-Morales, Paredes-Zempual & Carrillo-Cisneros, 2022). Para dimensionar y tener una mejor visión de la magnitud de la presencia e importancia de las mypes en Latinoamérica, Dini y Stumpo (2021) realizan una clasificación tomando como parámetros el sector y el tamaño de la empresa (tabla 23.1.).

Tabla 23.1. Clasificación de acuerdo con el sector y tamaño de la empresa.

Sector	**Micro empresa**	**Pequeña empresa**
Agricultura, ganadería, caza, silvicultura y pesca	80 %	16 %
Explotación de minas y canteras	68 %	23 %
Industria manufacturer	82 %	14 %
Suministro de electricidad, gas y agua	70 %	20 %
Construcción	76 %	19 %
Comercio al por mayor y menor	92 %	07 %
Hoteles y restaurants	89 %	10 %
Transporte, almacenamiento y comunicaciones	83 %	13 %
Intermediación financiera	81 %	14 %
Actividades inmobiliarias, empresariales y de alquiler	87 %	10 %
Enseñanza	76 %	19 %
Servicios sociales y de salud	89 %	09 %
Otras actividades comunitarias, sociales y personales	95 %	04 %
Total	**88.4 %**	**09.6 %**

Fuente: elaboración propia a partir de Dini & Stumpo (2021).

Leyva-Carreras, Espejel-Blanco y Cavazos-Arroyo (2017) destacan que el director o gerente de una mype debe tomar en cuenta ciertas variables para lograr la excelencia, el buen clima organizacional y la competitividad empresarial, para lo cual es preciso contar con personal directivo que reúna las siguientes características: dinámicos, actualizados, con habilidades directivas, operativas y de gestión, conocimientos de administración y planeación estratégica, así como administración y dirección de talento humano, siempre proactivo al cambio organizacional y tecnológico, para que se convierta en vehículo que potencia la creatividad, la innovación y el desarrollo sustentable. Sin embargo, por desconocer esas características de gestión o habilidades directivas que son propias de los líderes, esa ignorancia puede ser la causa de algunos problemas administrativos y de competitividad en las mypes, lo que genera algunas consecuencias en la transición de una economía local y proteccionista a un mercado libre y globalizado (Naranjo, 2015).

Niebles-Núñez, Torres-Anillo y Montenegro-Rada (2020) establecen que las habilidades directivas comprenden el proceso de la gerencia, estas son: planificar, organizar, dirigir, ejecutar y controlar que, a su vez, constituyen el conjunto de destrezas, cualidades, competencias, conocimientos, acciones, experiencias y capacidades que inciden en el efectivo desempeño del rol gerencial, al contribuir al logro de objetivos y metas organizacionales, asimismo, representan la implementación práctica por la acción del conocimiento adquirido académicamente o por experiencias a través del proceso de aprendizaje. Es por ello que, en los últimos años, las habilidades directivas desempeñan un papel muy importante en la satisfacción de los colaboradores en las empresas a nivel mundial, pues se ha demostrado que la manera o particularidad en que los directivos lideran a sus equipos generan una repercusión directa en su satisfacción y, por ende, en su desempeño laboral (Moreno & Wong, 2018).

Paredes-Zempual, Ibarra-Morales y Moreno-Freites (2021) adoptan otra perspectiva, sostienen que el buen desempeño de la empresa está en función de las habilidades directivas y el buen clima organizacional, sobre todo en este tiempo donde las empresas se encuentran inmersas en un proceso de globalización y de rápidos cambios que demanda líderes más preparados en actitudes y aptitudes, capaces de administrar de manera eficaz y eficiente los procesos y procedimientos, tanto administrativos como operativos, comprometidos con la rentabilidad de la organización.

El clima organizacional es observado y analizado por las empresas con el fin de mantenerlo en niveles positivos y, de esa forma, estimular la productividad de los empleados, motivo por el cual las empresas buscan los elementos y condiciones necesarias que puedan incidir de forma positiva en el clima organizacional, ya que existen estudios empíricos que así lo demuestran, en otras palabras, un mejor clima organizacional en la empresa se traduce en mejores resultados en los ámbitos financieros, administrativos y productivos (Alegría-Zebadúa & Alarcón-Martínez, 2022).

Whetten y Cameron (2016) clasifican las habilidades en tres grandes grupos: personales, interpersonales y grupales, mismas que en su conjunto aportan al éxito de una administración eficaz y centrada en los logros financieros, pero también de posición competitiva. En este sentido, para el presente estudio se han seleccionado como habilidades directivas las siguientes: negociación, toma de decisiones, liderazgo, comunicación y trabajo en equipo, ya que predominan en la literatura y en los diferentes modelos conceptuales, además de ser las más importantes para Whetten y Cameron. Adicionalmente, se ha seleccionado como variable el clima organizacional debido al impacto y la importancia que ostenta para las mypes. Las definiciones conceptuales para cada una de las variables se muestran en la tabla 23.2.

Tabla 23.2. Definición conceptual de las variables.

Variable	Definición conceptual
Negociación	Presentar y discutir propuestas comunes con el propósito de llegar a un acuerdo en un marco de interés común (Álvarez-Vásquez, et al., 2018).
Toma de decisiones	Decidir por una alternativa que requiere atender situaciones planificadas o de incertidumbre entre un abanico de varias opciones (Ávila-Morales et al., 2022).
Liderazgo	Lograr la motivación de los colaboradores mediante la promoción de conductas positivas que reditúan en mejores niveles de desempeño laboral para la empresa (Rojero-Jiménez, Gómez-Romero & Quintero-Robles, 2019).
Comunicación	Recibir y transmitir mensajes oportunos y unívocos, independientemente del canal o la forma de comunicación, lo cual facilita la emisión y recepción de los mensajes que se producen entre los miembros de la organización y su entorno, facilitando el alcance de los objetivos y metas que establecen los miembros de la organización (Puga-Villarreal & Martínez-Cerna, 2008).
Trabajo en equipo	Fomentar la colaboración conjunta entre los integrantes que conforman un equipo de trabajo, a través del talento individual, la comunicación, las competencias y las fortalezas de cada uno en su relación con los demás, para lograr el cumplimiento de un objetivo común (Viamontes & Oliva, 2015).
Clima organizacional	Variable que media entre el contexto de una organización y la conducta de sus empleados o miembros, desde la perspectiva del cómo ellos experimentan el trabajo en sus empresas (King, Hebl, George & Matusik, 2010).

Fuente: elaboración propia.

METODOLOGÍA

El presente trabajo de investigación ha sido propuesto por la Red de Estudios Latinoamericanos en Administración y Negocios (RELAYN, 2023), la cual consiste en conceptualizar la micro y pequeña empresa (mype) como una serie de elementos de entradas, procesos y salidas enmarcados en un ambiente que influye en el clima organizacional de las mypes, según la percepción del director, considerado como la persona que toma la mayor parte de las decisiones. Este estudio tiene un enfoque cuantitativo de diseño transversal de tipo causal.

Se realizó un muestreo probabilístico aleatorio simple con las mypes de León, Guanajuato, México, cuya cantidad de empleados se encuentra en el rango de 1 a 50, con un nivel de confianza del 95 %, un margen de error del ±5 % y una probabilidad estimada de p=0.5 (50 %). Se obtuvieron de la muestra aplicada un total de 388 encuestas válidas en el periodo del 01 de marzo al 30 de abril de 2023. Se utilizó un instrumento de medición tipo encuesta, la cual fue dirigida a los propietarios, directores o gerentes de las mypes, para lo cual sirvió la asistencia de estudiantes universitarios que previamente fueron capacitados para aplicar la encuesta.

Características de la muestra son:

El 33.2 % de la muestra fueron del sexo biológico femenino y el restante 66.8 % masculino. La edad de los sujetos tiene un rango de 18 a 80 años, con un promedio de 42 años y una moda de 50 años. El 34.8 % de los empresarios tienen estudios de nivel superior, seguido de un 29.6 % con nivel media superior, 33.5 % con educación básica. En cuanto a estado civil predominan los casados con un 65.5 % seguidos de los solteros con 18.3 %.

La mayoría de los negocios 64.4 % pertenecen al giro comercial, un 26.5 % a la prestación de servicios y sólo 9 % a la producción de manufacturas, la antigüedad del 14.4 %de los negocios es menor a 3 años. Los empleos que ofrecen están en el rango de 1 a 50 trabajadores, de las empresas el 74.7 % emplea de 1 a 10 trabajadores y el 81.7 % tienen en su plantilla de 1 a 10 mujeres y en el 67.5 % colaboran de 1 a 5 familiares del propietario.

Alineado al objetivo general de la investigación y a la revisión de la literatura, se plantean las siguientes hipótesis:

H0: Las habilidades directivas no inciden en el clima organizacional de la mype.

H1: Las habilidades directivas inciden en el clima organizacional de la mype.

En cuanto al instrumento de medición, éste se integró por seis partes o bloques. El primero de ellos, con datos que abordan aspectos generales de la empresa: tamaño de la empresa, personal ocupado, así como información sobre los ingresos y gastos. La segunda parte aborda los datos del directivo y el tiempo destinado a las labores de la empresa. La tercera parte se refiere a los insumos del sistema: recursos humanos, análisis del mercado y proveedores. En una cuarta parte del instrumento de medición se exponen los procesos del sistema: dirección, gestión de ventas, finanzas, innovación, mercadotecnia, producción-operación. La quinta parte estuvo integrada por los resultados del sistema: satisfacción del sistema, ventaja competitiva, RSC-Asuntos de ISO 26000, valoración del entorno y, por último, la sexta parte quedó integrada por los dos temas anuales de investigación: a) el trabajo decente desde la perspectiva directiva y b) el impacto de las habilidades directivas (negociación, toma de decisiones, liderazgo, comunicación, trabajo en equipo) sobre el clima organizacional. Para las secciones comprendidas del tercer al sexto bloque se emplea una escala de Likert de cinco puntos, los cuales van de 'No sé / No aplica' (1) a 'muy de acuerdo' (5).

RESULTADOS

Las seis variables muestran consistencia interna del instrumento mediante el análisis del alfa de Cronbach de las variables objeto de estudio, de la misma forma se analiza la correlación que tienen con el clima organizacional como se muestra en la tabla 23.3.

Tabla 23.3. Alfa de Cronbach y correlación de las variables.

Variables	Correlación con clima	Cronbach	Media	Desviación Estándar
Negociación	0.222	0.852	4.203	0.586
Toma de decisiones	0.232	0.898	4.243	0.604
Liderazgo	0.243	0.877	4.440	0.467
Comunicación	0.297	0.894	4.387	0.497
Trabajo en equipo	0.396	0.920	4.423	0.510
Clima Organizacional	1	0.885	4.419	0.516

Fuente: Elaboración propia utilizando RStudio (R Core Team, 2022).

Se procede a realizar el modelo estructural del instrumento en la figura 23.4, el ajuste absolutorio muestra el error cuadrático medio de aproximación (RMSEA) es de 0.036 y el residuo cuadrático medio estandarizado (SRMR) es de 0.059, en

ambos casos se consideran aceptables, en el ajuste comparativo (CFI) muestra un resultado de 0.995 y el índice de Tucker-Lewis (TLI) de 0.995 consideramos ajustes óptimos.

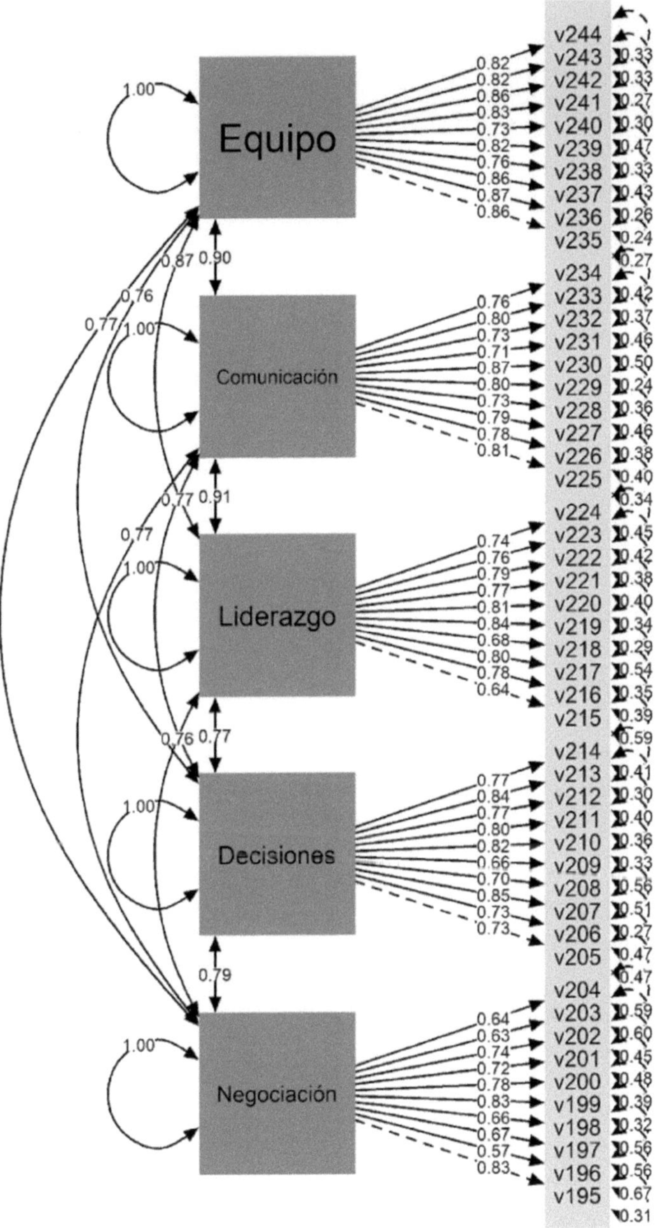

Figura 23.4. Resultado del modelo estructural.

Fuente: Elaboración propia utilizando RStudio (R Core Team, 2022).

Partiendo de la información cuantitativa del estudio se establece el modelo estructural (Figura 23.4), donde se muestra la dirección de las relaciones entre las diversas variables y el efecto que causan. El modelo plantea la existencia de cinco variables endógenas con una relación causal recíproca (Trabajo en equipo, comunicación, liderazgo, toma de decisiones y negociación). Las cinco variables tienen una relación causal directa con los ítems que conforman la variable, en todos los casos el grado de significancia fue <0.05 (los resultados se muestran en la Figura 23.4) dando un correcto ajuste del modelo (Bentler & Bonett, 1980; Martínez et al., 2012).

Con el objetivo de medir el impacto que tienen las habilidades directivas sobre el clima organizacional de la mype se realiza la siguiente regresión lineal, donde el clima organizacional es la variable dependiente y las variables independientes son negociación, toma de decisiones, liderazgo, comunicación y trabajo en equipo. Al final se sustituyen los valores tal y como se observa en la tabla 23.5.

Fórmula:

y = clima = constante + negociación + toma de decisiones + liderazgo + comunicación + trabajo en equipo

Tabla 23.5. Regresión lineal.

Fórmula: lm(fórmula = clima ~ negociación + toma de decisiones + liderazgo + comunicación + trabajo en equipo)				
		Residuales		
Min	**1Q**	**Mediana**	**3Q**	**Max**
-2.65798	-0.11638	0.02594	0.14685	1.73325
Coeficientes	**Estimado**	**Std. Error**	**T-valor**	**P-valor**
(Clima/Intercept)	0.86959	0.17981	4.836	1.92e-06
Negociación	-0.02431	0.04258	-0.571	0.5683
Toma de decisiones	0.05806	0.04385	1.324	0.1862
Liderazgo	0.15055	0.07070	2.129	0.0339
Comunicación	0.17437	0.07154	2.437	0.0153
Trabajo en equipo	0.44568	0.06498	6.859	2.81e-11

Signif. codes: 0 '***' 0.001 '**' 0.01 '*' 0.05 '.' 0.1 ' ' 1
Residual standard error: 0.3558 on 382 degrees of freedom
Multiple R-squared: 0.5314, Adjusted R-squared: 0.5253
F-statistic: 86.64 on 5 and 382 DF, p-value: < 2.2e-16

Fuente: Elaboración propia utilizando RStudio (R Core Team, 2022).

Para poder medir el impacto, se multiplica el valor estimado de cada una de las variables independientes (tabla 23.5) por su media (tabla 23.3).

y=0.86959 + (-0.02431 * 4.203) + (0.05806 * 4.243) + (0.15055 * 4.44) + (0.17437 * 4.387) + (0.44568 * 4.423)

Resolvemos la ecuación:

y=0.86959+-0.1021749+0.2463486+0.668442+0.7649612+1.9712426
y=4.4184095

Se observa que la variable que tiene mayor impacto es trabajo en equipo con 1.9712426, mientras que la de menor impacto es negociación con —0.1021749. El impacto total de las habilidades directivas sobre el clima organizacional es de 4.4184095.

DISCUSIÓN

Partiendo del objetivo de esta investigación, que es determinar el grado de asociación entre las habilidades directivas y el clima organizacional de las micro y pequeñas empresas de León, Guanajuato, México, se obtuvo que la variable de la habilidad directiva trabajo en equipo con 1.9712426 es la que tiene mayor puntaje en el clima organizacional; se sugiere se siga promoviendo el trabajar de manera colaborativa para mejorar aún más este punto. La segunda variable en importancia es la comunicación con un valor de 0.7649612; se recomienda continuar escuchando, haciendo preguntas, expresar las necesidades personales, sugerir alternativas, motivar a fin de compartir ideas y demostrar interés en el punto de vista de otras personas para el cumplimiento de objetivos a corto y largo plazos. La tercera variable de acuerdo con el puntaje es liderazgo con 0.668442; se sugiere continuar escuchando a sus colaboradores y seguir interesándose por las opiniones de los demás, así como cuando tomen decisiones los directivos, pensar en sus hechos y consecuencias, conocer a profundidad a sus colaboradores: sus puntos fuertes y débiles. Sin duda, el rumbo que marque el líder es a donde llegará la empresa en cuanto a clima organizacional con apoyo de su equipo. Enseguida se tiene la toma de decisiones con 0.2463486; se aconseja generar alternativas antes de decidir alguna de ellas sin considerar al equipo, compartir y tomar las decisiones con el resto de los colaboradores. Por último, se tiene negociación con el valor más bajo, —0.1021749; se recomienda trabajar en el desarrollo de esta habilidad, pues el resultado de la negociación aumenta el logro de los objetivos, y siempre estar abiertos al futuro; esto mejorará aún más el clima organizacional de las mypes de León, Guanajuato.

REFERENCIAS

Aburto, H.I. & Bonales, J. (2011). Habilidades directivas: Determinantes en el clima organizacional. *Investigación y Ciencia,* 19(51), 41–49.

Alegría-Zebadúa, R.M., & Alarcón-Martínez, G. (2022). Marco teórico e instrumento de medición de las habilidades gerenciales y clima organizacional en *Instituciones Bancarias de México. Vinculatégica,* 7(1). https://doi.org/10.29105/vtga7.1-82

Álvarez-Vásquez, C.A., Rivera-Vera, H.F., Conforme-Cedeño, G.M., Campoverde-Flores, F.K., Sornoza-Parrales, D.R., & Merchán-Nieto, L. (2018). *Los procesos, las técnicas de negociación y la tecnología. Ciencias. Economía, Organización y Ciencias Sociales. Editorial Área de Innovación y Desarrollo, S.L.* https://doi.org/10.17993/ecoorgycso.2018.41

Ávila-Morales, H., Palumbo-Pinto, G.B., De la Cruz-Ríos, H.A., & Ogosi-Auqui, J.A. (2022). Toma de decisiones estratégicas en la gestión pública para el desarrollo social. *Revista Venezolana de Gerencia,* 27(Edición Especial 7), 648–662. https://doi.org/10.52080/rvgluz.27.7.42

Bentler, P. M., & Bonett, D. G. (1980). Significance Tests and Goodness of Fit in the Analysis of Covariance Structures. *In Psychological Bulletin* (Vol. 88, Issue 3).

Brunet, L. (2007). El clima de trabajo en las organizaciones. Definición, diagnóstico y consecuencias. *Editorial Trillas.*

Busro, M. (2018). Teori-teori Manajemen Sumber Daya Manusia. *Jakarta. PrenadaMedia.*

Dini, M. & Stumpo, G. (2020). MiPyMEs en América Latina: un frágil desempeño y nuevos desafíos para las políticas de fomento. Documentos de Proyectos (LC/TS.2018/75/Rev.1), Santiago. *Comisión Económica para América Latina y el Caribe* (CEPAL).

Forbes (2021). Inclusión digital: el futuro de las MyPEs. *Forbes Content.* https://www.forbes.com.mx/ad-inclusion-digital-futuro-mypes-mexico-visa/

Ibarra-Morales, L.E., Paredes-Zempual, D., & Carrillo-Cisneros, E. (2022). Impacto del COVID-19 en las variables que determinan la competitividad de las micro, pequeñas y medianas empresas mexicanas. *Revista RELAYN. Micro y Pequeña Empresa en Latinoamérica,* 6(1), 7–22. https://doi.org/10.46990/relayn.2022.6.1.532

Instituto Nacional de Estadística y Geografía (Inegi) (2020). *Censo de población y vivienda 2020.* https://www.inegi.org.mx/programas/ccpv/2020/

King, E.B., Helb, M.R., George, J.M. & Matusik, S.F. (2010). Understanding tokenism: Antecedents and consequences of a psychological climate of gender inequity. *Journal of Management,* 36(2), 482–510. https://doi.org/10.1177/0149206308328508

Leyva-Carreras, A.B., Cavazos-Arroyo, J., & Espejel-Blanco, J.E. (2018). Influencia de la planeación estratégica y habilidades gerenciales como factores internos de la competitividad empresarial de las Pymes. *Contaduría y Administración,* 63(3), 41. https://doi.org/10.22201/fca.24488410e.2018.1085

Leyva-Carreras, A.B., Espejel-Blanco, J.E., & Cavazos-Arroyo, J. (2017). Habilidades gerenciales como estrategia de competitividad empresarial en las pequeñas y medianas empresas (Pymes). *Revista Perspectiva Empresarial,* 4(1), 7–22. https://doi.org/10.16967/rpe.v4n1a1

Martinez, E., García-Alandete, J., Selles, P., Bernabe, G., & Soucase, B. (2012). Análisis factorial confirmatorio de los principales modelos propuestos para el purpose-in-life test en una muestra de universitarios españoles. *Acta Colombiana de Psicología,* 67–76.

Mendoza-Vargas, E.Y., Villaroel-Puma, M.F. & Carranza-Quimi, W.D. (2020). Caracterización de los microemprendimientos de los sectores urbanos marginales de Quevedo. *Centro Sur. Social Science Journal.* 4(4), 1–23. https://doi.org/10.37955/cs.v4i1.40

Moreno, M. J., & Wong Aitken, H. G. (2019). Relación de las habilidades directivas y la satisfacción laboral en la empresa Chicken King de Trujillo, 2018. *Cuadernos Latinoamericanos de Administración,* 14(27), 1–17. https://doi.org/10.18270/cuaderlam.v14i27.2475

Naranjo, R. (2015). Management skills in leaders of mid-sized businesses of Colombia. *Revista Científica Pensamiento y Gestión,* 38, 119–146. https://doi.org/10.14482/pege.38.7703

Niebles-Núñez, L., Torres-Anillo, K. & Montenegro-Rada, A. (2020). Habilidades gerenciales como herramienta para el fortalecimiento del liderazgo transformacional en las mipymes. *Editorial Universidad del Atlántico.* https://repositorio.uniatlantico.edu.co/bitstream/handle/20.500.12834/1030/admin %2c %2bHABILIDADES %2bGERENCIALES %2bCOMO %2bHERRAMIENTA %2bEN %2bMIPYMES.pdf?sequence=1&isAllowed=y

Paredes-Zempual, D., Ibarra-Morales, L.E., & Moreno-Freites, Z.E. (2021). Habilidades directivas y clima organizacional en pequeñas y medianas empresas. *Investigación Administrativa,* 50–1, 1–23. https://doi.org/10.35426/iav50n127.05

Puga-Villarreal, J., & Martínez-Cerna, L. (2008). Competencias Directivas en Escenarios Globales. *Estudios Gerenciales,* 24(109), 87–103. https://doi.org/10.1016/s0123-5923(08)70054-8

R Core Team (2022). R: A language and environment for statistical computing. R *Foundation for Statistical Computing, Vienna, Austria.* URL https://www.R-project.org/

Red de Estudios Latinoamericanos en Administración y Negocios. (RELAYN) (2023). *Investigación anual,* N. Peña & O. Aguilar (coords.) https://relayn.redesla.la

Red de Estudios Latinoamericanos (RedesLA) (2023). *Investigaciones anuales.* https://redesla.la

Rojero-Jiménez, R., Gómez-Romero, J.G.I., & Quintero-Robles, L.M. (2019). El liderazgo transformacional y su influencia en los atributos de los seguidores en las Mipymes mexicanas. *Estudios Gerenciales*, 35(151), 178–189. https://doi.org/10.18046/j.estger.2019.151.3192

Vargas, B., & del Castillo, C. (2008). Competitividad sostenible de la pequeña empresa: Un modelo de promoción de capacidades endógenas para promover ventajas competitivas sostenibles y alta productividad. *Journal of Economics, Finance and Administrative Science,* 13(24), 59–80. https://www.redalyc.org/articulo.oa?id=360733604004

Viamontes, M.O., & Oliva, E.J.D. (2015). Las agrupaciones corales como estrategia de formación de competencias para trabajo en equipo en las organizaciones: una perspectiva comparativa. *Suma de Negocios,* 6(13), 92–97. https://doi.org/10.1016/j.sumneg.2015.08.008

Whetten, D. & Cameron, K. (2016). Desarrollo de habilidades directivas. México: *Editorial Prentice Hall.*

CAPÍTULO 24

Las habilidades directivas y el clima organizacional en las micro y pequeñas empresas de Silao de la Victoria, Guanajuato, México

Management skills and the organizational climate in micro and small businesses in Silao de la Victoria, Guanajuato, Mexico

ELIZABETH FERNÁNDEZ RIVERA, NORMA LIZBETH RAMÍREZ CABRERA, IDANIA ELEN BLANCO MONTERROSA Y RICARDO SANTANA OJEDA

Universidad Politécnica del Bicentenario

Resumen: El objetivo de la presente investigación es determinar el impacto que tienen las habilidades directivas sobre el clima organizacional en las micro y pequeñas empresas de Latinoamérica. Se presenta un estudio cuantitativo, no experimental, de forma transversal y con un alcance causal. La pertinencia del estudio contribuye a la generación de conocimiento para el desarrollo de un modelo de gestión de la mype en América Latina que permita maximizar la productividad. Entre los principales resultados, podemos observar que la variable de la habilidad directiva trabajo en equipo es la que tiene mayor impacto en el clima organizacional, con 2.6715464, asimismo la que tiene menor puntuación es negociación con 0.1337102. El estudio permite obtener un alfa de Cronbach por encima de 0.8 para cada una de las variables; la variable de clima organizacional es de 0.911, lo cual refleja que las variables y sus ítems se explican adecuadamente. Por otro lado, analizando las correlaciones de cada una de las variables con clima organizacional, se encuentran la variable toma de decisiones y liderazgo. Finalmente, el coeficiente de correlación múltiple es de 0.80734232, por lo que se puede decir que las variables de negociación, toma de decisiones, liderazgo, comunicación y trabajo en equipo explican al clima organizacional.

Abstract: The objective of this research is to determine the impact that management skills have on the organizational climate in micro and small companies in Latin America. A quantitative, non-experimental, cross-sectional study with a causal scope is presented. The relevance of the study contributes to the generation of knowledge for the development of a management model for mypes in Latin America that allows maximizing productivity. Among the main results, we can observe that the variable of teamwork management ability is the one that has the greatest impact on the organizational climate, with 2.6715464, also the one with the lowest score is negotiation with 0.1337102. The study allows obtaining a Cronbach's alpha above 0.8 for each of the variables; the organizational climate variable is 0.911, which reflects that the variables and their items are adequately explained. On the other hand, analyzing the correlations of each of the variables with organizational climate, the decision-making and leadership variable is found. Finally, the multiple correlation coefficient is 0.80734232, so it can be said that the variables of negotiation, decision making, leadership, communication and teamwork explain the organizational climate.

Palabras clave: habilidades, clima organizacional, equipo, liderazgo, negociación.

INTRODUCCIÓN

De acuerdo con el último Censo Económico publicado por el Instituto Nacional de Estadística y Geografía (INEGI, 2020), 98.3 % del universo de unidades económicas está constituido por micro y pequeñas empresas, las cuales generan —al menos— el 55 % de los empleos y amasan el 39 % del Producto Interno Bruto (PIB) del país. Las microempresas están configuradas por aquellos negocios que tienen menos de 10 trabajadores y generan anualmente ventas hasta por 4 millones de pesos. Las pequeñas empresas son unidades económicas que emplean entre 11 y 50 trabajadores, generando ventas anuales que oscilan entre 4 y 100 millones de pesos (Mendoza-Vargas, Villaroel-Puma & Carranza-Quimi, 2020; Forbes, 2021).

Es importante mencionar que actualmente las mypes se enfrentan a múltiples retos y problemáticas, específicamente, el desarrollo de habilidades gerenciales o directivas por parte de los líderes cumple una labor fundamental en el clima organizacional para este tipo de empresas, al establecerse como un diferenciador con otras organizaciones (Busro, 2018). En esa perspectiva, la formación y el desarrollo de habilidades directivas del personal encargado de implementar estrategias y tomar decisiones son fundamentales, pues de ello depende que las mypes cumplan sus metas y objetivos estratégicos, lo cual permite a las organizaciones volverse más competitivas, pues propicia la formación de un clima organizacional donde

los empleados estén satisfechos con su organización (Aburto & Bonales, 2011; Brunet, 2007).

Derivado de la importancia que representa el desarrollo de habilidades directivas en los líderes que dirigen los esfuerzos estratégicos de las mypes, así como la importancia de contar con un buen clima organizacional, se plantean las siguientes preguntas de investigación: ¿cuáles habilidades directivas tienen repercusión en el clima organizacional de las mypes?, ¿cuál es el clima organizacional que predomina en las mypes?

Para cumplir con lo anterior, el objetivo de la investigación es determinar el grado de asociación entre las habilidades directivas y el clima organizacional de las micro y pequeñas empresas, lo cual permitirá conocer con mayor precisión las habilidades directivas que los gerentes o mandos medios deben desarrollar para que prevalezca un clima organizacional satisfactorio entre los empleados al interior de las mypes. En ese sentido, las mypes podrán determinar si éstas son las causales de un clima organizacional adecuado o inconveniente, lo que, a su vez, permitirá diseñar programas de capacitación para sus líderes y, con ello, generar información que contribuya —si es el caso— a resolver el problema o mantener y fortalecer lo que se tiene.

Los diferentes análisis estadísticos correlacionales entre las variables del estudio permitirán identificar si las habilidades directivas son la causa principal del clima organizacional que prevalece en las mypes. Lo anterior será de gran apoyo en la búsqueda de factores endógenos diferenciados que permita a las mypes obtener ventajas competitivas sostenibles, ya que, si bien es cierto, una mejor gestión empresarial no es suficiente para lograr ser más competitivas, sino que está determinada por otros factores internos como un buen clima organizacional y el desarrollo de habilidades directivas (Vargas & Del Castillo, 2008).

REVISIÓN DE LA LITERATURA

Las organizaciones del siglo XXI afrontan un entorno dinámico y complejo caracterizado por la incertidumbre, debido a esto deben estar preparadas para dar respuesta a los cambios vertiginosos, en aras de cumplir sus objetivos y metas organizacionales así como volverse más competitivas. Las micro y pequeñas empresas (mypes) también deben responder a ese contexto, sin embargo, las características estructurales de su magnitud las coloca en desventaja respecto a la gran empresa, misma que tiene a su disposición una mayor cantidad de recursos y capacidades. El tema aquí analizado ha obtenido gran relevancia en los rubros de la investigación y las políticas públicas recientemente, lo cual ha permitido una mejora de determinados aspectos directamente vinculados con la competitividad de las empresas (Leyva-Carreras, Cavazos-Arroyo & Espejel-Blanco, 2018).

La situación actual de las mypes es compleja —aun siendo una parte fundamental del aparato económico a nivel mundial—, presenta una serie de desafíos y retos, enfrenta diversos obstáculos que limitan su capacidad de crecimiento y desarrollo. Uno de los principales problemas que enfrentan estas empresas es la falta de acceso al financiamiento, ya que esto restringe su capacidad para invertir en innovación, en maquinaria y equipos, software y tecnologías digitales; así como en la capacitación y adiestramiento para sus empleados. Otra problemática a la cual se enfrentan es la poca inversión en capacitación a sus directivos y gerentes, de modo que éstos puedan desarrollar sus habilidades directivas, permitiéndoles contar con las herramientas necesarias al momento de tomar decisiones estratégicas de impacto en sus portafolios de negocios, a través de una visión diferente y más competitiva, no sólo a nivel local, sino a niveles superiores en la configuración y escala del negocio.

Es importante destacar que la pandemia por el Covid-19 tuvo un impacto significativo en las mypes debido a que muchas de ellas tuvieron que cerrar de forma temporal o permanente. Las restricciones de movimiento y confinamiento social provocaron una disminución significativa en la demanda de productos y servicios (Ibarra-Morales, Paredes-Zempual & Carrillo-Cisneros, 2022). Para dimensionar y tener una mejor visión de la magnitud de la presencia e importancia de las mypes en Latinoamérica, Dini y Stumpo (2021) realizan una clasificación tomando como parámetros el sector y el tamaño de la empresa (tabla 24.1.).

Tabla 24.1. Clasificación de acuerdo con el sector y tamaño de la empresa.

Sector	Micro empresa	Pequeña empresa
Agricultura, ganadería, caza, silvicultura y pesca	80 %	16 %
Explotación de minas y canteras	68 %	23 %
Industria manufacturera	82 %	14 %
Suministro de electricidad, gas y agua	70 %	20 %
Construcción	76 %	19 %
Comercio al por mayor y menor	92 %	07 %
Hoteles y restaurantes	89 %	10 %
Transporte, almacenamiento y comunicaciones	83 %	13 %
Intermediación financiera	81 %	14 %
Actividades inmobiliarias, empresariales y de alquiler	87 %	10 %
Enseñanza	76 %	19 %
Servicios sociales y de salud	89 %	09 %
Otras actividades comunitarias, sociales y personales	95 %	04 %
Total	**88.4 %**	**09.6 %**

Fuente: elaboración propia a partir de Dini & Stumpo (2021).

Leyva-Carreras, Espejel-Blanco y Cavazos-Arroyo (2017) destacan que el director o gerente de una mype debe tomar en cuenta ciertas variables para lograr la excelencia, el buen clima organizacional y la competitividad empresarial, para lo cual es preciso contar con personal directivo que reúna las siguientes características: dinámicos, actualizados, con habilidades directivas, operativas y de gestión, conocimientos de administración y planeación estratégica, así como administración y dirección de talento humano, siempre proactivo al cambio organizacional y tecnológico, para que se convierta en vehículo que potencia la creatividad, la innovación y el desarrollo sustentable. Sin embargo, por desconocer esas características de gestión o habilidades directivas que son propias de los líderes, esa ignorancia puede ser la causa de algunos problemas administrativos y de competitividad en las mypes, lo que genera algunas consecuencias en la transición de una economía local y proteccionista a un mercado libre y globalizado (Naranjo, 2015).

Niebles-Núñez, Torres-Anillo y Montenegro-Rada (2020) establecen que las habilidades directivas comprenden el proceso de la gerencia, estas son: planificar, organizar, dirigir, ejecutar y controlar que, a su vez, constituyen el conjunto de destrezas, cualidades, competencias, conocimientos, acciones, experiencias y capacidades que inciden en el efectivo desempeño del rol gerencial, al contribuir al logro de objetivos y metas organizacionales, asimismo, representan la implementación práctica por la acción del conocimiento adquirido académicamente o por experiencias a través del proceso de aprendizaje. Es por ello que, en los últimos años, las habilidades directivas desempeñan un papel muy importante en la satisfacción de los colaboradores en las empresas a nivel mundial, pues se ha demostrado que la manera o particularidad en que los directivos lideran a sus equipos generan una repercusión directa en su satisfacción y, por ende, en su desempeño laboral (Moreno & Wong, 2018).

Paredes-Zempual, Ibarra-Morales y Moreno-Freites (2021) adoptan otra perspectiva, sostienen que el buen desempeño de la empresa está en función de las habilidades directivas y el buen clima organizacional, sobre todo en este tiempo donde las empresas se encuentran inmersas en un proceso de globalización y de rápidos cambios que demanda líderes más preparados en actitudes y aptitudes, capaces de administrar de manera eficaz y eficiente los procesos y procedimientos, tanto administrativos como operativos, comprometidos con la rentabilidad de la organización.

El clima organizacional es observado y analizado por las empresas con el fin de mantenerlo en niveles positivos y, de esa forma, estimular la productividad de los empleados, motivo por el cual las empresas buscan los elementos y condiciones necesarias que puedan incidir de forma positiva en el clima organizacional, ya que existen estudios empíricos que así lo demuestran, en otras palabras, un mejor clima organizacional en la empresa se traduce en mejores resultados en los ámbitos financieros, administrativos y productivos (Alegría-Zebadúa & Alarcón-Martínez, 2022).

Whetten y Cameron (2016) clasifican las habilidades en tres grandes grupos: personales, interpersonales y grupales, mismas que en su conjunto aportan al éxito de una administración eficaz y centrada en los logros financieros, pero también de posición competitiva. En este sentido, para el presente estudio se han seleccionado como habilidades directivas las siguientes: negociación, toma de decisiones, liderazgo, comunicación y trabajo en equipo, ya que predominan en la literatura y en los diferentes modelos conceptuales, además de ser las más importantes para Whetten y Cameron. Adicionalmente, se ha seleccionado como variable el 'clima organizacional' debido al impacto y la importancia que ostenta para las mypes. Las definiciones conceptuales para cada una de las variables se muestran en la tabla 24.2.

Tabla 24.2. Definición conceptual de las variables.

Variable	Definición conceptual
Negoción	Presentar y discutir propuestas comunes con el propósito de llegar a un acuerdo en un marco de interés común (Álvarez-Vásquez, et al., 2018).
Toma de decisiones	Decidir por una alternativa que requiere atender situaciones planificadas o de incertidumbre entre un abanico de varias opciones (Ávila-Morales et al., 2022).
Liderazgo	Lograr la motivación de los colaboradores mediante la promoción de conductas positivas que reditúan en mejores niveles de desempeño laboral para la empresa (Rojero-Jiménez, Gómez-Romero & Quintero-Robles, 2019).
Comunicación	Recibir y transmitir mensajes oportunos y unívocos, independientemente del canal o la forma de comunicación, lo cual facilita la emisión y recepción de los mensajes que se producen entre los miembros de la organización y su entorno, facilitando el alcance de los objetivos y metas que establecen los miembros de la organización (Puga-Villarreal & Martínez-Cerna, 2008)
Trabajo en equipo	Fomentar la colaboración conjunta entre los integrantes que conforman un equipo de trabajo, a través del talento individual, la comunicación, las competencias y las fortalezas de cada uno en su relación con los demás, para lograr el cumplimiento de un objetivo común (Viamontes & Oliva, 2015).
Clima organizacional	Variable que media entre el contexto de una organización y la conducta de sus empleados o miembros, desde la perspectiva del cómo ellos experimentan el trabajo en sus empresas (King, Hebl, George & Matusik, 2010).

Fuente: elaboración propia.

METODOLOGÍA

El presente trabajo de investigación ha sido propuesto por la Red de Estudios Latinoamericanos en Administración y Negocios (RELAYN, 2023), la cual consiste en conceptualizar la micro y pequeña empresa (mype) como una serie de elementos de entradas, procesos y salidas enmarcados en un ambiente que influye en el clima organizacional de las mypes, según la percepción del director, considerado como la persona que toma la mayor parte de las decisiones. Este estudio tiene un enfoque cuantitativo de diseño transversal de tipo causal.

Se realizó un muestreo probabilístico aleatorio simple con las mypes de Silao de la Victoria, Guanajuato, México, cuya cantidad de empleados se encuentra en el rango de 1 a 50, con un nivel de confianza del 95 %, un margen de error del ±5 % y una probabilidad estimada de p=0.5 (50 %). Se obtuvieron de la muestra aplicada un total de 490 encuestas válidas en el periodo del 01 de marzo al 30 de abril de 2023. Se utilizó un instrumento de medición tipo encuesta, la cual fue dirigida a los propietarios, directores o gerentes de las mypes, para lo cual sirvió la asistencia de estudiantes universitarios que previamente fueron capacitados para aplicar la encuesta.

Características de la muestra son:

El 46.7 % de la muestra fueron del sexo biológico femenino y el restante 53.3 % masculino. La edad de los sujetos tiene un rango de 18 a 82 años, con un promedio de 43 años y una moda de 45 años. El 28.4 % de los empresarios tienen estudios de nivel superior, seguido de un 32.7 % con nivel media superior, 35.9 % con educación básica. En cuanto a estado civil predominan los casados con un 68.2 % seguidos de los solteros con 20.4 %.

La mayoría de los negocios 75.5 % pertenecen al giro comercial, un 22.9 % a la prestación de servicios y sólo 1.6 % a la producción de manufacturas, la antigüedad del 18.2 %de los negocios es menor a 3 años. Los empleos que ofrecen están en el rango de 1 a 50 trabajadores, de las empresas el 96.1 % emplea de 1 a 10 trabajadores y el 86.7 % tienen en su plantilla de 1 a 10 mujeres y en el 76.5 % colaboran de 1 a 5 familiares del propietario.

Alineado al objetivo general de la investigación y a la revisión de la literatura, se plantean las siguientes hipótesis:

H0: Las habilidades directivas no inciden en el clima organizacional de la mype.

H1: Las habilidades directivas inciden en el clima organizacional de la mype.

En cuanto al instrumento de medición, éste se integró por seis partes o bloques. El primero de ellos, con datos que abordan aspectos generales de la empresa: tamaño de la empresa, personal ocupado, así como información sobre los ingresos y gastos. La segunda parte aborda los datos del directivo y el tiempo destinado a las labores de la empresa. La tercera parte se refiere a los insumos del sistema: recursos humanos, análisis del mercado y proveedores. En una cuarta parte del instrumento de medición se exponen los procesos del sistema: dirección, gestión de ventas, finanzas, innovación, mercadotecnia, producción-operación. La quinta parte estuvo integrada por los resultados del sistema: satisfacción del sistema, ventaja competitiva, RSC-Asuntos de ISO 26000, valoración del entorno y, por último, la sexta parte quedó integrada por los dos temas anuales de investigación: a) el trabajo decente desde la perspectiva directiva y b) el impacto de las habilidades directivas (negociación, toma de decisiones, liderazgo, comunicación, trabajo en equipo) sobre el clima organizacional. Para las secciones comprendidas del tercer al sexto bloque se emplea una escala de Likert de cinco puntos, los cuales van de 'No sé / No aplica' (1) a 'muy de acuerdo' (5).

RESULTADOS

Las seis variables muestran consistencia interna del instrumento mediante el análisis del alfa de Cronbach de las variables objeto de estudio, de la misma forma se analiza la correlación que tienen con el clima organizacional como se muestra en la tabla 24.3.

Tabla 24.3. Alfa de Cronbach y correlación de las variables.

Variables	Correlación con clima	Cronbach	Media	Desviación Estándar
Negociación	0.261	0.847	4.084	0.593
Toma de decisiones	0.134	0.888	4.037	0.649
Liderazgo	0.236	0.858	4.321	0.478
Comunicación	0.319	0.876	4.310	0.501
Trabajo en equipo	0.449	0.921	4.228	0.625
Clima Organizacional	1	0.911	4.243	0.624

Fuente: Elaboración propia utilizando RStudio (R Core Team, 2022).

Se procede a realizar el modelo estructural del instrumento en la figura 24.4, el ajuste absolutorio muestra el error cuadrático medio de aproximación (RMSEA) es de 0.033 y el residuo cuadrático medio estandarizado (SRMR) es de 0.054, en ambos casos se consideran aceptables, en el ajuste comparativo (CFI) muestra

un resultado de 0.993 y el índice de Tucker-Lewis (TLI) de 0.993 consideramos ajustes óptimos.

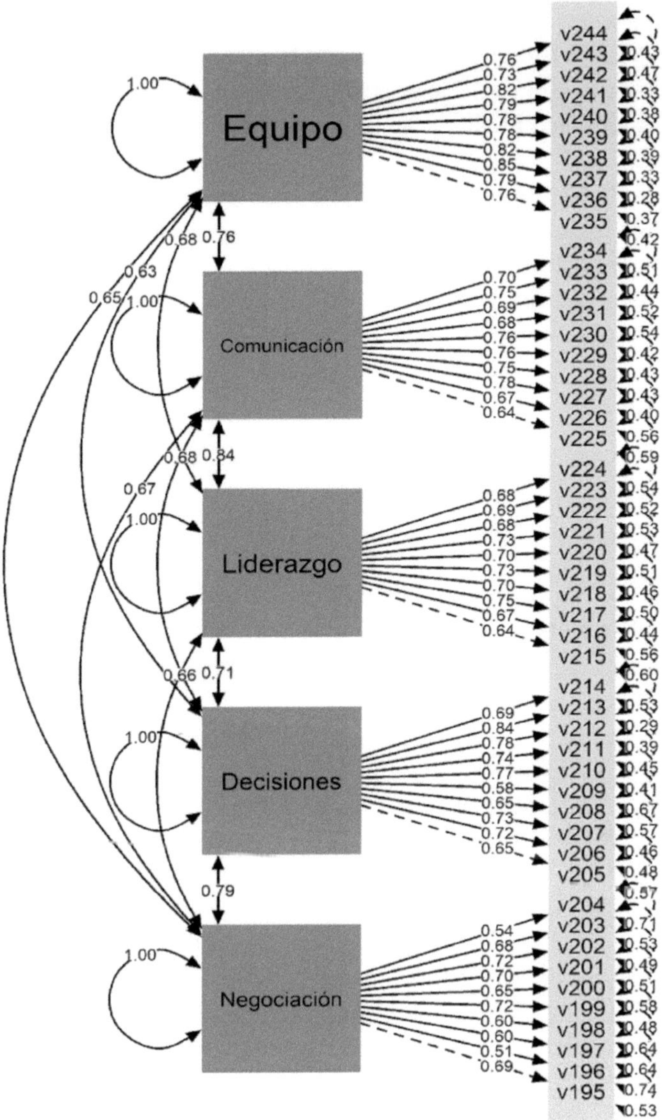

Figura 24.4. Resultado del modelo estructural.

Fuente: Elaboración propia utilizando RStudio (R Core Team, 2022).

Partiendo de la información cuantitativa del estudio se establece el modelo estructural (Figura 24.4), donde se muestra la dirección de las relaciones entre las diversas variables y el efecto que causan. El modelo plantea la existencia de cinco variables endógenas con una relación causal recíproca (trabajo en equipo, comunicación, liderazgo, toma de decisiones y negociación). Las cinco variables tienen una relación causal directa con los ítems que conforman la variable, en todos los casos el grado de significancia fue <0.05 (los resultados se muestran en la Figura 24.4) dando un correcto ajuste del modelo (Bentler & Bonett, 1980; Martínez et al., 2012)

Con el objetivo de medir el impacto que tienen las habilidades directivas sobre el clima organizacional de la mype se realiza la siguiente regresión lineal, donde el clima organizacional es la variable dependiente y las variables independientes son negociación, decisiones, liderazgo y comunicación. Al final se sustituyen los valores tal y como se observa en la tabla 24.5.

Fórmula:

y = clima = constante + negociación + toma de decisiones + liderazgo + comunicación + trabajo en equipo.

Tabla 24.5. Regresión lineal.

Fórmula: lm(fórmula = clima ~ negociación + toma de decisiones + liderazgo + comunicación + trabajo en equipo)				
		Residuales		
Min	1Q	Mediana	3Q	Max
-1.59982	-0.15588	0.02073	0.18001	1.55561
Coeficientes	**Estimado**	**Std. Error**	**T-valor**	**P-valor**
(Clima/Intercept)	0.22631	0.16451	1.376	0.1696
Negociación	0.03274	0.03921	0.835	0.4040
Toma de decisiones	0.08879	0.03746	2.370	0.0182
Liderazgo	0.11826	0.05271	2.244	0.0253
Comunicación	0.07953	0.05366	1.482	0.1390
Trabajo en equipo	0.63187	0.03702	17.069	<2e-16

Signif. codes: 0 ‘***’ 0.001 ‘**’ 0.01 ‘*’ 0.05 ‘.’ 0.1 ‘ ’ 1
Residual standard error: 0.37 on 484 degrees of freedom
Multiple R-squared: 0.6518, Adjusted R-squared: 0.6482
F-statistic: 181.2 on 5 and 484 DF, p-value: < 2.2e-16

Fuente: Elaboración propia utilizando RStudio (R Core Team, 2022).

Para poder medir el impacto, se multiplica el valor estimado de cada una de las variables independientes (tabla 24.5) por su media (tabla 24.3).

y=0.22631 + (0.03274 * 4.084) + (0.08879 * 4.037) + (0.11826 * 4.321) + (0.07953 * 4.31) + (0.63187 * 4.228)

Resolvemos la ecuación:

y=0.22631+0.1337102+0.3584452+0.5110015+0.3427743+2.6715464
y=4.2437875

Se observa que la variable que tiene mayor impacto es trabajo en equipo con 2.6715464, mientras que la de menor impacto es negociación con 0.1337102. El impacto total de las habilidades directivas sobre el clima organizacional es de 4.2437875.

DISCUSIÓN

Derivado del COVID-19, se identificó el impacto por el confinamiento directamente en las micro y pequeñas empresas, por lo que se observa que, dentro de éstas, uno de los sectores que mayor participación tiene actualmente es el comercio al por mayor y menor, asimismo la de menor participación es la explotación y minería. Por otro lado, en las pequeñas empresas, resalta la enseñanza, y el de menor participación tiene que ver con los servicios sociales y de salud, por lo que en México destacan las microempresas con 88.4 % de participación.

Considerando la población de unidades económicas, es importante que se mantenga un clima organizacional, así como determinar las habilidades directivas que se implementan dentro de las pequeñas y medianas empresas con la finalidad de identificar áreas de oportunidad que permitan incentivar la productividad de las empresas. Por ello, dentro del estudio, resaltan las variables equipo y liderazgo, donde se identifica que los miembros de la organización trabajan de forma colaborativa. También se detectan las fortalezas de los equipos de trabajo y se utilizan como ventaja competitiva dentro de las organizaciones; además se reconocen las habilidades y las capacidades de los empleados. Por otro lado, las pequeñas empresas perciben que los directivos motivan a su personal y promueven sus conductas a fin de mejorar el desempeño laboral dentro de la empresa. La variable que mayormente se ve afectada es la negociación, ya que es difícil presentar y discutir propuestas, asimismo llegar a acuerdos que favorezcan a ambas partes; se puede decir que existe un liderazgo algo coercitivo.

Finalmente, se puede decir que es importante que las micro y pequeñas empresas tomen en cuenta que es conveniente prepararse en temas de habilidades blandas, asimismo en difundir conductas que mejoren el clima laboral dentro de las organizaciones. Derivado de lo anterior y haciendo referencia a la Norma Oficial Mexicana 035, existen factores psicosociales dentro de las organizaciones que son relevantes a fin de incentivar el desempeño laboral, donde se considera la jornada laboral, la carga mental, los riesgos o las condiciones inseguras laborales, la flexibilidad que los trabajadores tienen para atender la parte laboral, así como cuestiones personales. Lo anterior puede ser considerado para generar estrategias dentro de las pequeñas y medianas empresas con el propósito de mejorar el desempeño laboral.

REFERENCIAS

Aburto, H.I. & Bonales, J. (2011). Habilidades directivas: Determinantes en el clima organizacional. *Investigación y Ciencia,* 19(51), 41–49.

Alegría-Zebadúa, R.M., & Alarcón-Martínez, G. (2022). Marco teórico e instrumento de medición de las habilidades gerenciales y clima organizacional en *Instituciones Bancarias de México. Vinculatégica,* 7(1). https://doi.org/10.29105/vtga7.1-82

Álvarez-Vásquez, C.A., Rivera-Vera, H.F., Conforme-Cedeño, G.M., Campoverde-Flores, F.K., Sornoza-Parrales, D.R., & Merchán-Nieto, L. (2018). *Los procesos, las técnicas de negociación y la tecnología. Ciencias. Economía, Organización y Ciencias Sociales. Editorial Área de Innovación y Desarrollo, S.L.* https://doi.org/10.17993/ecoorgycso.2018.41

Ávila-Morales, H., Palumbo-Pinto, G.B., De la Cruz-Ríos, H.A., & Ogosi-Auqui, J.A. (2022). Toma de decisiones estratégicas en la gestión pública para el desarrollo social. *Revista Venezolana de Gerencia,* 27(Edición Especial 7), 648–662. https://doi.org/10.52080/rvgluz.27.7.42

Bentler, P. M., & Bonett, D. G. (1980). Significance Tests and Goodness of Fit in the Analysis of Covariance Structures. *In Psychological Bulletin* (Vol. 88, Issue 3).

Brunet, L. (2007). El clima de trabajo en las organizaciones. Definición, diagnóstico y consecuencias. *Editorial Trillas.*

Busro, M. (2018). Teori-teori Manajemen Sumber Daya Manusia. *Jakarta. PrenadaMedia.*

Dini, M. & Stumpo, G. (2020). MiPyMEs en América Latina: un frágil desempeño y nuevos desafíos para las políticas de fomento. Documentos de Proyectos (LC/TS.2018/75/Rev.1), Santiago. *Comisión Económica para América Latina y el Caribe* (CEPAL).

Forbes (2021). Inclusión digital: el futuro de las MyPEs. *Forbes Content.* https://www.forbes.com.mx/ad-inclusion-digital-futuro-mypes-mexico-visa/

Ibarra-Morales, L.E., Paredes-Zempual, D., & Carrillo-Cisneros, E. (2022). Impacto del COVID-19 en las variables que determinan la competitividad de las micro, pequeñas y medianas empresas mexicanas. *Revista RELAYN. Micro y Pequeña Empresa en Latinoamérica,* 6(1), 7–22. https://doi.org/10.46990/relayn.2022.6.1.532

Instituto Nacional de Estadística y Geografía (Inegi) (2020). *Censo de población y vivienda 2020.* https://www.inegi.org.mx/programas/ccpv/2020/

King, E.B., Helb, M.R., George, J.M. & Matusik, S.F. (2010). Understanding tokenism: Antecedents and consequences of a psychological climate of gender inequity. *Journal of Management,* 36(2), 482–510. https://doi.org/10.1177/0149206308328508

Leyva-Carreras, A.B., Cavazos-Arroyo, J., & Espejel-Blanco, J.E. (2018). Influencia de la planeación estratégica y habilidades gerenciales como factores internos de la competitividad empresarial de las Pymes. *Contaduría y Administración,* 63(3), 41. https://doi.org/10.22201/fca.24488410e.2018.1085

Leyva-Carreras, A.B., Espejel-Blanco, J.E., & Cavazos-Arroyo, J. (2017). Habilidades gerenciales como estrategia de competitividad empresarial en las pequeñas y medianas empresas (Pymes). *Revista Perspectiva Empresarial,* 4(1), 7–22. https://doi.org/10.16967/rpe.v4n1a1

Martinez, E., García-Alandete, J., Selles, P., Bernabe, G., & Soucase, B. (2012). Análisis factorial confirmatorio de los principales modelos propuestos para el purpose-in-life test en una muestra de universitarios españoles. *Acta Colombiana de Psicología,* 67–76.

Mendoza-Vargas, E.Y., Villaroel-Puma, M.F. & Carranza-Quimi, W.D. (2020). Caracterización de los microemprendimientos de los sectores urbanos marginales de Quevedo. *Centro Sur. Social Science Journal.* 4(4), 1–23. https://doi.org/10.37955/cs.v4i1.40

Moreno, M. J., & Wong Aitken, H. G. (2019). Relación de las habilidades directivas y la satisfacción laboral en la empresa Chicken King de Trujillo, 2018. *Cuadernos Latinoamericanos de Administración,* 14(27), 1–17. https://doi.org/10.18270/cuaderlam.v14i27.2475

Naranjo, R. (2015). Management skills in leaders of mid-sized businesses of Colombia. *Revista Científica Pensamiento y Gestión,* 38, 119–146. https://doi.org/10.14482/pege.38.7703

Niebles-Núñez, L., Torres-Anillo, K. & Montenegro-Rada, A. (2020). Habilidades gerenciales como herramienta para el fortalecimiento del liderazgo transformacional en las mipymes. *Editorial Universidad del Atlántico.* https://repositorio.uniatlantico.edu.co/bitstream/handle/20.500.12834/1030/admin %2c %2bHABILIDADES %2bGERENCIALES %2bCOMO %2bHERRAMIENTA %2bEN %2bMIPYMES.pdf?sequence=1&isAllowed=y

Paredes-Zempual, D., Ibarra-Morales, L.E., & Moreno-Freites, Z.E. (2021). Habilidades directivas y clima organizacional en pequeñas y medianas empresas. *Investigación Administrativa,* 50–1, 1–23. https://doi.org/10.35426/iav50n127.05

Puga-Villarreal, J., & Martínez-Cerna, L. (2008). Competencias Directivas en Escenarios Globales. *Estudios Gerenciales,* 24(109), 87–103. https://doi.org/10.1016/s0123-5923(08)70054-8

R Core Team (2022). R: A language and environment for statistical computing. R *Foundation for Statistical Computing, Vienna, Austria.* URL https://www.R-project.org/

Red de Estudios Latinoamericanos en Administración y Negocios. (RELAYN) (2023). *Investigación anual,* N. Peña & O. Aguilar (coords.) https://relayn.redesla.la

Red de Estudios Latinoamericanos (RedesLA) (2023). *Investigaciones anuales.* https://redesla.la

Rojero-Jiménez, R., Gómez-Romero, J.G.I., & Quintero-Robles, L.M. (2019). El liderazgo transformacional y su influencia en los atributos de los seguidores en las Mipymes mexicanas. *Estudios Gerenciales,* 35(151), 178–189. https://doi.org/10.18046/j.estger.2019.151.3192

Vargas, B., & del Castillo, C. (2008). Competitividad sostenible de la pequeña empresa: Un modelo de promoción de capacidades endógenas para promover ventajas competitivas sostenibles y alta productividad. *Journal of Economics, Finance and Administrative Science,* 13(24), 59–80. https://www.redalyc.org/articulo.oa?id=360733604004

Viamontes, M.O., & Oliva, E.J.D. (2015). Las agrupaciones corales como estrategia de formación de competencias para trabajo en equipo en las organizaciones: una perspectiva comparativa. *Suma de Negocios,* 6(13), 92–97. https://doi.org/10.1016/j.sumneg.2015.08.008

Whetten, D. & Cameron, K. (2016). Desarrollo de habilidades directivas. México: *Editorial Prentice Hall.*

CAPÍTULO 25

Las habilidades directivas y el clima organizacional en las micro y pequeñas empresas de Valle de Santiago, Guanajuato, México

Management skills and the organizational climate in micro and small businesses in Valle de Santiago, Guanajuato, Mexico

PATRICIA DEL CARMEN MENDOZA GARCÍA, MARÍA GUADALUPE URIBE PLAZA Y SANDRA IVETTE GARCÍA PICHARDO

Universidad Tecnológica del Suroeste de Guanajuato

Resumen: El objetivo de la presente investigación es determinar el impacto que tienen las habilidades directivas sobre el clima organizacional en las micro y pequeñas empresas de Latinoamérica. Se presenta un estudio cuantitativo, no experimental, de forma transversal y con un alcance causal. La pertinencia del estudio contribuye a la generación de conocimiento para el desarrollo de un modelo de gestión de la mype en América Latina que permita maximizar la productividad. Entre los principales resultados, podemos observar que la variable de la habilidad directiva trabajo en equipo es la que tiene mayor impacto en el clima organizacional, con 2.1126521, seguida de las habilidades comunicación, liderazgo, negociación y toma de decisiones, las cuales sólo significan 0.0398748; por tanto, el impacto total que tienen las habilidades directivas estudiadas sobre el clima organizacional es de 4.4601304. El análisis estadístico permitió comprobar la relación de cada variable independiente sobre la dependiente, demostrando que las destrezas que poseen y emplean los directivos en la dirección y operación de las empresas repercuten en la satisfacción y conducta que experimentan sus empleados; de esta manera, se acepta la hipótesis H_1: Las habilidades directivas inciden en el clima organizacional de la mype de la región.

Abstract: The objective of this research is to determine the impact that management skills have on the organizational climate in micro and small companies in Latin America. A quantitative, non-experimental, cross-sectional study with a causal scope is presented. The relevance of the study contributes to the generation of knowledge for the development of a management model for mypes in Latin America that allows maximizing productivity. Among the main results, we can observe that the variable of teamwork management ability is the one that has the greatest impact on the organizational climate, with 2.1126521, followed by communication, leadership, negotiation and decision-making skills, which only mean 0.0398748.; therefore, the total impact that the management skills studied have on the organizational climate is 4.4601304. The statistical analysis allowed us to verify the relationship of each independent variable on the dependent one, demonstrating that the skills that managers possess and use in the management and operation of companies have an impact on the satisfaction and behavior experienced by their employees; In this way, hypothesis H_1 is accepted: Management skills affect the organizational climate of the mype in the region.

Palabras clave: clima organizacional, habilidades directivas, mypes.

INTRODUCCIÓN

De acuerdo con el último Censo Económico publicado por el Instituto Nacional de Estadística y Geografía (INEGI, 2020), 98.3 % del universo de unidades económicas está constituido por micro y pequeñas empresas, las cuales generan —al menos— el 55 % de los empleos y amasan el 39 % del Producto Interno Bruto (PIB) del país. Las microempresas están configuradas por aquellos negocios que tienen menos de 10 trabajadores y generan anualmente ventas hasta por 4 millones de pesos. Las pequeñas empresas son unidades económicas que emplean entre 11 y 50 trabajadores, generando ventas anuales que oscilan entre 4 y 100 millones de pesos (Mendoza-Vargas, Villaroel-Puma & Carranza-Quimi, 2020; Forbes, 2021).

Es importante mencionar que actualmente las mypes se enfrentan a múltiples retos y problemáticas, específicamente, el desarrollo de habilidades gerenciales o directivas por parte de los líderes cumple una labor fundamental en el clima organizacional para este tipo de empresas, al establecerse como un diferenciador con otras organizaciones (Busro, 2018). En esa perspectiva, la formación y el desarrollo de habilidades directivas del personal encargado de implementar estrategias y tomar decisiones son fundamentales, pues de ello depende que las mypes cumplan sus metas y objetivos estratégicos, lo cual permite a las organizaciones volverse más competitivas, pues propicia la formación de un clima organizacional donde

los empleados estén satisfechos con su organización (Aburto & Bonales, 2011; Brunet, 2007).

Derivado de la importancia que representa el desarrollo de habilidades directivas en los líderes que dirigen los esfuerzos estratégicos de las mypes, así como la importancia de contar con un buen clima organizacional, se plantean las siguientes preguntas de investigación: ¿cuáles habilidades directivas tienen repercusión en el clima organizacional de las mypes?, ¿cuál es el clima organizacional que predomina en las mypes?

Para cumplir con lo anterior, el objetivo de la investigación es determinar el grado de asociación entre las habilidades directivas y el clima organizacional de las micro y pequeñas empresas, lo cual permitirá conocer con mayor precisión las habilidades directivas que los gerentes o mandos medios deben desarrollar para que prevalezca un clima organizacional satisfactorio entre los empleados al interior de las mypes. En ese sentido, las mypes podrán determinar si éstas son las causales de un clima organizacional adecuado o inconveniente, lo que, a su vez, permitirá diseñar programas de capacitación para sus líderes y, con ello, generar información que contribuya —si es el caso— a resolver el problema o mantener y fortalecer lo que se tiene.

Los diferentes análisis estadísticos correlacionales entre las variables del estudio permitirán identificar si las habilidades directivas son la causa principal del clima organizacional que prevalece en las mypes. Lo anterior será de gran apoyo en la búsqueda de factores endógenos diferenciados que permita a las mypes obtener ventajas competitivas sostenibles, ya que, si bien es cierto, una mejor gestión empresarial no es suficiente para lograr ser más competitivas, sino que está determinada por otros factores internos como un buen clima organizacional y el desarrollo de habilidades directivas (Vargas & Del Castillo, 2008).

REVISIÓN DE LA LITERATURA

Las organizaciones del siglo XXI afrontan un entorno dinámico y complejo caracterizado por la incertidumbre, debido a esto deben estar preparadas para dar respuesta a los cambios vertiginosos, en aras de cumplir sus objetivos y metas organizacionales así como volverse más competitivas. Las micro y pequeñas empresas (mypes) también deben responder a ese contexto, sin embargo, las características estructurales de su magnitud las coloca en desventaja respecto a la gran empresa, misma que tiene a su disposición una mayor cantidad de recursos y capacidades. El tema aquí analizado ha obtenido gran relevancia en los rubros de la investigación y las políticas públicas recientemente, lo cual ha permitido una mejora de determinados aspectos directamente vinculados con la competitividad de las empresas (Leyva-Carreras, Cavazos-Arroyo & Espejel-Blanco, 2018).

La situación actual de las mypes es compleja —aun siendo una parte fundamental del aparato económico a nivel mundial—, presenta una serie de desafíos y retos, enfrenta diversos obstáculos que limitan su capacidad de crecimiento y desarrollo. Uno de los principales problemas que enfrentan estas empresas es la falta de acceso al financiamiento, ya que esto restringe su capacidad para invertir en innovación, en maquinaria y equipos, software y tecnologías digitales; así como en la capacitación y adiestramiento para sus empleados. Otra problemática a la cual se enfrentan es la poca inversión en capacitación a sus directivos y gerentes, de modo que éstos puedan desarrollar sus habilidades directivas, permitiéndoles contar con las herramientas necesarias al momento de tomar decisiones estratégicas de impacto en sus portafolios de negocios, a través de una visión diferente y más competitiva, no sólo a nivel local, sino a niveles superiores en la configuración y escala del negocio.

Es importante destacar que la pandemia por el Covid-19 tuvo un impacto significativo en las mypes debido a que muchas de ellas tuvieron que cerrar de forma temporal o permanente. Las restricciones de movimiento y confinamiento social provocaron una disminución significativa en la demanda de productos y servicios (Ibarra-Morales, Paredes-Zempual & Carrillo-Cisneros, 2022). Para dimensionar y tener una mejor visión de la magnitud de la presencia e importancia de las mypes en Latinoamérica, Dini y Stumpo (2021) realizan una clasificación tomando como parámetros el sector y el tamaño de la empresa (tabla 25.1.).

Tabla 25.1. Clasificación de acuerdo con el sector y tamaño de la empresa.

Sector	**Micro empresa**	**Pequeña empresa**
Agricultura, ganadería, caza, silvicultura y pesca	80 %	16 %
Explotación de minas y canteras	68 %	23 %
Industria manufacturera	82 %	14 %
Suministro de electricidad, gas y agua	70 %	20 %
Construcción	76 %	19 %
Comercio al por mayor y menor	92 %	07 %
Hoteles y restaurantes	89 %	10 %
Transporte, almacenamiento y comunicaciones	83 %	13 %
Intermediación financiera	81 %	14 %
Actividades inmobiliarias, empresariales y de alquiler	87 %	10 %
Enseñanza	76 %	19 %
Servicios sociales y de salud	89 %	09 %
Otras actividades comunitarias, sociales y personales	95 %	04 %
Total	**88.4 %**	**09.6 %**

Fuente: elaboración propia a partir de Dini & Stumpo (2021).

Leyva-Carreras, Espejel-Blanco y Cavazos-Arroyo (2017) destacan que el director o gerente de una mype debe tomar en cuenta ciertas variables para lograr la excelencia, el buen clima organizacional y la competitividad empresarial, para lo cual es preciso contar con personal directivo que reúna las siguientes características: dinámicos, actualizados, con habilidades directivas, operativas y de gestión, conocimientos de administración y planeación estratégica, así como administración y dirección de talento humano, siempre proactivo al cambio organizacional y tecnológico, para que se convierta en vehículo que potencia la creatividad, la innovación y el desarrollo sustentable. Sin embargo, por desconocer esas características de gestión o habilidades directivas que son propias de los líderes, esa ignorancia puede ser la causa de algunos problemas administrativos y de competitividad en las mypes, lo que genera algunas consecuencias en la transición de una economía local y proteccionista a un mercado libre y globalizado (Naranjo, 2015).

Niebles-Núñez, Torres-Anillo y Montenegro-Rada (2020) establecen que las habilidades directivas comprenden el proceso de la gerencia, estas son: planificar, organizar, dirigir, ejecutar y controlar que, a su vez, constituyen el conjunto de destrezas, cualidades, competencias, conocimientos, acciones, experiencias y capacidades que inciden en el efectivo desempeño del rol gerencial, al contribuir al logro de objetivos y metas organizacionales, asimismo, representan la implementación práctica por la acción del conocimiento adquirido académicamente o por experiencias a través del proceso de aprendizaje. Es por ello que, en los últimos años, las habilidades directivas desempeñan un papel muy importante en la satisfacción de los colaboradores en las empresas a nivel mundial, pues se ha demostrado que la manera o particularidad en que los directivos lideran a sus equipos generan una repercusión directa en su satisfacción y, por ende, en su desempeño laboral (Moreno & Wong, 2018).

Paredes-Zempual, Ibarra-Morales y Moreno-Freites (2021) adoptan otra perspectiva, sostienen que el buen desempeño de la empresa está en función de las habilidades directivas y el buen clima organizacional, sobre todo en este tiempo donde las empresas se encuentran inmersas en un proceso de globalización y de rápidos cambios que demanda líderes más preparados en actitudes y aptitudes, capaces de administrar de manera eficaz y eficiente los procesos y procedimientos, tanto administrativos como operativos, comprometidos con la rentabilidad de la organización.

El clima organizacional es observado y analizado por las empresas con el fin de mantenerlo en niveles positivos y, de esa forma, estimular la productividad de los empleados, motivo por el cual las empresas buscan los elementos y condiciones necesarias que puedan incidir de forma positiva en el clima organizacional, ya que existen estudios empíricos que así lo demuestran, en otras palabras, un mejor clima organizacional en la empresa se traduce en mejores resultados en los ámbitos financieros, administrativos y productivos (Alegría-Zebadúa & Alarcón-Martínez, 2022).

Whetten y Cameron (2016) clasifican las habilidades en tres grandes grupos: personales, interpersonales y grupales, mismas que en su conjunto aportan al éxito de una administración eficaz y centrada en los logros financieros, pero también de posición competitiva. En este sentido, para el presente estudio se han seleccionado como habilidades directivas las siguientes: negociación, toma de decisiones, liderazgo, comunicación y trabajo en equipo, ya que predominan en la literatura y en los diferentes modelos conceptuales, además de ser las más importantes para Whetten y Cameron. Adicionalmente, se ha seleccionado como variable el 'clima organizacional' debido al impacto y la importancia que ostenta para las mypes. Las definiciones conceptuales para cada una de las variables se muestran en la tabla 25.2.

Tabla 25.2. Definición conceptual de las variables.

Variable	Definición conceptual
Negociación	Presentar y discutir propuestas comunes con el propósito de llegar a un acuerdo en un marco de interés común (Álvarez-Vásquez, et al., 2018).
Toma de decisiones	Decidir por una alternativa que requiere atender situaciones planificadas o de incertidumbre entre un abanico de varias opciones (Ávila-Morales et al., 2022).
Liderazgo	Lograr la motivación de los colaboradores mediante la promoción de conductas positivas que reditúen en mejores niveles de desempeño laboral para la empresa (Rojero-Jiménez, Gómez-Romero & Quintero-Robles, 2019).
Comunicación	Recibir y transmitir mensajes oportunos y unívocos, independientemente del canal o la forma de comunicación, lo cual facilita la emisión y recepción de los mensajes que se producen entre los miembros de la organización y su entorno, facilitando el alcance de los objetivos y metas que establecen los miembros de la organización (Puga-Villarreal & Martínez-Cerna, 2008).
Trabajo en equipo	Fomentar la colaboración conjunta entre los integrantes que conforman un equipo de trabajo, a través del talento individual, la comunicación, las competencias y las fortalezas de cada uno en su relación con los demás, para lograr el cumplimiento de un objetivo común (Viamontes & Oliva, 2015).
Clima organizacional	Variable que media entre el contexto de una organización y la conducta de sus empleados o miembros, desde la perspectiva del cómo ellos experimentan el trabajo en sus empresas (King, Hebl, George & Matusik, 2010).

Fuente: elaboración propia.

METODOLOGÍA

El presente trabajo de investigación ha sido propuesto por la Red de Estudios Latinoamericanos en Administración y Negocios (RELAYN, 2023), la cual consiste en conceptualizar la micro y pequeña empresa (mype) como una serie de elementos de entradas, procesos y salidas enmarcados en un ambiente que influye en el clima organizacional de las mypes, según la percepción del director, considerado como la persona que toma la mayor parte de las decisiones. Este estudio tiene un enfoque cuantitativo de diseño transversal de tipo causal.

Se realizó un muestreo probabilístico aleatorio simple con las mypes de Valle de Santiago, Guanajuato, México, cuya cantidad de empleados se encuentra en el rango de 1 a 50, con un nivel de confianza del 95 %, un margen de error del ±5 % y una probabilidad estimada de p=0.5 (50 %). Se obtuvieron de la muestra aplicada un total de 439 encuestas válidas en el periodo del 01 de marzo al 30 de abril de 2023. Se utilizó un instrumento de medición tipo encuesta, la cual fue dirigida a los propietarios, directores o gerentes de las mypes, para lo cual sirvió la asistencia de estudiantes universitarios que previamente fueron capacitados para aplicar la encuesta.

Características de la muestra son:

El 51.7 % de la muestra fueron del sexo biológico femenino y el restante 48.3 % masculino. La edad de los sujetos tiene un rango de 18 a 79 años, con un promedio de 43 años y una moda de 45 años. El 17.1 % de los empresarios tienen estudios de nivel superior, seguido de un 35.3 % con nivel media superior, 45.6 % con educación básica. En cuanto a estado civil predominan los casados con un 62.9 % seguidos de los solteros con 21.2 %.

La mayoría de los negocios 74.5 % pertenecen al giro comercial, un 21.9 % a la prestación de servicios y sólo 3.6 % a la producción de manufacturas, la antigüedad del 18.7 %de los negocios es menor a 3 años. Los empleos que ofrecen están en el rango de 1 a 35 trabajadores, de las empresas el 95.7 % emplea de 1 a 10 trabajadores y el 83.8 % tienen en su plantilla de 1 a 10 mujeres y en el 78.6 % colaboran de 1 a 5 familiares del propietario.

Alineado al objetivo general de la investigación y a la revisión de la literatura, se plantean las siguientes hipótesis:

H0: Las habilidades directivas no inciden en el clima organizacional de la mype.

H1: Las habilidades directivas inciden en el clima organizacional de la mype.

En cuanto al instrumento de medición, éste se integró por seis partes o bloques. El primero de ellos, con datos que abordan aspectos generales de la empresa: tamaño de la empresa, personal ocupado, así como información sobre los ingresos y gastos. La segunda parte aborda los datos del directivo y el tiempo destinado a las labores de la empresa. La tercera parte se refiere a los insumos del sistema: recursos humanos, análisis del mercado y proveedores. En una cuarta parte del instrumento de medición se exponen los procesos del sistema: dirección, gestión de ventas, finanzas, innovación, mercadotecnia, producción-operación. La quinta parte estuvo integrada por los resultados del sistema: satisfacción del sistema, ventaja competitiva, RSC-Asuntos de ISO 26000, valoración del entorno y, por último, la sexta parte quedó integrada por los dos temas anuales de investigación: a) el trabajo decente desde la perspectiva directiva y b) el impacto de las habilidades directivas (negociación, toma de decisiones, liderazgo, comunicación, trabajo en equipo) sobre el clima organizacional. Para las secciones comprendidas del tercer al sexto bloque se emplea una escala de Likert de cinco puntos, los cuales van de 'No sé / No aplica' (1) a 'muy de acuerdo' (5).

RESULTADOS

Las seis variables muestran consistencia interna del instrumento mediante el análisis del alfa de Cronbach de las variables objeto de estudio, de la misma forma se analiza la correlación que tienen con el clima organizacional como se muestra en la tabla 25.3.

Tabla 25.3. Alfa de Cronbach y correlación de las variables.

Variables	Correlación con clima	Cronbach	Media	Desviación Estándar
Negociación	0.405	0.833	4.208	0.587
Toma de decisiones	0.217	0.886	4.242	0.611
Liderazgo	0.31	0.870	4.539	0.439
Comunicación	0.361	0.887	4.496	0.458
Trabajo en equipo	0.366	0.909	4.449	0.529
Clima Organizacional	1	0.893	4.460	0.534

Fuente: Elaboración propia utilizando RStudio (R Core Team, 2022).

Se procede a realizar el modelo estructural del instrumento en la figura 25.4, el ajuste absolutorio muestra el error cuadrático medio de aproximación (RMSEA) es de 0.029 y el residuo cuadrático medio estandarizado (SRMR) es de 0.053, en

ambos casos se consideran aceptables, en el ajuste comparativo (CFI) muestra un resultado de 0.996 y el índice de Tucker-Lewis (TLI) de 0.996 consideramos ajustes óptimos.

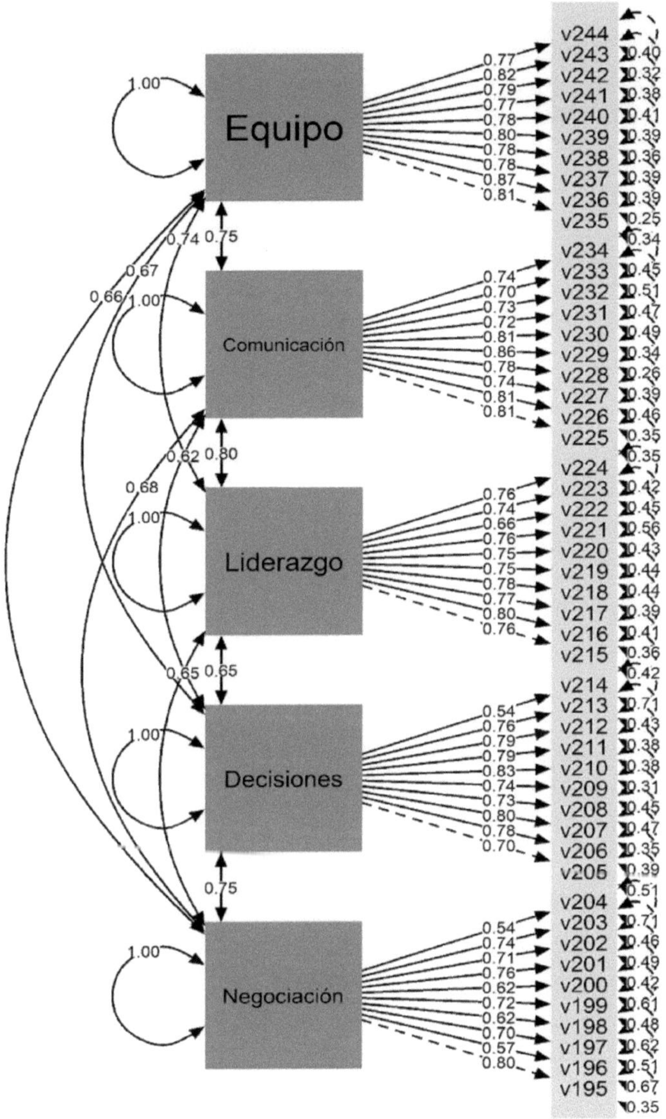

Figura 25.4. Resultado del modelo estructural.

Fuente: Elaboración propia utilizando RStudio (R Core Team, 2022).

Partiendo de la información cuantitativa del estudio se establece el modelo estructural (Figura 25.4), donde se muestra la dirección de las relaciones entre las diversas variables y el efecto que causan. El modelo plantea la existencia de cinco variables endógenas con una relación causal recíproca (trabajo en equipo, comunicación, liderazgo, toma de decisiones y negociación). Las cinco variables tienen una relación causal directa con los ítems que conforman la variable, en todos los casos el grado de significancia fue <0.05 (los resultados se muestran en la Figura 25.4) dando un correcto ajuste del modelo (Bentler & Bonett, 1980; Martínez et al., 2012)

Con el objetivo de medir el impacto que tienen las habilidades directivas sobre el clima organizacional de la mype se realiza la siguiente regresión lineal, donde el clima organizacional es la variable dependiente y las variables independientes son negociación, toma de decisiones, liderazgo, comunicación y trabajo en equipo. Al final se sustituyen los valores tal y como se observa en la tabla 25.5.

Fórmula:

y = clima = constante + negociación + toma de decisiones + liderazgo + comunicación + trabajo en equipo.

Tabla 25.5. Regresión lineal.

Fórmula: lm(fórmula = clima ~ negociación + toma de decisiones + liderazgo + comunicación + trabajo en equipo)				
		Residuales		
Min	**1Q**	**Mediana**	**3Q**	**Max**
-1.97559	-0.14548	0.04943	0.16218	1.40671
Coeficientes	**Estimado**	**Std. Error**	**T-valor**	**P-valor**
(Clima/Intercept)	0.512788	0.198831	2.579	0.0102
Negociación	0.063926	0.040488	1.579	0.1151
Toma de decisiones	0.009402	0.038754	0.243	0.8084
Liderazgo	0.111612	0.057968	1.925	0.0548
Comunicación	0.226693	0.056271	4.029	6.63e-05
Trabajo en equipo	0.474857	0.047312	10.037	< 2e-16

Signif. codes: 0 '***' 0.001 '**' 0.01 '*' 0.05 '.' 0.1 ' ' 1
Residual standard error: 0.3693 on 433 degrees of freedom
Multiple R-squared: 0.5265, Adjusted R-squared: 0.5211
F-statistic: 96.3 on 5 and 433 DF, p-value: < 2.2e-16
Fuente: Elaboración propia utilizando RStudio (R Core Team, 2022).

Para poder medir el impacto, se multiplica el valor estimado de cada una de las variables independientes (tabla 25.5) por su media (tabla 25.3).

y=0.51279 + (0.06393 * 4.208) + (0.0094 * 4.242) + (0.11161 * 4.539) + (0.22669 * 4.496) + (0.47486 * 4.449)

Resolvemos la ecuación:

y=0.51279+0.2690174+0.0398748+0.5065978+1.0191982+2.1126521
y=4.4601304

Se observa que la variable que tiene mayor impacto es trabajo en equipo con 2.1126521, mientras que la de menor impacto es toma de decisiones con 0.0398748. El impacto total de las habilidades directivas sobre el clima organizacional es de 4.4601304.

DISCUSIÓN

De acuerdo con la literatura encontrada, una mejor gestión empresarial de las mypes no es suficiente para lograr ser más competitivas, sino que está determinada por otros factores internos como un buen clima organizacional y el desarrollo de habilidades directivas (Vargas & del Castillo, 2008).

Considerando entonces la zona de estudio de la ciudad de Valle de Santiago, se observa que la variable de la habilidad directiva trabajo en equipo es la que tiene mayor impacto en el clima organizacional, con 2.1126521, seguida de las habilidades comunicación, liderazgo, negociación y toma de decisiones, las cuales puntúan sólo 0.0398748; por tanto, el impacto total que tienen las habilidades directivas estudiadas sobre el clima organizacional es de 4.4601304. El análisis estadístico permitió comprobar la relación de cada variable independiente sobre la dependiente, demostrando que las destrezas que poseen y emplean los directivos en la dirección y operación de las empresas repercuten en la satisfacción y conducta que experimentan sus empleados; de esta manera, se acepta la hipótesis H_1: Las habilidades directivas inciden en el clima organizacional de la mype de la región.

Cabe señalar que, aunque en el estudio se determinaron variables específicas que intervienen en el clima organizacional, se considera que cada una de ellas impacta de manera situacional a cada mype, tomando en cuenta aspectos como el giro, la ubicación, la experiencia directiva, las creencias y los valores empresariales, entre otros; lo que permitirá diseñar estrategias de actuación que coadyuven a que los entes económicos organicen el factor humano alineado a las metas institucionales.

De esta manera, el director de la mype de Valle de Santiago debe preocuparse por fomentar la colaboración conjunta entre los integrantes que conforman un equipo de trabajo, por medio del talento individual, la comunicación, las competencias y las fortalezas de cada uno en su relación con los demás para lograr el cumplimiento de un objetivo común (Viamontes & Oliva, 2015). Todo ello considerando que el elemento equipo tiene mayor peso en el bienestar y en el desempeño laboral de los colaboradores de las empresas estudiadas.

Tomando en cuenta que en la actualidad se vive una constante globalización con cambios rápidos y continuos, las mypes y sus directores deben estar preparados con habilidades que les permitan administrar estratégicamente los procesos y procedimientos dentro de sus organizaciones, donde involucran al factor humano como prioridad, buscando la rentabilidad y el desarrollo de la organización.

REFERENCIAS

Aburto, H.I. & Bonales, J. (2011). Habilidades directivas: Determinantes en el clima organizacional. *Investigación y Ciencia,* 19(51), 41–49.

Alegría-Zebadúa, R.M., & Alarcón-Martínez, G. (2022). Marco teórico e instrumento de medición de las habilidades gerenciales y clima organizacional en *Instituciones Bancarias de México. Vinculatégica,* 7(1). https://doi.org/10.29105/vtga7.1-82

Álvarez-Vásquez, C.A., Rivera-Vera, H.F., Conforme-Cedeño, G.M., Campoverde-Flores, F.K., Sornoza-Parrales, D.R., & Merchán-Nieto, L. (2018). *Los procesos, las técnicas de negociación y la tecnología. Ciencias. Economía, Organización y Ciencias Sociales. Editorial Área de Innovación y Desarrollo, S.L.* https://doi.org/10.17993/ecoorgycso.2018.41

Ávila-Morales, H., Palumbo-Pinto, G.B., De la Cruz-Ríos, H.A., & Ogosi-Auqui, J.A. (2022). Toma de decisiones estratégicas en la gestión pública para el desarrollo social. *Revista Venezolana de Gerencia*, 27(Edición Especial 7), 648–662. https://doi.org/10.52080/rvgluz.27.7.42

Bentler, P. M., & Bonett, D. G. (1980). Significance Tests and Goodness of Fit in the Analysis of Covariance Structures. *In Psychological Bulletin* (Vol. 88, Issue 3).

Brunet, L. (2007). El clima de trabajo en las organizaciones. Definición, diagnóstico y consecuencias. *Editorial Trillas.*

Busro, M. (2018). Teori-teori Manajemen Sumber Daya Manusia. *Jakarta. PrenadaMedia.*

Dini, M. & Stumpo, G. (2020). MiPyMEs en América Latina: un frágil desempeño y nuevos desafíos para las políticas de fomento. Documentos de Proyectos (LC/TS.2018/75/Rev.1), Santiago. *Comisión Económica para América Latina y el Caribe* (CEPAL).

Forbes (2021). Inclusión digital: el futuro de las MyPEs. *Forbes Content.* https://www.forbes.com.mx/ad-inclusion-digital-futuro-mypes-mexico-visa/

Ibarra-Morales, L.E., Paredes-Zempual, D., & Carrillo-Cisneros, E. (2022). Impacto del COVID-19 en las variables que determinan la competitividad de las micro, pequeñas y medianas empresas mexicanas. *Revista RELAYN. Micro y Pequeña Empresa en Latinoamérica,* 6(1), 7–22. https://doi.org/10.46990/relayn.2022.6.1.532

Instituto Nacional de Estadística y Geografía (Inegi) (2020). *Censo de población y vivienda 2020.* https://www.inegi.org.mx/programas/ccpv/2020/

King, E.B., Helb, M.R., George, J.M. & Matusik, S.F. (2010). Understanding tokenism: Antecedents and consequences of a psychological climate of gender inequity. *Journal of Management,* 36(2), 482–510. https://doi.org/10.1177/0149206308328508

Leyva-Carreras, A.B., Cavazos-Arroyo, J., & Espejel-Blanco, J.E. (2018). Influencia de la planeación estratégica y habilidades gerenciales como factores internos de la competitividad empresarial de las Pymes. *Contaduría y Administración,* 63(3), 41. https://doi.org/10.22201/fca.24488410e.2018.1085

Leyva-Carreras, A.B., Espejel-Blanco, J.E., & Cavazos-Arroyo, J. (2017). Habilidades gerenciales como estrategia de competitividad empresarial en las pequeñas y medianas empresas (Pymes). *Revista Perspectiva Empresarial,* 4(1), 7–22. https://doi.org/10.16967/rpe.v4n1a1

Martinez, E., García-Alandete, J., Selles, P., Bernabe, G., & Soucase, B. (2012). Análisis factorial confirmatorio de los principales modelos propuestos para el purpose-in-life test en una muestra de universitarios españoles. *Acta Colombiana de Psicología,* 67–76.

Mendoza-Vargas, E.Y., Villaroel-Puma, M.F. & Carranza-Quimi, W.D. (2020). Caracterización de los microemprendimientos de los sectores urbanos marginales de Quevedo. *Centro Sur. Social Science Journal.* 4(4), 1–23. https://doi.org/10.37955/cs.v4i1.40

Moreno, M. J., & Wong Aitken, H. G. (2019). Relación de las habilidades directivas y la satisfacción laboral en la empresa Chicken King de Trujillo, 2018. *Cuadernos Latinoamericanos de Administración,* 14(27), 1–17. https://doi.org/10.18270/cuaderlam.v14i27.2475

Naranjo, R. (2015). Management skills in leaders of mid-sized businesses of Colombia. *Revista Científica Pensamiento y Gestión,* 38, 119–146. https://doi.org/10.14482/pege.38.7703

Niebles-Núñez, L., Torres-Anillo, K. & Montenegro-Rada, A. (2020). Habilidades gerenciales como herramienta para el fortalecimiento del liderazgo transformacional en las mipymes. *Editorial Universidad del Atlántico.* https://repositorio.uniatlantico.edu.co/bitstream/handle/20.500.12834/1030/admin %2c %2bHABILIDADES %2bGERENCIALES %2bCOMO %2bHERRAMIENTA %2bEN %2bMIPYMES.pdf?sequence=1&isAllowed=y

Paredes-Zempual, D., Ibarra-Morales, L.E., & Moreno-Freites, Z.E. (2021). Habilidades directivas y clima organizacional en pequeñas y medianas empresas. *Investigación Administrativa,* 50–1, 1–23. https://doi.org/10.35426/iav50n127.05

Puga-Villarreal, J., & Martínez-Cerna, L. (2008). Competencias Directivas en Escenarios Globales. *Estudios Gerenciales,* 24(109), 87–103. https://doi.org/10.1016/s0123-5923(08)70054-8

R Core Team (2022). R: A language and environment for statistical computing. R *Foundation for Statistical Computing, Vienna, Austria.* URL https://www.R-project.org/

Red de Estudios Latinoamericanos en Administración y Negocios. (RELAYN) (2023). *Investigación anual,* N. Peña & O. Aguilar (coords.) https://relayn.redesla.la

Red de Estudios Latinoamericanos (RedesLA) (2023). *Investigaciones anuales.* https://redesla.la

Rojero-Jiménez, R., Gómez-Romero, J.G.I., & Quintero-Robles, L.M. (2019). El liderazgo transformacional y su influencia en los atributos de los seguidores en las Mipymes mexicanas. *Estudios Gerenciales*, 35(151), 178–189. https://doi.org/10.18046/j.estger.2019.151.3192

Vargas, B., & del Castillo, C. (2008). Competitividad sostenible de la pequeña empresa: Un modelo de promoción de capacidades endógenas para promover ventajas competitivas sostenibles y alta productividad. *Journal of Economics, Finance and Administrative Science,* 13(24), 59–80. https://www.redalyc.org/articulo.oa?id=360733604004

Viamontes, M.O., & Oliva, E.J.D. (2015). Las agrupaciones corales como estrategia de formación de competencias para trabajo en equipo en las organizaciones: una perspectiva comparativa. *Suma de Negocios,* 6(13), 92–97. https://doi.org/10.1016/j.sumneg.2015.08.008

Whetten, D. & Cameron, K. (2016). Desarrollo de habilidades directivas. México: *Editorial Prentice Hall.*

CAPÍTULO 26

Las habilidades directivas y el clima organizacional en las micro y pequeñas empresas de Acapulco de Juárez, Guerrero, México

Management skills and the organizational climate in micro and small businesses in Acapulco de Juarez, Guerrero, Mexico

AARÓN ROMERO DEL CAMPO, MAYO IATLAYUATL URIÓSTEGUI FLORES Y ARTURO VILLANUEVA CUEVAS

Universidad Tecnológica de Acapulco

Resumen: El objetivo de la presente investigación es determinar el impacto que tienen las habilidades directivas sobre el clima organizacional en las micro y pequeñas empresas de Latinoamérica. Se presenta un estudio cuantitativo, no experimental, de forma transversal y con un alcance causal. La pertinencia del estudio contribuye a la generación de conocimiento para el desarrollo de un modelo de gestión de la mype en América Latina que permita maximizar la productividad. Entre los principales resultados, podemos observar que la variable de la habilidad directiva trabajo en equipo es la que tiene mayor impacto en el clima organizacional, con 1.744325; lo que resulta incluso natural, pues el trabajo en equipo surge como una respuesta a las necesidades de los miembros que lo componen; destacando que gran parte de las actividades que se realizan en cualquier ámbito requiere de la interacción entre los seres humanos, por lo que el éxito de los proyectos que se emprendan difícilmente se logrará individualmente. En este sentido, en el interior de una mype, los colaboradores ponen en primera instancia las metas comunes antes que las individuales, considerando que el conjunto de sus conocimientos, experiencias y habilidades potencializan sus resultados. De las interrelaciones entre los miembros de una empresa, su cohesión, el apoyo mutuo y los objetivos comunes, nacen las percepciones colectivas de un entorno laboral.

Abstract: The objective of this research is to determine the impact that management skills have on the organizational climate in micro and small companies in Latin America. A quantitative, non-experimental, cross-sectional study with a causal scope is presented. The relevance of the study contributes to the generation of knowledge for the development of a management model for mypes in Latin America that allows maximizing productivity. Among the main results, we can observe that the variable of teamwork managerial ability is the one that has the greatest impact on the organizational climate, with 1.744325; which is even natural, since teamwork arises as a response to the needs of the members that compose it; highlighting that a large part of the activities that are carried out in any field require the interaction between human beings, so the success of the projects that are undertaken will hardly be achieved individually. In this sense, within a mype, the collaborators put the common goals in the first instance before the individual ones, considering that the set of their knowledge, experiences and skills potentiate their results. From the interrelationships between the members of a company, their cohesion, mutual support and common objectives, the collective perceptions of a work environment are born.

Palabras clave: clima organizacional, liderazgo, mypes, trabajo en equipo.

INTRODUCCIÓN

De acuerdo con el último Censo Económico publicado por el Instituto Nacional de Estadística y Geografía (INEGI, 2020), 98.3 % del universo de unidades económicas está constituido por micro y pequeñas empresas, las cuales generan —al menos— el 55 % de los empleos y amasan el 39 % del Producto Interno Bruto (PIB) del país. Las microempresas están configuradas por aquellos negocios que tienen menos de 10 trabajadores y generan anualmente ventas hasta por 4 millones de pesos. Las pequeñas empresas son unidades económicas que emplean entre 11 y 50 trabajadores, generando ventas anuales que oscilan entre 4 y 100 millones de pesos (Mendoza-Vargas, Villaroel-Puma & Carranza-Quimi, 2020; Forbes, 2021).

Es importante mencionar que actualmente las mypes se enfrentan a múltiples retos y problemáticas, específicamente, el desarrollo de habilidades gerenciales o directivas por parte de los líderes cumple una labor fundamental en el clima organizacional para este tipo de empresas, al establecerse como un diferenciador con otras organizaciones (Busro, 2018). En esa perspectiva, la formación y el desarrollo de habilidades directivas del personal encargado de implementar estrategias y tomar decisiones son fundamentales, pues de ello depende que las mypes cumplan sus metas y objetivos estratégicos, lo cual permite a las organizaciones volverse más competitivas, pues propicia la formación de un clima organizacional donde los empleados estén satisfechos con su organización (Aburto & Bonales, 2011; Brunet, 2007).

Derivado de la importancia que representa el desarrollo de habilidades directivas en los líderes que dirigen los esfuerzos estratégicos de las mypes, así como la importancia de contar con un buen clima organizacional, se plantean las siguientes preguntas de investigación: ¿cuáles habilidades directivas tienen repercusión en el clima organizacional de las mypes?, ¿cuál es el clima organizacional que predomina en las mypes?

Para cumplir con lo anterior, el objetivo de la investigación es determinar el grado de asociación entre las habilidades directivas y el clima organizacional de las micro y pequeñas empresas, lo cual permitirá conocer con mayor precisión las habilidades directivas que los gerentes o mandos medios deben desarrollar para que prevalezca un clima organizacional satisfactorio entre los empleados al interior de las mypes. En ese sentido, las mypes podrán determinar si éstas son las causales de un clima organizacional adecuado o inconveniente, lo que, a su vez, permitirá diseñar programas de capacitación para sus líderes y, con ello, generar información que contribuya —si es el caso— a resolver el problema o mantener y fortalecer lo que se tiene.

Los diferentes análisis estadísticos correlacionales entre las variables del estudio permitirán identificar si las habilidades directivas son la causa principal del clima organizacional que prevalece en las mypes. Lo anterior será de gran apoyo en la búsqueda de factores endógenos diferenciados que permita a las mypes obtener ventajas competitivas sostenibles, ya que, si bien es cierto, una mejor gestión empresarial no es suficiente para lograr ser más competitivas, sino que está determinada por otros factores internos como un buen clima organizacional y el desarrollo de habilidades directivas (Vargas & Del Castillo, 2008).

REVISIÓN DE LA LITERATURA

Las organizaciones del siglo XXI afrontan un entorno dinámico y complejo caracterizado por la incertidumbre, debido a esto deben estar preparadas para dar respuesta a los cambios vertiginosos, en aras de cumplir sus objetivos y metas organizacionales, así como volverse más competitivas. Las micro y pequeñas empresas (mypes) también deben responder a ese contexto, sin embargo, las características estructurales de su magnitud las coloca en desventaja respecto a la gran empresa, misma que tiene a su disposición una mayor cantidad de recursos y capacidades. El tema aquí analizado ha obtenido gran relevancia en los rubros de la investigación y las políticas públicas recientemente, lo cual ha permitido una mejora de determinados aspectos directamente vinculados con la competitividad de las empresas (Leyva-Carreras, Cavazos-Arroyo & Espejel-Blanco, 2018).

La situación actual de las mypes es compleja —aun siendo una parte fundamental del aparato económico a nivel mundial—, presenta una serie de desafíos

y retos, enfrenta diversos obstáculos que limitan su capacidad de crecimiento y desarrollo. Uno de los principales problemas que enfrentan estas empresas es la falta de acceso al financiamiento, ya que esto restringe su capacidad para invertir en innovación, en maquinaria y equipos, software y tecnologías digitales; así como en la capacitación y adiestramiento para sus empleados. Otra problemática a la cual se enfrentan es la poca inversión en capacitación a sus directivos y gerentes, de modo que éstos puedan desarrollar sus habilidades directivas, permitiéndoles contar con las herramientas necesarias al momento de tomar decisiones estratégicas de impacto en sus portafolios de negocios, a través de una visión diferente y más competitiva, no sólo a nivel local, sino a niveles superiores en la configuración y escala del negocio.

Es importante destacar que la pandemia por el Covid-19 tuvo un impacto significativo en las mypes debido a que muchas de ellas tuvieron que cerrar de forma temporal o permanente. Las restricciones de movimiento y confinamiento social provocaron una disminución significativa en la demanda de productos y servicios (Ibarra-Morales, Paredes-Zempual & Carrillo-Cisneros, 2022). Para dimensionar y tener una mejor visión de la magnitud de la presencia e importancia de las mypes en Latinoamérica, Dini y Stumpo (2021) realizan una clasificación tomando como parámetros el sector y el tamaño de la empresa (tabla 26.1.).

Tabla 26.1. Clasificación de acuerdo con el sector y tamaño de la empresa.

Sector	Micro empresa	Pequeña empresa
Agricultura, ganadería, caza, silvicultura y pesca	80 %	16 %
Explotación de minas y canteras	68 %	23 %
Industria manufacturera	82 %	14 %
Suministro de electricidad, gas y agua	70 %	20 %
Construcción	76 %	19 %
Comercio al por mayor y menor	92 %	07 %
Hoteles y restaurantes	89 %	10 %
Transporte, almacenamiento y comunicaciones	83 %	13 %
Intermediación financiera	81 %	14 %
Actividades inmobiliarias, empresariales y de alquiler	87 %	10 %
Enseñanza	76 %	19 %
Servicios sociales y de salud	89 %	09 %
Otras actividades comunitarias, sociales y personales	95 %	04 %
Total	**88.4 %**	**09.6 %**

Fuente: elaboración propia a partir de Dini & Stumpo (2021).

Leyva-Carreras, Espejel-Blanco y Cavazos-Arroyo (2017) destacan que el director o gerente de una mype debe tomar en cuenta ciertas variables para lograr la excelencia, el buen clima organizacional y la competitividad empresarial, para lo cual es preciso contar con personal directivo que reúna las siguientes características: dinámicos, actualizados, con habilidades directivas, operativas y de gestión, conocimientos de administración y planeación estratégica, así como administración y dirección de talento humano, siempre proactivo al cambio organizacional y tecnológico, para que se convierta en vehículo que potencia la creatividad, la innovación y el desarrollo sustentable. Sin embargo, por desconocer esas características de gestión o habilidades directivas que son propias de los líderes, esa ignorancia puede ser la causa de algunos problemas administrativos y de competitividad en las mypes, lo que genera algunas consecuencias en la transición de una economía local y proteccionista a un mercado libre y globalizado (Naranjo, 2015).

Niebles-Núñez, Torres-Anillo y Montenegro-Rada (2020) establecen que las habilidades directivas comprenden el proceso de la gerencia, estas son: planificar, organizar, dirigir, ejecutar y controlar que, a su vez, constituyen el conjunto de destrezas, cualidades, competencias, conocimientos, acciones, experiencias y capacidades que inciden en el efectivo desempeño del rol gerencial, al contribuir al logro de objetivos y metas organizacionales, asimismo, representan la implementación práctica por la acción del conocimiento adquirido académicamente o por experiencias a través del proceso de aprendizaje. Es por ello que, en los últimos años, las habilidades directivas desempeñan un papel muy importante en la satisfacción de los colaboradores en las empresas a nivel mundial, pues se ha demostrado que la manera o particularidad en que los directivos lideran a sus equipos generan una repercusión directa en su satisfacción y, por ende, en su desempeño laboral (Moreno & Wong, 2018).

Paredes-Zempual, Ibarra-Morales y Moreno-Freites (2021) adoptan otra perspectiva, sostienen que el buen desempeño de la empresa está en función de las habilidades directivas y el buen clima organizacional, sobre todo en este tiempo donde las empresas se encuentran inmersas en un proceso de globalización y de rápidos cambios que demanda líderes más preparados en actitudes y aptitudes, capaces de administrar de manera eficaz y eficiente los procesos y procedimientos, tanto administrativos como operativos, comprometidos con la rentabilidad de la organización.

El clima organizacional es observado y analizado por las empresas con el fin de mantenerlo en niveles positivos y, de esa forma, estimular la productividad de los empleados, motivo por el cual las empresas buscan los elementos y condiciones necesarias que puedan incidir de forma positiva en el clima organizacional, ya que existen estudios empíricos que así lo demuestran, en otras palabras, un mejor clima organizacional en la empresa se traduce en mejores resultados en los ámbitos financieros, administrativos y productivos (Alegría-Zebadúa & Alarcón-Martínez, 2022).

Whetten y Cameron (2016) clasifican las habilidades en tres grandes grupos: personales, interpersonales y grupales, mismas que en su conjunto aportan al éxito de una administración eficaz y centrada en los logros financieros, pero también de posición competitiva. En este sentido, para el presente estudio se han seleccionado como habilidades directivas las siguientes: negociación, toma de decisiones, liderazgo, comunicación y trabajo en equipo, ya que predominan en la literatura y en los diferentes modelos conceptuales, además de ser las más importantes para Whetten y Cameron. Adicionalmente, se ha seleccionado como variable el 'clima organizacional' debido al impacto y la importancia que ostenta para las mypes. Las definiciones conceptuales para cada una de las variables se muestran en la tabla 26.2.

Tabla 26.2. Definición conceptual de las variables.

Variable	Definición conceptual
Negociación	Presentar y discutir propuestas comunes con el propósito de llegar a un acuerdo en un marco de interés común (Álvarez-Vásquez, et al., 2018).
Toma de decisiones	Decidir por una alternativa que requiere atender situaciones planificadas o de incertidumbre entre un abanico de varias opciones (Ávila-Morales et al., 2022).
Liderazgo	Lograr la motivación de los colaboradores mediante la promoción de conductas positivas que reditúen en mejores niveles de desempeño laboral para la empresa (Rojero-Jiménez, Gómez-Romero & Quintero-Robles, 2019).
Comunicación	Recibir y transmitir mensajes oportunos y unívocos, independientemente del canal o la forma de comunicación, lo cual facilita la emisión y recepción de los mensajes que se producen entre los miembros de la organización y su entorno, facilitando el alcance de los objetivos y metas que establecen los miembros de la organización (Puga-Villarreal & Martínez-Cerna, 2008).
Trabajo en equipo	Fomentar la colaboración conjunta entre los integrantes que conforman un equipo de trabajo, a través del talento individual, la comunicación, las competencias y las fortalezas de cada uno en su relación con los demás, para lograr el cumplimiento de un objetivo común (Viamontes & Oliva, 2015).
Clima organizacional	Variable que media entre el contexto de una organización y la conducta de sus empleados o miembros, desde la perspectiva del cómo ellos experimentan el trabajo en sus empresas (King, Hebl, George & Matusik, 2010).

Fuente: elaboración propia.

METODOLOGÍA

El presente trabajo de investigación ha sido propuesto por la Red de Estudios Latinoamericanos en Administración y Negocios (RELAYN, 2023), la cual consiste en conceptualizar la micro y pequeña empresa (mype) como una serie de elementos de entradas, procesos y salidas enmarcados en un ambiente que influye en el clima organizacional de las mypes, según la percepción del director, considerado como la persona que toma la mayor parte de las decisiones. Este estudio tiene un enfoque cuantitativo de diseño transversal de tipo causal.

Se realizó un muestreo probabilístico aleatorio simple con las mypes de Acapulco de Juárez, Guerrero, México, cuya cantidad de empleados se encuentra en el rango de 1 a 50, con un nivel de confianza del 95 %, un margen de error del ±5 % y una probabilidad estimada de p=0.5 (50 %). Se obtuvieron de la muestra aplicada un total de 449 encuestas válidas en el periodo del 01 de marzo al 30 de abril de 2023. Se utilizó un instrumento de medición tipo encuesta, la cual fue dirigida a los propietarios, directores o gerentes de las mypes, para lo cual sirvió la asistencia de estudiantes universitarios que previamente fueron capacitados para aplicar la encuesta.

Características de la muestra son:

El 48.1 % de la muestra fueron del sexo biológico femenino y el restante 51.9 % masculino. La edad de los sujetos tiene un rango de 18 a 80 años, con un promedio de 43 años y una moda de 45 años. El 34.1 % de los empresarios tienen estudios de nivel superior, seguido de un 49.2 % con nivel media superior, 15.8 % con educación básica. En cuanto a estado civil predominan los casados con un 54.1 % seguidos de los solteros con 21.6 %.

La mayoría de los negocios 53.5 % pertenecen al giro comercial, un 40.8 % a la prestación de servicios y sólo 5.8 % a la producción de manufacturas, la antigüedad del 13.6 %de los negocios es menor a 3 años. Los empleos que ofrecen están en el rango de 1 a 40 trabajadores, de las empresas el 96.4 % emplea de 1 a 10 trabajadores y el 90.9 % tienen en su plantilla de 1 a 10 mujeres y en el 75.9 % colaboran de 1 a 5 familiares del propietario.

Alineado al objetivo general de la investigación y a la revisión de la literatura, se plantean las siguientes hipótesis:

H0: Las habilidades directivas no inciden en el clima organizacional de la mype.
H1: Las habilidades directivas inciden en el clima organizacional de la mype.

En cuanto al instrumento de medición, éste se integró por seis partes o bloques. El primero de ellos, con datos que abordan aspectos generales de la empresa: tamaño de la empresa, personal ocupado, así como información sobre los ingresos y gastos. La segunda parte aborda los datos del directivo y el tiempo destinado a las labores de la empresa. La tercera parte se refiere a los insumos del sistema: recursos humanos, análisis del mercado y proveedores. En una cuarta parte del instrumento de medición se exponen los procesos del sistema: dirección, gestión de ventas, finanzas, innovación, mercadotecnia, producción-operación. La quinta parte estuvo integrada por los resultados del sistema: satisfacción del sistema, ventaja competitiva, RSC-Asuntos de ISO 26000, valoración del entorno y, por último, la sexta parte quedó integrada por los dos temas anuales de investigación: a) el trabajo decente desde la perspectiva directiva y b) el impacto de las habilidades directivas (negociación, toma de decisiones, liderazgo, comunicación, trabajo en equipo) sobre el clima organizacional. Para las secciones comprendidas del tercer al sexto bloque se emplea una escala de Likert de cinco puntos, los cuales van de 'No sé / No aplica' (1) a 'muy de acuerdo' (5).

RESULTADOS

Las seis variables muestran consistencia interna del instrumento mediante el análisis del alfa de Cronbach de las variables objeto de estudio, de la misma forma se analiza la correlación que tienen con el clima organizacional como se muestra en la tabla 26.3.

Tabla 26.3. Alfa de Cronbach y correlación de las variables.

Variables	Correlación con clima	Cronbach	Media	Desviación Estándar
Negociación	0.208	0.829	4.109	0.552
Toma de decisiones	0.2	0.878	4.100	0.581
Liderazgo	0.251	0.872	4.349	0.483
Comunicación	0.313	0.897	4.372	0.507
Trabajo en equipo	0.369	0.911	4.357	0.544
Clima Organizacional	1	0.876	4.325	0.522

Fuente: Elaboración propia utilizando RStudio (R Core Team, 2022).

Se procede a realizar el modelo estructural del instrumento en la figura 26.4, el ajuste absolutorio muestra el error cuadrático medio de aproximación (RMSEA) es de 0.042 y el residuo cuadrático medio estandarizado (SRMR) es de 0.06, en ambos casos se consideran aceptables, en el ajuste comparativo (CFI) muestra

un resultado de 0.989 y el índice de Tucker-Lewis (TLI) de 0.989 consideramos ajustes óptimos.

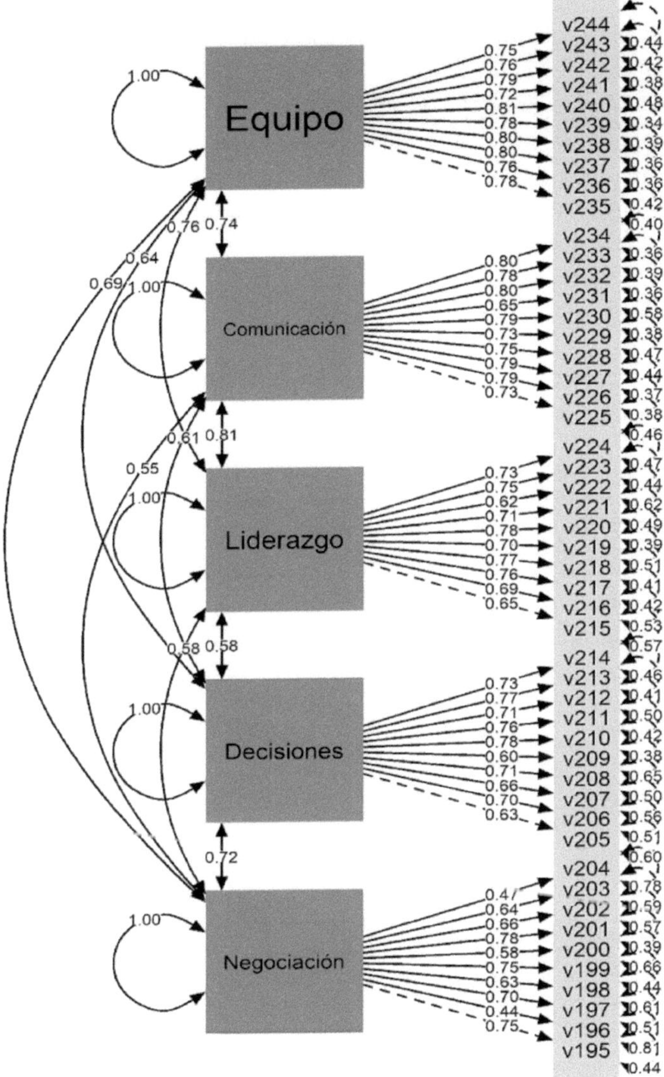

Figura 26.4. Resultado del modelo estructural.

Fuente: Elaboración propia utilizando RStudio (R Core Team, 2022).

Partiendo de la información cuantitativa del estudio se establece el modelo estructural (Figura 26.4), donde se muestra la dirección de las relaciones entre las diversas variables y el efecto que causan. El modelo plantea la existencia de cinco variables endógenas con una relación causal recíproca (trabajo en equipo, comunicación, liderazgo, toma de decisiones y negociación). Las cinco variables tienen una relación causal directa con los ítems que conforman la variable, en todos los casos el grado de significancia fue <0.05 (los resultados se muestran en la Figura 26.4) dando un correcto ajuste del modelo (Bentler & Bonett, 1980; Martínez et al., 2012)

Con el objetivo de medir el impacto que tienen las habilidades directivas sobre el clima organizacional de la mype se realiza la siguiente regresión lineal, donde el clima organizacional es la variable dependiente y las variables independientes son negociación, toma de decisiones, liderazgo, comunicación y trabajo en equipo. Al final se sustituyen los valores tal y como se observa en la tabla 26.5.

Fórmula:

y = clima = constante + negociación + toma de decisiones + liderazgo + comunicación + trabajo en equipo.

Tabla 26.5. Regresión lineal.

Fórmula: lm(fórmula = clima ~ negociación + toma de decisiones + liderazgo + comunicación + trabajo en equipo)				
Residuales				
Min	**1Q**	**Mediana**	**3Q**	**Max**
-1.38986	-0.15256	0.00938	0.16663	1.13623
Coeficientes	**Estimado**	**Std. Error**	**T-valor**	**P-valor**
(Clima/Intercept)	0.73440	0.17303	4.244	2.67e-05
Negociación	-0.02457	0.04081	-0.602	0.547371
Toma de decisiones	0.17477	0.03893	4.490	9.11e-06
Liderazgo	0.09287	0.05351	1.736	0.083317
Comunicación	0.18914	0.05163	3.664	0.000279
Trabajo en equipo	0.40035	0.04666	8.579	< 2e-16

Signif. codes: 0 '***' 0.001 '**' 0.01 '*' 0.05 '.' 0.1 ' ' 1
Residual standard error: 0.3582 on 443 degrees of freedom
Multiple R-squared: 0.5341, Adjusted R-squared: 0.5288
F-statistic: 101.6 on 5 and 443 DF, p-value: < 2.2e-16
Fuente: Elaboración propia utilizando RStudio (R Core Team, 2022).

Para poder medir el impacto, se multiplica el valor estimado de cada una de las variables independientes (tabla 26.5) por su media (tabla 26.3).

$$y=0.7344 + (-0.02457 * 4.109) + (0.17477 * 4.1) + (0.09287 * 4.349) + (0.18914 * 4.372) + (0.40035 * 4.357)$$

Resolvemos la ecuación:

y=0.7344+-0.1009581+0.716557+0.4038916+0.8269201+1.744325
y=4.3251355

Se observa que la variable que tiene mayor impacto es trabajo en equipo con 1.744325, mientras que la de menor impacto es negociación con —0.1009581. El impacto total de las habilidades directivas sobre el clima organizacional es de 4.3251355.

DISCUSIÓN

Las habilidades directivas son importantes en el desarrollo profesional de los líderes de las microempresas, ya que favorecen en ellos conocimiento y capacidad para tomar decisiones. Lo anterior concuerda con Almazán et al. (2022), en cuanto a que los microempresarios requieren de aptitudes necesarias para ejecutar tareas de gestión y liderazgo en sus empresas. Es por ello que los líderes requieren comprender los aspectos vinculados al clima organizacional (las variables de estudio) con el propósito de plantearse estrategias que permitan adaptarse a los cambios que las empresas enfrentan a lo largo del tiempo.

En el caso de las mypes de Acapulco, se encontró que la habilidad directiva con mayor impacto y repercusión en el clima organizacional es el trabajo en equipo, coincidiendo con Alegría-Zebadúa y Alarcón-Martínez (2022), quienes comprueban en una de sus hipótesis que este elemento se relaciona positivamente con el clima organizacional en las instituciones bancarias de Nuevo León, México. Esto resulta incluso natural, pues dicho trabajo en equipo surge como una respuesta a las necesidades de las personas que lo componen; destacando que la mayoría de las actividades que se realizan en cualquier ámbito requiere de la interacción entre los seres humanos, por lo que el éxito de los proyectos que se emprendan difícilmente se lograrán individualmente. En este sentido, en el interior de una mype, los colaboradores ponen en primera instancia las metas comunes antes que las individuales, considerando que el conjunto de sus conocimientos, experiencias y habilidades potencializan sus resultados. De las interrelaciones entre los miembros de una empresa, su cohesión, el apoyo mutuo y los objetivos comunes, nacen las percepciones colectivas de un entorno laboral.

Sin embargo, el estudio muestra que la variable negociación presenta un menor impacto dentro del clima organizacional, por lo que se pueden presentar dificultades en la resolución de conflictos internos.

Al haber una relación causal recíproca entre las cinco variables endógenas estudiadas, se considera que existe asociación entre las habilidades directivas y el clima organizacional, lo que es causa y efecto a la vez de un clima organizacional adecuado o inconveniente.

Es importante puntualizar que los líderes no sólo deben enfocarse en las actitudes, motivaciones o expectativas, sino que sus aptitudes también repercuten en el clima organizacional. Por ello, es necesario recibir capacitación para fortalecer las habilidades de negociación a fin de propiciar un clima organizacional adecuado.

El estudio del clima organizacional junto con sus variables permitirá conocer en qué medida se garantizan beneficios (trabajador-empresa), ya que, si existe un clima favorable, habrá empleados comprometidos con el logro de metas.

REFERENCIAS

Aburto, H.I. & Bonales, J. (2011). Habilidades directivas: Determinantes en el clima organizacional. *Investigación y Ciencia,* 19(51), 41–49.

Alegría-Zebadúa, R.M., & Alarcón-Martínez, G. (2022). Marco teórico e instrumento de medición de las habilidades gerenciales y clima organizacional en *Instituciones Bancarias de México. Vinculatégica,* 7(1). https://doi.org/10.29105/vtga7.1-82

Almazán Villarreal, P., Contreras Oceguera, E. L., & Oceguera Mercado, C. G. (2022). Diferencias en estrategias de gestión y habilidades directivas en las micro y pequeñas empresas en H. Matamoros Tamaulipas. *Ciencia Latina. Revista Multidisciplinar, 6*(5), 1552. https://doi.org/10.37811/cl_rcm.v6i5.3171

Álvarez-Vásquez, C.A., Rivera-Vera, H.F., Conforme-Cedeño, G.M., Campoverde-Flores, F.K., Sornoza-Parrales, D.R., & Merchán-Nieto, L. (2018). *Los procesos, las técnicas de negociación y la tecnología. Ciencias. Economía, Organización y Ciencias Sociales. Editorial Área de Innovación y Desarrollo, S.L.* https://doi.org/10.17993/ecoorgycso.2018.41

Ávila-Morales, H., Palumbo-Pinto, G.B., De la Cruz-Ríos, H.A., & Ogosi-Auqui, J.A. (2022). Toma de decisiones estratégicas en la gestión pública para el desarrollo social. *Revista Venezolana de Gerencia*, 27(Edición Especial 7), 648–662. https://doi.org/10.52080/rvgluz.27.7.42

Bentler, P. M., & Bonett, D. G. (1980). Significance Tests and Goodness of Fit in the Analysis of Covariance Structures. *In Psychological Bulletin* (Vol. 88, Issue 3).

Brunet, L. (2007). El clima de trabajo en las organizaciones. Definición, diagnóstico y consecuencias. *Editorial Trillas.*

Busro, M. (2018). Teori-teori Manajemen Sumber Daya Manusia. *Jakarta. PrenadaMedia.*

Dini, M. & Stumpo, G. (2020). MiPyMEs en América Latina: un frágil desempeño y nuevos desafíos para las políticas de fomento. Documentos de Proyectos (LC/TS.2018/75/Rev.1), Santiago. *Comisión Económica para América Latina y el Caribe* (CEPAL).

Forbes (2021). Inclusión digital: el futuro de las MyPEs. *Forbes Content.* https://www.forbes.com.mx/ad-inclusion-digital-futuro-mypes-mexico-visa/

Ibarra-Morales, L.E., Paredes-Zempual, D., & Carrillo-Cisneros, E. (2022). Impacto del COVID-19 en las variables que determinan la competitividad de las micro, pequeñas y medianas empresas mexicanas. *Revista RELAYN. Micro y Pequeña Empresa en Latinoamérica,* 6(1), 7–22. https://doi.org/10.46990/relayn.2022.6.1.532

Instituto Nacional de Estadística y Geografía (Inegi) (2020). *Censo de población y vivienda 2020* https://www.inegi.org.mx/programas/ccpv/2020/

King, E.B., Helb, M.R., George, J.M. & Matusik, S.F. (2010). Understanding tokenism: Antecedents and consequences of a psychological climate of gender inequity. *Journal of Management,* 36(2), 482–510. https://doi.org/10.1177/0149206308328508

Leyva-Carreras, A.B., Cavazos-Arroyo, J., & Espejel-Blanco, J.E. (2018). Influencia de la planeación estratégica y habilidades gerenciales como factores internos de la competitividad empresarial de las Pymes. *Contaduría y Administración,* 63(3), 41. https://doi.org/10.22201/fca.24488410e.2018.1085

Leyva-Carreras, A.B., Espejel-Blanco, J.E., & Cavazos-Arroyo, J. (2017). Habilidades gerenciales como estrategia de competitividad empresarial en las pequeñas y medianas empresas (Pymes). *Revista Perspectiva Empresarial,* 4(1), 7–22. https://doi.org/10.16967/rpe.v4n1a1

Martinez, E., García-Alandete, J., Selles, P., Bernabe, G., & Soucase, B. (2012). Análisis factorial confirmatorio de los principales modelos propuestos para el purpose-in-life test en una muestra de universitarios españoles. *Acta Colombiana de Psicología,* 67–76.

Mendoza-Vargas, E.Y., Villaroel-Puma, M.F. & Carranza-Quimi, W.D. (2020). Caracterización de los microemprendimientos de los sectores urbanos marginales de Quevedo. *Centro Sur. Social Science Journal.* 4(4), 1–23. https://doi.org/10.37955/cs.v4i1.40

Moreno, M. J., & Wong Aitken, H. G. (2019). Relación de las habilidades directivas y la satisfacción laboral en la empresa Chicken King de Trujillo, 2018. *Cuadernos Latinoamericanos de Administración,* 14(27), 1–17. https://doi.org/10.18270/cuaderlam.v14i27.2475

Naranjo, R. (2015). Management skills in leaders of mid-sized businesses of Colombia. *Revista Científica Pensamiento y Gestión,* 38, 119–146. https://doi.org/10.14482/pege.38.7703

Niebles-Núñez, L., Torres-Anillo, K. & Montenegro-Rada, A. (2020). Habilidades gerenciales como herramienta para el fortalecimiento del liderazgo transformacional en las mipymes. *Editorial Universidad del Atlántico.* https://repositorio.uniatlantico.edu.co/bitstream/handle/20.500.12834/1030/admin %2c %2bHABILIDADES %2bGERENCIALES %2bCOMO %2bHERRAMIENTA %2bEN %2bMIPYMES.pdf?sequence=1&isAllowed=y

Paredes-Zempual, D., Ibarra-Morales, L.E., & Moreno-Freites, Z.E. (2021). Habilidades directivas y clima organizacional en pequeñas y medianas empresas. *Investigación Administrativa,* 50–1, 1–23. https://doi.org/10.35426/iav50n127.05

Puga-Villarreal, J., & Martínez-Cerna, L. (2008). Competencias Directivas en Escenarios Globales. *Estudios Gerenciales,* 24(109), 87–103. https://doi.org/10.1016/s0123-5923(08)70054-8

R Core Team (2022). R: A language and environment for statistical computing. R *Foundation for Statistical Computing, Vienna, Austria.* URL https://www.R-project.org/

Red de Estudios Latinoamericanos en Administración y Negocios. (RELAYN) (2023). *Investigación anual,* N. Peña & O. Aguilar (coords.) https://relayn.redesla.la

Red de Estudios Latinoamericanos (RedesLA) (2023). *Investigaciones anuales.* https://redesla.la

Rojero-Jiménez, R., Gómez-Romero, J.G.I., & Quintero-Robles, L.M. (2019). El liderazgo transformacional y su influencia en los atributos de los seguidores en las Mipymes mexicanas. *Estudios Gerenciales,* 35(151), 178–189. https://doi.org/10.18046/j.estger.2019.151.3192

Vargas, B., & del Castillo, C. (2008). Competitividad sostenible de la pequeña empresa: Un modelo de promoción de capacidades endógenas para promover ventajas competitivas sostenibles y alta productividad. *Journal of Economics, Finance and Administrative Science,* 13(24), 59–80. https://www.redalyc.org/articulo.oa?id=360733604004

Viamontes, M.O., & Oliva, E.J.D. (2015). Las agrupaciones corales como estrategia de formación de competencias para trabajo en equipo en las organizaciones: una perspectiva comparativa. *Suma de Negocios*, 6(13), 92–97. https://doi.org/10.1016/j.sumneg.2015.08.008

Whetten, D. & Cameron, K. (2016). Desarrollo de habilidades directivas. México: *Editorial Prentice Hall.*

CAPÍTULO 27

Las habilidades directivas y el clima organizacional en las micro y pequeñas empresas de Petatlán, Guerrero, México

Management skills and the organizational climate in micro and small businesses in Petatlan, Guerrero, Mexico

OMAR LOZANO TAPIA, OSCAR ALVARADO GONZÁLEZ Y MARIO ABARCA OTERO

Universidad Tecnológica de la Costa Grande de Guerrero

Resumen: El objetivo de la presente investigación es determinar el impacto que tienen las habilidades directivas sobre el clima organizacional en las micro y pequeñas empresas de Latinoamérica. Se presenta un estudio cuantitativo, no experimental, de forma transversal y con un alcance causal. La pertinencia del estudio contribuye a la generación de conocimiento para el desarrollo de un modelo de gestión de la mype en América Latina que permita maximizar la productividad. Entre los principales resultados, podemos observar que la variable de la habilidad directiva comunicación es la que tiene mayor impacto en el clima organizacional, con 1.57696, cuyo valor estimado se obtiene de la tabla 27.5 y su media correspondiente de la tabla 27.3. Se puede entender este resultado, porque, como es sabido, la comunicación es una habilidad directiva que promueve la interacción entre las personas gerenciales y subordinadas, favoreciendo la gestión del negocio. De esta manera, se reconoce el esfuerzo y se promueve la productividad.

Por otro lado, se observa de igual manera que la habilidad de menor impacto es la de negociación con un valor de 0.1976554, probablemente porque las mypes son centros de trabajo donde las personas están en constante interacción y, por tanto, se discuten propuestas comunes, lo que desde luego genera puntos de vista, opiniones, criterios y conflictos que hay que resolver mediante la negociación.

Abstract: The objective of this research is to determine the impact that management skills have on the organizational climate in micro and small companies in Latin America. A quantitative, non-experimental, cross-sectional study with a causal scope is presented. The relevance of the study contributes to the generation of knowledge for the development of a management model for mypes in Latin America that allows maximizing productivity. Among the main results, we can observe that the communication managerial ability variable is the one that has the greatest impact on the organizational climate, with 1.57696, whose estimated value is obtained from table 27.5 and its corresponding mean from table 27.3. This result can be understood, because, as is known, communication is a management skill that promotes interaction between management and subordinate people, favoring business management. In this way, effort is recognized and productivity is promoted.

On the other hand, it is observed in the same way that the skill with the least impact is negotiation with a value of 0.1976554, probably because mypes are workplaces where people are in constant interaction and, therefore, common proposals are discussed. which of course generates points of view, opinions, criteria and conflicts that must be resolved through negotiation.

Palabras clave: clima organizacional, toma de decisiones, trabajo en equipo.

INTRODUCCIÓN

De acuerdo con el último Censo Económico publicado por el Instituto Nacional de Estadística y Geografía (INEGI, 2020), 98.3 % del universo de unidades económicas está constituido por micro y pequeñas empresas, las cuales generan —al menos— el 55 % de los empleos y amasan el 39 % del Producto Interno Bruto (PIB) del país. Las microempresas están configuradas por aquellos negocios que tienen menos de 10 trabajadores y generan anualmente ventas hasta por 4 millones de pesos. Las pequeñas empresas son unidades económicas que emplean entre 11 y 50 trabajadores, generando ventas anuales que oscilan entre 4 y 100 millones de pesos (Mendoza-Vargas, Villaroel-Puma & Carranza-Quimi, 2020; Forbes, 2021).

Es importante mencionar que actualmente las mypes se enfrentan a múltiples retos y problemáticas, específicamente, el desarrollo de habilidades gerenciales o directivas por parte de los líderes cumple una labor fundamental en el clima organizacional para este tipo de empresas, al establecerse como un diferenciador con otras organizaciones (Busro, 2018). En esa perspectiva, la formación y el desarrollo de habilidades directivas del personal encargado de implementar estrategias y tomar decisiones son fundamentales, pues de ello depende que las mypes cumplan sus metas y objetivos estratégicos, lo cual permite a las organizaciones volverse más competitivas, pues propicia la formación de un clima organizacional donde

los empleados estén satisfechos con su organización (Aburto & Bonales, 2011; Brunet, 2007).

Derivado de la importancia que representa el desarrollo de habilidades directivas en los líderes que dirigen los esfuerzos estratégicos de las mypes, así como la importancia de contar con un buen clima organizacional, se plantean las siguientes preguntas de investigación: ¿cuáles habilidades directivas tienen repercusión en el clima organizacional de las mypes?, ¿cuál es el clima organizacional que predomina en las mypes?

Para cumplir con lo anterior, el objetivo de la investigación es determinar el grado de asociación entre las habilidades directivas y el clima organizacional de las micro y pequeñas empresas, lo cual permitirá conocer con mayor precisión las habilidades directivas que los gerentes o mandos medios deben desarrollar para que prevalezca un clima organizacional satisfactorio entre los empleados al interior de las mypes. En ese sentido, las mypes podrán determinar si éstas son las causales de un clima organizacional adecuado o inconveniente, lo que, a su vez, permitirá diseñar programas de capacitación para sus líderes y, con ello, generar información que contribuya —si es el caso— a resolver el problema o mantener y fortalecer lo que se tiene.

Los diferentes análisis estadísticos correlacionales entre las variables del estudio permitirán identificar si las habilidades directivas son la causa principal del clima organizacional que prevalece en las mypes. Lo anterior será de gran apoyo en la búsqueda de factores endógenos diferenciados que permita a las mypes obtener ventajas competitivas sostenibles, ya que, si bien es cierto, una mejor gestión empresarial no es suficiente para lograr ser más competitivas, sino que está determinada por otros factores internos como un buen clima organizacional y el desarrollo de habilidades directivas (Vargas & Del Castillo, 2008).

REVISIÓN DE LA LITERATURA

Las organizaciones del siglo XXI afrontan un entorno dinámico y complejo caracterizado por la incertidumbre, debido a esto deben estar preparadas para dar respuesta a los cambios vertiginosos, en aras de cumplir sus objetivos y metas organizacionales así como volverse más competitivas. Las micro y pequeñas empresas (mypes) también deben responder a ese contexto, sin embargo, las características estructurales de su magnitud las coloca en desventaja respecto a la gran empresa, misma que tiene a su disposición una mayor cantidad de recursos y capacidades. El tema aquí analizado ha obtenido gran relevancia en los rubros de la investigación y las políticas públicas recientemente, lo cual ha permitido una mejora de determinados aspectos directamente vinculados con la competitividad de las empresas (Leyva-Carreras, Cavazos-Arroyo & Espejel-Blanco, 2018).

La situación actual de las mypes es compleja —aun siendo una parte fundamental del aparato económico a nivel mundial—, presenta una serie de desafíos y retos, enfrenta diversos obstáculos que limitan su capacidad de crecimiento y desarrollo. Uno de los principales problemas que enfrentan estas empresas es la falta de acceso al financiamiento, ya que esto restringe su capacidad para invertir en innovación, en maquinaria y equipos, software y tecnologías digitales; así como en la capacitación y adiestramiento para sus empleados. Otra problemática a la cual se enfrentan es la poca inversión en capacitación a sus directivos y gerentes, de modo que éstos puedan desarrollar sus habilidades directivas, permitiéndoles contar con las herramientas necesarias al momento de tomar decisiones estratégicas de impacto en sus portafolios de negocios, a través de una visión diferente y más competitiva, no sólo a nivel local, sino a niveles superiores en la configuración y escala del negocio.

Es importante destacar que la pandemia por el Covid-19 tuvo un impacto significativo en las mypes debido a que muchas de ellas tuvieron que cerrar de forma temporal o permanente. Las restricciones de movimiento y confinamiento social provocaron una disminución significativa en la demanda de productos y servicios (Ibarra-Morales, Paredes-Zempual & Carrillo-Cisneros, 2022). Para dimensionar y tener una mejor visión de la magnitud de la presencia e importancia de las mypes en Latinoamérica, Dini y Stumpo (2021) realizan una clasificación tomando como parámetros el sector y el tamaño de la empresa (tabla 27.1.).

Tabla 27.1. Clasificación de acuerdo con el sector y tamaño de la empresa.

Sector	**Micro empresa**	**Pequeña empresa**
Agricultura, ganadería, caza, silvicultura y pesca	80 %	16 %
Explotación de minas y canteras	68 %	23 %
Industria manufacturera	82 %	14 %
Suministro de electricidad, gas y agua	70 %	20 %
Construcción	76 %	19 %
Comercio al por mayor y menor	92 %	07 %
Hoteles y restaurantes	89 %	10 %
Transporte, almacenamiento y Comunicaciones	83 %	13 %
Intermediación financiera	81 %	14 %
Actividades inmobiliarias, empresariales y de alquiler	87 %	10 %
Enseñanza	76 %	19 %
Servicios sociales y de salud	89 %	09 %
Otras actividades comunitarias, sociales y personales	95 %	04 %
Total	**88.4 %**	**09.6 %**

Fuente: elaboración propia a partir de Dini & Stumpo (2021).

Leyva-Carreras, Espejel-Blanco y Cavazos-Arroyo (2017) destacan que el director o gerente de una mype debe tomar en cuenta ciertas variables para lograr la excelencia, el buen clima organizacional y la competitividad empresarial, para lo cual es preciso contar con personal directivo que reúna las siguientes características: dinámicos, actualizados, con habilidades directivas, operativas y de gestión, conocimientos de administración y planeación estratégica, así como administración y dirección de talento humano, siempre proactivo al cambio organizacional y tecnológico, para que se convierta en vehículo que potencia la creatividad, la innovación y el desarrollo sustentable. Sin embargo, por desconocer esas características de gestión o habilidades directivas que son propias de los líderes, esa ignorancia puede ser la causa de algunos problemas administrativos y de competitividad en las mypes, lo que genera algunas consecuencias en la transición de una economía local y proteccionista a un mercado libre y globalizado (Naranjo, 2015).

Niebles-Núñez, Torres-Anillo y Montenegro-Rada (2020) establecen que las habilidades directivas comprenden el proceso de la gerencia, estas son: planificar, organizar, dirigir, ejecutar y controlar que, a su vez, constituyen el conjunto de destrezas, cualidades, competencias, conocimientos, acciones, experiencias y capacidades que inciden en el efectivo desempeño del rol gerencial, al contribuir al logro de objetivos y metas organizacionales, asimismo, representan la implementación práctica por la acción del conocimiento adquirido académicamente o por experiencias a través del proceso de aprendizaje. Es por ello que, en los últimos años, las habilidades directivas desempeñan un papel muy importante en la satisfacción de los colaboradores en las empresas a nivel mundial, pues se ha demostrado que la manera o particularidad en que los directivos lideran a sus equipos generan una repercusión directa en su satisfacción y, por ende, en su desempeño laboral (Moreno & Wong, 2018).

Paredes-Zempual, Ibarra-Morales y Moreno-Freites (2021) adoptan otra perspectiva, sostienen que el buen desempeño de la empresa está en función de las habilidades directivas y el buen clima organizacional, sobre todo en este tiempo donde las empresas se encuentran inmersas en un proceso de globalización y de rápidos cambios que demanda líderes más preparados en actitudes y aptitudes, capaces de administrar de manera eficaz y eficiente los procesos y procedimientos, tanto administrativos como operativos, comprometidos con la rentabilidad de la organización.

El clima organizacional es observado y analizado por las empresas con el fin de mantenerlo en niveles positivos y, de esa forma, estimular la productividad de los empleados, motivo por el cual las empresas buscan los elementos y condiciones necesarias que puedan incidir de forma positiva en el clima organizacional, ya que existen estudios empíricos que así lo demuestran, en otras palabras, un mejor clima organizacional en la empresa se traduce en mejores resultados en los ámbitos financieros, administrativos y productivos (Alegría-Zebadúa & Alarcón-Martínez, 2022).

Whetten y Cameron (2016) clasifican las habilidades en tres grandes grupos: personales, interpersonales y grupales, mismas que en su conjunto aportan al éxito de una administración eficaz y centrada en los logros financieros, pero también de posición competitiva. En este sentido, para el presente estudio se han seleccionado como habilidades directivas las siguientes: negociación, toma de decisiones, liderazgo, comunicación y trabajo en equipo, ya que predominan en la literatura y en los diferentes modelos conceptuales, además de ser las más importantes para Whetten y Cameron. Adicionalmente, se ha seleccionado como variable el 'clima organizacional' debido al impacto y la importancia que ostenta para las mypes. Las definiciones conceptuales para cada una de las variables se muestran en la tabla 27.2.

Tabla 27.2. Definición conceptual de las variables.

Variable	Definición conceptual
Negociación	Presentar y discutir propuestas comunes con el propósito de llegar a un acuerdo en un marco de interés común (Álvarez-Vásquez, et al., 2018).
Toma de decisiones	Decidir por una alternativa que requiere atender situaciones planificadas o de incertidumbre entre un abanico de varias opciones (Ávila-Morales et al., 2022).
Liderazgo	Lograr la motivación de los colaboradores mediante la promoción de conductas positivas que reditúan en mejores niveles de desempeño laboral para la empresa (Rojero-Jiménez, Gómez-Romero & Quintero-Robles, 2019).
Comunicación	Recibir y transmitir mensajes oportunos y unívocos, independientemente del canal o la forma de comunicación, lo cual facilita la emisión y recepción de los mensajes que se producen entre los miembros de la organización y su entorno, facilitando el alcance de los objetivos y metas que establecen los miembros de la organización (Puga-Villarreal & Martínez-Cerna, 2008).
Trabajo en equipo	Fomentar la colaboración conjunta entre los integrantes que conforman un equipo de trabajo, a través del talento individual, la comunicación, las competencias y las fortalezas de cada uno en su relación con los demás, para lograr el cumplimiento de un objetivo común (Viamontes & Oliva, 2015).
Clima organizacional	Variable que media entre el contexto de una organización y la conducta de sus empleados o miembros, desde la perspectiva del cómo ellos experimentan el trabajo en sus empresas (King, Hebl, George & Matusik, 2010).

Fuente: elaboración propia.

METODOLOGÍA

El presente trabajo de investigación ha sido propuesto por la Red de Estudios Latinoamericanos en Administración y Negocios (RELAYN, 2023), la cual consiste en conceptualizar la micro y pequeña empresa (mype) como una serie de elementos de entradas, procesos y salidas enmarcados en un ambiente que influye en el clima organizacional de las mypes, según la percepción del director, considerado como la persona que toma la mayor parte de las decisiones. Este estudio tiene un enfoque cuantitativo de diseño transversal de tipo causal.

Se realizó un muestreo probabilístico aleatorio simple con las mypes de Petatlán, Guerrero, México, cuya cantidad de empleados se encuentra en el rango de 1 a 50, con un nivel de confianza del 95 %, un margen de error del ±5 % y una probabilidad estimada de p=0.5 (50 %). Se obtuvieron de la muestra aplicada un total de 486 encuestas válidas en el periodo del 01 de marzo al 30 de abril de 2023. Se utilizó un instrumento de medición tipo encuesta, la cual fue dirigida a los propietarios, directores o gerentes de las mypes, para lo cual sirvió la asistencia de estudiantes universitarios que previamente fueron capacitados para aplicar la encuesta.

Características de la muestra son:

El 57.4 % de la muestra fueron del sexo biológico femenino y el restante 42.6 % masculino. La edad de los sujetos tiene un rango de 20 a 86 años, con un promedio de 45 años y una moda de 52 años. El 23.7 % de los empresarios tienen estudios de nivel superior, seguido de un 38.7 % con nivel media superior, 35.2 % con educación básica. En cuanto a estado civil predominan los casados con un 67.3 % seguidos de los solteros con 16 %.

La mayoría de los negocios 72 % pertenecen al giro comercial, un 25.3 % a la prestación de servicios y sólo 2.7 % a la producción de manufacturas, la antigüedad del 19.8 %de los negocios es menor a 3 años. Los empleos que ofrecen están en el rango de 1 a 30 trabajadores, de las empresas el 99 % emplea de 1 a 10 trabajadores y el 86.8 % tienen en su plantilla de 1 a 10 mujeres y en el 80.5 % colaboran de 1 a 5 familiares del propietario.

Alineado al objetivo general de la investigación y a la revisión de la literatura, se plantean las siguientes hipótesis:

H0: Las habilidades directivas no inciden en el clima organizacional de la mype.

H1: Las habilidades directivas inciden en el clima organizacional de la mype.

En cuanto al instrumento de medición, éste se integró por seis partes o bloques. El primero de ellos, con datos que abordan aspectos generales de la empresa: tamaño de la empresa, personal ocupado, así como información sobre los ingresos y gastos. La segunda parte aborda los datos del directivo y el tiempo destinado a las labores de la empresa. La tercera parte se refiere a los insumos del sistema: recursos humanos, análisis del mercado y proveedores. En una cuarta parte del instrumento de medición se exponen los procesos del sistema: dirección, gestión de ventas, finanzas, innovación, mercadotecnia, producción-operación. La quinta parte estuvo integrada por los resultados del sistema: satisfacción del sistema, ventaja competitiva, RSC-Asuntos de ISO 26000, valoración del entorno y, por último, la sexta parte quedó integrada por los dos temas anuales de investigación: a) el trabajo decente desde la perspectiva directiva y b) el impacto de las habilidades directivas (negociación, toma de decisiones, liderazgo, comunicación, trabajo en equipo) sobre el clima organizacional. Para las secciones comprendidas del tercer al sexto bloque se emplea una escala de Likert de cinco puntos, los cuales van de 'No sé / No aplica' (1) a 'muy de acuerdo' (5).

RESULTADOS

Las seis variables muestran consistencia interna del instrumento mediante el análisis del alfa de Cronbach de las variables objeto de estudio, de la misma forma se analiza la correlación que tienen con el clima organizacional como se muestra en la tabla 27.3.

Tabla 27.3. Alfa de Cronbach y correlación de las variables.

Variables	Correlación con clima	Cronbach	Media	Desviación Estándar
Negociación	0.377	0.902	4.247	0.668
Toma de decisiones	0.271	0.922	4.230	0.691
Liderazgo	0.352	0.910	4.485	0.512
Comunicación	0.455	0.905	4.480	0.498
Trabajo en equipo	0.317	0.939	4.435	0.582
Clima Organizacional	1	0.895	4.467	0.513

Fuente: Elaboración propia utilizando RStudio (R Core Team, 2022).

Se procede a realizar el modelo estructural del instrumento en la figura 27.4, el ajuste absolutorio muestra el error cuadrático medio de aproximación (RMSEA) es de 0.013 y el residuo cuadrático medio estandarizado (SRMR) es de 0.045, en ambos casos se consideran aceptables, en el ajuste comparativo (CFI) muestra un resultado de 0.999 y el índice de Tucker-Lewis (TLI) de 0.999 consideramos ajustes óptimos.

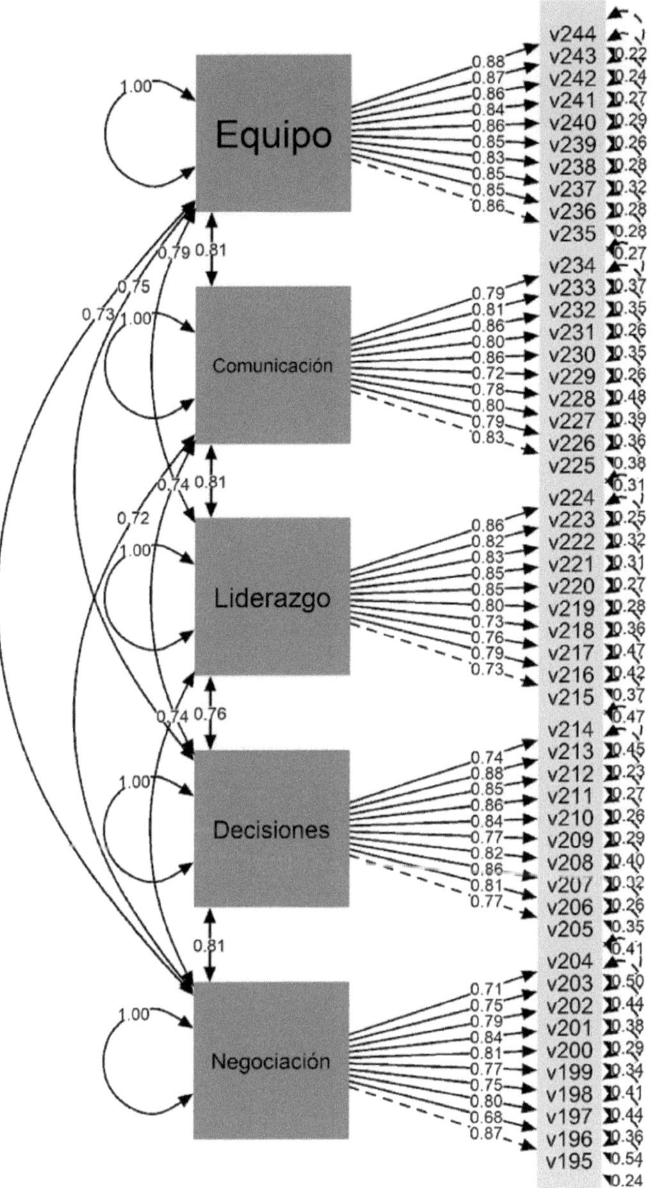

Figura 27.4. Resultado del modelo estructural.

Fuente: Elaboración propia utilizando RStudio (R Core Team, 2022).

Partiendo de la información cuantitativa del estudio se establece el modelo estructural (Figura 27.4), donde se muestra la dirección de las relaciones entre las diversas variables y el efecto que causan. El modelo plantea la existencia de cinco variables endógenas con una relación causal recíproca (trabajo en equipo, comunicación, liderazgo, toma de decisiones y negociación). Las cinco variables tienen una relación causal directa con los ítems que conforman la variable, en todos los casos el grado de significancia fue <0.05 (los resultados se muestran en la Figura 27.4) dando un correcto ajuste del modelo (Bentler & Bonett, 1980; Martínez et al., 2012)

Con el objetivo de medir el impacto que tienen las habilidades directivas sobre el clima organizacional de la mype se realiza la siguiente regresión lineal, donde el clima organizacional es la variable dependiente y las variables independientes son negociación, toma de decisiones, liderazgo, comunicación y trabajo en equipo. Al final se sustituyen los valores tal y como se observa en la tabla 27.5.

Fórmula:

y = clima = constante + negociación + toma de decisiones + liderazgo + comunicación + trabajo en equipo.

Tabla 27.5. Regresión lineal.

Fórmula: lm(fórmula = clima ~ negociación + toma de decisiones + liderazgo + comunicación + trabajo en equipo)				
		Residuales		
Min	**1Q**	**Mediana**	**3Q**	**Max**
-1.39928	-0.14823	0.05852	0.15699	1.26773
Coeficientes	**Estimado**	**Std. Error**	**T-valor**	**P-valor**
(Clima/Intercept)	0.82667	0.14511	5.697	2.13e-08
Negociación	0.04654	0.03421	1.360	0.17436
toma de decisiones	0.11283	0.03512	3.212	0.00141
Liderazgo	0.15293	0.04755	3.216	0.00139
Comunicación	0.35200	0.04822	7.300	1.21e-12
trabajo en equipo	0.15837	0.04105	3.858	0.00013

Signif. codes: 0 '***' 0.001 '**' 0.01 '*' 0.05 '.' 0.1 ' ' 1
Residual standard error: 0.3292 on 480 degrees of freedom
Multiple R-squared: 0.593, Adjusted R-squared: 0.5888
F-statistic: 139.9 on 5 and 480 DF, p-value: < 2.2e-16
Fuente: Elaboración propia utilizando RStudio (R Core Team, 2022).

Para poder medir el impacto, se multiplica el valor estimado de cada una de las variables independientes (tabla 27.5) por su media (tabla 27.3).

y=0.82667 + (0.04654 * 4.247) + (0.11283 * 4.23) + (0.15293 * 4.485) + (0.352 * 4.48) + (0.15837 * 4.435)

Resolvemos la ecuación:

y=0.82667+0.1976554+0.4772709+0.6858911+1.57696+0.7023709
y=4.4668183

Se observa que la variable que tiene mayor impacto es comunicación con 1.57696, mientras que la de menor impacto es negociación con 0.1976554. El impacto total de las habilidades directivas sobre el clima organizacional es de 4.4668183.

DISCUSIÓN

Según la información proporcionada, se realizó un análisis de las seis variables del instrumento utilizando el coeficiente alfa de Cronbach para evaluar la consistencia interna. Los resultados mostraron que todas las variables tienen valores altos del alfa de Cronbach, lo que indica una buena consistencia interna. Dichos valores oscilan entre 0.902 y 0.939, lo cual es considerado muy bueno.

Además, se analizó la correlación de las variables con el clima organizacional. Todos los coeficientes de correlación son positivos, lo que sugiere que existe una relación positiva entre las variables y el clima organizacional. Los valores de correlación varían entre 0.271 y 0.455, donde la comunicación es la variable con la correlación más alta.

Luego se procedió a realizar un modelo estructural del instrumento, cuya representación se muestra en la figura 27.4. Los resultados del ajuste absoluto del modelo indican que el error cuadrático medio de aproximación (RMSEA) es de 0.013 y el residuo cuadrático medio estandarizado (SRMR) es de 0.045. Ambos valores se consideran aceptables, lo que sugiere que el modelo se ajusta bien a los datos.

En cuanto al ajuste comparativo, se utilizó el índice de ajuste comparativo (CFI) y el índice de Tucker-Lewis (TLI). Ambos índices muestran un resultado de 0.999, lo cual refiere un ajuste óptimo del modelo.

En resumen, los resultados obtenidos muestran que el instrumento utilizado tiene una buena consistencia interna, las variables están correlacionadas positivamente con el clima organizacional y el modelo estructural del instrumento tiene un buen ajuste a los datos.

REFERENCIAS

Aburto, H.I. & Bonales, J. (2011). Habilidades directivas: Determinantes en el clima organizacional. *Investigación y Ciencia*, 19(51), 41–49.

Alegría-Zebadúa, R.M., & Alarcón-Martínez, G. (2022). Marco teórico e instrumento de medición de las habilidades gerenciales y clima organizacional en *Instituciones Bancarias de México. Vinculatégica*, 7(1). https://doi.org/10.29105/vtga7.1-82

Álvarez-Vásquez, C.A., Rivera-Vera, H.F., Conforme-Cedeño, G.M., Campoverde-Flores, F.K., Sornoza-Parrales, D.R., & Merchán-Nieto, L. (2018). *Los procesos, las técnicas de negociación y la tecnología. Ciencias. Economía, Organización y Ciencias Sociales. Editorial Área de Innovación y Desarrollo, S.L.* https://doi.org/10.17993/ecoorgycso.2018.41

Ávila-Morales, H., Palumbo-Pinto, G.B., De la Cruz-Ríos, H.A., & Ogosi-Auqui, J.A. (2022). Toma de decisiones estratégicas en la gestión pública para el desarrollo social. *Revista Venezolana de Gerencia*, 27(Edición Especial 7), 648–662. https://doi.org/10.52080/rvgluz.27.7.42

Bentler, P. M., & Bonett, D. G. (1980). Significance Tests and Goodness of Fit in the Analysis of Covariance Structures. *In Psychological Bulletin* (Vol. 88, Issue 3).

Brunet, L. (2007). El clima de trabajo en las organizaciones. Definición, diagnóstico y consecuencias. *Editorial Trillas.*

Busro, M. (2018). Teori-teori Manajemen Sumber Daya Manusia. *Jakarta. PrenadaMedia.*

Dini, M. & Stumpo, G. (2020). MiPyMEs en América Latina: un frágil desempeño y nuevos desafíos para las políticas de fomento. Documentos de Proyectos (LC/TS.2018/75/Rev.1), Santiago. *Comisión Económica para América Latina y el Caribe* (CEPAL).

Forbes (2021). Inclusión digital: el futuro de las MyPEs. *Forbes Content.* https://www.forbes.com.mx/ad-inclusion-digital-futuro-mypes-mexico-visa/

Ibarra-Morales, L.E., Paredes-Zempual, D., & Carrillo-Cisneros, E. (2022). Impacto del COVID-19 en las variables que determinan la competitividad de las micro, pequeñas y medianas empresas mexicanas. *Revista RELAYN. Micro y Pequeña Empresa en Latinoamérica*, 6(1), 7–22. https://doi.org/10.46990/relayn.2022.6.1.532

Instituto Nacional de Estadística y Geografía (Inegi) (2020). *Censo de población y vivienda 2020.* https://www.inegi.org.mx/programas/ccpv/2020/

King, E.B., Helb, M.R., George, J.M. & Matusik, S.F. (2010). Understanding tokenism: Antecedents and consequences of a psychological climate of gender inequity. *Journal of Management*, 36(2), 482–510. https://doi.org/10.1177/0149206308328508

Leyva-Carreras, A.B., Cavazos-Arroyo, J., & Espejel-Blanco, J.E. (2018). Influencia de la planeación estratégica y habilidades gerenciales como factores internos de la competitividad empresarial de las Pymes. *Contaduría y Administración*, 63(3), 41. https://doi.org/10.22201/fca.24488410e.2018.1085

Leyva-Carreras, A.B., Espejel-Blanco, J.E., & Cavazos-Arroyo, J. (2017). Habilidades gerenciales como estrategia de competitividad empresarial en las pequeñas y medianas empresas (Pymes). *Revista Perspectiva Empresarial*, 4(1), 7–22. https://doi.org/10.16967/rpe.v4n1a1

Martinez, E., García-Alandete, J., Selles, P., Bernabe, G., & Soucase, B. (2012). Análisis factorial confirmatorio de los principales modelos propuestos para el purpose-in-life test en una muestra de universitarios españoles. *Acta Colombiana de Psicología*, 67–76.

Mendoza-Vargas, E.Y., Villaroel-Puma, M.F. & Carranza-Quimi, W.D. (2020). Caracterización de los microemprendimientos de los sectores urbanos marginales de Quevedo. *Centro Sur. Social Science Journal.* 4(4), 1–23. https://doi.org/10.37955/cs.v4i1.40

Moreno, M. J., & Wong Aitken, H. G. (2019). Relación de las habilidades directivas y la satisfacción laboral en la empresa Chicken King de Trujillo, 2018. *Cuadernos Latinoamericanos de Administración,* 14(27), 1–17. https://doi.org/10.18270/cuaderlam.v14i27.2475

Naranjo, R. (2015). Management skills in leaders of mid-sized businesses of Colombia. *Revista Científica Pensamiento y Gestión,* 38, 119–146. https://doi.org/10.14482/pege.38.7703

Niebles-Núñez, L., Torres-Anillo, K. & Montenegro-Rada, A. (2020). Habilidades gerenciales como herramienta para el fortalecimiento del liderazgo transformacional en las mipymes. *Editorial Universidad del Atlántico.* https://repositorio.uniatlantico.edu.co/bitstream/handle/20.500.12834/1030/admin %2c %2bHABILIDADES %2bGERENCIALES %2bCOMO %2bHERRAMIENTA %2bEN %2bMIPYMES.pdf?sequence=1&isAllowed=y

Paredes-Zempual, D., Ibarra-Morales, L.E., & Moreno-Freites, Z.E. (2021). Habilidades directivas y clima organizacional en pequeñas y medianas empresas. *Investigación Administrativa,* 50–1, 1–23. https://doi.org/10.35426/iav50n127.05

Puga-Villarreal, J., & Martínez-Cerna, L. (2008). Competencias Directivas en Escenarios Globales. *Estudios Gerenciales,* 24(109), 87–103. https://doi.org/10.1016/s0123-5923(08)70054-8

R Core Team (2022). R: A language and environment for statistical computing. R *Foundation for Statistical Computing, Vienna, Austria.* URL https://www.R-project.org/

Red de Estudios Latinoamericanos en Administración y Negocios. (RELAYN) (2023). *Investigación anual,* N. Peña & O. Aguilar (coords.) https://relayn.redesla.la

Red de Estudios Latinoamericanos (RedesLA) (2023). *Investigaciones anuales.* https://redesla.la

Rojero-Jiménez, R., Gómez-Romero, J.G.I., & Quintero-Robles, L.M. (2019). El liderazgo transformacional y su influencia en los atributos de los seguidores en las Mipymes mexicanas. *Estudios Gerenciales*, 35(151), 178–189. https://doi.org/10.18046/j.estger.2019.151.3192

Vargas, B., & del Castillo, C. (2008). Competitividad sostenible de la pequeña empresa: Un modelo de promoción de capacidades endógenas para promover ventajas competitivas sostenibles y alta productividad. *Journal of Economics, Finance and Administrative Science,* 13(24), 59–80. https://www.redalyc.org/articulo.oa?id=360733604004

Viamontes, M.O., & Oliva, E.J.D. (2015). Las agrupaciones corales como estrategia de formación de competencias para trabajo en equipo en las organizaciones: una perspectiva comparativa. *Suma de Negocios,* 6(13), 92–97. https://doi.org/10.1016/j.sumneg.2015.08.008

Whetten, D. & Cameron, K. (2016). Desarrollo de habilidades directivas. México: *Editorial Prentice Hall.*

CAPÍTULO 28

Las habilidades directivas y el clima organizacional en las micro y pequeñas empresas de Zihuatanejo de Azueta, Guerrero, México

Management skills and the organizational climate in micro and small businesses in Zihuatanejo de Azueta, Guerrero, Mexico

EUSEBIO MONTES PAUDA, YANNET GALINDO ZÚÑIGA, JOSÉ ÁNGEL CASTRO SOLÍS Y ADÁN HERNÁNDEZ SALINAS

Universidad Tecnológica de la Costa Grande de Guerrero

Resumen: La presente investigación tiene como objetivo determinar el impacto que tienen las habilidades directivas sobre el clima organizacional en las micro y pequeñas empresas del municipio de Zihuatanejo de Azueta, Guerrero, México. La investigación presenta un estudio cuantitativo, no experimental, de forma transversal y con un alcance causal. La pertinencia del estudio contribuye a la generación de conocimiento para el desarrollo de un modelo de gestión de la mype en América Latina que permita maximizar la productividad.

Se realizó un muestreo probabilístico aleatorio simple en las mypes de Zihuatanejo de Azueta, Guerrero, México, cuya cantidad de empleados se encuentra en el rango de 1 a 49, con un nivel de confianza de 95 %, un margen de error de ±5 % y una probabilidad estimada de p=0.5 (50 %). Se obtuvieron de la muestra aplicada un total de 510 encuestas.

Con el objetivo de medir el impacto que tienen las habilidades directivas sobre el clima organizacional de la mype, se utilizó una regresión lineal, donde el clima organizacional es la variable dependiente y las variables independientes son negociación, toma de decisiones, liderazgo, comunicación y trabajo en equipo.

Entre los principales resultados, se puede observar que, de acuerdo con el modelo estructural, la variable de la habilidad directiva comunicación es la que tiene mayor impacto en el clima organizacional, con 1.2934107, seguida de la variable de la habilidad directiva trabajo en equipo con 1.2796298, mientras que la de menor impacto es la de negociación con 0.2095877, y el impacto total de las habilidades directivas en conjunto sobre el clima organizacional es de 4. 4265096.

Abstract: The objective of this research is to determine the impact that management skills have on the organizational climate in micro and small companies in the municipality of Zihuatanejo de Azueta, Guerrero, Mexico. The research presents a quantitative, non-experimental, cross-sectional study with a causal scope. The relevance of the study contributes to the generation of knowledge for the development of a management model for mypes in Latin America that allows maximizing productivity.

A simple random probabilistic sampling was carried out in the mypes of Zihuatanejo de Azueta, Guerrero, Mexico, whose number of employees is in the range of 1 to 49, with a confidence level of 95 %, a margin of error of ±5 %. and an estimated probability of p=0.5 (50 %). A total of 510 surveys were obtained from the applied sample.

In order to measure the impact that management skills have on the organizational climate of the mype, a linear regression was used, where the organizational climate is the dependent variable and the independent variables are negotiation, decision making, leadership, communication and work. team up.

Among the main results, it can be observed that, according to the structural model, the communication management skill variable is the one that has the greatest impact on the organizational climate, with 1.2934107, followed by the teamwork management skill variable with 1.2796298, while the one with the least impact is negotiation with 0.2095877, and the total impact of management skills as a whole on the organizational climate is 4.4265096.

Palabras clave: clima organizacional, habilidades directivas, mypes, comunicación.

INTRODUCCIÓN

De acuerdo con el último Censo Económico publicado por el Instituto Nacional de Estadística y Geografía (INEGI, 2020), 98.3 % del universo de unidades económicas está constituido por micro y pequeñas empresas, las cuales generan —al menos— el 55 % de los empleos y amasan el 39 % del Producto Interno Bruto (PIB) del país. Las microempresas están configuradas por aquellos negocios que tienen menos de 10 trabajadores y generan anualmente ventas hasta por 4 millones de pesos. Las pequeñas empresas son unidades económicas que emplean entre 11 y 50 trabajadores, generando ventas anuales que oscilan entre 4 y 100 millones de pesos (Mendoza-Vargas, Villaroel-Puma & Carranza-Quimi, 2020; Forbes, 2021).

Es importante mencionar que actualmente las mypes se enfrentan a múltiples retos y problemáticas, específicamente, el desarrollo de habilidades gerenciales o directivas por parte de los líderes cumple una labor fundamental en el clima organizacional para este tipo de empresas, al establecerse como un diferenciador con otras organizaciones (Busro, 2018). En esa perspectiva, la formación y el desarrollo de habilidades directivas del personal encargado de implementar estrategias y tomar decisiones son fundamentales, pues de ello depende que las mypes cumplan sus metas y objetivos estratégicos, lo cual permite a las organizaciones volverse más competitivas, pues propicia la formación de un clima organizacional donde los empleados estén satisfechos con su organización (Aburto & Bonales, 2011; Brunet, 2007).

Derivado de la importancia que representa el desarrollo de habilidades directivas en los líderes que dirigen los esfuerzos estratégicos de las mypes, así como la importancia de contar con un buen clima organizacional, se plantean las siguientes preguntas de investigación: ¿cuáles habilidades directivas tienen repercusión en el clima organizacional de las mypes?, ¿cuál es el clima organizacional que predomina en las mypes?

Para cumplir con lo anterior, el objetivo de la investigación es determinar el grado de asociación entre las habilidades directivas y el clima organizacional de las micro y pequeñas empresas, lo cual permitirá conocer con mayor precisión las habilidades directivas que los gerentes o mandos medios deben desarrollar para que prevalezca un clima organizacional satisfactorio entre los empleados al interior de las mypes. En ese sentido, las mypes podrán determinar si éstas son las causales de un clima organizacional adecuado o inconveniente, lo que, a su vez, permitirá diseñar programas de capacitación para sus líderes y, con ello, generar información que contribuya —si es el caso— a resolver el problema o mantener y fortalecer lo que se tiene.

Los diferentes análisis estadísticos correlacionales entre las variables del estudio permitirán identificar si las habilidades directivas son la causa principal del clima organizacional que prevalece en las mypes. Lo anterior será de gran apoyo en la búsqueda de factores endógenos diferenciados que permita a las mypes obtener ventajas competitivas sostenibles, ya que, si bien es cierto, una mejor gestión empresarial no es suficiente para lograr ser más competitivas, sino que está determinada por otros factores internos como un buen clima organizacional y el desarrollo de habilidades directivas (Vargas & Del Castillo, 2008).

REVISIÓN DE LA LITERATURA

Las organizaciones del siglo XXI afrontan un entorno dinámico y complejo caracterizado por la incertidumbre, debido a esto deben estar preparadas para dar respuesta a los cambios vertiginosos, en aras de cumplir sus objetivos y metas organizacionales así como volverse más competitivas. Las micro y pequeñas empresas (mypes) también deben responder a ese contexto, sin embargo, las características estructurales de su magnitud las coloca en desventaja respecto a la gran empresa, misma que tiene a su disposición una mayor cantidad de recursos y capacidades. El tema aquí analizado ha obtenido gran relevancia en los rubros de la investigación y las políticas públicas recientemente, lo cual ha permitido una mejora de determinados aspectos directamente vinculados con la competitividad de las empresas (Leyva-Carreras, Cavazos-Arroyo & Espejel-Blanco, 2018).

La situación actual de las mypes es compleja —aun siendo una parte fundamental del aparato económico a nivel mundial—, presenta una serie de desafíos y retos, enfrenta diversos obstáculos que limitan su capacidad de crecimiento y desarrollo. Uno de los principales problemas que enfrentan estas empresas es la falta de acceso al financiamiento, ya que esto restringe su capacidad para invertir en innovación, en maquinaria y equipos, software y tecnologías digitales; así como en la capacitación y adiestramiento para sus empleados. Otra problemática a la cual se enfrentan es la poca inversión en capacitación a sus directivos y gerentes, de modo que éstos puedan desarrollar sus habilidades directivas, permitiéndoles contar con las herramientas necesarias al momento de tomar decisiones estratégicas de impacto en sus portafolios de negocios, a través de una visión diferente y más competitiva, no sólo a nivel local, sino a niveles superiores en la configuración y escala del negocio.

Es importante destacar que la pandemia por el Covid-19 tuvo un impacto significativo en las mypes debido a que muchas de ellas tuvieron que cerrar de forma temporal o permanente. Las restricciones de movimiento y confinamiento social provocaron una disminución significativa en la demanda de productos y servicios (Ibarra-Morales, Paredes-Zempual & Carrillo-Cisneros, 2022). Para dimensionar y tener una mejor visión de la magnitud de la presencia e importancia de las mypes en Latinoamérica, Dini y Stumpo (2021) realizan una clasificación tomando como parámetros el sector y el tamaño de la empresa (tabla 28.1.).

Tabla 28.1. Clasificación de acuerdo con el sector y tamaño de la empresa.

Sector	Micro empresa	Pequeña empresa
Agricultura, ganadería, caza, silvicultura y pesca	80 %	16 %
Explotación de minas y canteras	68 %	23 %
Industria manufacturera	82 %	14 %
Suministro de electricidad, gas y agua	70 %	20 %
Construcción	76 %	19 %
Comercio al por mayor y menor	92 %	07 %
Hoteles y restaurantes	89 %	10 %
Transporte, almacenamiento y Comunicaciones	83 %	13 %
Intermediación financiera	81 %	14 %
Actividades inmobiliarias, empresariales y de alquiler	87 %	10 %
Enseñanza	76 %	19 %
Servicios sociales y de salud	89 %	09 %
Otras actividades comunitarias, sociales y personales	95 %	04 %
Total	**88.4 %**	**09.6 %**

Fuente: elaboración propia a partir de Dini & Stumpo (2021).

Leyva-Carreras, Espejel-Blanco y Cavazos-Arroyo (2017) destacan que el director o gerente de una mype debe tomar en cuenta ciertas variables para lograr la excelencia, el buen clima organizacional y la competitividad empresarial, para lo cual es preciso contar con personal directivo que reúna las siguientes características: dinámicos, actualizados, con habilidades directivas, operativas y de gestión, conocimientos de administración y planeación estratégica, así como administración y dirección de talento humano, siempre proactivo al cambio organizacional y tecnológico, para que se convierta en vehículo que potencia la creatividad, la innovación y el desarrollo sustentable. Sin embargo, por desconocer esas características de gestión o habilidades directivas que son propias de los líderes, esa ignorancia puede ser la causa de algunos problemas administrativos y de competitividad en las mypes, lo que genera algunas consecuencias en la transición de una economía local y proteccionista a un mercado libre y globalizado (Naranjo, 2015).

Niebles-Núñez, Torres-Anillo y Montenegro-Rada (2020) establecen que las habilidades directivas comprenden el proceso de la gerencia, estas son: planificar, organizar, dirigir, ejecutar y controlar que, a su vez, constituyen el conjunto de destrezas, cualidades, competencias, conocimientos, acciones, experiencias y capacidades que inciden en el efectivo desempeño del rol gerencial, al contribuir al logro de objetivos y metas organizacionales, asimismo, representan la implementación práctica por la acción del conocimiento adquirido académicamente o por

experiencias a través del proceso de aprendizaje. Es por ello que, en los últimos años, las habilidades directivas desempeñan un papel muy importante en la satisfacción de los colaboradores en las empresas a nivel mundial, pues se ha demostrado que la manera o particularidad en que los directivos lideran a sus equipos generan una repercusión directa en su satisfacción y, por ende, en su desempeño laboral (Moreno & Wong, 2018).

Paredes-Zempual, Ibarra-Morales y Moreno-Freites (2021) adoptan otra perspectiva, sostienen que el buen desempeño de la empresa está en función de las habilidades directivas y el buen clima organizacional, sobre todo en este tiempo donde las empresas se encuentran inmersas en un proceso de globalización y de rápidos cambios que demanda líderes más preparados en actitudes y aptitudes, capaces de administrar de manera eficaz y eficiente los procesos y procedimientos, tanto administrativos como operativos, comprometidos con la rentabilidad de la organización.

El clima organizacional es observado y analizado por las empresas con el fin de mantenerlo en niveles positivos y, de esa forma, estimular la productividad de los empleados, motivo por el cual las empresas buscan los elementos y condiciones necesarias que puedan incidir de forma positiva en el clima organizacional, ya que existen estudios empíricos que así lo demuestran, en otras palabras, un mejor clima organizacional en la empresa se traduce en mejores resultados en los ámbitos financieros, administrativos y productivos (Alegría-Zebadúa & Alarcón-Martínez, 2022).

Whetten y Cameron (2016) clasifican las habilidades en tres grandes grupos: personales, interpersonales y grupales, mismas que en su conjunto aportan al éxito de una administración eficaz y centrada en los logros financieros, pero también de posición competitiva. En este sentido, para el presente estudio se han seleccionado como habilidades directivas las siguientes: negociación, toma de decisiones, liderazgo, comunicación y trabajo en equipo, ya que predominan en la literatura y en los diferentes modelos conceptuales, además de ser las más importantes para Whetten y Cameron. Adicionalmente, se ha seleccionado como variable el 'clima organizacional' debido al impacto y la importancia que ostenta para las mypes. Las definiciones conceptuales para cada una de las variables se muestran en la tabla 28.2.

Tabla 28.2. Definición conceptual de las variables.

Variable	Definición conceptual
Negociación	Presentar y discutir propuestas comunes con el propósito de llegar a un acuerdo en un marco de interés común (Álvarez-Vásquez, et al., 2018).
Toma de decisiones	Decidir por una alternativa que requiere atender situaciones planificadas o de incertidumbre entre un abanico de varias opciones (Ávila-Morales et al., 2022).
Liderazgo	Lograr la motivación de los colaboradores mediante la promoción de conductas positivas que reditúan en mejores niveles de desempeño laboral para la empresa (Rojero-Jiménez, Gómez-Romero & Quintero-Robles, 2019).
Comunicación	Recibir y transmitir mensajes oportunos y unívocos, independientemente del canal o la forma de comunicación, lo cual facilita la emisión y recepción de los mensajes que se producen entre los miembros de la organización y su entorno, facilitando el alcance de los objetivos y metas que establecen los miembros de la organización (Puga-Villarreal & Martínez-Cerna, 2008).
Trabajo en equipo	Fomentar la colaboración conjunta entre los integrantes que conforman un equipo de trabajo, a través del talento individual, la comunicación, las competencias y las fortalezas de cada uno en su relación con los demás, para lograr el cumplimiento de un objetivo común (Viamontes & Oliva, 2015).
Clima organizacional	Variable que media entre el contexto de una organización y la conducta de sus empleados o miembros, desde la perspectiva del cómo ellos experimentan el trabajo en sus empresas (King, Hebl, George & Matusik, 2010).

Fuente: elaboración propia.

METODOLOGÍA

El presente trabajo de investigación ha sido propuesto por la Red de Estudios Latinoamericanos en Administración y Negocios (RELAYN, 2023), la cual consiste en conceptualizar la micro y pequeña empresa (mype) como una serie de elementos de entradas, procesos y salidas enmarcados en un ambiente que influye en el clima organizacional de las mypes, según la percepción del director, considerado como la persona que toma la mayor parte de las decisiones. Este estudio tiene un enfoque cuantitativo de diseño transversal de tipo causal.

Se realizó un muestreo probabilístico aleatorio simple con las mypes de Zihuatanejo de Azueta, Guerrero, México, cuya cantidad de empleados se encuentra en el rango de 1 a 50, con un nivel de confianza del 95 %, un margen de error del ±5 % y una probabilidad estimada de p=0.5 (50 %). Se obtuvieron de la muestra aplicada un total de 510 encuestas válidas en el periodo del 01 de marzo al 30 de abril de 2023. Se utilizó un instrumento de medición tipo encuesta, la cual fue dirigida a los propietarios, directores o gerentes de las mypes, para lo cual sirvió la asistencia de estudiantes universitarios que previamente fueron capacitados para aplicar la encuesta.

Características de la muestra son:

El 51.2 % de la muestra fueron del sexo biológico femenino y el restante 48.8 % masculino. La edad de los sujetos tiene un rango de 19 a 80 años, con un promedio de 42 años y una moda de 35 años. El 29 % de los empresarios tienen estudios de nivel superior, seguido de un 44.5 % con nivel media superior, 23.9 % con educación básica. En cuanto a estado civil predominan los casados con un 59.8 % seguidos de los solteros con 23.7 %.

La mayoría de los negocios 58 % pertenecen al giro comercial, un 39 % a la prestación de servicios y sólo 2.9 % a la producción de manufacturas, la antigüedad del 12.7 %de los negocios es menor a 3 años. Los empleos que ofrecen están en el rango de 1 a 50 trabajadores, de las empresas el 98.2 % emplea de 1 a 10 trabajadores y el 88.2 % tienen en su plantilla de 1 a 10 mujeres y en el 69 % colaboran de 1 a 5 familiares del propietario.

Alineado al objetivo general de la investigación y a la revisión de la literatura, se plantean las siguientes hipótesis:

H0: Las habilidades directivas no inciden en el clima organizacional de la mype.

H1: Las habilidades directivas inciden en el clima organizacional de la mype.

En cuanto al instrumento de medición, éste se integró por seis partes o bloques. El primero de ellos, con datos que abordan aspectos generales de la empresa: tamaño de la empresa, personal ocupado, así como información sobre los ingresos y gastos. La segunda parte aborda los datos del directivo y el tiempo destinado a las labores de la empresa. La tercera parte se refiere a los insumos del sistema: recursos humanos, análisis del mercado y proveedores. En una cuarta parte del instrumento de medición se exponen los procesos del sistema: dirección, gestión de ventas, finanzas, innovación, mercadotecnia, producción-operación. La quinta parte estuvo integrada por los resultados del sistema: satisfacción del sistema, ventaja competitiva, RSC-Asuntos de ISO 26000, valoración del entorno y, por último, la sexta parte quedó integrada por los dos temas anuales de investigación: a) el trabajo decente desde la perspectiva directiva y b) el impacto de las habilidades directivas (negociación, toma de decisiones, liderazgo, comunicación, trabajo en equipo) sobre el clima organizacional. Para las secciones comprendidas del tercer al sexto bloque se emplea una escala de Likert de cinco puntos, los cuales van de 'No sé / No aplica' (1) a 'muy de acuerdo' (5).

RESULTADOS

Las seis variables muestran consistencia interna del instrumento mediante el análisis del alfa de Cronbach de las variables objeto de estudio, de la misma forma se analiza la correlación que tienen con el clima organizacional como se muestra en la tabla 28.3.

Tabla 28.3. Alfa de Cronbach y correlación de las variables.

Variables	Correlación con clima	Cronbach	Media	Desviación Estándar
Negociación	0.247	0.842	4.301	0.542
Toma de decisiones	0.087	0.869	4.267	0.550
Liderazgo	0.345	0.885	4.466	0.466
Comunicación	0.536	0.914	4.438	0.514
Trabajo en equipo	0.392	0.931	4.433	0.561
Clima Organizacional	1	0.900	4.427	0.523

Fuente: Elaboración propia utilizando RStudio (R Core Team, 2022).

Se procede a realizar el modelo estructural del instrumento en la figura 28.4, el ajuste absolutorio muestra el error cuadrático medio de aproximación (RMSEA) es de 0.029 y el residuo cuadrático medio estandarizado (SRMR) es de 0.051, en ambos casos se consideran aceptables, en el ajuste comparativo (CFI) muestra un resultado de 0.996 y el índice de Tucker-Lewis (TLI) de 0.996 consideramos ajustes óptimos.

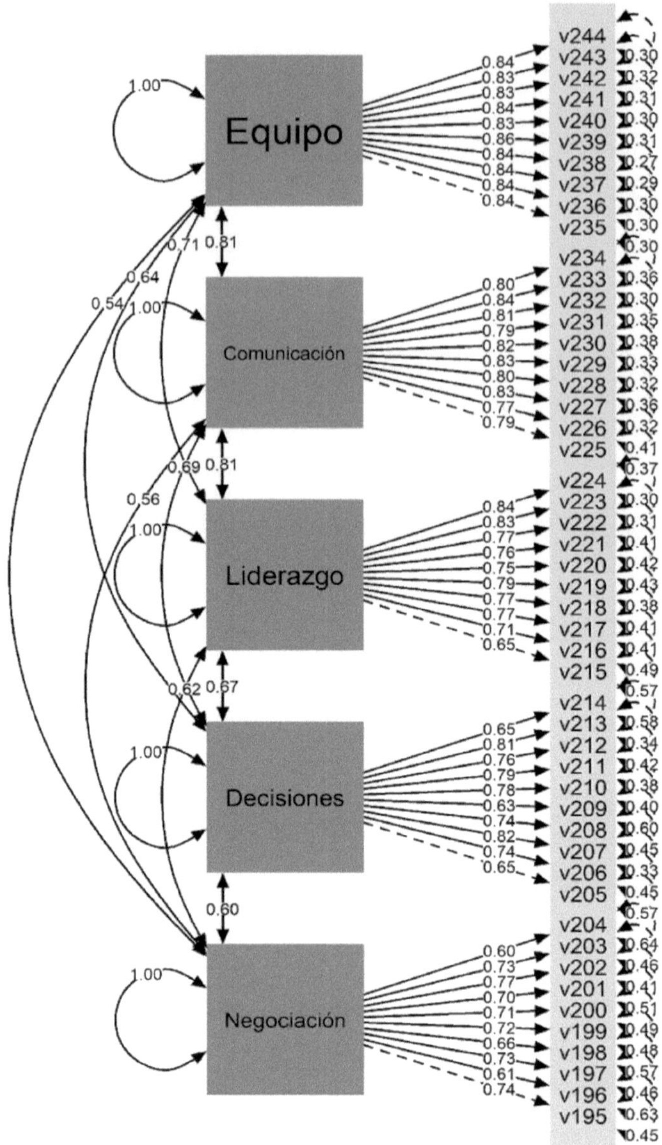

Figura 28.4. Resultado del modelo estructural.

Fuente: Elaboración propia utilizando RStudio (R Core Team, 2022).

Partiendo de la información cuantitativa del estudio se establece el modelo estructural (Figura 28.4), donde se muestra la dirección de las relaciones entre las diversas variables y el efecto que causan. El modelo plantea la existencia de cinco variables endógenas con una relación causal recíproca (trabajo en equipo, comunicación, liderazgo, toma de decisiones y negociación). Las cinco variables tienen una relación causal directa con los ítems que conforman la variable, en todos los casos el grado de significancia fue <0.05 (los resultados se muestran en la Figura 28.4) dando un correcto ajuste del modelo (Bentler & Bonett, 1980; Martínez et al., 2012)

Con el objetivo de medir el impacto que tienen las habilidades directivas sobre el clima organizacional de la mype se realiza la siguiente regresión lineal, donde el clima organizacional es la variable dependiente y las variables independientes son negociación, toma de decisiones, liderazgo, comunicación y trabajo en equipo. Al final se sustituyen los valores tal y como se observa en la tabla 28.5.

Fórmula:

y = clima = constante + negociación + toma de decisiones + liderazgo + comunicación + trabajo en equipo.

Tabla 28.5. Regresión lineal.

Fórmula: lm(fórmula = clima ~ negociación + toma de decisiones + liderazgo + comunicación + trabajo en equipo)				
		Residuales		
Min	**1Q**	**Mediana**	**3Q**	**Max**
-1.97150	-0.11431	0.05354	0.15101	1.34546
Coeficientes	**Estimado**	**Std. Error**	**T-valor**	**P-valor**
(Clima/Intercept)	0.46590	0.16259	2.865	0.004338
Negociación	0.04873	0.03366	1.448	0.148239
Toma de decisiones	0.07885	0.03638	2.167	0.030677
Liderazgo	0.18843	0.04837	3.895	0.000111
Comunicación	0.29144	0.04962	5.873	7.77e-09
Trabajo en equipo	0.28866	0.04085	7.066	5.35e-12

Signif. codes: 0 '***' 0.001 '**' 0.01 '*' 0.05 '.' 0.1 ' ' 1
Residual standard error: 0.3412 on 504 degrees of freedom
Multiple R-squared: 0.5789, Adjusted R-squared: 0.5747
F-statistic: 138.6 on 5 and 504 DF, p-value: < 2.2e-16
Fuente: Elaboración propia utilizando RStudio (R Core Team, 2022).

Para poder medir el impacto, se multiplica el valor estimado de cada una de las variables independientes (tabla 28.5) por su media (tabla 28.3).

y=0.4659 + (0.04873 * 4.301) + (0.07885 * 4.267) + (0.18843 * 4.466) + (0.29144 * 4.438) + (0.28866 * 4.433)

Resolvemos la ecuación:

y=0.4659+0.2095877+0.336453+0.8415284+1.2934107+1.2796298
y=4.4265096

Se observa que la variable que tiene mayor impacto es comunicación con 1.2934107, mientras que la de menor impacto es negociación con 0.2095877. El impacto total de las habilidades directivas sobre el clima organizacional es de 4.4265096.

DISCUSIÓN

¿Cuáles habilidades directivas tienen repercusión en el clima organizacional de las mypes?

El coeficiente de correlación lineal señala que las habilidades directivas de negociación con una correlación de 0.247, decisiones con 0.087, liderazgo con 0.345 y trabajo en equipo con 0.392 muestran una relación débil. Parece ser que estas habilidades directivas no influyen mucho en el clima organizacional de las mypes en el municipio de Zihuatanejo de Azueta. Asimismo, la habilidad directiva de comunicación tiene una correlación de 0.536, mostrando una relación moderada con el clima organizacional. Esto muestra que la comunicación es una de las variables que tiene un efecto en el clima organizacional de las mypes, lo que origina que los empleados tengan una percepción del trabajo con mensajes oportunos y unívocos que no facilitan el cumplimiento de las metas y los objetivos planteados en las mypes. Entonces una de las habilidades directivas que se debe desarrollar es la comunicación organizacional.

El resultado del modelo estructural del instrumento en cuanto al ajuste comparativo es 0.996, así como el índice de Tucker-Lewis es de 0.996, teniendo ajustes óptimos. El modelo estructural muestra una relación causal directa con cada uno de los ítems que conforman la variable con un nivel de significancia de <0.05.

¿Cuál es el clima organizacional que predomina en las mypes?

Dadas la variable dependiente del clima organizacional y las variables dependientes, como negociación, toma de decisiones, liderazgo, comunicación y trabajo en equipo, la regresión lineal muestra que la variable de mayor impacto es la comunicación y la de menor impacto son las demás variables. No obstante, se puede observar un impacto total que tienen las habilidades directivas sobre el clima organizacional en las mypes, el cual es de 4.4265096.

REFERENCIAS

Aburto, H.I. & Bonales, J. (2011). Habilidades directivas: Determinantes en el clima organizacional. *Investigación y Ciencia,* 19(51), 41–49.

Alegría-Zebadúa, R.M., & Alarcón-Martínez, G. (2022). Marco teórico e instrumento de medición de las habilidades gerenciales y clima organizacional en *Instituciones Bancarias de México. Vinculatégica,* 7(1). https://doi.org/10.29105/vtga7.1-82

Álvarez-Vásquez, C.A., Rivera-Vera, H.F., Conforme-Cedeño, G.M., Campoverde-Flores, F.K., Sornoza-Parrales, D.R., & Merchán-Nieto, L. (2018). *Los procesos, las técnicas de negociación y la tecnología. Ciencias. Economía, Organización y Ciencias Sociales. Editorial Área de Innovación y Desarrollo, S.L.* https://doi.org/10.17993/ecoorgycso.2018.41

Ávila-Morales, H., Palumbo-Pinto, G.B., De la Cruz-Ríos, H.A., & Ogosi-Auqui, J.A. (2022). Toma de decisiones estratégicas en la gestión pública para el desarrollo social. *Revista Venezolana de Gerencia,* 27(Edición Especial 7), 648–662. https://doi.org/10.52080/rvgluz.27.7.42

Bentler, P. M., & Bonett, D. G. (1980). Significance Tests and Goodness of Fit in the Analysis of Covariance Structures. *In Psychological Bulletin* (Vol. 88, Issue 3).

Brunet, L. (2007). El clima de trabajo en las organizaciones. Definición, diagnóstico y consecuencias. *Editorial Trillas.*

Busro, M. (2018). Teori-teori Manajemen Sumber Daya Manusia. *Jakarta. PrenadaMedia.*

Dini, M. & Stumpo, G. (2020). MiPyMEs en América Latina: un frágil desempeño y nuevos desafíos para las políticas de fomento. Documentos de Proyectos (LC/TS.2018/75/Rev.1), Santiago. *Comisión Económica para América Latina y el Caribe* (CEPAL).

Forbes (2021). Inclusión digital: el futuro de las MyPEs. *Forbes Content.* https://www.forbes.com.mx/ad-inclusion-digital-futuro-mypes-mexico-visa/

Ibarra-Morales, L.E., Paredes-Zempual, D., & Carrillo-Cisneros, E. (2022). Impacto del COVID-19 en las variables que determinan la competitividad de las micro, pequeñas y medianas empresas mexicanas. *Revista RELAYN. Micro y Pequeña Empresa en Latinoamérica,* 6(1), 7–22. https://doi.org/10.46990/relayn.2022.6.1.532

Instituto Nacional de Estadística y Geografía (Inegi) (2020). *Censo de población y vivienda 2020.* https://www.inegi.org.mx/programas/ccpv/2020/

King, E.B., Helb, M.R., George, J.M. & Matusik, S.F. (2010). Understanding tokenism: Antecedents and consequences of a psychological climate of gender inequity. *Journal of Management,* 36(2), 482–510. https://doi.org/10.1177/0149206308328508

Leyva-Carreras, A.B., Cavazos-Arroyo, J., & Espejel-Blanco, J.E. (2018). Influencia de la planeación estratégica y habilidades gerenciales como factores internos de la competitividad empresarial de las Pymes. *Contaduría y Administración,* 63(3), 41. https://doi.org/10.22201/fca.24488410e.2018.1085

Leyva-Carreras, A.B., Espejel-Blanco, J.E., & Cavazos-Arroyo, J. (2017). Habilidades gerenciales como estrategia de competitividad empresarial en las pequeñas y medianas empresas (Pymes). *Revista Perspectiva Empresarial,* 4(1), 7–22. https://doi.org/10.16967/rpe.v4n1a1

Martinez, E., García-Alandete, J., Selles, P., Bernabe, G., & Soucase, B. (2012). Análisis factorial confirmatorio de los principales modelos propuestos para el purpose-in-life test en una muestra de universitarios españoles. *Acta Colombiana de Psicología,* 67–76.

Mendoza-Vargas, E.Y., Villaroel-Puma, M.F. & Carranza-Quimi, W.D. (2020). Caracterización de los microemprendimientos de los sectores urbanos marginales de Quevedo. *Centro Sur. Social Science Journal.* 4(4), 1–23. https://doi.org/10.37955/cs.v4i1.40

Moreno, M. J., & Wong Aitken, H. G. (2019). Relación de las habilidades directivas y la satisfacción laboral en la empresa Chicken King de Trujillo, 2018. *Cuadernos Latinoamericanos de Administración,* 14(27), 1–17. https://doi.org/10.18270/cuaderlam.v14i27.2475

Naranjo, R. (2015). Management skills in leaders of mid-sized businesses of Colombia. *Revista Científica Pensamiento y Gestión,* 38, 119–146. https://doi.org/10.14482/pege.38.7703

Niebles-Núñez, L., Torres-Anillo, K. & Montenegro-Rada, A. (2020). Habilidades gerenciales como herramienta para el fortalecimiento del liderazgo transformacional en las mipymes. *Editorial Universidad del Atlántico.* https://repositorio.uniatlantico.edu.co/bitstream/handle/20.500.12834/1030/admin %2c %2bHABILIDADES %2bGERENCIALES %2bCOMO %2bHERRAMIENTA %2bEN %2bMIPYMES.pdf?sequence=1&isAllowed=y

Paredes-Zempual, D., Ibarra-Morales, L.E., & Moreno-Freites, Z.E. (2021). Habilidades directivas y clima organizacional en pequeñas y medianas empresas. *Investigación Administrativa,* 50–1, 1–23. https://doi.org/10.35426/iav50n127.05

Puga-Villarreal, J., & Martínez-Cerna, L. (2008). Competencias Directivas en Escenarios Globales. *Estudios Gerenciales,* 24(109), 87–103. https://doi.org/10.1016/s0123-5923(08)70054-8

R Core Team (2022). R: A language and environment for statistical computing. R *Foundation for Statistical Computing, Vienna, Austria.* URL https://www.R-project.org/

Red de Estudios Latinoamericanos en Administración y Negocios. (RELAYN) (2023). *Investigación anual,* N. Peña & O. Aguilar (coords.) https://relayn.redesla.la

Red de Estudios Latinoamericanos (RedesLA) (2023). *Investigaciones anuales.* https://redesla.la

Rojero-Jiménez, R., Gómez-Romero, J.G.I., & Quintero-Robles, L.M. (2019). El liderazgo transformacional y su influencia en los atributos de los seguidores en las Mipymes mexicanas. *Estudios Gerenciales*, 35(151), 178–189. https://doi.org/10.18046/j.estger.2019.151.3192

Vargas, B., & del Castillo, C. (2008). Competitividad sostenible de la pequeña empresa: Un modelo de promoción de capacidades endógenas para promover ventajas competitivas sostenibles y alta productividad. *Journal of Economics, Finance and Administrative Science,* 13(24), 59–80. https://www.redalyc.org/articulo.oa?id=360733604004

Viamontes, M.O., & Oliva, E.J.D. (2015). Las agrupaciones corales como estrategia de formación de competencias para trabajo en equipo en las organizaciones: una perspectiva comparativa. *Suma de Negocios,* 6(13), 92–97. https://doi.org/10.1016/j.sumneg.2015.08.008

Whetten, D. & Cameron, K. (2016). Desarrollo de habilidades directivas. México: *Editorial Prentice Hall.*

CAPÍTULO 29

Las habilidades directivas y el clima organizacional en las micro y pequeñas empresas de Apan, Almoloya, Emiliano Zapata, Tepeapulco y Tlanalapa, Hidalgo, México

Management skills and the organizational climate in micro and small companies in Apan, Almoloya, Emiliano Zapata, Tepeapulco and Tlanalapa, Hidalgo, Mexico

GABRIEL MALDONADO GÓMEZ, PATRICIA GUADALUPE ESPINO GUEVARA, MA. TERESA SARABIA ALONSO Y ENRIQUE MORENO VARGAS

Tecnológico Nacional de México/Instituto Tecnológico Superior del Oriente del Estado de Hidalgo

---

Resumen: El objetivo de la presente investigación es determinar el impacto que tienen las habilidades directivas sobre el clima organizacional en las micro y pequeñas empresas de Latinoamérica. Se presenta un estudio cuantitativo, no experimental, de forma transversal y con un alcance causal. La pertinencia del estudio contribuye a la generación de conocimiento para el desarrollo de un modelo de gestión de la mype en América Latina que permita maximizar la productividad. De acuerdo con los resultados obtenidos, se puede evidenciar que las cinco variables tienen una relación causal con los ítems que las conforman debido al grado de significancia que es menor a 0.05 establecido, cabe señalar que la variable de la habilidad directiva trabajo en equipo es la que presenta mayor impacto en el clima organizacional (1.8302107), y la variable negociación se ubica en la de menor impacto con 0.3550716. A partir del modelo estructural resultante, se identifica que las habilidades directivas de comunicación se encuentran relacionadas significativamente con el liderazgo y el trabajo en equipo; por lo anterior, las habilidades directivas estudiadas tienen un impacto total sobre el clima organizacional de 3.938126. En conclusión, el clima organizacional depende de cómo se ponen en práctica las habilidades gerenciales, por lo que se recomienda que los gerentes o mandos medios fortalezcan la negociación en su organización.

Abstract: The objective of this research is to determine the impact that management skills have on the organizational climate in micro and small companies in Latin America. A quantitative, non-experimental, cross-sectional study with a causal scope is presented. The relevance of the study contributes to the generation of knowledge for the development of a management model for mypes in Latin America that allows maximizing productivity. According to the results obtained, it can be seen that the five variables have a causal relationship with the items that make them up due to the degree of significance that is less than 0.05 established, it should be noted that the variable of teamwork management ability is the that presents the greatest impact on the organizational climate (1.8302107), and the negotiation variable is located in the one with the least impact with 0.3550716. From the resulting structural model, it is identified that communication management skills are significantly related to leadership and teamwork; Therefore, the management skills studied have a total impact on the organizational climate of 3.938126. In conclusion, the organizational climate depends on how managerial skills are put into practice, so it is recommended that managers or middle managers strengthen negotiation in their organization.

Palabras clave: clima organizacional, habilidades directivas, trabajo en equipo.

INTRODUCCIÓN

De acuerdo con el último Censo Económico publicado por el Instituto Nacional de Estadística y Geografía (INEGI, 2020), 98.3 % del universo de unidades económicas está constituido por micro y pequeñas empresas, las cuales generan —al menos— el 55 % de los empleos y amasan el 39 % del Producto Interno Bruto (PIB) del país. Las microempresas están configuradas por aquellos negocios que tienen menos de 10 trabajadores y generan anualmente ventas hasta por 4 millones de pesos. Las pequeñas empresas son unidades económicas que emplean entre 11 y 50 trabajadores, generando ventas anuales que oscilan entre 4 y 100 millones de pesos (Mendoza-Vargas, Villaroel-Puma & Carranza-Quimi, 2020; Forbes, 2021).

Es importante mencionar que actualmente las mypes se enfrentan a múltiples retos y problemáticas, específicamente, el desarrollo de habilidades gerenciales o directivas por parte de los líderes cumple una labor fundamental en el clima organizacional para este tipo de empresas, al establecerse como un diferenciador con otras organizaciones (Busro, 2018). En esa perspectiva, la formación y el desarrollo de habilidades directivas del personal encargado de implementar estrategias y tomar decisiones son fundamentales, pues de ello depende que las mypes cumplan sus metas y objetivos estratégicos, lo cual permite a las organizaciones volverse más competitivas, pues propicia la formación de un clima organizacional donde los empleados estén satisfechos con su organización (Aburto & Bonales, 2011; Brunet, 2007).

Derivado de la importancia que representa el desarrollo de habilidades directivas en los líderes que dirigen los esfuerzos estratégicos de las mypes, así como la importancia de contar con un buen clima organizacional, se plantean las siguientes preguntas de investigación: ¿cuáles habilidades directivas tienen repercusión en el clima organizacional de las mypes?, ¿cuál es el clima organizacional que predomina en las mypes?

Para cumplir con lo anterior, el objetivo de la investigación es determinar el grado de asociación entre las habilidades directivas y el clima organizacional de las micro y pequeñas empresas, lo cual permitirá conocer con mayor precisión las habilidades directivas que los gerentes o mandos medios deben desarrollar para que prevalezca un clima organizacional satisfactorio entre los empleados al interior de las mypes. En ese sentido, las mypes podrán determinar si éstas son las causales de un clima organizacional adecuado o inconveniente, lo que, a su vez, permitirá diseñar programas de capacitación para sus líderes y, con ello, generar información que contribuya —si es el caso— a resolver el problema o mantener y fortalecer lo que se tiene.

Los diferentes análisis estadísticos correlacionales entre las variables del estudio permitirán identificar si las habilidades directivas son la causa principal del clima organizacional que prevalece en las mypes. Lo anterior será de gran apoyo en la búsqueda de factores endógenos diferenciados que permita a las mypes obtener ventajas competitivas sostenibles, ya que, si bien es cierto, una mejor gestión empresarial no es suficiente para lograr ser más competitivas, sino que está determinada por otros factores internos como un buen clima organizacional y el desarrollo de habilidades directivas (Vargas & Del Castillo, 2008).

REVISIÓN DE LA LITERATURA

Las organizaciones del siglo XXI afrontan un entorno dinámico y complejo caracterizado por la incertidumbre, debido a esto deben estar preparadas para dar respuesta a los cambios vertiginosos, en aras de cumplir sus objetivos y metas organizacionales así como volverse más competitivas. Las micro y pequeñas empresas (mypes) también deben responder a ese contexto, sin embargo, las características estructurales de su magnitud las coloca en desventaja respecto a la gran empresa, misma que tiene a su disposición una mayor cantidad de recursos y capacidades. El tema aquí analizado ha obtenido gran relevancia en los rubros de la investigación y las políticas públicas recientemente, lo cual ha permitido una mejora de determinados aspectos directamente vinculados con la competitividad de las empresas (Leyva-Carreras, Cavazos-Arroyo & Espejel-Blanco, 2018).

La situación actual de las mypes es compleja —aun siendo una parte fundamental del aparato económico a nivel mundial—, presenta una serie de desafíos y retos, enfrenta diversos obstáculos que limitan su capacidad de crecimiento y desarrollo. Uno de los principales problemas que enfrentan estas empresas es la falta de acceso al financiamiento, ya que esto restringe su capacidad para invertir en innovación, en maquinaria y equipos, software y tecnologías digitales; así como en la capacitación y adiestramiento para sus empleados. Otra problemática a la cual se enfrentan es la poca inversión en capacitación a sus directivos y gerentes, de modo que éstos puedan desarrollar sus habilidades directivas, permitiéndoles contar con las herramientas necesarias al momento de tomar decisiones estratégicas de impacto en sus portafolios de negocios, a través de una visión diferente y más competitiva, no sólo a nivel local, sino a niveles superiores en la configuración y escala del negocio.

Es importante destacar que la pandemia por el Covid-19 tuvo un impacto significativo en las mypes debido a que muchas de ellas tuvieron que cerrar de forma temporal o permanente. Las restricciones de movimiento y confinamiento social provocaron una disminución significativa en la demanda de productos y servicios (Ibarra-Morales, Paredes-Zempual & Carrillo-Cisneros, 2022). Para dimensionar y tener una mejor visión de la magnitud de la presencia e importancia de las mypes en Latinoamérica, Dini y Stumpo (2021) realizan una clasificación tomando como parámetros el sector y el tamaño de la empresa (tabla 29.1.).

Tabla 29.1. Clasificación de acuerdo con el sector y tamaño de la empresa.

Sector	Micro empresa	Pequeña empresa
Agricultura, ganadería, caza, silvicultura y pesca	80 %	16 %
Explotación de minas y canteras	68 %	23 %
Industria manufacturera	82 %	14 %
Suministro de electricidad, gas y agua	70 %	20 %
Construcción	76 %	19 %
Comercio al por mayor y menor	92 %	07 %
Hoteles y restaurantes	89 %	10 %
Transporte, almacenamiento y comunicaciones	83 %	13 %
Intermediación financiera	81 %	14 %
Actividades inmobiliarias, empresariales y de alquiler	87 %	10 %
Enseñanza	76 %	19 %
Servicios sociales y de salud	89 %	09 %
Otras actividades comunitarias, sociales y personales	95 %	04 %
Total	**88.4 %**	**09.6 %**

Fuente: elaboración propia a partir de Dini & Stumpo (2021).

Leyva-Carreras, Espejel-Blanco y Cavazos-Arroyo (2017) destacan que el director o gerente de una mype debe tomar en cuenta ciertas variables para lograr la excelencia, el buen clima organizacional y la competitividad empresarial, para lo cual es preciso contar con personal directivo que reúna las siguientes características: dinámicos, actualizados, con habilidades directivas, operativas y de gestión, conocimientos de administración y planeación estratégica, así como administración y dirección de talento humano, siempre proactivo al cambio organizacional y tecnológico, para que se convierta en vehículo que potencia la creatividad, la innovación y el desarrollo sustentable. Sin embargo, por desconocer esas características de gestión o habilidades directivas que son propias de los líderes, esa ignorancia puede ser la causa de algunos problemas administrativos y de competitividad en las mypes, lo que genera algunas consecuencias en la transición de una economía local y proteccionista a un mercado libre y globalizado (Naranjo, 2015).

Niebles-Núñez, Torres-Anillo y Montenegro-Rada (2020) establecen que las habilidades directivas comprenden el proceso de la gerencia, estas son: planificar, organizar, dirigir, ejecutar y controlar que, a su vez, constituyen el conjunto de destrezas, cualidades, competencias, conocimientos, acciones, experiencias y capacidades que inciden en el efectivo desempeño del rol gerencial, al contribuir al logro de objetivos y metas organizacionales, asimismo, representan la implementación práctica por la acción del conocimiento adquirido académicamente o por

experiencias a través del proceso de aprendizaje. Es por ello que, en los últimos años, las habilidades directivas desempeñan un papel muy importante en la satisfacción de los colaboradores en las empresas a nivel mundial, pues se ha demostrado que la manera o particularidad en que los directivos lideran a sus equipos generan una repercusión directa en su satisfacción y, por ende, en su desempeño laboral (Moreno & Wong, 2018).

Paredes-Zempual, Ibarra-Morales y Moreno-Freites (2021) adoptan otra perspectiva, sostienen que el buen desempeño de la empresa está en función de las habilidades directivas y el buen clima organizacional, sobre todo en este tiempo donde las empresas se encuentran inmersas en un proceso de globalización y de rápidos cambios que demanda líderes más preparados en actitudes y aptitudes, capaces de administrar de manera eficaz y eficiente los procesos y procedimientos, tanto administrativos como operativos, comprometidos con la rentabilidad de la organización.

El clima organizacional es observado y analizado por las empresas con el fin de mantenerlo en niveles positivos y, de esa forma, estimular la productividad de los empleados, motivo por el cual las empresas buscan los elementos y condiciones necesarias que puedan incidir de forma positiva en el clima organizacional, ya que existen estudios empíricos que así lo demuestran, en otras palabras, un mejor clima organizacional en la empresa se traduce en mejores resultados en los ámbitos financieros, administrativos y productivos (Alegría-Zebadúa & Alarcón-Martínez, 2022).

Whetten y Cameron (2016) clasifican las habilidades en tres grandes grupos: personales, interpersonales y grupales, mismas que en su conjunto aportan al éxito de una administración eficaz y centrada en los logros financieros, pero también de posición competitiva. En este sentido, para el presente estudio se han seleccionado como habilidades directivas las siguientes: negociación, toma de decisiones, liderazgo, comunicación y trabajo en equipo, ya que predominan en la literatura y en los diferentes modelos conceptuales, además de ser las más importantes para Whetten y Cameron. Adicionalmente, se ha seleccionado como variable el 'clima organizacional' debido al impacto y la importancia que ostenta para las mypes. Las definiciones conceptuales para cada una de las variables se muestran en la tabla 29.2.

Tabla 29.2. Definición conceptual de las variables.

Variable	Definición conceptual
Negociación	Presentar y discutir propuestas comunes con el propósito de llegar a un acuerdo en un marco de interés común (Álvarez-Vásquez, et al., 2018).
Toma de decisiones	Decidir por una alternativa que requiere atender situaciones planificadas o de incertidumbre entre un abanico de varias opciones (Ávila-Morales et al., 2022).
Liderazgo	Lograr la motivación de los colaboradores mediante la promoción de conductas positivas que reditúan en mejores niveles de desempeño laboral para la empresa (Rojero-Jiménez, Gómez-Romero & Quintero-Robles, 2019).
Comunicación	Recibir y transmitir mensajes oportunos y unívocos, independientemente del canal o la forma de comunicación, lo cual facilita la emisión y recepción de los mensajes que se producen entre los miembros de la organización y su entorno, facilitando el alcance de los objetivos y metas que establecen los miembros de la organización (Puga-Villarreal & Martínez-Cerna, 2008).
Trabajo en equipo	Fomentar la colaboración conjunta entre los integrantes que conforman un equipo de trabajo, a través del talento individual, la comunicación, las competencias y las fortalezas de cada uno en su relación con los demás, para lograr el cumplimiento de un objetivo común (Viamontes & Oliva, 2015).
Clima organizacional	Variable que media entre el contexto de una organización y la conducta de sus empleados o miembros, desde la perspectiva del cómo ellos experimentan el trabajo en sus empresas (King, Hebl, George & Matusik, 2010).

Fuente: elaboración propia.

METODOLOGÍA

El presente trabajo de investigación ha sido propuesto por la Red de Estudios Latinoamericanos en Administración y Negocios (RELAYN, 2023), la cual consiste en conceptualizar la micro y pequeña empresa (mype) como una serie de elementos de entradas, procesos y salidas enmarcados en un ambiente que influye en el clima organizacional de las mypes, según la percepción del director, considerado como la persona que toma la mayor parte de las decisiones. Este estudio tiene un enfoque cuantitativo de diseño transversal de tipo causal.

Se realizó un muestreo probabilístico aleatorio simple con las mypes de Apan, Almoloya, Emiliano Zapata,Tepeapulco y Tlanalapa, Hidalgo, México, cuya cantidad de empleados se encuentra en el rango de 1 a 50, con un nivel de confianza del 95 %, un margen de error del ±5 % y una probabilidad estimada de p=0.5 (50 %). Se obtuvieron de la muestra aplicada un total de 415 encuestas válidas en el periodo del 01 de marzo al 30 de abril de 2023. Se utilizó un instrumento de medición tipo encuesta, la cual fue dirigida a los propietarios, directores o gerentes de las mypes, para lo cual sirvió la asistencia de estudiantes universitarios que previamente fueron capacitados para aplicar la encuesta.

Características de la muestra son:

El 45.8 % de la muestra fueron del sexo biológico femenino y el restante 54.2 % masculino. La edad de los sujetos tiene un rango de 18 a 86 años, con un promedio de 44 años y una moda de 45 años. El 26.7 % de los empresarios tienen estudios de nivel superior, seguido de un 37.1 % con nivel media superior, 32.8 % con educación básica. En cuanto a estado civil predominan los casados con un 57.3 % seguidos de los solteros con 21.4 %.

La mayoría de los negocios 76.6 % pertenecen al giro comercial, un 19.3 % a la prestación de servicios y sólo 4.1 % a la producción de manufacturas, la antigüedad del 12.8 %de los negocios es menor a 3 años. Los empleos que ofrecen están en el rango de 1 a 50 trabajadores, de las empresas el 88.9 % emplea de 1 a 10 trabajadores y el 88.4 % tienen en su plantilla de 1 a 10 mujeres y en el 70.6 % colaboran de 1 a 5 familiares del propietario.

Alineado al objetivo general de la investigación y a la revisión de la literatura, se plantean las siguientes hipótesis:

H0: Las habilidades directivas no inciden en el clima organizacional de la mype.
H1: Las habilidades directivas inciden en el clima organizacional de la mype.

En cuanto al instrumento de medición, éste se integró por seis partes o bloques. El primero de ellos, con datos que abordan aspectos generales de la empresa: tamaño de la empresa, personal ocupado, así como información sobre los ingresos y gastos. La segunda parte aborda los datos del directivo y el tiempo destinado a las labores de la empresa. La tercera parte se refiere a los insumos del sistema: recursos humanos, análisis del mercado y proveedores. En una cuarta parte del instrumento de medición se exponen los procesos del sistema: dirección, gestión de ventas, finanzas, innovación, mercadotecnia, producción-operación. La quinta parte estuvo integrada por los resultados del sistema: satisfacción del sistema, ventaja competitiva, RSC-Asuntos de ISO 26000, valoración del entorno y, por último, la sexta parte quedó integrada por los dos temas anuales de investigación: a) el trabajo decente desde la perspectiva directiva y b) el impacto de las habilidades directivas (negociación, toma de decisiones, liderazgo, comunicación, trabajo en equipo) sobre el clima organizacional. Para las secciones comprendidas del tercer al sexto bloque se emplea una escala de Likert de cinco puntos, los cuales van de 'No sé / No aplica' (1) a 'muy de acuerdo' (5).

RESULTADOS

Las seis variables muestran consistencia interna del instrumento mediante el análisis del alfa de Cronbach de las variables objeto de estudio, de la misma forma se analiza la correlación que tienen con el clima organizacional como se muestra en la tabla 29.3.

Tabla 29.3. Alfa de Cronbach y correlación de las variables.

Variables	Correlación con clima	Cronbach	Media	Desviación Estándar
Negociación	0.468	0.882	4.215	0.530
Toma de decisiones	0.336	0.924	4.233	0.559
Liderazgo	0.493	0.937	4.321	0.521
Comunicación	0.619	0.942	4.317	0.541
Trabajo en equipo	0.537	0.941	4.308	0.564
Clima Organizacional	1	0.948	4.304	0.609

Fuente: Elaboración propia utilizando RStudio (R Core Team, 2022).

Se procede a realizar el modelo estructural del instrumento en la figura 29.4, el ajuste absolutorio muestra el error cuadrático medio de aproximación (RMSEA) es de 0 y el residuo cuadrático medio estandarizado (SRMR) es de 0.04, en ambos casos se consideran aceptables, en el ajuste comparativo (CFI) muestra un resultado de 1 y el índice de Tucker-Lewis (TLI) de 1.002 consideramos ajustes óptimos.

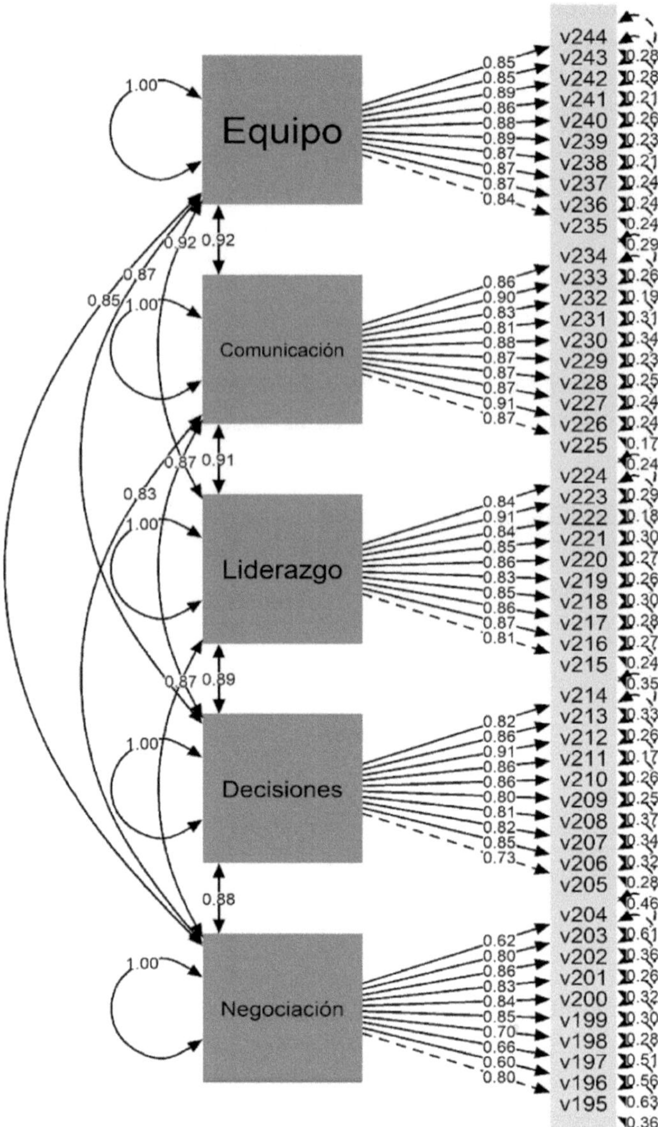

Figura 29.4. Resultado del modelo estructural.

Fuente: Elaboración propia utilizando RStudio (R Core Team, 2022).

Partiendo de la información cuantitativa del estudio se establece el modelo estructural (Figura 29.4), donde se muestra la dirección de las relaciones entre las diversas variables y el efecto que causan. El modelo plantea la existencia de cinco variables endógenas con una relación causal recíproca (trabajo en equipo, comunicación, liderazgo, toma de decisiones y negociación). Las cinco variables tienen una relación causal directa con los ítems que conforman la variable, en todos los casos el grado de significancia fue <0.05 (los resultados se muestran en la Figura 29.4) dando un correcto ajuste del modelo (Bentler & Bonett, 1980; Martínez et al., 2012)

Con el objetivo de medir el impacto que tienen las habilidades directivas sobre el clima organizacional de la mype se realiza la siguiente regresión lineal, donde el clima organizacional es la variable dependiente y las variables independientes son negociación, decisiones, liderazgo y comunicación. Al final se sustituyen los valores tal y como se observa en la tabla 29.5.

Fórmula:

y = clima = constante + negociación + toma de decisiones + liderazgo + comunicación + trabajo en equipo.

Tabla 29.5. Regresión lineal.

Fórmula: lm(fórmula = clima ~ negociación + toma de decisiones + liderazgo + comunicación + trabajo en equipo)				
Residuales				
Min	**1Q**	**Mediana**	**3Q**	**Max**
-3.06102	-0.04079	-0.00311	0.10436	1.11534
Coeficientes	**Estimado**	**Std. Error**	**T-valor**	**P-valor**
(Clima/Intercept)	0.36547	0.17437	2.096	0.0367
Negociación	0.08424	0.05976	1.410	0.1594
Toma de decisiones	0.14813	0.06512	2.275	0.0234
Liderazgo	0.17825	0.07964	2.238	0.0257
Comunicación	0.08237	0.07344	1.122	0.2627
Trabajo en equipo	0.42484	0.06987	6.080	2.76e-09

Signif. codes: 0 '***' 0.001 '**' 0.01 '*' 0.05 '.' 0.1 ' ' 1
Residual standard error: 0.3973 on 409 degrees of freedom
Multiple R-squared: 0.5788, Adjusted R-squared: 0.5737
F-statistic: 112.4 on 5 and 409 DF, p-value: < 2.2e-16
Fuente: Elaboración propia utilizando RStudio (R Core Team, 2022).

Para poder medir el impacto, se multiplica el valor estimado de cada una de las variables independientes (tabla 29.5) por su media (tabla 29.3).

y=0.36547 + (0.08424 * 4.215) + (0.14813 * 4.233) + (0.17825 * 4.321) + (0.08237 * 4.317) + (0.42484 * 4.308)

Resolvemos la ecuación:

y=0.36547+0.3550716+0.6270343+0.7702182+0.3555913+1.8302107
y=4.3035961

Se observa que la variable que tiene mayor impacto es trabajo en equipo con 1.8302107, mientras que la de menor impacto es negociación con 0.3550716. El impacto total de las habilidades directivas sobre el clima organizacional es de 4.3035961.

DISCUSIÓN

En el estudio de esta investigación, las habilidades directivas y el clima organizacional inciden de manera particular en las micro y pequeñas empresas de Apan, Almoloya, Emiliano Zapata, Tepeapulco y Tlanalapa, Hidalgo, por lo que el análisis de los resultados forma la base del siguiente desarrollo.

Cabe mencionar que el giro principal de las empresas participantes de esta encuesta no es el de ofrecer servicios de administración, ni hacer que las competencias directivas impacten de manera positiva en el clima organizacional; por tanto, la primera aportación es que esta investigación da información clave a directivos para hacer de su liderazgo y de su clima organizacional una ventaja competitiva.

Profundizando en las variables que se consideraron en este estudio; es decir, la negociación, la toma de decisiones, el liderazgo, la comunicación, el trabajo en equipo y el clima organizacional, mediante el análisis del alfa de Cronbach, éstas mostraron una correlación con el clima organizacional; cabe señalar que la variable de negociación se ubica en la de menor impacto con 0.3550716; por tanto, este resultado permite plantear un nuevo cuestionamiento: ¿existe una preparación suficiente en modelos de negociación por parte de los directivos de las empresas encuestadas?

De acuerdo con los resultados principales obtenidos, se evidencia que la variable trabajo en equipo presenta mayor impacto en el clima organizacional (1.8302107); por lo que, mediante una visión directiva, estos resultados conducirán al ejercicio de llevar por un proceso de fortalecimiento y madurez a los equipos.

Estos resultados permitirán a los empresarios de la región del altiplano hidalguense destinar mayor atención y recursos para que estas variables formen parte de un sistema integral para así influir de manera más directa y positiva a un clima organizacional más competitivo; por tanto, la capacitación a los directivos y mandos medios será fundamental.

REFERENCIAS

Aburto, H.I. & Bonales, J. (2011). Habilidades directivas: Determinantes en el clima organizacional. *Investigación y Ciencia,* 19(51), 41–49.

Alegría-Zebadúa, R.M., & Alarcón-Martínez, G. (2022). Marco teórico e instrumento de medición de las habilidades gerenciales y clima organizacional en *Instituciones Bancarias de México. Vinculatégica,* 7(1). https://doi.org/10.29105/vtga7.1-82

Álvarez-Vásquez, C.A., Rivera-Vera, H.F., Conforme-Cedeño, G.M., Campoverde-Flores, F.K., Sornoza-Parrales, D.R., & Merchán-Nieto, L. (2018). *Los procesos, las técnicas de negociación y la tecnología. Ciencias. Economía, Organización y Ciencias Sociales. Editorial Área de Innovación y Desarrollo, S.L.* https://doi.org/10.17993/ecoorgycso.2018.41

Ávila-Morales, H., Palumbo-Pinto, G.B., De la Cruz-Ríos, H.A., & Ogosi-Auqui, J.A. (2022). Toma de decisiones estratégicas en la gestión pública para el desarrollo social. *Revista Venezolana de Gerencia,* 27(Edición Especial 7), 648–662. https://doi.org/10.52080/rvgluz.27.7.42

Bentler, P. M., & Bonett, D. G. (1980). Significance Tests and Goodness of Fit in the Analysis of Covariance Structures. *In Psychological Bulletin* (Vol. 88, Issue 3).

Brunet, L. (2007). El clima de trabajo en las organizaciones. Definición, diagnóstico y consecuencias. *Editorial Trillas.*

Busro, M. (2018). Teori-teori Manajemen Sumber Daya Manusia. *Jakarta. PrenadaMedia.*

Dini, M. & Stumpo, G. (2020). MiPyMEs en América Latina: un frágil desempeño y nuevos desafíos para las políticas de fomento. Documentos de Proyectos (LC/TS.2018/75/Rev.1), Santiago. *Comisión Económica para América Latina y el Caribe* (CEPAL).

Forbes (2021). Inclusión digital: el futuro de las MyPEs. *Forbes Content.* https://www.forbes.com.mx/ad-inclusion-digital-futuro-mypes-mexico-visa/

Ibarra-Morales, L.E., Paredes-Zempual, D., & Carrillo-Cisneros, E. (2022). Impacto del COVID-19 en las variables que determinan la competitividad de las micro, pequeñas y medianas empresas mexicanas. *Revista RELAYN. Micro y Pequeña Empresa en Latinoamérica,* 6(1), 7–22. https://doi.org/10.46990/relayn.2022.6.1.532

Instituto Nacional de Estadística y Geografía (Inegi) (2020). *Censo de población y vivienda 2020.* https://www.inegi.org.mx/programas/ccpv/2020/

King, E.B., Helb, M.R., George, J.M. & Matusik, S.F. (2010). Understanding tokenism: Antecedents and consequences of a psychological climate of gender inequity. *Journal of Management,* 36(2), 482–510. https://doi.org/10.1177/0149206308328508

Leyva-Carreras, A.B., Cavazos-Arroyo, J., & Espejel-Blanco, J.E. (2018). Influencia de la planeación estratégica y habilidades gerenciales como factores internos de la competitividad empresarial de las Pymes. *Contaduría y Administración,* 63(3), 41. https://doi.org/10.22201/fca.24488410e.2018.1085

Leyva-Carreras, A.B., Espejel-Blanco, J.E., & Cavazos-Arroyo, J. (2017). Habilidades gerenciales como estrategia de competitividad empresarial en las pequeñas y medianas empresas (Pymes). *Revista Perspectiva Empresarial*, 4(1), 7–22. https://doi.org/10.16967/rpe.v4n1a1

Martinez, E., García-Alandete, J., Selles, P., Bernabe, G., & Soucase, B. (2012). Análisis factorial confirmatorio de los principales modelos propuestos para el purpose-in-life test en una muestra de universitarios españoles. *Acta Colombiana de Psicología*, 67–76.

Mendoza-Vargas, E.Y., Villaroel-Puma, M.F. & Carranza-Quimi, W.D. (2020). Caracterización de los microemprendimientos de los sectores urbanos marginales de Quevedo. *Centro Sur. Social Science Journal.* 4(4), 1–23. https://doi.org/10.37955/cs.v4i1.40

Moreno, M. J., & Wong Aitken, H. G. (2019). Relación de las habilidades directivas y la satisfacción laboral en la empresa Chicken King de Trujillo, 2018. *Cuadernos Latinoamericanos de Administración*, 14(27), 1–17. https://doi.org/10.18270/cuaderlam.v14i27.2475

Naranjo, R. (2015). Management skills in leaders of mid-sized businesses of Colombia. *Revista Científica Pensamiento y Gestión*, 38, 119–146. https://doi.org/10.14482/pege.38.7703

Niebles-Núñez, L., Torres-Anillo, K. & Montenegro-Rada, A. (2020). Habilidades gerenciales como herramienta para el fortalecimiento del liderazgo transformacional en las mipymes. *Editorial Universidad del Atlántico.* https://repositorio.uniatlantico.edu.co/bitstream/handle/20.500.12834/1030/admin %2c %2bHABILIDADES %2bGERENCIALES %2bCOMO %2bHERRAMIENTA %2bEN %2bMIPYMES.pdf?sequence=1&isAllowed=y

Paredes-Zempual, D., Ibarra-Morales, L.E., & Moreno-Freites, Z.E. (2021). Habilidades directivas y clima organizacional en pequeñas y medianas empresas. *Investigación Administrativa*, 50–1, 1–23. https://doi.org/10.35426/iav50n127.05

Puga-Villarreal, J., & Martínez-Cerna, L. (2008). Competencias Directivas en Escenarios Globales. *Estudios Gerenciales*, 24(109), 87–103. https://doi.org/10.1016/s0123-5923(08)70054-8

R Core Team (2022). R: A language and environment for statistical computing. R *Foundation for Statistical Computing, Vienna, Austria*. URL https://www.R-project.org/

Red de Estudios Latinoamericanos en Administración y Negocios. (RELAYN) (2023). *Investigación anual,* N. Peña & O. Aguilar (coords.) https://relayn.redesla.la

Red de Estudios Latinoamericanos (RedesLA) (2023). *Investigaciones anuales.* https://redesla.la

Rojero-Jiménez, R., Gómez-Romero, J.G.I., & Quintero-Robles, L.M. (2019). El liderazgo transformacional y su influencia en los atributos de los seguidores en las Mipymes mexicanas. *Estudios Gerenciales*, 35(151), 178–189. https://doi.org/10.18046/j.estger.2019.151.3192

Vargas, B., & del Castillo, C. (2008). Competitividad sostenible de la pequeña empresa: Un modelo de promoción de capacidades endógenas para promover ventajas competitivas sostenibles y alta productividad. *Journal of Economics, Finance and Administrative Science,* 13(24), 59–80. https://www.redalyc.org/articulo.oa?id=360733604004

Viamontes, M.O., & Oliva, E.J.D. (2015). Las agrupaciones corales como estrategia de formación de competencias para trabajo en equipo en las organizaciones: una perspectiva comparativa. *Suma de Negocios,* 6(13), 92–97. https://doi.org/10.1016/j.sumneg.2015.08.008

Whetten, D. & Cameron, K. (2016). Desarrollo de habilidades directivas. México: *Editorial Prentice Hall.*

CAPÍTULO 30

Las habilidades directivas y el clima organizacional en las micro y pequeñas empresas de Francisco I. Madero y Actopan, Hidalgo, México

Management skills and the organizational climate in micro and small businesses in Francisco I. Madero and Actopan, Hidalgo, Mexico

PATRICIA TREJO ENCARNACIÓN, DIANA HERNÁNDEZ GÓMEZ, EDUARDO CRUZ SÁNCHEZ Y ELIZABETH ÁNGELES GUILLERMO

Universidad Politécnica de Francisco I. Madero

Resumen: El objetivo de la presente investigación es determinar el impacto que tienen las habilidades directivas sobre el clima organizacional en las micro y pequeñas empresas de Latinoamérica. Se presenta un estudio cuantitativo, no experimental, de forma transversal y con un alcance causal. La pertinencia del estudio contribuye a la generación de conocimiento para el desarrollo de un modelo de gestión de la mype en América Latina que permita maximizar la productividad. Entre los principales resultados, podemos observar que la variable de la habilidad directiva trabajo en equipo es la que tiene mayor impacto en el clima organizacional, con 1.8012086.

El estudio encontró una consistencia interna adecuada en las variables analizadas y en las correlaciones significativas con el clima organizacional. El modelo estructural mostró un buen ajuste a los datos, respaldando las relaciones causales entre las variables. Las habilidades directivas, como el liderazgo y la comunicación, tuvieron un impacto significativo en el clima organizacional de la micro y pequeña empresa estudiada. La variable trabajo en equipo tuvo el mayor impacto con 1.8012086, mientras que negociación tuvo el menor impacto con un valor de 0.178837. En general, las habilidades directivas influyeron de manera positiva en el clima organizacional con un impacto total de 4.3110022.

Abstract: The objective of this research is to determine the impact that management skills have on the organizational climate in micro and small companies in Latin America. A quantitative, non-experimental, cross-sectional study with a causal scope is presented. The relevance of the study contributes to the generation of knowledge for the development of a management model for mypes in Latin America that allows maximizing productivity. Among the main results, we can observe that the variable of teamwork managerial ability is the one that has the greatest impact on the organizational climate, with 1.8012086.

The study found an adequate internal consistency in the variables analyzed and in the significant correlations with the organizational climate. The structural model showed a good fit to the data, supporting the causal relationships between the variables. Management skills, such as leadership and communication, had a significant impact on the organizational climate of the micro and small business studied. The teamwork variable had the greatest impact with 1.8012086, while negotiation had the least impact with a value of 0.178837. In general, management skills positively influenced the organizational climate with a total impact of 4.3110022.

Palabras clave: clima organizacional, trabajo en equipo, habilidades directivas, liderazgo, negociación.

INTRODUCCIÓN

De acuerdo con el último Censo Económico publicado por el Instituto Nacional de Estadística y Geografía (INEGI, 2020), 98.3 % del universo de unidades económicas está constituido por micro y pequeñas empresas, las cuales generan —al menos— el 55 % de los empleos y amasan el 39 % del Producto Interno Bruto (PIB) del país. Las microempresas están configuradas por aquellos negocios que tienen menos de 10 trabajadores y generan anualmente ventas hasta por 4 millones de pesos. Las pequeñas empresas son unidades económicas que emplean entre 11 y 50 trabajadores, generando ventas anuales que oscilan entre 4 y 100 millones de pesos (Mendoza-Vargas, Villaroel-Puma & Carranza-Quimi, 2020; Forbes, 2021).

Es importante mencionar que actualmente las mypes se enfrentan a múltiples retos y problemáticas, específicamente, el desarrollo de habilidades gerenciales o directivas por parte de los líderes cumple una labor fundamental en el clima organizacional para este tipo de empresas, al establecerse como un diferenciador con otras organizaciones (Busro, 2018). En esa perspectiva, la formación y el desarrollo de habilidades directivas del personal encargado de implementar estrategias y tomar decisiones son fundamentales, pues de ello depende que las mypes cumplan sus metas y objetivos estratégicos, lo cual permite a las organizaciones volverse más competitivas, pues propicia la formación de un clima organizacional donde los empleados estén satisfechos con su organización (Aburto & Bonales, 2011; Brunet, 2007).

Derivado de la importancia que representa el desarrollo de habilidades directivas en los líderes que dirigen los esfuerzos estratégicos de las mypes, así como la importancia de contar con un buen clima organizacional, se plantean las siguientes preguntas de investigación: ¿cuáles habilidades directivas tienen repercusión en el clima organizacional de las mypes?, ¿cuál es el clima organizacional que predomina en las mypes?

Para cumplir con lo anterior, el objetivo de la investigación es determinar el grado de asociación entre las habilidades directivas y el clima organizacional de las micro y pequeñas empresas, lo cual permitirá conocer con mayor precisión las habilidades directivas que los gerentes o mandos medios deben desarrollar para que prevalezca un clima organizacional satisfactorio entre los empleados al interior de las mypes. En ese sentido, las mypes podrán determinar si éstas son las causales de un clima organizacional adecuado o inconveniente, lo que, a su vez, permitirá diseñar programas de capacitación para sus líderes y, con ello, generar información que contribuya —si es el caso— a resolver el problema o mantener y fortalecer lo que se tiene.

Los diferentes análisis estadísticos correlacionales entre las variables del estudio permitirán identificar si las habilidades directivas son la causa principal del clima organizacional que prevalece en las mypes. Lo anterior será de gran apoyo en la búsqueda de factores endógenos diferenciados que permita a las mypes obtener ventajas competitivas sostenibles, ya que, si bien es cierto, una mejor gestión empresarial no es suficiente para lograr ser más competitivas, sino que está determinada por otros factores internos como un buen clima organizacional y el desarrollo de habilidades directivas (Vargas & Del Castillo, 2008).

REVISIÓN DE LA LITERATURA

Las organizaciones del siglo XXI afrontan un entorno dinámico y complejo caracterizado por la incertidumbre, debido a esto deben estar preparadas para dar respuesta a los cambios vertiginosos, en aras de cumplir sus objetivos y metas organizacionales así como volverse más competitivas. Las micro y pequeñas empresas (mypes) también deben responder a ese contexto, sin embargo, las características estructurales de su magnitud las coloca en desventaja respecto a la gran empresa, misma que tiene a su disposición una mayor cantidad de recursos y capacidades. El tema aquí analizado ha obtenido gran relevancia en los rubros de la investigación y las políticas públicas recientemente, lo cual ha permitido una mejora de determinados aspectos directamente vinculados con la competitividad de las empresas (Leyva-Carreras, Cavazos-Arroyo & Espejel-Blanco, 2018).

La situación actual de las mypes es compleja —aun siendo una parte fundamental del aparato económico a nivel mundial—, presenta una serie de desafíos y retos, enfrenta diversos obstáculos que limitan su capacidad de crecimiento y desarrollo. Uno de los principales problemas que enfrentan estas empresas es la falta de acceso al financiamiento, ya que esto restringe su capacidad para invertir en innovación, en maquinaria y equipos, software y tecnologías digitales; así como en la capacitación y adiestramiento para sus empleados. Otra problemática a la cual se enfrentan es la poca inversión en capacitación a sus directivos y gerentes, de modo que éstos puedan desarrollar sus habilidades directivas, permitiéndoles contar con las herramientas necesarias al momento de tomar decisiones estratégicas de impacto en sus portafolios de negocios, a través de una visión diferente y más competitiva, no sólo a nivel local, sino a niveles superiores en la configuración y escala del negocio.

Es importante destacar que la pandemia por el Covid-19 tuvo un impacto significativo en las mypes debido a que muchas de ellas tuvieron que cerrar de forma temporal o permanente. Las restricciones de movimiento y confinamiento social provocaron una disminución significativa en la demanda de productos y servicios (Ibarra-Morales, Paredes-Zempual & Carrillo-Cisneros, 2022). Para dimensionar y tener una mejor visión de la magnitud de la presencia e importancia de las mypes en Latinoamérica, Dini y Stumpo (2021) realizan una clasificación tomando como parámetros el sector y el tamaño de la empresa (tabla 30.1.).

Tabla 30.1. Clasificación de acuerdo con el sector y tamaño de la empresa.

Sector	**Micro empresa**	**Pequeña empresa**
Agricultura, ganadería, caza, silvicultura y pesca	80 %	16 %
Explotación de minas y canteras	68 %	23 %
Industria manufacturera	82 %	14 %
Suministro de electricidad, gas y agua	70 %	20 %
Construcción	76 %	19 %
Comercio al por mayor y menor	92 %	07 %
Hoteles y restaurantes	89 %	10 %
Transporte, almacenamiento y comunicaciones	83 %	13 %
Intermediación financiera	81 %	14 %
Actividades inmobiliarias, empresariales y de alquiler	87 %	10 %
Enseñanza	76 %	19 %
Servicios sociales y de salud	89 %	09 %
Otras actividades comunitarias, sociales y personales	95 %	04 %
Total	**88.4 %**	**09.6 %**

Fuente: elaboración propia a partir de Dini & Stumpo (2021).

Leyva-Carreras, Espejel-Blanco y Cavazos-Arroyo (2017) destacan que el director o gerente de una mype debe tomar en cuenta ciertas variables para lograr la excelencia, el buen clima organizacional y la competitividad empresarial, para lo cual es preciso contar con personal directivo que reúna las siguientes características: dinámicos, actualizados, con habilidades directivas, operativas y de gestión, conocimientos de administración y planeación estratégica, así como administración y dirección de talento humano, siempre proactivo al cambio organizacional y tecnológico, para que se convierta en vehículo que potencia la creatividad, la innovación y el desarrollo sustentable. Sin embargo, por desconocer esas características de gestión o habilidades directivas que son propias de los líderes, esa ignorancia puede ser la causa de algunos problemas administrativos y de competitividad en las mypes, lo que genera algunas consecuencias en la transición de una economía local y proteccionista a un mercado libre y globalizado (Naranjo, 2015).

Niebles-Núñez, Torres-Anillo y Montenegro-Rada (2020) establecen que las habilidades directivas comprenden el proceso de la gerencia, estas son: planificar, organizar, dirigir, ejecutar y controlar que, a su vez, constituyen el conjunto de destrezas, cualidades, competencias, conocimientos, acciones, experiencias y capacidades que inciden en el efectivo desempeño del rol gerencial, al contribuir al logro de objetivos y metas organizacionales, asimismo, representan la implementación práctica por la acción del conocimiento adquirido académicamente o por experiencias a través del proceso de aprendizaje. Es por ello que, en los últimos años, las habilidades directivas desempeñan un papel muy importante en la satisfacción de los colaboradores en las empresas a nivel mundial, pues se ha demostrado que la manera o particularidad en que los directivos lideran a sus equipos generan una repercusión directa en su satisfacción y, por ende, en su desempeño laboral (Moreno & Wong, 2018).

Paredes-Zempual, Ibarra-Morales y Moreno-Freites (2021) adoptan otra perspectiva, sostienen que el buen desempeño de la empresa está en función de las habilidades directivas y el buen clima organizacional, sobre todo en este tiempo donde las empresas se encuentran inmersas en un proceso de globalización y de rápidos cambios que demanda líderes más preparados en actitudes y aptitudes, capaces de administrar de manera eficaz y eficiente los procesos y procedimientos, tanto administrativos como operativos, comprometidos con la rentabilidad de la organización.

El clima organizacional es observado y analizado por las empresas con el fin de mantenerlo en niveles positivos y, de esa forma, estimular la productividad de los empleados, motivo por el cual las empresas buscan los elementos y condiciones necesarias que puedan incidir de forma positiva en el clima organizacional, ya que existen estudios empíricos que así lo demuestran, en otras palabras, un mejor clima organizacional en la empresa se traduce en mejores resultados en los ámbitos financieros, administrativos y productivos (Alegría-Zebadúa & Alarcón-Martínez, 2022).

Whetten y Cameron (2016) clasifican las habilidades en tres grandes grupos: personales, interpersonales y grupales, mismas que en su conjunto aportan al éxito de una administración eficaz y centrada en los logros financieros, pero también de posición competitiva. En este sentido, para el presente estudio se han seleccionado como habilidades directivas las siguientes: negociación, toma de decisiones, liderazgo, comunicación y trabajo en equipo, ya que predominan en la literatura y en los diferentes modelos conceptuales, además de ser las más importantes para Whetten y Cameron. Adicionalmente, se ha seleccionado como variable el 'clima organizacional' debido al impacto y la importancia que ostenta para las mypes. Las definiciones conceptuales para cada una de las variables se muestran en la tabla 30.2.

Tabla 30.2. Definición conceptual de las variables.

Variable	Definición conceptual
Negociación	Presentar y discutir propuestas comunes con el propósito de llegar a un acuerdo en un marco de interés común (Álvarez-Vásquez, et al., 2018).
Toma de decisiones	Decidir por una alternativa que requiere atender situaciones planificadas o de incertidumbre entre un abanico de varias opciones (Ávila-Morales et al., 2022).
Liderazgo	Lograr la motivación de los colaboradores mediante la promoción de conductas positivas que reditúan en mejores niveles de desempeño laboral para la empresa (Rojero-Jiménez, Gómez-Romero & Quintero-Robles, 2019).
Comunicación	Recibir y transmitir mensajes oportunos y unívocos, independientemente del canal o la forma de comunicación, lo cual facilita la emisión y recepción de los mensajes que se producen entre los miembros de la organización y su entorno, facilitando el alcance de los objetivos y metas que establecen los miembros de la organización (Puga-Villarreal & Martínez-Cerna, 2008).
Trabajo en equipo	Fomentar la colaboración conjunta entre los integrantes que conforman un equipo de trabajo, a través del talento individual, la comunicación, las competencias y las fortalezas de cada uno en su relación con los demás, para lograr el cumplimiento de un objetivo común (Viamontes & Oliva, 2015).
Clima organizacional	Variable que media entre el contexto de una organización y la conducta de sus empleados o miembros, desde la perspectiva del cómo ellos experimentan el trabajo en sus empresas (King, Hebl, George & Matusik, 2010).

Fuente: elaboración propia.

METODOLOGÍA

El presente trabajo de investigación ha sido propuesto por la Red de Estudios Latinoamericanos en Administración y Negocios (RELAYN, 2023), la cual consiste en conceptualizar la micro y pequeña empresa (mype) como una serie de elementos de entradas, procesos y salidas enmarcados en un ambiente que influye en el clima organizacional de las mypes, según la percepción del director, considerado como la persona que toma la mayor parte de las decisiones. Este estudio tiene un enfoque cuantitativo de diseño transversal de tipo causal.

Se realizó un muestreo probabilístico aleatorio simple con las mypes de Francisco I. Madero y Actopan, Hidalgo, México, cuya cantidad de empleados se encuentra en el rango de 1 a 50, con un nivel de confianza del 95 %, un margen de error del ±5 % y una probabilidad estimada de p=0.5 (50 %). Se obtuvieron de la muestra aplicada un total de 807 encuestas válidas en el periodo del 01 de marzo al 30 de abril de 2023. Se utilizó un instrumento de medición tipo encuesta, la cual fue dirigida a los propietarios, directores o gerentes de las mypes, para lo cual sirvió la asistencia de estudiantes universitarios que previamente fueron capacitados para aplicar la encuesta.

Características de la muestra son:

El 49.9 % de la muestra fueron del sexo biológico femenino y el restante 50.1 % masculino. La edad de los sujetos tiene un rango de 18 a 86 años, con un promedio de 41 años y una moda de 45 años. El 27.4 % de los empresarios tienen estudios de nivel superior, seguido de un 42.4 % con nivel media superior, 28.3 % con educación básica. En cuanto a estado civil predominan los casados con un 49.3 % seguidos de los solteros con 20.1 %.

La mayoría de los negocios 76 % pertenecen al giro comercial, un 22.4 % a la prestación de servicios y sólo 1.6 % a la producción de manufacturas, la antigüedad del 13.9 %de los negocios es menor a 3 años. Los empleos que ofrecen están en el rango de 1 a 30 trabajadores, de las empresas el 95.3 % emplea de 1 a 10 trabajadores y el 89.7 % tienen en su plantilla de 1 a 10 mujeres y en el 73.6 % colaboran de 1 a 5 familiares del propietario.

Alineado al objetivo general de la investigación y a la revisión de la literatura, se plantean las siguientes hipótesis:

H0: Las habilidades directivas no inciden en el clima organizacional de la mype.
H1: Las habilidades directivas inciden en el clima organizacional de la mype.

En cuanto al instrumento de medición, éste se integró por seis partes o bloques. El primero de ellos, con datos que abordan aspectos generales de la empresa: tamaño de la empresa, personal ocupado, así como información sobre los ingresos y gastos. La segunda parte aborda los datos del directivo y el tiempo destinado a las labores de la empresa. La tercera parte se refiere a los insumos del sistema: recursos humanos, análisis del mercado y proveedores. En una cuarta parte del instrumento de medición se exponen los procesos del sistema: dirección, gestión de ventas, finanzas, innovación, mercadotecnia, producción-operación. La quinta parte estuvo integrada por los resultados del sistema: satisfacción del sistema, ventaja competitiva, RSC-Asuntos de ISO 26000, valoración del entorno y, por último, la sexta parte quedó integrada por los dos temas anuales de investigación: a) el trabajo decente desde la perspectiva directiva y b) el impacto de las habilidades directivas (negociación, toma de decisiones, liderazgo, comunicación, trabajo en equipo) sobre el clima organizacional. Para las secciones comprendidas del tercer al sexto bloque se emplea una escala de Likert de cinco puntos, los cuales van de 'No sé / No aplica' (1) a 'muy de acuerdo' (5).

RESULTADOS

Las seis variables muestran consistencia interna del instrumento mediante el análisis del alfa de Cronbach de las variables objeto de estudio, de la misma forma se analiza la correlación que tienen con el clima organizacional como se muestra en la tabla 30.3.

Tabla 30.3. Alfa de Cronbach y correlación de las variables.

Variables	Correlación con clima	Cronbach	Media	Desviación Estándar
Negociación	0.375	0.851	4.159	0.552
Toma de decisiones	0.258	0.877	4.188	0.517
Liderazgo	0.282	0.875	4.365	0.442
Comunicación	0.462	0.880	4.349	0.445
Trabajo en equipo	0.409	0.903	4.312	0.491
Clima Organizacional	1	0.890	4.311	0.500

Fuente: Elaboración propia utilizando RStudio (R Core Team, 2022).

Se procede a realizar el modelo estructural del instrumento en la figura 30.4, el ajuste absolutorio muestra el error cuadrático medio de aproximación (RMSEA) es de 0.032 y el residuo cuadrático medio estandarizado (SRMR) es de 0.045, en

ambos casos se consideran aceptables, en el ajuste comparativo (CFI) muestra un resultado de 0.995 y el índice de Tucker-Lewis (TLI) de 0.995 consideramos ajustes óptimos.

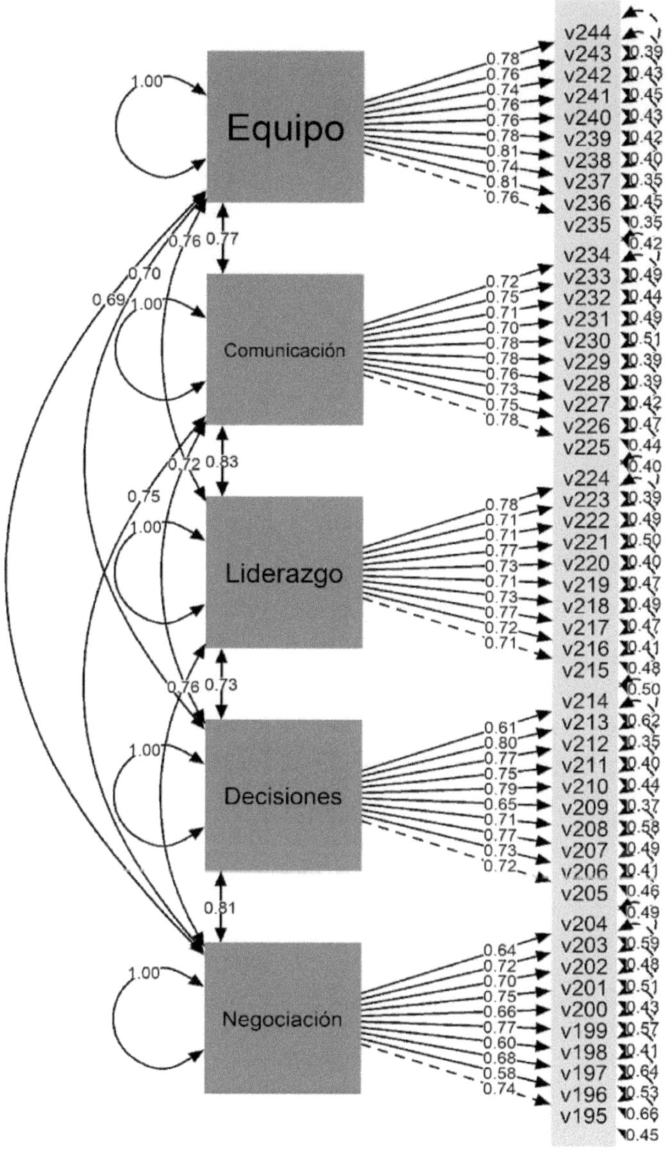

Figura 30.4. Resultado del modelo estructural.

Fuente: Elaboración propia utilizando RStudio (R Core Team, 2022).

Partiendo de la información cuantitativa del estudio se establece el modelo estructural (Figura 30.4), donde se muestra la dirección de las relaciones entre las diversas variables y el efecto que causan. El modelo plantea la existencia de cinco variables endógenas con una relación causal recíproca (trabajo en equipo, comunicación, liderazgo, toma de decisiones y negociación). Las cinco variables tienen una relación causal directa con los ítems que conforman la variable, en todos los casos el grado de significancia fue <0.05 (los resultados se muestran en la Figura 30.4) dando un correcto ajuste del modelo (Bentler & Bonett, 1980; Martínez et al., 2012)

Con el objetivo de medir el impacto que tienen las habilidades directivas sobre el clima organizacional de la mype se realiza la siguiente regresión lineal, donde el clima organizacional es la variable dependiente y las variables independientes son negociación, toma de decisiones, liderazgo, comunicación y trabajo en equipo. Al final se sustituyen los valores tal y como se observa en la tabla 30.5.

Fórmula:

y = clima = constante + negociación + toma de decisiones + liderazgo + comunicación + trabajo en equipo.

Tabla 30.5. Regresión lineal.

Fórmula: lm(fórmula = clima ~ negociación + toma de decisiones + liderazgo + comunicación + trabajo en equipo)				
Residuales				
Min	1Q	Mediana	3Q	Max
-2.65810	-0.11361	0.00186	0.16523	1.41335
Coeficientes	**Estimado**	**Std. Error**	**T-valor**	**P-valor**
(Clima/Intercept)	0.59638	0.13591	4.388	1.3e-05
Negociación	0.04300	0.03171	1.356	0.175442
Toma de decisiones	0.10104	0.03531	2.861	0.004328
Liderazgo	0.15097	0.04446	3.396	0.000718
Comunicación	0.15002	0.04429	3.387	0.000741
Trabajo en equipo	0.41772	0.03588	11.641	< 2e-16

Signif. codes: 0 '***' 0.001 '**' 0.01 '*' 0.05 '.' 0.1 ' ' 1
Residual standard error: 0.3533 on 801 degrees of freedom
Multiple R-squared: 0.5043, Adjusted R-squared: 0.5012
F-statistic: 163 on 5 and 801 DF, p-value: < 2.2e-16
Fuente: Elaboración propia utilizando RStudio (R Core Team, 2022).

Para poder medir el impacto, se multiplica el valor estimado de cada una de las variables independientes (tabla 30.5) por su media (tabla 30.3).

y=0.59638 + (0.043 * 4.159) + (0.10104 * 4.188) + (0.15097 * 4.365) + (0.15002 * 4.349) + (0.41772 * 4.312)

Resolvemos la ecuación:

y=0.59638+0.178837+0.4231555+0.6589841+0.652437+1.8012086
y=4.3110022

Se observa que la variable que tiene mayor impacto es trabajo en equipo con 1.8012086, mientras que la de menor impacto es negociación con 0.178837. El impacto total de las habilidades directivas sobre el clima organizacional es de 4.3110022.

DISCUSIÓN

El análisis presentado en la investigación se centra en el examen de las relaciones entre seis variables: trabajo en equipo, comunicación, liderazgo, toma de decisiones, negociación y clima organizacional. Se emplearon diversos métodos estadísticos para evaluar la consistencia interna del instrumento y el ajuste del modelo estructural propuesto.

En primer lugar, se evaluó la consistencia interna de las variables objeto de estudio utilizando el coeficiente alfa de Cronbach. Aunque no se proporciona información específica sobre los resultados, se indica que se encontró consistencia interna en el instrumento. Esto es un indicativo positivo, ya que sugiere que las variables están relacionadas de manera coherente dentro del instrumento.

Posteriormente, se llevó a cabo un análisis de correlación entre las variables y el clima organizacional. Los resultados arrojaron correlaciones positivas, la más significativa es la de comunicación (0.462) y la menos relevante la de toma de decisiones (0.258). En relación con el ajuste del modelo estructural propuesto, se utilizaron varios indicadores: error cuadrático medio de aproximación (RMSEA), residuo cuadrático medio estandarizado (SRMR), índice de ajuste comparativo (CFI), y el índice de Tucker-Lewis (TLI). Según los resultados presentados, todos los indicadores alcanzan valores que se consideran aceptables o incluso óptimos. Esto sugiere que el modelo estructural se ajusta adecuadamente a los datos, lo cual fortalece la validez del modelo.

En el modelo estructural, se plantea la existencia de cinco variables endógenas (trabajo en equipo, comunicación, liderazgo, toma de decisiones y negociación) que se relacionan de forma causal recíproca. Estas variables también se vinculan directamente con los ítems que conforman la variable clima organizacional, lo cual indica que todas las relaciones son estadísticamente significativas. Este hallazgo respalda la hipótesis de que las habilidades directivas tienen un impacto en el clima organizacional de la micro y pequeña empresa (mype) estudiada.

Finalmente, se realizó una regresión lineal para medir el impacto de las habilidades directivas en el clima organizacional. Los resultados presentados en la tabla 30.5 muestran que la variable trabajo en equipo tiene el mayor impacto, mientras que, negociación tiene el menor impacto. Además, se indica que el impacto total de las habilidades directivas en el clima organizacional es de 4.3110022.

En general, el análisis realizado proporciona una visión cuantitativa de las relaciones entre las variables estudiadas y su impacto en el clima organizacional. El presente trabajo de investigación se considera escalable para tratar en una siguiente etapa la magnitud de las correlaciones, la interpretación y la relevancia práctica de los hallazgos. Además, el contexto y las limitaciones del estudio no se detallan, lo que dificulta una revisión completa de la investigación. Para una comprensión más profunda y una evaluación crítica, sería necesario contar con información adicional y una revisión exhaustiva de los resultados presentados.

REFERENCIAS

Aburto, H.I. & Bonales, J. (2011). Habilidades directivas: Determinantes en el clima organizacional. *Investigación y Ciencia,* 19(51), 41–49.

Alegría-Zebadúa, R.M., & Alarcón-Martínez, G. (2022). Marco teórico e instrumento de medición de las habilidades gerenciales y clima organizacional en *Instituciones Bancarias de México. Vinculatégica,* 7(1). https://doi.org/10.29105/vtga7.1-82

Álvarez-Vásquez, C.A., Rivera-Vera, H.F., Conforme-Cedeño, G.M., Campoverde-Flores, F.K., Sornoza-Parrales, D.R., & Merchán-Nieto, L. (2018). *Los procesos, las técnicas de negociación y la tecnología. Ciencias. Economía, Organización y Ciencias Sociales. Editorial Área de Innovación y Desarrollo, S.L.* https://doi.org/10.17993/ecoorgycso.2018.41

Ávila-Morales, H., Palumbo-Pinto, G.B., De la Cruz-Ríos, H.A., & Ogosi-Auqui, J.A. (2022). Toma de decisiones estratégicas en la gestión pública para el desarrollo social. *Revista Venezolana de Gerencia,* 27(Edición Especial 7), 648–662. https://doi.org/10.52080/rvgluz.27.7.42

Bentler, P. M., & Bonett, D. G. (1980). Significance Tests and Goodness of Fit in the Analysis of Covariance Structures. *In Psychological Bulletin* (Vol. 88, Issue 3).

Brunet, L. (2007). El clima de trabajo en las organizaciones. Definición, diagnóstico y consecuencias. *Editorial Trillas.*

Busro, M. (2018). Teori-teori Manajemen Sumber Daya Manusia. *Jakarta. PrenadaMedia.*

Dini, M. & Stumpo, G. (2020). MiPyMEs en América Latina: un frágil desempeño y nuevos desafíos para las políticas de fomento. Documentos de Proyectos (LC/TS.2018/75/Rev.1), Santiago. *Comisión Económica para América Latina y el Caribe* (CEPAL).

Forbes (2021). Inclusión digital: el futuro de las MyPEs. *Forbes Content.* https://www.forbes.com.mx/ad-inclusion-digital-futuro-mypes-mexico-visa/

Ibarra-Morales, L.E., Paredes-Zempual, D., & Carrillo-Cisneros, E. (2022). Impacto del COVID-19 en las variables que determinan la competitividad de las micro, pequeñas y medianas empresas mexicanas. *Revista RELAYN. Micro y Pequeña Empresa en Latinoamérica,* 6(1), 7–22. https://doi.org/10.46990/relayn.2022.6.1.532

Instituto Nacional de Estadística y Geografía (Inegi) (2020). *Censo de población y vivienda 2020.* https://www.inegi.org.mx/programas/ccpv/2020/

King, E.B., Helb, M.R., George, J.M. & Matusik, S.F. (2010). Understanding tokenism: Antecedents and consequences of a psychological climate of gender inequity. *Journal of Management,* 36(2), 482–510. https://doi.org/10.1177/0149206308328508

Leyva-Carreras, A.B., Cavazos-Arroyo, J., & Espejel-Blanco, J.E. (2018). Influencia de la planeación estratégica y habilidades gerenciales como factores internos de la competitividad empresarial de las Pymes. *Contaduría y Administración,* 63(3), 41. https://doi.org/10.22201/fca.24488410e.2018.1085

Leyva-Carreras, A.B., Espejel-Blanco, J.E., & Cavazos-Arroyo, J. (2017). Habilidades gerenciales como estrategia de competitividad empresarial en las pequeñas y medianas empresas (Pymes). *Revista Perspectiva Empresarial,* 4(1), 7–22. https://doi.org/10.16967/rpe.v4n1a1

Martinez, E., García-Alandete, J., Selles, P., Bernabe, G., & Soucase, B. (2012). Análisis factorial confirmatorio de los principales modelos propuestos para el purpose-in-life test en una muestra de universitarios españoles. *Acta Colombiana de Psicología,* 67–76.

Mendoza-Vargas, E.Y., Villaroel-Puma, M.F. & Carranza-Quimi, W.D. (2020). Caracterización de los microemprendimientos de los sectores urbanos marginales de Quevedo. *Centro Sur. Social Science Journal.* 4(4), 1–23. https://doi.org/10.37955/cs.v4i1.40

Moreno, M. J., & Wong Aitken, H. G. (2019). Relación de las habilidades directivas y la satisfacción laboral en la empresa Chicken King de Trujillo, 2018. *Cuadernos Latinoamericanos de Administración,* 14(27), 1–17. https://doi.org/10.18270/cuaderlam.v14i27.2475

Naranjo, R. (2015). Management skills in leaders of mid-sized businesses of Colombia. *Revista Científica Pensamiento y Gestión,* 38, 119–146. https://doi.org/10.14482/pege.38.7703

Niebles-Núñez, L., Torres-Anillo, K. & Montenegro-Rada, A. (2020). Habilidades gerenciales como herramienta para el fortalecimiento del liderazgo transformacional en las mipymes. *Editorial Universidad del Atlántico.* https://repositorio.uniatlantico.edu.co/bitstream/handle/20.500.12834/1030/admin %2c %2bHABILIDADES %2bGERENCIALES %2bCOMO %2bHERRAMIENTA %2bEN %2bMIPYMES.pdf?sequence=1&isAllowed=y

Paredes-Zempual, D., Ibarra-Morales, L.E., & Moreno-Freites, Z.E. (2021). Habilidades directivas y clima organizacional en pequeñas y medianas empresas. *Investigación Administrativa,* 50–1, 1–23. https://doi.org/10.35426/iav50n127.05

Puga-Villarreal, J., & Martínez-Cerna, L. (2008). Competencias Directivas en Escenarios Globales. *Estudios Gerenciales,* 24(109), 87–103. https://doi.org/10.1016/s0123-5923(08)70054-8

R Core Team (2022). R: A language and environment for statistical computing. R *Foundation for Statistical Computing, Vienna, Austria.* URL https://www.R-project.org/

Red de Estudios Latinoamericanos en Administración y Negocios. (RELAYN) (2023). *Investigación anual,* N. Peña & O. Aguilar (coords.) https://relayn.redesla.la

Red de Estudios Latinoamericanos (RedesLA) (2023). *Investigaciones anuales.* https://redesla.la

Rojero-Jiménez, R., Gómez-Romero, J.G.I., & Quintero-Robles, L.M. (2019). El liderazgo transformacional y su influencia en los atributos de los seguidores en las Mipymes mexicanas. *Estudios Gerenciales*, 35(151), 178–189. https://doi.org/10.18046/j.estger.2019.151.3192

Vargas, B., & del Castillo, C. (2008). Competitividad sostenible de la pequeña empresa: Un modelo de promoción de capacidades endógenas para promover ventajas competitivas sostenibles y alta productividad. *Journal of Economics, Finance and Administrative Science*, 13(24), 59–80. https://www.redalyc.org/articulo.oa?id=360733604004

Viamontes, M.O., & Oliva, E.J.D. (2015). Las agrupaciones corales como estrategia de formación de competencias para trabajo en equipo en las organizaciones: una perspectiva comparativa. *Suma de Negocios*, 6(13), 92–97. https://doi.org/10.1016/j.sumneg.2015.08.008

Whetten, D. & Cameron, K. (2016). Desarrollo de habilidades directivas. México: *Editorial Prentice Hall.*

CAPÍTULO 31

Las habilidades directivas y el clima organizacional en las micro y pequeñas empresas de Ixmiquilpan, Hidalgo, México

Management skills and the organizational climate in micro and small companies in Ixmiquilpan, Hidalgo, Mexico

ANA ROSA CRUZ GONZÁLEZ, HÉCTOR ALONSO PÉREZ ARREOLA, NORMA ANGELICA MARTÍN PEÑA Y RAFAEL DARIO CHAPARRO RANGEL

Universidad Tecnológica del Valle del Mezquital

Resumen: El objetivo de la presente investigación es determinar el impacto que tienen las habilidades directivas sobre el clima organizacional en las micro y pequeñas empresas de Latinoamérica. Se presenta un estudio cuantitativo, no experimental, de forma transversal y con un alcance causal. La pertinencia del estudio contribuye a la generación de conocimiento para el desarrollo de un modelo de gestión de la mype en América Latina que permita maximizar la productividad. Entre los principales resultados, se determinó que la variable de la habilidad directiva trabajo en equipo es la que tiene mayor impacto en el clima organizacional, con 1.544004, ya que las organizaciones están conformadas por seres humanos y se debe apostar por crear ambientes armoniosos, mientras tanto la de menor impacto es decisiones y negociación con 0.1744816, derivado de la inexperiencia del director de la mype, al carecer del conocimiento que se requiere para una toma de decisiones asertivas. Entre tanto, la variable de clima organizacional que puntuó con 4.4216176 sobre el clima organizacional se considera importante por parte del líder, pues contribuye al desarrollo del crecimiento profesional y personal. Sin duda alguna, las mypes se enfrentan diariamente a eventos externos cambiantes, que con un mayor conocimiento y desarrollo de liderazgo que permita una mejora en la percepción del clima laboral en sus empresas se podrán fortalecer los perfiles idóneos para una gestión administrativa exitosa.

Abstract: The objective of this research is to determine the impact that management skills have on the organizational climate in micro and small companies in Latin America. A quantitative, non-experimental, cross-sectional study with a causal scope is presented. The relevance of the study contributes to the generation of knowledge for the development of a management model for mypes in Latin America that allows maximizing productivity. Among the main results, it was determined to observe that the variable of teamwork management ability is the one that has the greatest impact on the organizational climate, with 1.544004, since organizations are made up of human beings and it is necessary to bet on creating harmonious environments, Meanwhile, the one with the least impact is decisions and negotiation with 0.1744816, derived from the inexperience of the mype director, lacking the knowledge required for assertive decision making. Meanwhile, the organizational climate variable that scored 4.4216176 on the organizational climate is considered important by the leader, since it contributes to the development of professional and personal growth. Undoubtedly, mypes face changing external events on a daily basis, which with greater knowledge and leadership development that allows an improvement in the perception of the work environment in their companies can strengthen the ideal profiles for successful administrative management.

Palabras clave: clima organizacional, gestión, habilidades directivas, productividad.

INTRODUCCIÓN

De acuerdo con el último Censo Económico publicado por el Instituto Nacional de Estadística y Geografía (INEGI, 2020), 98.3 % del universo de unidades económicas está constituido por micro y pequeñas empresas, las cuales generan —al menos— el 55 % de los empleos y construyen con el 39 % del Producto Interno Bruto (PIB) del país. Las microempresas están configuradas por aquellos negocios que tienen menos de 10 trabajadores y generan anualmente ventas hasta por 4 millones de pesos. Las pequeñas empresas son unidades económicas que emplean entre 11 y 50 trabajadores, generando ventas anuales que oscilan entre 4 y 100 millones de pesos (Mendoza-Vargas, Villaroel-Puma & Carranza-Quimi, 2020; Forbes, 2021).

Es importante mencionar que actualmente las mypes se enfrentan a múltiples retos y problemáticas, específicamente el desarrollo de habilidades gerenciales o directivas por parte de los líderes cumple una labor fundamental en el clima organizacional para este tipo de empresas, al establecerse como un diferenciador con otras organizaciones (Busro, 2018). En esa perspectiva, la formación y el desarrollo de habilidades directivas del personal encargado de implementar estrategias y tomar decisiones son fundamentales, pues de ello depende que las mypes cumplan sus metas y objetivos estratégicos, lo cual permite a las organizaciones volverse más competitivas, pues propicia la formación de un clima organizacional donde

los empleados estén satisfechos con su organización (Aburto & Bonales, 2011; Brunet, 2007).

Derivado de la importancia que representa el desarrollo de habilidades directivas en los líderes que dirigen los esfuerzos estratégicos de las mypes, así como la importancia de contar con un buen clima organizacional, se plantean las siguientes preguntas de investigación: ¿cuáles habilidades directivas tienen repercusión en el clima organizacional de las mypes?, ¿cuál es el clima organizacional que predomina en las mypes?

Para cumplir con lo anterior, el objetivo de la investigación es determinar el grado de asociación entre las habilidades directivas y el clima organizacional de las micro y pequeñas empresas, lo cual permitirá conocer con mayor precisión las habilidades directivas que los gerentes o mandos medios deben desarrollar para que prevalezca un clima organizacional satisfactorio entre los empleados al interior de las mypes. En ese sentido, las mypes podrán determinar si éstas son las causales de un clima organizacional adecuado o inconveniente, lo que, a su vez, permitirá diseñar programas de capacitación para sus líderes y, con ello, generar información que contribuya —si es el caso— a resolver el problema o mantener y fortalecer lo que se tiene.

Los diferentes análisis estadísticos correlacionales entre las variables del estudio permitirán identificar si las habilidades directivas son la causa principal del clima organizacional que prevalece en las mypes. Lo anterior será de gran apoyo en la búsqueda de factores endógenos diferenciados que permita a las mypes obtener ventajas competitivas sostenibles, ya que, una mejor gestión empresarial no es suficiente para lograr ser más competitivas, sino que está determinada por otros factores internos como un buen clima organizacional y el desarrollo de habilidades directivas (Vargas & Del Castillo, 2008).

REVISIÓN DE LA LITERATURA

Las organizaciones del siglo XXI afrontan un entorno dinámico y complejo caracterizado por la incertidumbre, debido a esto deben estar preparadas para dar respuesta a los cambios vertiginosos, en aras de cumplir sus objetivos y metas organizacionales así como volverse más competitivas. Las micro y pequeñas empresas (mypes) también deben responder a ese contexto, sin embargo, las características estructurales de su magnitud las coloca en desventaja respecto a la gran empresa, misma que tiene a su disposición una mayor cantidad de recursos y capacidades. El tema aquí analizado ha obtenido gran relevancia en los rubros de la investigación y las políticas públicas recientemente, lo cual ha permitido una mejora de determinados aspectos directamente vinculados con la competitividad de las empresas (Leyva-Carreras, Cavazos-Arroyo & Espejel-Blanco, 2018).

La situación actual de las mypes es compleja —aun siendo una parte fundamental del aparato económico a nivel mundial—, presenta una serie de desafíos y retos, enfrenta diversos obstáculos que limitan su capacidad de crecimiento y desarrollo. Uno de los principales problemas que enfrentan estas empresas es la falta de acceso al financiamiento, ya que esto restringe su capacidad para invertir en innovación, en maquinaria y equipos, software y tecnologías digitales; así como en la capacitación y adiestramiento para sus empleados. Otra problemática a la cual se enfrentan es la poca inversión en capacitación a sus directivos y gerentes, de modo que éstos puedan desarrollar sus habilidades directivas, permitiéndoles contar con las herramientas necesarias al momento de tomar decisiones estratégicas de impacto en sus portafolios de negocios, a través de una visión diferente y más competitiva, no sólo a nivel local, sino a niveles superiores en la configuración y escala del negocio.

Es importante destacar que la pandemia por el Covid-19 tuvo un impacto significativo en las mypes debido a que muchas de ellas tuvieron que cerrar de forma temporal o permanente. Las restricciones de movimiento y confinamiento social provocaron una disminución significativa en la demanda de productos y servicios (Ibarra-Morales, Paredes-Zempual & Carrillo-Cisneros, 2022). Para dimensionar y tener una mejor visión de la magnitud de la presencia e importancia de las mypes en Latinoamérica, Dini y Stumpo (2021) realizan una clasificación tomando como parámetros el sector y el tamaño de la empresa (tabla 31.1.).

Tabla 31.1. Clasificación de acuerdo al sector y tamaño de la empresa.

Sector	Micro empresa	Pequeña empresa
Agricultura, ganadería, caza, silvicultura y pesca	80 %	16 %
Explotación de minas y canteras	68 %	23 %
Industria manufacturera	82 %	14 %
Suministro de electricidad, gas y agua	70 %	20 %
Construcción	76 %	19 %
Comercio al por mayor y menor	92 %	07 %
Hoteles y restaurantes	89 %	10 %
Transporte, almacenamiento y comunicaciones	83 %	13 %
Intermediación financiera	81 %	14 %
Actividades inmobiliarias, empresariales y de alquiler	87 %	10 %
Enseñanza	76 %	19 %
Servicios sociales y de salud	89 %	09 %
Otras actividades comunitarias, sociales y personales	95 %	04 %
Total	**88.4 %**	**09.6 %**

Fuente: elaboración propia a partir de Dini & Stumpo (2021).

Leyva-Carreras, Espejel-Blanco y Cavazos-Arroyo (2017) destacan que el director o gerente de una mype debe tomar en cuenta ciertas variables para lograr la excelencia, el buen clima organizacional y la competitividad empresarial, para lo cual es preciso contar con personal directivo que reúna las siguientes características: dinámicos, actualizados, con habilidades directivas, operativas y de gestión, conocimientos de administración y planeación estratégica, así como administración y dirección de talento humano, siempre proactivo al cambio organizacional y tecnológico, para que se convierta en vehículo que potencia la creatividad, la innovación y el desarrollo sustentable. Sin embargo, por desconocer esas características de gestión o habilidades directivas que son propias de los líderes, esa ignorancia puede ser la causa de algunos problemas administrativos y de competitividad en las mypes, lo que genera algunas consecuencias en la transición de una economía local y proteccionista a un mercado libre y globalizado (Naranjo, 2015).

Niebles-Núñez, Torres-Anillo y Montenegro-Rada (2020) establecen que las habilidades directivas comprenden el proceso de la gerencia, estas son: planificar, organizar, dirigir, ejecutar y controlar que, a su vez, constituyen el conjunto de destrezas, cualidades, competencias, conocimientos, acciones, experiencias y capacidades que inciden en el efectivo desempeño del rol gerencial, al contribuir al logro de objetivos y metas organizacionales, asimismo, representan la implementación práctica por la acción del conocimiento adquirido académicamente o por experiencias a través del proceso de aprendizaje. Es por ello que, en los últimos años, las habilidades directivas desempeñan un papel muy importante en la satisfacción de los colaboradores en las empresas a nivel mundial, pues se ha demostrado que la manera o particularidad en que los directivos lideran a sus equipos generan una repercusión directa en su satisfacción y, por ende, en su desempeño laboral (Moreno & Wong, 2018).

Paredes-Zempual, Ibarra-Morales y Moreno-Freites (2021) adoptan otra perspectiva, sostienen que el buen desempeño de la empresa está en función de las habilidades directivas y el buen clima organizacional, sobre todo en este tiempo donde las empresas se encuentran inmersas en un proceso de globalización y de rápidos cambios que demandan líderes más preparados en actitudes y aptitudes, capaces de administrar de manera eficaz y eficiente los procesos y procedimientos, tanto administrativos como operativos, comprometidos con la rentabilidad de la organización.

El clima organizacional es observado y analizado por las empresas con el fin de mantenerlo en niveles positivos y, de esa forma, estimular la productividad de los empleados, motivo por el cual las empresas buscan los elementos y condiciones necesarias que puedan incidir de forma positiva en el clima organizacional, ya que existen estudios empíricos que así lo demuestran, en otras palabras, un mejor clima organizacional en la empresa se traduce en mejores resultados en los ámbitos financieros, administrativos y productivos (Alegría-Zebadúa & Alarcón-Martínez, 2022).

Whetten y Cameron (2016) clasifican las habilidades en tres grandes grupos: personales, interpersonales y grupales, mismas que en su conjunto aportan al éxito de una administración eficaz y centrada en los logros financieros, pero también de posición competitiva. En este sentido, para el presente estudio se han seleccionado como habilidades directivas las siguientes: negociación, toma de decisiones, liderazgo, comunicación y trabajo en equipo, ya que predominan en la literatura y en los diferentes modelos conceptuales, además de ser las más importantes para Whetten y Cameron. Adicionalmente, se ha seleccionado como variable el clima organizacional debido al impacto y la importancia que ostenta para las mypes. Las definiciones conceptuales para cada una de las variables se muestran en la tabla 31.2.

Tabla 31.2. Definición conceptual de las variables.

Variable	Definición conceptual
Negociación	Presentar y discutir propuestas comunes con el propósito de llegar a un acuerdo en un marco de interés común (Álvarez-Vásquez, et al., 2018).
Toma de decisiones	Decidir por una alternativa que requiere atender situaciones planificadas o de incertidumbre entre un abanico de varias opciones (Ávila-Morales et al., 2022).
Liderazgo	Lograr la motivación de los colaboradores mediante la promoción de conductas positivas que reditúan en mejores niveles de desempeño laboral para la empresa (Rojero-Jiménez, Gómez-Romero & Quintero-Robles, 2019).
Comunicación	Recibir y transmitir mensajes oportunos y unívocos, independientemente del canal o la forma de comunicación, lo cual facilita la emisión y recepción de los mensajes que se producen entre los miembros de la organización y su entorno, facilitando el alcance de los objetivos y metas que establecen los miembros de la organización (Puga-Villarreal & Martínez-Cerna, 2008)
Trabajo en equipo	Fomentar la colaboración conjunta entre los integrantes que conforman un equipo de trabajo, a través del talento individual, la comunicación, las competencias y las fortalezas de cada uno en su relación con los demás, para lograr el cumplimiento de un objetivo común (Viamontes & Oliva, 2015).
Clima organizacional	Variable que media entre el contexto de una organización y la conducta de sus empleados o miembros, desde la perspectiva del cómo ellos experimentan el trabajo en sus empresas (King, Hebl, George & Matusik, 2010).

Fuente: elaboración propia.

METODOLOGÍA

El presente trabajo de investigación ha sido propuesto por la Red de Estudios Latinoamericanos en Administración y Negocios (RELAYN, 2023), el cual consiste en conceptualizar la micro y pequeña empresa (mype) como una serie de elementos de entradas, procesos y salidas enmarcados en un ambiente que influye en el clima organizacional de las mypes, según la percepción del director, considerado como la persona que toma la mayor parte de las decisiones. Este estudio tiene un enfoque cuantitativo de diseño transversal de tipo causal.

Se realizó un muestreo probabilístico aleatorio simple con las mypes de Ixmiquilpan, Hidalgo, México, cuya cantidad de empleados se encuentra en el rango de 1 a 50, con un nivel de confianza del 95 %, un margen de error del ±5 % y una probabilidad estimada de p=0.5 (50 %). Se obtuvieron de la muestra aplicada un total de 457 encuestas válidas en el periodo del 01 de marzo al 30 de abril de 2023. Se utilizó un instrumento de medición tipo encuesta, la cual fue dirigida a los propietarios, directores o gerentes de las mypes, para lo cual sirvió la asistencia de estudiantes universitarios que previamente fueron capacitados para aplicar la encuesta.

Características de la muestra son:

El 48.1 % de la muestra fueron del sexo biológico femenino y el restante 51.9 % masculino. La edad de los sujetos tiene un rango de 18 a 85 años, con un promedio de 41 años y una moda de 30 años. El 30 % de los empresarios tienen estudios de nivel superior, seguido de un 38.5 % con nivel media superior, 28.9 % con educación básica. En cuanto a estado civil predominan los casados con un 50.1 % seguidos de los solteros con 23.2 %.

La mayoría de los negocios 49.2 % pertenecen al giro comercial, un 47.7 % a la prestación de servicios y sólo 3.1 % a la producción de manufacturas, la antigüedad del 23 %de los negocios es menor a 3 años. Los empleos que ofrecen están en el rango de 1 a 50 trabajadores, de las empresas el 94.5 % emplea de 1 a 10 trabajadores y el 90.4 % tienen en su plantilla de 1 a 10 mujeres y en el 65.2 % colaboran de 1 a 5 familiares del propietario.

Alineado al objetivo general de la investigación y a la revisión de la literatura, se plantean las siguientes hipótesis:

- H0: Las habilidades directivas no inciden en el clima organizacional de la mype.
- H1: Las habilidades directivas inciden en el clima organizacional de la mype.

En cuanto al instrumento de medición, éste se integró por seis partes o bloques. El primero de ellos, con datos que abordan aspectos generales de la empresa: tamaño de la empresa, personal ocupado, así como información sobre los ingresos y gastos. La segunda parte aborda los datos del directivo y el tiempo destinado a las labores de la empresa. La tercera parte se refiere a los insumos del sistema: recursos humanos, análisis del mercado y proveedores. En una cuarta parte del instrumento de medición se exponen los procesos del sistema: dirección, gestión de ventas, finanzas, innovación, mercadotecnia, producción-operación. La quinta parte estuvo integrada por los resultados del sistema: satisfacción del sistema, ventaja competitiva, RSC-Asuntos de ISO 26000, valoración del entorno y, por último, la sexta parte quedó integrada por los dos temas anuales de investigación: a) el trabajo decente desde la perspectiva directiva y b) el impacto de las habilidades directivas (negociación, toma de decisiones, liderazgo, comunicación, trabajo en equipo) sobre el clima organizacional. Para las secciones comprendidas del tercer al sexto bloque se emplea una escala de Likert de cinco puntos, los cuales van de 'No sé / No aplica' (1) a 'muy de acuerdo' (5).

RESULTADOS

Las seis variables muestran consistencia interna del instrumento mediante el análisis del alfa de Cronbach de las variables objeto de estudio, de la misma forma se analiza la correlación que tienen con el clima organizacional como se muestra en la tabla 31.3.

Tabla 31.3. Alfa de Cronbach y correlación de las variables.

Variables	Correlación con clima	Cronbach	Media	Desviación Estándar
Negociación	0.284	0.856	4.304	0.588
Toma de decisiones	0.113	0.868	4.305	0.595
Liderazgo	0.308	0.879	4.488	0.447
Comunicación	0.372	0.885	4.454	0.483
Trabajo en equipo	0.414	0.893	4.456	0.472
Clima Organizacional	1	0.881	4.422	0.535

Fuente: Elaboración propia utilizando RStudio (R Core Team, 2022).

Se procede a realizar el modelo estructural del instrumento en la figura 31.4, el ajuste absolutorio muestra el error cuadrático medio de aproximación (RMSEA) es de 0.028 y el residuo cuadrático medio estandarizado (SRMR) es de 0.052, en

ambos casos se consideran aceptables, en el ajuste comparativo (CFI) muestra un resultado de 0.997 y el índice de Tucker-Lewis (TLI) de 0.996 consideramos ajustes óptimos.

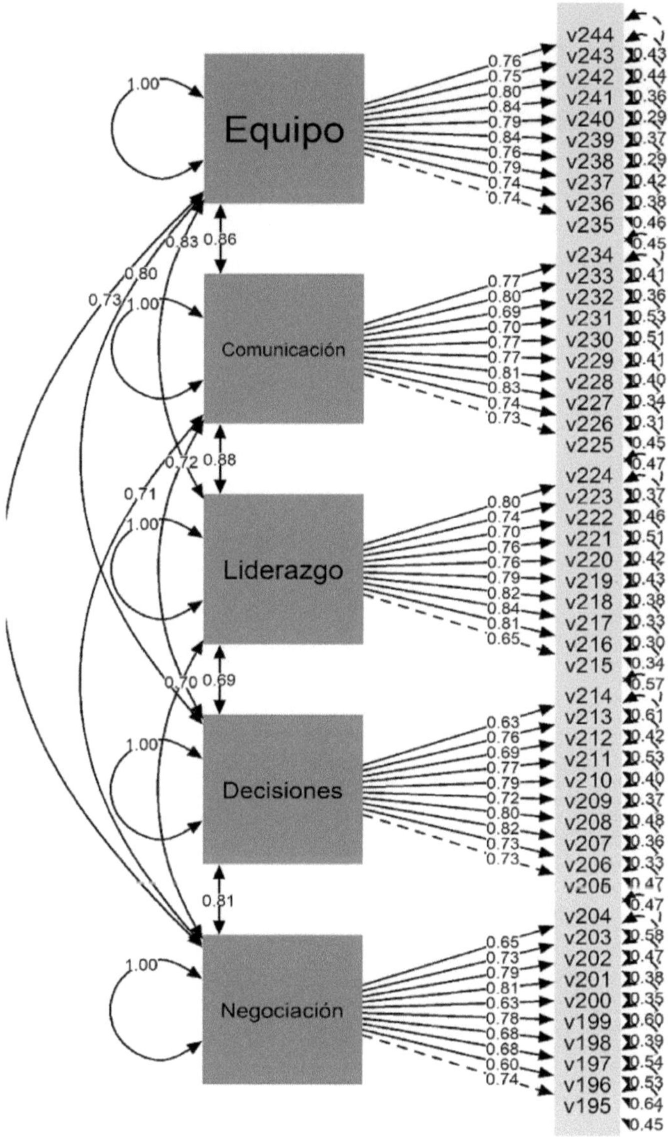

Figura 31.4. Resultado del modelo estructural.

Fuente: Elaboración propia utilizando RStudio (R Core Team, 2022).

Partiendo de la información cuantitativa del estudio se establece el modelo estructural (Figura 31.4), donde se muestra la dirección de las relaciones entre las diversas variables y el efecto que causan. El modelo plantea la existencia de cinco variables endógenas con una relación causal recíproca (Trabajo en equipo, comunicación, liderazgo, toma de decisiones y negociación). Las cinco variables tienen una relación causal directa con los ítems que conforman la variable, en todos los casos el grado de significancia fue <0.05 (los resultados se muestran en la Figura 31.4) dando un correcto ajuste del modelo (Bentler & Bonett, 1980; Martínez et al., 2012)

Con el objetivo de medir el impacto que tienen las habilidades directivas sobre el clima organizacional de la mype se realiza la siguiente regresión lineal, donde el clima organizacional es la variable dependiente y las variables independientes son negociación, toma de decisiones, liderazgo, comunicación y trabajo en equipo. Al final se sustituyen los valores tal y como se observa en la tabla 31.5.

Fórmula:

y = clima = constante + negociación + toma de decisiones + liderazgo + comunicación + trabajo en equipo.

Tabla 31.5. Regresión lineal.

Fórmula: lm(fórmula = clima ~ negociación + toma de decisiones + liderazgo + comunicación + trabajo en equipo)				
Residuales				
Min	**1Q**	**Mediana**	**3Q**	**Max**
-2.67445	-0.09798	0.04930	0.16849	1.70333
Coeficientes	**Estimado**	**Std. Error**	**T-valor**	**P-valor**
(Clima/Intercept)	0.20688	0.18665	1.108	0.26830
Negociación	0.10043	0.03897	2.577	0.01028
Toma de decisiones	0.04053	0.04175	0.971	0.33221
Liderazgo	0.27431	0.06236	4.399	1.36e-05
Comunicación	0.18700	0.05831	3.207	0.00144
Trabajo en equipo	0.34650	0.06161	5.624	3.28e-08

Signif. codes: 0 '***' 0.001 '**' 0.01 '*' 0.05 '.' 0.1 ' ' 1
Residual standard error: 0.3657 on 451 degrees of freedom
Multiple R-squared: 0.5376, Adjusted R-squared: 0.5325
F-statistic: 104.9 on 5 and 451 DF, p-value: < 2.2e-16
Fuente: Elaboración propia utilizando RStudio (R Core Team, 2022).

Para poder medir el impacto, se multiplica el valor estimado de cada una de las variables independientes (tabla 31.5) por su media (tabla 31.3).

y=0.20688 + (0.10043 * 4.304) + (0.04053 * 4.305) + (0.27431 * 4.488) + (0.187 * 4.454) + (0.3465 * 4.456)

Resolvemos la ecuación:

y=0.20688+0.4322507+0.1744816+1.2311033+0.832898+1.544004

y=4.4216176

Se observa que la variable que tiene mayor impacto es trabajo en equipo con 1.544004, mientras que la de menor impacto es toma de decisiones con 0.1744816. El impacto total de las habilidades directivas sobre el clima organizacional es de 4.4216176.

DISCUSIÓN

Si bien las mypes aportan 39 % del PIB, según el Inegi (2020), favoreciendo a la economía y a la generación de empleos, la realidad que viven es incierta dado que muchas surgen de la improvisación de las personas que las dirigen, derivado de la necesidad de emprender, así como de la falta de oportunidades laborales, incluso de no poder continuar una formación educativa, de ahí que se constituyen con ciertas dolencias administrativas que les hacen afrontar las crisis económicas basadas en su experiencia.

La lección del COVID-19 lo demuestra; el *Estudio sobre demografía de los negocios 2020* estimó que, de los 4.9 millones de establecimientos micro, pequeños y medianos que existían en México al inicio de la pandemia, sobrevivieron 3.9 millones (79.19 %); poco más de un millón (20.81 %) cerraron sus puertas definitivamente; pese a ello, surgieron 619 mil 443 establecimientos (Inegi, s. f.).

Los resultados obtenidos en esta investigación de acuerdo con el clima organizacional señalan que trabajo en equipo y liderazgo son las variables de mayor influencia. Como entidades conformadas por seres humanos, las organizaciones deben apostar por crear ambientes armoniosos, donde las personas se sientan consideradas de acuerdo con su talento, sus competencias y fortalezas para participar en los objetivos empresariales que beneficien a la organización, lo cual se consigue por medio de líderes internos que sepan comunicar las metas establecidas; en adición, la variable de comunicación adquiere relevancia, ya que promueve las habilidades de los participantes y desarrolla información relevante para la obtención de mejores resultados.

Si bien las variables de negociación y toma de decisiones son las que obtuvieron bajas ponderaciones comparadas con las anteriores, es un hecho que el personal no las considera de impacto directo, porque eso se relaciona mayormente con la gestión administrativa del director.

Es tema capital que los negocios asimilen que cada día se enfrentan a retos más complejos, factores externos que no se pueden controlar, pero que sí se pueden afrontar con relativo éxito, si internamente se está preparado, por lo que el conocimiento especializado en desarrollo de competencias en el capital humano, así como el desarrollo de las habilidades directivas, se convierte en una de las mejores herramientas.

REFERENCIAS

Aburto, H.I. & Bonales, J. (2011). Habilidades directivas: Determinantes en el clima organizacional. *Investigación y Ciencia,* 19(51), 41–49.

Alegría-Zebadúa, R.M., & Alarcón-Martínez, G. (2022). Marco teórico e instrumento de medición de las habilidades gerenciales y clima organizacional en *Instituciones Bancarias de México. Vinculatégica,* 7(1). https://doi.org/10.29105/vtga7.1-82

Álvarez-Vásquez, C.A., Rivera-Vera, H.F., Conforme-Cedeño, G.M., Campoverde-Flores, F.K., Sornoza-Parrales, D.R., & Merchán-Nieto, L. (2018). *Los procesos, las técnicas de negociación y la tecnología. Ciencias. Economía, Organización y Ciencias Sociales. Editorial Área de Innovación y Desarrollo, S.L.* https://doi.org/10.17993/ecoorgycso.2018.41

Ávila-Morales, H., Palumbo-Pinto, G.B., De la Cruz-Ríos, H.A., & Ogosi-Auqui, J.A. (2022). Toma de decisiones estratégicas en la gestión pública para el desarrollo social. *Revista Venezolana de Gerencia,* 27(Edición Especial 7), 648–662. https://doi.org/10.52080/rvgluz.27.7.42

Bentler, P. M., & Bonett, D. G. (1980). Significance Tests and Goodness of Fit in the Analysis of Covariance Structures. *In Psychological Bulletin* (Vol. 88, Issue 3).

Brunet, L. (2007). El clima de trabajo en las organizaciones. Definición, diagnóstico y consecuencias. *Editorial Trillas.*

Busro, M. (2018). Teori-teori Manajemen Sumber Daya Manusia. *Jakarta. PrenadaMedia.*

Dini, M. & Stumpo, G. (2020). MiPyMEs en América Latina: un frágil desempeño y nuevos desafíos para las políticas de fomento. Documentos de Proyectos (LC/TS.2018/75/Rev.1), Santiago. *Comisión Económica para América Latina y el Caribe* (CEPAL).

Forbes (2021). Inclusión digital: el futuro de las MyPEs. *Forbes Content.* https://www.forbes.com.mx/ad-inclusion-digital-futuro-mypes-mexico-visa/

Ibarra-Morales, L.E., Paredes-Zempual, D., & Carrillo-Cisneros, E. (2022). Impacto del COVID-19 en las variables que determinan la competitividad de las micro, pequeñas y medianas empresas mexicanas. *Revista RELAYN. Micro y Pequeña Empresa en Latinoamérica,* 6(1), 7–22. https://doi.org/10.46990/relayn.2022.6.1.532

Instituto Nacional de Estadística y Geografía (Inegi) (2020). *Censo de población y vivienda 2020.* https://www.inegi.org.mx/programas/ccpv/2020/

King, E.B., Helb, M.R., George, J.M. & Matusik, S.F. (2010). Understanding tokenism: Antecedents and consequences of a psychological climate of gender inequity. *Journal of Management,* 36(2), 482–510. https://doi.org/10.1177/0149206308328508

Leyva-Carreras, A.B., Cavazos-Arroyo, J., & Espejel-Blanco, J.E. (2018). Influencia de la planeación estratégica y habilidades gerenciales como factores internos de la competitividad empresarial de las Pymes. *Contaduría y Administración,* 63(3), 41. https://doi.org/10.22201/fca.24488410e.2018.1085

Leyva-Carreras, A.B., Espejel-Blanco, J.E., & Cavazos-Arroyo, J. (2017). Habilidades gerenciales como estrategia de competitividad empresarial en las pequeñas y medianas empresas (Pymes). *Revista Perspectiva Empresarial,* 4(1), 7–22. https://doi.org/10.16967/rpe.v4n1a1

Martinez, E., García-Alandete, J., Selles, P., Bernabe, G., & Soucase, B. (2012). Análisis factorial confirmatorio de los principales modelos propuestos para el purpose-in-life test en una muestra de universitarios españoles. *Acta Colombiana de Psicología,* 67–76.

Mendoza-Vargas, E.Y., Villaroel-Puma, M.F. & Carranza-Quimi, W.D. (2020). Caracterización de los microemprendimientos de los sectores urbanos marginales de Quevedo. *Centro Sur. Social Science Journal.* 4(4), 1–23. https://doi.org/10.37955/cs.v4i1.40

Moreno, M. J., & Wong Aitken, H. G. (2019). Relación de las habilidades directivas y la satisfacción laboral en la empresa Chicken King de Trujillo, 2018. *Cuadernos Latinoamericanos de Administración,* 14(27), 1–17. https://doi.org/10.18270/cuaderlam.v14i27.2475

Naranjo, R. (2015). Management skills in leaders of mid-sized businesses of Colombia. *Revista Científica Pensamiento y Gestión,* 38, 119–146. https://doi.org/10.14482/pege.38.7703

Niebles-Núñez, L., Torres-Anillo, K. & Montenegro-Rada, A. (2020). Habilidades gerenciales como herramienta para el fortalecimiento del liderazgo transformacional en las mipymes. *Editorial Universidad del Atlántico.* https://repositorio.uniatlantico.edu.co/bitstream/handle/20.500.12834/1030/admin %2c %2bHABILIDADES %2bGERENCIALES %2bCOMO %2bHERRAMIENTA %2bEN %2bMIPYMES.pdf?sequence=1&isAllowed=y

Paredes-Zempual, D., Ibarra-Morales, L.E., & Moreno-Freites, Z.E. (2021). Habilidades directivas y clima organizacional en pequeñas y medianas empresas. *Investigación Administrativa,* 50–1, 1–23. https://doi.org/10.35426/iav50n127.05

Puga-Villarreal, J., & Martínez-Cerna, L. (2008). Competencias Directivas en Escenarios Globales. *Estudios Gerenciales,* 24(109), 87–103. https://doi.org/10.1016/s0123-5923(08)70054-8

R Core Team (2022). R: A language and environment for statistical computing. R *Foundation for Statistical Computing, Vienna, Austria.* URL https://www.R-project.org/

Red de Estudios Latinoamericanos en Administración y Negocios. (RELAYN) (2023). *Investigación anual,* N. Peña & O. Aguilar (coords.) https://relayn.redesla.la

Red de Estudios Latinoamericanos (RedesLA) (2023). *Investigaciones anuales.* https://redesla.la

Rojero-Jiménez, R., Gómez-Romero, J.G.I., & Quintero-Robles, L.M. (2019). El liderazgo transformacional y su influencia en los atributos de los seguidores en las Mipymes mexicanas. *Estudios Gerenciales,* 35(151), 178–189. https://doi.org/10.18046/j.estger.2019.151.3192

Vargas, B., & del Castillo, C. (2008). Competitividad sostenible de la pequeña empresa: Un modelo de promoción de capacidades endógenas para promover ventajas competitivas sostenibles y alta productividad. *Journal of Economics, Finance and Administrative Science,* 13(24), 59–80. https://www.redalyc.org/articulo.oa?id=360733604004

Viamontes, M.O., & Oliva, E.J.D. (2015). Las agrupaciones corales como estrategia de formación de competencias para trabajo en equipo en las organizaciones: una perspectiva comparativa. *Suma de Negocios,* 6(13), 92–97. https://doi.org/10.1016/j.sumneg.2015.08.008

Whetten, D. & Cameron, K. (2016). Desarrollo de habilidades directivas. México: *Editorial Prentice Hall.*

CAPÍTULO 32

Las habilidades directivas y el clima organizacional en las micro y pequeñas empresas de Huautla y Yahualica, Hidalgo, México

Management skills and the organizational climate in micro and small companies in Huautla and Yahualica, Hidalgo, Mexico

HÉCTOR ADRIÁN TERÁN CASTELÁN, CARLOS ENRIQUE MIRANDA SERNA, VÍCTOR HUGO MENDOZA ALVARADO Y JESÚS ALBINO BAUTISTA

Universidad Tecnológica de la Huasteca Hidalguense

Resumen: El objetivo de la presente investigación es determinar el impacto que tienen las habilidades directivas sobre el clima organizacional en las micro y pequeñas empresas de Latinoamérica. Se presenta un estudio cuantitativo, no experimental, de forma transversal y con un alcance causal. La pertinencia del estudio contribuye a la generación de conocimiento para el desarrollo de un modelo de gestión de la mype en América Latina que permita maximizar la productividad. Entre los principales resultados, podemos observar que la variable de la habilidad directiva trabajo en equipo es la que tiene mayor impacto en el clima organizacional, con 2.1006158. Esto quiere decir que existen fortalezas por parte de los empresarios para fomentar la colaboración conjunta del equipo de trabajo, fortaleciendo las relaciones dentro de la organización y contribuyendo a su desarrollo por medio de la participación activa de sus integrantes. En caso contrario, se detecta a la variable de negociación como la de menor impacto, la cual puntúa 0.218623, reflejando un área de mejora por parte de los directivos al momento de conciliar ideas y dar valor a las aportaciones de todos los miembros de la empresa, contribuyendo, de esta forma, a generar un sentido de importancia y pertinencia en todos ellos.

Abstract: The objective of this research is to determine the impact that management skills have on the organizational climate in micro and small companies in Latin America. A quantitative, non-experimental, cross-sectional study with a causal scope is presented. The relevance of the study contributes to the generation of knowledge for the development of a management model for mypes in Latin America that allows maximizing productivity. Among the main results, we can observe that the variable of teamwork managerial ability is the one that has the greatest impact on the organizational climate, with 2.1006158. This means that there are strengths on the part of the businessmen to promote the joint collaboration of the work team, strengthening relationships within the organization and contributing to its development through the active participation of its members. Otherwise, the negotiation variable is detected as the one with the least impact, which scores 0.218623, reflecting an area for improvement by managers when reconciling ideas and giving value to the contributions of all members of the company., contributing, in this way, to generate a sense of importance and relevance in all of them.

Palabras clave: clima organizacional, habilidad directiva, negociación, productividad, equipo de trabajo.

INTRODUCCIÓN

De acuerdo con el último Censo Económico publicado por el Instituto Nacional de Estadística y Geografía (INEGI, 2020), 98.3 % del universo de unidades económicas está constituido por micro y pequeñas empresas, las cuales generan —al menos— el 55 % de los empleos y amasan el 39 % del Producto Interno Bruto (PIB) del país. Las microempresas están configuradas por aquellos negocios que tienen menos de 10 trabajadores y generan anualmente ventas hasta por 4 millones de pesos. Las pequeñas empresas son unidades económicas que emplean entre 11 y 50 trabajadores, generando ventas anuales que oscilan entre 4 y 100 millones de pesos (Mendoza-Vargas, Villaroel-Puma & Carranza-Quimi, 2020; Forbes, 2021).

Es importante mencionar que actualmente las mypes se enfrentan a múltiples retos y problemáticas, específicamente, el desarrollo de habilidades gerenciales o directivas por parte de los líderes cumple una labor fundamental en el clima organizacional para este tipo de empresas, al establecerse como un diferenciador con otras organizaciones (Busro, 2018). En esa perspectiva, la formación y el desarrollo de habilidades directivas del personal encargado de implementar estrategias y tomar decisiones son fundamentales, pues de ello depende que las mypes cumplan sus metas y objetivos estratégicos, lo cual permite a las organizaciones volverse más competitivas, pues propicia la formación de un clima organizacional donde los empleados estén satisfechos con su organización (Aburto & Bonales, 2011; Brunet, 2007).

Derivado de la importancia que representa el desarrollo de habilidades directivas en los líderes que dirigen los esfuerzos estratégicos de las mypes, así como la importancia de contar con un buen clima organizacional, se plantean las siguientes preguntas de investigación: ¿cuáles habilidades directivas tienen repercusión en el clima organizacional de las mypes?, ¿cuál es el clima organizacional que predomina en las mypes?

Para cumplir con lo anterior, el objetivo de la investigación es determinar el grado de asociación entre las habilidades directivas y el clima organizacional de las micro y pequeñas empresas, lo cual permitirá conocer con mayor precisión las habilidades directivas que los gerentes o mandos medios deben desarrollar para que prevalezca un clima organizacional satisfactorio entre los empleados al interior de las mypes. En ese sentido, las mypes podrán determinar si éstas son las causales de un clima organizacional adecuado o inconveniente, lo que, a su vez, permitirá diseñar programas de capacitación para sus líderes y, con ello, generar información que contribuya —si es el caso— a resolver el problema o mantener y fortalecer lo que se tiene.

Los diferentes análisis estadísticos correlacionales entre las variables del estudio permitirán identificar si las habilidades directivas son la causa principal del clima organizacional que prevalece en las mypes. Lo anterior será de gran apoyo en la búsqueda de factores endógenos diferenciados que permita a las mypes obtener ventajas competitivas sostenibles, ya que, si bien es cierto, una mejor gestión empresarial no es suficiente para lograr ser más competitivas, sino que está determinada por otros factores internos como un buen clima organizacional y el desarrollo de habilidades directivas (Vargas & Del Castillo, 2008).

REVISIÓN DE LA LITERATURA

Las organizaciones del siglo XXI afrontan un entorno dinámico y complejo caracterizado por la incertidumbre, debido a esto deben estar preparadas para dar respuesta a los cambios vertiginosos, en aras de cumplir sus objetivos y metas organizacionales así como volverse más competitivas. Las micro y pequeñas empresas (mypes) también deben responder a ese contexto, sin embargo, las características estructurales de su magnitud las coloca en desventaja respecto a la gran empresa, misma que tiene a su disposición una mayor cantidad de recursos y capacidades. El tema aquí analizado ha obtenido gran relevancia en los rubros de la investigación y las políticas públicas recientemente, lo cual ha permitido una mejora de determinados aspectos directamente vinculados con la competitividad de las empresas (Leyva-Carreras, Cavazos-Arroyo & Espejel-Blanco, 2018).

La situación actual de las mypes es compleja —aun siendo una parte fundamental del aparato económico a nivel mundial—, presenta una serie de desafíos y retos, enfrenta diversos obstáculos que limitan su capacidad de crecimiento y desarrollo. Uno de los principales problemas que enfrentan estas empresas es la falta de acceso al financiamiento, ya que esto restringe su capacidad para invertir en innovación, en maquinaria y equipos, software y tecnologías digitales; así como en la capacitación y adiestramiento para sus empleados. Otra problemática a la cual se enfrentan es la poca inversión en capacitación a sus directivos y gerentes, de modo que éstos puedan desarrollar sus habilidades directivas, permitiéndoles contar con las herramientas necesarias al momento de tomar decisiones estratégicas de impacto en sus portafolios de negocios, a través de una visión diferente y más competitiva, no sólo a nivel local, sino a niveles superiores en la configuración y escala del negocio.

Es importante destacar que la pandemia por el Covid-19 tuvo un impacto significativo en las mypes debido a que muchas de ellas tuvieron que cerrar de forma temporal o permanente. Las restricciones de movimiento y confinamiento social provocaron una disminución significativa en la demanda de productos y servicios (Ibarra-Morales, Paredes-Zempual & Carrillo-Cisneros, 2022). Para dimensionar y tener una mejor visión de la magnitud de la presencia e importancia de las mypes en Latinoamérica, Dini y Stumpo (2021) realizan una clasificación tomando como parámetros el sector y el tamaño de la empresa (tabla 32.1.).

Tabla 32.1. Clasificación de acuerdo con el sector y tamaño de la empresa.

Sector	**Micro empresa**	**Pequeña empresa**
Agricultura, ganadería, caza, silvicultura y pesca	80 %	16 %
Explotación de minas y canteras	68 %	23 %
Industria manufacturera	82 %	14 %
Suministro de electricidad, gas y agua	70 %	20 %
Construcción	76 %	19 %
Comercio al por mayor y menor	92 %	07 %
Hoteles y restaurantes	89 %	10 %
Transporte, almacenamiento y comunicaciones	83 %	13 %
Intermediación financiera	81 %	14 %
Actividades inmobiliarias, empresariales y de alquiler	87 %	10 %
Enseñanza	76 %	19 %
Servicios sociales y de salud	89 %	09 %
Otras actividades comunitarias, sociales y personales	95 %	04 %
Total	**88.4 %**	**09.6 %**

Fuente: elaboración propia a partir de Dini & Stumpo (2021).

Leyva-Carreras, Espejel-Blanco y Cavazos-Arroyo (2017) destacan que el director o gerente de una mype debe tomar en cuenta ciertas variables para lograr la excelencia, el buen clima organizacional y la competitividad empresarial, para lo cual es preciso contar con personal directivo que reúna las siguientes características: dinámicos, actualizados, con habilidades directivas, operativas y de gestión, conocimientos de administración y planeación estratégica, así como administración y dirección de talento humano, siempre proactivo al cambio organizacional y tecnológico, para que se convierta en vehículo que potencia la creatividad, la innovación y el desarrollo sustentable. Sin embargo, por desconocer esas características de gestión o habilidades directivas que son propias de los líderes, esa ignorancia puede ser la causa de algunos problemas administrativos y de competitividad en las mypes, lo que genera algunas consecuencias en la transición de una economía local y proteccionista a un mercado libre y globalizado (Naranjo, 2015).

Niebles-Núñez, Torres-Anillo y Montenegro-Rada (2020) establecen que las habilidades directivas comprenden el proceso de la gerencia, estas son: planificar, organizar, dirigir, ejecutar y controlar que, a su vez, constituyen el conjunto de destrezas, cualidades, competencias, conocimientos, acciones, experiencias y capacidades que inciden en el efectivo desempeño del rol gerencial, al contribuir al logro de objetivos y metas organizacionales, asimismo, representan la implementación práctica por la acción del conocimiento adquirido académicamente o por experiencias a través del proceso de aprendizaje. Es por ello que, en los últimos años, las habilidades directivas desempeñan un papel muy importante en la satisfacción de los colaboradores en las empresas a nivel mundial, pues se ha demostrado que la manera o particularidad en que los directivos lideran a sus equipos generan una repercusión directa en su satisfacción y, por ende, en su desempeño laboral (Moreno & Wong, 2018).

Paredes-Zempual, Ibarra-Morales y Moreno-Freites (2021) adoptan otra perspectiva, sostienen que el buen desempeño de la empresa está en función de las habilidades directivas y el buen clima organizacional, sobre todo en este tiempo donde las empresas se encuentran inmersas en un proceso de globalización y de rápidos cambios que demandan líderes más preparados en actitudes y aptitudes, capaces de administrar de manera eficaz y eficiente los procesos y procedimientos, tanto administrativos como operativos, comprometidos con la rentabilidad de la organización.

El clima organizacional es observado y analizado por las empresas con el fin de mantenerlo en niveles positivos y, de esa forma, estimular la productividad de los empleados, motivo por el cual las empresas buscan los elementos y condiciones necesarias que puedan incidir de forma positiva en el clima organizacional, ya que existen estudios empíricos que así lo demuestran, en otras palabras, un mejor clima organizacional en la empresa se traduce en mejores resultados en los ámbitos financieros, administrativos y productivos (Alegría-Zebadúa & Alarcón-Martínez, 2022).

Whetten y Cameron (2016) clasifican las habilidades en tres grandes grupos: personales, interpersonales y grupales, mismas que en su conjunto aportan al éxito de una administración eficaz y centrada en los logros financieros, pero también de posición competitiva. En este sentido, para el presente estudio se han seleccionado como habilidades directivas las siguientes: negociación, toma de decisiones, liderazgo, comunicación y trabajo en equipo, ya que predominan en la literatura y en los diferentes modelos conceptuales, además de ser las más importantes para Whetten y Cameron. Adicionalmente, se ha seleccionado como variable el clima organizacional debido al impacto y la importancia que ostenta para las mypes. Las definiciones conceptuales para cada una de las variables se muestran en la tabla 32.2.

Tabla 32.2. Definición conceptual de las variables.

Variable	Definición conceptual
Negociación	Presentar y discutir propuestas comunes con el propósito de llegar a un acuerdo en un marco de interés común (Álvarez-Vásquez, et al., 2018).
Toma de decisiones	Decidir por una alternativa que requiere atender situaciones planificadas o de incertidumbre entre un abanico de varias opciones (Ávila-Morales et al., 2022).
Liderazgo	Lograr la motivación de los colaboradores mediante la promoción de conductas positivas que reditúan en mejores niveles de desempeño laboral para la empresa (Rojero-Jiménez, Gómez-Romero & Quintero-Robles, 2019).
Comunicación	Recibir y transmitir mensajes oportunos y unívocos, independientemente del canal o la forma de comunicación, lo cual facilita la emisión y recepción de los mensajes que se producen entre los miembros de la organización y su entorno, facilitando el alcance de los objetivos y metas que establecen los miembros de la organización (Puga-Villarreal & Martínez-Cerna, 2008)
Trabajo en equipo	Fomentar la colaboración conjunta entre los integrantes que conforman un equipo de trabajo, a través del talento individual, la comunicación, las competencias y las fortalezas de cada uno en su relación con los demás, para lograr el cumplimiento de un objetivo común (Viamontes & Oliva, 2015).
Clima organizacional	Variable que media entre el contexto de una organización y la conducta de sus empleados o miembros, desde la perspectiva del cómo ellos experimentan el trabajo en sus empresas (King, Hebl, George & Matusik, 2010).

Fuente: elaboración propia.

METODOLOGÍA

El presente trabajo de investigación ha sido propuesto por la Red de Estudios Latinoamericanos en Administración y Negocios (RELAYN, 2023), la cual consiste en conceptualizar la micro y pequeña empresa (mype) como una serie de elementos de entradas, procesos y salidas enmarcados en un ambiente que influye en el clima organizacional de las mypes, según la percepción del director, considerado como la persona que toma la mayor parte de las decisiones. Este estudio tiene un enfoque cuantitativo de diseño transversal de tipo causal.

Se realizó un muestreo probabilístico aleatorio simple con las mypes de Huautla y Yahualica, Hidalgo, México, cuya cantidad de empleados se encuentra en el rango de 1 a 50, con un nivel de confianza del 95 %, un margen de error del ±5 % y una probabilidad estimada de p=0.5 (50 %). Se obtuvieron de la muestra aplicada un total de 393 encuestas válidas en el periodo del 01 de marzo al 30 de abril de 2023. Se utilizó un instrumento de medición tipo encuesta, la cual fue dirigida a los propietarios, directores o gerentes de las mypes, para lo cual sirvió la asistencia de estudiantes universitarios que previamente fueron capacitados para aplicar la encuesta.

Características de la muestra son:

El 51.1 % de la muestra fueron del sexo biológico femenino y el restante 48.9 % masculino. La edad de los sujetos tiene un rango de 19 a 84 años, con un promedio de 43 años y una moda de 45 años. El 23.4 % de los empresarios tienen estudios de nivel superior, seguido de un 31 % con nivel media superior, 38.2 % con educación básica. En cuanto a estado civil predominan los casados con un 64.6 % seguidos de los solteros con 16.5 %.

La mayoría de los negocios 80.7 % pertenecen al giro comercial, un 13.2 % a la prestación de servicios y sólo 6.1 % a la producción de manufacturas, la antigüedad del 17.6 %de los negocios es menor a 3 años. Los empleos que ofrecen están en el rango de 1 a 30 trabajadores, de las empresas el 99.7 % emplea de 1 a 10 trabajadores y el 88.5 % tienen en su plantilla de 1 a 10 mujeres y en el 82.2 % colaboran de 1 a 5 familiares del propietario.

Alineado al objetivo general de la investigación y a la revisión de la literatura, se plantean las siguientes hipótesis:

H0: Las habilidades directivas no inciden en el clima organizacional de la mype.

H1: Las habilidades directivas inciden en el clima organizacional de la mype.

En cuanto al instrumento de medición, éste se integró por seis partes o bloques. El primero de ellos, con datos que abordan aspectos generales de la empresa: tamaño de la empresa, personal ocupado, así como información sobre los ingresos y gastos. La segunda parte aborda los datos del directivo y el tiempo destinado a las labores de la empresa. La tercera parte se refiere a los insumos del sistema: recursos humanos, análisis del mercado y proveedores. En una cuarta parte del instrumento de medición se exponen los procesos del sistema: dirección, gestión de ventas, finanzas, innovación, mercadotecnia, producción-operación. La quinta parte estuvo integrada por los resultados del sistema: satisfacción del sistema, ventaja competitiva, RSC-Asuntos de ISO 26000, valoración del entorno y, por último, la sexta parte quedó integrada por los dos temas anuales de investigación: a) el trabajo decente desde la perspectiva directiva y b) el impacto de las habilidades directivas (negociación, toma de decisiones, liderazgo, comunicación, trabajo en equipo) sobre el clima organizacional. Para las secciones comprendidas del tercer al sexto bloque se emplea una escala de Likert de cinco puntos, los cuales van de 'No sé / No aplica' (1) a 'muy de acuerdo' (5).

RESULTADOS

Las seis variables muestran consistencia interna del instrumento mediante el análisis del alfa de Cronbach de las variables objeto de estudio, de la misma forma se analiza la correlación que tienen con el clima organizacional como se muestra en la tabla 32.3.

Tabla 32.3. Alfa de Cronbach y correlación de las variables.

Variables	Correlación con clima	Cronbach	Media	Desviación Estándar
Negociación	0.532	0.853	4.091	0.605
Toma de decisiones	0.329	0.906	4.233	0.577
Liderazgo	0.526	0.941	4.450	0.494
Comunicación	0.618	0.940	4.409	0.525
Trabajo en equipo	0.618	0.950	4.419	0.478
Clima Organizacional	1	0.884	4.391	0.499

Fuente: Elaboración propia utilizando RStudio (R Core Team, 2022).

Se procede a realizar el modelo estructural del instrumento en la figura 32.4, el ajuste absolutorio muestra el error cuadrático medio de aproximación (RMSEA) es de 0.019 y el residuo cuadrático medio estandarizado (SRMR) es de 0.052, en

ambos casos se consideran aceptables, en el ajuste comparativo (CFI) muestra un resultado de 0.999 y el índice de Tucker-Lewis (TLI) de 0.999 consideramos ajustes óptimos.

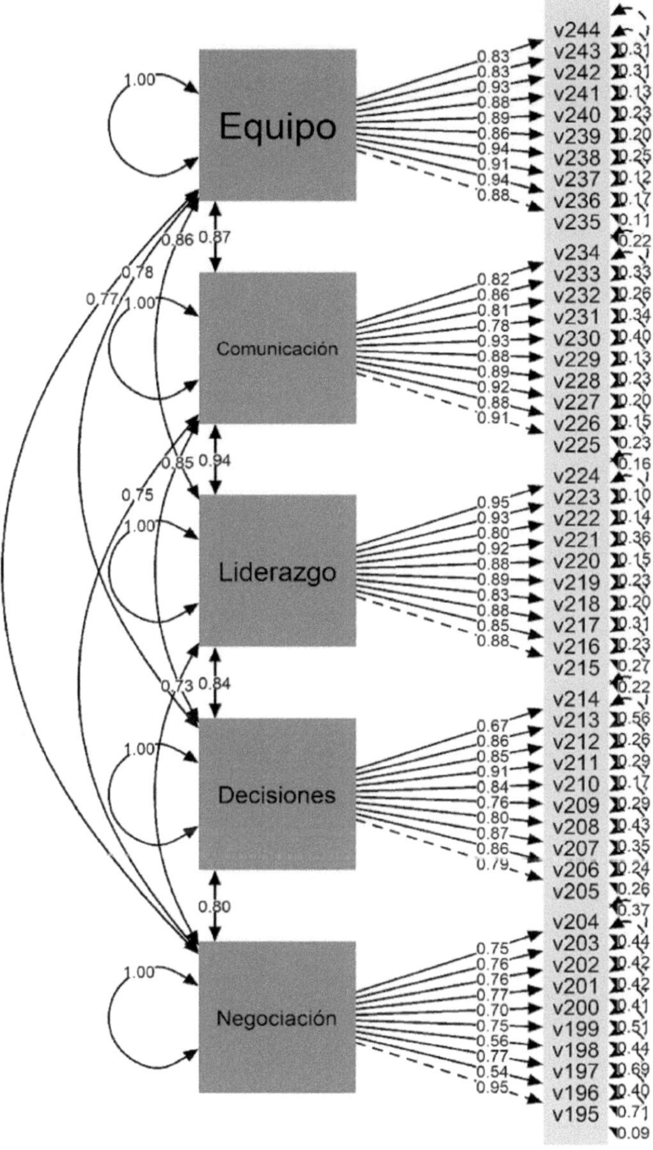

Figura 32.4. Resultado del modelo estructural.

Fuente: Elaboración propia utilizando RStudio (R Core Team, 2022).

Partiendo de la información cuantitativa del estudio se establece el modelo estructural (Figura 32.4), donde se muestra la dirección de las relaciones entre las diversas variables y el efecto que causan. El modelo plantea la existencia de cinco variables endógenas con una relación causal recíproca (Trabajo en equipo, comunicación, liderazgo, toma de decisiones y negociación). Las cinco variables tienen una relación causal directa con los ítems que conforman la variable, en todos los casos el grado de significancia fue <0.05 (los resultados se muestran en la Figura 32.4) dando un correcto ajuste del modelo (Bentler & Bonett, 1980; Martínez et al., 2012)

Con el objetivo de medir el impacto que tienen las habilidades directivas sobre el clima organizacional de la mype se realiza la siguiente regresión lineal, donde el clima organizacional es la variable dependiente y las variables independientes son negociación, toma de decisiones, liderazgo, comunicación y trabajo en equipo. Al final se sustituyen los valores tal y como se observa en la tabla 32.5.

Fórmula:

y = clima = constante + negociación + toma de decisiones + liderazgo + comunicación + trabajo en equipo.

Tabla 32.5. Regresión lineal.

Fórmula: lm(fórmula = clima ~ negociación + toma de decisiones + liderazgo + comunicación + trabajo en equipo)				
Residuales				
Min	1Q	Mediana	3Q	Max
-2.71293	-0.07265	0.02905	0.13206	0.94347
Coeficientes	**Estimado**	**Std. Error**	**T-valor**	**P-valor**
(Clima/Intercept)	0.63092	0.15978	3.949	9.34e-05
Negociación	0.05344	0.03523	1.517	0.13010
Toma de decisiones	0.06888	0.04439	1.552	0.12156
Liderazgo	0.20035	0.06750	2.968	0.00318
Comunicación	0.05837	0.05977	0.977	0.32939
Trabajo en equipo	0.47536	0.05749	8.269	2.20e-15

Signif. codes: 0 '***' 0.001 '**' 0.01 '*' 0.05 '.' 0.1 ' ' 1
Residual standard error: 0.3207 on 387 degrees of freedom
Multiple R-squared: 0.5931, Adjusted R-squared: 0.5878
F-statistic: 112.8 on 5 and 387 DF, p-value: < 2.2e-16
Fuente: Elaboración propia utilizando RStudio (R Core Team, 2022).

Para poder medir el impacto, se multiplica el valor estimado de cada una de las variables independientes (tabla 32.5) por su media (tabla 32.3).

$$y=0.63092 + (0.05344 * 4.091) + (0.06888 * 4.233) + (0.20035 * 4.45) + (0.05837 * 4.409) + (0.47536 * 4.419)$$

Resolvemos la ecuación:

$$y=0.63092+0.218623+0.291569+0.8915575+0.2573533+2.1006158$$
$$y=4.3906388$$

Se observa que la variable que tiene mayor impacto es trabajo en equipo con 2.1006158, mientras que la de menor impacto es negociación con 0.218623. El impacto total de las habilidades directivas sobre el clima organizacional es de 4.3906388.

DISCUSIÓN

El impacto que tienen las mypes en el desarrollo económico de su entorno genera la necesidad de buscar elementos que contribuyan a que logren alcanzar sus metas y desarrollen una estabilidad que les permita perdurar en funciones al mantener un crecimiento constante. Uno de los factores que consideramos importantes para alcanzar los objetivos antes mencionados es el clima organizacional, el cual se puede definir como un conjunto de propiedades que se encuentra en el quehacer cotidiano de una empresa, que pueden ser medibles y que pueden ser percibidas por los miembros de la organización, repercutiendo en su motivación y comportamiento. En un tipo de empresas en que el conocimiento administrativo de los dirigentes es en su mayoría empírico, se considera relevante identificar la relación que tienen las habilidades directivas en el clima organizacional. Para identificar esta relación, se realizaron 393 encuestas a mypes de los municipios de Huautla y Yahualica, ubicados en el estado de Hidalgo, y de acuerdo con el alfa de Cronbach y correlación de las variables, el instrumento es consistente para su aplicación. En dicho instrumento, se identificó que en los empresarios de la zona de análisis se presenta como habilidad destacada el trabajo en equipo; es decir, de manera innata muestran facilidad para establecer colaboración conjunta con los trabajadores del negocio, lo que a su vez representa una fortaleza destacable al momento de establecer canales de comunicación entre los integrantes de la organización, estableciendo relaciones entre ellos, que contribuye a su convencimiento al momento de realizar sus actividades en pro del crecimiento de la empresa. Por otro lado, y de manera contraria, se observa como principal área de oportunidad la variable de negociación; esto se manifiesta por medio de dificultades para presentar y discutir propuestas que contribuyan al desarrollo de la empresa. De acuerdo con lo analizado, se recomienda mejorar las habilidades de comunicación por parte de los directores de las mypes, ya que, en ocasiones, debido a que el manejo del negocio se basa en conocimientos empíricos, se presenta resistencia al cambio y negatividad al momento de atender propuestas por parte de los demás integrantes de la empresa; esto puede generar desánimo en los colaboradores de menor jerarquía de la organización al no sentirse tomados en cuenta, disminuyendo su compromiso.

REFERENCIAS

Aburto, H.I. & Bonales, J. (2011). Habilidades directivas: Determinantes en el clima organizacional. *Investigación y Ciencia,* 19(51), 41–49.

Alegría-Zebadúa, R.M., & Alarcón-Martínez, G. (2022). Marco teórico e instrumento de medición de las habilidades gerenciales y clima organizacional en *Instituciones Bancarias de México. Vinculatégica,* 7(1). https://doi.org/10.29105/vtga7.1-82

Álvarez-Vásquez, C.A., Rivera-Vera, H.F., Conforme-Cedeño, G.M., Campoverde-Flores, F.K., Sornoza-Parrales, D.R., & Merchán-Nieto, L. (2018). *Los procesos, las técnicas de negociación y la tecnología. Ciencias. Economía, Organización y Ciencias Sociales. Editorial Área de Innovación y Desarrollo, S.L.* https://doi.org/10.17993/ecoorgycso.2018.41

Ávila-Morales, H., Palumbo-Pinto, G.B., De la Cruz-Ríos, H.A., & Ogosi-Auqui, J.A. (2022). Toma de decisiones estratégicas en la gestión pública para el desarrollo social. *Revista Venezolana de Gerencia,* 27(Edición Especial 7), 648–662. https://doi.org/10.52080/rvgluz.27.7.42

Bentler, P. M., & Bonett, D. G. (1980). Significance Tests and Goodness of Fit in the Analysis of Covariance Structures. *In Psychological Bulletin* (Vol. 88, Issue 3).

Brunet, L. (2007). El clima de trabajo en las organizaciones. Definición, diagnóstico y consecuencias. *Editorial Trillas.*

Busro, M. (2018). Teori-teori Manajemen Sumber Daya Manusia. *Jakarta. PrenadaMedia.*

Dini, M. & Stumpo, G. (2020). MiPyMEs en América Latina: un frágil desempeño y nuevos desafíos para las políticas de fomento. Documentos de Proyectos (LC/TS.2018/75/Rev.1), Santiago. *Comisión Económica para América Latina y el Caribe* (CEPAL).

Forbes (2021). Inclusión digital: el futuro de las MyPEs. *Forbes Content.* https://www.forbes.com.mx/ad-inclusion-digital-futuro-mypes-mexico-visa/

Ibarra-Morales, L.E., Paredes-Zempual, D., & Carrillo-Cisneros, E. (2022). Impacto del COVID-19 en las variables que determinan la competitividad de las micro, pequeñas y medianas empresas mexicanas. *Revista RELAYN. Micro y Pequeña Empresa en Latinoamérica,* 6(1), 7–22. https://doi.org/10.46990/relayn.2022.6.1.532

Instituto Nacional de Estadística y Geografía (Inegi) (2020). *Censo de población y vivienda 2020.* https://www.inegi.org.mx/programas/ccpv/2020/

King, E.B., Helb, M.R., George, J.M. & Matusik, S.F. (2010). Understanding tokenism: Antecedents and consequences of a psychological climate of gender inequity. *Journal of Management,* 36(2), 482–510. https://doi.org/10.1177/0149206308328508

Leyva-Carreras, A.B., Cavazos-Arroyo, J., & Espejel-Blanco, J.E. (2018). Influencia de la planeación estratégica y habilidades gerenciales como factores internos de la competitividad

empresarial de las Pymes. *Contaduría y Administración,* 63(3), 41. https://doi.org/10.22201/fca.24488410e.2018.1085

Leyva-Carreras, A.B., Espejel-Blanco, J.E., & Cavazos-Arroyo, J. (2017). Habilidades gerenciales como estrategia de competitividad empresarial en las pequeñas y medianas empresas (Pymes). *Revista Perspectiva Empresarial,* 4(1), 7–22. https://doi.org/10.16967/rpe.v4n1a1

Martinez, E., García-Alandete, J., Selles, P., Bernabe, G., & Soucase, B. (2012). Análisis factorial confirmatorio de los principales modelos propuestos para el purpose-in-life test en una muestra de universitarios españoles. *Acta Colombiana de Psicología,* 67–76.

Mendoza-Vargas, E.Y., Villaroel-Puma, M.F. & Carranza-Quimi, W.D. (2020). Caracterización de los microemprendimientos de los sectores urbanos marginales de Quevedo. *Centro Sur. Social Science Journal.* 4(4), 1–23. https://doi.org/10.37955/cs.v4i1.40

Moreno, M. J., & Wong Aitken, H. G. (2019). Relación de las habilidades directivas y la satisfacción laboral en la empresa Chicken King de Trujillo, 2018. *Cuadernos Latinoamericanos de Administración,* 14(27), 1–17. https://doi.org/10.18270/cuaderlam.v14i27.2475

Naranjo, R. (2015). Management skills in leaders of mid-sized businesses of Colombia. *Revista Científica Pensamiento y Gestión,* 38, 119–146. https://doi.org/10.14482/pege.38.7703

Niebles-Núñez, L., Torres-Anillo, K. & Montenegro-Rada, A. (2020). Habilidades gerenciales como herramienta para el fortalecimiento del liderazgo transformacional en las mipymes. *Editorial Universidad del Atlántico.* https://repositorio.uniatlantico.edu.co/bitstream/handle/20.500.12834/1030/admin %2c %2bHABILIDADES %2bGERENCIALES %2bCOMO %2bHERRAMIENTA %2bEN %2bMIPYMES.pdf?sequence=1&isAllowed=y

Paredes-Zempual, D., Ibarra-Morales, L.E., & Moreno-Freites, Z.E. (2021). Habilidades directivas y clima organizacional en pequeñas y medianas empresas. *Investigación Administrativa,* 50–1, 1–23. https://doi.org/10.35426/iav50n127.05

Puga-Villarreal, J., & Martínez-Cerna, L. (2008). Competencias Directivas en Escenarios Globales. *Estudios Gerenciales,* 24(109), 87–103. https://doi.org/10.1016/s0123-5923(08)70054-8

R Core Team (2022). R: A language and environment for statistical computing. R *Foundation for Statistical Computing, Vienna, Austria.* URL https://www.R-project.org/

Red de Estudios Latinoamericanos en Administración y Negocios. (RELAYN) (2023). *Investigación anual,* N. Peña & O. Aguilar (coords.) https://relayn.redesla.la

Red de Estudios Latinoamericanos (RedesLA) (2023). *Investigaciones anuales.* https://redesla.la

Rojero-Jiménez, R., Gómez-Romero, J.G.I., & Quintero-Robles, L.M. (2019). El liderazgo transformacional y su influencia en los atributos de los seguidores en las Mipymes mexicanas. *Estudios Gerenciales,* 35(151), 178–189. https://doi.org/10.18046/j.estger.2019.151.3192

Vargas, B., & del Castillo, C. (2008). Competitividad sostenible de la pequeña empresa: Un modelo de promoción de capacidades endógenas para promover ventajas competitivas sostenibles y alta productividad. *Journal of Economics, Finance and Administrative Science,* 13(24), 59–80. https://www.redalyc.org/articulo.oa?id=360733604004

Viamontes, M.O., & Oliva, E.J.D. (2015). Las agrupaciones corales como estrategia de formación de competencias para trabajo en equipo en las organizaciones: una perspectiva comparativa. *Suma de Negocios,* 6(13), 92–97. https://doi.org/10.1016/j.sumneg.2015.08.008

Whetten, D. & Cameron, K. (2016). Desarrollo de habilidades directivas. México: *Editorial Prentice Hall.*

CAPÍTULO 33

Las habilidades directivas y el clima organizacional en las micro y pequeñas empresas de Huejutla de Reyes, Hidalgo, México

Management skills and the organizational climate in micro and small businesses in Huejutla de Reyes, Hidalgo, Mexico

LAURA LETICIA HERRERO VÁZQUEZ, CARMINA ROMERO ESCUDERO, ABRAHAM ESPINOSA HERNÁNDEZ Y CLAUDIA EUNICE RIVERA MORALES

Universidad Tecnológica de la Huasteca Hidalguense

Resumen: El objetivo de la presente investigación es determinar el impacto que tienen las habilidades directivas sobre el clima organizacional en las micro y pequeñas empresas de Latinoamérica. Se presenta un estudio cuantitativo, no experimental, de forma transversal y con un alcance causal. La pertinencia del estudio contribuye a la generación de conocimiento para el desarrollo de un modelo de gestión de la mype en América Latina que permita maximizar la productividad. Entre los principales resultados, podemos observar que la variable de la habilidad directiva trabajo en equipo es la que tiene mayor impacto en el clima organizacional, con 2.3179559; a partir de esto, se expone que las empresas logran que sus empleados, mediante sus talentos, puedan integrarse al trabajo con sus compañeros, lo que permite que la sinergia de sus capacidades cumpla con las metas y los objetivos de la empresa. En sentido opuesto, se identificó que la comunicación es la variable que menos influye en las habilidades directivas, reconociendo que se requieren establecer mejores canales de comunicación para que el emisor y receptor puedan contar con la misma información y trabajar en el logro de lo que desea alcanzar la organización.

Abstract: The objective of this research is to determine the impact that management skills have on the organizational climate in micro and small companies in Latin America. A quantitative, non-experimental, cross-sectional study with a causal scope is presented. The relevance of the study contributes to the generation of knowledge for the development of a management model for mypes in Latin America that allows maximizing productivity. Among the main results, we can observe that the variable of teamwork managerial ability is the one that has the greatest impact on the organizational climate, with 2.3179559; Based on this, it is exposed that companies achieve that their employees, through their talents, can integrate into the work with their colleagues, which allows the synergy of their capabilities to meet the goals and objectives of the company. In the opposite sense, it was identified that communication is the variable that least influences management skills, recognizing that it is necessary to establish better communication channels so that the sender and receiver can have the same information and work to achieve what they want. achieve organization.

Palabras clave: clima organizacional, habilidad directiva, trabajo en equipo.

INTRODUCCIÓN

De acuerdo con el último Censo Económico publicado por el Instituto Nacional de Estadística y Geografía (INEGI, 2020), 98.3 % del universo de unidades económicas está constituido por micro y pequeñas empresas, las cuales generan —al menos— el 55 % de los empleos y amasan el 39 % del Producto Interno Bruto (PIB) del país. Las microempresas están configuradas por aquellos negocios que tienen menos de 10 trabajadores y generan anualmente ventas hasta por 4 millones de pesos. Las pequeñas empresas son unidades económicas que emplean entre 11 y 50 trabajadores, generando ventas anuales que oscilan entre 4 y 100 millones de pesos (Mendoza-Vargas, Villaroel-Puma & Carranza-Quimi, 2020; Forbes, 2021).

Es importante mencionar que actualmente las mypes se enfrentan a múltiples retos y problemáticas, específicamente, el desarrollo de habilidades gerenciales o directivas por parte de los líderes cumple una labor fundamental en el clima organizacional para este tipo de empresas, al establecerse como un diferenciador con otras organizaciones (Busro, 2018). En esa perspectiva, la formación y el desarrollo de habilidades directivas del personal encargado de implementar estrategias y tomar decisiones son fundamentales, pues de ello depende que las mypes cumplan sus metas y objetivos estratégicos, lo cual permite a las organizaciones volverse más competitivas, pues propicia la formación de un clima organizacional donde los empleados estén satisfechos con su organización (Aburto & Bonales, 2011; Brunet, 2007).

Derivado de la importancia que representa el desarrollo de habilidades directivas en los líderes que dirigen los esfuerzos estratégicos de las mypes, así como la

importancia de contar con un buen clima organizacional, se plantean las siguientes preguntas de investigación: ¿cuáles habilidades directivas tienen repercusión en el clima organizacional de las mypes?, ¿cuál es el clima organizacional que predomina en las mypes?

Para cumplir con lo anterior, el objetivo de la investigación es determinar el grado de asociación entre las habilidades directivas y el clima organizacional de las micro y pequeñas empresas, lo cual permitirá conocer con mayor precisión las habilidades directivas que los gerentes o mandos medios deben desarrollar para que prevalezca un clima organizacional satisfactorio entre los empleados al interior de las mypes. En ese sentido, las mypes podrán determinar si éstas son las causales de un clima organizacional adecuado o inconveniente, lo que, a su vez, permitirá diseñar programas de capacitación para sus líderes y, con ello, generar información que contribuya —si es el caso— a resolver el problema o mantener y fortalecer lo que se tiene.

Los diferentes análisis estadísticos correlacionales entre las variables del estudio permitirán identificar si las habilidades directivas son la causa principal del clima organizacional que prevalece en las mypes. Lo anterior será de gran apoyo en la búsqueda de factores endógenos diferenciados que permita a las mypes obtener ventajas competitivas sostenibles, ya que, si bien es cierto, una mejor gestión empresarial no es suficiente para lograr ser más competitivas, sino que está determinada por otros factores internos como un buen clima organizacional y el desarrollo de habilidades directivas (Vargas & Del Castillo, 2008).

REVISIÓN DE LA LITERATURA

Las organizaciones del siglo XXI afrontan un entorno dinámico y complejo caracterizado por la incertidumbre, debido a esto deben estar preparadas para dar respuesta a los cambios vertiginosos, en aras de cumplir sus objetivos y metas organizacionales así como volverse más competitivas. Las micro y pequeñas empresas (mypes) también deben responder a ese contexto, sin embargo, las características estructurales de su magnitud las coloca en desventaja respecto a la gran empresa, misma que tiene a su disposición una mayor cantidad de recursos y capacidades. El tema aquí analizado ha obtenido gran relevancia en los rubros de la investigación y las políticas públicas recientemente, lo cual ha permitido una mejora de determinados aspectos directamente vinculados con la competitividad de las empresas (Leyva-Carreras, Cavazos-Arroyo & Espejel-Blanco, 2018).

La situación actual de las mypes es compleja —aun siendo una parte fundamental del aparato económico a nivel mundial—, presenta una serie de desafíos y retos, enfrenta diversos obstáculos que limitan su capacidad de crecimiento y desarrollo. Uno de los principales problemas que enfrentan estas empresas es la

falta de acceso al financiamiento, ya que esto restringe su capacidad para invertir en innovación, en maquinaria y equipos, software y tecnologías digitales; así como en la capacitación y adiestramiento para sus empleados. Otra problemática a la cual se enfrentan es la poca inversión en capacitación a sus directivos y gerentes, de modo que éstos puedan desarrollar sus habilidades directivas, permitiéndoles contar con las herramientas necesarias al momento de tomar decisiones estratégicas de impacto en sus portafolios de negocios, a través de una visión diferente y más competitiva, no sólo a nivel local, sino a niveles superiores en la configuración y escala del negocio.

Es importante destacar que la pandemia por el Covid-19 tuvo un impacto significativo en las mypes debido a que muchas de ellas tuvieron que cerrar de forma temporal o permanente. Las restricciones de movimiento y confinamiento social provocaron una disminución significativa en la demanda de productos y servicios (Ibarra-Morales, Paredes-Zempual & Carrillo-Cisneros, 2022). Para dimensionar y tener una mejor visión de la magnitud de la presencia e importancia de las mypes en Latinoamérica, Dini y Stumpo (2021) realizan una clasificación tomando como parámetros el sector y el tamaño de la empresa (tabla 33.1.).

Tabla 33.1. Clasificación de acuerdo con el sector y tamaño de la empresa.

Sector	Micro empresa	Pequeña empresa
Agricultura, ganadería, caza, silvicultura y pesca	80 %	16 %
Explotación de minas y canteras	68 %	23 %
Industria manufacturera	82 %	14 %
Suministro de electricidad, gas y agua	70 %	20 %
Construcción	76 %	19 %
Comercio al por mayor y menor	92 %	07 %
Hoteles y restaurantes	89 %	10 %
Transporte, almacenamiento y Comunicaciones	83 %	13 %
Intermediación financiera	81 %	14 %
Actividades inmobiliarias, empresariales y de alquiler	87 %	10 %
Enseñanza	76 %	19 %
Servicios sociales y de salud	89 %	09 %
Otras actividades comunitarias, sociales y personales	95 %	04 %
Total	**88.4 %**	**09.6 %**

Fuente: elaboración propia a partir de Dini & Stumpo (2021).

Leyva-Carreras, Espejel-Blanco y Cavazos-Arroyo (2017) destacan que el director o gerente de una mype debe tomar en cuenta ciertas variables para lograr la excelencia, el buen clima organizacional y la competitividad empresarial, para lo cual es preciso contar con personal directivo que reúna las siguientes características: dinámicos, actualizados, con habilidades directivas, operativas y de gestión, conocimientos de administración y planeación estratégica, así como administración y dirección de talento humano, siempre proactivo al cambio organizacional y tecnológico, para que se convierta en vehículo que potencia la creatividad, la innovación y el desarrollo sustentable. Sin embargo, por desconocer esas características de gestión o habilidades directivas que son propias de los líderes, esa ignorancia puede ser la causa de algunos problemas administrativos y de competitividad en las mypes, lo que genera algunas consecuencias en la transición de una economía local y proteccionista a un mercado libre y globalizado (Naranjo, 2015).

Niebles-Núñez, Torres-Anillo y Montenegro-Rada (2020) establecen que las habilidades directivas comprenden el proceso de la gerencia, estas son: planificar, organizar, dirigir, ejecutar y controlar que, a su vez, constituyen el conjunto de destrezas, cualidades, competencias, conocimientos, acciones, experiencias y capacidades que inciden en el efectivo desempeño del rol gerencial, al contribuir al logro de objetivos y metas organizacionales, asimismo, representan la implementación práctica por la acción del conocimiento adquirido académicamente o por experiencias a través del proceso de aprendizaje. Es por ello que, en los últimos años, las habilidades directivas desempeñan un papel muy importante en la satisfacción de los colaboradores en las empresas a nivel mundial, pues se ha demostrado que la manera o particularidad en que los directivos lideran a sus equipos generan una repercusión directa en su satisfacción y, por ende, en su desempeño laboral (Moreno & Wong, 2018).

Paredes-Zempual, Ibarra-Morales y Moreno-Freites (2021) adoptan otra perspectiva, sostienen que el buen desempeño de la empresa está en función de las habilidades directivas y el buen clima organizacional, sobre todo en este tiempo donde las empresas se encuentran inmersas en un proceso de globalización y de rápidos cambios que demandan líderes más preparados en actitudes y aptitudes, capaces de administrar de manera eficaz y eficiente los procesos y procedimientos, tanto administrativos como operativos, comprometidos con la rentabilidad de la organización.

El clima organizacional es observado y analizado por las empresas con el fin de mantenerlo en niveles positivos y, de esa forma, estimular la productividad de los empleados, motivo por el cual las empresas buscan los elementos y condiciones necesarias que puedan incidir de forma positiva en el clima organizacional, ya que existen estudios empíricos que así lo demuestran, en otras palabras, un mejor clima organizacional en la empresa se traduce en mejores resultados en los ámbitos financieros, administrativos y productivos (Alegría-Zebadúa & Alarcón-Martínez, 2022).

Whetten y Cameron (2016) clasifican las habilidades en tres grandes grupos: personales, interpersonales y grupales, mismas que en su conjunto aportan al éxito de una administración eficaz y centrada en los logros financieros, pero también de posición competitiva. En este sentido, para el presente estudio se han seleccionado como habilidades directivas las siguientes: negociación, toma de decisiones, liderazgo, comunicación y trabajo en equipo, ya que predominan en la literatura y en los diferentes modelos conceptuales, además de ser las más importantes para Whetten y Cameron. Adicionalmente, se ha seleccionado como variable el clima organizacional debido al impacto y la importancia que ostenta para las mypes. Las definiciones conceptuales para cada una de las variables se muestran en la tabla 33.2.

Tabla 33.2. Definición conceptual de las variables.

Variable	Definición conceptual
Negociación	Presentar y discutir propuestas comunes con el propósito de llegar a un acuerdo en un marco de interés común (Álvarez-Vásquez, et al., 2018).
Toma de decisiones	Decidir por una alternativa que requiere atender situaciones planificadas o de incertidumbre entre un abanico de varias opciones (Ávila-Morales et al., 2022).
Liderazgo	Lograr la motivación de los colaboradores mediante la promoción de conductas positivas que reditúan en mejores niveles de desempeño laboral para la empresa (Rojero-Jiménez, Gómez-Romero & Quintero-Robles, 2019).
Comunicación	Recibir y transmitir mensajes oportunos y unívocos, independientemente del canal o la forma de comunicación, lo cual facilita la emisión y recepción de los mensajes que se producen entre los miembros de la organización y su entorno, facilitando el alcance de los objetivos y metas que establecen los miembros de la organización (Puga-Villarreal & Martínez-Cerna, 2008).
Trabajo en equipo	Fomentar la colaboración conjunta entre los integrantes que conforman un equipo de trabajo, a través del talento individual, la comunicación, las competencias y las fortalezas de cada uno en su relación con los demás, para lograr el cumplimiento de un objetivo común (Viamontes & Oliva, 2015).
Clima organizacional	Variable que media entre el contexto de una organización y la conducta de sus empleados o miembros, desde la perspectiva del cómo ellos experimentan el trabajo en sus empresas (King, Hebl, George & Matusik, 2010).

Fuente: elaboración propia.

METODOLOGÍA

El presente trabajo de investigación ha sido propuesto por la Red de Estudios Latinoamericanos en Administración y Negocios (RELAYN, 2023), la cual consiste en conceptualizar la micro y pequeña empresa (mype) como una serie de elementos de entradas, procesos y salidas enmarcados en un ambiente que influye en el clima organizacional de las mypes, según la percepción del director, considerado como la persona que toma la mayor parte de las decisiones. Este estudio tiene un enfoque cuantitativo de diseño transversal de tipo causal.

Se realizó un muestreo probabilístico aleatorio simple con las mypes de Huejutla de Reyes, Hidalgo, México, cuya cantidad de empleados se encuentra en el rango de 1 50, con un nivel de confianza del 95 %, un margen de error del ±5 % y una probabilidad estimada de p=0.5 (50 %). Se obtuvieron de la muestra aplicada un total de 416 encuestas válidas en el periodo del 01 de marzo al 30 de abril de 2023. Se utilizó un instrumento de medición tipo encuesta, la cual fue dirigida a los propietarios, directores o gerentes de las mypes, para lo cual sirvió la asistencia de estudiantes universitarios que previamente fueron capacitados para aplicar la encuesta.

Características de la muestra son:

El 41.1 % de la muestra fueron del sexo biológico femenino y el restante 58.9 % masculino. La edad de los sujetos tiene un rango de 20 a 84 años, con un promedio de 44 años y una moda de 38 años. El 40.1 % de los empresarios tienen estudios de nivel superior, seguido de un 31.2 % con nivel media superior, 26.7 % con educación básica. En cuanto a estado civil predominan los casados con un 64.4 % seguidos de los solteros con 16.1 %.

La mayoría de los negocios 63.7 % pertenecen al giro comercial, un 26.9 % a la prestación de servicios y sólo 9.4 % a la producción de manufacturas, la antigüedad del 1 %de los negocios es menor a 3 años. Los empleos que ofrecen están en el rango de 1 a 30 trabajadores, de las empresas el 94.5 % emplea de 1 a 10 trabajadores y el 82.5 % tienen en su plantilla de 1 a 10 mujeres y en el 73.8 % colaboran de 1 a 5 familiares del propietario.

Alineado al objetivo general de la investigación y a la revisión de la literatura, se plantean las siguientes hipótesis:

- H0: Las habilidades directivas no inciden en el clima organizacional de la mype.
- H1: Las habilidades directivas inciden en el clima organizacional de la mype.

En cuanto al instrumento de medición, éste se integró por seis partes o bloques. El primero de ellos, con datos que abordan aspectos generales de la empresa: tamaño de la empresa, personal ocupado, así como información sobre los ingresos y gastos. La segunda parte aborda los datos del directivo y el tiempo destinado a las labores de la empresa. La tercera parte se refiere a los insumos del sistema: recursos humanos, análisis del mercado y proveedores. En una cuarta parte del instrumento de medición se exponen los procesos del sistema: dirección, gestión de ventas, finanzas, innovación, mercadotecnia, producción-operación. La quinta parte estuvo integrada por los resultados del sistema: satisfacción del sistema, ventaja competitiva, RSC-Asuntos de ISO 26000, valoración del entorno y, por último, la sexta parte quedó integrada por los dos temas anuales de investigación: a) el trabajo decente desde la perspectiva directiva y b) el impacto de las habilidades directivas (negociación, toma de decisiones, liderazgo, comunicación, trabajo en equipo) sobre el clima organizacional. Para las secciones comprendidas del tercer al sexto bloque se emplea una escala de Likert de cinco puntos, los cuales van de 'No sé / No aplica' (1) a 'muy de acuerdo' (5).

RESULTADOS

Las seis variables muestran consistencia interna del instrumento mediante el análisis del alfa de Cronbach de las variables objeto de estudio, de la misma forma se analiza la correlación que tienen con el clima organizacional como se muestra en la tabla 33.3.

Tabla 33.3. Alfa de Cronbach y correlación de las variables.

Variables	Correlación con clima	Cronbach	Media	Desviación Estándar
Negociación	0.346	0.758	4.093	0.571
Toma de decisiones	0.247	0.857	4.163	0.640
Liderazgo	0.282	0.850	4.556	0.399
Comunicación	0.394	0.863	4.448	0.455
Trabajo en equipo	0.368	0.906	4.482	0.483
Clima Organizacional	1	0.842	4.500	0.459

Fuente: Elaboración propia utilizando RStudio (R Core Team, 2022).

Se procede a realizar el modelo estructural del instrumento en la figura 33.4, el ajuste absolutorio muestra el error cuadrático medio de aproximación (RMSEA) es de 0.023 y el residuo cuadrático medio estandarizado (SRMR) es de 0.052, en ambos casos se consideran aceptables, en el ajuste comparativo (CFI) muestra

un resultado de 0.998 y el índice de Tucker-Lewis (TLI) de 0.997 consideramos ajustes óptimos.

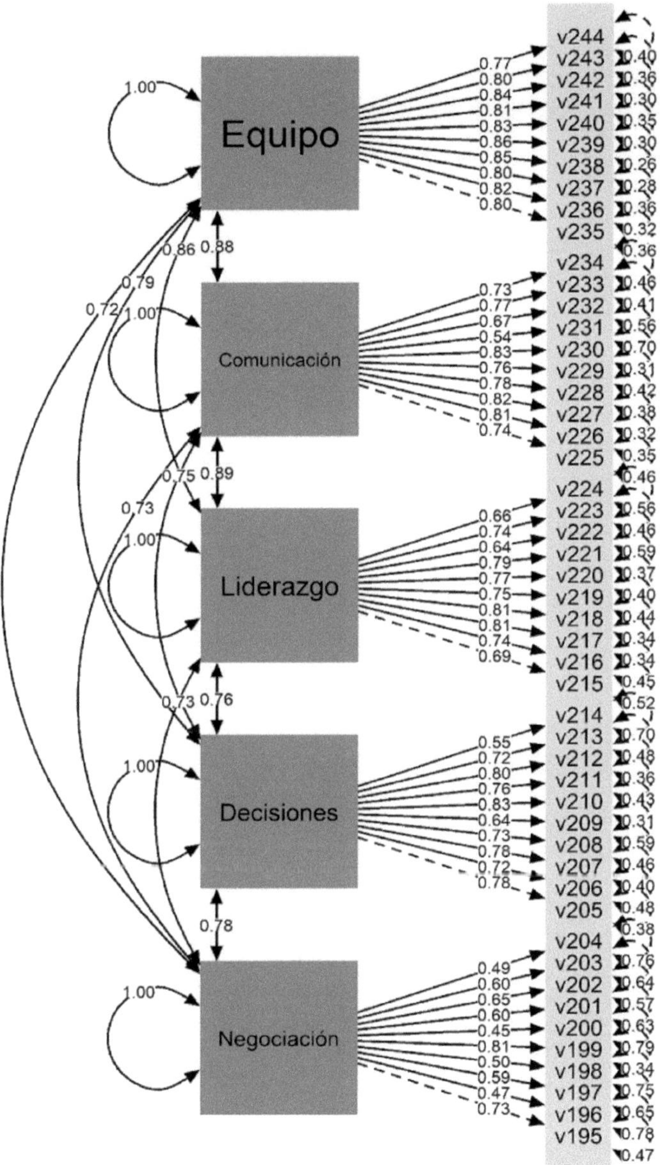

Figura 33.4. Resultado del modelo estructural.

Fuente: Elaboración propia utilizando RStudio (R Core Team, 2022).

Partiendo de la información cuantitativa del estudio se establece el modelo estructural (Figura 33.4), donde se muestra la dirección de las relaciones entre las diversas variables y el efecto que causan. El modelo plantea la existencia de cinco variables endógenas con una relación causal recíproca (Trabajo en equipo, comunicación, liderazgo, toma de decisiones y negociación). Las cinco variables tienen una relación causal directa con los ítems que conforman la variable, en todos los casos el grado de significancia fue <0.05 (los resultados se muestran en la Figura 33.4) dando un correcto ajuste del modelo (Bentler & Bonett, 1980; Martínez et al., 2012)

Con el objetivo de medir el impacto que tienen las habilidades directivas sobre el clima organizacional de la mype se realiza la siguiente regresión lineal, donde el clima organizacional es la variable dependiente y las variables independientes son negociación, toma de decisiones, liderazgo, comunicación y trabajo en equipo. Al final se sustituyen los valores tal y como se observa en la tabla 33.5.

Fórmula:

y = clima = constante + negociación + toma de decisiones + liderazgo + comunicación + trabajo en equipo.

Tabla 33.5. Regresión lineal.

Fórmula: lm(fórmula = clima ~ negociación + toma de decisiones + liderazgo + comunicación + trabajo en equipo)				
Residuales				
Min	**1Q**	**Mediana**	**3Q**	**Max**
-1.63947	-0.13563	0.05323	0.17053	0.88176
Coeficientes	**Estimado**	**Std. Error**	**T-valor**	**P-valor**
(Clima/Intercept)	1.065592	0.188182	5.663	2.81e-08
Negociación	0.024262	0.035657	0.680	0.4966
Toma de decisiones	0.009903	0.034736	0.285	0.7757
Liderazgo	0.314640	0.063747	4.936	1.16e-06
Comunicación	-0.102814	0.059099	-1.740	0.0827
Trabajo en equipo	0.517172	0.057143	9.050	< 2e-16

Signif. codes: 0 '***' 0.001 '**' 0.01 '*' 0.05 '.' 0.1 ' ' 1
Residual standard error: 0.3246 on 410 degrees of freedom
Multiple R-squared: 0.5059, Adjusted R-squared: 0.4999
F-statistic: 83.96 on 5 and 410 DF, p-value: < 2.2e-16
Fuente: Elaboración propia utilizando RStudio (R Core Team, 2022).

Para poder medir el impacto, se multiplica el valor estimado de cada una de las variables independientes (tabla 33.5) por su media (tabla 33.3).

y=1.06559 + (0.02426 * 4.093) + (0.0099 * 4.163) + (0.31464 * 4.556) + (-0.10281 * 4.448) + (0.51717 * 4.482)

Resolvemos la ecuación:

y=1.06559+0.0992962+0.0412137+1.4334998+-0.4572989+2.3179559
y=4.5002568

Se observa que la variable que tiene mayor impacto es trabajo en equipo con 2.3179559, mientras que la de menor impacto es comunicación con —0.4572989. El impacto total de las habilidades directivas sobre el clima organizacional es de 4.5002568.

DISCUSIÓN

Al revisar los datos obtenidos, se encuentra que, de acuerdo con el sector y tamaño de la empresa, resaltan con representatividad las primeras dos actividades: el comercio al por menor con 92 % para las microempresas y 0.07 % para las pequeñas; asimismo otras actividades comunitarias, sociales y personales con 95 % y 0.04 %, respectivamente. De forma global, el promedio de representatividad de todos los sectores es de 88.4 % para las microempresas y 9.06 % para las pequeñas; dato que, al compararse con la representatividad total de éstas en el país, que es de 98.03 %, se observa que el municipio se encuentra 0.57 % menos que la media nacional.

Se pudo apreciar que las variables estudiadas muestran una consistencia, lo que denota que éstas covarían entre sí con valores de alfa de Cronbach entre 0.7 y 0.9, encontrando que sí fue posible evaluar la comunicación, el trabajo en equipo, el liderazgo, la toma de decisiones y la negociación. Lo anterior sugiere que, derivado de que existe consistencia, este estudio puede replicarse en caso de que se esté interesado.

Para el caso del municipio de Huejutla, al revisar el análisis estructural, resalta el trabajo en equipo como la variable de mayor incidencia en el clima organizacional; es decir, que, desde la perspectiva del director de la empresa, éste logra que sus integrantes puedan trabajar de manera conjunta, debido a que se establece una combinación oportuna de comunicación, además de que los trabajadores ejercen su talento individual, permitiendo que la organización logre los objetivos a alcanzar. En sentido opuesto, se encuentra que la variable con menor impacto para las habilidades directivas es la comunicación, lo cual se traduce en que los mensajes no se reciben de forma oportuna o bien el canal de comunicación establecido no favorece la emisión y recepción de información entre los miembros de la organización, contribuyendo a la desinformación y, por consecuencia, el posible no cumplimiento de los objetivos.

Por lo dicho anteriormente, es importante resaltar que se deben mejorar aquellas variables que no estén permitiendo que los directivos puedan generar un buen clima organizacional, ya que este elemento suele ser un diferenciador con otras organizaciones al poner en desventaja a aquella empresa que cuente con un deficiente clima organizacional, evitando su crecimiento y permanencia.

REFERENCIAS

Aburto, H.I. & Bonales, J. (2011). Habilidades directivas: Determinantes en el clima organizacional. *Investigación y Ciencia,* 19(51), 41–49.

Alegría-Zebadúa, R.M., & Alarcón-Martínez, G. (2022). Marco teórico e instrumento de medición de las habilidades gerenciales y clima organizacional en *Instituciones Bancarias de México. Vinculatégica,* 7(1). https://doi.org/10.29105/vtga7.1-82

Álvarez-Vásquez, C.A., Rivera-Vera, H.F., Conforme-Cedeño, G.M., Campoverde-Flores, F.K., Sornoza-Parrales, D.R., & Merchán-Nieto, L. (2018). *Los procesos, las técnicas de negociación y la tecnología. Ciencias. Economía, Organización y Ciencias Sociales. Editorial Área de Innovación y Desarrollo, S.L.* https://doi.org/10.17993/ecoorgycso.2018.41

Ávila-Morales, H., Palumbo-Pinto, G.B., De la Cruz-Ríos, H.A., & Ogosi-Auqui, J.A. (2022). Toma de decisiones estratégicas en la gestión pública para el desarrollo social. *Revista Venezolana de Gerencia,* 27(Edición Especial 7), 648–662. https://doi.org/10.52080/rvgluz.27.7.42

Bentler, P. M., & Bonett, D. G. (1980). Significance Tests and Goodness of Fit in the Analysis of Covariance Structures. *In Psychological Bulletin* (Vol. 88, Issue 3).

Brunet, L. (2007). El clima de trabajo en las organizaciones. Definición, diagnóstico y consecuencias. *Editorial Trillas.*

Busro, M. (2018). Teori-teori Manajemen Sumber Daya Manusia. *Jakarta. PrenadaMedia.*

Dini, M. & Stumpo, G. (2020). MiPyMEs en América Latina: un frágil desempeño y nuevos desafíos para las políticas de fomento. Documentos de Proyectos (LC/TS.2018/75/Rev.1), Santiago. *Comisión Económica para América Latina y el Caribe* (CEPAL).

Forbes (2021). Inclusión digital: el futuro de las MyPEs. *Forbes Content.* https://www.forbes.com.mx/ad-inclusion-digital-futuro-mypes-mexico-visa/

Ibarra-Morales, L.E., Paredes-Zempual, D., & Carrillo-Cisneros, E. (2022). Impacto del COVID-19 en las variables que determinan la competitividad de las micro, pequeñas y medianas empresas mexicanas. *Revista RELAYN. Micro y Pequeña Empresa en Latinoamérica,* 6(1), 7–22. https://doi.org/10.46990/relayn.2022.6.1.532

Instituto Nacional de Estadística y Geografía (Inegi) (2020). *Censo de población y vivienda 2020.* https://www.inegi.org.mx/programas/ccpv/2020/

King, E.B., Helb, M.R., George, J.M. & Matusik, S.F. (2010). Understanding tokenism: Antecedents and consequences of a psychological climate of gender inequity. *Journal of Management,* 36(2), 482–510. https://doi.org/10.1177/0149206308328508

Leyva-Carreras, A.B., Cavazos-Arroyo, J., & Espejel-Blanco, J.E. (2018). Influencia de la planeación estratégica y habilidades gerenciales como factores internos de la competitividad empresarial de las Pymes. *Contaduría y Administración,* 63(3), 41. https://doi.org/10.22201/fca.24488410e.2018.1085

Leyva-Carreras, A.B., Espejel-Blanco, J.E., & Cavazos-Arroyo, J. (2017). Habilidades gerenciales como estrategia de competitividad empresarial en las pequeñas y medianas empresas (Pymes). *Revista Perspectiva Empresarial,* 4(1), 7–22. https://doi.org/10.16967/rpe.v4n1a1

Martinez, E., García-Alandete, J., Selles, P., Bernabe, G., & Soucase, B. (2012). Análisis factorial confirmatorio de los principales modelos propuestos para el purpose-in-life test en una muestra de universitarios españoles. *Acta Colombiana de Psicología,* 67–76.

Mendoza-Vargas, E.Y., Villaroel-Puma, M.F. & Carranza-Quimi, W.D. (2020). Caracterización de los microemprendimientos de los sectores urbanos marginales de Quevedo. *Centro Sur. Social Science Journal.* 4(4), 1–23. https://doi.org/10.37955/cs.v4i1.40

Moreno, M. J., & Wong Aitken, H. G. (2019). Relación de las habilidades directivas y la satisfacción laboral en la empresa Chicken King de Trujillo, 2018. *Cuadernos Latinoamericanos de Administración,* 14(27), 1–17. https://doi.org/10.18270/cuaderlam.v14i27.2475

Naranjo, R. (2015). Management skills in leaders of mid-sized businesses of Colombia. *Revista Científica Pensamiento y Gestión,* 38, 119–146. https://doi.org/10.14482/pege.38.7703

Niebles-Núñez, L., Torres-Anillo, K. & Montenegro-Rada, A. (2020). Habilidades gerenciales como herramienta para el fortalecimiento del liderazgo transformacional en las mipymes. *Editorial Universidad del Atlántico.* https://repositorio.uniatlantico.edu.co/bitstream/handle/20.500.12834/1030/admin %2c %2bHABILIDADES %2bGERENCIALES %2bCOMO %2bHERRAMIENTA %2bEN %2bMIPYMES.pdf?sequence=1&isAllowed=y

Paredes-Zempual, D., Ibarra-Morales, L.E., & Moreno-Freites, Z.E. (2021). Habilidades directivas y clima organizacional en pequeñas y medianas empresas. *Investigación Administrativa,* 50–1, 1–23. https://doi.org/10.35426/iav50n127.05

Puga-Villarreal, J., & Martínez-Cerna, L. (2008). Competencias Directivas en Escenarios Globales. *Estudios Gerenciales,* 24(109), 87–103. https://doi.org/10.1016/s0123-5923(08)70054-8

R Core Team (2022). R: A language and environment for statistical computing. R *Foundation for Statistical Computing, Vienna, Austria.* URL https://www.R-project.org/

Red de Estudios Latinoamericanos en Administración y Negocios. (RELAYN) (2023). *Investigación anual,* N. Peña & O. Aguilar (coords.) https://relayn.redesla.la

Red de Estudios Latinoamericanos (RedesLA) (2023). *Investigaciones anuales.* https://redesla.la

Rojero-Jiménez, R., Gómez-Romero, J.G.I., & Quintero-Robles, L.M. (2019). El liderazgo transformacional y su influencia en los atributos de los seguidores en las Mipymes mexicanas. *Estudios Gerenciales,* 35(151), 178–189. https://doi.org/10.18046/j.estger.2019.151.3192

Vargas, B., & del Castillo, C. (2008). Competitividad sostenible de la pequeña empresa: Un modelo de promoción de capacidades endógenas para promover ventajas competitivas sostenibles y alta productividad. *Journal of Economics, Finance and Administrative Science,* 13(24), 59–80. https://www.redalyc.org/articulo.oa?id=360733604004

Viamontes, M.O., & Oliva, E.J.D. (2015). Las agrupaciones corales como estrategia de formación de competencias para trabajo en equipo en las organizaciones: una perspectiva comparativa. *Suma de Negocios,* 6(13), 92–97. https://doi.org/10.1016/j.sumneg.2015.08.008

Whetten, D. & Cameron, K. (2016). Desarrollo de habilidades directivas. México: *Editorial Prentice Hall.*

CAPÍTULO 34

Las habilidades directivas y el clima organizacional en las micro y pequeñas empresas de Jaltocán y San Felipe Orizatlán, Hidalgo, México

Management skills and the organizational climate in micro and small companies in Jaltocan and San Felipe Orizatlan, Hidalgo, Mexico

BERNABE FLORES LARA, LEONOR MARTÍNEZ SORIA, KARLA A. ANDRADE REYES Y ABRIL LARRAGOITI VELASCO

Universidad Tecnológica de la Huasteca Hidalguense

Resumen: El objetivo de la presente investigación es determinar el impacto que tienen las habilidades directivas sobre el clima organizacional en las micro y pequeñas empresas de Latinoamérica. Se presenta un estudio cuantitativo, no experimental, de forma transversal y con un alcance causal. La pertinencia del estudio contribuye a la generación de conocimiento para el desarrollo de un modelo de gestión de la mype en América Latina que permita maximizar la productividad. Entre los principales resultados, podemos observar que la variable de la habilidad directiva trabajo en equipo es la que tiene mayor impacto en el clima organizacional, con 1.6391382, y la variable con el menor impacto es decisiones con 0.1221596. El estudio muestra que la hipótesis H_1: Las habilidades directivas inciden en el clima organizacional de la mype es afirmativa; de esta manera, se entiende que si en las mypes de Jaltocán y San Felipe Orizatlán, Hidalgo, no existe trabajo en equipo y comunicación apropiada no se logra un buen clima organizacional. Esto representa para las mypes la oportunidad de trabajar en la construcción de equipos de trabajo eficientes a fin de que juntos logren los objetivos empresariales y así se contribuya al desarrollo económico de la región.

Abstract: The objective of this research is to determine the impact that management skills have on the organizational climate in micro and small companies in Latin America. A quantitative, non-experimental, cross-sectional study with a causal scope is presented. The relevance of the study contributes to the generation of knowledge for the development of a management model for mypes in Latin America that allows maximizing productivity. Among the main results, we can observe that the variable of teamwork managerial ability is the one that has the greatest impact on the organizational climate, with 1.6391382, and the variable with the least impact is decisions with 0.1221596. The study shows that hypothesis H1: Management skills affect the organizational climate of the mype is affirmative; In this way, it is understood that if in the mypes of Jaltocán and San Felipe Orizatlán, Hidalgo, there is no teamwork and appropriate communication, a good organizational climate is not achieved. This represents for mypes the opportunity to work on the construction of efficient work teams so that together they achieve business objectives and thus contribute to the economic development of the region.

INTRODUCCIÓN

De acuerdo con el último Censo Económico publicado por el Instituto Nacional de Estadística y Geografía (INEGI, 2020), 98.3 % del universo de unidades económicas está constituido por micro y pequeñas empresas, las cuales generan —al menos— el 55 % de los empleos y amasan el 39 % del Producto Interno Bruto (PIB) del país. Las microempresas están configuradas por aquellos negocios que tienen menos de 10 trabajadores y generan anualmente ventas hasta por 4 millones de pesos. Las pequeñas empresas son unidades económicas que emplean entre 11 y 50 trabajadores, generando ventas anuales que oscilan entre 4 y 100 millones de pesos (Mendoza-Vargas, Villaroel-Puma & Carranza-Quimi, 2020; Forbes, 2021).

Es importante mencionar que actualmente las mypes se enfrentan a múltiples retos y problemáticas, específicamente, el desarrollo de habilidades gerenciales o directivas por parte de los líderes cumple una labor fundamental en el clima organizacional para este tipo de empresas, al establecerse como un diferenciador con otras organizaciones (Busro, 2018). En esa perspectiva, la formación y el desarrollo de habilidades directivas del personal encargado de implementar estrategias y tomar decisiones son fundamentales, pues de ello depende que las mypes cumplan sus metas y objetivos estratégicos, lo cual permite a las organizaciones volverse más competitivas, pues propicia la formación de un clima organizacional donde los empleados estén satisfechos con su organización (Aburto & Bonales, 2011; Brunet, 2007).

Derivado de la importancia que representa el desarrollo de habilidades directivas en los líderes que dirigen los esfuerzos estratégicos de las mypes, así como la

importancia de contar con un buen clima organizacional, se plantean las siguientes preguntas de investigación: ¿cuáles habilidades directivas tienen repercusión en el clima organizacional de las mypes?, ¿cuál es el clima organizacional que predomina en las mypes?

Para cumplir con lo anterior, el objetivo de la investigación es determinar el grado de asociación entre las habilidades directivas y el clima organizacional de las micro y pequeñas empresas, lo cual permitirá conocer con mayor precisión las habilidades directivas que los gerentes o mandos medios deben desarrollar para que prevalezca un clima organizacional satisfactorio entre los empleados al interior de las mypes. En ese sentido, las mypes podrán determinar si éstas son las causales de un clima organizacional adecuado o inconveniente, lo que, a su vez, permitirá diseñar programas de capacitación para sus líderes y, con ello, generar información que contribuya —si es el caso— a resolver el problema o mantener y fortalecer lo que se tiene.

Los diferentes análisis estadísticos correlacionales entre las variables del estudio permitirán identificar si las habilidades directivas son la causa principal del clima organizacional que prevalece en las mypes. Lo anterior será de gran apoyo en la búsqueda de factores endógenos diferenciados que permita a las mypes obtener ventajas competitivas sostenibles, ya que, si bien es cierto, una mejor gestión empresarial no es suficiente para lograr ser más competitivas, sino que está determinada por otros factores internos como un buen clima organizacional y el desarrollo de habilidades directivas (Vargas & Del Castillo, 2008).

REVISIÓN DE LA LITERATURA

Las organizaciones del siglo XXI afrontan un entorno dinámico y complejo caracterizado por la incertidumbre, debido a esto deben estar preparadas para dar respuesta a los cambios vertiginosos, en aras de cumplir sus objetivos y metas organizacionales así como volverse más competitivas. Las micro y pequeñas empresas (mypes) también deben responder a ese contexto, sin embargo, las características estructurales de su magnitud las coloca en desventaja respecto a la gran empresa, misma que tiene a su disposición una mayor cantidad de recursos y capacidades. El tema aquí analizado ha obtenido gran relevancia en los rubros de la investigación y las políticas públicas recientemente, lo cual ha permitido una mejora de determinados aspectos directamente vinculados con la competitividad de las empresas (Leyva-Carreras, Cavazos-Arroyo & Espejel-Blanco, 2018).

La situación actual de las mypes es compleja —aun siendo una parte fundamental del aparato económico a nivel mundial—, presenta una serie de desafíos y retos, enfrenta diversos obstáculos que limitan su capacidad de crecimiento y desarrollo. Uno de los principales problemas que enfrentan estas empresas es la

falta de acceso al financiamiento, ya que esto restringe su capacidad para invertir en innovación, en maquinaria y equipos, software y tecnologías digitales; así como en la capacitación y adiestramiento para sus empleados. Otra problemática a la cual se enfrentan es la poca inversión en capacitación a sus directivos y gerentes, de modo que éstos puedan desarrollar sus habilidades directivas, permitiéndoles contar con las herramientas necesarias al momento de tomar decisiones estratégicas de impacto en sus portafolios de negocios, a través de una visión diferente y más competitiva, no sólo a nivel local, sino a niveles superiores en la configuración y escala del negocio.

Es importante destacar que la pandemia por el Covid-19 tuvo un impacto significativo en las mypes debido a que muchas de ellas tuvieron que cerrar de forma temporal o permanente. Las restricciones de movimiento y confinamiento social provocaron una disminución significativa en la demanda de productos y servicios (Ibarra-Morales, Paredes-Zempual & Carrillo-Cisneros, 2022). Para dimensionar y tener una mejor visión de la magnitud de la presencia e importancia de las mypes en Latinoamérica, Dini y Stumpo (2021) realizan una clasificación tomando como parámetros el sector y el tamaño de la empresa (tabla 34.1.).

Tabla 34.1. Clasificación de acuerdo con el sector y tamaño de la empresa.

Sector	**Micro empresa**	**Pequeña empresa**
Agricultura, ganadería, caza, silvicultura y pesca	80 %	16 %
Explotación de minas y canteras	68 %	23 %
Industria manufacturera	82 %	14 %
Suministro de electricidad, gas y agua	70 %	20 %
Construcción	76 %	19 %
Comercio al por mayor y menor	92 %	07 %
Hoteles y restaurantes	89 %	10 %
Transporte, almacenamiento y comunicaciones	83 %	13 %
Intermediación financiera	81 %	14 %
Actividades inmobiliarias, empresariales y de alquiler	87 %	10 %
Enseñanza	76 %	19 %
Servicios sociales y de salud	89 %	09 %
Otras actividades comunitarias, sociales y personales	95 %	04 %
Total	**88.4 %**	**09.6 %**

Fuente: elaboración propia a partir de Dini & Stumpo (2021).

Leyva-Carreras, Espejel-Blanco y Cavazos-Arroyo (2017) destacan que el director o gerente de una mype debe tomar en cuenta ciertas variables para lograr la excelencia, el buen clima organizacional y la competitividad empresarial, para lo cual es preciso contar con personal directivo que reúna las siguientes características: dinámicos, actualizados, con habilidades directivas, operativas y de gestión, conocimientos de administración y planeación estratégica, así como administración y dirección de talento humano, siempre proactivo al cambio organizacional y tecnológico, para que se convierta en vehículo que potencia la creatividad, la innovación y el desarrollo sustentable. Sin embargo, por desconocer esas características de gestión o habilidades directivas que son propias de los líderes, esa ignorancia puede ser la causa de algunos problemas administrativos y de competitividad en las mypes, lo que genera algunas consecuencias en la transición de una economía local y proteccionista a un mercado libre y globalizado (Naranjo, 2015).

Niebles-Núñez, Torres-Anillo y Montenegro-Rada (2020) establecen que las habilidades directivas comprenden el proceso de la gerencia, estas son: planificar, organizar, dirigir, ejecutar y controlar que, a su vez, constituyen el conjunto de destrezas, cualidades, competencias, conocimientos, acciones, experiencias y capacidades que inciden en el efectivo desempeño del rol gerencial, al contribuir al logro de objetivos y metas organizacionales, asimismo, representan la implementación práctica por la acción del conocimiento adquirido académicamente o por experiencias a través del proceso de aprendizaje. Es por ello que, en los últimos años, las habilidades directivas desempeñan un papel muy importante en la satisfacción de los colaboradores en las empresas a nivel mundial, pues se ha demostrado que la manera o particularidad en que los directivos lideran a sus equipos generan una repercusión directa en su satisfacción y, por ende, en su desempeño laboral (Moreno & Wong, 2018).

Paredes-Zempual, Ibarra-Morales y Moreno-Freites (2021) adoptan otra perspectiva, sostienen que el buen desempeño de la empresa está en función de las habilidades directivas y el buen clima organizacional, sobre todo en este tiempo donde las empresas se encuentran inmersas en un proceso de globalización y de rápidos cambios que demandan líderes más preparados en actitudes y aptitudes, capaces de administrar de manera eficaz y eficiente los procesos y procedimientos, tanto administrativos como operativos, comprometidos con la rentabilidad de la organización.

El clima organizacional es observado y analizado por las empresas con el fin de mantenerlo en niveles positivos y, de esa forma, estimular la productividad de los empleados, motivo por el cual las empresas buscan los elementos y condiciones necesarias que puedan incidir de forma positiva en el clima organizacional, ya que existen estudios empíricos que así lo demuestran, en otras palabras, un mejor clima organizacional en la empresa se traduce en mejores resultados en los ámbitos financieros, administrativos y productivos (Alegría-Zebadúa & Alarcón-Martínez, 2022).

Whetten y Cameron (2016) clasifican las habilidades en tres grandes grupos: personales, interpersonales y grupales, mismas que en su conjunto aportan al éxito de una administración eficaz y centrada en los logros financieros, pero también de posición competitiva. En este sentido, para el presente estudio se han seleccionado como habilidades directivas las siguientes: negociación, toma de decisiones, liderazgo, comunicación y trabajo en equipo, ya que predominan en la literatura y en los diferentes modelos conceptuales, además de ser las más importantes para Whetten y Cameron. Adicionalmente, se ha seleccionado como variable el clima organizacional debido al impacto y la importancia que ostenta para las mypes. Las definiciones conceptuales para cada una de las variables se muestran en la tabla 34.2.

Tabla 34.2. Definición conceptual de las variables.

Variable	Definición conceptual
Negociación	Presentar y discutir propuestas comunes con el propósito de llegar a un acuerdo en un marco de interés común (Álvarez-Vásquez, et al., 2018).
Toma de decisiones	Decidir por una alternativa que requiere atender situaciones planificadas o de incertidumbre entre un abanico de varias opciones (Ávila-Morales et al., 2022).
Liderazgo	Lograr la motivación de los colaboradores mediante la promoción de conductas positivas que reditúan en mejores niveles de desempeño laboral para la empresa (Rojero-Jiménez, Gómez-Romero & Quintero-Robles, 2019).
Comunicación	Recibir y transmitir mensajes oportunos y unívocos, independientemente del canal o la forma de comunicación, lo cual facilita la emisión y recepción de los mensajes que se producen entre los miembros de la organización y su entorno, facilitando el alcance de los objetivos y metas que establecen los miembros de la organización (Puga-Villarreal & Martínez-Cerna, 2008).
Trabajo en equipo	Fomentar la colaboración conjunta entre los integrantes que conforman un equipo de trabajo, a través del talento individual, la comunicación, las competencias y las fortalezas de cada uno en su relación con los demás, para lograr el cumplimiento de un objetivo común (Viamontes & Oliva, 2015).
Clima organizacional	Variable que media entre el contexto de una organización y la conducta de sus empleados o miembros, desde la perspectiva del cómo ellos experimentan el trabajo en sus empresas (King, Hebl, George & Matusik, 2010).

Fuente: elaboración propia.

METODOLOGÍA

El presente trabajo de investigación ha sido propuesto por la Red de Estudios Latinoamericanos en Administración y Negocios (RELAYN, 2023), la cual consiste en conceptualizar la micro y pequeña empresa (mype) como una serie de elementos de entradas, procesos y salidas enmarcados en un ambiente que influye en el clima organizacional de las mypes, según la percepción del director, considerado como la persona que toma la mayor parte de las decisiones. Este estudio tiene un enfoque cuantitativo de diseño transversal de tipo causal.

Se realizó un muestreo probabilístico aleatorio simple con las mypes de Jaltocán y San Felipe Orizatlán, Hidalgo, México, cuya cantidad de empleados se encuentra en el rango de 1 a 50, con un nivel de confianza del 95 %, un margen de error del ±5 % y una probabilidad estimada de p=0.5 (50 %). Se obtuvieron de la muestra aplicada un total de 454 encuestas válidas en el periodo del 01 de marzo al 30 de abril de 2023. Se utilizó un instrumento de medición tipo encuesta, la cual fue dirigida a los propietarios, directores o gerentes de las mypes, para lo cual sirvió la asistencia de estudiantes universitarios que previamente fueron capacitados para aplicar la encuesta.

Características de la muestra son:

El 49.3 % de la muestra fueron del sexo biológico femenino y el restante 50.7 % masculino. La edad de los sujetos tiene un rango de 18 a 89 años, con un promedio de 44 años y una moda de 36 años. El 16.5 % de los empresarios tienen estudios de nivel superior, seguido de un 35.5 % con nivel media superior, 44.1 % con educación básica. En cuanto a estado civil predominan los casados con un 73.1 % seguidos de los solteros con 8.8 %.

La mayoría de los negocios 73.6 % pertenecen al giro comercial, un 12.6 % a la prestación de servicios y sólo 13.9 % a la producción de manufacturas, la antigüedad del 22.9 %de los negocios es menor a 3 años. Los empleos que ofrecen están en el rango de 1 a 12 trabajadores, de las empresas el 99.6 % emplea de 1 a 10 trabajadores y el 84.1 % tienen en su plantilla de 1 a 10 mujeres y en el 84.4 % colaboran de 1 a 5 familiares del propietario.

Alineado al objetivo general de la investigación y a la revisión de la literatura, se plantean las siguientes hipótesis:

- H0: Las habilidades directivas no inciden en el clima organizacional de la mype.
- H1: Las habilidades directivas inciden en el clima organizacional de la mype.

En cuanto al instrumento de medición, éste se integró por seis partes o bloques. El primero de ellos, con datos que abordan aspectos generales de la empresa: tamaño de la empresa, personal ocupado, así como información sobre los ingresos y gastos. La segunda parte aborda los datos del directivo y el tiempo destinado a las labores de la empresa. La tercera parte se refiere a los insumos del sistema: recursos humanos, análisis del mercado y proveedores. En una cuarta parte del instrumento de medición se exponen los procesos del sistema: dirección, gestión de ventas, finanzas, innovación, mercadotecnia, producción-operación. La quinta parte estuvo integrada por los resultados del sistema: satisfacción del sistema, ventaja competitiva, RSC-Asuntos de ISO 26000, valoración del entorno y, por último, la sexta parte quedó integrada por los dos temas anuales de investigación: a) el trabajo decente desde la perspectiva directiva y b) el impacto de las habilidades directivas (negociación, toma de decisiones, liderazgo, comunicación, trabajo en equipo) sobre el clima organizacional. Para las secciones comprendidas del tercer al sexto bloque se emplea una escala de Likert de cinco puntos, los cuales van de 'No sé / No aplica' (1) a 'muy de acuerdo' (5).

RESULTADOS

Las seis variables muestran consistencia interna del instrumento mediante el análisis del alfa de Cronbach de las variables objeto de estudio, de la misma forma se analiza la correlación que tienen con el clima organizacional como se muestra en la tabla 34.3.

Tabla 34.3. Alfa de Cronbach y correlación de las variables.

Variables	Correlación con clima	Cronbach	Media	Desviación Estándar
Negociación	0.278	0.866	4.150	0.524
Toma de decisiones	0.113	0.893	4.033	0.613
Liderazgo	0.326	0.909	4.515	0.414
Comunicación	0.301	0.912	4.468	0.435
Trabajo en equipo	0.253	0.928	4.390	0.448
Clima Organizacional	1	0.887	4.426	0.474

Fuente: Elaboración propia utilizando RStudio (R Core Team, 2022).

Se procede a realizar el modelo estructural del instrumento en la figura 34.4, el ajuste absolutorio muestra el error cuadrático medio de aproximación (RMSEA) es de 0.07 y el residuo cuadrático medio estandarizado (SRMR) es de 0.081, en

ambos casos se consideran aceptables, en el ajuste comparativo (CFI) muestra un resultado de 0.97 y el índice de Tucker-Lewis (TLI) de 0.968 consideramos ajustes óptimos.

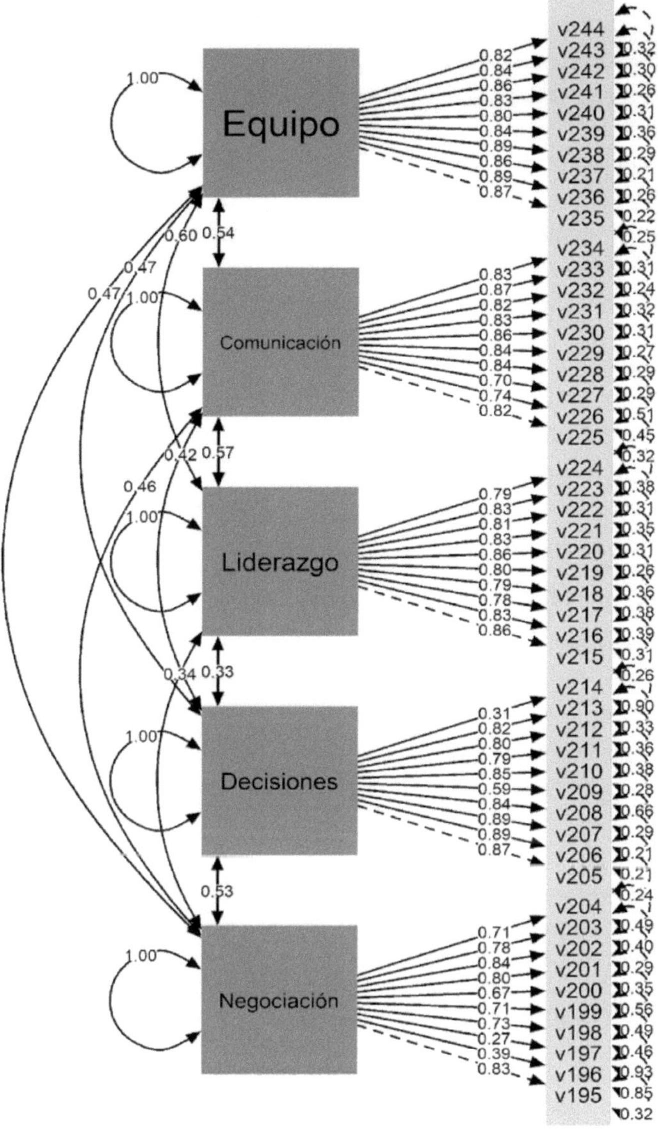

Figura 34.4. Resultado del modelo estructural.

Fuente: Elaboración propia utilizando RStudio (R Core Team, 2022).

Partiendo de la información cuantitativa del estudio se establece el modelo estructural (Figura 34.4), donde se muestra la dirección de las relaciones entre las diversas variables y el efecto que causan. El modelo plantea la existencia de cinco variables endógenas con una relación causal recíproca (Trabajo en equipo, comunicación, liderazgo, toma de decisiones y negociación). Las cinco variables tienen una relación causal directa con los ítems que conforman la variable, en todos los casos el grado de significancia fue <0.05 (los resultados se muestran en la Figura 34.4) dando un correcto ajuste del modelo (Bentler & Bonett, 1980; Martínez et al., 2012)

Con el objetivo de medir el impacto que tienen las habilidades directivas sobre el clima organizacional de la mype se realiza la siguiente regresión lineal, donde el clima organizacional es la variable dependiente y las variables independientes son negociación, toma de decisiones, liderazgo, comunicación y trabajo en equipo. Al final se sustituyen los valores tal y como se observa en la tabla 34.5.

Fórmula:

y = clima = constante + negociación + toma de decisiones + liderazgo + comunicación + trabajo en equipo.

Tabla 34.5. Regresión lineal.

Fórmula: lm(fórmula = clima ~ negociación + toma de decisiones + liderazgo + comunicación + trabajo en equipo)				
Residuales				
Min	1Q	Mediana	3Q	Max
-1.37744	-0.21561	0.01208	0.18597	0.99570
Coeficientes	**Estimado**	**Std. Error**	**T-valor**	**P-valor**
(Clima/Intercept)	0.57905	0.22877	2.531	0.0117
Negociación	0.17187	0.03753	4.580	6.04e-06
Toma de decisiones	0.03029	0.03183	0.952	0.3418
Liderazgo	0.11454	0.05077	2.256	0.0245
Comunicación	0.19138	0.04832	3.960	8.70e-05
Trabajo en equipo	0.37338	0.04851	7.696	9.02e-14

Signif. codes: 0 '***' 0.001 '**' 0.01 '*' 0.05 '.' 0.1 ' ' 1
Residual standard error: 0.3647 on 448 degrees of freedom
Multiple R-squared: 0.4144, Adjusted R-squared: 0.4078
F-statistic: 63.4 on 5 and 448 DF, p-value: < 2.2e-16
Fuente: Elaboración propia utilizando RStudio (R Core Team, 2022).

Para poder medir el impacto, se multiplica el valor estimado de cada una de las variables independientes (tabla 34.5) por su media (tabla 34.3).

y=0.57905 + (0.17187 * 4.15) + (0.03029 * 4.033) + (0.11454 * 4.515) + (0.19138 * 4.468) + (0.37338 * 4.39)

Resolvemos la ecuación:

y=0.57905+0.7132605+0.1221596+0.5171481+0.8550858+1.6391382
y=4.4258422

Se observa que la variable que tiene mayor impacto es trabajo en equipo con 1.6391382, mientras que la de menor impacto es toma de decisiones con 0.1221596. El impacto total de las habilidades directivas sobre el clima organizacional es de 4.4258422.

DISCUSIÓN

Del estudio realizado en Jaltocán y San Felipe Orizatlán, Hidalgo, se concluye que la hipótesis H_1 es aceptada, pues se comprueba que las habilidades directivas impactan directamente en el comportamiento del clima organizacional, según los resultados obtenidos del análisis alfa de Cronbach y correlación, los cuales muestran que las variables trabajo en equipo (1.6391382) y comunicación (0.8558) influyen en mayor escala en el funcionamiento y proceder del ambiente de trabajo que se percibe en las mypes que operan en los municipios antes mencionados.

En primer lugar, el trabajo en equipo que fomentan los líderes de las mypes tiene mayor repercusión en el desarrollo del clima laboral, ya que es una habilidad directiva fundamental en el logro de los retos y las problemáticas que se presentan en las organizaciones. En segundo lugar, se encuentra la variable comunicación, debido a que por medio de ésta se construyen las buenas relaciones interpersonales laborales si son estructuradas de forma correcta y efectiva.

Con base en los resultados del modelo estructural, se establece que todas las variables estudiadas tienen una relación causal en el clima organizacional. Nuevamente se observa al trabajo en equipo como la variable con mayor impacto; esto se debe a que las organizaciones que se encuentran en la zona de estudio cuentan con talento humano conformado por familiares o amigos, lo que a la larga puede representar una desventaja por el exceso de confianza que puede generarse entre director y subordinado. Por otro lado, la variable decisiones se muestra como un factor que representa menor impacto, las y los propietarios por experiencia tienen el conocimiento de su empresa y su funcionamiento; sin embargo, no cuentan con los conocimientos técnicos para la toma de decisiones con base en un modelo de negocio formal; esto puede generar incertidumbre en aspectos de producción, mercados y gerenciales, que pueden disminuir la estabilidad del equipo de trabajo y comprometer el cumplimiento de las metas.

REFERENCIAS

Aburto, H.I. & Bonales, J. (2011). Habilidades directivas: Determinantes en el clima organizacional. *Investigación y Ciencia,* 19(51), 41–49.

Alegría-Zebadúa, R.M., & Alarcón-Martínez, G. (2022). Marco teórico e instrumento de medición de las habilidades gerenciales y clima organizacional en *Instituciones Bancarias de México. Vinculatégica,* 7(1). https://doi.org/10.29105/vtga7.1-82

Álvarez-Vásquez, C.A., Rivera-Vera, H.F., Conforme-Cedeño, G.M., Campoverde-Flores, F.K., Sornoza-Parrales, D.R., & Merchán-Nieto, L. (2018). *Los procesos, las técnicas de negociación y la tecnología. Ciencias. Economía, Organización y Ciencias Sociales. Editorial Área de Innovación y Desarrollo, S.L.* https://doi.org/10.17993/ecoorgycso.2018.41

Ávila-Morales, H., Palumbo-Pinto, G.B., De la Cruz-Ríos, H.A., & Ogosi-Auqui, J.A. (2022). Toma de decisiones estratégicas en la gestión pública para el desarrollo social. *Revista Venezolana de Gerencia*, 27(Edición Especial 7), 648–662. https://doi.org/10.52080/rvgluz.27.7.42

Bentler, P. M., & Bonett, D. G. (1980). Significance Tests and Goodness of Fit in the Analysis of Covariance Structures. *In Psychological Bulletin* (Vol. 88, Issue 3).

Brunet, L. (2007). El clima de trabajo en las organizaciones. Definición, diagnóstico y consecuencias. *Editorial Trillas.*

Busro, M. (2018). Teori-teori Manajemen Sumber Daya Manusia. *Jakarta. PrenadaMedia.*

Dini, M. & Stumpo, G. (2020). MiPyMEs en América Latina: un frágil desempeño y nuevos desafíos para las políticas de fomento. Documentos de Proyectos (LC/TS.2018/75/Rev.1), Santiago. *Comisión Económica para América Latina y el Caribe* (CEPAL).

Forbes (2021). Inclusión digital: el futuro de las MyPEs. *Forbes Content.* https://www.forbes.com.mx/ad-inclusion-digital-futuro-mypes-mexico-visa/

Ibarra-Morales, L.E., Paredes-Zempual, D., & Carrillo-Cisneros, E. (2022). Impacto del COVID-19 en las variables que determinan la competitividad de las micro, pequeñas y medianas empresas mexicanas. *Revista RELAYN. Micro y Pequeña Empresa en Latinoamérica,* 6(1), 7–22. https://doi.org/10.46990/relayn.2022.6.1.532

Instituto Nacional de Estadística y Geografía (Inegi) (2020). *Censo de población y vivienda 2020.* https://www.inegi.org.mx/programas/ccpv/2020/

King, E.B., Helb, M.R., George, J.M. & Matusik, S.F. (2010). Understanding tokenism: Antecedents and consequences of a psychological climate of gender inequity. *Journal of Management,* 36(2), 482–510. https://doi.org/10.1177/0149206308328508

Leyva-Carreras, A.B., Cavazos-Arroyo, J., & Espejel-Blanco, J.E. (2018). Influencia de la planeación estratégica y habilidades gerenciales como factores internos de la competitividad empresarial de las Pymes. *Contaduría y Administración,* 63(3), 41. https://doi.org/10.22201/fca.24488410e.2018.1085

Leyva-Carreras, A.B., Espejel-Blanco, J.E., & Cavazos-Arroyo, J. (2017). Habilidades gerenciales como estrategia de competitividad empresarial en las pequeñas y medianas empresas (Pymes). *Revista Perspectiva Empresarial*, 4(1), 7–22. https://doi.org/10.16967/rpe.v4n1a1

Martinez, E., García-Alandete, J., Selles, P., Bernabe, G., & Soucase, B. (2012). Análisis factorial confirmatorio de los principales modelos propuestos para el purpose-in-life test en una muestra de universitarios españoles. *Acta Colombiana de Psicología,* 67–76.

Mendoza-Vargas, E.Y., Villaroel-Puma, M.F. & Carranza-Quimi, W.D. (2020). Caracterización de los microemprendimientos de los sectores urbanos marginales de Quevedo. *Centro Sur. Social Science Journal.* 4(4), 1–23. https://doi.org/10.37955/cs.v4i1.40

Moreno, M. J., & Wong Aitken, H. G. (2019). Relación de las habilidades directivas y la satisfacción laboral en la empresa Chicken King de Trujillo, 2018. *Cuadernos Latinoamericanos de Administración,* 14(27), 1–17. https://doi.org/10.18270/cuaderlam.v14i27.2475

Naranjo, R. (2015). Management skills in leaders of mid-sized businesses of Colombia. *Revista Científica Pensamiento y Gestión,* 38, 119–146. https://doi.org/10.14482/pege.38.7703

Niebles-Núñez, L., Torres-Anillo, K. & Montenegro-Rada, A. (2020). Habilidades gerenciales como herramienta para el fortalecimiento del liderazgo transformacional en las mipymes. *Editorial Universidad del Atlántico.* https://repositorio.uniatlantico.edu.co/bitstream/handle/20.500.12834/1030/admin %2c %2bHABILIDADES %2bGERENCIALES %2bCOMO %2bHERRAMIENTA %2bEN %2bMIPYMES.pdf?sequence=1&isAllowed=y

Paredes-Zempual, D., Ibarra-Morales, L.E., & Moreno-Freites, Z.E. (2021). Habilidades directivas y clima organizacional en pequeñas y medianas empresas. *Investigación Administrativa,* 50–1, 1–23. https://doi.org/10.35426/iav50n127.05

Puga-Villarreal, J., & Martínez-Cerna, L. (2008). Competencias Directivas en Escenarios Globales. *Estudios Gerenciales,* 24(109), 87–103. https://doi.org/10.1016/s0123-5923(08)70054-8

R Core Team (2022). R: A language and environment for statistical computing. R *Foundation for Statistical Computing, Vienna, Austria.* URL https://www.R-project.org/

Red de Estudios Latinoamericanos en Administración y Negocios. (RELAYN) (2023). *Investigación anual,* N. Peña & O. Aguilar (coords.) https://relayn.redesla.la

Red de Estudios Latinoamericanos (RedesLA) (2023). *Investigaciones anuales.* https://redesla.la

Rojero-Jiménez, R., Gómez-Romero, J.G.I., & Quintero-Robles, L.M. (2019). El liderazgo transformacional y su influencia en los atributos de los seguidores en las Mipymes mexicanas. *Estudios Gerenciales,* 35(151), 178–189. https://doi.org/10.18046/j.estger.2019.151.3192

Vargas, B., & del Castillo, C. (2008). Competitividad sostenible de la pequeña empresa: Un modelo de promoción de capacidades endógenas para promover ventajas competitivas sostenibles y alta productividad. *Journal of Economics, Finance and Administrative Science,* 13(24), 59–80. https://www.redalyc.org/articulo.oa?id=360733604004

Viamontes, M.O., & Oliva, E.J.D. (2015). Las agrupaciones corales como estrategia de formación de competencias para trabajo en equipo en las organizaciones: una perspectiva comparativa. *Suma de Negocios,* 6(13), 92–97. https://doi.org/10.1016/j.sumneg.2015.08.008

Whetten, D. & Cameron, K. (2016). Desarrollo de habilidades directivas. México: *Editorial Prentice Hall.*

CAPÍTULO 35

Las habilidades directivas y el clima organizacional en las micro y pequeñas empresas de Mineral de la Reforma, Hidalgo, México

Management skills and the organizational climate in micro and small companies in Mineral de la Reforma, Hidalgo, Mexico

ALMA DELIA LÓPEZ HERNÁNDEZ, GABRIELA ORTIZ CORDERO, CHRISTIANE ALDAIR TÉLLEZ VÁZQUEZ, ROSA MARÍA MUÑOZ RIVERA

Universidad Politécnica de Tulancingo

Resumen: El objetivo de la presente investigación es determinar el impacto que tienen las habilidades directivas sobre el clima organizacional en las micro y pequeñas empresas de Mineral de la Reforma, Hidalgo, México. Se realiza un estudio cuantitativo, no experimental, transversal, de alcance causal, con datos derivados de una encuesta aplicada a 421 directores de mypes. La pertinencia del estudio contribuye a la generación de conocimiento para el desarrollo de un modelo de gestión de la mype en América Latina orientado a maximizar la productividad.

Entre los principales resultados, se observa que, de las habilidades directivas ponderadas como altas en la autoevaluación de los directores, es la de trabajo en equipo la que tiene mayor impacto en el clima organizacional, con 2.1941819, y un coeficiente de asociación superior a 0.5; si bien causal, la calidad del ejercicio directivo o su omisión determina la influencia en un clima organizacional que genere satisfacción y productividad. Es también importante considerar otras actividades de administración y gestión para lograr ese propósito. Los directores de las mypes analizadas requieren desarrollar competencias de gestión y habilidades directivas para fortalecer la cultura de trabajo que tienda a sustentar su competitividad.

Abstract: The objective of this research is to determine the impact that management skills have on the organizational climate in micro and small companies in Mineral de la Reforma, Hidalgo, Mexico. A quantitative, non-experimental, cross-sectional study of causal scope is carried out, with data derived from a survey applied to 421 mypes directors. The relevance of the study contributes to the generation of knowledge for the development of a management model for mypes in Latin America aimed at maximizing productivity.

Among the main results, it is observed that, of the managerial skills weighted as high in the self-evaluation of the highest in the managers' self-assessment, teamwork is the one that has the greatest impact on the organizational climate, with 2.1941819, and an association coefficient greater than 0.5.; Although causal, the quality of the managerial exercise or its omission determines the influence on an organizational climate that generates satisfaction and productivity. It is also important to consider other administration and management activities to achieve that purpose. The directors of the mypes analyzed need to develop management skills and managerial skills to strengthen the work culture that tends to sustain their competitiveness.

INTRODUCCIÓN

De acuerdo con el último Censo Económico publicado por el Instituto Nacional de Estadística y Geografía (INEGI, 2020), 98.3 % del universo de unidades económicas está constituido por micro y pequeñas empresas, las cuales generan —al menos— el 55 % de los empleos y amasan el 39 % del Producto Interno Bruto (PIB) del país. Las microempresas están configuradas por aquellos negocios que tienen menos de 10 trabajadores y generan anualmente ventas hasta por 4 millones de pesos. Las pequeñas empresas son unidades económicas que emplean entre 11 y 50 trabajadores, generando ventas anuales que oscilan entre 4 y 100 millones de pesos (Mendoza-Vargas, Villaroel-Puma & Carranza-Quimi, 2020; Forbes, 2021).

Es importante mencionar que actualmente las mypes se enfrentan a múltiples retos y problemáticas, específicamente, el desarrollo de habilidades gerenciales o directivas por parte de los líderes cumple una labor fundamental en el clima organizacional para este tipo de empresas, al establecerse como un diferenciador con otras organizaciones (Busro, 2018). En esa perspectiva, la formación y el desarrollo de habilidades directivas del personal encargado de implementar estrategias y tomar decisiones son fundamentales, pues de ello depende que las mypes cumplan sus metas y objetivos estratégicos, lo cual permite a las organizaciones volverse más competitivas, pues propicia la formación de un clima organizacional donde los empleados estén satisfechos con su organización (Aburto & Bonales, 2011; Brunet, 2007).

Derivado de la importancia que representa el desarrollo de habilidades directivas en los líderes que dirigen los esfuerzos estratégicos de las mypes, así como la importancia de contar con un buen clima organizacional, se plantean las siguientes preguntas de investigación: ¿cuáles habilidades directivas tienen repercusión en el clima organizacional de las mypes?, ¿cuál es el clima organizacional que predomina en las mypes?

Para cumplir con lo anterior, el objetivo de la investigación es determinar el grado de asociación entre las habilidades directivas y el clima organizacional de las micro y pequeñas empresas, lo cual permitirá conocer con mayor precisión las habilidades directivas que los gerentes o mandos medios deben desarrollar para que prevalezca un clima organizacional satisfactorio entre los empleados al interior de las mypes. En ese sentido, las mypes podrán determinar si éstas son las causales de un clima organizacional adecuado o inconveniente, lo que, a su vez, permitirá diseñar programas de capacitación para sus líderes y, con ello, generar información que contribuya —si es el caso— a resolver el problema o mantener y fortalecer lo que se tiene.

Los diferentes análisis estadísticos correlacionales entre las variables del estudio permitirán identificar si las habilidades directivas son la causa principal del clima organizacional que prevalece en las mypes. Lo anterior será de gran apoyo en la búsqueda de factores endógenos diferenciados que permita a las mypes obtener ventajas competitivas sostenibles, ya que, si bien es cierto, una mejor gestión empresarial no es suficiente para lograr ser más competitivas, sino que está determinada por otros factores internos como un buen clima organizacional y el desarrollo de habilidades directivas (Vargas & Del Castillo, 2008).

REVISIÓN DE LA LITERATURA

Las organizaciones del siglo XXI afrontan un entorno dinámico y complejo caracterizado por la incertidumbre, debido a esto deben estar preparadas para dar respuesta a los cambios vertiginosos, en aras de cumplir sus objetivos y metas organizacionales así como volverse más competitivas. Las micro y pequeñas empresas (mypes) también deben responder a ese contexto, sin embargo, las características estructurales de su magnitud las coloca en desventaja respecto a la gran empresa, misma que tiene a su disposición una mayor cantidad de recursos y capacidades. El tema aquí analizado ha obtenido gran relevancia en los rubros de la investigación y las políticas públicas recientemente, lo cual ha permitido una mejora de determinados aspectos directamente vinculados con la competitividad de las empresas (Leyva-Carreras, Cavazos-Arroyo & Espejel-Blanco, 2018).

La situación actual de las mypes es compleja —aun siendo una parte fundamental del aparato económico a nivel mundial—, presenta una serie de desafíos

y retos, enfrenta diversos obstáculos que limitan su capacidad de crecimiento y desarrollo. Uno de los principales problemas que enfrentan estas empresas es la falta de acceso al financiamiento, ya que esto restringe su capacidad para invertir en innovación, en maquinaria y equipos, software y tecnologías digitales; así como en la capacitación y adiestramiento para sus empleados. Otra problemática a la cual se enfrentan es la poca inversión en capacitación a sus directivos y gerentes, de modo que éstos puedan desarrollar sus habilidades directivas, permitiéndoles contar con las herramientas necesarias al momento de tomar decisiones estratégicas de impacto en sus portafolios de negocios, a través de una visión diferente y más competitiva, no sólo a nivel local, sino a niveles superiores en la configuración y escala del negocio.

Es importante destacar que la pandemia por el Covid-19 tuvo un impacto significativo en las mypes debido a que muchas de ellas tuvieron que cerrar de forma temporal o permanente. Las restricciones de movimiento y confinamiento social provocaron una disminución significativa en la demanda de productos y servicios (Ibarra-Morales, Paredes-Zempual & Carrillo-Cisneros, 2022). Para dimensionar y tener una mejor visión de la magnitud de la presencia e importancia de las mypes en Latinoamérica, Dini y Stumpo (2021) realizan una clasificación tomando como parámetros el sector y el tamaño de la empresa (tabla 35.1.).

Tabla 35.1. Clasificación de acuerdo con el sector y tamaño de la empresa.

Sector	**Micro empresa**	**Pequeña empresa**
Agricultura, ganadería, caza, silvicultura y pesca	80 %	16 %
Explotación de minas y canteras	68 %	23 %
Industria manufacturera	82 %	14 %
Suministro de electricidad, gas y agua	70 %	20 %
Construcción	76 %	19 %
Comercio al por mayor y menor	92 %	07 %
Hoteles y restaurantes	89 %	10 %
Transporte, almacenamiento y comunicaciones	83 %	13 %
Intermediación financiera	81 %	14 %
Actividades inmobiliarias, empresariales y de alquiler	87 %	10 %
Enseñanza	76 %	19 %
Servicios sociales y de salud	89 %	09 %
Otras actividades comunitarias, sociales y personales	95 %	04 %
Total	**88.4 %**	**09.6 %**

Fuente: elaboración propia a partir de Dini & Stumpo (2021).

Leyva-Carreras, Espejel-Blanco y Cavazos-Arroyo (2017) destacan que el director o gerente de una mype debe tomar en cuenta ciertas variables para lograr la excelencia, el buen clima organizacional y la competitividad empresarial, para lo cual es preciso contar con personal directivo que reúna las siguientes características: dinámicos, actualizados, con habilidades directivas, operativas y de gestión, conocimientos de administración y planeación estratégica, así como administración y dirección de talento humano, siempre proactivo al cambio organizacional y tecnológico, para que se convierta en vehículo que potencia la creatividad, la innovación y el desarrollo sustentable. Sin embargo, por desconocer esas características de gestión o habilidades directivas que son propias de los líderes, esa ignorancia puede ser la causa de algunos problemas administrativos y de competitividad en las mypes, lo que genera algunas consecuencias en la transición de una economía local y proteccionista a un mercado libre y globalizado (Naranjo, 2015).

Niebles-Núñez, Torres-Anillo y Montenegro-Rada (2020) establecen que las habilidades directivas comprenden el proceso de la gerencia, estas son: planificar, organizar, dirigir, ejecutar y controlar que, a su vez, constituyen el conjunto de destrezas, cualidades, competencias, conocimientos, acciones, experiencias y capacidades que inciden en el efectivo desempeño del rol gerencial, al contribuir al logro de objetivos y metas organizacionales, asimismo, representan la equipo implementación práctica por la acción del conocimiento adquirido académicamente o por experiencias a través del proceso de aprendizaje. Es por ello que, en los últimos años, las habilidades directivas desempeñan un papel muy importante en la satisfacción de los colaboradores en las empresas a nivel mundial, pues se ha demostrado que la manera o particularidad en que los directivos lideran a sus equipos generan una repercusión directa en su satisfacción y, por ende, en su desempeño laboral (Moreno & Wong, 2018).

Paredes-Zempual, Ibarra-Morales y Moreno-Freites (2021) adoptan otra perspectiva, sostienen que el buen desempeño de la empresa está en función de las habilidades directivas y el buen clima organizacional, sobre todo en este tiempo donde las empresas se encuentran inmersas en un proceso de globalización y de rápidos cambios que demandan líderes más preparados en actitudes y aptitudes, capaces de administrar de manera eficaz y eficiente los procesos y procedimientos, tanto administrativos como operativos, comprometidos con la rentabilidad de la organización.

El clima organizacional es observado y analizado por las empresas con el fin de mantenerlo en niveles positivos y, de esa forma, estimular la productividad de los empleados, motivo por el cual las empresas buscan los elementos y condiciones necesarias que puedan incidir de forma positiva en el clima organizacional, ya que existen estudios empíricos que así lo demuestran, en otras palabras, un mejor clima organizacional en la empresa se traduce en mejores resultados en los ámbitos financieros, administrativos y productivos (Alegría-Zebadúa & Alarcón-Martínez, 2022).

Whetten y Cameron (2016) clasifican las habilidades en tres grandes grupos: personales, interpersonales y grupales, mismas que en su conjunto aportan al éxito de una administración eficaz y centrada en los logros financieros, pero también de posición competitiva. En este sentido, para el presente estudio se han seleccionado como habilidades directivas las siguientes: negociación, toma de decisiones, liderazgo, comunicación y trabajo en equipo, ya que predominan en la literatura y en los diferentes modelos conceptuales, además de ser las más importantes para Whetten y Cameron. Adicionalmente, se ha seleccionado como variable el clima organizacional debido al impacto y la importancia que ostenta para las mypes. Las definiciones conceptuales para cada una de las variables se muestran en la tabla 35.2.

Tabla 35.2. Definición conceptual de las variables.

Variable	Definición conceptual
Negociación	Presentar y discutir propuestas comunes con el propósito de llegar a un acuerdo en un marco de interés común (Álvarez-Vásquez, et al., 2018).
Toma de decisiones	Decidir por una alternativa que requiere atender situaciones planificadas o de incertidumbre entre un abanico de varias opciones (Ávila-Morales et al., 2022).
Liderazgo	Lograr la motivación de los colaboradores mediante la promoción de conductas positivas que reditúan en mejores niveles de desempeño laboral para la empresa (Rojero-Jiménez, Gómez-Romero & Quintero-Robles, 2019).
Comunicación	Recibir y transmitir mensajes oportunos y unívocos, independientemente del canal o la forma de comunicación, lo cual facilita la emisión y recepción de los mensajes que se producen entre los miembros de la organización y su entorno, facilitando el alcance de los objetivos y metas que establecen los miembros de la organización (Puga-Villarreal & Martínez-Cerna, 2008).
Trabajo en equipo	Fomentar la colaboración conjunta entre los integrantes que conforman un equipo de trabajo, a través del talento individual, la comunicación, las competencias y las fortalezas de cada uno en su relación con los demás, para lograr el cumplimiento de un objetivo común (Viamontes & Oliva, 2015).
Clima organizacional	Variable que media entre el contexto de una organización y la conducta de sus empleados o miembros, desde la perspectiva del cómo ellos experimentan el trabajo en sus empresas (King, Hebl, George & Matusik, 2010).

Fuente: elaboración propia.

METODOLOGÍA

El presente trabajo de investigación ha sido propuesto por la Red de Estudios Latinoamericanos en Administración y Negocios (RELAYN, 2023), la cual consiste en conceptualizar la micro y pequeña empresa (mype) como una serie de elementos de entradas, procesos y salidas enmarcados en un ambiente que influye en el clima organizacional de las mypes, según la percepción del director, considerado como la persona que toma la mayor parte de las decisiones. Este estudio tiene un enfoque cuantitativo de diseño transversal de tipo causal.

Se realizó un muestreo probabilístico aleatorio simple con las mypes de Mineral de la Reforma, Hidalgo, México, cuya cantidad de empleados se encuentra en el rango de 1 a 50, con un nivel de confianza del 95 %, un margen de error del ±5 % y una probabilidad estimada de p=0.5 (50 %). Se obtuvieron de la muestra aplicada un total de 402 encuestas válidas en el periodo del 01 de marzo al 30 de abril de 2023. Se utilizó un instrumento de medición tipo encuesta, la cual fue dirigida a los propietarios, directores o gerentes de las mypes, para lo cual sirvió la asistencia de estudiantes universitarios que previamente fueron capacitados para aplicar la encuesta.

Características de la muestra son:

El 29.4 % de la muestra fueron del sexo biológico femenino y el restante 70.6 % masculino. La edad de los sujetos tiene un rango de 18 a 75 años, con un promedio de 41 años y una moda de 45 años. El 32.1 % de los empresarios tienen estudios de nivel superior, seguido de un 42.3 % con nivel media superior, 21.9 % con educación básica. En cuanto a estado civil predominan los casados con un 56.7 % seguidos de los solteros con 19.7 %.

La mayoría de los negocios 61.7 % pertenecen al giro comercial, un 30.3 % a la prestación de servicios y sólo 8 % a la producción de manufacturas, la antigüedad del 8 %de los negocios es menor a 3 años. Los empleos que ofrecen están en el rango de 1 a 50 trabajadores, de las empresas el 77.4 % emplea de 1 a 10 trabajadores y el 79.6 % tienen en su plantilla de 1 a 10 mujeres y en el 65.9 % colaboran de 1 a 5 familiares del propietario.

Alineado al objetivo general de la investigación y a la revisión de la literatura, se plantean las siguientes hipótesis:

H0: Las habilidades directivas no inciden en el clima organizacional de la mype.

H1: Las habilidades directivas inciden en el clima organizacional de la mype.

En cuanto al instrumento de medición, éste se integró por seis partes o bloques. El primero de ellos, con datos que abordan aspectos generales de la empresa: tamaño de la empresa, personal ocupado, así como información sobre los ingresos y gastos. La segunda parte aborda los datos del directivo y el tiempo destinado a las labores de la empresa. La tercera parte se refiere a los insumos del sistema: recursos humanos, análisis del mercado y proveedores. En una cuarta parte del instrumento de medición se exponen los procesos del sistema: dirección, gestión de ventas, finanzas, innovación, mercadotecnia, producción-operación. La quinta parte estuvo integrada por los resultados del sistema: satisfacción del sistema, ventaja competitiva, RSC-Asuntos de ISO 26000, valoración del entorno y, por último, la sexta parte quedó integrada por los dos temas anuales de investigación: a) el trabajo decente desde la perspectiva directiva y b) el impacto de las habilidades directivas (negociación, toma de decisiones, liderazgo, comunicación, trabajo en equipo) sobre el clima organizacional. Para las secciones comprendidas del tercer al sexto bloque se emplea una escala de Likert de cinco puntos, los cuales van de 'No sé / No aplica' (1) a 'muy de acuerdo' (5).

RESULTADOS

Las seis variables muestran consistencia interna del instrumento mediante el análisis del alfa de Cronbach de las variables objeto de estudio, de la misma forma se analiza la correlación que tienen con el clima organizacional como se muestra en la tabla 35.3.

Tabla 35.3. Alfa de Cronbach y correlación de las variables.

Variables	Correlación con clima	Cronbach	Media	Desviación Estándar
Negociación	0.514	0.873	4.202	0.531
Toma de decisiones	0.385	0.908	4.258	0.494
Liderazgo	0.48	0.905	4.332	0.479
Comunicación	0.526	0.911	4.331	0.478
Trabajo en equipo	0.508	0.916	4.323	0.492
Clima Organizacional	1	0.921	4.347	0.489

Fuente: Elaboración propia utilizando RStudio (R Core Team, 2022).

Se procede a realizar el modelo estructural del instrumento en la figura 35.4, el ajuste absolutorio muestra el error cuadrático medio de aproximación (RMSEA) es de 0.024 y el residuo cuadrático medio estandarizado (SRMR) es de 0.053, en

ambos casos se consideran aceptables, en el ajuste comparativo (CFI) muestra un resultado de 0.998 y el índice de Tucker-Lewis (TLI) de 0.998 consideramos ajustes óptimos.

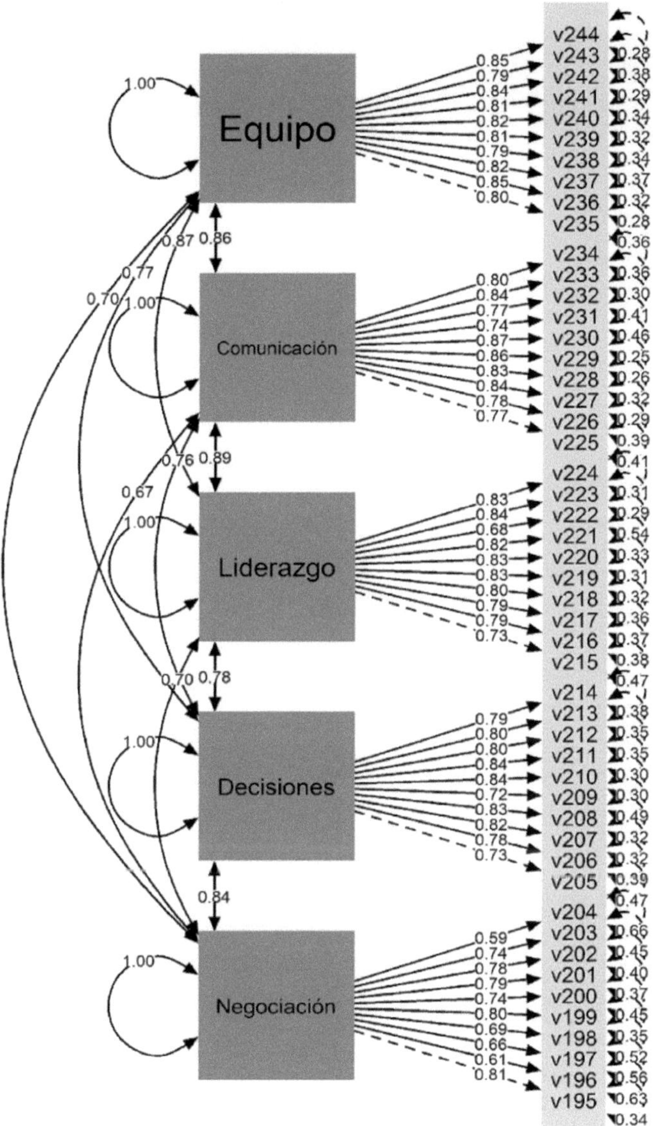

Figura 35.4. Resultado del modelo estructural.

Fuente: Elaboración propia utilizando RStudio (R Core Team, 2022).

Partiendo de la información cuantitativa del estudio se establece el modelo estructural (Figura 35.4), donde se muestra la dirección de las relaciones entre las diversas variables y el efecto que causan. El modelo plantea la existencia de cinco variables endógenas con una relación causal recíproca (Trabajo en equipo, comunicación, liderazgo, toma de decisiones y negociación). Las cinco variables tienen una relación causal directa con los ítems que conforman la variable, en todos los casos el grado de significancia fue <0.05 (los resultados se muestran en la Figura 35.4) dando un correcto ajuste del modelo (Bentler & Bonett, 1980; Martínez et al., 2012).

Con el objetivo de medir el impacto que tienen las habilidades directivas sobre el clima organizacional de la mype se realiza la siguiente regresión lineal, donde el clima organizacional es la variable dependiente y las variables independientes son negociación, toma de decisiones, liderazgo, comunicación y trabajo en equipo. Al final se sustituyen los valores tal y como se observa en la tabla 35.5.

Fórmula:

y = clima = constante + negociación + toma de decisiones + liderazgo + comunicación + trabajo en equipo.

Tabla 35.5. Regresión lineal.

Fórmula: lm(fórmula = clima ~ negociación + toma de decisiones + liderazgo + comunicación + trabajo en equipo)				
		Residuales		
Min	1Q	Mediana	3Q	Max
-1.35267	-0.06495	-0.02290	0.07421	1.40525
Coeficientes	**Estimado**	**Std. Error**	**T-valor**	**P-valor**
(Clima/Intercept)	0.23512	0.12921	1.820	0.069559
Negociación	0.06569	0.03253	2.019	0.044139
Toma de decisiones	0.03782	0.04256	0.889	0.374694
Liderazgo	0.17126	0.04762	3.596	0.000364
Comunicación	0.17051	0.04824	3.535	0.000456
Trabajo en equipo	0.50756	0.04447	11.414	< 2e-16

Signif. codes: 0 '***' 0.001 '**' 0.01 '*' 0.05 '.' 0.1 ' ' 1
Residual standard error: 0.2521 on 396 degrees of freedom
Multiple R-squared: 0.7375, Adjusted R-squared: 0.7342
F-statistic: 222.5 on 5 and 396 DF, p-value: < 2.2e-16
Fuente: Elaboración propia utilizando RStudio (R Core Team, 2022).

Para poder medir el impacto, se multiplica el valor estimado de cada una de las variables independientes (tabla 35.5) por su media (tabla 35.3).

$$y=0.23512 + (0.06569 * 4.202) + (0.03782 * 4.258) + (0.17126 * 4.332) + (0.17051 * 4.331) + (0.50756 * 4.323)$$

Resolvemos la ecuación:

$$y=0.23512+0.2760294+0.1610376+0.7418983+0.7384788+2.1941819$$
$$y=4.346746$$

Se observa que la variable que tiene mayor impacto es trabajo en equipo con 2.1941819, mientras que la de menor impacto es toma de decisiones con 0.1610376. El impacto total de las habilidades directivas sobre el clima organizacional es de 4.346746.

DISCUSIÓN

Mineral de la Reforma tiene empresas micro (80 %) y pequeñas (20 %); de las cuales, dos tercios de los directores presentan los siguientes niveles: sin estudios (4 %), secundaria (22 %), educación media superior (42 %), y un tercio (32 %) educación superior; en contraste, dos tercios son mayores de 38 años, y el resto tiene entre 18 y 37 años.

La relación entre las habilidades directivas y el clima organizacional resulta esencial para el éxito y el buen funcionamiento de una organización. Las habilidades directivas se refieren a las capacidades y competencias que poseen los líderes y gerentes para gestionar y guiar a su equipo de trabajo, mientras que el clima organizacional apunta al ambiente psicológico que se vive en una organización y que influye en el comportamiento, la motivación y la satisfacción de los empleados. Un clima positivo también fomenta la creatividad, la innovación y el trabajo en equipo, lo que contribuye al logro de los objetivos organizacionales.

Los líderes son responsables de establecer el tono y la cultura en el lugar de trabajo. Un líder con habilidades directivas sólidas puede crear un clima organizacional positivo, fomentando comunicación abierta, colaboración, respeto mutuo, reconocimiento del desempeño y conciencia de que la toma de decisiones se basa en el logro de la misión encomendada y no sólo en la del cumplimiento. Las capacidades de comunicarse efectivamente, tomar decisiones adecuadas, motivar al equipo, resolver conflictos y establecer metas claras, son indispensables para un ejercicio directivo genuino. La calidad del ejercicio directivo, que puede oscilar desde efectivo hasta desatendido, destaca por su repercusión en la percepción e interpretación del personal y, por tanto, en un desarrollo del equipo de trabajo o en la decadencia de su motivación y del ambiente anímico, lo que promueve o no la satisfacción del personal, la consecuente productividad y la retención del talento.

La correlación de las habilidades directivas con el clima organizacional es moderada en las variables de negociación, liderazgo, comunicación y trabajo en equipo, y leve en la variable de decisiones.

El impacto de cada una de las variables de habilidades directivas, ponderadas como altas en la autoevaluación de los directores, sugiere que el clima de trabajo deriva de la calidad del ejercicio de sus habilidades directivas (4.347).

De la correlación entre estas habilidades directivas, a partir del análisis estructural, destaca la asociación fuerte (> 0.8) entre trabajo en equipo, comunicación y liderazgo; en tanto que moderada (<0.8 y >0.6) entre éstas y las habilidades de decisión y negociación.

Se observa que la habilidad que más incide en el clima organizacional es trabajo en equipo con un coeficiente superior a 0.5; si bien causal, la calidad del ejercicio directivo o su omisión determina la influencia en un clima organizacional que genere satisfacción y productividad. Es también importante considerar otras actividades de administración y gestión para lograr ese propósito.

Los directores de las mypes analizadas requieren desarrollar competencias de gestión y habilidades directivas para fortalecer la cultura de trabajo que tienda a sustentar su competitividad.

REFERENCIAS

Aburto, H.I. & Bonales, J. (2011). Habilidades directivas: Determinantes en el clima organizacional. *Investigación y Ciencia,* 19(51), 41–49.

Alegría-Zebadúa, R.M., & Alarcón-Martínez, G. (2022). Marco teórico e instrumento de medición de las habilidades gerenciales y clima organizacional en *Instituciones Bancarias de México. Vinculatégica,* 7(1). https://doi.org/10.29105/vtga7.1-82

Álvarez-Vásquez, C.A., Rivera-Vera, H.F., Conforme-Cedeño, G.M., Campoverde-Flores, F.K., Sornoza-Parrales, D.R., & Merchán-Nieto, L. (2018). *Los procesos, las técnicas de negociación y la tecnología. Ciencias. Economía, Organización y Ciencias Sociales. Editorial Área de Innovación y Desarrollo, S.L.* https://doi.org/10.17993/ecoorgycso.2018.41

Ávila-Morales, H., Palumbo-Pinto, G.B., De la Cruz-Ríos, H.A., & Ogosi-Auqui, J.A. (2022). Toma de decisiones estratégicas en la gestión pública para el desarrollo social. *Revista Venezolana de Gerencia*, 27(Edición Especial 7), 648–662. https://doi.org/10.52080/rvgluz.27.7.42

Bentler, P. M., & Bonett, D. G. (1980). Significance Tests and Goodness of Fit in the Analysis of Covariance Structures. *In Psychological Bulletin* (Vol. 88, Issue 3).

Brunet, L. (2007). El clima de trabajo en las organizaciones. Definición, diagnóstico y consecuencias. *Editorial Trillas.*

Busro, M. (2018). Teori-teori Manajemen Sumber Daya Manusia. *Jakarta. PrenadaMedia.*

Dini, M. & Stumpo, G. (2020). MiPyMEs en América Latina: un frágil desempeño y nuevos desafíos para las políticas de fomento. Documentos de Proyectos (LC/TS.2018/75/Rev.1), Santiago. *Comisión Económica para América Latina y el Caribe* (CEPAL).

Forbes (2021). Inclusión digital: el futuro de las MyPEs. *Forbes Content.* https://www.forbes.com.mx/ad-inclusion-digital-futuro-mypes-mexico-visa/

Ibarra-Morales, L.E., Paredes-Zempual, D., & Carrillo-Cisneros, E. (2022). Impacto del COVID-19 en las variables que determinan la competitividad de las micro, pequeñas y medianas empresas mexicanas. *Revista RELAYN. Micro y Pequeña Empresa en Latinoamérica,* 6(1), 7–22. https://doi.org/10.46990/relayn.2022.6.1.532

Instituto Nacional de Estadística y Geografía (Inegi) (2020). *Censo de población y vivienda 2020.* https://www.inegi.org.mx/programas/ccpv/2020/

King, E.B., Helb, M.R., George, J.M. & Matusik, S.F. (2010). Understanding tokenism: Antecedents and consequences of a psychological climate of gender inequity. *Journal of Management,* 36(2), 482–510. https://doi.org/10.1177/0149206308328508

Leyva-Carreras, A.B., Cavazos-Arroyo, J., & Espejel-Blanco, J.E. (2018). Influencia de la planeación estratégica y habilidades gerenciales como factores internos de la competitividad empresarial de las Pymes. *Contaduría y Administración,* 63(3), 41. https://doi.org/10.22201/fca.24488410e.2018.1085

Leyva-Carreras, A.B., Espejel-Blanco, J.E., & Cavazos-Arroyo, J. (2017). Habilidades gerenciales como estrategia de competitividad empresarial en las pequeñas y medianas empresas (Pymes). *Revista Perspectiva Empresarial,* 4(1), 7–22. https://doi.org/10.16967/rpe.v4n1a1

Martinez, E., García-Alandete, J., Selles, P., Bernabe, G., & Soucase, B. (2012). Análisis factorial confirmatorio de los principales modelos propuestos para el purpose-in-life test en una muestra de universitarios españoles. *Acta Colombiana de Psicología,* 67–76.

Mendoza-Vargas, E.Y., Villaroel-Puma, M.F. & Carranza-Quimi, W.D. (2020). Caracterización de los microemprendimientos de los sectores urbanos marginales de Quevedo. *Centro Sur. Social Science Journal.* 4(4), 1–23. https://doi.org/10.37955/cs.v4i1.40

Moreno, M. J., & Wong Aitken, H. G. (2019). Relación de las habilidades directivas y la satisfacción laboral en la empresa Chicken King de Trujillo, 2018. *Cuadernos Latinoamericanos de Administración,* 14(27), 1–17. https://doi.org/10.18270/cuaderlam.v14i27.2475

Naranjo, R. (2015). Management skills in leaders of mid-sized businesses of Colombia. *Revista Científica Pensamiento y Gestión,* 38, 119–146. https://doi.org/10.14482/pege.38.7703

Niebles-Núñez, L., Torres-Anillo, K. & Montenegro-Rada, A. (2020). Habilidades gerenciales como herramienta para el fortalecimiento del liderazgo transformacional en las mipymes. *Editorial Universidad del Atlántico.* https://repositorio.uniatlantico.edu.co/bitstream/handle/20.500.12834/1030/admin %2c %2bHABILIDADES %2bGERENCIALES %2bCOMO %2bHERRAMIENTA %2bEN %2bMIPYMES.pdf?sequence=1&isAllowed=y

Paredes-Zempual, D., Ibarra-Morales, L.E., & Moreno-Freites, Z.E. (2021). Habilidades directivas y clima organizacional en pequeñas y medianas empresas. *Investigación Administrativa,* 50–1, 1–23. https://doi.org/10.35426/iav50n127.05

Puga-Villarreal, J., & Martínez-Cerna, L. (2008). Competencias Directivas en Escenarios Globales. *Estudios Gerenciales,* 24(109), 87–103. https://doi.org/10.1016/s0123-5923(08)70054-8

R Core Team (2022). R: A language and environment for statistical computing. R *Foundation for Statistical Computing, Vienna, Austria.* URL https://www.R-project.org/

Red de Estudios Latinoamericanos en Administración y Negocios. (RELAYN) (2023). *Investigación anual,* N. Peña & O. Aguilar (coords.) https://relayn.redesla.la

Red de Estudios Latinoamericanos (RedesLA) (2023). *Investigaciones anuales.* https://redesla.la

Rojero-Jiménez, R., Gómez-Romero, J.G.I., & Quintero-Robles, L.M. (2019). El liderazgo transformacional y su influencia en los atributos de los seguidores en las Mipymes mexicanas. *Estudios Gerenciales*, 35(151), 178–189. https://doi.org/10.18046/j.estger.2019.151.3192

Vargas, B., & del Castillo, C. (2008). Competitividad sostenible de la pequeña empresa: Un modelo de promoción de capacidades endógenas para promover ventajas competitivas sostenibles y alta productividad. *Journal of Economics, Finance and Administrative Science,* 13(24), 59–80. https://www.redalyc.org/articulo.oa?id=360733604004

Viamontes, M.O., & Oliva, E.J.D. (2015). Las agrupaciones corales como estrategia de formación de competencias para trabajo en equipo en las organizaciones: una perspectiva comparativa. *Suma de Negocios,* 6(13), 92–97. https://doi.org/10.1016/j.sumneg.2015.08.008

Whetten, D. & Cameron, K. (2016). Desarrollo de habilidades directivas. México: *Editorial Prentice Hall.*

CAPÍTULO 36

Las habilidades directivas y el clima organizacional en las micro y pequeñas empresas de Santiago Tulantepec de Lugo Guerrero y Cuautepec de Hinojosa, Hidalgo, México

Management skills and organizational climate in micro and small businesses in Santiago Tulantepec de Lugo Guerrero and Cuautepec de Hinojosa, Hidalgo, Mexico

GISELA YAMIN GÓMEZ MOHEDANO, HÉCTOR EDUARDO MENDOZA ESPINOZA, MANUEL ALEJANDRO ROBLES ACEVEDO Y VERÓNICA OCADIZ AMADOR

Universidad Politécnica de Tulancingo

Resumen: El objetivo de la presente investigación es determinar el impacto que tienen las habilidades directivas sobre el clima organizacional en las micro y pequeñas empresas de Latinoamérica. Se presenta un estudio cuantitativo, no experimental, de forma transversal y con un alcance causal. La pertinencia del estudio contribuye a la generación de conocimiento para el desarrollo de un modelo estructural de gestión de la mype en América Latina que permita maximizar la productividad.

Entre los principales resultados, se puede observar que las variables de trabajo en equipo, comunicación y liderazgo son las que mayor correlación presentan, se puede observar que las variables de trabajo en equipo, comunicación y liderazgo son las que mayor correlación presentan con la variable de clima organizacional, por lo que el modelo propuesto para las mypes de los municipios considerados en este trabajo puede apoyar en su direccionamiento.

Abstract: The objective of this research is to determine the impact that management skills have on the organizational climate in micro and small companies in Latin America. A quantitative, non-experimental, cross-sectional study with a causal scope is presented. The relevance of the study contributes to the generation of knowledge for the development of a structural model of management of the mype in Latin America that allows maximizing productivity. Among the main results, it can be observed that the variables of teamwork, communication and leadership are the ones that present the highest correlation, it can be observed that the variables of teamwork, communication and leadership are the ones that present the highest correlation with the variable of organizational climate, so the model proposed for the mypes of the municipalities considered in this work can support their direction.

Palabras clave: clima organizacional, habilidades directivas, modelo estructural.

INTRODUCCIÓN

De acuerdo con el último Censo Económico publicado por el Instituto Nacional de Estadística y Geografía (INEGI, 2020), 98.3 % del universo de unidades económicas está constituido por micro y pequeñas empresas, las cuales generan —al menos— el 55 % de los empleos y amasan el 39 % del Producto Interno Bruto (PIB) del país. Las microempresas están configuradas por aquellos negocios que tienen menos de 10 trabajadores y generan anualmente ventas hasta por 4 millones de pesos. Las pequeñas empresas son unidades económicas que emplean entre 11 y 50 trabajadores, generando ventas anuales que oscilan entre 4 y 100 millones de pesos (Mendoza-Vargas, Villaroel-Puma & Carranza-Quimi, 2020; Forbes, 2021).

Es importante mencionar que actualmente las mypes se enfrentan a múltiples retos y problemáticas, específicamente, el desarrollo de habilidades gerenciales o directivas por parte de los líderes cumple una labor fundamental en el clima organizacional para este tipo de empresas, al establecerse como un diferenciador con otras organizaciones (Busro, 2018). En esa perspectiva, la formación y el desarrollo de habilidades directivas del personal encargado de implementar estrategias y tomar decisiones son fundamentales, pues de ello depende que las mypes cumplan sus metas y objetivos estratégicos, lo cual permite a las organizaciones volverse más competitivas, pues propicia la formación de un clima organizacional donde los empleados estén satisfechos con su organización (Aburto & Bonales, 2011; Brunet, 2007).

Derivado de la importancia que representa el desarrollo de habilidades directivas en los líderes que dirigen los esfuerzos estratégicos de las mypes, así como la importancia de contar con un buen clima organizacional, se plantean las siguientes preguntas de investigación: ¿cuáles habilidades directivas tienen repercusión en el clima organizacional de las mypes?, ¿cuál es el clima organizacional que predomina en las mypes?

Para cumplir con lo anterior, el objetivo de la investigación es determinar el grado de asociación entre las habilidades directivas y el clima organizacional de las micro y pequeñas empresas, lo cual permitirá conocer con mayor precisión las habilidades directivas que los gerentes o mandos medios deben desarrollar para que prevalezca un clima organizacional satisfactorio entre los empleados al interior de las mypes. En ese sentido, las mypes podrán determinar si éstas son las causales de un clima organizacional adecuado o inconveniente, lo que, a su vez, permitirá diseñar programas de capacitación para sus líderes y, con ello, generar información que contribuya —si es el caso— a resolver el problema o mantener y fortalecer lo que se tiene.

Los diferentes análisis estadísticos correlacionales entre las variables del estudio permitirán identificar si las habilidades directivas son la causa principal del clima organizacional que prevalece en las mypes. Lo anterior será de gran apoyo en la búsqueda de factores endógenos diferenciados que permita a las mypes obtener ventajas competitivas sostenibles, ya que, si bien es cierto, una mejor gestión empresarial no es suficiente para lograr ser más competitivas, sino que está determinada por otros factores internos como un buen clima organizacional y el desarrollo de habilidades directivas (Vargas & Del Castillo, 2008).

REVISIÓN DE LA LITERATURA

Las organizaciones del siglo XXI afrontan un entorno dinámico y complejo caracterizado por la incertidumbre, debido a esto deben estar preparadas para dar respuesta a los cambios vertiginosos, en aras de cumplir sus objetivos y metas organizacionales así como volverse más competitivas. Las micro y pequeñas empresas (mypes) también deben responder a ese contexto, sin embargo, las características estructurales de su magnitud las coloca en desventaja respecto a la gran empresa, misma que tiene a su disposición una mayor cantidad de recursos y capacidades. El tema aquí analizado ha obtenido gran relevancia en los rubros de la investigación y las políticas públicas recientemente, lo cual ha permitido una mejora de determinados aspectos directamente vinculados con la competitividad de las empresas (Leyva-Carreras, Cavazos-Arroyo & Espejel-Blanco, 2018).

La situación actual de las mypes es compleja —aun siendo una parte fundamental del aparato económico a nivel mundial—, presenta una serie de desafíos

y retos, enfrenta diversos obstáculos que limitan su capacidad de crecimiento y desarrollo. Uno de los principales problemas que enfrentan estas empresas es la falta de acceso al financiamiento, ya que esto restringe su capacidad para invertir en innovación, en maquinaria y equipos, software y tecnologías digitales; así como en la capacitación y adiestramiento para sus empleados. Otra problemática a la cual se enfrentan es la poca inversión en capacitación a sus directivos y gerentes, de modo que éstos puedan desarrollar sus habilidades directivas, permitiéndoles contar con las herramientas necesarias al momento de tomar decisiones estratégicas de impacto en sus portafolios de negocios, a través de una visión diferente y más competitiva, no sólo a nivel local, sino a niveles superiores en la configuración y escala del negocio.

Es importante destacar que la pandemia por el Covid-19 tuvo un impacto significativo en las mypes debido a que muchas de ellas tuvieron que cerrar de forma temporal o permanente. Las restricciones de movimiento y confinamiento social provocaron una disminución significativa en la demanda de productos y servicios (Ibarra-Morales, Paredes-Zempual & Carrillo-Cisneros, 2022). Para dimensionar y tener una mejor visión de la magnitud de la presencia e importancia de las mypes en Latinoamérica, Dini y Stumpo (2021) realizan una clasificación tomando como parámetros el sector y el tamaño de la empresa (tabla 36.1.).

Tabla 36.1. Clasificación de acuerdo con el sector y tamaño de la empresa.

Sector	Micro empresa	Pequeña empresa
Agricultura, ganadería, caza, silvicultura y pesca	80 %	16 %
Explotación de minas y canteras	68 %	23 %
Industria manufacturera	82 %	14 %
Suministro de electricidad, gas y agua	70 %	20 %
Construcción	76 %	19 %
Comercio al por mayor y menor	92 %	07 %
Hoteles y restaurantes	89 %	10 %
Transporte, almacenamiento y comunicaciones	83 %	13 %
Intermediación financiera	81 %	14 %
Actividades inmobiliarias, empresariales y de alquiler	87 %	10 %
Enseñanza	76 %	19 %
Servicios sociales y de salud	89 %	09 %
Otras actividades comunitarias, sociales y personales	95 %	04 %
Total	**88.4 %**	**09.6 %**

Fuente: elaboración propia a partir de Dini & Stumpo (2021).

Leyva-Carreras, Espejel-Blanco y Cavazos-Arroyo (2017) destacan que el director o gerente de una mype debe tomar en cuenta ciertas variables para lograr la excelencia, el buen clima organizacional y la competitividad empresarial, para lo cual es preciso contar con personal directivo que reúna las siguientes características: dinámicos, actualizados, con habilidades directivas, operativas y de gestión, conocimientos de administración y planeación estratégica, así como administración y dirección de talento humano, siempre proactivo al cambio organizacional y tecnológico, para que se convierta en vehículo que potencia la creatividad, la innovación y el desarrollo sustentable. Sin embargo, por desconocer esas características de gestión o habilidades directivas que son propias de los líderes, esa ignorancia puede ser la causa de algunos problemas administrativos y de competitividad en las mypes, lo que genera algunas consecuencias en la transición de una economía local y proteccionista a un mercado libre y globalizado (Naranjo, 2015).

Niebles-Núñez, Torres-Anillo y Montenegro-Rada (2020) establecen que las habilidades directivas comprenden el proceso de la gerencia, estas son: planificar, organizar, dirigir, ejecutar y controlar que, a su vez, constituyen el conjunto de destrezas, cualidades, competencias, conocimientos, acciones, experiencias y capacidades que inciden en el efectivo desempeño del rol gerencial, al contribuir al logro de objetivos y metas organizacionales, asimismo, representan la implementación práctica por la acción del conocimiento adquirido académicamente o por experiencias a través del proceso de aprendizaje. Es por ello que, en los últimos años, las habilidades directivas desempeñan un papel muy importante en la satisfacción de los colaboradores en las empresas a nivel mundial, pues se ha demostrado que la manera o particularidad en que los directivos lideran a sus equipos generan una repercusión directa en su satisfacción y, por ende, en su desempeño laboral (Moreno & Wong, 2018).

Paredes-Zempual, Ibarra-Morales y Moreno-Freites (2021) adoptan otra perspectiva, sostienen que el buen desempeño de la empresa está en función de las habilidades directivas y el buen clima organizacional, sobre todo en este tiempo donde las empresas se encuentran inmersas en un proceso de globalización y de rápidos cambios que demandan líderes más preparados en actitudes y aptitudes, capaces de administrar de manera eficaz y eficiente los procesos y procedimientos, tanto administrativos como operativos, comprometidos con la rentabilidad de la organización.

El clima organizacional es observado y analizado por las empresas con el fin de mantenerlo en niveles positivos y, de esa forma, estimular la productividad de los empleados, motivo por el cual las empresas buscan los elementos y condiciones necesarias que puedan incidir de forma positiva en el clima organizacional, ya que existen estudios empíricos que así lo demuestran, en otras palabras, un mejor clima organizacional en la empresa se traduce en mejores resultados en los ámbitos financieros, administrativos y productivos (Alegría-Zebadúa & Alarcón-Martínez, 2022).

Whetten y Cameron (2016) clasifican las habilidades en tres grandes grupos: personales, interpersonales y grupales, mismas que en su conjunto aportan al éxito de una administración eficaz y centrada en los logros financieros, pero también de posición competitiva. En este sentido, para el presente estudio se han seleccionado como habilidades directivas las siguientes: negociación, toma de decisiones, liderazgo, comunicación y trabajo en equipo, ya que predominan en la literatura y en los diferentes modelos conceptuales, además de ser las más importantes para Whetten y Cameron. Adicionalmente, se ha seleccionado como variable el clima organizacional debido al impacto y la importancia que ostenta para las mypes. Las definiciones conceptuales para cada una de las variables se muestran en la tabla 36.2.

Tabla 36.2. Definición conceptual de las variables.

Variable	Definición conceptual
Negociación	Presentar y discutir propuestas comunes con el propósito de llegar a un acuerdo en un marco de interés común (Álvarez-Vásquez, et al., 2018).
Toma de decisiones	Decidir por una alternativa que requiere atender situaciones planificadas o de incertidumbre entre un abanico de varias opciones (Ávila-Morales et al., 2022).
Liderazgo	Lograr la motivación de los colaboradores mediante la promoción de conductas positivas que reditúan en mejores niveles de desempeño laboral para la empresa (Rojero-Jiménez, Gómez-Romero & Quintero-Robles, 2019).
Comunicación	Recibir y transmitir mensajes oportunos y unívocos, independientemente del canal o la forma de comunicación, lo cual facilita la emisión y recepción de los mensajes que se producen entre los miembros de la organización y su entorno, facilitando el alcance de los objetivos y metas que establecen los miembros de la organización (Puga-Villarreal & Martínez-Cerna, 2008).
Trabajo en equipo	Fomentar la colaboración conjunta entre los integrantes que conforman un equipo de trabajo, a través del talento individual, la comunicación, las competencias y las fortalezas de cada uno en su relación con los demás, para lograr el cumplimiento de un objetivo común (Viamontes & Oliva, 2015).
Clima organizacional	Variable que media entre el contexto de una organización y la conducta de sus empleados o miembros, desde la perspectiva del cómo ellos experimentan el trabajo en sus empresas (King, Hebl, George & Matusik, 2010).

Fuente: elaboración propia.

METODOLOGÍA

El presente trabajo de investigación ha sido propuesto por la Red de Estudios Latinoamericanos en Administración y Negocios (RELAYN, 2023), la cual consiste en conceptualizar la micro y pequeña empresa (mype) como una serie de elementos de entradas, procesos y salidas enmarcados en un ambiente que influye en el clima organizacional de las mypes, según la percepción del director, considerado como la persona que toma la mayor parte de las decisiones. Este estudio tiene un enfoque cuantitativo de diseño transversal de tipo causal.

Se realizó un muestreo probabilístico aleatorio simple con las mypes de Santiago Tulantepec de Lugo Guerrero y Cuautepec de Hinojosa, Hidalgo, México, cuya cantidad de empleados se encuentra en el rango de 1 a 50, con un nivel de confianza del 95 %, un margen de error del ±5 % y una probabilidad estimada de p=0.5 (50 %). Se obtuvieron de la muestra aplicada un total de 409 encuestas válidas en el periodo del 01 de marzo al 30 de abril de 2023. Se utilizó un instrumento de medición tipo encuesta, la cual fue dirigida a los propietarios, directores o gerentes de las mypes, para lo cual sirvió la asistencia de estudiantes universitarios que previamente fueron capacitados para aplicar la encuesta.

Características de la muestra son:

El 41.6 % de la muestra fueron del sexo biológico femenino y el restante 58.4 % masculino. La edad de los sujetos tiene un rango de 18 a 87 años, con un promedio de 42 años y una moda de 45 años. El 26.7 % de los empresarios tienen estudios de nivel superior, seguido de un 44.3 % con nivel media superior, 26.7 % con educación básica. En cuanto a estado civil predominan los casados con un 59.4 % seguidos de los solteros con 19.6 %.

La mayoría de los negocios 68.5 % pertenecen al giro comercial, un 25.4 % a la prestación de servicios y sólo 6.1 % a la producción de manufacturas, la antigüedad del 13.7 %de los negocios es menor a 3 años. Los empleos que ofrecen están en el rango de 1 a 50 trabajadores, de las empresas el 89.2 % emplea de 1 a 10 trabajadores y el 89.5 % tienen en su plantilla de 1 a 10 mujeres y en el 73.8 % colaboran de 1 a 5 familiares del propietario.

Alineado al objetivo general de la investigación y a la revisión de la literatura, se plantean las siguientes hipótesis:

- H0: Las habilidades directivas no inciden en el clima organizacional de la mype.
- H1: Las habilidades directivas inciden en el clima organizacional de la mype.

En cuanto al instrumento de medición, éste se integró por seis partes o bloques. El primero de ellos, con datos que abordan aspectos generales de la empresa: tamaño de la empresa, personal ocupado, así como información sobre los ingresos y gastos. La segunda parte aborda los datos del directivo y el tiempo destinado a las labores de la empresa. La tercera parte se refiere a los insumos del sistema: recursos humanos, análisis del mercado y proveedores. En una cuarta parte del instrumento de medición se exponen los procesos del sistema: dirección, gestión de ventas, finanzas, innovación, mercadotecnia, producción-operación. La quinta parte estuvo integrada por los resultados del sistema: satisfacción del sistema, ventaja competitiva, RSC-Asuntos de ISO 26000, valoración del entorno y, por último, la sexta parte quedó integrada por los dos temas anuales de investigación: a) el trabajo decente desde la perspectiva directiva y b) el impacto de las habilidades directivas (negociación, toma de decisiones, liderazgo, comunicación, trabajo en equipo) sobre el clima organizacional. Para las secciones comprendidas del tercer al sexto bloque se emplea una escala de Likert de cinco puntos, los cuales van de 'No sé / No aplica' (1) a 'muy de acuerdo' (5).

RESULTADOS

Las seis variables muestran consistencia interna del instrumento mediante el análisis del alfa de Cronbach de las variables objeto de estudio, de la misma forma se analiza la correlación que tienen con el clima organizacional como se muestra en la tabla 36.3.

Tabla 36.3. Alfa de Cronbach y correlación de las variables.

Variables	Correlación con clima	Cronbach	Media	Desviación Estándar
Negociación	0.416	0.881	4.145	0.577
Toma de decisiones	0.27	0.880	4.176	0.516
Liderazgo	0.485	0.901	4.327	0.443
Comunicación	0.498	0.897	4.289	0.440
Trabajo en equipo	0.396	0.909	4.272	0.460
Clima Organizacional	1	0.907	4.309	0.466

Fuente: Elaboración propia utilizando RStudio (R Core Team, 2022).

Se procede a realizar el modelo estructural del instrumento en la figura 36.4, el ajuste absolutorio muestra el error cuadrático medio de aproximación (RMSEA) es de 0.025 y el residuo cuadrático medio estandarizado (SRMR) es de 0.053, en ambos casos se consideran aceptables, en el ajuste comparativo (CFI) muestra

un resultado de 0.998 y el índice de Tucker-Lewis (TLI) de 0.997 consideramos ajustes óptimos.

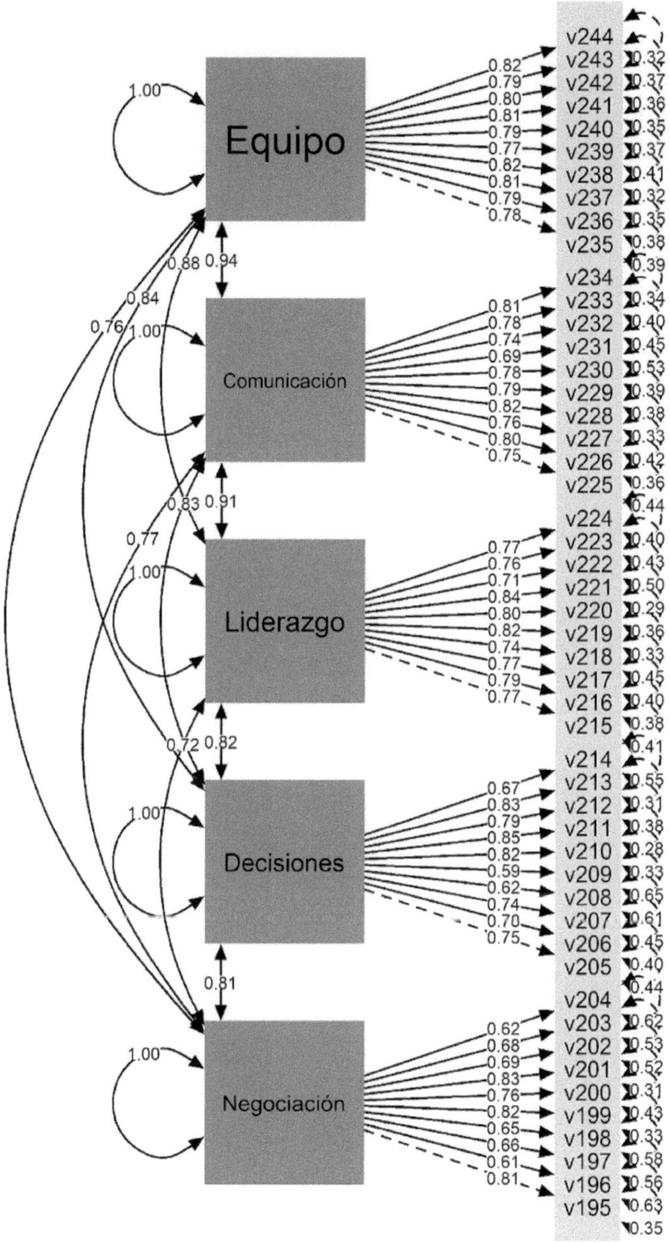

Figura 36.4. Resultado del modelo estructural.

Fuente: Elaboración propia utilizando RStudio (R Core Team, 2022).

Partiendo de la información cuantitativa del estudio se establece el modelo estructural (Figura 36.4), donde se muestra la dirección de las relaciones entre las diversas variables y el efecto que causan. El modelo plantea la existencia de cinco variables endógenas con una relación causal recíproca (Trabajo en equipo, comunicación, liderazgo, toma de decisiones y negociación). Las cinco variables tienen una relación causal directa con los ítems que conforman la variable, en todos los casos el grado de significancia fue <0.05 (los resultados se muestran en la Figura 36.4) dando un correcto ajuste del modelo (Bentler & Bonett, 1980; Martínez et al., 2012).

Con el objetivo de medir el impacto que tienen las habilidades directivas sobre el clima organizacional de la mype se realiza la siguiente regresión lineal, donde el clima organizacional es la variable dependiente y las variables independientes son negociación, toma de decisiones, liderazgo, comunicación y trabajo en equipo. Al final se sustituyen los valores tal y como se observa en la tabla 36.5.

Fórmula:

y = clima = constante + negociación + toma de decisiones + liderazgo + comunicación + trabajo en equipo.

Tabla 36.5. Regresión lineal.

Fórmula: lm(fórmula = clima ~ negociación + toma de decisiones + liderazgo + comunicación + trabajo en equipo)				
		Residuales		
Min	1Q	Mediana	3Q	Max
-1.00944	-0.07989	-0.02393	0.10668	0.86127
Coeficientes	**Estimado**	**Std. Error**	**T-valor**	**P-valor**
(Clima/Intercept)	0.35720	0.12749	2.802	0.00533
Negociación	-0.01638	0.02736	-0.598	0.54988
Toma de decisiones	-0.02063	0.03607	-0.572	0.56761
Liderazgo	0.22665	0.05217	4.345	1.77e-05
Comunicación	0.16836	0.05758	2.924	0.00365
Trabajo en equipo	0.56238	0.05293	10.624	< 2e-16

Signif. codes: 0 '***' 0.001 '**' 0.01 '*' 0.05 '.' 0.1 ' ' 1

Residual standard error: 0.2461 on 403 degrees of freedom

Multiple R-squared: 0.7246, Adjusted R-squared: 0.7212

F-statistic: 212.1 on 5 and 403 DF, p-value: < 2.2e-16

Fuente: Elaboración propia utilizando RStudio (R Core Team, 2022).

Para poder medir el impacto, se multiplica el valor estimado de cada una de las variables independientes (tabla 36.5) por su media (tabla 36.3).

y=0.3572 + (-0.01638 * 4.145) + (-0.02063 * 4.176) + (0.22665 * 4.327) + (0.16836 * 4.289) + (0.56238 * 4.272)

Resolvemos la ecuación:

y=0.3572+-0.0678951+-0.0861509+0.9807145+0.722096+2.4024874
y=4.308452

Se observa que la variable que tiene mayor impacto es trabajo en equipo con 2.4024874, mientras que la de menor impacto es toma de decisiones con —0.0861509. El impacto total de las habilidades directivas sobre el clima organizacional es de 4.308452.

DISCUSIÓN

La presente investigación tuvo como objetivo analizar el impacto de las habilidades directivas en el clima organizacional de las micro y pequeñas empresas (mypes), ubicadas en Santiago Tulantepec de Lugo Guerrero y Cuautepec de Hinojosa, Hidalgo.

Mediante una metodología cuantitativa de diseño transversal de tipo causal, se aplicaron encuestas a propietarios, directores o gerentes de las mypes, y se realizaron análisis estadísticos para evaluar las relaciones entre las variables y medir su impacto.

Los resultados obtenidos en la investigación señalan que las habilidades directivas tienen un impacto significativo en el clima organizacional de las mypes estudiadas. Las variables de negociación, liderazgo, comunicación y trabajo en equipo mostraron correlaciones positivas y significativas con el clima organizacional, por lo que el desarrollo de estas habilidades, por parte de los directivos, puede contribuir a crear un ambiente favorable dentro de la organización.

Los hallazgos de esta investigación respaldan la hipótesis planteada al principio que afirma que las habilidades directivas inciden en el clima organizacional de las mypes.

Se destaca en los resultados que en las empresas estudiadas la variable trabajo en equipo tuvo el mayor impacto en el clima organizacional, por lo que se puede afirmar que es necesario fomentar la habilidad directiva de colaboración y unión entre los miembros del equipo para generar un clima organizacional positivo y productivo en las mypes. Por otro lado, la variable toma de decisiones mostró un impacto bajo en comparación con las demás variables; por ello, se puede asegurar que existen otros factores que influyen en mayor medida en el clima organizacional de lo que hace esta variable.

Los resultados se obtuvieron en dos zonas específicas de México, por lo que hay que considerar que los factores socioeconómicos, culturales y contextuales propios de esta región pueden influir en la relación entre las habilidades directivas y el clima organizacional. También es importante considerar que los resultados se basan en la percepción de los directivos, gerentes o mandos medios, de modo que el clima organizacional puede variar entre los diferentes niveles jerárquicos y empleados.

Por lo ya expuesto, se concluye que esta investigación proporciona evidencia empírica de que las habilidades directivas tienen un impacto significativo en el clima organizacional de las micro y pequeñas empresas. El fortalecimiento de habilidades, como la negociación, el liderazgo, la comunicación y el trabajo en equipo, puede contribuir a crear un clima favorable dentro de las organizaciones; por tanto, estos resultados pueden ser útiles para los directivos y propietarios de mypes al enfocar sus esfuerzos en el desarrollo de habilidades directivas que promuevan un clima organizacional positivo y favorezcan el éxito de sus empresas.

REFERENCIAS

Aburto, H.I. & Bonales, J. (2011). Habilidades directivas: Determinantes en el clima organizacional. *Investigación y Ciencia,* 19(51), 41–49.

Alegría-Zebadúa, R.M., & Alarcón-Martínez, G. (2022). Marco teórico e instrumento de medición de las habilidades gerenciales y clima organizacional en *Instituciones Bancarias de México. Vinculatégica,* 7(1). https://doi.org/10.29105/vtga7.1-82

Álvarez-Vásquez, C.A., Rivera-Vera, H.F., Conforme-Cedeño, G.M., Campoverde-Flores, F.K., Sornoza-Parrales, D.R., & Merchán-Nieto, L. (2018). *Los procesos, las técnicas de negociación y la tecnología. Ciencias. Economía, Organización y Ciencias Sociales. Editorial Área de Innovación y Desarrollo, S.L.* https://doi.org/10.17993/ecoorgycso.2018.41

Ávila-Morales, H., Palumbo-Pinto, G.B., De la Cruz-Ríos, H.A., & Ogosi-Auqui, J.A. (2022). Toma de decisiones estratégicas en la gestión pública para el desarrollo social. *Revista Venezolana de Gerencia*, 27(Edición Especial 7), 648–662. https://doi.org/10.52080/rvgluz.27.7.42

Bentler, P. M., & Bonett, D. G. (1980). Significance Tests and Goodness of Fit in the Analysis of Covariance Structures. *In Psychological Bulletin* (Vol. 88, Issue 3).

Brunet, L. (2007). El clima de trabajo en las organizaciones. Definición, diagnóstico y consecuencias. *Editorial Trillas.*

Busro, M. (2018). Teori-teori Manajemen Sumber Daya Manusia. *Jakarta. PrenadaMedia.*

Dini, M. & Stumpo, G. (2020). MiPyMEs en América Latina: un frágil desempeño y nuevos desafíos para las políticas de fomento. Documentos de Proyectos (LC/TS.2018/75/Rev.1), Santiago. *Comisión Económica para América Latina y el Caribe* (CEPAL).

Forbes (2021). Inclusión digital: el futuro de las MyPEs. *Forbes Content.* https://www.forbes.com.mx/ad-inclusion-digital-futuro-mypes-mexico-visa/

Ibarra-Morales, L.E., Paredes-Zempual, D., & Carrillo-Cisneros, E. (2022). Impacto del COVID-19 en las variables que determinan la competitividad de las micro, pequeñas y medianas empresas mexicanas. *Revista RELAYN. Micro y Pequeña Empresa en Latinoamérica,* 6(1), 7–22. https://doi.org/10.46990/relayn.2022.6.1.532

Instituto Nacional de Estadística y Geografía (Inegi) (2020). *Censo de población y vivienda 2020.* https://www.inegi.org.mx/programas/ccpv/2020/

King, E.B., Helb, M.R., George, J.M. & Matusik, S.F. (2010). Understanding tokenism: Antecedents and consequences of a psychological climate of gender inequity. *Journal of Management,* 36(2), 482–510. https://doi.org/10.1177/0149206308328508

Leyva-Carreras, A.B., Cavazos-Arroyo, J., & Espejel-Blanco, J.E. (2018). Influencia de la planeación estratégica y habilidades gerenciales como factores internos de la competitividad empresarial de las Pymes. *Contaduría y Administración,* 63(3), 41. https://doi.org/10.22201/fca.24488410e.2018.1085

Leyva-Carreras, A.B., Espejel-Blanco, J.E., & Cavazos-Arroyo, J. (2017). Habilidades gerenciales como estrategia de competitividad empresarial en las pequeñas y medianas empresas (Pymes). *Revista Perspectiva Empresarial,* 4(1), 7–22. https://doi.org/10.16967/rpe.v4n1a1

Martinez, E., García-Alandete, J., Selles, P., Bernabe, G., & Soucase, B. (2012). Análisis factorial confirmatorio de los principales modelos propuestos para el purpose-in-life test en una muestra de universitarios españoles. *Acta Colombiana de Psicología,* 67–76.

Mendoza-Vargas, E.Y., Villaroel-Puma, M.F. & Carranza-Quimi, W.D. (2020). Caracterización de los microemprendimientos de los sectores urbanos marginales de Quevedo. *Centro Sur. Social Science Journal.* 4(4), 1–23. https://doi.org/10.37955/cs.v4i1.40

Moreno, M. J., & Wong Aitken, H. G. (2019). Relación de las habilidades directivas y la satisfacción laboral en la empresa Chicken King de Trujillo, 2018. *Cuadernos Latinoamericanos de Administración,* 14(27), 1–17. https://doi.org/10.18270/cuaderlam.v14i27.2475

Naranjo, R. (2015). Management skills in leaders of mid-sized businesses of Colombia. *Revista Científica Pensamiento y Gestión,* 38, 119–146. https://doi.org/10.14482/pege.38.7703

Niebles-Núñez, L., Torres-Anillo, K. & Montenegro-Rada, A. (2020). Habilidades gerenciales como herramienta para el fortalecimiento del liderazgo transformacional en las mipymes. *Editorial Universidad del Atlántico.* https://repositorio.uniatlantico.edu.co/bitstream/handle/20.500.12834/1030/admin %2c %2bHABILIDADES %2bGERENCIALES %2bCOMO %2bHERRAMIENTA %2bEN %2bMIPYMES.pdf?sequence=1&isAllowed=y

Paredes-Zempual, D., Ibarra-Morales, L.E., & Moreno-Freites, Z.E. (2021). Habilidades directivas y clima organizacional en pequeñas y medianas empresas. *Investigación Administrativa,* 50–1, 1–23. https://doi.org/10.35426/iav50n127.05

Puga-Villarreal, J., & Martínez-Cerna, L. (2008). Competencias Directivas en Escenarios Globales. *Estudios Gerenciales,* 24(109), 87–103. https://doi.org/10.1016/s0123-5923(08)70054-8

R Core Team (2022). R: A language and environment for statistical computing. R *Foundation for Statistical Computing, Vienna, Austria.* URL https://www.R-project.org/

Red de Estudios Latinoamericanos en Administración y Negocios. (RELAYN) (2023). *Investigación anual,* N. Peña & O. Aguilar (coords.) https://relayn.redesla.la

Red de Estudios Latinoamericanos (RedesLA) (2023). *Investigaciones anuales.* https://redesla.la

Rojero-Jiménez, R., Gómez-Romero, J.G.I., & Quintero-Robles, L.M. (2019). El liderazgo transformacional y su influencia en los atributos de los seguidores en las Mipymes mexicanas. *Estudios Gerenciales*, 35(151), 178–189. https://doi.org/10.18046/j.estger.2019.151.3192

Vargas, B., & del Castillo, C. (2008). Competitividad sostenible de la pequeña empresa: Un modelo de promoción de capacidades endógenas para promover ventajas competitivas sostenibles y alta productividad. *Journal of Economics, Finance and Administrative Science,* 13(24), 59–80. https://www.redalyc.org/articulo.oa?id=360733604004

Viamontes, M.O., & Oliva, E.J.D. (2015). Las agrupaciones corales como estrategia de formación de competencias para trabajo en equipo en las organizaciones: una perspectiva comparativa. *Suma de Negocios,* 6(13), 92–97. https://doi.org/10.1016/j.sumneg.2015.08.008

Whetten, D. & Cameron, K. (2016). Desarrollo de habilidades directivas. México: *Editorial Prentice Hall.*

CAPÍTULO 37

Las habilidades directivas y el clima organizacional en las micro y pequeñas empresas de Tenango de Doria y Agua Blanca de Iturbide, Hidalgo, México

Management skills and organizational climate in micro and small businesses in Tenango de Doria and Agua Blanca de Iturbide, Hidalgo, Mexico

RAYMUNDO LOZANO ROSALES, LUZ MARÍA VEGA SOSA, YESSICA RUIZ SALAZAR Y OMAR SANTILLÁN DÍAZ

Universidad Politécnica de Tulancingo

Resumen: El objetivo de la presente investigación es determinar el impacto que tienen las habilidades directivas sobre el clima organizacional en las micro y pequeñas empresas de Latinoamérica. Se presenta un estudio cuantitativo, no experimental, de forma transversal y con un alcance causal. La pertinencia del estudio contribuye a la generación de conocimiento para el desarrollo de un modelo de gestión de la mype en América Latina que permita maximizar la productividad. Entre los principales resultados, podemos observar que la variable de la habilidad directiva trabajo en equipo es la que tiene mayor impacto en el clima organizacional, la cual puntúa 2.6883695. La zona de estudio evidencia que respecto a las habilidades directivas y el clima organizacional, al ser una zona de alta marginación, es muy débil la correlación, por lo que se infiere que los directivos han sido desarrollados de forma empírica y que los microempresarios ven con poca utilidad la formación de un clima organizacional adecuado, pues es una zona que ha fomentado su comercio entre pobreza y marginación. Sin embargo, se encuentra también que se hacen esfuerzos por parte de las nuevas generaciones de microempresarios para cambiar este "estatus", pero siguen arrastrando las formas tradicionales de producción y comercialización.

Abstract: The objective of this research is to determine the impact that management skills have on the organizational climate in micro and small companies in Latin America. A quantitative, non-experimental, cross-sectional study with a causal scope is presented. The relevance of the study contributes to the generation of knowledge for the development of a management model for mypes in Latin America that allows maximizing productivity. Among the main results, we can observe that the variable of teamwork managerial ability is the one that has the greatest impact on the organizational climate, which scores 2.6883695. The study area shows that with regard to managerial skills and the organizational climate, being a highly marginalized area, the correlation is very weak, so it can be inferred that managers have been developed empirically and that microentrepreneurs see with The formation of an adequate organizational climate is of little use, since it is an area that has fostered its trade between poverty and marginalization. However, it is also found that efforts are made by the new generations of micro-entrepreneurs to change this "status", but they continue dragging the traditional forms of production and marketing.

Palabras clave: habilidades, dirección, clima organizacional, pobreza.

INTRODUCCIÓN

De acuerdo con el último Censo Económico publicado por el Instituto Nacional de Estadística y Geografía (INEGI, 2020), 98.3 % del universo de unidades económicas está constituido por micro y pequeñas empresas, las cuales generan —al menos— el 55 % de los empleos y amasan el 39 % del Producto Interno Bruto (PIB) del país. Las microempresas están configuradas por aquellos negocios que tienen menos de 10 trabajadores y generan anualmente ventas hasta por 4 millones de pesos. Las pequeñas empresas son unidades económicas que emplean entre 11 y 50 trabajadores, generando ventas anuales que oscilan entre 4 y 100 millones de pesos (Mendoza-Vargas, Villaroel-Puma & Carranza-Quimi, 2020; Forbes, 2021).

Es importante mencionar que actualmente las mypes se enfrentan a múltiples retos y problemáticas, específicamente, el desarrollo de habilidades gerenciales o directivas por parte de los líderes cumple una labor fundamental en el clima organizacional para este tipo de empresas, al establecerse como un diferenciador con otras organizaciones (Busro, 2018). En esa perspectiva, la formación y el desarrollo de habilidades directivas del personal encargado de implementar estrategias y tomar decisiones son fundamentales, pues de ello depende que las mypes cumplan sus metas y objetivos estratégicos, lo cual permite a las organizaciones volverse más competitivas, pues propicia la formación de un clima organizacional donde

los empleados estén satisfechos con su organización (Aburto & Bonales, 2011; Brunet, 2007).

Derivado de la importancia que representa el desarrollo de habilidades directivas en los líderes que dirigen los esfuerzos estratégicos de las mypes, así como la importancia de contar con un buen clima organizacional, se plantean las siguientes preguntas de investigación: ¿cuáles habilidades directivas tienen repercusión en el clima organizacional de las mypes?, ¿cuál es el clima organizacional que predomina en las mypes?

Para cumplir con lo anterior, el objetivo de la investigación es determinar el grado de asociación entre las habilidades directivas y el clima organizacional de las micro y pequeñas empresas, lo cual permitirá conocer con mayor precisión las habilidades directivas que los gerentes o mandos medios deben desarrollar para que prevalezca un clima organizacional satisfactorio entre los empleados al interior de las mypes. En ese sentido, las mypes podrán determinar si éstas son las causales de un clima organizacional adecuado o inconveniente, lo que, a su vez, permitirá diseñar programas de capacitación para sus líderes y, con ello, generar información que contribuya —si es el caso— a resolver el problema o mantener y fortalecer lo que se tiene.

Los diferentes análisis estadísticos correlacionales entre las variables del estudio permitirán identificar si las habilidades directivas son la causa principal del clima organizacional que prevalece en las mypes. Lo anterior será de gran apoyo en la búsqueda de factores endógenos diferenciados que permita a las mypes obtener ventajas competitivas sostenibles, ya que, si bien es cierto, una mejor gestión empresarial no es suficiente para lograr ser más competitivas, sino que está determinada por otros factores internos como un buen clima organizacional y el desarrollo de habilidades directivas (Vargas & Del Castillo, 2008).

REVISIÓN DE LA LITERATURA

Las organizaciones del siglo XXI afrontan un entorno dinámico y complejo caracterizado por la incertidumbre, debido a esto deben estar preparadas para dar respuesta a los cambios vertiginosos, en aras de cumplir sus objetivos y metas organizacionales así como volverse más competitivas. Las micro y pequeñas empresas (mypes) también deben responder a ese contexto, sin embargo, las características estructurales de su magnitud las coloca en desventaja respecto a la gran empresa, misma que tiene a su disposición una mayor cantidad de recursos y capacidades. El tema aquí analizado ha obtenido gran relevancia en los rubros de la investigación y las políticas públicas recientemente, lo cual ha permitido una mejora de determinados aspectos directamente vinculados con la competitividad de las empresas (Leyva-Carreras, Cavazos-Arroyo & Espejel-Blanco, 2018).

La situación actual de las mypes es compleja —aun siendo una parte fundamental del aparato económico a nivel mundial—, presenta una serie de desafíos y retos, enfrenta diversos obstáculos que limitan su capacidad de crecimiento y desarrollo. Uno de los principales problemas que enfrentan estas empresas es la falta de acceso al financiamiento, ya que esto restringe su capacidad para invertir en innovación, en maquinaria y equipos, software y tecnologías digitales; así como en la capacitación y adiestramiento para sus empleados. Otra problemática a la cual se enfrentan es la poca inversión en capacitación a sus directivos y gerentes, de modo que éstos puedan desarrollar sus habilidades directivas, permitiéndoles contar con las herramientas necesarias al momento de tomar decisiones estratégicas de impacto en sus portafolios de negocios, a través de una visión diferente y más competitiva, no sólo a nivel local, sino a niveles superiores en la configuración y escala del negocio.

Es importante destacar que la pandemia por el Covid-19 tuvo un impacto significativo en las mypes debido a que muchas de ellas tuvieron que cerrar de forma temporal o permanente. Las restricciones de movimiento y confinamiento social provocaron una disminución significativa en la demanda de productos y servicios (Ibarra-Morales, Paredes-Zempual & Carrillo-Cisneros, 2022). Para dimensionar y tener una mejor visión de la magnitud de la presencia e importancia de las mypes en Latinoamérica, Dini y Stumpo (2021) realizan una clasificación tomando como parámetros el sector y el tamaño de la empresa (tabla 37.1.).

Tabla 37.1. Clasificación de acuerdo con sector y tamaño de la empresa.

Sector	Micro empresa	Pequeña empresa
Agricultura, ganadería, caza, silvicultura y pesca	80 %	16 %
Explotación de minas y canteras	68 %	23 %
Industria manufacturera	82 %	14 %
Suministro de electricidad, gas y agua	70 %	20 %
Construcción	76 %	19 %
Comercio al por mayor y menor	92 %	07 %
Hoteles y restaurantes	89 %	10 %
Transporte, almacenamiento y comunicaciones	83 %	13 %
Intermediación financiera	81 %	14 %
Actividades inmobiliarias, empresariales y de alquiler	87 %	10 %
Enseñanza	76 %	19 %
Servicios sociales y de salud	89 %	09 %
Otras actividades comunitarias, sociales y personales	95 %	04 %
Total	**88.4 %**	**09.6 %**

Fuente: elaboración propia a partir de Dini & Stumpo (2021).

Leyva-Carreras, Espejel-Blanco y Cavazos-Arroyo (2017) destacan que el director o gerente de una mype debe tomar en cuenta ciertas variables para lograr la excelencia, el buen clima organizacional y la competitividad empresarial, para lo cual es preciso contar con personal directivo que reúna las siguientes características: dinámicos, actualizados, con habilidades directivas, operativas y de gestión, conocimientos de administración y planeación estratégica, así como administración y dirección de talento humano, siempre proactivo al cambio organizacional y tecnológico, para que se convierta en vehículo que potencia la creatividad, la innovación y el desarrollo sustentable. Sin embargo, por desconocer esas características de gestión o habilidades directivas que son propias de los líderes, esa ignorancia puede ser la causa de algunos problemas administrativos y de competitividad en las mypes, lo que genera algunas consecuencias en la transición de una economía local y proteccionista a un mercado libre y globalizado (Naranjo, 2015).

Niebles-Núñez, Torres-Anillo y Montenegro-Rada (2020) establecen que las habilidades directivas comprenden el proceso de la gerencia, estas son: planificar, organizar, dirigir, ejecutar y controlar que, a su vez, constituyen el conjunto de destrezas, cualidades, competencias, conocimientos, acciones, experiencias y capacidades que inciden en el efectivo desempeño del rol gerencial, al contribuir al logro de objetivos y metas organizacionales, asimismo, representan la implementación práctica por la acción del conocimiento adquirido académicamente o por experiencias a través del proceso de aprendizaje. Es por ello que, en los últimos años, las habilidades directivas desempeñan un papel muy importante en la satisfacción de los colaboradores en las empresas a nivel mundial, pues se ha demostrado que la manera o particularidad en que los directivos lideran a sus equipos generan una repercusión directa en su satisfacción y, por ende, en su desempeño laboral (Moreno & Wong, 2018).

Paredes-Zempual, Ibarra-Morales y Moreno-Freites (2021) adoptan otra perspectiva, sostienen que el buen desempeño de la empresa está en función de las habilidades directivas y el buen clima organizacional, sobre todo en este tiempo donde las empresas se encuentran inmersas en un proceso de globalización y de rápidos cambios que demandan líderes más preparados en actitudes y aptitudes, capaces de administrar de manera eficaz y eficiente los procesos y procedimientos, tanto administrativos como operativos, comprometidos con la rentabilidad de la organización.

El clima organizacional es observado y analizado por las empresas con el fin de mantenerlo en niveles positivos y, de esa forma, estimular la productividad de los empleados, motivo por el cual las empresas buscan los elementos y condiciones necesarias que puedan incidir de forma positiva en el clima organizacional, ya que existen estudios empíricos que así lo demuestran, en otras palabras, un mejor clima organizacional en la empresa se traduce en mejores resultados en los ámbitos financieros, administrativos y productivos (Alegría-Zebadúa & Alarcón-Martínez, 2022).

Whetten y Cameron (2016) clasifican las habilidades en tres grandes grupos: personales, interpersonales y grupales, mismas que en su conjunto aportan al éxito de una administración eficaz y centrada en los logros financieros, pero también de posición competitiva. En este sentido, para el presente estudio se han seleccionado como habilidades directivas las siguientes: negociación, toma de decisiones, liderazgo, comunicación y trabajo en equipo, ya que predominan en la literatura y en los diferentes modelos conceptuales, además de ser las más importantes para Whetten y Cameron. Adicionalmente, se ha seleccionado como variable el clima organizacional debido al impacto y la importancia que ostenta para las mypes. Las definiciones conceptuales para cada una de las variables se muestran en la tabla 37.2.

Tabla 37.2. Definición conceptual de las variables.

Variable	Definición conceptual
Negociación	Presentar y discutir propuestas comunes con el propósito de llegar a un acuerdo en un marco de interés común (Álvarez-Vásquez, et al., 2018).
Toma de decisiones	Decidir por una alternativa que requiere atender situaciones planificadas o de incertidumbre entre un abanico de varias opciones (Ávila-Morales et al., 2022).
Liderazgo	Lograr la motivación de los colaboradores mediante la promoción de conductas positivas que reditúan en mejores niveles de desempeño laboral para la empresa (Rojero-Jiménez, Gómez-Romero & Quintero-Robles, 2019).
Comunicación	Recibir y transmitir mensajes oportunos y unívocos, independientemente del canal o la forma de comunicación, lo cual facilita la emisión y recepción de los mensajes que se producen entre los miembros de la organización y su entorno, facilitando el alcance de los objetivos y metas que establecen los miembros de la organización (Puga-Villarreal & Martínez-Cerna, 2008).
Trabajo en equipo	Fomentar la colaboración conjunta entre los integrantes que conforman un equipo de trabajo, a través del talento individual, la comunicación, las competencias y las fortalezas de cada uno en su relación con los demás, para lograr el cumplimiento de un objetivo común (Viamontes & Oliva, 2015).
Clima organizacional	Variable que media entre el contexto de una organización y la conducta de sus empleados o miembros, desde la perspectiva del cómo ellos experimentan el trabajo en sus empresas (King, Hebl, George & Matusik, 2010).

Fuente: elaboración propia.

METODOLOGÍA

El presente trabajo de investigación ha sido propuesto por la Red de Estudios Latinoamericanos en Administración y Negocios (RELAYN, 2023), la cual consiste en conceptualizar la micro y pequeña empresa (mype) como una serie de elementos de entradas, procesos y salidas enmarcados en un ambiente que influye en el clima organizacional de las mypes, según la percepción del director, considerado como la persona que toma la mayor parte de las decisiones. Este estudio tiene un enfoque cuantitativo de diseño transversal de tipo causal.

Se realizó un muestreo probabilístico aleatorio simple con las mypes de Tenango de Doria y Agua Blanca de Iturbide, Hidalgo, México, cuya cantidad de empleados se encuentra en el rango de 1 a 50, con un nivel de confianza del 95 %, un margen de error del ±5 % y una probabilidad estimada de p=0.5 (50 %). Se obtuvieron de la muestra aplicada un total de 457 encuestas válidas en el periodo del 01 de marzo al 30 de abril de 2023. Se utilizó un instrumento de medición tipo encuesta, la cual fue dirigida a los propietarios, directores o gerentes de las mypes, para lo cual sirvió la asistencia de estudiantes universitarios que previamente fueron capacitados para aplicar la encuesta.

Características de la muestra son:

El 47.3 % de la muestra fueron del sexo biológico femenino y el restante 52.7 % masculino. La edad de los sujetos tiene un rango de 18 a 86 años, con un promedio de 41 años y una moda de 45 años. El 7.4 % de los empresarios tienen estudios de nivel superior, seguido de un 26.3 % con nivel media superior, 56.9 % con educación básica. En cuanto a estado civil predominan los casados con un 59.1 % seguidos de los solteros con 17.9 %.

La mayoría de los negocios 81 % pertenecen al giro comercial, un 14.7 % a la prestación de servicios y sólo 4.4 % a la producción de manufacturas, la antigüedad del 2.4 %de los negocios es menor a 3 años. Los empleos que ofrecen están en el rango de 1 a 30 trabajadores, de las empresas el 95.2 % emplea de 1 a 10 trabajadores y el 83.4 % tienen en su plantilla de 1 a 10 mujeres y en el 72.6 % colaboran de 1 a 5 familiares del propietario.

Alineado al objetivo general de la investigación y a la revisión de la literatura, se plantean las siguientes hipótesis:

H0: Las habilidades directivas no inciden en el clima organizacional de la mype.
H1: Las habilidades directivas inciden en el clima organizacional de la mype.

En cuanto al instrumento de medición, éste se integró por seis partes o bloques. El primero de ellos, con datos que abordan aspectos generales de la empresa: tamaño de la empresa, personal ocupado, así como información sobre los ingresos y gastos. La segunda parte aborda los datos del directivo y el tiempo destinado a las labores de la empresa. La tercera parte se refiere a los insumos del sistema: recursos humanos, análisis del mercado y proveedores. En una cuarta parte del instrumento de medición se exponen los procesos del sistema: dirección, gestión de ventas, finanzas, innovación, mercadotecnia, producción-operación. La quinta parte estuvo integrada por los resultados del sistema: satisfacción del sistema, ventaja competitiva, RSC-Asuntos de ISO 26000, valoración del entorno y, por último, la sexta parte quedó integrada por los dos temas anuales de investigación: a) el trabajo decente desde la perspectiva directiva y b) el impacto de las habilidades directivas (negociación, toma de decisiones, liderazgo, comunicación, trabajo en equipo) sobre el clima organizacional. Para las secciones comprendidas del tercer al sexto bloque se emplea una escala de Likert de cinco puntos, los cuales van de 'No sé / No aplica' (1) a 'muy de acuerdo' (5).

RESULTADOS

Las seis variables muestran consistencia interna del instrumento mediante el análisis del alfa de Cronbach de las variables objeto de estudio, de la misma forma se analiza la correlación que tienen con el clima organizacional como se muestra en la tabla 37.3.

Tabla 37.3. Alfa de Cronbach y correlación de las variables.

Variables	Correlación con clima	Cronbach	Media	Desviación Estándar
Negociación	0.36	0.891	4.238	0.442
Toma de decisiones	0.308	0.911	4.206	0.472
Liderazgo	0.327	0.901	4.253	0.438
Comunicación	0.406	0.898	4.262	0.434
Trabajo en equipo	0.389	0.900	4.252	0.436
Clima Organizacional	1	0.901	4.269	0.449

Fuente: Elaboración propia utilizando RStudio (R Core Team, 2022).

Se procede a realizar el modelo estructural del instrumento en la figura 37.4, el ajuste absolutorio muestra el error cuadrático medio de aproximación (RMSEA) es de 0.002 y el residuo cuadrático medio estandarizado (SRMR) es de 0.045, en ambos casos se consideran aceptables, en el ajuste comparativo (CFI) muestra un resultado de 1 y el índice de Tucker-Lewis (TLI) de 1 consideramos ajustes óptimos.

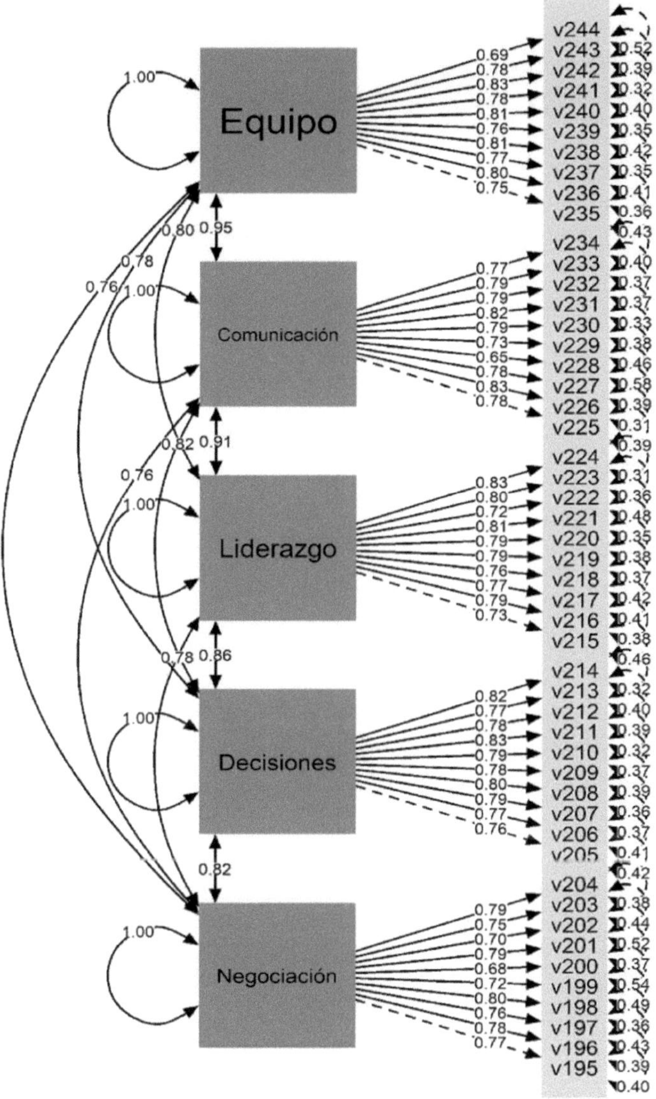

Figura 37.4. Resultado del modelo estructural.

Fuente: Elaboración propia utilizando RStudio (R Core Team, 2022).

Partiendo de la información cuantitativa del estudio se establece el modelo estructural (Figura 37.4), donde se muestra la dirección de las relaciones entre las diversas variables y el efecto que causan. El modelo plantea la existencia de cinco variables endógenas con una relación causal recíproca (Trabajo en equipo, comunicación, liderazgo, toma de decisiones y negociación). Las cinco variables tienen una relación causal directa con los ítems que conforman la variable, en todos los casos el grado de significancia fue <0.05 (los resultados se muestran en la Figura 37.4) dando un correcto ajuste del modelo (Bentler & Bonett, 1980; Martínez et al., 2012)

Con el objetivo de medir el impacto que tienen las habilidades directivas sobre el clima organizacional de la mype se realiza la siguiente regresión lineal, donde el clima organizacional es la variable dependiente y las variables independientes son negociación, toma de decisiones, liderazgo, comunicación y trabajo en equipo. Al final se sustituyen los valores tal y como se observa en la tabla 37.5.

Fórmula:

y = clima = constante + negociación + toma de decisiones + liderazgo + comunicación + trabajo en equipo.

Tabla 37.5. Regresión lineal.

Fórmula: lm(fórmula = clima ~ negociación + toma de decisiones + liderazgo + comunicación + trabajo en equipo)				
		Residuales		
Min	1Q	Mediana	3Q	Max
-1.43982	-0.11067	-0.01826	0.08640	1.26729
Coeficientes	**Estimado**	**Std. Error**	**T-valor**	**P-valor**
(Clima/Intercept)	0.55204	0.13414	4.115	4.60e-05
Negociación	-0.05416	0.04305	-1.258	0.209
Toma de decisiones	0.18310	0.04609	3.972	8.29e-05
Liderazgo	0.08230	0.05462	1.507	0.133
Comunicación	0.03236	0.06452	0.502	0.616
Trabajo en equipo	0.63226	0.05552	11.388	< 2e-16

Signif. codes: 0 '***' 0.001 '**' 0.01 '*' 0.05 '.' 0.1 ' ' 1
Residual standard error: 0.2616 on 451 degrees of freedom
Multiple R-squared: 0.6642, Adjusted R-squared: 0.6605
F-statistic: 178.4 on 5 and 451 DF, p-value: < 2.2e-16
Fuente: Elaboración propia utilizando RStudio (R Core Team, 2022).

Para poder medir el impacto, se multiplica el valor estimado de cada una de las variables independientes (tabla 37.5) por su media (tabla 37.3).

y=0.55204 + (-0.05416 * 4.238) + (0.1831 * 4.206) + (0.0823 * 4.253) + (0.03236 * 4.262) + (0.63226 * 4.252)

Resolvemos la ecuación:

y=0.55204+-0.2295301+0.7701186+0.3500219+0.1379183+2.6883695
y=4.2689383

Se observa que la variable que tiene mayor impacto es trabajo en equipo con 2.6883695, mientras que la de menor impacto es negociación con —0.2295301. El impacto total de las habilidades directivas sobre el clima organizacional es de 4.2689383.

DISCUSIÓN

Con los resultados obtenidos y vislumbrando que las unidades económicas estudiadas aportan 55 % de los empleos y 39 % del PIB, se hacer notar que, con base en las características de la zona, los comercios encuestados aportan a estos indicadores con negocios muy pequeños, pues la zona es considerada de alta y muy alta marginación, ya que las mypes enfrentan la problemática de falta de habilidades gerenciales, porque los empresarios están más ocupados por generar los ingresos que permitan la subsistencia de sus negocios que por desarrollar las habilidades mencionadas. Asimismo, es pertinente señalar que le toman poca importancia a la implementación de estrategias comerciales, organizacionales y de clima laboral; esto se puede corroborar en la correlación de las variables en el modelo desarrollado en la investigación. En este sentido, la relación baja entre las variables trabajo en equipo, comunicación, liderazgo, toma de decisiones y negociación, evidencia que la zona de estudio tiene un origen geográfico y cultural que ha sido un factor determinante en su desarrollo. Las variables exógenas muestran una relación recíproca, donde es muy probable que, al ser una zona marginada, éstas se retroalimentan unas a otras. La regresión lineal, por su parte, demuestra una relación acumulativa de las variables mencionadas, donde la de mayor impacto, según los resultados del estudio, es equipo. Esto confirma que la zona estudiada carece en su mayoría de equipo, lo que se justifica por su lejanía. La variable con menor impacto es negociación, que confirma el argumento anterior, y basados en la determinación de que es una zona marginada, la negociación suele ser nula, pues los precios y las decisiones empresariales son prácticamente lineales.

Finalmente, el clima organizacional no es un factor muy observado por los empresarios, porque para ellos producir, vender y obtener ganancias es su objetivo final.

REFERENCIAS

Aburto, H.I. & Bonales, J. (2011). Habilidades directivas: Determinantes en el clima organizacional. *Investigación y Ciencia,* 19(51), 41–49.

Alegría-Zebadúa, R.M., & Alarcón-Martínez, G. (2022). Marco teórico e instrumento de medición de las habilidades gerenciales y clima organizacional en *Instituciones Bancarias de México. Vinculatégica,* 7(1). https://doi.org/10.29105/vtga7.1-82

Álvarez-Vásquez, C.A., Rivera-Vera, H.F., Conforme-Cedeño, G.M., Campoverde-Flores, F.K., Sornoza-Parrales, D.R., & Merchán-Nieto, L. (2018). *Los procesos, las técnicas de negociación y la tecnología. Ciencias. Economía, Organización y Ciencias Sociales. Editorial Área de Innovación y Desarrollo, S.L.* https://doi.org/10.17993/ecoorgycso.2018.41

Ávila-Morales, H., Palumbo-Pinto, G.B., De la Cruz-Ríos, H.A., & Ogosi-Auqui, J.A. (2022). Toma de decisiones estratégicas en la gestión pública para el desarrollo social. *Revista Venezolana de Gerencia,* 27(Edición Especial 7), 648–662. https://doi.org/10.52080/rvgluz.27.7.42

Bentler, P. M., & Bonett, D. G. (1980). Significance Tests and Goodness of Fit in the Analysis of Covariance Structures. *In Psychological Bulletin* (Vol. 88, Issue 3).

Brunet, L. (2007). El clima de trabajo en las organizaciones. Definición, diagnóstico y consecuencias. *Editorial Trillas.*

Busro, M. (2018). Teori-teori Manajemen Sumber Daya Manusia. *Jakarta. PrenadaMedia.*

Dini, M. & Stumpo, G. (2020). MiPyMEs en América Latina: un frágil desempeño y nuevos desafíos para las políticas de fomento. Documentos de Proyectos (LC/TS.2018/75/Rev.1), Santiago. *Comisión Económica para América Latina y el Caribe* (CEPAL).

Forbes (2021). Inclusión digital: el futuro de las MyPEs. *Forbes Content.* https://www.forbes.com.mx/ad-inclusion-digital-futuro-mypes-mexico-visa/

Ibarra-Morales, L.E., Paredes-Zempual, D., & Carrillo-Cisneros, E. (2022). Impacto del COVID-19 en las variables que determinan la competitividad de las micro, pequeñas y medianas empresas mexicanas. *Revista RELAYN. Micro y Pequeña Empresa en Latinoamérica,* 6(1), 7–22. https://doi.org/10.46990/relayn.2022.6.1.532

Instituto Nacional de Estadística y Geografía (Inegi) (2020). *Censo de población y vivienda 2020.* https://www.inegi.org.mx/programas/ccpv/2020/

King, E.B., Helb, M.R., George, J.M. & Matusik, S.F. (2010). Understanding tokenism: Antecedents and consequences of a psychological climate of gender inequity. *Journal of Management,* 36(2), 482–510. https://doi.org/10.1177/0149206308328508

Leyva-Carreras, A.B., Cavazos-Arroyo, J., & Espejel-Blanco, J.E. (2018). Influencia de la planeación estratégica y habilidades gerenciales como factores internos de la competitividad empresarial de las Pymes. *Contaduría y Administración,* 63(3), 41. https://doi.org/10.22201/fca.24488410e.2018.1085

Leyva-Carreras, A.B., Espejel-Blanco, J.E., & Cavazos-Arroyo, J. (2017). Habilidades gerenciales como estrategia de competitividad empresarial en las pequeñas y medianas empresas (Pymes). *Revista Perspectiva Empresarial,* 4(1), 7–22. https://doi.org/10.16967/rpe.v4n1a1

Martinez, E., García-Alandete, J., Selles, P., Bernabe, G., & Soucase, B. (2012). Análisis factorial confirmatorio de los principales modelos propuestos para el purpose-in-life test en una muestra de universitarios españoles. *Acta Colombiana de Psicología,* 67–76.

Mendoza-Vargas, E.Y., Villaroel-Puma, M.F. & Carranza-Quimi, W.D. (2020). Caracterización de los microemprendimientos de los sectores urbanos marginales de Quevedo. *Centro Sur. Social Science Journal.* 4(4), 1–23. https://doi.org/10.37955/cs.v4i1.40

Moreno, M. J., & Wong Aitken, H. G. (2019). Relación de las habilidades directivas y la satisfacción laboral en la empresa Chicken King de Trujillo, 2018. *Cuadernos Latinoamericanos de Administración,* 14(27), 1–17. https://doi.org/10.18270/cuaderlam.v14i27.2475

Naranjo, R. (2015). Management skills in leaders of mid-sized businesses of Colombia. *Revista Científica Pensamiento y Gestión,* 38, 119–146. https://doi.org/10.14482/pege.38.7703

Niebles-Núñez, L., Torres-Anillo, K. & Montenegro-Rada, A. (2020). Habilidades gerenciales como herramienta para el fortalecimiento del liderazgo transformacional en las mipymes. *Editorial Universidad del Atlántico.* https://repositorio.uniatlantico.edu.co/bitstream/handle/20.500.12834/1030/admin %2c %2bHABILIDADES %2bGERENCIALES %2bCOMO %2bHERRAMIENTA %2bEN %2bMIPYMES.pdf?sequence=1&isAllowed=y

Paredes-Zempual, D., Ibarra-Morales, L.E., & Moreno-Freites, Z.E. (2021). Habilidades directivas y clima organizacional en pequeñas y medianas empresas. *Investigación Administrativa,* 50–1, 1–23. https://doi.org/10.35426/iav50n127.05

Puga-Villarreal, J., & Martínez-Cerna, L. (2008). Competencias Directivas en Escenarios Globales. *Estudios Gerenciales,* 24(109), 87–103. https://doi.org/10.1016/s0123-5923(08)70054-8

R Core Team (2022). R: A language and environment for statistical computing. R *Foundation for Statistical Computing, Vienna, Austria.* URL https://www.R-project.org/

Red de Estudios Latinoamericanos en Administración y Negocios. (RELAYN) (2023). *Investigación anual,* N. Peña & O. Aguilar (coords.) https://relayn.redesla.la

Red de Estudios Latinoamericanos (RedesLA) (2023). *Investigaciones anuales.* https://redesla.la

Rojero-Jiménez, R., Gómez-Romero, J.G.I., & Quintero-Robles, L.M. (2019). El liderazgo transformacional y su influencia en los atributos de los seguidores en las Mipymes mexicanas. *Estudios Gerenciales,* 35(151), 178–189. https://doi.org/10.18046/j.estger.2019.151.3192

Vargas, B., & del Castillo, C. (2008). Competitividad sostenible de la pequeña empresa: Un modelo de promoción de capacidades endógenas para promover ventajas competitivas sostenibles y alta productividad. *Journal of Economics, Finance and Administrative Science,* 13(24), 59–80. https://www.redalyc.org/articulo.oa?id=360733604004

Viamontes, M.O., & Oliva, E.J.D. (2015). Las agrupaciones corales como estrategia de formación de competencias para trabajo en equipo en las organizaciones: una perspectiva comparativa. *Suma de Negocios,* 6(13), 92–97. https://doi.org/10.1016/j.sumneg.2015.08.008

Whetten, D. & Cameron, K. (2016). Desarrollo de habilidades directivas. México: *Editorial Prentice Hall.*

CAPÍTULO 38

Las habilidades directivas y el clima organizacional en las micro y pequeñas empresas de Tlaxcoapan, Hidalgo, México

Management skills and the organizational climate in micro and small companies in Tlaxcoapan, Hidalgo, Mexico

RAÚL RODRÍGUEZ MORENO, MIGUEL ÁNGEL VÁZQUEZ ALAMILLA, VERÓNICA RAMÍREZ CORTÉS Y VÍCTOR MANUEL PIEDRA MAYORGA

Universidad Autónoma del Estado de Hidalgo/Universidad Autónoma del Estado de México/Universidad Autónoma de Tlaxcala

Resumen: El objetivo de la presente investigación es determinar el impacto que tienen las habilidades directivas sobre el clima organizacional en las micro y pequeñas empresas de Latinoamérica. Se presenta un estudio cuantitativo, no experimental, de forma transversal y con un alcance causal. La pertinencia del estudio contribuye a la generación de conocimiento para el desarrollo de un modelo de gestión de la mype en América Latina que permita maximizar la productividad. Entre los principales resultados, podemos observar que la variable de la habilidad directiva trabajo en equipo es la que tiene mayor impacto en el clima organizacional, con 1.347558 de acuerdo con la regresión lineal que se definió para medir el impacto de las cinco variables exógenas. También se comprobó que existe correlación entre las variables estudiadas y se obtuvo una excelente consistencia interna en cada una de las variables de estudio. El coeficiente de determinación ajustado en la regresión lineal es de 0.4769, el grado de significancia fue menor a 0.05, comprobando la relación causal de las cinco variables en el clima organizacional. En el estudio, se aplicaron 434 encuestas dirigidas a directores de las mypes. El instrumento de medición se dividió en seis bloques; en los últimos tres, se usó la escala de Likert.

Abstract: The objective of this research is to determine the impact that management skills have on the organizational climate in micro and small companies in Latin America. A quantitative, non-experimental, cross-sectional study with a causal scope is presented. The relevance of the study contributes to the generation of knowledge for the development of a management model for mypes in Latin America that allows maximizing productivity. Among the main results, we can observe that the variable of teamwork management ability is the one that has the greatest impact on the organizational climate, with 1.347558 according to the linear regression that was defined to measure the impact of the five exogenous variables. It was also verified that there is a correlation between the variables studied and an excellent internal consistency was obtained in each of the study variables. The coefficient of determination adjusted in the linear regression is 0.4769, the degree of significance was less than 0.05, verifying the causal relationship of the five variables in the organizational climate. In the study, 434 surveys addressed to directors of mypes were applied. The measurement instrument was divided into six blocks; in the last three, the Likert scale was used.

Palabras clave: clima organizacional, habilidades directivas, desempeño gerencial.

INTRODUCCIÓN

De acuerdo con el último Censo Económico publicado por el Instituto Nacional de Estadística y Geografía (INEGI, 2020), 98.3 % del universo de unidades económicas está constituido por micro y pequeñas empresas, las cuales generan —al menos— el 55 % de los empleos y amasan el 39 % del Producto Interno Bruto (PIB) del país. Las microempresas están configuradas por aquellos negocios que tienen menos de 10 trabajadores y generan anualmente ventas hasta por 4 millones de pesos. Las pequeñas empresas son unidades económicas que emplean entre 11 y 50 trabajadores, generando ventas anuales que oscilan entre 4 y 100 millones de pesos (Mendoza-Vargas, Villaroel-Puma & Carranza-Quimi, 2020; Forbes, 2021).

Es importante mencionar que actualmente las mypes se enfrentan a múltiples retos y problemáticas, específicamente, el desarrollo de habilidades gerenciales o directivas por parte de los líderes cumple una labor fundamental en el clima organizacional para este tipo de empresas, al establecerse como un diferenciador con otras organizaciones (Busro, 2018). En esa perspectiva, la formación y el desarrollo de habilidades directivas del personal encargado de implementar estrategias y tomar decisiones son fundamentales, pues de ello depende que las mypes cumplan sus metas y objetivos estratégicos, lo cual permite a las organizaciones volverse más competitivas, pues propicia la formación de un clima organizacional donde los empleados estén satisfechos con su organización (Aburto & Bonales, 2011; Brunet, 2007).

Derivado de la importancia que representa el desarrollo de habilidades directivas en los líderes que dirigen los esfuerzos estratégicos de las mypes, así como la importancia de contar con un buen clima organizacional, se plantean las siguientes preguntas de investigación: ¿cuáles habilidades directivas tienen repercusión en el clima organizacional de las mypes?, ¿cuál es el clima organizacional que predomina en las mypes?

Para cumplir con lo anterior, el objetivo de la investigación es determinar el grado de asociación entre las habilidades directivas y el clima organizacional de las micro y pequeñas empresas, lo cual permitirá conocer con mayor precisión las habilidades directivas que los gerentes o mandos medios deben desarrollar para que prevalezca un clima organizacional satisfactorio entre los empleados al interior de las mypes. En ese sentido, las mypes podrán determinar si éstas son las causales de un clima organizacional adecuado o inconveniente, lo que, a su vez, permitirá diseñar programas de capacitación para sus líderes y, con ello, generar información que contribuya —si es el caso— a resolver el problema o mantener y fortalecer lo que se tiene.

Los diferentes análisis estadísticos correlacionales entre las variables del estudio permitirán identificar si las habilidades directivas son la causa principal del clima organizacional que prevalece en las mypes. Lo anterior será de gran apoyo en la búsqueda de factores endógenos diferenciados que permita a las mypes obtener ventajas competitivas sostenibles, ya que, si bien es cierto, una mejor gestión empresarial no es suficiente para lograr ser más competitivas, sino que está determinada por otros factores internos como un buen clima organizacional y el desarrollo de habilidades directivas (Vargas & Del Castillo, 2008).

REVISIÓN DE LA LITERATURA

Las organizaciones del siglo XXI afrontan un entorno dinámico y complejo caracterizado por la incertidumbre, debido a esto deben estar preparadas para dar respuesta a los cambios vertiginosos, en aras de cumplir sus objetivos y metas organizacionales así como volverse más competitivas. Las micro y pequeñas empresas (mypes) también deben responder a ese contexto, sin embargo, las características estructurales de su magnitud las coloca en desventaja respecto a la gran empresa, misma que tiene a su disposición una mayor cantidad de recursos y capacidades. El tema aquí analizado ha obtenido gran relevancia en los rubros de la investigación y las políticas públicas recientemente, lo cual ha permitido una mejora de determinados aspectos directamente vinculados con la competitividad de las empresas (Leyva-Carreras, Cavazos-Arroyo & Espejel-Blanco, 2018).

La situación actual de las mypes es compleja —aun siendo una parte fundamental del aparato económico a nivel mundial—, presenta una serie de desafíos

y retos, enfrenta diversos obstáculos que limitan su capacidad de crecimiento y desarrollo. Uno de los principales problemas que enfrentan estas empresas es la falta de acceso al financiamiento, ya que esto restringe su capacidad para invertir en innovación, en maquinaria y equipos, software y tecnologías digitales; así como en la capacitación y adiestramiento para sus empleados. Otra problemática a la cual se enfrentan es la poca inversión en capacitación a sus directivos y gerentes, de modo que éstos puedan desarrollar sus habilidades directivas, permitiéndoles contar con las herramientas necesarias al momento de tomar decisiones estratégicas de impacto en sus portafolios de negocios, a través de una visión diferente y más competitiva, no sólo a nivel local, sino a niveles superiores en la configuración y escala del negocio.

Es importante destacar que la pandemia por el Covid-19 tuvo un impacto significativo en las mypes debido a que muchas de ellas tuvieron que cerrar de forma temporal o permanente. Las restricciones de movimiento y confinamiento social provocaron una disminución significativa en la demanda de productos y servicios (Ibarra-Morales, Paredes-Zempual & Carrillo-Cisneros, 2022). Para dimensionar y tener una mejor visión de la magnitud de la presencia e importancia de las mypes en Latinoamérica, Dini y Stumpo (2021) realizan una clasificación tomando como parámetros el sector y el tamaño de la empresa (tabla 38.1.).

Tabla 38.1. Clasificación de acuerdo con el sector y tamaño de la empresa.

Sector	**Micro empresa**	**Pequeña empresa**
Agricultura, ganadería, caza, silvicultura y pesca	80 %	16 %
Explotación de minas y canteras	68 %	23 %
Industria manufacturera	82 %	14 %
Suministro de electricidad, gas y agua	70 %	20 %
Construcción	76 %	19 %
Comercio al por mayor y menor	92 %	07 %
Hoteles y restaurantes	89 %	10 %
Transporte, almacenamiento y comunicaciones	83 %	13 %
Intermediación financiera	81 %	14 %
Actividades inmobiliarias, empresariales y de alquiler	87 %	10 %
Enseñanza	76 %	19 %
Servicios sociales y de salud	89 %	09 %
Otras actividades comunitarias, sociales y personales	95 %	04 %
Total	**88.4 %**	**09.6 %**

Fuente: elaboración propia a partir de Dini & Stumpo (2021).

Leyva-Carreras, Espejel-Blanco y Cavazos-Arroyo (2017) destacan que el director o gerente de una mype debe tomar en cuenta ciertas variables para lograr la excelencia, el buen clima organizacional y la competitividad empresarial, para lo cual es preciso contar con personal directivo que reúna las siguientes características: dinámicos, actualizados, con habilidades directivas, operativas y de gestión, conocimientos de administración y planeación estratégica, así como administración y dirección de talento humano, siempre proactivo al cambio organizacional y tecnológico, para que se convierta en vehículo que potencia la creatividad, la innovación y el desarrollo sustentable. Sin embargo, por desconocer esas características de gestión o habilidades directivas que son propias de los líderes, esa ignorancia puede ser la causa de algunos problemas administrativos y de competitividad en las mypes, lo que genera algunas consecuencias en la transición de una economía local y proteccionista a un mercado libre y globalizado (Naranjo, 2015).

Niebles-Núñez, Torres-Anillo y Montenegro-Rada (2020) establecen que las habilidades directivas comprenden el proceso de la gerencia, estas son: planificar, organizar, dirigir, ejecutar y controlar que, a su vez, constituyen el conjunto de destrezas, cualidades, competencias, conocimientos, acciones, experiencias y capacidades que inciden en el efectivo desempeño del rol gerencial, al contribuir al logro de objetivos y metas organizacionales, asimismo, representan la implementación práctica por la acción del conocimiento adquirido académicamente o por experiencias a través del proceso de aprendizaje. Es por ello que, en los últimos años, las habilidades directivas desempeñan un papel muy importante en la satisfacción de los colaboradores en las empresas a nivel mundial, pues se ha demostrado que la manera o particularidad en que los directivos lideran a sus equipos generan una repercusión directa en su satisfacción y, por ende, en su desempeño laboral (Moreno & Wong, 2018).

Paredes-Zempual, Ibarra-Morales y Moreno-Freites (2021) adoptan otra perspectiva, sostienen que el buen desempeño de la empresa está en función de las habilidades directivas y el buen clima organizacional, sobre todo en este tiempo donde las empresas se encuentran inmersas en un proceso de globalización y de rápidos cambios que demandan líderes más preparados en actitudes y aptitudes, capaces de administrar de manera eficaz y eficiente los procesos y procedimientos, tanto administrativos como operativos, comprometidos con la rentabilidad de la organización.

El clima organizacional es observado y analizado por las empresas con el fin de mantenerlo en niveles positivos y, de esa forma, estimular la productividad de los empleados, motivo por el cual las empresas buscan los elementos y condiciones necesarias que puedan incidir de forma positiva en el clima organizacional, ya que existen estudios empíricos que así lo demuestran, en otras palabras, un mejor clima organizacional en la empresa se traduce en mejores resultados en los ámbitos financieros, administrativos y productivos (Alegría-Zebadúa & Alarcón-Martínez, 2022).

Whetten y Cameron (2016) clasifican las habilidades en tres grandes grupos: personales, interpersonales y grupales, mismas que en su conjunto aportan al éxito de una administración eficaz y centrada en los logros financieros, pero también de posición competitiva. En este sentido, para el presente estudio se han seleccionado como habilidades directivas las siguientes: negociación, toma de decisiones, liderazgo, comunicación y trabajo en equipo, ya que predominan en la literatura y en los diferentes modelos conceptuales, además de ser las más importantes para Whetten y Cameron. Adicionalmente, se ha seleccionado como variable el clima organizacional debido al impacto y la importancia que ostenta para las mypes. Las definiciones conceptuales para cada una de las variables se muestran en la tabla 38.2.

Tabla 38.2. Definición conceptual de las variables.

Variable	Definición conceptual
Negociación	Presentar y discutir propuestas comunes con el propósito de llegar a un acuerdo en un marco de interés común (Álvarez-Vásquez, et al., 2018).
Toma de decisiones	Decidir por una alternativa que requiere atender situaciones planificadas o de incertidumbre entre un abanico de varias opciones (Ávila-Morales et al., 2022).
Liderazgo	Lograr la motivación de los colaboradores mediante la promoción de conductas positivas que reditúan en mejores niveles de desempeño laboral para la empresa (Rojero-Jiménez, Gómez-Romero & Quintero-Robles, 2019).
Comunicación	Recibir y transmitir mensajes oportunos y unívocos, independientemente del canal o la forma de comunicación, lo cual facilita la emisión y recepción de los mensajes que se producen entre los miembros de la organización y su entorno, facilitando el alcance de los objetivos y metas que establecen los miembros de la organización (Puga-Villarreal & Martínez-Cerna, 2008).
Trabajo en equipo	Fomentar la colaboración conjunta entre los integrantes que conforman un equipo de trabajo, a través del talento individual, la comunicación, las competencias y las fortalezas de cada uno en su relación con los demás, para lograr el cumplimiento de un objetivo común (Viamontes & Oliva, 2015).
Clima organizacional	Variable que media entre el contexto de una organización y la conducta de sus empleados o miembros, desde la perspectiva del cómo ellos experimentan el trabajo en sus empresas (King, Hebl, George & Matusik, 2010).

Fuente: elaboración propia.

METODOLOGÍA

El presente trabajo de investigación ha sido propuesto por la Red de Estudios Latinoamericanos en Administración y Negocios (RELAYN, 2023), la cual consiste en conceptualizar la micro y pequeña empresa (mype) como una serie de elementos de entradas, procesos y salidas enmarcados en un ambiente que influye en el clima organizacional de las mypes, según la percepción del director, considerado como la persona que toma la mayor parte de las decisiones. Este estudio tiene un enfoque cuantitativo de diseño transversal de tipo causal.

Se realizó un muestreo probabilístico aleatorio simple con las mypes de Tlaxcoapan, Hidalgo, México, cuya cantidad de empleados se encuentra en el rango de 1 a 50, con un nivel de confianza del 95 %, un margen de error del ±5 % y una probabilidad estimada de p=0.5 (50 %). Se obtuvieron de la muestra aplicada un total de 366 encuestas válidas en el periodo del 01 de marzo al 30 de abril de 2023. Se utilizó un instrumento de medición tipo encuesta, la cual fue dirigida a los propietarios, directores o gerentes de las mypes, para lo cual sirvió la asistencia de estudiantes universitarios que previamente fueron capacitados para aplicar la encuesta.

Características de la muestra son:

El 50.8 % de la muestra fueron del sexo biológico femenino y el restante 49.2 % masculino. La edad de los sujetos tiene un rango de 18 a 85 años, con un promedio de 42 años y una moda de 45 años. El 18.6 % de los empresarios tienen estudios de nivel superior, seguido de un 44.3 % con nivel media superior, 34.7 % con educación básica. En cuanto a estado civil predominan los casados con un 51.9 % seguidos de los solteros con 17.8 %.

La mayoría de los negocios 76.5 % pertenecen al giro comercial, un 20.8 % a la prestación de servicios y sólo 2.7 % a la producción de manufacturas, la antigüedad del 13.9 %de los negocios es menor a 3 años. Los empleos que ofrecen están en el rango de 1 a 25 trabajadores, de las empresas el 96.7 % emplea de 1 a 10 trabajadores y el 81.4 % tienen en su plantilla de 1 a 10 mujeres y en el 78.7 % colaboran de 1 a 5 familiares del propietario.

Alineado al objetivo general de la investigación y a la revisión de la literatura, se plantean las siguientes hipótesis:

H0: Las habilidades directivas no inciden en el clima organizacional de la mype.

H1: Las habilidades directivas inciden en el clima organizacional de la mype.

En cuanto al instrumento de medición, éste se integró por seis partes o bloques. El primero de ellos, con datos que abordan aspectos generales de la empresa: tamaño de la empresa, personal ocupado, así como información sobre los ingresos y gastos. La segunda parte aborda los datos del directivo y el tiempo destinado a las labores de la empresa. La tercera parte se refiere a los insumos del sistema: recursos humanos, análisis del mercado y proveedores. En una cuarta parte del instrumento de medición se exponen los procesos del sistema: dirección, gestión de ventas, finanzas, innovación, mercadotecnia, producción-operación. La quinta parte estuvo integrada por los resultados del sistema: satisfacción del sistema, ventaja competitiva, RSC-Asuntos de ISO 26000, valoración del entorno y, por último, la sexta parte quedó integrada por los dos temas anuales de investigación: a) el trabajo decente desde la perspectiva directiva y b) el impacto de las habilidades directivas (negociación, toma de decisiones, liderazgo, comunicación, trabajo en equipo) sobre el clima organizacional. Para las secciones comprendidas del tercer al sexto bloque se emplea una escala de Likert de cinco puntos, los cuales van de 'No sé / No aplica' (1) a 'muy de acuerdo' (5).

RESULTADOS

Las seis variables muestran consistencia interna del instrumento mediante el análisis del alfa de Cronbach de las variables objeto de estudio, de la misma forma se analiza la correlación que tienen con el clima organizacional como se muestra en la tabla 38.3.

Tabla 38.3. Alfa de Cronbach y correlación de las variables.

Variables	Correlación con clima	Cronbach	Media	Desviación Estándar
Negociación	0.453	0.846	4.129	0.521
Toma de decisiones	0.28	0.909	4.148	0.594
Liderazgo	0.371	0.906	4.294	0.474
Comunicación	0.421	0.905	4.279	0.486
Trabajo en equipo	0.415	0.913	4.280	0.478
Clima Organizacional	1	0.907	4.289	0.479

Fuente: Elaboración propia utilizando RStudio (R Core Team, 2022).

Se procede a realizar el modelo estructural del instrumento en la figura 38.4, el ajuste absolutorio muestra el error cuadrático medio de aproximación (RMSEA) es de 0.041 y el residuo cuadrático medio estandarizado (SRMR) es de 0.063, en

ambos casos se consideran aceptables, en el ajuste comparativo (CFI) muestra un resultado de 0.993 y el índice de Tucker-Lewis (TLI) de 0.992 consideramos ajustes óptimos.

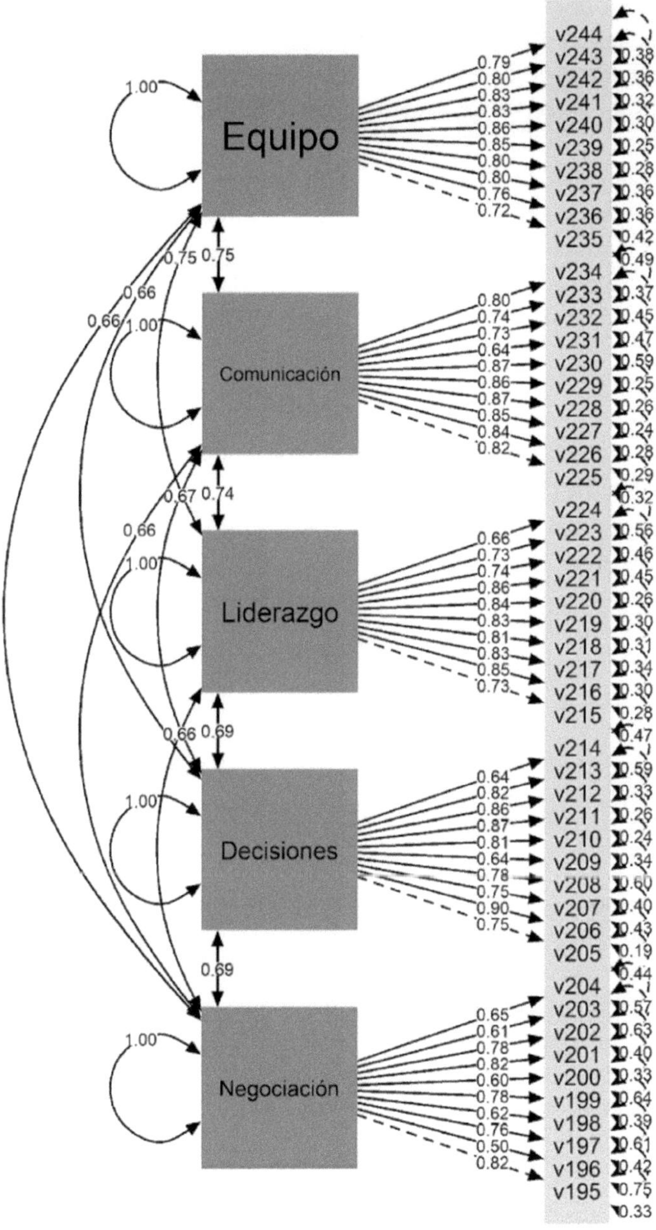

Figura 38.4. Resultado del modelo estructural.

Fuente: Elaboración propia utilizando RStudio (R Core Team, 2022).

Partiendo de la información cuantitativa del estudio se establece el modelo estructural (Figura 38.4), donde se muestra la dirección de las relaciones entre las diversas variables y el efecto que causan. El modelo plantea la existencia de cinco variables endógenas con una relación causal recíproca (Trabajo en equipo, comunicación, liderazgo, toma de decisiones y negociación). Las cinco variables tienen una relación causal directa con los ítems que conforman la variable, en todos los casos el grado de significancia fue <0.05 (los resultados se muestran en la Figura 38.4) dando un correcto ajuste del modelo (Bentler & Bonett, 1980; Martínez et al., 2012)

Con el objetivo de medir el impacto que tienen las habilidades directivas sobre el clima organizacional de la mype se realiza la siguiente regresión lineal, donde el clima organizacional es la variable dependiente y las variables independientes son negociación, toma de decisiones, liderazgo, comunicación y trabajo en equipo. Al final se sustituyen los valores tal y como se observa en la tabla 38.5.

Fórmula:

y = clima = constante + negociación + toma de decisiones + liderazgo + comunicación + trabajo en equipo.

Tabla 38.5. Regresión lineal.

Fórmula: lm(fórmula = clima ~ negociación + toma de decisiones + liderazgo + comunicación + trabajo en equipo)				
		Residuales		
Min	1Q	Mediana	3Q	Max
-1.71879	-0.09978	-0.04188	0.17094	1.14095
Coeficientes	**Estimado**	**Std. Error**	**T-valor**	**P-valor**
(Clima/Intercept)	0.76912	0.19354	3.974	8.54e-05
Negociación	0.17381	0.04431	3.923	0.000105
Toma de decisiones	0.01705	0.04033	0.423	0.672772
Liderazgo	0.21995	0.05435	4.047	6.35e-05
Comunicación	0.10256	0.05413	1.895	0.058902
Trabajo en equipo	0.31485	0.05411	5.819	1.31e-08

Signif. codes: 0 '***' 0.001 '**' 0.01 '*' 0.05 '.' 0.1 ' ' 1
Residual standard error: 0.3461 on 360 degrees of freedom
Multiple R-squared: 0.4841, Adjusted R-squared: 0.4769
F-statistic: 67.56 on 5 and 360 DF, p-value: < 2.2e-16
Fuente: Elaboración propia utilizando RStudio (R Core Team, 2022).

Para poder medir el impacto, se multiplica el valor estimado de cada una de las variables independientes (tabla 38.5) por su media (tabla 38.3).

$$y=0.76912 + (0.17381 * 4.129) + (0.01705 * 4.148) + (0.21995 * 4.294) + (0.10256 * 4.279) + (0.31485 * 4.28)$$

Resolvemos la ecuación:

$$y=0.76912+0.7176615+0.0707234+0.9444653+0.4388542+1.347558$$
$$y=4.2883824$$

Se observa que la variable que tiene mayor impacto es trabajo en equipo con 1.347558, mientras que la de menor impacto es toma de decisiones con 0.0707234. El impacto total de las habilidades directivas sobre el clima organizacional es de 4.2883824.

DISCUSIÓN

Las respuestas de las unidades de prueba conformadas por los directores de las mypes a las variables independientes examinadas, mediante las encuestas, permitieron medir el efecto que éstas causaron sobre la variable dependiente. Para comprobar la fiabilidad de las cinco variables independientes, se realizó una prueba de correlación que permitió demostrar de forma satisfactoria la relación de cada variable independiente (trabajo en equipo, comunicación, liderazgo, toma de decisiones y negociación) con la variable dependiente (clima organizacional), para obtener que existe una relación significativa entre cada una de las variables independientes con la variable dependiente. Esta relación es directa; es decir, a mayor valor de las variables independientes, mayor será el clima organizacional.

Los resultados obtenidos permitieron confirmar que las habilidades directivas son la causa principal del clima organizacional que prevalece en las mypes. Por ello, se puede plantear que las mypes de Tlaxcoapan pueden lograr una mejor gestión empresarial si fortalecen dichas habilidades directivas para crear un óptimo clima organizacional.

En esta investigación, se pudo establecer el impacto de cada variable independiente sobre el clima organizacional; esto se logró a partir de la regresión lineal, donde la prueba resultó significativa, ya que 47.69 % de los datos describen la variabilidad del clima organizacional en función de las habilidades directivas, lo cual es aceptable. La regresión lineal describe el impacto de cada variable independiente sobre el clima organizacional, donde la de mayor impacto es la de equipo y la de menor impacto es la de decisiones; por tanto, se debe considerar, con base en estos resultados, las posibles rutas de capacitación a considerar en el desarrollo de las habilidades directivas.

Finalmente, se puede concluir que las hipótesis planteadas se pudieron contrastar con la metodología planteada, y las conclusiones del estudio han sido generadas con la rigurosidad del propio estudio.

REFERENCIAS

Aburto, H.I. & Bonales, J. (2011). Habilidades directivas: Determinantes en el clima organizacional. *Investigación y Ciencia,* 19(51), 41–49.

Alegría-Zebadúa, R.M., & Alarcón-Martínez, G. (2022). Marco teórico e instrumento de medición de las habilidades gerenciales y clima organizacional en *Instituciones Bancarias de México. Vinculatégica,* 7(1). https://doi.org/10.29105/vtga7.1-82

Álvarez-Vásquez, C.A., Rivera-Vera, H.F., Conforme-Cedeño, G.M., Campoverde-Flores, F.K., Sornoza-Parrales, D.R., & Merchán-Nieto, L. (2018). *Los procesos, las técnicas de negociación y la tecnología. Ciencias. Economía, Organización y Ciencias Sociales. Editorial Área de Innovación y Desarrollo, S.L.* https://doi.org/10.17993/ecoorgycso.2018.41

Ávila-Morales, H., Palumbo-Pinto, G.B., De la Cruz-Ríos, H.A., & Ogosi-Auqui, J.A. (2022). Toma de decisiones estratégicas en la gestión pública para el desarrollo social. *Revista Venezolana de Gerencia,* 27(Edición Especial 7), 648–662. https://doi.org/10.52080/rvgluz.27.7.42

Bentler, P. M., & Bonett, D. G. (1980). Significance Tests and Goodness of Fit in the Analysis of Covariance Structures. *In Psychological Bulletin* (Vol. 88, Issue 3).

Brunet, L. (2007). El clima de trabajo en las organizaciones. Definición, diagnóstico y consecuencias. *Editorial Trillas.*

Busro, M. (2018). Teori-teori Manajemen Sumber Daya Manusia. *Jakarta. PrenadaMedia.*

Dini, M. & Stumpo, G. (2020). MiPyMEs en América Latina: un frágil desempeño y nuevos desafíos para las políticas de fomento. Documentos de Proyectos (LC/TS.2018/75/Rev.1), Santiago. *Comisión Económica para América Latina y el Caribe* (CEPAL).

Forbes (2021). Inclusión digital: el futuro de las MyPEs. *Forbes Content.* https://www.forbes.com.mx/ad-inclusion-digital-futuro-mypes-mexico-visa/

Ibarra-Morales, L.E., Paredes-Zempual, D., & Carrillo-Cisneros, E. (2022). Impacto del COVID-19 en las variables que determinan la competitividad de las micro, pequeñas y medianas empresas mexicanas. *Revista RELAYN. Micro y Pequeña Empresa en Latinoamérica,* 6(1), 7–22. https://doi.org/10.46990/relayn.2022.6.1.532

Instituto Nacional de Estadística y Geografía (Inegi) (2020). *Censo de población y vivienda 2020.* https://www.inegi.org.mx/programas/ccpv/2020/

King, E.B., Helb, M.R., George, J.M. & Matusik, S.F. (2010). Understanding tokenism: Antecedents and consequences of a psychological climate of gender inequity. *Journal of Management,* 36(2), 482–510. https://doi.org/10.1177/0149206308328508

Leyva-Carreras, A.B., Cavazos-Arroyo, J., & Espejel-Blanco, J.E. (2018). Influencia de la planeación estratégica y habilidades gerenciales como factores internos de la competitividad empresarial de las Pymes. *Contaduría y Administración,* 63(3), 41. https://doi.org/10.22201/fca.24488410e.2018.1085

Leyva-Carreras, A.B., Espejel-Blanco, J.E., & Cavazos-Arroyo, J. (2017). Habilidades gerenciales como estrategia de competitividad empresarial en las pequeñas y medianas empresas (Pymes). *Revista Perspectiva Empresarial*, 4(1), 7–22. https://doi.org/10.16967/rpe.v4n1a1

Martinez, E., García-Alandete, J., Selles, P., Bernabe, G., & Soucase, B. (2012). Análisis factorial confirmatorio de los principales modelos propuestos para el purpose-in-life test en una muestra de universitarios españoles. *Acta Colombiana de Psicología,* 67–76.

Mendoza-Vargas, E.Y., Villaroel-Puma, M.F. & Carranza-Quimi, W.D. (2020). Caracterización de los microemprendimientos de los sectores urbanos marginales de Quevedo. *Centro Sur. Social Science Journal.* 4(4), 1–23. https://doi.org/10.37955/cs.v4i1.40

Moreno, M. J., & Wong Aitken, H. G. (2019). Relación de las habilidades directivas y la satisfacción laboral en la empresa Chicken King de Trujillo, 2018. *Cuadernos Latinoamericanos de Administración,* 14(27), 1–17. https://doi.org/10.18270/cuaderlam.v14i27.2475

Naranjo, R. (2015). Management skills in leaders of mid-sized businesses of Colombia. *Revista Científica Pensamiento y Gestión,* 38, 119–146. https://doi.org/10.14482/pege.38.7703

Niebles-Núñez, L., Torres-Anillo, K. & Montenegro-Rada, A. (2020). Habilidades gerenciales como herramienta para el fortalecimiento del liderazgo transformacional en las mipymes. *Editorial Universidad del Atlántico.* https://repositorio.uniatlantico.edu.co/bitstream/handle/20.500.12834/1030/admin %2c %2bHABILIDADES %2bGERENCIALES %2bCOMO %2bHERRAMIENTA %2bEN %2bMIPYMES.pdf?sequence=1&isAllowed=y

Paredes-Zempual, D., Ibarra-Morales, L.E., & Moreno-Freites, Z.E. (2021). Habilidades directivas y clima organizacional en pequeñas y medianas empresas. *Investigación Administrativa,* 50–1, 1–23. https://doi.org/10.35426/iav50n127.05

Puga-Villarreal, J., & Martínez-Cerna, L. (2008). Competencias Directivas en Escenarios Globales. *Estudios Gerenciales,* 24(109), 87–103. https://doi.org/10.1016/s0123-5923(08)70054-8

R Core Team (2022). R: A language and environment for statistical computing. R *Foundation for Statistical Computing, Vienna, Austria.* URL https://www.R-project.org/

Red de Estudios Latinoamericanos en Administración y Negocios. (RELAYN) (2023). *Investigación anual,* N. Peña & O. Aguilar (coords.) https://relayn.redesla.la

Red de Estudios Latinoamericanos (RedesLA) (2023). *Investigaciones anuales.* https://redesla.la

Rojero-Jiménez, R., Gómez-Romero, J.G.I., & Quintero-Robles, L.M. (2019). El liderazgo transformacional y su influencia en los atributos de los seguidores en las Mipymes mexicanas. *Estudios Gerenciales*, 35(151), 178–189. https://doi.org/10.18046/j.estger.2019.151.3192

Vargas, B., & del Castillo, C. (2008). Competitividad sostenible de la pequeña empresa: Un modelo de promoción de capacidades endógenas para promover ventajas competitivas sostenibles y alta productividad. *Journal of Economics, Finance and Administrative Science,* 13(24), 59–80. https://www.redalyc.org/articulo.oa?id=360733604004

Viamontes, M.O., & Oliva, E.J.D. (2015). Las agrupaciones corales como estrategia de formación de competencias para trabajo en equipo en las organizaciones: una perspectiva comparativa. *Suma de Negocios,* 6(13), 92–97. https://doi.org/10.1016/j.sumneg.2015.08.008

Whetten, D. & Cameron, K. (2016). Desarrollo de habilidades directivas. México: *Editorial Prentice Hall.*

Las habilidades directivas y el clima organizacional en las micro y pequeñas empresas de Tula de Allende, Hidalgo, México

Management skills and the organizational climate in micro and small businesses in Tula de Allende, Hidalgo, Mexico

ISMAEL ACEVEDO SÁNCHEZ, ALFREDO CASTILLO TREJO, MARÍA DE LOURDES ORTEGA MONTIEL Y ROBERTO TRISTÁN MUÑIZ

Universidad Tecnológica de Tula-Tepeji

Resumen: El objetivo de la presente investigación es determinar el impacto que tienen las habilidades directivas sobre el clima organizacional en las micro y pequeñas empresas de Latinoamérica. Se presenta un estudio cuantitativo, no experimental, de forma transversal y con un alcance causal. La pertinencia del estudio contribuye a la generación de conocimiento para el desarrollo de un modelo de gestión de la mype en América Latina que permita maximizar la productividad. Entre los principales resultados, podemos observar que la variable de la habilidad directiva trabajo en equipo es la que tiene mayor impacto en el clima organizacional, con 1.6594688. Para el caso del municipio de Tula de Allende, se pudo observar que las seis variables principales medidas en cuanto a la fiabilidad han quedado dentro de los niveles más altos, pues se encuentran entre 8 y 9, y de acuerdo con la escala del alfa de Cronbach, estos rangos obtenidos demuestran la consistencia interna de las variables que fueron de excelentes a buenas; lo que evidencia un nivel de impacto alto en el estudio, lideradas por la variable equipo, como se hizo referencia anteriormente, y la de menor impacto fue decisiones. Finalmente, se pudo comprobar la hipótesis H_1 que planteaba que las habilidades directivas inciden en el clima organizacional, ya que el total de impacto encontrado por medio del análisis estadístico de la regresión lineal que se aplicó fue de 4.450631.

Abstract: The objective of this research is to determine the impact that management skills have on the organizational climate in micro and small companies in Latin America. A quantitative, non-experimental, cross-sectional study with a causal scope is presented. The relevance of the study contributes to the generation of knowledge for the development of a management model for mypes in Latin America that allows maximizing productivity. Among the main results, we can observe that the variable of teamwork managerial ability is the one that has the greatest impact on the organizational climate, with 1.6594688. In the case of the municipality of Tula de Allende, it was possible to observe that the six main variables measured in terms of reliability have been within the highest levels, since they are between 8 and 9, and according to the alpha scale of Cronbach, these ranges obtained demonstrate the internal consistency of the variables that went from excellent to good; which shows a high level of impact in the study, led by the team variable, as mentioned above, and the one with the lowest impact was decisions. Finally, it was possible to verify the H1 hypothesis, which stated that managerial skills affect the organizational climate, since the total impact found through the statistical analysis of the linear regression that was applied was 4.450631.

Palabras clave: análisis estadísticos correlacionales, clima organizacional, decisiones, equipo, habilidades directivas.

INTRODUCCIÓN

De acuerdo con el último Censo Económico publicado por el Instituto Nacional de Estadística y Geografía (INEGI, 2020), 98.3 % del universo de unidades económicas está constituido por micro y pequeñas empresas, las cuales generan —al menos— el 55 % de los empleos y amasan el 39 % del Producto Interno Bruto (PIB) del país. Las microempresas están configuradas por aquellos negocios que tienen menos de 10 trabajadores y generan anualmente ventas hasta por 4 millones de pesos. Las pequeñas empresas son unidades económicas que emplean entre 11 y 50 trabajadores, generando ventas anuales que oscilan entre 4 y 100 millones de pesos (Mendoza-Vargas, Villaroel-Puma & Carranza-Quimi, 2020; Forbes, 2021).

Es importante mencionar que actualmente las mypes se enfrentan a múltiples retos y problemáticas, específicamente, el desarrollo de habilidades gerenciales o directivas por parte de los líderes cumple una labor fundamental en el clima organizacional para este tipo de empresas, al establecerse como un diferenciador con otras organizaciones (Busro, 2018). En esa perspectiva, la formación y el desarrollo de habilidades directivas del personal encargado de implementar estrategias y tomar decisiones son fundamentales, pues de ello depende que las mypes cumplan sus metas y objetivos estratégicos, lo cual permite a las organizaciones volverse más competitivas, pues propicia la formación de un clima organizacional donde

los empleados estén satisfechos con su organización (Aburto & Bonales, 2011; Brunet, 2007).

Derivado de la importancia que representa el desarrollo de habilidades directivas en los líderes que dirigen los esfuerzos estratégicos de las mypes, así como la importancia de contar con un buen clima organizacional, se plantean las siguientes preguntas de investigación: ¿cuáles habilidades directivas tienen repercusión en el clima organizacional de las mypes?, ¿cuál es el clima organizacional que predomina en las mypes?

Para cumplir con lo anterior, el objetivo de la investigación es determinar el grado de asociación entre las habilidades directivas y el clima organizacional de las micro y pequeñas empresas, lo cual permitirá conocer con mayor precisión las habilidades directivas que los gerentes o mandos medios deben desarrollar para que prevalezca un clima organizacional satisfactorio entre los empleados al interior de las mypes. En ese sentido, las mypes podrán determinar si éstas son las causales de un clima organizacional adecuado o inconveniente, lo que, a su vez, permitirá diseñar programas de capacitación para sus líderes y, con ello, generar información que contribuya —si es el caso— a resolver el problema o mantener y fortalecer lo que se tiene.

Los diferentes análisis estadísticos correlacionales entre las variables del estudio permitirán identificar si las habilidades directivas son la causa principal del clima organizacional que prevalece en las mypes. Lo anterior será de gran apoyo en la búsqueda de factores endógenos diferenciados que permita a las mypes obtener ventajas competitivas sostenibles, ya que, si bien es cierto, una mejor gestión empresarial no es suficiente para lograr ser más competitivas, sino que está determinada por otros factores internos como un buen clima organizacional y el desarrollo de habilidades directivas (Vargas & Del Castillo, 2008).

REVISIÓN DE LA LITERATURA

Las organizaciones del siglo XXI afrontan un entorno dinámico y complejo caracterizado por la incertidumbre, debido a esto deben estar preparadas para dar respuesta a los cambios vertiginosos, en aras de cumplir sus objetivos y metas organizacionales así como volverse más competitivas. Las micro y pequeñas empresas (mypes) también deben responder a ese contexto, sin embargo, las características estructurales de su magnitud las coloca en desventaja respecto a la gran empresa, misma que tiene a su disposición una mayor cantidad de recursos y capacidades. El tema aquí analizado ha obtenido gran relevancia en los rubros de la investigación y las políticas públicas recientemente, lo cual ha permitido una mejora de determinados aspectos directamente vinculados con la competitividad de las empresas (Leyva-Carreras, Cavazos-Arroyo & Espejel-Blanco, 2018).

La situación actual de las mypes es compleja —aun siendo una parte fundamental del aparato económico a nivel mundial—, presenta una serie de desafíos y retos, enfrenta diversos obstáculos que limitan su capacidad de crecimiento y desarrollo. Uno de los principales problemas que enfrentan estas empresas es la falta de acceso al financiamiento, ya que esto restringe su capacidad para invertir en innovación, en maquinaria y equipos, software y tecnologías digitales; así como en la capacitación y adiestramiento para sus empleados. Otra problemática a la cual se enfrentan es la poca inversión en capacitación a sus directivos y gerentes, de modo que éstos puedan desarrollar sus habilidades directivas, permitiéndoles contar con las herramientas necesarias al momento de tomar decisiones estratégicas de impacto en sus portafolios de negocios, a través de una visión diferente y más competitiva, no sólo a nivel local, sino a niveles superiores en la configuración y escala del negocio.

Es importante destacar que la pandemia por el Covid-19 tuvo un impacto significativo en las mypes debido a que muchas de ellas tuvieron que cerrar de forma temporal o permanente. Las restricciones de movimiento y confinamiento social provocaron una disminución significativa en la demanda de productos y servicios (Ibarra-Morales, Paredes-Zempual & Carrillo-Cisneros, 2022). Para dimensionar y tener una mejor visión de la magnitud de la presencia e importancia de las mypes en Latinoamérica, Dini y Stumpo (2021) realizan una clasificación tomando como parámetros el sector y el tamaño de la empresa (tabla 39.1.).

Tabla 39.1. Clasificación de acuerdo con el sector y tamaño de la empresa.

Sector	**Micro empresa**	**Pequeña empresa**
Agricultura, ganadería, caza, silvicultura y pesca	80 %	16 %
Explotación de minas y canteras	68 %	23 %
Industria manufacturera	82 %	14 %
Suministro de electricidad, gas y agua	70 %	20 %
Construcción	76 %	19 %
Comercio al por mayor y menor	92 %	07 %
Hoteles y restaurantes	89 %	10 %
Transporte, almacenamiento y comunicaciones	83 %	13 %
Intermediación financiera	81 %	14 %
Actividades inmobiliarias, empresariales y de alquiler	87 %	10 %
Enseñanza	76 %	19 %
Servicios sociales y de salud	89 %	09 %
Otras actividades comunitarias, sociales y personales	95 %	04 %
Total	**88.4 %**	**09.6 %**

Fuente: elaboración propia a partir de Dini & Stumpo (2021).

Leyva-Carreras, Espejel-Blanco y Cavazos-Arroyo (2017) destacan que el director o gerente de una mype debe tomar en cuenta ciertas variables para lograr la excelencia, el buen clima organizacional y la competitividad empresarial, para lo cual es preciso contar con personal directivo que reúna las siguientes características: dinámicos, actualizados, con habilidades directivas, operativas y de gestión, conocimientos de administración y planeación estratégica, así como administración y dirección de talento humano, siempre proactivo al cambio organizacional y tecnológico, para que se convierta en vehículo que potencia la creatividad, la innovación y el desarrollo sustentable. Sin embargo, por desconocer esas características de gestión o habilidades directivas que son propias de los líderes, esa ignorancia puede ser la causa de algunos problemas administrativos y de competitividad en las mypes, lo que genera algunas consecuencias en la transición de una economía local y proteccionista a un mercado libre y globalizado (Naranjo, 2015).

Niebles-Núñez, Torres-Anillo y Montenegro-Rada (2020) establecen que las habilidades directivas comprenden el proceso de la gerencia, estas son: planificar, organizar, dirigir, ejecutar y controlar que, a su vez, constituyen el conjunto de destrezas, cualidades, competencias, conocimientos, acciones, experiencias y capacidades que inciden en el efectivo desempeño del rol gerencial, al contribuir al logro de objetivos y metas organizacionales, asimismo, representan la implementación práctica por la acción del conocimiento adquirido académicamente o por experiencias a través del proceso de aprendizaje. Es por ello que, en los últimos años, las habilidades directivas desempeñan un papel muy importante en la satisfacción de los colaboradores en las empresas a nivel mundial, pues se ha demostrado que la manera o particularidad en que los directivos lideran a sus equipos generan una repercusión directa en su satisfacción y, por ende, en su desempeño laboral (Moreno & Wong, 2018).

Paredes-Zempual, Ibarra-Morales y Moreno-Freites (2021) adoptan otra perspectiva, sostienen que el buen desempeño de la empresa está en función de las habilidades directivas y el buen clima organizacional, sobre todo en este tiempo donde las empresas se encuentran inmersas en un proceso de globalización y de rápidos cambios que demandan líderes más preparados en actitudes y aptitudes, capaces de administrar de manera eficaz y eficiente los procesos y procedimientos, tanto administrativos como operativos, comprometidos con la rentabilidad de la organización.

El clima organizacional es observado y analizado por las empresas con el fin de mantenerlo en niveles positivos y, de esa forma, estimular la productividad de los empleados, motivo por el cual las empresas buscan los elementos y condiciones necesarias que puedan incidir de forma positiva en el clima organizacional, ya que existen estudios empíricos que así lo demuestran, en otras palabras, un mejor clima organizacional en la empresa se traduce en mejores resultados en los ámbitos financieros, administrativos y productivos (Alegría-Zebadúa & Alarcón-Martínez, 2022).

Whetten y Cameron (2016) clasifican las habilidades en tres grandes grupos: personales, interpersonales y grupales, mismas que en su conjunto aportan al éxito de una administración eficaz y centrada en los logros financieros, pero también de posición competitiva. En este sentido, para el presente estudio se han seleccionado como habilidades directivas las siguientes: negociación, toma de decisiones, liderazgo, comunicación y trabajo en equipo, ya que predominan en la literatura y en los diferentes modelos conceptuales, además de ser las más importantes para Whetten y Cameron. Adicionalmente, se ha seleccionado como variable el clima organizacional debido al impacto y la importancia que ostenta para las mypes. Las definiciones conceptuales para cada una de las variables se muestran en la tabla 39.2.

Tabla 39.2. Definición conceptual de las variables.

Variable	Definición conceptual
Negociación	Presentar y discutir propuestas comunes con el propósito de llegar a un acuerdo en un marco de interés común (Álvarez-Vásquez, et al., 2018).
Toma de decisiones	Decidir por una alternativa que requiere atender situaciones planificadas o de incertidumbre entre un abanico de varias opciones (Ávila-Morales et al., 2022).
Liderazgo	Lograr la motivación de los colaboradores mediante la promoción de conductas positivas que reditúan en mejores niveles de desempeño laboral para la empresa (Rojero-Jiménez, Gómez-Romero & Quintero-Robles, 2019).
Comunicación	Recibir y transmitir mensajes oportunos y unívocos, independientemente del canal o la forma de comunicación, lo cual facilita la emisión y recepción de los mensajes que se producen entre los miembros de la organización y su entorno, facilitando el alcance de los objetivos y metas que establecen los miembros de la organización (Puga-Villarreal & Martínez-Cerna, 2008).
Trabajo en equipo	Fomentar la colaboración conjunta entre los integrantes que conforman un equipo de trabajo, a través del talento individual, la comunicación, las competencias y las fortalezas de cada uno en su relación con los demás, para lograr el cumplimiento de un objetivo común (Viamontes & Oliva, 2015).
Clima organizacional	Variable que media entre el contexto de una organización y la conducta de sus empleados o miembros, desde la perspectiva del cómo ellos experimentan el trabajo en sus empresas (King, Hebl, George & Matusik, 2010).

Fuente: elaboración propia.

METODOLOGÍA

El presente trabajo de investigación ha sido propuesto por la Red de Estudios Latinoamericanos en Administración y Negocios (RELAYN, 2023), la cual consiste en conceptualizar la micro y pequeña empresa (mype) como una serie de elementos de entradas, procesos y salidas enmarcados en un ambiente que influye en el clima organizacional de las mypes, según la percepción del director, considerado como la persona que toma la mayor parte de las decisiones. Este estudio tiene un enfoque cuantitativo de diseño transversal de tipo causal.

Se realizó un muestreo probabilístico aleatorio simple con las mypes de Tula de Allende, Hidalgo, México, cuya cantidad de empleados se encuentra en el rango de 1 a 50, con un nivel de confianza del 95 %, un margen de error del ±5 % y una probabilidad estimada de p=0.5 (50 %). Se obtuvieron de la muestra aplicada un total de 777 encuestas válidas en el periodo del 01 de marzo al 30 de abril de 2023. Se utilizó un instrumento de medición tipo encuesta, la cual fue dirigida a los propietarios, directores o gerentes de las mypes, para lo cual sirvió la asistencia de estudiantes universitarios que previamente fueron capacitados para aplicar la encuesta.

Características de la muestra son:

El 46.1 % de la muestra fueron del sexo biológico femenino y el restante 53.9 % masculino. La edad de los sujetos tiene un rango de 18 a 91 años, con un promedio de 42 años y una moda de 35 años. El 33.7 % de los empresarios tienen estudios de nivel superior, seguido de un 40.5 % con nivel media superior, 24.3 % con educación básica. En cuanto a estado civil predominan los casados con un 54.1 % seguidos de los solteros con 24.2 %.

La mayoría de los negocios 74.4 % pertenecen al giro comercial, un 21.9 % a la prestación de servicios y sólo 3.7 % a la producción de manufacturas, la antigüedad del 18.1 %de los negocios es menor a 3 años. Los empleos que ofrecen están en el rango de 1 a 50 trabajadores, de las empresas el 92.8 % emplea de 1 a 10 trabajadores y el 89.2 % tienen en su plantilla de 1 a 10 mujeres y en el 67.7 % colaboran de 1 a 5 familiares del propietario.

Alineado al objetivo general de la investigación y a la revisión de la literatura, se plantean las siguientes hipótesis:

H0: Las habilidades directivas no inciden en el clima organizacional de la mype.
H1: Las habilidades directivas inciden en el clima organizacional de la mype.

En cuanto al instrumento de medición, éste se integró por seis partes o bloques. El primero de ellos, con datos que abordan aspectos generales de la empresa: tamaño de la empresa, personal ocupado, así como información sobre los ingresos y gastos. La segunda parte aborda los datos del directivo y el tiempo destinado a las labores de la empresa. La tercera parte se refiere a los insumos del sistema: recursos humanos, análisis del mercado y proveedores. En una cuarta parte del instrumento de medición se exponen los procesos del sistema: dirección, gestión de ventas, finanzas, innovación, mercadotecnia, producción-operación. La quinta parte estuvo integrada por los resultados del sistema: satisfacción del sistema, ventaja competitiva, RSC-Asuntos de ISO 26000, valoración del entorno y, por último, la sexta parte quedó integrada por los dos temas anuales de investigación: a) el trabajo decente desde la perspectiva directiva y b) el impacto de las habilidades directivas (negociación, toma de decisiones, liderazgo, comunicación, trabajo en equipo) sobre el clima organizacional. Para las secciones comprendidas del tercer al sexto bloque se emplea una escala de Likert de cinco puntos, los cuales van de 'No sé / No aplica' (1) a 'muy de acuerdo' (5).

RESULTADOS

Las seis variables muestran consistencia interna del instrumento mediante el análisis del alfa de Cronbach de las variables objeto de estudio, de la misma forma se analiza la correlación que tienen con el clima organizacional como se muestra en la tabla 39.3.

Tabla 39.3. Alfa de Cronbach y correlación de las variables.

Variables	Correlación con clima	Cronbach	Media	Desviación Estándar
Negociación	0.305	0.835	4.240	0.575
Toma de decisiones	0.183	0.877	4.230	0.598
Liderazgo	0.316	0.870	4.494	0.442
Comunicación	0.408	0.884	4.436	0.467
Trabajo en equipo	0.412	0.902	4.434	0.492
Clima Organizacional	1	0.880	4.451	0.494

Fuente: Elaboración propia utilizando RStudio (R Core Team, 2022).

Se procede a realizar el modelo estructural del instrumento en la figura 39.4, el ajuste absolutorio muestra el error cuadrático medio de aproximación (RMSEA) es de 0.031 y el residuo cuadrático medio estandarizado (SRMR) es de 0.045, en

ambos casos se consideran aceptables, en el ajuste comparativo (CFI) muestra un resultado de 0.995 y el índice de Tucker-Lewis (TLI) de 0.995 consideramos ajustes óptimos.

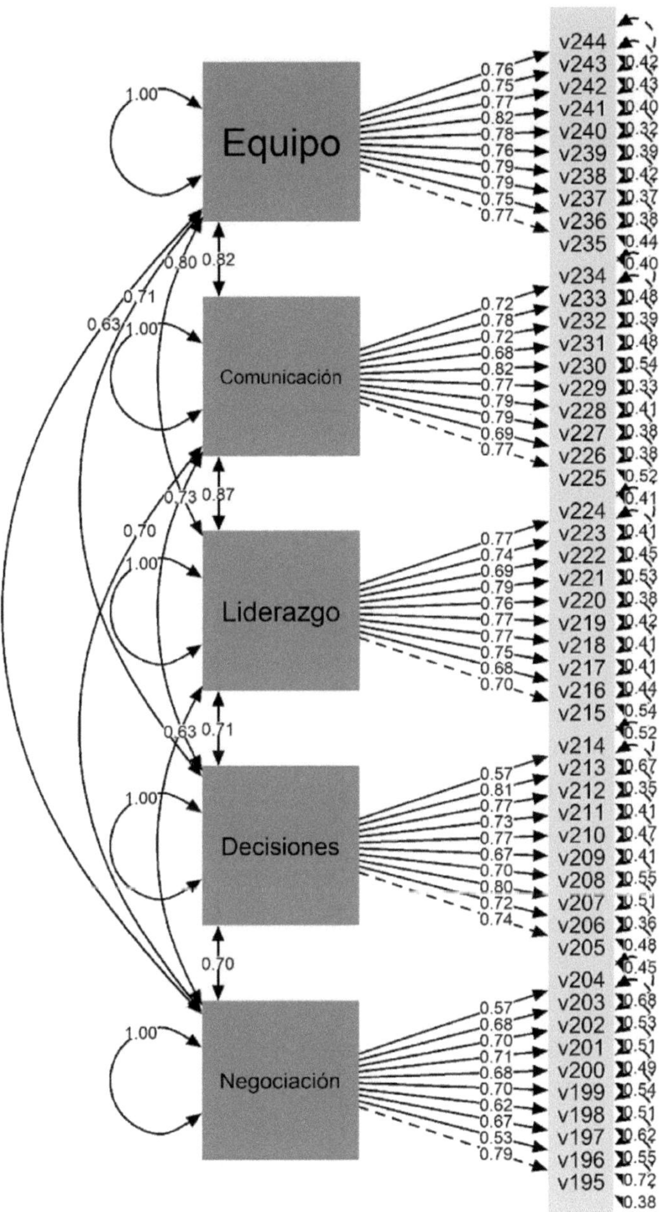

Figura 39.4. Resultado del modelo estructural.

Fuente: Elaboración propia utilizando RStudio (R Core Team, 2022).

Partiendo de la información cuantitativa del estudio se establece el modelo estructural (Figura 39.4), donde se muestra la dirección de las relaciones entre las diversas variables y el efecto que causan. El modelo plantea la existencia de cinco variables endógenas con una relación causal recíproca (Trabajo en equipo, comunicación, liderazgo, toma de decisiones y negociación). Las cinco variables tienen una relación causal directa con los ítems que conforman la variable, en todos los casos el grado de significancia fue <0.05 (los resultados se muestran en la Figura 39.4) dando un correcto ajuste del modelo (Bentler & Bonett, 1980; Martínez et al., 2012)

Con el objetivo de medir el impacto que tienen las habilidades directivas sobre el clima organizacional de la mype se realiza la siguiente regresión lineal, donde el clima organizacional es la variable dependiente y las variables independientes son negociación, toma de decisiones, liderazgo, comunicación y trabajo en equipo. Al final se sustituyen los valores tal y como se observa en la tabla 39.5.

Fórmula:

y = clima = constante + negociación + toma de decisiones + liderazgo + comunicación + trabajo en equipo.

Tabla 39.5. Regresión lineal.

Fórmula: lm(fórmula = clima ~ negociación + toma de decisiones + liderazgo + comunicación + trabajo en equipo)				
Residuales				
Min	**1Q**	**Mediana**	**3Q**	**Max**
-1.97107	-0.13727	0.04373	0.16139	1.47481
Coeficientes	**Estimado**	**Std. Error**	**T-valor**	**P-valor**
(Clima/Intercept)	0.66601	0.13399	4.970	8.24e-07
Negociación	0.04975	0.02710	1.836	0.066788
Toma de decisiones	0.01247	0.02818	0.442	0.658301
Liderazgo	0.16417	0.04391	3.738	0.000199
Comunicación	0.25331	0.04410	5.744	1.33e-08
Trabajo en equipo	0.37426	0.03773	9.919	< 2e-16

Signif. codes: 0 ‘***’ 0.001 ‘**’ 0.01 ‘*’ 0.05 ‘.’ 0.1 ‘ ’ 1
Residual standard error: 0.3399 on 771 degrees of freedom
Multiple R-squared: 0.5295, Adjusted R-squared: 0.5265
F-statistic: 173.6 on 5 and 771 DF, p-value: < 2.2e-16
Fuente: Elaboración propia utilizando RStudio (R Core Team, 2022).

Para poder medir el impacto, se multiplica el valor estimado de cada una de las variables independientes (tabla 39.5) por su media (tabla 39.3).

y=0.66601 + (0.04975 * 4.24) + (0.01247 * 4.23) + (0.16417 * 4.494) + (0.25331 * 4.436) + (0.37426 * 4.434)

Resolvemos la ecuación:

y=0.66601+0.21094+0.0527481+0.73778+1.1236832+1.6594688
y=4.4506301

Se observa que la variable que tiene mayor impacto es trabajo en equipo con 1.6594688, mientras que la de menor impacto es toma de decisiones con 0.0527481. El impacto total de las habilidades directivas sobre el clima organizacional es de 4.4506301.

DISCUSIÓN

Considerando los resultados que se obtuvieron en la investigación para las micro y pequeñas empresas de la zona de Tula de Allende, en cuanto al grado de asociación entre las habilidades directivas (negociación, toma de decisiones, liderazgo, comunicación y trabajo en equipo) y la variable del clima organizacional, se puede afirmar que hay una correlación, ya que, de acuerdo con la escala del alfa de Cronbach, los rangos respecto a la consistencia interna de las variables van de excelentes a buenas, así como se observó en la tabla 39.3, en donde la variable de trabajo en equipo es excelente con una puntuación de 0.902, y aunque las cuatro variables restantes tienen una buena correlación, sí se pudo observar una pequeña variación entre ellas, lo cual registra a la comunicación con 0.884 (la más alta entre ellas), toma de decisiones con 0.877, liderazgo con 0.870, y la más baja de las variables, la de negociación con 0.835.

También se puede comprobar la hipótesis H_1 que planteaba que las habilidades directivas inciden en el clima organizacional, porque el total de impacto encontrado por medio del análisis estadístico de la regresión lineal que se aplicó fue de 4.450631, quedando la habilidad directiva de trabajo en equipo como la de mayor impacto y la toma de decisiones como la de menor influencia, con valores de 1.6594688 y 0.0527481, respectivamente, así como se puede observar en la tabla 39.5.

Finalmente, en este análisis de resultados y de acuerdo con los diferentes análisis estadísticos, se puede concluir que la capacitación que se podría diseñar para los líderes de las mypes a fin de fortalecer el clima organizacional debería de considerarse en las variables de toma de decisiones, liderazgo y negociación, pues en la zona de Tula de Allende se encontró que estas variables son las de menor impacto y correlación de acuerdo con la regresión lineal y el alfa de Cronbach.

REFERENCIAS

Aburto, H.I. & Bonales, J. (2011). Habilidades directivas: Determinantes en el clima organizacional. *Investigación y Ciencia,* 19(51), 41–49.

Alegría-Zebadúa, R.M., & Alarcón-Martínez, G. (2022). Marco teórico e instrumento de medición de las habilidades gerenciales y clima organizacional en *Instituciones Bancarias de México. Vinculatégica,* 7(1). https://doi.org/10.29105/vtga7.1-82

Álvarez-Vásquez, C.A., Rivera-Vera, H.F., Conforme-Cedeño, G.M., Campoverde-Flores, F.K., Sornoza-Parrales, D.R., & Merchán-Nieto, L. (2018). *Los procesos, las técnicas de negociación y la tecnología. Ciencias. Economía, Organización y Ciencias Sociales. Editorial Área de Innovación y Desarrollo, S.L.* https://doi.org/10.17993/ecoorgycso.2018.41

Ávila-Morales, H., Palumbo-Pinto, G.B., De la Cruz-Ríos, H.A., & Ogosi-Auqui, J.A. (2022). Toma de decisiones estratégicas en la gestión pública para el desarrollo social. *Revista Venezolana de Gerencia*, 27(Edición Especial 7), 648–662. https://doi.org/10.52080/rvgluz.27.7.42

Bentler, P. M., & Bonett, D. G. (1980). Significance Tests and Goodness of Fit in the Analysis of Covariance Structures. *In Psychological Bulletin* (Vol. 88, Issue 3).

Brunet, L. (2007). El clima de trabajo en las organizaciones. Definición, diagnóstico y consecuencias. *Editorial Trillas.*

Busro, M. (2018). Teori-teori Manajemen Sumber Daya Manusia. *Jakarta. PrenadaMedia.*

Dini, M. & Stumpo, G. (2020). MiPyMEs en América Latina: un frágil desempeño y nuevos desafíos para las políticas de fomento. Documentos de Proyectos (LC/TS.2018/75/Rev.1), Santiago. *Comisión Económica para América Latina y el Caribe* (CEPAL).

Forbes (2021). Inclusión digital: el futuro de las MyPEs. *Forbes Content.* https://www.forbes.com.mx/ad-inclusion-digital-futuro-mypes-mexico-visa/

Ibarra-Morales, L.E., Paredes-Zempual, D., & Carrillo-Cisneros, E. (2022). Impacto del COVID-19 en las variables que determinan la competitividad de las micro, pequeñas y medianas empresas mexicanas. *Revista RELAYN. Micro y Pequeña Empresa en Latinoamérica,* 6(1), 7–22. https://doi.org/10.46990/relayn.2022.6.1.532

Instituto Nacional de Estadística y Geografía (Inegi) (2020). *Censo de población y vivienda 2020.* https://www.inegi.org.mx/programas/ccpv/2020/

King, E.B., Helb, M.R., George, J.M. & Matusik, S.F. (2010). Understanding tokenism: Antecedents and consequences of a psychological climate of gender inequity. *Journal of Management,* 36(2), 482–510. https://doi.org/10.1177/0149206308328508

Leyva-Carreras, A.B., Cavazos-Arroyo, J., & Espejel-Blanco, J.E. (2018). Influencia de la planeación estratégica y habilidades gerenciales como factores internos de la competitividad empresarial de las Pymes. *Contaduría y Administración,* 63(3), 41. https://doi.org/10.22201/fca.24488410e.2018.1085

Leyva-Carreras, A.B., Espejel-Blanco, J.E., & Cavazos-Arroyo, J. (2017). Habilidades gerenciales como estrategia de competitividad empresarial en las pequeñas y medianas empresas (Pymes). *Revista Perspectiva Empresarial*, 4(1), 7–22. https://doi.org/10.16967/rpe.v4n1a1

Martinez, E., García-Alandete, J., Selles, P., Bernabe, G., & Soucase, B. (2012). Análisis factorial confirmatorio de los principales modelos propuestos para el purpose-in-life test en una muestra de universitarios españoles. *Acta Colombiana de Psicología,* 67–76.

Mendoza-Vargas, E.Y., Villaroel-Puma, M.F. & Carranza-Quimi, W.D. (2020). Caracterización de los microemprendimientos de los sectores urbanos marginales de Quevedo. *Centro Sur. Social Science Journal.* 4(4), 1–23. https://doi.org/10.37955/cs.v4i1.40

Moreno, M. J., & Wong Aitken, H. G. (2019). Relación de las habilidades directivas y la satisfacción laboral en la empresa Chicken King de Trujillo, 2018. *Cuadernos Latinoamericanos de Administración,* 14(27), 1–17. https://doi.org/10.18270/cuaderlam.v14i27.2475

Naranjo, R. (2015). Management skills in leaders of mid-sized businesses of Colombia. *Revista Científica Pensamiento y Gestión,* 38, 119–146. https://doi.org/10.14482/pege.38.7703

Niebles-Núñez, L., Torres-Anillo, K. & Montenegro-Rada, A. (2020). Habilidades gerenciales como herramienta para el fortalecimiento del liderazgo transformacional en las mipymes. *Editorial Universidad del Atlántico.* https://repositorio.uniatlantico.edu.co/bitstream/handle/20.500.12834/1030/admin %2c %2bHABILIDADES %2bGERENCIALES %2bCOMO %2bHERRAMIENTA %2bEN %2bMIPYMES.pdf?sequence=1&isAllowed=y

Paredes-Zempual, D., Ibarra-Morales, L.E., & Moreno-Freites, Z.E. (2021). Habilidades directivas y clima organizacional en pequeñas y medianas empresas. *Investigación Administrativa,* 50–1, 1–23. https://doi.org/10.35426/iav50n127.05

Puga-Villarreal, J., & Martínez-Cerna, L. (2008). Competencias Directivas en Escenarios Globales. *Estudios Gerenciales,* 24(109), 87–103. https://doi.org/10.1016/s0123-5923(08)70054-8

R Core Team (2022). R: A language and environment for statistical computing. R *Foundation for Statistical Computing, Vienna, Austria.* URL https://www.R-project.org/

Red de Estudios Latinoamericanos en Administración y Negocios. (RELAYN) (2023). *Investigación anual,* N. Peña & O. Aguilar (coords.) https://relayn.redesla.la

Red de Estudios Latinoamericanos (RedesLA) (2023). *Investigaciones anuales.* https://redesla.la

Rojero-Jiménez, R., Gómez-Romero, J.G.I., & Quintero-Robles, L.M. (2019). El liderazgo transformacional y su influencia en los atributos de los seguidores en las Mipymes mexicanas. *Estudios Gerenciales,* 35(151), 178–189. https://doi.org/10.18046/j.estger.2019.151.3192

Vargas, B., & del Castillo, C. (2008). Competitividad sostenible de la pequeña empresa: Un modelo de promoción de capacidades endógenas para promover ventajas competitivas sostenibles y alta productividad. *Journal of Economics, Finance and Administrative Science,* 13(24), 59–80. https://www.redalyc.org/articulo.oa?id=360733604004

Viamontes, M.O., & Oliva, E.J.D. (2015). Las agrupaciones corales como estrategia de formación de competencias para trabajo en equipo en las organizaciones: una perspectiva comparativa. *Suma de Negocios,* 6(13), 92–97. https://doi.org/10.1016/j.sumneg.2015.08.008

Whetten, D. & Cameron, K. (2016). Desarrollo de habilidades directivas. México: *Editorial Prentice Hall.*

CAPÍTULO 40

Las habilidades directivas y el clima organizacional en las micro y pequeñas empresas de Tulancingo de Bravo, Hidalgo, México

Management skills and the organizational climate in micro and small businesses in Tulancingo de Bravo, Hidalgo, Mexico

CLAUDIA VEGA HERNÁNDEZ, LILIANA DE JESÚS GORDILLO BENAVENTE Y BENEDICTA MARÍA DOMÍNGUEZ VALDEZ

Universidad Politécnica de Tulancingo

Resumen: El objetivo de la presente investigación es determinar el impacto que tienen las habilidades directivas sobre el clima organizacional en las micro y pequeñas empresas de Latinoamérica. Se presenta un estudio cuantitativo, no experimental, de forma transversal y con un alcance causal. La pertinencia del estudio contribuye a la generación de conocimiento para el desarrollo de un modelo de gestión de la mype en América Latina que permita maximizar la productividad. Para medir el impacto que tienen las habilidades directivas en el clima organizacional, se utilizaron las variables de estudio, la dependiente: clima organizacional, y las independientes: negociación, toma de decisiones, liderazgo, comunicación y trabajo en equipo. Entre los principales resultados, se puede observar que la variable de la habilidad directiva trabajo en equipo es la que tiene mayor impacto en el clima organizacional, con 2.0309908. Asimismo, se concluye que se acepta la hipótesis de que las habilidades directivas inciden en el clima organizacional de la mype, pues hay evidencia significativa de que la negociación, toma de decisiones, liderazgo, comunicación y trabajo en equipo, influyen positivamente en el clima organizacional de las mypes de Tulancingo de Bravo,

Hidalgo, tal como se muestra en la prueba estadística RStudio, al tener como parámetro el grado de significancia que fue <0.05.

Abstract: The objective of this research is to determine the impact that management skills have on the organizational climate in micro and small companies in Latin America. A quantitative, non-experimental, cross-sectional study with a causal scope is presented. The relevance of the study contributes to the generation of knowledge for the development of a management model for mypes in Latin America that allows maximizing productivity. To measure the impact that management skills have on the organizational climate, the study variables were used: the dependent: organizational climate, and the independent: negotiation, decision-making, leadership, communication, and teamwork. Among the main results, it can be observed that the variable of teamwork managerial ability is the one that has the greatest impact on the organizational climate, with 2.0309908. Likewise, it is concluded that the hypothesis that management skills affect the organizational climate of the mype is accepted, since there is significant evidence that negotiation, decision making, leadership, communication and teamwork positively influence the organizational climate. of the mypes from Tulancingo de Bravo, Hidalgo, as shown in the RStudio statistical test, having as a parameter the degree of significance that was <0.05.

Palabras clave: habilidades directivas, clima organizacional, gestión de la mype.

INTRODUCCIÓN

De acuerdo con el último Censo Económico publicado por el Instituto Nacional de Estadística y Geografía (INEGI, 2020), 98.3 % del universo de unidades económicas está constituido por micro y pequeñas empresas, las cuales generan —al menos— el 55 % de los empleos y amasan el 39 % del Producto Interno Bruto (PIB) del país. Las microempresas están configuradas por aquellos negocios que tienen menos de 10 trabajadores y generan anualmente ventas hasta por 4 millones de pesos. Las pequeñas empresas son unidades económicas que emplean entre 11 y 50 trabajadores, generando ventas anuales que oscilan entre 4 y 100 millones de pesos (Mendoza-Vargas, Villaroel-Puma & Carranza-Quimi, 2020; Forbes, 2021).

Es importante mencionar que actualmente las mypes se enfrentan a múltiples retos y problemáticas, específicamente, el desarrollo de habilidades gerenciales o directivas por parte de los líderes cumple una labor fundamental en el clima organizacional para este tipo de empresas, al establecerse como un diferenciador con otras organizaciones (Busro, 2018). En esa perspectiva, la formación y el desarrollo de habilidades directivas del personal encargado de implementar estrategias y tomar decisiones son fundamentales, pues de ello depende que las mypes cumplan sus metas y objetivos estratégicos, lo cual permite a las organizaciones volverse más competitivas, pues propicia la formación de un clima organizacional donde los empleados estén satisfechos con su organización (Aburto & Bonales, 2011; Brunet, 2007).

Derivado de la importancia que representa el desarrollo de habilidades directivas en los líderes que dirigen los esfuerzos estratégicos de las mypes, así como la importancia de contar con un buen clima organizacional, se plantean las siguientes preguntas de investigación: ¿cuáles habilidades directivas tienen repercusión en el clima organizacional de las mypes?, ¿cuál es el clima organizacional que predomina en las mypes?

Para cumplir con lo anterior, el objetivo de la investigación es determinar el grado de asociación entre las habilidades directivas y el clima organizacional de las micro y pequeñas empresas, lo cual permitirá conocer con mayor precisión las habilidades directivas que los gerentes o mandos medios deben desarrollar para que prevalezca un clima organizacional satisfactorio entre los empleados al interior de las mypes. En ese sentido, las mypes podrán determinar si éstas son las causales de un clima organizacional adecuado o inconveniente, lo que, a su vez, permitirá diseñar programas de capacitación para sus líderes y, con ello, generar información que contribuya —si es el caso— a resolver el problema o mantener y fortalecer lo que se tiene.

Los diferentes análisis estadísticos correlacionales entre las variables del estudio permitirán identificar si las habilidades directivas son la causa principal del clima organizacional que prevalece en las mypes. Lo anterior será de gran apoyo en la búsqueda de factores endógenos diferenciados que permita a las mypes obtener ventajas competitivas sostenibles, ya que, si bien es cierto, una mejor gestión empresarial no es suficiente para lograr ser más competitivas, sino que está determinada por otros factores internos como un buen clima organizacional y el desarrollo de habilidades directivas (Vargas & Del Castillo, 2008).

REVISIÓN DE LA LITERATURA

Las organizaciones del siglo XXI afrontan un entorno dinámico y complejo caracterizado por la incertidumbre, debido a esto deben estar preparadas para dar respuesta a los cambios vertiginosos, en aras de cumplir sus objetivos y metas organizacionales así como volverse más competitivas. Las micro y pequeñas empresas (mypes) también deben responder a ese contexto, sin embargo, las características estructurales de su magnitud las coloca en desventaja respecto a la gran empresa, misma que tiene a su disposición una mayor cantidad de recursos y capacidades. El tema aquí analizado ha obtenido gran relevancia en los rubros de la investigación y las políticas públicas recientemente, lo cual ha permitido una mejora de determinados aspectos directamente vinculados con la competitividad de las empresas (Leyva-Carreras, Cavazos-Arroyo & Espejel-Blanco, 2018).

La situación actual de las mypes es compleja —aun siendo una parte fundamental del aparato económico a nivel mundial—, presenta una serie de desafíos

y retos, enfrenta diversos obstáculos que limitan su capacidad de crecimiento y desarrollo. Uno de los principales problemas que enfrentan estas empresas es la falta de acceso al financiamiento, ya que esto restringe su capacidad para invertir en innovación, en maquinaria y equipos, software y tecnologías digitales; así como en la capacitación y adiestramiento para sus empleados. Otra problemática a la cual se enfrentan es la poca inversión en capacitación a sus directivos y gerentes, de modo que éstos puedan desarrollar sus habilidades directivas, permitiéndoles contar con las herramientas necesarias al momento de tomar decisiones estratégicas de impacto en sus portafolios de negocios, a través de una visión diferente y más competitiva, no sólo a nivel local, sino a niveles superiores en la configuración y escala del negocio.

Es importante destacar que la pandemia por el Covid-19 tuvo un impacto significativo en las mypes debido a que muchas de ellas tuvieron que cerrar de forma temporal o permanente. Las restricciones de movimiento y confinamiento social provocaron una disminución significativa en la demanda de productos y servicios (Ibarra-Morales, Paredes-Zempual & Carrillo-Cisneros, 2022). Para dimensionar y tener una mejor visión de la magnitud de la presencia e importancia de las mypes en Latinoamérica, Dini y Stumpo (2021) realizan una clasificación tomando como parámetros el sector y el tamaño de la empresa (tabla 40.1.).

Tabla 40.1. Clasificación de acuerdo con el sector y tamaño de la empresa.

Sector	**Micro empresa**	**Pequeña empresa**
Agricultura, ganadería, caza, silvicultura y pesca	80 %	16 %
Explotación de minas y canteras	68 %	23 %
Industria manufacturera	82 %	14 %
Suministro de electricidad, gas y agua	70 %	20 %
Construcción	76 %	19 %
Comercio al por mayor y menor	92 %	07 %
Hoteles y restaurantes	89 %	10 %
Transporte, almacenamiento y comunicaciones	83 %	13 %
Intermediación financiera	81 %	14 %
Actividades inmobiliarias, empresariales y de alquiler	87 %	10 %
Enseñanza	76 %	19 %
Servicios sociales y de salud	89 %	09 %
Otras actividades comunitarias, sociales y personales	95 %	04 %
Total	**88.4 %**	**09.6 %**

Fuente: elaboración propia a partir de Dini & Stumpo (2021).

Leyva-Carreras, Espejel-Blanco y Cavazos-Arroyo (2017) destacan que el director o gerente de una mype debe tomar en cuenta ciertas variables para lograr la excelencia, el buen clima organizacional y la competitividad empresarial, para lo cual es preciso contar con personal directivo que reúna las siguientes características: dinámicos, actualizados, con habilidades directivas, operativas y de gestión, conocimientos de administración y planeación estratégica, así como administración y dirección de talento humano, siempre proactivo al cambio organizacional y tecnológico, para que se convierta en vehículo que potencia la creatividad, la innovación y el desarrollo sustentable. Sin embargo, por desconocer esas características de gestión o habilidades directivas que son propias de los líderes, esa ignorancia puede ser la causa de algunos problemas administrativos y de competitividad en las mypes, lo que genera algunas consecuencias en la transición de una economía local y proteccionista a un mercado libre y globalizado (Naranjo, 2015).

Niebles-Núñez, Torres-Anillo y Montenegro-Rada (2020) establecen que las habilidades directivas comprenden el proceso de la gerencia, estas son: planificar, organizar, dirigir, ejecutar y controlar que, a su vez, constituyen el conjunto de destrezas, cualidades, competencias, conocimientos, acciones, experiencias y capacidades que inciden en el efectivo desempeño del rol gerencial, al contribuir al logro de objetivos y metas organizacionales, asimismo, representan la implementación práctica por la acción del conocimiento adquirido académicamente o por experiencias a través del proceso de aprendizaje. Es por ello que, en los últimos años, las habilidades directivas desempeñan un papel muy importante en la satisfacción de los colaboradores en las empresas a nivel mundial, pues se ha demostrado que la manera o particularidad en que los directivos lideran a sus equipos generan una repercusión directa en su satisfacción y, por ende, en su desempeño laboral (Moreno & Wong, 2018).

Paredes-Zempual, Ibarra-Morales y Moreno-Freites (2021) adoptan otra perspectiva, sostienen que el buen desempeño de la empresa está en función de las habilidades directivas y el buen clima organizacional, sobre todo en este tiempo donde las empresas se encuentran inmersas en un proceso de globalización y de rápidos cambios que demandan líderes más preparados en actitudes y aptitudes, capaces de administrar de manera eficaz y eficiente los procesos y procedimientos, tanto administrativos como operativos, comprometidos con la rentabilidad de la organización.

El clima organizacional es observado y analizado por las empresas con el fin de mantenerlo en niveles positivos y, de esa forma, estimular la productividad de los empleados, motivo por el cual las empresas buscan los elementos y condiciones necesarias que puedan incidir de forma positiva en el clima organizacional, ya que existen estudios empíricos que así lo demuestran, en otras palabras, un mejor clima organizacional en la empresa se traduce en mejores resultados en los ámbitos financieros, administrativos y productivos (Alegría-Zebadúa & Alarcón-Martínez, 2022).

Whetten y Cameron (2016) clasifican las habilidades en tres grandes grupos: personales, interpersonales y grupales, mismas que en su conjunto aportan al éxito de una administración eficaz y centrada en los logros financieros, pero también de posición competitiva. En este sentido, para el presente estudio se han seleccionado como habilidades directivas las siguientes: negociación, toma de decisiones, liderazgo, comunicación y trabajo en equipo, ya que predominan en la literatura y en los diferentes modelos conceptuales, además de ser las más importantes para Whetten y Cameron. Adicionalmente, se ha seleccionado como variable el clima organizacional debido al impacto y la importancia que ostenta para las mypes. Las definiciones conceptuales para cada una de las variables se muestran en la tabla 40.2.

Tabla 40.2. Definición conceptual de las variables.

Variable	Definición conceptual
Negociación	Presentar y discutir propuestas comunes con el propósito de llegar a un acuerdo en un marco de interés común (Álvarez-Vásquez, et al., 2018).
Toma de decisiones	Decidir por una alternativa que requiere atender situaciones planificadas o de incertidumbre entre un abanico de varias opciones (Ávila-Morales et al., 2022).
Liderazgo	Lograr la motivación de los colaboradores mediante la promoción de conductas positivas que reditúan en mejores niveles de desempeño laboral para la empresa (Rojero-Jiménez, Gómez-Romero & Quintero-Robles, 2019).
Comunicación	Recibir y transmitir mensajes oportunos y unívocos, independientemente del canal o la forma de comunicación, lo cual facilita la emisión y recepción de los mensajes que se producen entre los miembros de la organización y su entorno, facilitando el alcance de los objetivos y metas que establecen los miembros de la organización (Puga-Villarreal & Martínez-Cerna, 2008).
Trabajo en equipo	Fomentar la colaboración conjunta entre los integrantes que conforman un equipo de trabajo, a través del talento individual, la comunicación, las competencias y las fortalezas de cada uno en su relación con los demás, para lograr el cumplimiento de un objetivo común (Viamontes & Oliva, 2015).
Clima organizacional	Variable que media entre el contexto de una organización y la conducta de sus empleados o miembros, desde la perspectiva del cómo ellos experimentan el trabajo en sus empresas (King, Hebl, George & Matusik, 2010).

Fuente: elaboración propia.

METODOLOGÍA

El presente trabajo de investigación ha sido propuesto por la Red de Estudios Latinoamericanos en Administración y Negocios (RELAYN, 2023), la cual consiste en conceptualizar la micro y pequeña empresa (mype) como una serie de elementos de entradas, procesos y salidas enmarcados en un ambiente que influye en el clima organizacional de las mypes, según la percepción del director, considerado como la persona que toma la mayor parte de las decisiones. Este estudio tiene un enfoque cuantitativo de diseño transversal de tipo causal.

Se realizó un muestreo probabilístico aleatorio simple con las mypes de Tulancingo de Bravo, Hidalgo, México, cuya cantidad de empleados se encuentra en el rango de 1 a 50, con un nivel de confianza del 95 %, un margen de error del ±5 % y una probabilidad estimada de p=0.5 (50 %). Se obtuvieron de la muestra aplicada un total de 400 encuestas válidas en el periodo del 01 de marzo al 30 de abril de 2023. Se utilizó un instrumento de medición tipo encuesta, la cual fue dirigida a los propietarios, directores o gerentes de las mypes, para lo cual sirvió la asistencia de estudiantes universitarios que previamente fueron capacitados para aplicar la encuesta.

Características de la muestra son:

El 45.2 % de la muestra fueron del sexo biológico femenino y el restante 54.8 % masculino. La edad de los sujetos tiene un rango de 20 a 78 años, con un promedio de 42 años y una moda de 35 años. El 33.2 % de los empresarios tienen estudios de nivel superior, seguido de un 40 % con nivel media superior, 25 % con educación básica. En cuanto a estado civil predominan los casados con un 58.2 % seguidos de los solteros con 19 %.

La mayoría de los negocios 65.2 % pertenecen al giro comercial, un 28.8 % a la prestación de servicios y sólo 6 % a la producción de manufacturas, la antigüedad del 12.8 %de los negocios es menor a 3 años. Los empleos que ofrecen están en el rango de 1 a 50 trabajadores, de las empresas el 90.8 % emplea de 1 a 10 trabajadores y el 90 % tienen en su plantilla de 1 a 10 mujeres y en el 65.8 % colaboran de 1 a 5 familiares del propietario.

Alineado al objetivo general de la investigación y a la revisión de la literatura, se plantean las siguientes hipótesis:

- H0: Las habilidades directivas no inciden en el clima organizacional de la mype.
- H1: Las habilidades directivas inciden en el clima organizacional de la mype.

En cuanto al instrumento de medición, éste se integró por seis partes o bloques. El primero de ellos, con datos que abordan aspectos generales de la empresa: tamaño de la empresa, personal ocupado, así como información sobre los ingresos y gastos. La segunda parte aborda los datos del directivo y el tiempo destinado a las labores de la empresa. La tercera parte se refiere a los insumos del sistema: recursos humanos, análisis del mercado y proveedores. En una cuarta parte del instrumento de medición se exponen los procesos del sistema: dirección, gestión de ventas, finanzas, innovación, mercadotecnia, producción-operación. La quinta parte estuvo integrada por los resultados del sistema: satisfacción del sistema, ventaja competitiva, RSC-Asuntos de ISO 26000, valoración del entorno y, por último, la sexta parte quedó integrada por los dos temas anuales de investigación: a) el trabajo decente desde la perspectiva directiva y b) el impacto de las habilidades directivas (negociación, toma de decisiones, liderazgo, comunicación, trabajo en equipo) sobre el clima organizacional. Para las secciones comprendidas del tercer al sexto bloque se emplea una escala de Likert de cinco puntos, los cuales van de 'No sé / No aplica' (1) a 'muy de acuerdo' (5).

RESULTADOS

Las seis variables muestran consistencia interna del instrumento mediante el análisis del alfa de Cronbach de las variables objeto de estudio, de la misma forma se analiza la correlación que tienen con el clima organizacional como se muestra en la tabla 40.3.

Tabla 40.3. Alfa de Cronbach y correlación de las variables.

Variables	Correlación con clima	Cronbach	Media	Desviación Estándar
Negociación	0.282	0.851	4.263	0.564
Toma de decisiones	0.204	0.907	4.162	0.671
Liderazgo	0.291	0.904	4.418	0.513
Comunicación	0.259	0.918	4.339	0.581
Trabajo en equipo	0.465	0.907	4.362	0.545
Clima Organizacional	1	0.877	4.396	0.539

Fuente: Elaboración propia utilizando RStudio (R Core Team, 2022).

Se procede a realizar el modelo estructural del instrumento en la figura 40.4, el ajuste absolutorio muestra el error cuadrático medio de aproximación (RMSEA) es de 0.01 y el residuo cuadrático medio estandarizado (SRMR) es de

0.049, en ambos casos se consideran aceptables, en el ajuste comparativo (CFI) muestra un resultado de 1 y el índice de Tucker-Lewis (TLI) de 1 consideramos ajustes óptimos.

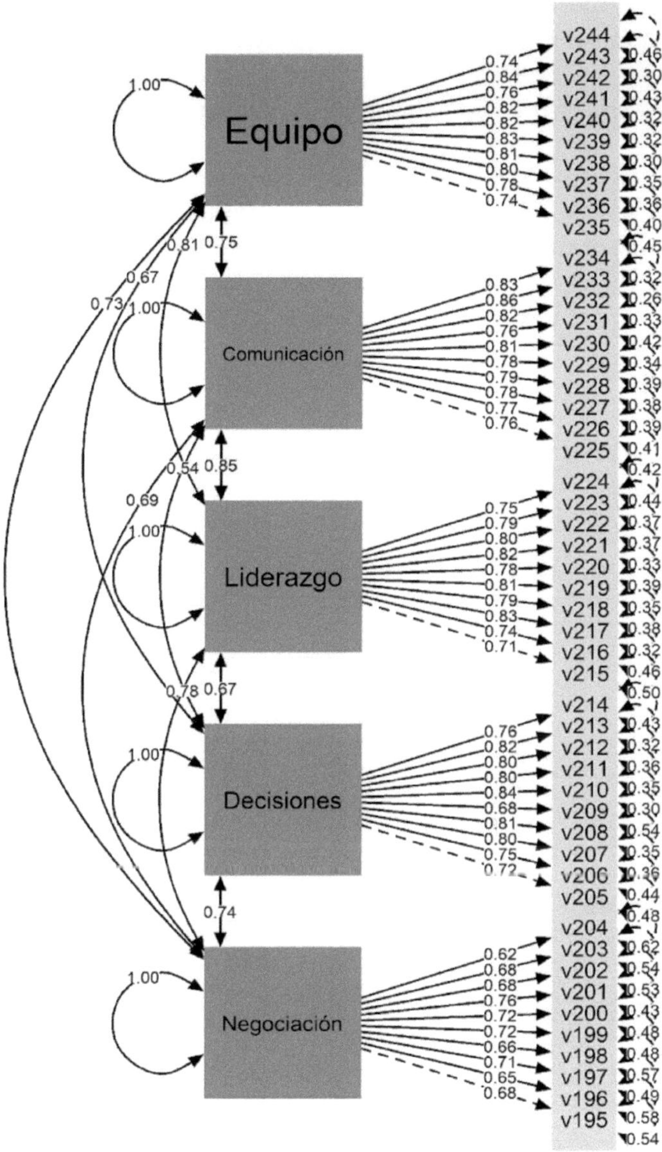

Figura 40.4. Resultado del modelo estructural.

Fuente: Elaboración propia utilizando RStudio (R Core Team, 2022).

Partiendo de la información cuantitativa del estudio se establece el modelo estructural (Figura 40.4), donde se muestra la dirección de las relaciones entre las diversas variables y el efecto que causan. El modelo plantea la existencia de cinco variables endógenas con una relación causal recíproca (Trabajo en equipo, comunicación, liderazgo, toma de decisiones y negociación). Las cinco variables tienen una relación causal directa con los ítems que conforman la variable, en todos los casos el grado de significancia fue <0.05 (los resultados se muestran en la Figura 40.4) dando un correcto ajuste del modelo (Bentler & Bonett, 1980; Martínez et al., 2012).

Con el objetivo de medir el impacto que tienen las habilidades directivas sobre el clima organizacional de la mype se realiza la siguiente regresión lineal, donde el clima organizacional es la variable dependiente y las variables independientes son negociación, toma de decisiones, liderazgo, comunicación y trabajo en equipo. Al final se sustituyen los valores tal y como se observa en la tabla 40.5.

Fórmula:

y = clima = constante + negociación + toma de decisiones + liderazgo + comunicación + trabajo en equipo.

Tabla 40.5. Regresión lineal.

Fórmula: lm(fórmula = clima ~ negociación + toma de decisiones + liderazgo + comunicación + trabajo en equipo)				
		Residuales		
Min	1Q	Mediana	3Q	Max
-1.64504	-0.15772	0.02907	0.14909	1.12351
Coeficientes	**Estimado**	**Std. Error**	**T-valor**	**P-valor**
(Clima/Intercept)	0.650378	0.162782	3.995	7.71e-05
Negociación	0.063315	0.043791	1.446	0.149013
Toma de decisiones	-0.009627	0.033172	-0.290	0.771797
Liderazgo	0.210838	0.059197	3.562	0.000414
Comunicación	0.127476	0.044885	2.840	0.004745
Trabajo en equipo	0.465613	0.048388	9.622	< 2e-16

Signif. codes: 0 '***' 0.001 '**' 0.01 '*' 0.05 '.' 0.1 ' ' 1
Residual standard error: 0.3458 on 394 degrees of freedom
Multiple R-squared: 0.5934, Adjusted R-squared: 0.5883
F-statistic: 115 on 5 and 394 DF, p-value: < 2.2e-16
Fuente: Elaboración propia utilizando RStudio (R Core Team, 2022).

Para poder medir el impacto, se multiplica el valor estimado de cada una de las variables independientes (tabla 40.5) por su media (tabla 40.3).

y=0.65038 + (0.06332 * 4.263) + (-0.00963 * 4.162) + (0.21084 * 4.418) + (0.12748 * 4.339) + (0.46561 * 4.362)

Resolvemos la ecuación:

y=0.65038+0.2699332+-0.0400801+0.9314911+0.5531357+2.0309908
y=4.3958508

Se observa que la variable que tiene mayor impacto es trabajo en equipo con 2.0309908, mientras que la de menor impacto es toma de decisiones con —0.0400801. El impacto total de las habilidades directivas sobre el clima organizacional es de 4.3958508.

DISCUSIÓN

Para determinar el impacto que tienen las habilidades directivas sobre el clima organizacional en las micro y pequeñas empresas de Latinoamérica, se analizaron un total de 400 cuestionarios válidos para estudiar las variables de habilidades directivas (negociación, toma de decisiones, liderazgo, comunicación y trabajo en equipo) y clima organizacional, como parte de un modelo de gestión de la mype que permita maximizar la productividad.

Los resultados del alfa de Cronbach de las variables, todos por arriba de 0.8 y muy cercanos a la unidad, muestran la fiabilidad del modelo dado por la consistencia interna de los ítems. Asimismo, se evidencia una correlación positiva de las habilidades directivas con el clima organizacional, que va de baja a moderada, en donde la variable trabajo en equipo presenta la correlación más alta con 0.465 y decisiones como la más baja con 0.204.

Confirmando lo anterior, el modelo estructural muestra que las cinco variables exógenas (negociación, toma de decisiones, liderazgo, comunicación y trabajo en equipo) tienen una relación causal directa con los ítems que conforman la variable, ya que, en todos los casos, el grado de significancia fue <0.05; es decir, se trata de un correcto ajuste del modelo, con lo que se puede aceptar la hipótesis y afirmar que las habilidades directivas inciden en el clima organizacional de la mype.

Al medir el impacto de cada variable en el clima organizacional por medio de la regresión lineal, se observa que es importante el aporte de cada variable independiente, como son negociación, decisiones, liderazgo, comunicación y equipo, al clima organizacional, ya que, si no se toman en cuenta las variables independientes; es decir, son cero, el valor que toma la de clima organizacional es de 0.65038; sin embargo, al sustituir en la ecuación el valor estimado de cada variable multiplicado por su media se incrementa el valor de la variable dependiente, clima organizacional; es decir, el impacto total de las variables independientes es de 4.3958508, lo cual resalta que si bien la variable trabajo en equipo es la que más aporta al clima organizacional (2.0309908), la variable que requiere especial atención es toma de decisiones al ser la de menor impacto con —0.0400801 y, por tanto, la que menos aporta al clima organizacional e incluso lo disminuye.

Por ello, se concluye que es importante seguir fortaleciendo en los directivos de las mypes de Tulancingo, Hidalgo, las habilidades de negociación, toma de decisiones, liderazgo, comunicación y trabajo en equipo, ya que la formación y el desarrollo de habilidades directivas de quien toma la mayor parte de las decisiones en las mypes se vuelve imprescindible para que éstas cumplan sus metas y objetivos estratégicos, logrando ser organizaciones más competitivas, que generen un clima organizacional con empleados satisfechos y productivos.

REFERENCIAS

Aburto, H.I. & Bonales, J. (2011). Habilidades directivas: Determinantes en el clima organizacional. *Investigación y Ciencia,* 19(51), 41–49.

Alegría-Zebadúa, R.M., & Alarcón-Martínez, G. (2022). Marco teórico e instrumento de medición de las habilidades gerenciales y clima organizacional en *Instituciones Bancarias de México. Vinculatégica,* 7(1). https://doi.org/10.29105/vtga7.1-82

Álvarez-Vásquez, C.A., Rivera-Vera, H.F., Conforme-Cedeño, G.M., Campoverde-Flores, F.K., Sornoza-Parrales, D.R., & Merchán-Nieto, L. (2018). *Los procesos, las técnicas de negociación y la tecnología. Ciencias. Economía, Organización y Ciencias Sociales. Editorial Área de Innovación y Desarrollo, S.L.* https://doi.org/10.17993/ecoorgycso.2018.41

Ávila-Morales, H., Palumbo-Pinto, G.B., De la Cruz-Ríos, H.A., & Ogosi-Auqui, J.A. (2022). Toma de decisiones estratégicas en la gestión pública para el desarrollo social. *Revista Venezolana de Gerencia,* 27(Edición Especial 7), 648–662. https://doi.org/10.52080/rvgluz.27.7.42

Bentler, P. M., & Bonett, D. G. (1980). Significance Tests and Goodness of Fit in the Analysis of Covariance Structures. *In Psychological Bulletin* (Vol. 88, Issue 3).

Brunet, L. (2007). El clima de trabajo en las organizaciones. Definición, diagnóstico y consecuencias. *Editorial Trillas.*

Busro, M. (2018). Teori-teori Manajemen Sumber Daya Manusia. *Jakarta. PrenadaMedia.*

Dini, M. & Stumpo, G. (2020). MiPyMEs en América Latina: un frágil desempeño y nuevos desafíos para las políticas de fomento. Documentos de Proyectos (LC/TS.2018/75/Rev.1), Santiago. *Comisión Económica para América Latina y el Caribe* (CEPAL).

Forbes (2021). Inclusión digital: el futuro de las MyPEs. *Forbes Content.* https://www.forbes.com.mx/ad-inclusion-digital-futuro-mypes-mexico-visa/

Ibarra-Morales, L.E., Paredes-Zempual, D., & Carrillo-Cisneros, E. (2022). Impacto del COVID-19 en las variables que determinan la competitividad de las micro, pequeñas y medianas

empresas mexicanas. *Revista RELAYN. Micro y Pequeña Empresa en Latinoamérica,* 6(1), 7–22. https://doi.org/10.46990/relayn.2022.6.1.532

Instituto Nacional de Estadística y Geografía (Inegi) (2020). *Censo de población y vivienda 2020.* https://www.inegi.org.mx/programas/ccpv/2020/

King, E.B., Helb, M.R., George, J.M. & Matusik, S.F. (2010). Understanding tokenism: Antecedents and consequences of a psychological climate of gender inequity. *Journal of Management,* 36(2), 482–510. https://doi.org/10.1177/0149206308328508

Leyva-Carreras, A.B., Cavazos-Arroyo, J., & Espejel-Blanco, J.E. (2018). Influencia de la planeación estratégica y habilidades gerenciales como factores internos de la competitividad empresarial de las Pymes. *Contaduría y Administración,* 63(3), 41. https://doi.org/10.22201/fca.24488410e.2018.1085

Leyva-Carreras, A.B., Espejel-Blanco, J.E., & Cavazos-Arroyo, J. (2017). Habilidades gerenciales como estrategia de competitividad empresarial en las pequeñas y medianas empresas (Pymes). *Revista Perspectiva Empresarial,* 4(1), 7–22. https://doi.org/10.16967/rpe.v4n1a1

Martinez, E., García-Alandete, J., Selles, P., Bernabe, G., & Soucase, B. (2012). Análisis factorial confirmatorio de los principales modelos propuestos para el purpose-in-life test en una muestra de universitarios españoles. *Acta Colombiana de Psicología,* 67–76.

Mendoza-Vargas, E.Y., Villaroel-Puma, M.F. & Carranza-Quimi, W.D. (2020). Caracterización de los microemprendimientos de los sectores urbanos marginales de Quevedo. *Centro Sur. Social Science Journal.* 4(4), 1–23. https://doi.org/10.37955/cs.v4i1.40

Moreno, M. J., & Wong Aitken, H. G. (2019). Relación de las habilidades directivas y la satisfacción laboral en la empresa Chicken King de Trujillo, 2018. *Cuadernos Latinoamericanos de Administración,* 14(27), 1–17. https://doi.org/10.18270/cuaderlam.v14i27.2475

Naranjo, R. (2015). Management skills in leaders of mid-sized businesses of Colombia. *Revista Científica Pensamiento y Gestión,* 38, 119–146. https://doi.org/10.14482/pege.38.7703

Niebles-Núñez, L., Torres-Anillo, K. & Montenegro-Rada, A. (2020). Habilidades gerenciales como herramienta para el fortalecimiento del liderazgo transformacional en las mipymes. *Editorial Universidad del Atlántico.* https://repositorio.uniatlantico.edu.co/bitstream/handle/20.500.12834/1030/admin %2c %2bHABILIDADES %2bGERENCIALES %2bCOMO %2bHERRAMIENTA %2bEN %2bMIPYMES.pdf?sequence=1&isAllowed=y

Paredes-Zempual, D., Ibarra-Morales, L.E., & Moreno-Freites, Z.E. (2021). Habilidades directivas y clima organizacional en pequeñas y medianas empresas. *Investigación Administrativa,* 50–1, 1–23. https://doi.org/10.35426/iav50n127.05

Puga-Villarreal, J., & Martínez-Cerna, L. (2008). Competencias Directivas en Escenarios Globales. *Estudios Gerenciales,* 24(109), 87–103. https://doi.org/10.1016/s0123-5923(08)70054-8

R Core Team (2022). R: A language and environment for statistical computing. R *Foundation for Statistical Computing, Vienna, Austria.* URL https://www.R-project.org/

Red de Estudios Latinoamericanos en Administración y Negocios. (RELAYN) (2023). *Investigación anual,* N. Peña & O. Aguilar (coords.) https://relayn.redesla.la

Red de Estudios Latinoamericanos (RedesLA) (2023). *Investigaciones anuales.* https://redesla.la

Rojero-Jiménez, R., Gómez-Romero, J.G.I., & Quintero-Robles, L.M. (2019). El liderazgo transformacional y su influencia en los atributos de los seguidores en las Mipymes mexicanas. *Estudios Gerenciales,* 35(151), 178–189. https://doi.org/10.18046/j.estger.2019.151.3192

Vargas, B., & del Castillo, C. (2008). Competitividad sostenible de la pequeña empresa: Un modelo de promoción de capacidades endógenas para promover ventajas competitivas sostenibles y alta productividad. *Journal of Economics, Finance and Administrative Science,* 13(24), 59–80. https://www.redalyc.org/articulo.oa?id=360733604004

Viamontes, M.O., & Oliva, E.J.D. (2015). Las agrupaciones corales como estrategia de formación de competencias para trabajo en equipo en las organizaciones: una perspectiva comparativa. *Suma de Negocios,* 6(13), 92–97. https://doi.org/10.1016/j.sumneg.2015.08.008

Whetten, D. & Cameron, K. (2016). Desarrollo de habilidades directivas. México: *Editorial Prentice Hall.*

CAPÍTULO 41

Las habilidades directivas y el clima organizacional en las micro y pequeñas empresas de Zacualtipán de Ángeles, Hidalgo, México

Management skills and the organizational climate in micro and small businesses in Zacualtipan de Angeles, Hidalgo, Mexico

MA. MAGDALENA PACHECO RIVERA, MUSANDY JUANITA RODÍGUEZ TORRES, EDWIN ALBERTO SAN ROMÁN ARTEAGA Y CRESENCIO JIMÉNEZ CUELLAR

Universidad Tecnológica de la Sierra Hidalguense

Resumen: El objetivo de la presente investigación es determinar el impacto que tienen las habilidades directivas sobre el clima organizacional en las micro y pequeñas empresas de Latinoamérica. Se presenta un estudio cuantitativo, no experimental, de forma transversal y con un alcance causal. La pertinencia del estudio contribuye a la generación de conocimiento para el desarrollo de un modelo de gestión de la mype en América Latina que permita maximizar la productividad. Entre los principales resultados, podemos observar que la variable de la habilidad directiva trabajo en equipo es la que tiene mayor impacto en el clima organizacional, con 1.4757182, seguida de liderazgo con 1.3006076. Los datos anteriores demuestran que las habilidades directivas tienen repercusión en el clima organizacional de las mypes.

El clima organizacional que predomina es adecuado; entre más estrategias se implementen en el trabajo en equipo, se colaborará en la atracción, el desarrollo, la permanencia y la satisfacción del personal, contribuyendo al crecimiento, ya que si se busca de manera constante tener cambios y transformaciones positivas, se logran los objetivos, pues se facilita la adaptación a nuevos escenarios favorables para cada empresa.

Abstract: The objective of this research is to determine the impact that management skills have on the organizational climate in micro and small companies in Latin America. A quantitative, non-experimental, cross-sectional study with a causal scope is presented. The relevance of the study contributes to the generation of knowledge for the development of a management model for mypes in Latin America that allows maximizing productivity. Among the main results, we can observe that the variable of teamwork management ability is the one that has the greatest impact on the organizational climate, with 1.4757182, followed by leadership with 1.3006076. The above data show that management skills have an impact on the organizational climate of mypes.

The prevailing organizational climate is adequate; the more strategies are implemented in teamwork, the attraction, development, permanence and satisfaction of the staff will collaborate, contributing to growth, since if you constantly seek changes and positive transformations, the objectives are achieved, since adaptation to new favorable scenarios for each company is facilitated.

Palabras clave: habilidades, equipo, liderazgo, clima organizacional y rotación.

INTRODUCCIÓN

De acuerdo con el último Censo Económico publicado por el Instituto Nacional de Estadística y Geografía (INEGI, 2020), 98.3 % del universo de unidades económicas está constituido por micro y pequeñas empresas, las cuales generan —al menos— el 55 % de los empleos y amasan el 39 % del Producto Interno Bruto (PIB) del país. Las microempresas están configuradas por aquellos negocios que tienen menos de 10 trabajadores y generan anualmente ventas hasta por 4 millones de pesos. Las pequeñas empresas son unidades económicas que emplean entre 11 y 50 trabajadores, generando ventas anuales que oscilan entre 4 y 100 millones de pesos (Mendoza-Vargas, Villaroel-Puma & Carranza-Quimi, 2020; Forbes, 2021).

Es importante mencionar que actualmente las mypes se enfrentan a múltiples retos y problemáticas, específicamente, el desarrollo de habilidades gerenciales o directivas por parte de los líderes cumple una labor fundamental en el clima organizacional para este tipo de empresas, al establecerse como un diferenciador con otras organizaciones (Busro, 2018). En esa perspectiva, la formación y el desarrollo de habilidades directivas del personal encargado de implementar estrategias y tomar decisiones son fundamentales, pues de ello depende que las mypes cumplan sus metas y objetivos estratégicos, lo cual permite a las organizaciones volverse más competitivas, pues propicia la formación de un clima organizacional donde los empleados estén satisfechos con su organización (Aburto & Bonales, 2011; Brunet, 2007).

Derivado de la importancia que representa el desarrollo de habilidades directivas en los líderes que dirigen los esfuerzos estratégicos de las mypes, así como la importancia de contar con un buen clima organizacional, se plantean las siguientes preguntas de investigación: ¿cuáles habilidades directivas tienen repercusión en el clima organizacional de las mypes?, ¿cuál es el clima organizacional que predomina en las mypes?

Para cumplir con lo anterior, el objetivo de la investigación es determinar el grado de asociación entre las habilidades directivas y el clima organizacional de las micro y pequeñas empresas, lo cual permitirá conocer con mayor precisión las habilidades directivas que los gerentes o mandos medios deben desarrollar para que prevalezca un clima organizacional satisfactorio entre los empleados al interior de las mypes. En ese sentido, las mypes podrán determinar si éstas son las causales de un clima organizacional adecuado o inconveniente, lo que, a su vez, permitirá diseñar programas de capacitación para sus líderes y, con ello, generar información que contribuya —si es el caso— a resolver el problema o mantener y fortalecer lo que se tiene.

Los diferentes análisis estadísticos correlacionales entre las variables del estudio permitirán identificar si las habilidades directivas son la causa principal del clima organizacional que prevalece en las mypes. Lo anterior será de gran apoyo en la búsqueda de factores endógenos diferenciados que permita a las mypes obtener ventajas competitivas sostenibles, ya que, si bien es cierto, una mejor gestión empresarial no es suficiente para lograr ser más competitivas, sino que está determinada por otros factores internos como un buen clima organizacional y el desarrollo de habilidades directivas (Vargas & Del Castillo, 2008).

REVISIÓN DE LA LITERATURA

Las organizaciones del siglo XXI afrontan un entorno dinámico y complejo caracterizado por la incertidumbre, debido a esto deben estar preparadas para dar respuesta a los cambios vertiginosos, en aras de cumplir sus objetivos y metas organizacionales así como volverse más competitivas. Las micro y pequeñas empresas (mypes) también deben responder a ese contexto, sin embargo, las características estructurales de su magnitud las coloca en desventaja respecto a la gran empresa, misma que tiene a su disposición una mayor cantidad de recursos y capacidades. El tema aquí analizado ha obtenido gran relevancia en los rubros de la investigación y las políticas públicas recientemente, lo cual ha permitido una mejora de determinados aspectos directamente vinculados con la competitividad de las empresas (Leyva-Carreras, Cavazos-Arroyo & Espejel-Blanco, 2018).

La situación actual de las mypes es compleja —aun siendo una parte fundamental del aparato económico a nivel mundial—, presenta una serie de desafíos

y retos, enfrenta diversos obstáculos que limitan su capacidad de crecimiento y desarrollo. Uno de los principales problemas que enfrentan estas empresas es la falta de acceso al financiamiento, ya que esto restringe su capacidad para invertir en innovación, en maquinaria y equipos, software y tecnologías digitales; así como en la capacitación y adiestramiento para sus empleados. Otra problemática a la cual se enfrentan es la poca inversión en capacitación a sus directivos y gerentes, de modo que éstos puedan desarrollar sus habilidades directivas, permitiéndoles contar con las herramientas necesarias al momento de tomar decisiones estratégicas de impacto en sus portafolios de negocios, a través de una visión diferente y más competitiva, no sólo a nivel local, sino a niveles superiores en la configuración y escala del negocio.

Es importante destacar que la pandemia por el Covid-19 tuvo un impacto significativo en las mypes debido a que muchas de ellas tuvieron que cerrar de forma temporal o permanente. Las restricciones de movimiento y confinamiento social provocaron una disminución significativa en la demanda de productos y servicios (Ibarra-Morales, Paredes-Zempual & Carrillo-Cisneros, 2022). Para dimensionar y tener una mejor visión de la magnitud de la presencia e importancia de las mypes en Latinoamérica, Dini y Stumpo (2021) realizan una clasificación tomando como parámetros el sector y el tamaño de la empresa (tabla 41.1.).

Tabla 41.1. Clasificación de acuerdo con el sector y tamaño de la empresa.

Sector	Micro empresa	Pequeña empresa
Agricultura, ganadería, caza, silvicultura y pesca	80 %	16 %
Explotación de minas y canteras	68 %	23 %
Industria manufacturera	82 %	14 %
Suministro de electricidad, gas y agua	70 %	20 %
Construcción	76 %	19 %
Comercio al por mayor y menor	92 %	07 %
Hoteles y restaurantes	89 %	10 %
Transporte, almacenamiento y comunicaciones	83 %	13 %
Intermediación financiera	81 %	14 %
Actividades inmobiliarias, empresariales y de alquiler	87 %	10 %
Enseñanza	76 %	19 %
Servicios sociales y de salud	89 %	09 %
Otras actividades comunitarias, sociales y personales	95 %	04 %
Total	**88.4 %**	**09.6 %**

Fuente: elaboración propia a partir de Dini & Stumpo (2021).

Leyva-Carreras, Espejel-Blanco y Cavazos-Arroyo (2017) destacan que el director o gerente de una mype debe tomar en cuenta ciertas variables para lograr la excelencia, el buen clima organizacional y la competitividad empresarial, para lo cual es preciso contar con personal directivo que reúna las siguientes características: dinámicos, actualizados, con habilidades directivas, operativas y de gestión, conocimientos de administración y planeación estratégica, así como administración y dirección de talento humano, siempre proactivo al cambio organizacional y tecnológico, para que se convierta en vehículo que potencia la creatividad, la innovación y el desarrollo sustentable. Sin embargo, por desconocer esas características de gestión o habilidades directivas que son propias de los líderes, esa ignorancia puede ser la causa de algunos problemas administrativos y de competitividad en las mypes, lo que genera algunas consecuencias en la transición de una economía local y proteccionista a un mercado libre y globalizado (Naranjo, 2015).

Niebles-Núñez, Torres-Anillo y Montenegro-Rada (2020) establecen que las habilidades directivas comprenden el proceso de la gerencia, estas son: planificar, organizar, dirigir, ejecutar y controlar que, a su vez, constituyen el conjunto de destrezas, cualidades, competencias, conocimientos, acciones, experiencias y capacidades que inciden en el efectivo desempeño del rol gerencial, al contribuir al logro de objetivos y metas organizacionales, asimismo, representan la implementación práctica por la acción del conocimiento adquirido académicamente o por experiencias a través del proceso de aprendizaje. Es por ello que, en los últimos años, las habilidades directivas desempeñan un papel muy importante en la satisfacción de los colaboradores en las empresas a nivel mundial, pues se ha demostrado que la manera o particularidad en que los directivos lideran a sus equipos generan una repercusión directa en su satisfacción y, por ende, en su desempeño laboral (Moreno & Wong, 2018).

Paredes-Zempual, Ibarra-Morales y Moreno-Freites (2021) adoptan otra perspectiva, sostienen que el buen desempeño de la empresa está en función de las habilidades directivas y el buen clima organizacional, sobre todo en este tiempo donde las empresas se encuentran inmersas en un proceso de globalización y de rápidos cambios que demandan líderes más preparados en actitudes y aptitudes, capaces de administrar de manera eficaz y eficiente los procesos y procedimientos, tanto administrativos como operativos, comprometidos con la rentabilidad de la organización.

El clima organizacional es observado y analizado por las empresas con el fin de mantenerlo en niveles positivos y, de esa forma, estimular la productividad de los empleados, motivo por el cual las empresas buscan los elementos y condiciones necesarias que puedan incidir de forma positiva en el clima organizacional, ya que existen estudios empíricos que así lo demuestran, en otras palabras, un mejor clima organizacional en la empresa se traduce en mejores resultados en los ámbitos financieros, administrativos y productivos (Alegría-Zebadúa & Alarcón-Martínez, 2022).

Whetten y Cameron (2016) clasifican las habilidades en tres grandes grupos: personales, interpersonales y grupales, mismas que en su conjunto aportan al éxito de una administración eficaz y centrada en los logros financieros, pero también de posición competitiva. En este sentido, para el presente estudio se han seleccionado como habilidades directivas las siguientes: negociación, toma de decisiones, liderazgo, comunicación y trabajo en equipo, ya que predominan en la literatura y en los diferentes modelos conceptuales, además de ser las más importantes para Whetten y Cameron. Adicionalmente, se ha seleccionado como variable el clima organizacional debido al impacto y la importancia que ostenta para las mypes. Las definiciones conceptuales para cada una de las variables se muestran en la tabla 41.2.

Tabla 41.2. Definición conceptual de las variables.

Variable	Definición conceptual
Negociación	Presentar y discutir propuestas comunes con el propósito de llegar a un acuerdo en un marco de interés común (Álvarez-Vásquez, et al., 2018).
Toma de decisiones	Decidir por una alternativa que requiere atender situaciones planificadas o de incertidumbre entre un abanico de varias opciones (Ávila-Morales et al., 2022).
Liderazgo	Lograr la motivación de los colaboradores mediante la promoción de conductas positivas que reditúan en mejores niveles de desempeño laboral para la empresa (Rojero-Jiménez, Gómez-Romero & Quintero-Robles, 2019).
Comunicación	Recibir y transmitir mensajes oportunos y unívocos, independientemente del canal o la forma de comunicación, lo cual facilita la emisión y recepción de los mensajes que se producen entre los miembros de la organización y su entorno, facilitando el alcance de los objetivos y metas que establecen los miembros de la organización (Puga-Villarreal & Martínez-Cerna, 2008).
Trabajo en equipo	Fomentar la colaboración conjunta entre los integrantes que conforman un equipo de trabajo, a través del talento individual, la comunicación, las competencias y las fortalezas de cada uno en su relación con los demás, para lograr el cumplimiento de un objetivo común (Viamontes & Oliva, 2015).
Clima organizacional	Variable que media entre el contexto de una organización y la conducta de sus empleados o miembros, desde la perspectiva del cómo ellos experimentan el trabajo en sus empresas (King, Hebl, George & Matusik, 2010).

Fuente: elaboración propia.

METODOLOGÍA

El presente trabajo de investigación ha sido propuesto por la Red de Estudios Latinoamericanos en Administración y Negocios (RELAYN, 2023), la cual consiste en conceptualizar la micro y pequeña empresa (mype) como una serie de elementos de entradas, procesos y salidas enmarcados en un ambiente que influye en el clima organizacional de las mypes, según la percepción del director, considerado como la persona que toma la mayor parte de las decisiones. Este estudio tiene un enfoque cuantitativo de diseño transversal de tipo causal.

Se realizó un muestreo probabilístico aleatorio simple con las mypes de Zacualtipán de çngeles, Hidalgo, México, cuya cantidad de empleados se encuentra en el rango de 1 a 50, con un nivel de confianza del 95 %, un margen de error del ±5 % y una probabilidad estimada de p=0.5 (50 %). Se obtuvieron de la muestra aplicada un total de 575 encuestas válidas en el periodo del 01 de marzo al 30 de abril de 2023. Se utilizó un instrumento de medición tipo encuesta, la cual fue dirigida a los propietarios, directores o gerentes de las mypes, para lo cual sirvió la asistencia de estudiantes universitarios que previamente fueron capacitados para aplicar la encuesta.

Características de la muestra son:

El 33.9 % de la muestra fueron del sexo biológico femenino y el restante 66.1 % masculino. La edad de los sujetos tiene un rango de 18 a 94 años, con un promedio de 42 años y una moda de 45 años. El 31 % de los empresarios tienen estudios de nivel superior, seguido de un 33.9 % con nivel media superior, 31 % con educación básica. En cuanto a estado civil predominan los casados con un 61.6 % seguidos de los solteros con 19.7 %.

La mayoría de los negocios 70.3 % pertenecen al giro comercial, un 21 % a la prestación de servicios y sólo 8.7 % a la producción de manufacturas, la antigüedad del 14.8 %de los negocios es menor a 3 años. Los empleos que ofrecen están en el rango de 1 a 50 trabajadores, de las empresas el 84.7 % emplea de 1 a 10 trabajadores y el 87.7 % tienen en su plantilla de 1 a 10 mujeres y en el 72.2 % colaboran de 1 a 5 familiares del propietario.

Alineado al objetivo general de la investigación y a la revisión de la literatura, se plantean las siguientes hipótesis:

- H0: Las habilidades directivas no inciden en el clima organizacional de la mype.
- H1: Las habilidades directivas inciden en el clima organizacional de la mype.

En cuanto al instrumento de medición, éste se integró por seis partes o bloques. El primero de ellos, con datos que abordan aspectos generales de la empresa: tamaño de la empresa, personal ocupado, así como información sobre los ingresos y gastos. La segunda parte aborda los datos del directivo y el tiempo destinado a las labores de la empresa. La tercera parte se refiere a los insumos del sistema: recursos humanos, análisis del mercado y proveedores. En una cuarta parte del instrumento de medición se exponen los procesos del sistema: dirección, gestión de ventas, finanzas, innovación, mercadotecnia, producción-operación. La quinta parte estuvo integrada por los resultados del sistema: satisfacción del sistema, ventaja competitiva, RSC-Asuntos de ISO 26000, valoración del entorno y, por último, la sexta parte quedó integrada por los dos temas anuales de investigación: a) el trabajo decente desde la perspectiva directiva y b) el impacto de las habilidades directivas (negociación, toma de decisiones, liderazgo, comunicación, trabajo en equipo) sobre el clima organizacional. Para las secciones comprendidas del tercer al sexto bloque se emplea una escala de Likert de cinco puntos, los cuales van de 'No sé / No aplica' (1) a 'muy de acuerdo' (5).

RESULTADOS

Las seis variables muestran consistencia interna del instrumento mediante el análisis del alfa de Cronbach de las variables objeto de estudio, de la misma forma se analiza la correlación que tienen con el clima organizacional como se muestra en la tabla 41.3.

Tabla 41.3. Alfa de Cronbach y correlación de las variables.

Variables	Correlación con clima	Cronbach	Media	Desviación Estándar
Negociación	0.46	0.892	4.222	0.517
Toma de decisiones	0.464	0.916	4.252	0.483
Liderazgo	0.527	0.933	4.369	0.439
Comunicación	0.516	0.925	4.347	0.434
Trabajo en equipo	0.535	0.944	4.328	0.489
Clima Organizacional	1	0.929	4.340	0.490

Fuente: Elaboración propia utilizando RStudio (R Core Team, 2022).

Se procede a realizar el modelo estructural del instrumento en la figura 41.4, el ajuste absolutorio muestra el error cuadrático medio de aproximación (RMSEA) es de 0 y el residuo cuadrático medio estandarizado (SRMR) es de

0.039, en ambos casos se consideran aceptables, en el ajuste comparativo (CFI) muestra un resultado de 1 y el índice de Tucker-Lewis (TLI) de 1 consideramos ajustes óptimos.

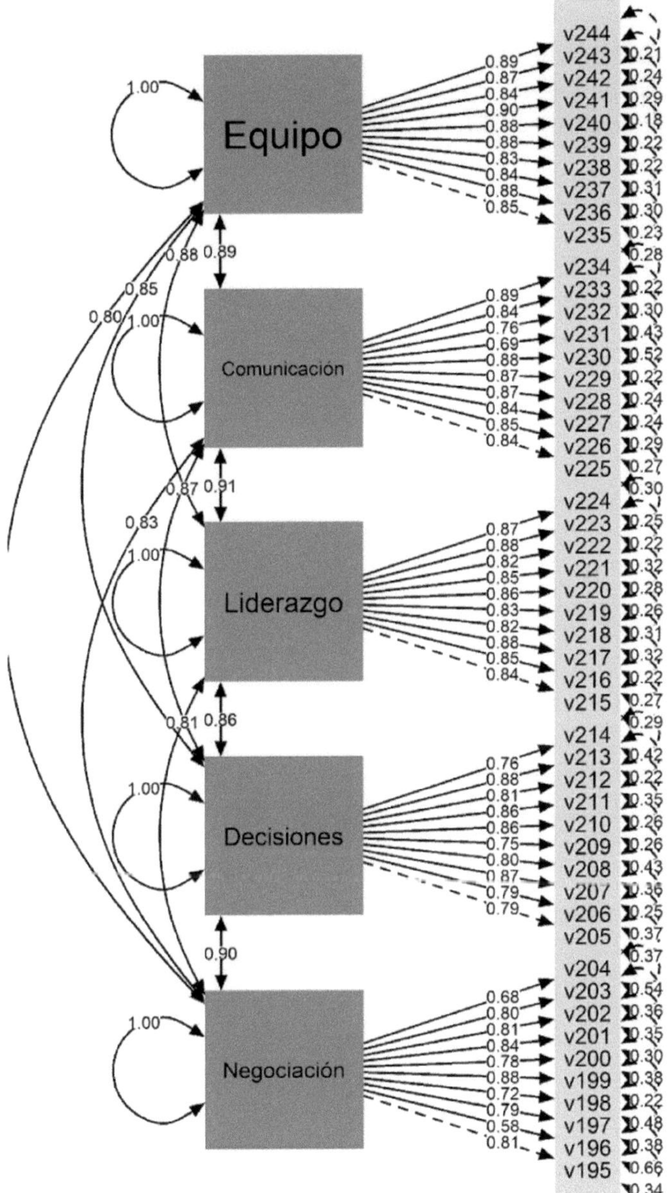

Figura 41.4. Resultado del modelo estructural.

Fuente: Elaboración propia utilizando RStudio (R Core Team, 2022).

Partiendo de la información cuantitativa del estudio se establece el modelo estructural (Figura 41.4), donde se muestra la dirección de las relaciones entre las diversas variables y el efecto que causan. El modelo plantea la existencia de cinco variables endógenas con una relación causal recíproca (Trabajo en equipo, comunicación, liderazgo, toma de decisiones y negociación). Las cinco variables tienen una relación causal directa con los ítems que conforman la variable, en todos los casos el grado de significancia fue <0.05 (los resultados se muestran en la Figura 41.4) dando un correcto ajuste del modelo (Bentler & Bonett, 1980; Martínez et al., 2012)

Con el objetivo de medir el impacto que tienen las habilidades directivas sobre el clima organizacional de la mype se realiza la siguiente regresión lineal, donde el clima organizacional es la variable dependiente y las variables independientes son negociación, toma de decisiones, liderazgo, comunicación y trabajo en equipo. Al final se sustituyen los valores tal y como se observa en la tabla 41.5.

Fórmula:

y = clima = constante + negociación + toma de decisiones + liderazgo + comunicación + trabajo en equipo.

Tabla 41.5. Regresión lineal.

Fórmula: lm(fórmula = clima ~ negociación + toma de decisiones + liderazgo + comunicación + trabajo en equipo)				
		Residuales		
Min	**1Q**	**Mediana**	**3Q**	**Max**
-3.5772	-0.0431	-0.0104	0.1001	1.3677
Coeficientes	**Estimado**	**Std. Error**	**T-valor**	**P-valor**
(Clima/Intercept)	0.44785	0.13620	3.288	0.00107
Negociación	0.02577	0.04014	0.642	0.52115
Toma de decisiones	0.12168	0.05117	2.378	0.01773
Liderazgo	0.29769	0.05891	5.053	5.87e-07
Comunicación	0.11269	0.06081	1.853	0.06440
Trabajo en equipo	0.34097	0.04641	7.346	7.10e-13

Signif. codes: 0 '***' 0.001 '**' 0.01 '*' 0.05 '.' 0.1 ' ' 1
Residual standard error: 0.3086 on 569 degrees of freedom
Multiple R-squared: 0.606, Adjusted R-squared: 0.6026
F-statistic: 175.1 on 5 and 569 DF, p-value: < 2.2e-16
Fuente: Elaboración propia utilizando RStudio (R Core Team, 2022).

Para poder medir el impacto, se multiplica el valor estimado de cada una de las variables independientes (tabla 41.5) por su media (tabla 41.3).

$$y=0.44785 + (0.02577 * 4.222) + (0.12168 * 4.252) + (0.29769 * 4.369) + (0.11269 * 4.347) + (0.34097 * 4.328)$$

Resolvemos la ecuación:

$$y=0.44785+0.1088009+0.5173834+1.3006076+0.4898634+1.4757182$$
$$y=4.3402235$$

Se observa que la variable que tiene mayor impacto es trabajo en equipo con 1.4757182, mientras que la de menor impacto es negociación con 0.1088009. El impacto total de las habilidades directivas sobre el clima organizacional es de 4.3402235.

DISCUSIÓN

Con base en los resultados obtenidos, derivado del análisis descriptivo sobre el impacto que tienen las habilidades directivas sobre el clima organizacional en las micro y pequeñas empresas, se obtuvo la siguiente información.

De acuerdo con Dini y Stumpo (2020), 82 % son microempresas dedicadas a la industria manufacturera, y Zacualtipán es un municipio representativo para la economía del estado de Hidalgo, ya que la mayoría de sus microempresas se dedica a este giro; por tanto, es importante que se ponga especial cuidado en la atracción, la permanencia y el desarrollo del personal, porque en los últimos años la escasez de oferta de recursos humanos y los altos índices de rotación de personal se ha hecho presente en el mercado laboral de la región.

El clima laboral es un factor en el que las empresas deben enfocar estrategias a fin de atraer y mantener al personal, ya que fundamentalmente puede ser un tema para disminuir los índices de rotación en dichas empresas. La alta gerencia es la responsable de implantar un clima laboral y los líderes deben poseer habilidades directivas, éstas son clasificadas en interpersonales, personales y grupales, de las cuales podemos hacer una subclasificación en relación con los factores que integran el clima organizacional: negociación, toma de decisiones, liderazgo, comunicación y trabajo en equipo.

Según los resultados, podemos afirmar la hipótesis de que las habilidades directivas inciden en el clima laboral. La variable que más se relaciona es trabajo en equipo; es decir, entre más estrategias utilice el líder con respecto a la cohesión, el compromiso, la credibilidad, el compartir información, el llegar a acuerdos, el motivar al equipo de trabajo, más favorable será la percepción de los colaboradores en cuanto al clima organizacional, mientras tanto la variable que menos se vincula con el clima es la negociación.

El clima organizacional que predomina es adecuado; sin embargo, se deben centrar tácticas de liderazgo que orienten a trabajar en equipo; esto hace que el malestar laboral, las dificultades, la percepción negativa y el mal desempeño, sean nulos. Como resultado, las ausencias disminuyen o desaparecen.

REFERENCIAS

Aburto, H.I. & Bonales, J. (2011). Habilidades directivas: Determinantes en el clima organizacional. *Investigación y Ciencia,* 19(51), 41–49.

Alegría-Zebadúa, R.M., & Alarcón-Martínez, G. (2022). Marco teórico e instrumento de medición de las habilidades gerenciales y clima organizacional en *Instituciones Bancarias de México. Vinculatégica,* 7(1). https://doi.org/10.29105/vtga7.1-82

Álvarez-Vásquez, C.A., Rivera-Vera, H.F., Conforme-Cedeño, G.M., Campoverde-Flores, F.K., Sornoza-Parrales, D.R., & Merchán-Nieto, L. (2018). *Los procesos, las técnicas de negociación y la tecnología. Ciencias. Economía, Organización y Ciencias Sociales. Editorial Área de Innovación y Desarrollo, S.L.* https://doi.org/10.17993/ecoorgycso.2018.41

Ávila-Morales, H., Palumbo-Pinto, G.B., De la Cruz-Ríos, H.A., & Ogosi-Auqui, J.A. (2022). Toma de decisiones estratégicas en la gestión pública para el desarrollo social. *Revista Venezolana de Gerencia,* 27(Edición Especial 7), 648–662. https://doi.org/10.52080/rvgluz.27.7.42

Bentler, P. M., & Bonett, D. G. (1980). Significance Tests and Goodness of Fit in the Analysis of Covariance Structures. *In Psychological Bulletin* (Vol. 88, Issue 3).

Brunet, L. (2007). El clima de trabajo en las organizaciones. Definición, diagnóstico y consecuencias. *Editorial Trillas.*

Busro, M. (2018). Teori-teori Manajemen Sumber Daya Manusia. *Jakarta. PrenadaMedia.*

Dini, M. & Stumpo, G. (2020). MiPyMEs en América Latina: un frágil desempeño y nuevos desafíos para las políticas de fomento. Documentos de Proyectos (LC/TS.2018/75/Rev.1), Santiago. *Comisión Económica para América Latina y el Caribe* (CEPAL).

Forbes (2021). Inclusión digital: el futuro de las MyPEs. *Forbes Content.* https://www.forbes.com.mx/ad-inclusion-digital-futuro-mypes-mexico-visa/

Ibarra-Morales, L.E., Paredes-Zempual, D., & Carrillo-Cisneros, E. (2022). Impacto del COVID-19 en las variables que determinan la competitividad de las micro, pequeñas y medianas empresas mexicanas. *Revista RELAYN. Micro y Pequeña Empresa en Latinoamérica,* 6(1), 7–22. https://doi.org/10.46990/relayn.2022.6.1.532

Instituto Nacional de Estadística y Geografía (Inegi) (2020). *Censo de población y vivienda 2020.* https://www.inegi.org.mx/programas/ccpv/2020/

King, E.B., Helb, M.R., George, J.M. & Matusik, S.F. (2010). Understanding tokenism: Antecedents and consequences of a psychological climate of gender inequity. *Journal of Management,* 36(2), 482–510. https://doi.org/10.1177/0149206308328508

Leyva-Carreras, A.B., Cavazos-Arroyo, J., & Espejel-Blanco, J.E. (2018). Influencia de la planeación estratégica y habilidades gerenciales como factores internos de la competitividad

empresarial de las Pymes. *Contaduría y Administración,* 63(3), 41. https://doi.org/10.22201/fca.24488410e.2018.1085

Leyva-Carreras, A.B., Espejel-Blanco, J.E., & Cavazos-Arroyo, J. (2017). Habilidades gerenciales como estrategia de competitividad empresarial en las pequeñas y medianas empresas (Pymes). *Revista Perspectiva Empresarial,* 4(1), 7–22. https://doi.org/10.16967/rpe.v4n1a1

Martinez, E., García-Alandete, J., Selles, P., Bernabe, G., & Soucase, B. (2012). Análisis factorial confirmatorio de los principales modelos propuestos para el purpose-in-life test en una muestra de universitarios españoles. *Acta Colombiana de Psicología,* 67–76.

Mendoza-Vargas, E.Y., Villaroel-Puma, M.F. & Carranza-Quimi, W.D. (2020). Caracterización de los microemprendimientos de los sectores urbanos marginales de Quevedo. *Centro Sur. Social Science Journal.* 4(4), 1–23. https://doi.org/10.37955/cs.v4i1.40

Moreno, M. J., & Wong Aitken, H. G. (2019). Relación de las habilidades directivas y la satisfacción laboral en la empresa Chicken King de Trujillo, 2018. *Cuadernos Latinoamericanos de Administración,* 14(27), 1–17. https://doi.org/10.18270/cuaderlam.v14i27.2475

Naranjo, R. (2015). Management skills in leaders of mid-sized businesses of Colombia. *Revista Científica Pensamiento y Gestión,* 38, 119–146. https://doi.org/10.14482/pege.38.7703

Niebles-Núñez, L., Torres-Anillo, K. & Montenegro-Rada, A. (2020). Habilidades gerenciales como herramienta para el fortalecimiento del liderazgo transformacional en las mipymes. *Editorial Universidad del Atlántico.* https://repositorio.uniatlantico.edu.co/bitstream/handle/20.500.12834/1030/admin %2c %2bHABILIDADES %2bGERENCIALES %2bCOMO %2bHERRAMIENTA %2bEN %2bMIPYMES.pdf?sequence=1&isAllowed=y

Paredes-Zempual, D., Ibarra-Morales, L.E., & Moreno-Freites, Z.E. (2021). Habilidades directivas y clima organizacional en pequeñas y medianas empresas. *Investigación Administrativa,* 50–1, 1–23. https://doi.org/10.35426/iav50n127.05

Puga-Villarreal, J., & Martínez-Cerna, L. (2008). Competencias Directivas en Escenarios Globales. *Estudios Gerenciales,* 24(109), 87–103. https://doi.org/10.1016/s0123-5923(08)70054-8

R Core Team (2022). R: A language and environment for statistical computing. R *Foundation for Statistical Computing, Vienna, Austria.* URL https://www.R-project.org/

Red de Estudios Latinoamericanos en Administración y Negocios. (RELAYN) (2023). *Investigación anual,* N. Peña & O. Aguilar (coords.) https://relayn.redesla.la

Red de Estudios Latinoamericanos (RedesLA) (2023). *Investigaciones anuales.* https://redesla.la

Rojero-Jiménez, R., Gómez-Romero, J.G.I., & Quintero-Robles, L.M. (2019). El liderazgo transformacional y su influencia en los atributos de los seguidores en las Mipymes mexicanas. *Estudios Gerenciales,* 35(151), 178–189. https://doi.org/10.18046/j.estger.2019.151.3192

Vargas, B., & del Castillo, C. (2008). Competitividad sostenible de la pequeña empresa: Un modelo de promoción de capacidades endógenas para promover ventajas competitivas sostenibles y alta productividad. *Journal of Economics, Finance and Administrative Science,* 13(24), 59–80. https://www.redalyc.org/articulo.oa?id=360733604004

Viamontes, M.O., & Oliva, E.J.D. (2015). Las agrupaciones corales como estrategia de formación de competencias para trabajo en equipo en las organizaciones: una perspectiva comparativa. *Suma de Negocios,* 6(13), 92–97. https://doi.org/10.1016/j.sumneg.2015.08.008

Whetten, D. & Cameron, K. (2016). Desarrollo de habilidades directivas. México: *Editorial Prentice Hall.*

CAPÍTULO 42

Las habilidades directivas y el clima organizacional en las micro y pequeñas empresas de Autlán de Navarro, Jalisco, México

Management skills and the organizational climate in micro and small businesses in Autlan de Navarro, Jalisco, Mexico

LUIS CARLOS GÁMEZ ADAME, MARÍA LUZ ORTIZ PANIAGUA, ROBERTO JOYA ARREOLA Y OLGA GUADALUPE PEÑA VARGAS

Universidad de Guadalajara

Resumen: El objetivo de la presente investigación es determinar el impacto que tienen las habilidades directivas sobre el clima organizacional en las micro y pequeñas empresas de Latinoamérica. Se presenta un estudio cuantitativo, no experimental, de forma transversal y con un alcance causal. La pertinencia del estudio contribuye a la generación de conocimiento para el desarrollo de un modelo de gestión de este tipo de empresas en América Latina que permita maximizar la productividad. Entre los principales resultados, podemos observar que la variable de la habilidad directiva trabajo en equipo es la que tiene mayor impacto en el clima organizacional, con 2.26338; también se reconoce que la variable decisiones con —0.0265302 es la que menor impacto tiene, mientras que el impacto total que de habilidades directivas sobre el clima organizacional es significativo. Como principal inferencia, se reconoce que en las mypes de Autlán de Navarro, Jalisco, las limitaciones en las habilidades directivas tienen una incidencia significativa en el clima organizacional, las cuales requieren de un proceso serio de formación y desarrollo de habilidades directivas; principalmente de las habilidades toma de decisiones, negociación y comunicación, donde se involucre al personal encargado de implementar estrategias y tomar decisiones.

Abstract: The objective of this research is to determine the impact that management skills have on the organizational climate in micro and small companies in Latin America. A quantitative, non-experimental, cross-sectional study with a causal scope is presented. The relevance of the study contributes to the generation of knowledge for the development of a management model for this type of company in Latin America that allows maximizing productivity. Among the main results, we can observe that the variable of teamwork managerial ability is the one that has the greatest impact on the organizational climate, with 2.26338; It is also recognized that the decision variable with -0.0265302 is the one with the least impact, while the total impact of managerial skills on the organizational climate is significant. As the main inference, it is recognized that in the mypes of Autlán de Navarro, Jalisco, the limitations in management skills have a significant impact on the organizational climate, which require a serious process of training and development of management skills; mainly of decision-making, negotiation and communication skills, where the personnel in charge of implementing strategies and making decisions are involved.

Palabras clave: clima organizacional, competitividad empresarial, habilidades directivas.

INTRODUCCIÓN

De acuerdo con el último Censo Económico publicado por el Instituto Nacional de Estadística y Geografía (INEGI, 2020), 98.3 % del universo de unidades económicas está constituido por micro y pequeñas empresas, las cuales generan —al menos— el 55 % de los empleos y amasan el 39 % del Producto Interno Bruto (PIB) del país. Las microempresas están configuradas por aquellos negocios que tienen menos de 10 trabajadores y generan anualmente ventas hasta por 4 millones de pesos. Las pequeñas empresas son unidades económicas que emplean entre 11 y 50 trabajadores, generando ventas anuales que oscilan entre 4 y 100 millones de pesos (Mendoza-Vargas, Villaroel-Puma & Carranza-Quimi, 2020; Forbes, 2021).

Es importante mencionar que actualmente las mypes se enfrentan a múltiples retos y problemáticas, específicamente, el desarrollo de habilidades gerenciales o directivas por parte de los líderes cumple una labor fundamental en el clima organizacional para este tipo de empresas, al establecerse como un diferenciador con otras organizaciones (Busro, 2018). En esa perspectiva, la formación y el desarrollo de habilidades directivas del personal encargado de implementar estrategias y tomar decisiones son fundamentales, pues de ello depende que las mypes cumplan sus metas y objetivos estratégicos, lo cual permite a las organizaciones volverse más competitivas, pues propicia la formación de un clima organizacional donde los empleados estén satisfechos con su organización (Aburto & Bonales, 2011; Brunet, 2007).

Derivado de la importancia que representa el desarrollo de habilidades directivas en los líderes que dirigen los esfuerzos estratégicos de las mypes, así como la importancia de contar con un buen clima organizacional, se plantean las siguientes preguntas de investigación: ¿cuáles habilidades directivas tienen repercusión en el clima organizacional de las mypes?, ¿cuál es el clima organizacional que predomina en las mypes?

Para cumplir con lo anterior, el objetivo de la investigación es determinar el grado de asociación entre las habilidades directivas y el clima organizacional de las micro y pequeñas empresas, lo cual permitirá conocer con mayor precisión las habilidades directivas que los gerentes o mandos medios deben desarrollar para que prevalezca un clima organizacional satisfactorio entre los empleados al interior de las mypes. En ese sentido, las mypes podrán determinar si éstas son las causales de un clima organizacional adecuado o inconveniente, lo que, a su vez, permitirá diseñar programas de capacitación para sus líderes y, con ello, generar información que contribuya —si es el caso— a resolver el problema o mantener y fortalecer lo que se tiene.

Los diferentes análisis estadísticos correlacionales entre las variables del estudio permitirán identificar si las habilidades directivas son la causa principal del clima organizacional que prevalece en las mypes. Lo anterior será de gran apoyo en la búsqueda de factores endógenos diferenciados que permita a las mypes obtener ventajas competitivas sostenibles, ya que, si bien es cierto, una mejor gestión empresarial no es suficiente para lograr ser más competitivas, sino que está determinada por otros factores internos como un buen clima organizacional y el desarrollo de habilidades directivas (Vargas & Del Castillo, 2008).

REVISIÓN DE LA LITERATURA

Las organizaciones del siglo XXI afrontan un entorno dinámico y complejo caracterizado por la incertidumbre, debido a esto deben estar preparadas para dar respuesta a los cambios vertiginosos, en aras de cumplir sus objetivos y metas organizacionales, así como volverse más competitivas. Las micro y pequeñas empresas (mypes) también deben responder a ese contexto, sin embargo, las características estructurales de su magnitud las coloca en desventaja respecto a la gran empresa, misma que tiene a su disposición una mayor cantidad de recursos y capacidades. El tema aquí analizado ha obtenido gran relevancia en los rubros de la investigación y las políticas públicas recientemente, lo cual ha permitido una mejora de determinados aspectos directamente vinculados con la competitividad de las empresas (Leyva-Carreras, Cavazos-Arroyo & Espejel-Blanco, 2018).

La situación actual de las mypes es compleja —aun siendo una parte fundamental del aparato económico a nivel mundial—, presenta una serie de desafíos

y retos, enfrenta diversos obstáculos que limitan su capacidad de crecimiento y desarrollo. Uno de los principales problemas que enfrentan estas empresas es la falta de acceso al financiamiento, ya que esto restringe su capacidad para invertir en innovación, en maquinaria y equipos, software y tecnologías digitales; así como en la capacitación y adiestramiento para sus empleados. Otra problemática a la cual se enfrentan es la poca inversión en capacitación a sus directivos y gerentes, de modo que éstos puedan desarrollar sus habilidades directivas, permitiéndoles contar con las herramientas necesarias al momento de tomar decisiones estratégicas de impacto en sus portafolios de negocios, a través de una visión diferente y más competitiva, no sólo a nivel local, sino a niveles superiores en la configuración y escala del negocio.

Es importante destacar que la pandemia por el Covid-19 tuvo un impacto significativo en las mypes debido a que muchas de ellas tuvieron que cerrar de forma temporal o permanente. Las restricciones de movimiento y confinamiento social provocaron una disminución significativa en la demanda de productos y servicios (Ibarra-Morales, Paredes-Zempual & Carrillo-Cisneros, 2022). Para dimensionar y tener una mejor visión de la magnitud de la presencia e importancia de las mypes en Latinoamérica, Dini y Stumpo (2021) realizan una clasificación tomando como parámetros el sector y el tamaño de la empresa (tabla 42.1.).

Tabla 42.1. Clasificación de acuerdo con el sector y tamaño de la empresa.

Sector	**Micro empresa**	**Pequeña empresa**
Agricultura, ganadería, caza, silvicultura y pesca	80 %	16 %
Explotación de minas y canteras	68 %	23 %
Industria manufacturera	82 %	14 %
Suministro de electricidad, gas y agua	70 %	20 %
Construcción	76 %	19 %
Comercio al por mayor y menor	92 %	07 %
Hoteles y restaurantes	89 %	10 %
Transporte, almacenamiento y comunicaciones	83 %	13 %
Intermediación financiera	81 %	14 %
Actividades inmobiliarias, empresariales y de alquiler	87 %	10 %
Enseñanza	76 %	19 %
Servicios sociales y de salud	89 %	09 %
Otras actividades comunitarias, sociales y personales	95 %	04 %
Total	**88.4 %**	**09.6 %**

Fuente: elaboración propia a partir de Dini & Stumpo (2021).

Leyva-Carreras, Espejel-Blanco y Cavazos-Arroyo (2017) destacan que el director o gerente de una mype debe tomar en cuenta ciertas variables para lograr la excelencia, el buen clima organizacional y la competitividad empresarial, para lo cual es preciso contar con personal directivo que reúna las siguientes características: dinámicos, actualizados, con habilidades directivas, operativas y de gestión, conocimientos de administración y planeación estratégica, así como administración y dirección de talento humano, siempre proactivo al cambio organizacional y tecnológico, para que se convierta en vehículo que potencia la creatividad, la innovación y el desarrollo sustentable. Sin embargo, por desconocer esas características de gestión o habilidades directivas que son propias de los líderes, esa ignorancia puede ser la causa de algunos problemas administrativos y de competitividad en las mypes, lo que genera algunas consecuencias en la transición de una economía local y proteccionista a un mercado libre y globalizado (Naranjo, 2015).

Niebles-Núñez, Torres-Anillo y Montenegro-Rada (2020) establecen que las habilidades directivas comprenden el proceso de la gerencia, estas son: planificar, organizar, dirigir, ejecutar y controlar que, a su vez, constituyen el conjunto de destrezas, cualidades, competencias, conocimientos, acciones, experiencias y capacidades que inciden en el efectivo desempeño del rol gerencial, al contribuir al logro de objetivos y metas organizacionales, asimismo, representan la implementación práctica por la acción del conocimiento adquirido académicamente o por experiencias a través del proceso de aprendizaje. Es por ello que, en los últimos años, las habilidades directivas desempeñan un papel muy importante en la satisfacción de los colaboradores en las empresas a nivel mundial, pues se ha demostrado que la manera o particularidad en que los directivos lideran a sus equipos generan una repercusión directa en su satisfacción y, por ende, en su desempeño laboral (Moreno & Wong, 2018).

Paredes-Zempual, Ibarra-Morales y Moreno-Freites (2021) adoptan otra perspectiva, sostienen que el buen desempeño de la empresa está en función de las habilidades directivas y el buen clima organizacional, sobre todo en este tiempo donde las empresas se encuentran inmersas en un proceso de globalización y de rápidos cambios que demandan líderes más preparados en actitudes y aptitudes, capaces de administrar de manera eficaz y eficiente los procesos y procedimientos, tanto administrativos como operativos, comprometidos con la rentabilidad de la organización.

El clima organizacional es observado y analizado por las empresas con el fin de mantenerlo en niveles positivos y, de esa forma, estimular la productividad de los empleados, motivo por el cual las empresas buscan los elementos y condiciones necesarias que puedan incidir de forma positiva en el clima organizacional, ya que existen estudios empíricos que así lo demuestran, en otras palabras, un mejor clima organizacional en la empresa se traduce en mejores resultados en los ámbitos financieros, administrativos y productivos (Alegría-Zebadúa & Alarcón-Martínez, 2022).

Whetten y Cameron (2016) clasifican las habilidades en tres grandes grupos: personales, interpersonales y grupales, mismas que en su conjunto aportan al éxito de una administración eficaz y centrada en los logros financieros, pero también de posición competitiva. En este sentido, para el presente estudio se han seleccionado como habilidades directivas las siguientes: negociación, toma de decisiones, liderazgo, comunicación y trabajo en equipo, ya que predominan en la literatura y en los diferentes modelos conceptuales, además de ser las más importantes para Whetten y Cameron. Adicionalmente, se ha seleccionado como variable el clima organizacional debido al impacto y la importancia que ostenta para las mypes. Las definiciones conceptuales para cada una de las variables se muestran en la tabla 42.2.

Tabla 42.2. Definición conceptual de las variables.

Variable	Definición conceptual
Negociación	Presentar y discutir propuestas comunes con el propósito de llegar a un acuerdo en un marco de interés común (Álvarez-Vásquez, et al., 2018).
Toma de decisiones	Decidir por una alternativa que requiere atender situaciones planificadas o de incertidumbre entre un abanico de varias opciones (Ávila-Morales et al., 2022).
Liderazgo	Lograr la motivación de los colaboradores mediante la promoción de conductas positivas que reditúan en mejores niveles de desempeño laboral para la empresa (Rojero-Jiménez, Gómez-Romero & Quintero-Robles, 2019).
Comunicación	Recibir y transmitir mensajes oportunos y unívocos, independientemente del canal o la forma de comunicación, lo cual facilita la emisión y recepción de los mensajes que se producen entre los miembros de la organización y su entorno, facilitando el alcance de los objetivos y metas que establecen los miembros de la organización (Puga-Villarreal & Martínez-Cerna, 2008).
Trabajo en equipo	Fomentar la colaboración conjunta entre los integrantes que conforman un equipo de trabajo, a través del talento individual, la comunicación, las competencias y las fortalezas de cada uno en su relación con los demás, para lograr el cumplimiento de un objetivo común (Viamontes & Oliva, 2015).
Clima organizacional	Variable que media entre el contexto de una organización y la conducta de sus empleados o miembros, desde la perspectiva del cómo ellos experimentan el trabajo en sus empresas (King, Hebl, George & Matusik, 2010).

Fuente: elaboración propia.

METODOLOGÍA

El presente trabajo de investigación ha sido propuesto por la Red de Estudios Latinoamericanos en Administración y Negocios (RELAYN, 2023), la cual consiste en conceptualizar la micro y pequeña empresa (mype) como una serie de elementos de entradas, procesos y salidas enmarcados en un ambiente que influye en el clima organizacional de las mypes, según la percepción del director, considerado como la persona que toma la mayor parte de las decisiones. Este estudio tiene un enfoque cuantitativo de diseño transversal de tipo causal.

Se realizó un muestreo probabilístico aleatorio simple con las mypes de Autlán de Navarro, Jalisco, México, cuya cantidad de empleados se encuentra en el rango de 1 a 50, con un nivel de confianza del 95 %, un margen de error del ±5 % y una probabilidad estimada de p=0.5 (50 %). Se obtuvieron de la muestra aplicada un total de 441 encuestas válidas en el periodo del 01 de marzo al 30 de abril de 2023. Se utilizó un instrumento de medición tipo encuesta, la cual fue dirigida a los propietarios, directores o gerentes de las mypes, para lo cual sirvió la asistencia de estudiantes universitarios que previamente fueron capacitados para aplicar la encuesta.

Características de la muestra son:

El 49.2 % de la muestra fueron del sexo biológico femenino y el restante 50.8 % masculino. La edad de los sujetos tiene un rango de 18 a 87 años, con un promedio de 42 años y una moda de 45 años. El 36.7 % de los empresarios tienen estudios de nivel superior, seguido de un 43.1 % con nivel media superior, 19.3 % con educación básica. En cuanto a estado civil predominan los casados con un 60.1 % seguidos de los solteros con 24.3 %.

La mayoría de los negocios 73.9 % pertenecen al giro comercial, un 22.4 % a la prestación de servicios y sólo 3.6 % a la producción de manufacturas, la antigüedad del 13.8 %de los negocios es menor a 3 años. Los empleos que ofrecen están en el rango de 1 a 50 trabajadores, de las empresas el 91.6 % emplea de 1 a 10 trabajadores y el 90.5 % tienen en su plantilla de 1 a 10 mujeres y en el 67.3 % colaboran de 1 a 5 familiares del propietario.

Alineado al objetivo general de la investigación y a la revisión de la literatura, se plantean las siguientes hipótesis:

- H0: Las habilidades directivas no inciden en el clima organizacional de la mype.
- H1: Las habilidades directivas inciden en el clima organizacional de la mype.

En cuanto al instrumento de medición, éste se integró por seis partes o bloques. El primero de ellos, con datos que abordan aspectos generales de la empresa: tamaño de la empresa, personal ocupado, así como información sobre los ingresos y gastos. La segunda parte aborda los datos del directivo y el tiempo destinado a las labores de la empresa. La tercera parte se refiere a los insumos del sistema: recursos humanos, análisis del mercado y proveedores. En una cuarta parte del instrumento de medición se exponen los procesos del sistema: dirección, gestión de ventas, finanzas, innovación, mercadotecnia, producción-operación. La quinta parte estuvo integrada por los resultados del sistema: satisfacción del sistema, ventaja competitiva, RSC-Asuntos de ISO 26000, valoración del entorno y, por último, la sexta parte quedó integrada por los dos temas anuales de investigación: a) el trabajo decente desde la perspectiva directiva y b) el impacto de las habilidades directivas (negociación, toma de decisiones, liderazgo, comunicación, trabajo en equipo) sobre el clima organizacional. Para las secciones comprendidas del tercer al sexto bloque se emplea una escala de Likert de cinco puntos, los cuales van de 'No sé / No aplica' (1) a 'muy de acuerdo' (5).

RESULTADOS

Las seis variables muestran consistencia interna del instrumento mediante el análisis del alfa de Cronbach de las variables objeto de estudio, de la misma forma se analiza la correlación que tienen con el clima organizacional como se muestra en la tabla 42.3.

Tabla 42.3. Alfa de Cronbach y correlación de las variables.

Variables	Correlación con clima	Cron bach	Media	Desviación Estándar
Negociación	0.431	0.941	4.024	0.731
Toma de decisiones	0.38	0.949	4.126	0.599
Liderazgo	0.673	0.959	4.261	0.561
Comunicación	0.607	0.950	4.210	0.552
Trabajo en equipo	0.594	0.960	4.200	0.598
Clima Organizacional	1	0.940	4.241	0.565

Fuente: Elaboración propia utilizando RStudio (R Core Team, 2022).

Se procede a realizar el modelo estructural del instrumento en la figura 42.4, el ajuste absolutorio muestra el error cuadrático medio de aproximación (RMSEA) es de 0 y el residuo cuadrático medio estandarizado (SRMR) es de

0.044, en ambos casos se consideran aceptables, en el ajuste comparativo (CFI) muestra un resultado de 1 y el índice de Tucker-Lewis (TLI) de 1 consideramos ajustes óptimos.

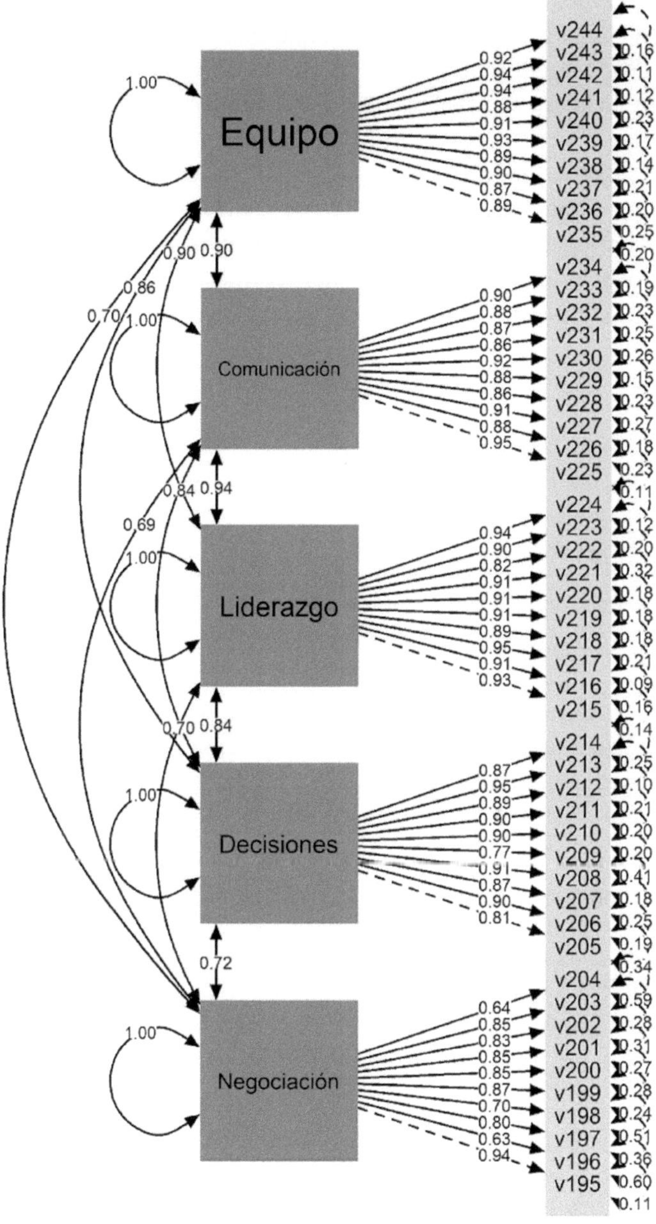

Figura 42.4. Resultado del modelo estructural.

Fuente: Elaboración propia utilizando RStudio (R Core Team, 2022).

Partiendo de la información cuantitativa del estudio se establece el modelo estructural (Figura 42.4), donde se muestra la dirección de las relaciones entre las diversas variables y el efecto que causan. El modelo plantea la existencia de cinco variables endógenas con una relación causal recíproca (Trabajo en equipo, comunicación, liderazgo, toma de decisiones y negociación). Las cinco variables tienen una relación causal directa con los ítems que conforman la variable, en todos los casos el grado de significancia fue <0.05 (los resultados se muestran en la Figura 42.4) dando un correcto ajuste del modelo (Bentler & Bonett, 1980; Martínez et al., 2012)

Con el objetivo de medir el impacto que tienen las habilidades directivas sobre el clima organizacional de la mype se realiza la siguiente regresión lineal, donde el clima organizacional es la variable dependiente y las variables independientes son negociación, toma de decisiones, liderazgo, comunicación y trabajo en equipo. Al final se sustituyen los valores tal y como se observa en la tabla 42.5.

Fórmula:

y = clima = constante + negociación + toma de decisiones + liderazgo + comunicación + trabajo en equipo.

Tabla 42.5. Regresión lineal.

Fórmula: lm(fórmula = clima ~ negociación + toma de decisiones + liderazgo + comunicación + trabajo en equipo)				
		Residuales		
Min	1Q	Mediana	3Q	Max
-1.14989	-0.04988	-0.04403	0.07254	1.07476
Coeficientes	**Estimado**	**Std. Error**	**T-valor**	**P-valor**
(Clima/Intercept)	0.435149	0.102751	4.235	2.79e-05
Negociación	0.026042	0.020741	1.256	0.210
Toma de decisiones	-0.006429	0.037117	-0.173	0.863
Liderazgo	0.218499	0.053306	4.099	4.95e-05
Comunicación	0.126514	0.054166	2.336	0.020
Trabajo en equipo	0.538897	0.045222	11.917	< 2e-16

Signif. codes: 0 '***' 0.001 '**' 0.01 '*' 0.05 '.' 0.1 ' ' 1
Residual standard error: 0.265 on 435 degrees of freedom
Multiple R-squared: 0.7826, Adjusted R-squared: 0.7801
F-statistic: 313.1 on 5 and 435 DF, p-value: < 2.2e-16
Fuente: Elaboración propia utilizando RStudio (R Core Team, 2022).

Para poder medir el impacto, se multiplica el valor estimado de cada una de las variables independientes (tabla 42.5) por su media (tabla 42.3).

y=0.43515 + (0.02604 * 4.024) + (-0.00643 * 4.126) + (0.2185 * 4.261) + (0.12651 * 4.21) + (0.5389 * 4.2)

Resolvemos la ecuación:

y=0.43515+0.104785+-0.0265302+0.9310285+0.5326071+2.26338
y=4.2404204

Se observa que la variable que tiene mayor impacto es trabajo en equipo con 2.26338, mientras que la de menor impacto es toma de decisiones con —0.0265302. El impacto total de las habilidades directivas sobre el clima organizacional es de 4.2404204.

DISCUSIÓN

En el análisis de los resultados expuestos con anterioridad, se evidencian las siguientes ideas esenciales.

En las mypes de Autlán de Navarro, Jalisco, las limitaciones en las habilidades directivas tienen una incidencia significativa en el clima organizacional, lo cual es coincidente con los estudios de Busro (2018), quien reconoce que en este tipo de empresas las habilidades gerenciales cumplen un papel fundamental en el logro de un clima organizacional que contribuya a la productividad; aspecto que lo diferencia de otras organizaciones.

El trabajo en equipo representa la habilidad con mayor impacto en el clima organizacional, seguida de la variable liderazgo. Lo anterior se corresponde con los planteamientos de Whetten y Cameron (2016), donde ubican a estas habilidades entre las más significativas a considerar en cualquier estudio.

Destaca negativamente la poca influencia de la habilidad decisiones en el clima organizacional, lo que se contrapone con lo expresado por Paredes-Zempual, Ibarra-Morales y Moreno-Freites (2021), quienes sostienen que el buen desempeño de la empresa está en función de las habilidades directivas y el buen clima organizacional, donde el poder de tomar decisiones de los jefes en un ambiente globalizado, cambiante y de alto riesgo, que impacte favorablemente en la rentabilidad de la organización, es un factor determinante para el éxito de las organizaciones.

Las mypes de Autlán de Navarro, Jalisco, requieren de un proceso serio de formación y desarrollo de habilidades directivas; principalmente de las habilidades toma de decisiones, negociación y comunicación, donde se involucre al personal encargado de implementar estrategias y tomar decisiones a fin de que estas empresas puedan estar preparadas para enfrentar los retos actuales de la competencia y cumplir sus metas y objetivos estratégicos. En la medida que los líderes y personal de gerencia de estas organizaciones estén más preparados en cuanto a habilidades directivas, se propicia la formación de un clima organizacional, donde los empleados estén satisfechos con su organización. La aplicación de este pensamiento estratégico estaría en total correspondencia con los planteamientos de Aburto y Bonales (2011), así como con los de Brunet (2007).

REFERENCIAS

Aburto, H.I. & Bonales, J. (2011). Habilidades directivas: Determinantes en el clima organizacional. *Investigación y Ciencia,* 19(51), 41–49.

Alegría-Zebadúa, R.M., & Alarcón-Martínez, G. (2022). Marco teórico e instrumento de medición de las habilidades gerenciales y clima organizacional en *Instituciones Bancarias de México. Vinculatégica,* 7(1). https://doi.org/10.29105/vtga7.1-82

Álvarez-Vásquez, C.A., Rivera-Vera, H.F., Conforme-Cedeño, G.M., Campoverde-Flores, F.K., Sornoza-Parrales, D.R., & Merchán-Nieto, L. (2018). *Los procesos, las técnicas de negociación y la tecnología. Ciencias. Economía, Organización y Ciencias Sociales. Editorial Área de Innovación y Desarrollo, S.L.* https://doi.org/10.17993/ecoorgycso.2018.41

Ávila-Morales, H., Palumbo-Pinto, G.B., De la Cruz-Ríos, H.A., & Ogosi-Auqui, J.A. (2022). Toma de decisiones estratégicas en la gestión pública para el desarrollo social. *Revista Venezolana de Gerencia,* 27(Edición Especial 7), 648–662. https://doi.org/10.52080/rvgluz.27.7.42

Bentler, P. M., & Bonett, D. G. (1980). Significance Tests and Goodness of Fit in the Analysis of Covariance Structures. *In Psychological Bulletin* (Vol. 88, Issue 3).

Brunet, L. (2007). El clima de trabajo en las organizaciones. Definición, diagnóstico y consecuencias. *Editorial Trillas.*

Busro, M. (2018). Teori-teori Manajemen Sumber Daya Manusia. *Jakarta. PrenadaMedia.*

Dini, M. & Stumpo, G. (2020). MiPyMEs en América Latina: un frágil desempeño y nuevos desafíos para las políticas de fomento. Documentos de Proyectos (LC/TS.2018/75/Rev.1), Santiago. *Comisión Económica para América Latina y el Caribe* (CEPAL).

Forbes (2021). Inclusión digital: el futuro de las MyPEs. *Forbes Content.* https://www.forbes.com.mx/ad-inclusion-digital-futuro-mypes-mexico-visa/

Ibarra-Morales, L.E., Paredes-Zempual, D., & Carrillo-Cisneros, E. (2022). Impacto del COVID-19 en las variables que determinan la competitividad de las micro, pequeñas y medianas empresas mexicanas. *Revista RELAYN. Micro y Pequeña Empresa en Latinoamérica,* 6(1), 7–22. https://doi.org/10.46990/relayn.2022.6.1.532

Instituto Nacional de Estadística y Geografía (Inegi) (2020). *Censo de población y vivienda 2020.* https://www.inegi.org.mx/programas/ccpv/2020/

King, E.B., Helb, M.R., George, J.M. & Matusik, S.F. (2010). Understanding tokenism: Antecedents and consequences of a psychological climate of gender inequity. *Journal of Management,* 36(2), 482–510. https://doi.org/10.1177/0149206308328508

Leyva-Carreras, A.B., Cavazos-Arroyo, J., & Espejel-Blanco, J.E. (2018). Influencia de la planeación estratégica y habilidades gerenciales como factores internos de la competitividad empresarial de las Pymes. *Contaduría y Administración,* 63(3), 41. https://doi.org/10.22201/fca.24488410e.2018.1085

Leyva-Carreras, A.B., Espejel-Blanco, J.E., & Cavazos-Arroyo, J. (2017). Habilidades gerenciales como estrategia de competitividad empresarial en las pequeñas y medianas empresas (Pymes). *Revista Perspectiva Empresarial,* 4(1), 7–22. https://doi.org/10.16967/rpe.v4n1a1

Martinez, E., García-Alandete, J., Selles, P., Bernabe, G., & Soucase, B. (2012). Análisis factorial confirmatorio de los principales modelos propuestos para el purpose-in-life test en una muestra de universitarios españoles. *Acta Colombiana de Psicología,* 67–76.

Mendoza-Vargas, E.Y., Villaroel-Puma, M.F. & Carranza-Quimi, W.D. (2020). Caracterización de los microemprendimientos de los sectores urbanos marginales de Quevedo. *Centro Sur. Social Science Journal.* 4(4), 1–23. https://doi.org/10.37955/cs.v4i1.40

Moreno, M. J., & Wong Aitken, H. G. (2019). Relación de las habilidades directivas y la satisfacción laboral en la empresa Chicken King de Trujillo, 2018. *Cuadernos Latinoamericanos de Administración,* 14(27), 1–17. https://doi.org/10.18270/cuaderlam.v14i27.2475

Naranjo, R. (2015). Management skills in leaders of mid-sized businesses of Colombia. *Revista Científica Pensamiento y Gestión,* 38, 119–146. https://doi.org/10.14482/pege.38.7703

Niebles-Núñez, L., Torres-Anillo, K. & Montenegro-Rada, A. (2020). Habilidades gerenciales como herramienta para el fortalecimiento del liderazgo transformacional en las mipymes. *Editorial Universidad del Atlántico.* https://repositorio.uniatlantico.edu.co/bitstream/handle/20.500.12834/1030/admin %2c %2bHABILIDADES %2bGERENCIALES %2bCOMO %2bHERRAMIENTA %2bEN %2bMIPYMES.pdf?sequence=1&isAllowed=y

Paredes-Zempual, D., Ibarra-Morales, L.E., & Moreno-Freites, Z.E. (2021). Habilidades directivas y clima organizacional en pequeñas y medianas empresas. *Investigación Administrativa,* 50–1, 1–23. https://doi.org/10.35426/iav50n127.05

Puga-Villarreal, J., & Martínez-Cerna, L. (2008). Competencias Directivas en Escenarios Globales. *Estudios Gerenciales,* 24(109), 87–103. https://doi.org/10.1016/s0123-5923(08)70054-8

R Core Team (2022). R: A language and environment for statistical computing. R *Foundation for Statistical Computing, Vienna, Austria.* URL https://www.R-project.org/

Red de Estudios Latinoamericanos en Administración y Negocios. (RELAYN) (2023). *Investigación anual,* N. Peña & O. Aguilar (coords.) https://relayn.redesla.la

Red de Estudios Latinoamericanos (RedesLA) (2023). *Investigaciones anuales.* https://redesla.la

Rojero-Jiménez, R., Gómez-Romero, J.G.I., & Quintero-Robles, L.M. (2019). El liderazgo transformacional y su influencia en los atributos de los seguidores en las Mipymes mexicanas. *Estudios Gerenciales,* 35(151), 178–189. https://doi.org/10.18046/j.estger.2019.151.3192

Vargas, B., & del Castillo, C. (2008). Competitividad sostenible de la pequeña empresa: Un modelo de promoción de capacidades endógenas para promover ventajas competitivas sostenibles y alta productividad. *Journal of Economics, Finance and Administrative Science,* 13(24), 59–80. https://www.redalyc.org/articulo.oa?id=360733604004

Viamontes, M.O., & Oliva, E.J.D. (2015). Las agrupaciones corales como estrategia de formación de competencias para trabajo en equipo en las organizaciones: una perspectiva comparativa. *Suma de Negocios,* 6(13), 92–97. https://doi.org/10.1016/j.sumneg.2015.08.008

Whetten, D. & Cameron, K. (2016). Desarrollo de habilidades directivas. México: *Editorial Prentice Hall.*

CAPÍTULO 43

Las habilidades directivas y el clima organizacional en las micro y pequeñas empresas de Guadalajara, Jalisco, México

Management skills and the organizational climate in micro and small companies in Guadalajara, Jalisco, Mexico

JORGE ORLANDO VILLALPANDO ROBLES, RITO SEGOVIA LÓPEZ, BENJAMIN VÁZQUEZ MEDINA Y TEÓFILO CHACÓN MAZA

Universidad Tecnológica de Jalisco

Resumen: El objetivo de la presente investigación es determinar el impacto que tienen las habilidades directivas sobre el clima organizacional en las micro y pequeñas empresas de Latinoamérica. Por el tamaño de la muestra, es pertinente tomar los valores con ciertas reservas, ya que pueden adolecer de significancia estadística. Se presenta un estudio cuantitativo, no experimental, de forma transversal y con un alcance causal. La pertinencia del estudio contribuye a la generación de conocimiento para el desarrollo de un modelo de gestión de la mype en América Latina que permita maximizar la productividad. Entre los principales resultados, se puede observar que la variable de la habilidad directiva trabajo en equipo es la que tiene mayor impacto en el clima organizacional, con 2.1410836. En conclusión, el análisis mostró que las habilidades directivas de negociación, toma de decisiones, liderazgo, comunicación y trabajo en equipo, tienen un importante y significativo impacto en el clima organizacional de las mypes. Todas las variables tienen influencia positiva en el clima organizacional, según el análisis realizado.

Abstract: The objective of this research is to determine the impact that management skills have on the organizational climate in micro and small companies in Latin America. Due to the size of the sample, it is pertinent to take the values with certain reservations, since they may suffer from statistical significance. A quantitative, non-experimental, cross-sectional study with a causal scope is presented. The relevance of the study contributes to the generation of knowledge for the development of a management model for mypes in Latin America that allows maximizing productivity. Among the main results, it can be observed that the variable of teamwork management ability is the one that has the greatest impact on the organizational climate, with 2.1410836. In conclusion, the analysis showed that management skills for negotiation, decision making, leadership, communication and teamwork have an important and significant impact on the organizational climate of mypes. All the variables have a positive influence on the organizational climate, according to the analysis carried out.

Palabras clave: clima organizacional, habilidades directivas, trabajo en equipo.

INTRODUCCIÓN

De acuerdo con el último Censo Económico publicado por el Instituto Nacional de Estadística y Geografía (INEGI, 2020), 98.3 % del universo de unidades económicas está constituido por micro y pequeñas empresas, las cuales generan —al menos— el 55 % de los empleos y amasan el 39 % del Producto Interno Bruto (PIB) del país. Las microempresas están configuradas por aquellos negocios que tienen menos de 10 trabajadores y generan anualmente ventas hasta por 4 millones de pesos. Las pequeñas empresas son unidades económicas que emplean entre 11 y 50 trabajadores, generando ventas anuales que oscilan entre 4 y 100 millones de pesos (Mendoza-Vargas, Villaroel-Puma & Carranza-Quimi, 2020; Forbes, 2021).

Es importante mencionar que actualmente las mypes se enfrentan a múltiples retos y problemáticas, específicamente, el desarrollo de habilidades gerenciales o directivas por parte de los líderes cumple una labor fundamental en el clima organizacional para este tipo de empresas, al establecerse como un diferenciador con otras organizaciones (Busro, 2018). En esa perspectiva, la formación y el desarrollo de habilidades directivas del personal encargado de implementar estrategias y tomar decisiones son fundamentales, pues de ello depende que las mypes cumplan sus metas y objetivos estratégicos, lo cual permite a las organizaciones volverse más competitivas, pues propicia la formación de un clima organizacional donde los empleados estén satisfechos con su organización (Aburto & Bonales, 2011; Brunet, 2007).

Derivado de la importancia que representa el desarrollo de habilidades directivas en los líderes que dirigen los esfuerzos estratégicos de las mypes, así como la importancia de contar con un buen clima organizacional, se plantean las siguientes preguntas de investigación: ¿cuáles habilidades directivas tienen repercusión

en el clima organizacional de las mypes?, ¿cuál es el clima organizacional que predomina en las mypes?

Para cumplir con lo anterior, el objetivo de la investigación es determinar el grado de asociación entre las habilidades directivas y el clima organizacional de las micro y pequeñas empresas, lo cual permitirá conocer con mayor precisión las habilidades directivas que los gerentes o mandos medios deben desarrollar para que prevalezca un clima organizacional satisfactorio entre los empleados al interior de las mypes. En ese sentido, las mypes podrán determinar si éstas son las causales de un clima organizacional adecuado o inconveniente, lo que, a su vez, permitirá diseñar programas de capacitación para sus líderes y, con ello, generar información que contribuya —si es el caso— a resolver el problema o mantener y fortalecer lo que se tiene.

Los diferentes análisis estadísticos correlacionales entre las variables del estudio permitirán identificar si las habilidades directivas son la causa principal del clima organizacional que prevalece en las mypes. Lo anterior será de gran apoyo en la búsqueda de factores endógenos diferenciados que permita a las mypes obtener ventajas competitivas sostenibles, ya que, si bien es cierto, una mejor gestión empresarial no es suficiente para lograr ser más competitivas, sino que está determinada por otros factores internos como un buen clima organizacional y el desarrollo de habilidades directivas (Vargas & Del Castillo, 2008).

REVISIÓN DE LA LITERATURA

Las organizaciones del siglo XXI afrontan un entorno dinámico y complejo caracterizado por la incertidumbre, debido a esto deben estar preparadas para dar respuesta a los cambios vertiginosos, en aras de cumplir sus objetivos y metas organizacionales así como volverse más competitivas. Las micro y pequeñas empresas (mypes) también deben responder a ese contexto, sin embargo, las características estructurales de su magnitud las coloca en desventaja respecto a la gran empresa, misma que tiene a su disposición una mayor cantidad de recursos y capacidades. El tema aquí analizado ha obtenido gran relevancia en los rubros de la investigación y las políticas públicas recientemente, lo cual ha permitido una mejora de determinados aspectos directamente vinculados con la competitividad de las empresas (Leyva-Carreras, Cavazos-Arroyo & Espejel-Blanco, 2018).

La situación actual de las mypes es compleja —aun siendo una parte fundamental del aparato económico a nivel mundial—, presenta una serie de desafíos y retos, enfrenta diversos obstáculos que limitan su capacidad de crecimiento y desarrollo. Uno de los principales problemas que enfrentan estas empresas es la falta de acceso al financiamiento, ya que esto restringe su capacidad para invertir en innovación, en maquinaria y equipos, software y tecnologías digitales; así como

en la capacitación y adiestramiento para sus empleados. Otra problemática a la cual se enfrentan es la poca inversión en capacitación a sus directivos y gerentes, de modo que éstos puedan desarrollar sus habilidades directivas, permitiéndoles contar con las herramientas necesarias al momento de tomar decisiones estratégicas de impacto en sus portafolios de negocios, a través de una visión diferente y más competitiva, no sólo a nivel local, sino a niveles superiores en la configuración y escala del negocio.

Es importante destacar que la pandemia por el Covid-19 tuvo un impacto significativo en las mypes debido a que muchas de ellas tuvieron que cerrar de forma temporal o permanente. Las restricciones de movimiento y confinamiento social provocaron una disminución significativa en la demanda de productos y servicios (Ibarra-Morales, Paredes-Zempual & Carrillo-Cisneros, 2022). Para dimensionar y tener una mejor visión de la magnitud de la presencia e importancia de las mypes en Latinoamérica, Dini y Stumpo (2021) realizan una clasificación tomando como parámetros el sector y el tamaño de la empresa (tabla 43.1.).

Tabla 43.1. Clasificación de acuerdo con el sector y tamaño de la empresa.

Sector	**Micro empresa**	**Pequeña empresa**
Agricultura, ganadería, caza, silvicultura y pesca	80 %	16 %
Explotación de minas y canteras	68 %	23 %
Industria manufacturera	82 %	14 %
Suministro de electricidad, gas y agua	70 %	20 %
Construcción	76 %	19 %
Comercio al por mayor y menor	92 %	07 %
Hoteles y restaurantes	89 %	10 %
Transporte, almacenamiento y comunicaciones	83 %	13 %
Intermediación financiera	81 %	14 %
Actividades inmobiliarias, empresariales y de alquiler	87 %	10 %
Enseñanza	76 %	19 %
Servicios sociales y de salud	89 %	09 %
Otras actividades comunitarias, sociales y personales	95 %	04 %
Total	**88.4 %**	**09.6 %**

Fuente: elaboración propia a partir de Dini & Stumpo (2021).

Leyva-Carreras, Espejel-Blanco y Cavazos-Arroyo (2017) destacan que el director o gerente de una mype debe tomar en cuenta ciertas variables para lograr la excelencia, el buen clima organizacional y la competitividad empresarial, para lo cual es preciso contar con personal directivo que reúna las siguientes

características: dinámicos, actualizados, con habilidades directivas, operativas y de gestión, conocimientos de administración y planeación estratégica, así como administración y dirección de talento humano, siempre proactivo al cambio organizacional y tecnológico, para que se convierta en vehículo que potencia la creatividad, la innovación y el desarrollo sustentable. Sin embargo, por desconocer esas características de gestión o habilidades directivas que son propias de los líderes, esa ignorancia puede ser la causa de algunos problemas administrativos y de competitividad en las mypes, lo que genera algunas consecuencias en la transición de una economía local y proteccionista a un mercado libre y globalizado (Naranjo, 2015).

Niebles-Núñez, Torres-Anillo y Montenegro-Rada (2020) establecen que las habilidades directivas comprenden el proceso de la gerencia, estas son: planificar, organizar, dirigir, ejecutar y controlar que, a su vez, constituyen el conjunto de destrezas, cualidades, competencias, conocimientos, acciones, experiencias y capacidades que inciden en el efectivo desempeño del rol gerencial, al contribuir al logro de objetivos y metas organizacionales, asimismo, representan la implementación práctica por la acción del conocimiento adquirido académicamente o por experiencias a través del proceso de aprendizaje. Es por ello que, en los últimos años, las habilidades directivas desempeñan un papel muy importante en la satisfacción de los colaboradores en las empresas a nivel mundial, pues se ha demostrado que la manera o particularidad en que los directivos lideran a sus equipos generan una repercusión directa en su satisfacción y, por ende, en su desempeño laboral (Moreno & Wong, 2018).

Paredes-Zempual, Ibarra-Morales y Moreno-Freites (2021) adoptan otra perspectiva, sostienen que el buen desempeño de la empresa está en función de las habilidades directivas y el buen clima organizacional, sobre todo en este tiempo donde las empresas se encuentran inmersas en un proceso de globalización y de rápidos cambios que demandan líderes más preparados en actitudes y aptitudes, capaces de administrar de manera eficaz y eficiente los procesos y procedimientos, tanto administrativos como operativos, comprometidos con la rentabilidad de la organización.

El clima organizacional es observado y analizado por las empresas con el fin de mantenerlo en niveles positivos y, de esa forma, estimular la productividad de los empleados, motivo por el cual las empresas buscan los elementos y condiciones necesarias que puedan incidir de forma positiva en el clima organizacional, ya que existen estudios empíricos que así lo demuestran, en otras palabras, un mejor clima organizacional en la empresa se traduce en mejores resultados en los ámbitos financieros, administrativos y productivos (Alegría-Zebadúa & Alarcón-Martínez, 2022).

Whetten y Cameron (2016) clasifican las habilidades en tres grandes grupos: personales, interpersonales y grupales, mismas que en su conjunto aportan

al éxito de una administración eficaz y centrada en los logros financieros, pero también de posición competitiva. En este sentido, para el presente estudio se han seleccionado como habilidades directivas las siguientes: negociación, toma de decisiones, liderazgo, comunicación y trabajo en equipo, ya que predominan en la literatura y en los diferentes modelos conceptuales, además de ser las más importantes para Whetten y Cameron. Adicionalmente, se ha seleccionado como variable el clima organizacional debido al impacto y la importancia que ostenta para las mypes. Las definiciones conceptuales para cada una de las variables se muestran en la tabla 43.2.

Tabla 43.2. Definición conceptual de las variables.

Variable	Definición conceptual
Negociación	Presentar y discutir propuestas comunes con el propósito de llegar a un acuerdo en un marco de interés común (Álvarez-Vásquez, et al., 2018).
Toma de decisiones	Decidir por una alternativa que requiere atender situaciones planificadas o de incertidumbre entre un abanico de varias opciones (Ávila-Morales et al., 2022).
Liderazgo	Lograr la motivación de los colaboradores mediante la promoción de conductas positivas que reditúan en mejores niveles de desempeño laboral para la empresa (Rojero-Jiménez, Gómez-Romero & Quintero-Robles, 2019).
Comunicación	Recibir y transmitir mensajes oportunos y unívocos, independientemente del canal o la forma de comunicación, lo cual facilita la emisión y recepción de los mensajes que se producen entre los miembros de la organización y su entorno, facilitando el alcance de los objetivos y metas que establecen los miembros de la organización (Puga-Villarreal & Martínez-Cerna, 2008).
Trabajo en equipo	Fomentar la colaboración conjunta entre los integrantes que conforman un equipo de trabajo, a través del talento individual, la comunicación, las competencias y las fortalezas de cada uno en su relación con los demás, para lograr el cumplimiento de un objetivo común (Viamontes & Oliva, 2015).
Clima organizacional	Variable que media entre el contexto de una organización y la conducta de sus empleados o miembros, desde la perspectiva del cómo ellos experimentan el trabajo en sus empresas (King, Hebl, George & Matusik, 2010).

Fuente: elaboración propia.

METODOLOGÍA

El presente trabajo de investigación ha sido propuesto por la Red de Estudios Latinoamericanos en Administración y Negocios (RELAYN, 2023), la cual consiste en conceptualizar la micro y pequeña empresa (mype) como una serie de elementos de entradas, procesos y salidas enmarcados en un ambiente que influye en el clima organizacional de las mypes, según la percepción del director, considerado como la persona que toma la mayor parte de las decisiones. Este estudio tiene un enfoque cuantitativo de diseño transversal de tipo causal.

Se realizó un muestreo probabilístico aleatorio simple con las mypes de Guadalajara, Jalisco, México, cuya cantidad de empleados se encuentra en el rango de 1 a 50, con un nivel de confianza del 95 %, un margen de error del ±5 % y una probabilidad estimada de p=0.5 (50 %). Se obtuvieron de la muestra aplicada un total de 372 encuestas válidas en el periodo del 01 de marzo al 30 de abril de 2023. Se utilizó un instrumento de medición tipo encuesta, la cual fue dirigida a los propietarios, directores o gerentes de las mypes, para lo cual sirvió la asistencia de estudiantes universitarios que previamente fueron capacitados para aplicar la encuesta.

Características de la muestra son:

El 37.4 % de la muestra fueron del sexo biológico femenino y el restante 62.6 % masculino. La edad de los sujetos tiene un rango de 18 a 80 años, con un promedio de 41 años y una moda de 40 años. El 39.5 % de los empresarios tienen estudios de nivel superior, seguido de un 34.7 % con nivel media superior, 23.7 % con educación básica. En cuanto a estado civil predominan los casados con un 59.9 % seguidos de los solteros con 22.8 %.

La mayoría de los negocios 63.4 % pertenecen al giro comercial, un 29 % a la prestación de servicios y sólo 7.5 % a la producción de manufacturas, la antigüedad del 13.4 %de los negocios es menor a 3 años. Los empleos que ofrecen están en el rango de 1 a 50 trabajadores, de las empresas el 82 % emplea de 1 a 10 trabajadores y el 84.1 % tienen en su plantilla de 1 a 10 mujeres y en el 70.4 % colaboran de 1 a 5 familiares del propietario.

Alineado al objetivo general de la investigación y a la revisión de la literatura, se plantean las siguientes hipótesis:

H0: Las habilidades directivas no inciden en el clima organizacional de la mype.
H1: Las habilidades directivas inciden en el clima organizacional de la mype.

En cuanto al instrumento de medición, éste se integró por seis partes o bloques. El primero de ellos, con datos que abordan aspectos generales de la empresa: tamaño de la empresa, personal ocupado, así como información sobre los ingresos y gastos. La segunda parte aborda los datos del directivo y el tiempo destinado a las labores de la empresa. La tercera parte se refiere a los insumos del sistema: recursos humanos, análisis del mercado y proveedores. En una cuarta parte del instrumento de medición se exponen los procesos del sistema: dirección, gestión de ventas, finanzas, innovación, mercadotecnia, producción-operación. La quinta parte estuvo integrada por los resultados del sistema: satisfacción del sistema, ventaja competitiva, RSC-Asuntos de ISO 26000, valoración del entorno y, por último, la sexta parte quedó integrada por los dos temas anuales de investigación: a) el trabajo decente desde la perspectiva directiva y b) el impacto de las habilidades directivas (negociación, toma de decisiones, liderazgo, comunicación, trabajo en equipo) sobre el clima organizacional. Para las secciones comprendidas del tercer al sexto bloque se emplea una escala de Likert de cinco puntos, los cuales van de 'No sé / No aplica' (1) a 'muy de acuerdo' (5).

RESULTADOS

Por el tamaño de la muestra, es pertinente tomar los valores con ciertas reservas, ya que pueden adolecer de significancia estadística.

Las seis variables muestran consistencia interna del instrumento mediante el análisis del alfa de Cronbach de las variables objeto de estudio, de la misma forma se analiza la correlación que tienen con el clima organizacional como se muestra en la tabla 43.3.

Tabla 43.3. Alfa de Cronbach y correlación de las variables.

Variables	Correlación con clima	Cronbach	Media	Desviación Estándar
Negociación	0.265	0.806	4.169	0.495
Toma de decisiones	0.386	0.874	4.206	0.507
Liderazgo	0.34	0.901	4.356	0.483
Comunicación	0.49	0.879	4.320	0.452
Trabajo en equipo	0.452	0.900	4.342	0.473
Clima Organizacional	1	0.903	4.335	0.503

Fuente: Elaboración propia utilizando RStudio (R Core Team, 2022).

Se procede a realizar el modelo estructural del instrumento en la figura 43.4, el ajuste absolutorio muestra el error cuadrático medio de aproximación (RMSEA) es de 0.023 y el residuo cuadrático medio estandarizado (SRMR) es de 0.054, en

ambos casos se consideran aceptables, en el ajuste comparativo (CFI) muestra un resultado de 0.998 y el índice de Tucker-Lewis (TLI) de 0.997 consideramos ajustes óptimos.

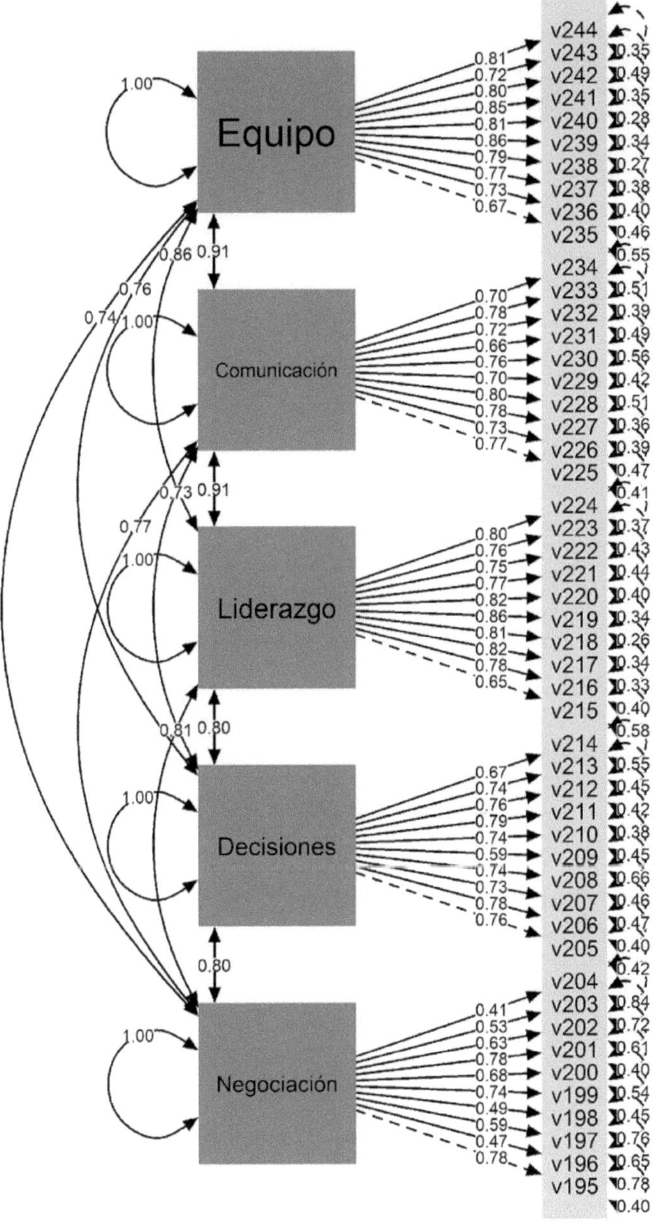

Figura 43.4. Resultado del modelo estructural.

Fuente: Elaboración propia utilizando RStudio (R Core Team, 2022).

Partiendo de la información cuantitativa del estudio se establece el modelo estructural (Figura 43.4), donde se muestra la dirección de las relaciones entre las diversas variables y el efecto que causan. El modelo plantea la existencia de cinco variables endógenas con una relación causal recíproca (Trabajo en equipo, comunicación, liderazgo, toma de decisiones y negociación). Las cinco variables tienen una relación causal directa con los ítems que conforman la variable, en todos los casos el grado de significancia fue <0.05 (los resultados se muestran en la Figura 43.4) dando un correcto ajuste del modelo (Bentler & Bonett, 1980; Martínez et al., 2012)

Con el objetivo de medir el impacto que tienen las habilidades directivas sobre el clima organizacional de la mype se realiza la siguiente regresión lineal, donde el clima organizacional es la variable dependiente y las variables independientes son negociación, toma de decisiones, liderazgo, comunicación y trabajo en equipo. Al final se sustituyen los valores tal y como se observa en la tabla 43.5.

Fórmula:

y = clima = constante + negociación + toma de decisiones + liderazgo + comunicación + trabajo en equipo.

Tabla 43.5. Regresión lineal.

Fórmula: lm(fórmula = clima ~ negociación + toma de decisiones + liderazgo + comunicación + trabajo en equipo)				
		Residuales		
Min	**1Q**	**Mediana**	**3Q**	**Max**
-1.25070	-0.11142	-0.00933	0.11394	0.83995
Coeficientes	**Estimado**	**Std. Error**	**T-valor**	**P-valor**
(Clima/Intercept)	-0.02450	0.14090	-0.174	0.8620
Negociación	0.05424	0.03708	1.463	0.1443
Toma de decisiones	0.02698	0.04006	0.673	0.5011
Liderazgo	0.09128	0.05299	1.723	0.0858
Comunicación	0.34285	0.05782	5.930	7.03e-09
Trabajo en equipo	0.49311	0.05088	9.691	< 2e-16

Signif. codes: 0 '***' 0.001 '**' 0.01 '*' 0.05 '.' 0.1 ' ' 1
Residual standard error: 0.2584 on 366 degrees of freedom
Multiple R-squared: 0.7392, Adjusted R-squared: 0.7356
F-statistic: 207.5 on 5 and 366 DF, p-value: < 2.2e-16
Fuente: Elaboración propia utilizando RStudio (R Core Team, 2022).

Para poder medir el impacto, se multiplica el valor estimado de cada una de las variables independientes (tabla 43.5) por su media (tabla 43.3).

y=-0.0245 + (0.05424 * 4.169) + (0.02698 * 4.206) + (0.09128 * 4.356) + (0.34285 * 4.32) + (0.49311 * 4.342)

Resolvemos la ecuación:

y=-0.0245+0.2261266+0.1134779+0.3976157+1.481112+2.1410836

y=4.3349157

Se observa que la variable que tiene mayor impacto es trabajo en equipo con 2.1410836, mientras que la de menor impacto es toma de decisiones con 0.1134779. El impacto total de las habilidades directivas sobre el clima organizacional es de 4.3349157.

DISCUSIÓN

El análisis de consistencia interna de las variables objeto de estudio arroja que el instrumento utilizado para la investigación es confiable y válido. Todas las variables tienen una alta consistencia interna.

Se obtuvo una correlación positiva estadísticamente significativa entre las seis variables y el clima organizacional, lo que quiere decir que cuanto más altas son las puntuaciones en las habilidades directivas, mayor es la percepción de un buen clima organizacional.

Todas las variables consideradas en la investigación tienen una correlación positiva con el clima organizacional, lo que indica que estas variables pueden influir en el clima dentro de la organización. La variable de comunicación tiene la correlación más fuerte, mientras que la de negociación tiene la correlación más débil.

Las seis variables analizadas son importantes para el clima organizacional dentro de las empresas estudiadas. Comprender cómo están relacionadas entre sí y con el clima organizacional será útil para los gerentes y líderes en su intento por mejorar el clima organizacional y el rendimiento de la organización en general.

El instrumento tiene una estructura interna clara y bien definida, ya que las preguntas que lo conforman miden lo que se pretende calcular de manera consistente. El instrumento utilizado en el estudio es válido y confiable para evaluar las variables objeto de estudio. Por tanto, éste se puede utilizar para medir la relación que hay entre las habilidades directivas y la percepción de los empleados sobre el clima organizacional en las empresas.

El análisis de regresión lineal que se realizó para medir el impacto de las habilidades directivas en el clima organizacional de las pequeñas y medianas empresas (mypes) reveló que las habilidades de negociación, toma de decisiones, liderazgo, comunicación y trabajo en equipo, tienen una influencia significativa en el clima organizacional.

Se rechaza la hipótesis nula sobre que las habilidades directivas no inciden en el clima organizacional de la mype.

Se acepta la hipótesis alternativa acerca de que las habilidades directivas inciden en el clima organizacional de la mype.

REFERENCIAS

Aburto, H.I. & Bonales, J. (2011). Habilidades directivas: Determinantes en el clima organizacional. *Investigación y Ciencia,* 19(51), 41–49.

Alegría-Zebadúa, R.M., & Alarcón-Martínez, G. (2022). Marco teórico e instrumento de medición de las habilidades gerenciales y clima organizacional en *Instituciones Bancarias de México. Vinculatégica,* 7(1). https://doi.org/10.29105/vtga7.1-82

Álvarez-Vásquez, C.A., Rivera-Vera, H.F., Conforme-Cedeño, G.M., Campoverde-Flores, F.K., Sornoza-Parrales, D.R., & Merchán-Nieto, L. (2018). *Los procesos, las técnicas de negociación y la tecnología. Ciencias. Economía, Organización y Ciencias Sociales. Editorial Área de Innovación y Desarrollo, S.L.* https://doi.org/10.17993/ecoorgycso.2018.41

Ávila-Morales, H., Palumbo-Pinto, G.B., De la Cruz-Ríos, H.A., & Ogosi-Auqui, J.A. (2022). Toma de decisiones estratégicas en la gestión pública para el desarrollo social. *Revista Venezolana de Gerencia*, 27(Edición Especial 7), 648–662. https://doi.org/10.52080/rvgluz.27.7.42

Bentler, P. M., & Bonett, D. G. (1980). Significance Tests and Goodness of Fit in the Analysis of Covariance Structures. *In Psychological Bulletin* (Vol. 88, Issue 3).

Brunet, L. (2007). El clima de trabajo en las organizaciones. Definición, diagnóstico y consecuencias. *Editorial Trillas.*

Busro, M. (2018). Teori-teori Manajemen Sumber Daya Manusia. *Jakarta. PrenadaMedia.*

Dini, M. & Stumpo, G. (2020). MiPyMEs en América Latina: un frágil desempeño y nuevos desafíos para las políticas de fomento. Documentos de Proyectos (LC/TS.2018/75/Rev.1), Santiago. *Comisión Económica para América Latina y el Caribe* (CEPAL).

Forbes (2021). Inclusión digital: el futuro de las MyPEs. *Forbes Content.* https://www.forbes.com.mx/ad-inclusion-digital-futuro-mypes-mexico-visa/

Ibarra-Morales, L.E., Paredes-Zempual, D., & Carrillo-Cisneros, E. (2022). Impacto del COVID-19 en las variables que determinan la competitividad de las micro, pequeñas y medianas empresas mexicanas. *Revista RELAYN. Micro y Pequeña Empresa en Latinoamérica,* 6(1), 7–22. https://doi.org/10.46990/relayn.2022.6.1.532

Instituto Nacional de Estadística y Geografía (Inegi) (2020). *Censo de población y vivienda 2020.* https://www.inegi.org.mx/programas/ccpv/2020/

King, E.B., Helb, M.R., George, J.M. & Matusik, S.F. (2010). Understanding tokenism: Antecedents and consequences of a psychological climate of gender inequity. *Journal of Management,* 36(2), 482–510. https://doi.org/10.1177/0149206308328508

Leyva-Carreras, A.B., Cavazos-Arroyo, J., & Espejel-Blanco, J.E. (2018). Influencia de la planeación estratégica y habilidades gerenciales como factores internos de la competitividad empresarial de las Pymes. *Contaduría y Administración,* 63(3), 41. https://doi.org/10.22201/fca.24488410e.2018.1085

Leyva-Carreras, A.B., Espejel-Blanco, J.E., & Cavazos-Arroyo, J. (2017). Habilidades gerenciales como estrategia de competitividad empresarial en las pequeñas y medianas empresas (Pymes). *Revista Perspectiva Empresarial,* 4(1), 7–22. https://doi.org/10.16967/rpe.v4n1a1

Martinez, E., García-Alandete, J., Selles, P., Bernabe, G., & Soucase, B. (2012). Análisis factorial confirmatorio de los principales modelos propuestos para el purpose-in-life test en una muestra de universitarios españoles. *Acta Colombiana de Psicología,* 67–76.

Mendoza-Vargas, E.Y., Villaroel-Puma, M.F. & Carranza-Quimi, W.D. (2020). Caracterización de los microemprendimientos de los sectores urbanos marginales de Quevedo. *Centro Sur. Social Science Journal.* 4(4), 1–23. https://doi.org/10.37955/cs.v4i1.40

Moreno, M. J., & Wong Aitken, H. G. (2019). Relación de las habilidades directivas y la satisfacción laboral en la empresa Chicken King de Trujillo, 2018. *Cuadernos Latinoamericanos de Administración,* 14(27), 1–17. https://doi.org/10.18270/cuaderlam.v14i27.2475

Naranjo, R. (2015). Management skills in leaders of mid-sized businesses of Colombia. *Revista Científica Pensamiento y Gestión,* 38, 119–146. https://doi.org/10.14482/pege.38.7703

Niebles-Núñez, L., Torres-Anillo, K. & Montenegro-Rada, A. (2020). Habilidades gerenciales como herramienta para el fortalecimiento del liderazgo transformacional en las mipymes. *Editorial Universidad del Atlántico.* https://repositorio.uniatlantico.edu.co/bitstream/handle/20.500.12834/1030/admin %2c %2bHABILIDADES %2bGERENCIALES %2bCOMO %2bHERRAMIENTA %2bEN %2bMIPYMES.pdf?sequence=1&isAllowed=y

Paredes-Zempual, D., Ibarra-Morales, L.E., & Moreno-Freites, Z.E. (2021). Habilidades directivas y clima organizacional en pequeñas y medianas empresas. *Investigación Administrativa,* 50–1, 1–23. https://doi.org/10.35426/iav50n127.05

Puga-Villarreal, J., & Martínez-Cerna, L. (2008). Competencias Directivas en Escenarios Globales. *Estudios Gerenciales,* 24(109), 87–103. https://doi.org/10.1016/s0123-5923(08)70054-8

R Core Team (2022). R: A language and environment for statistical computing. R *Foundation for Statistical Computing, Vienna, Austria.* URL https://www.R-project.org/

Red de Estudios Latinoamericanos en Administración y Negocios. (RELAYN) (2023). *Investigación anual,* N. Peña & O. Aguilar (coords.) https://relayn.redesla.la

Red de Estudios Latinoamericanos (RedesLA) (2023). *Investigaciones anuales.* https://redesla.la

Rojero-Jiménez, R., Gómez-Romero, J.G.I., & Quintero-Robles, L.M. (2019). El liderazgo transformacional y su influencia en los atributos de los seguidores en las Mipymes mexicanas. *Estudios Gerenciales,* 35(151), 178–189. https://doi.org/10.18046/j.estger.2019.151.3192

Vargas, B., & del Castillo, C. (2008). Competitividad sostenible de la pequeña empresa: Un modelo de promoción de capacidades endógenas para promover ventajas competitivas sostenibles y alta productividad. *Journal of Economics, Finance and Administrative Science,* 13(24), 59–80. https://www.redalyc.org/articulo.oa?id=360733604004

Viamontes, M.O., & Oliva, E.J.D. (2015). Las agrupaciones corales como estrategia de formación de competencias para trabajo en equipo en las organizaciones: una perspectiva comparativa. *Suma de Negocios,* 6(13), 92–97. https://doi.org/10.1016/j.sumneg.2015.08.008

Whetten, D. & Cameron, K. (2016). Desarrollo de habilidades directivas. México: *Editorial Prentice Hall.*

CAPÍTULO 44

Las habilidades directivas y el clima organizacional en las micro y pequeñas empresas de Ocotlán, Jalisco, México

Management skills and the organizational climate in micro and small companies in Ocotlan, Jalisco, Mexico

HÉCTOR CUELLAR HERNÁNDEZ, HELGA ELENA ROESNER GARCÍA Y MARÍA LUISA VILLASANO JAIN

Centro Universitario de la Ciénega de la Universidad de Guadalajara

Resumen: El objetivo de la presente investigación es determinar el impacto que tienen las habilidades directivas sobre el clima organizacional en las micro y pequeñas empresas de Latinoamérica. Por el tamaño de la muestra, es pertinente tomar los valores con ciertas reservas, ya que pueden adolecer de significancia estadística. Se presenta un estudio cuantitativo, no experimental, de forma transversal y con un alcance causal. La pertinencia del estudio contribuye a la generación de conocimiento para el desarrollo de un modelo de gestión de la mype en América Latina que permita maximizar la productividad. Entre los principales resultados, se puede observar que la variable de la habilidad directiva trabajo en equipo es la que tiene mayor impacto en el clima organizacional, con 2.4226542, mientras que las otras dos variables que inciden de manera importante son comunicación con 0.7302473 y liderazgo con 0.6687867. La negociación y toma de decisiones tienen menor relación. Se acepta la hipótesis referente a que las habilidades directivas tienen una repercusión en el clima organizacional de la mype. Esto es que prevalece el trabajo en equipo, utilizan canales de comunicación óptimos y se promueven conductas positivas que influyen en un mejor desempeño laboral y, por consiguiente, en el clima organizacional. Es necesario que se mejore la capacidad de negociación, la planeación formal y la implementación de estrategias para la toma de decisiones efectiva.

Abstract: The objective of this research is to determine the impact that management skills have on the organizational climate in micro and small companies in Latin America. Due to the size of the sample, it is pertinent to take the values with certain reservations, since they may suffer from statistical significance. A quantitative, non-experimental, cross-sectional study with a causal scope is presented. The relevance of the study contributes to the generation of knowledge for the development of a management model for mypes in Latin America that allows maximizing productivity. Among the main results, it can be observed that the variable of teamwork management ability is the one that has the greatest impact on the organizational climate, with 2.4226542, while the other two variables that have an important influence are communication with 0.7302473 and leadership with 0.6687867. Negotiation and decision making are less related. The hypothesis that management skills have an impact on the organizational climate of the mype is accepted. This is that teamwork prevails, optimal communication channels are used and positive behaviors are promoted that influence better job performance and, consequently, the organizational climate. Negotiation capacity, formal planning and the implementation of strategies for effective decision making need to be improved.

Palabras clave: clima organizacional, habilidades directivas, mypes.

INTRODUCCIÓN

De acuerdo con el último Censo Económico publicado por el Instituto Nacional de Estadística y Geografía (INEGI, 2020), 98.3 % del universo de unidades económicas está constituido por micro y pequeñas empresas, las cuales generan —al menos— el 55 % de los empleos y amasan el 39 % del Producto Interno Bruto (PIB) del país. Las microempresas están configuradas por aquellos negocios que tienen menos de 10 trabajadores y generan anualmente ventas hasta por 4 millones de pesos. Las pequeñas empresas son unidades económicas que emplean entre 11 y 50 trabajadores, generando ventas anuales que oscilan entre 4 y 100 millones de pesos (Mendoza-Vargas, Villaroel-Puma & Carranza-Quimi, 2020; Forbes, 2021).

Es importante mencionar que actualmente las mypes se enfrentan a múltiples retos y problemáticas, específicamente, el desarrollo de habilidades gerenciales o directivas por parte de los líderes cumple una labor fundamental en el clima organizacional para este tipo de empresas, al establecerse como un diferenciador con otras organizaciones (Busro, 2018). En esa perspectiva, la formación y el desarrollo de habilidades directivas del personal encargado de implementar estrategias y tomar decisiones son fundamentales, pues de ello depende que las mypes cumplan sus metas y objetivos estratégicos, lo cual permite a las organizaciones volverse más competitivas, pues propicia la formación de un clima organizacional donde

los empleados estén satisfechos con su organización (Aburto & Bonales, 2011; Brunet, 2007).

Derivado de la importancia que representa el desarrollo de habilidades directivas en los líderes que dirigen los esfuerzos estratégicos de las mypes, así como la importancia de contar con un buen clima organizacional, se plantean las siguientes preguntas de investigación: ¿cuáles habilidades directivas tienen repercusión en el clima organizacional de las mypes?, ¿cuál es el clima organizacional que predomina en las mypes?

Para cumplir con lo anterior, el objetivo de la investigación es determinar el grado de asociación entre las habilidades directivas y el clima organizacional de las micro y pequeñas empresas, lo cual permitirá conocer con mayor precisión las habilidades directivas que los gerentes o mandos medios deben desarrollar para que prevalezca un clima organizacional satisfactorio entre los empleados al interior de las mypes. En ese sentido, las mypes podrán determinar si éstas son las causales de un clima organizacional adecuado o inconveniente, lo que, a su vez, permitirá diseñar programas de capacitación para sus líderes y, con ello, generar información que contribuya —si es el caso— a resolver el problema o mantener y fortalecer lo que se tiene.

Los diferentes análisis estadísticos correlacionales entre las variables del estudio permitirán identificar si las habilidades directivas son la causa principal del clima organizacional que prevalece en las mypes. Lo anterior será de gran apoyo en la búsqueda de factores endógenos diferenciados que permita a las mypes obtener ventajas competitivas sostenibles, ya que, si bien es cierto, una mejor gestión empresarial no es suficiente para lograr ser más competitivas, sino que está determinada por otros factores internos como un buen clima organizacional y el desarrollo de habilidades directivas (Vargas & Del Castillo, 2008).

REVISIÓN DE LA LITERATURA

Las organizaciones del siglo XXI afrontan un entorno dinámico y complejo caracterizado por la incertidumbre, debido a esto deben estar preparadas para dar respuesta a los cambios vertiginosos, en aras de cumplir sus objetivos y metas organizacionales así como volverse más competitivas. Las micro y pequeñas empresas (mypes) también deben responder a ese contexto, sin embargo, las características estructurales de su magnitud las coloca en desventaja respecto a la gran empresa, misma que tiene a su disposición una mayor cantidad de recursos y capacidades. El tema aquí analizado ha obtenido gran relevancia en los rubros de la investigación y las políticas públicas recientemente, lo cual ha permitido una mejora de determinados aspectos directamente vinculados con la competitividad de las empresas (Leyva-Carreras, Cavazos-Arroyo & Espejel-Blanco, 2018).

La situación actual de las mypes es compleja —aun siendo una parte fundamental del aparato económico a nivel mundial—, presenta una serie de desafíos y retos, enfrenta diversos obstáculos que limitan su capacidad de crecimiento y desarrollo. Uno de los principales problemas que enfrentan estas empresas es la falta de acceso al financiamiento, ya que esto restringe su capacidad para invertir en innovación, en maquinaria y equipos, software y tecnologías digitales; así como en la capacitación y adiestramiento para sus empleados. Otra problemática a la cual se enfrentan es la poca inversión en capacitación a sus directivos y gerentes, de modo que éstos puedan desarrollar sus habilidades directivas, permitiéndoles contar con las herramientas necesarias al momento de tomar decisiones estratégicas de impacto en sus portafolios de negocios, a través de una visión diferente y más competitiva, no sólo a nivel local, sino a niveles superiores en la configuración y escala del negocio.

Es importante destacar que la pandemia por el Covid-19 tuvo un impacto significativo en las mypes debido a que muchas de ellas tuvieron que cerrar de forma temporal o permanente. Las restricciones de movimiento y confinamiento social provocaron una disminución significativa en la demanda de productos y servicios (Ibarra-Morales, Paredes-Zempual & Carrillo-Cisneros, 2022). Para dimensionar y tener una mejor visión de la magnitud de la presencia e importancia de las mypes en Latinoamérica, Dini y Stumpo (2021) realizan una clasificación tomando como parámetros el sector y el tamaño de la empresa (tabla 44.1.).

Tabla 44.1. Clasificación de acuerdo con el sector y tamaño de la empresa.

Sector	Micro empresa	Pequeña empresa
Agricultura, ganadería, caza, silvicultura y pesca	80 %	16 %
Explotación de minas y canteras	68 %	23 %
Industria manufacturera	82 %	14 %
Suministro de electricidad, gas y agua	70 %	20 %
Construcción	76 %	19 %
Comercio al por mayor y menor	92 %	07 %
Hoteles y restaurantes	89 %	10 %
Transporte, almacenamiento y comunicaciones	83 %	13 %
Intermediación financiera	81 %	14 %
Actividades inmobiliarias, empresariales y de alquiler	87 %	10 %
Enseñanza	76 %	19 %
Servicios sociales y de salud	89 %	09 %
Otras actividades comunitarias, sociales y personales	95 %	04 %
Total	**88.4 %**	**09.6 %**

Fuente: elaboración propia a partir de Dini & Stumpo (2021).

Leyva-Carreras, Espejel-Blanco y Cavazos-Arroyo (2017) destacan que el director o gerente de una mype debe tomar en cuenta ciertas variables para lograr la excelencia, el buen clima organizacional y la competitividad empresarial, para lo cual es preciso contar con personal directivo que reúna las siguientes características: dinámicos, actualizados, con habilidades directivas, operativas y de gestión, conocimientos de administración y planeación estratégica, así como administración y dirección de talento humano, siempre proactivo al cambio organizacional y tecnológico, para que se convierta en vehículo que potencia la creatividad, la innovación y el desarrollo sustentable. Sin embargo, por desconocer esas características de gestión o habilidades directivas que son propias de los líderes, esa ignorancia puede ser la causa de algunos problemas administrativos y de competitividad en las mypes, lo que genera algunas consecuencias en la transición de una economía local y proteccionista a un mercado libre y globalizado (Naranjo, 2015).

Niebles-Núñez, Torres-Anillo y Montenegro-Rada (2020) establecen que las habilidades directivas comprenden el proceso de la gerencia, estas son: planificar, organizar, dirigir, ejecutar y controlar que, a su vez, constituyen el conjunto de destrezas, cualidades, competencias, conocimientos, acciones, experiencias y capacidades que inciden en el efectivo desempeño del rol gerencial, al contribuir al logro de objetivos y metas organizacionales, asimismo, representan la implementación práctica por la acción del conocimiento adquirido académicamente o por experiencias a través del proceso de aprendizaje. Es por ello que, en los últimos años, las habilidades directivas desempeñan un papel muy importante en la satisfacción de los colaboradores en las empresas a nivel mundial, pues se ha demostrado que la manera o particularidad en que los directivos lideran a sus equipos generan una repercusión directa en su satisfacción y, por ende, en su desempeño laboral (Moreno & Wong, 2018).

Paredes-Zempual, Ibarra-Morales y Moreno-Freites (2021) adoptan otra perspectiva, sostienen que el buen desempeño de la empresa está en función de las habilidades directivas y el buen clima organizacional, sobre todo en este tiempo donde las empresas se encuentran inmersas en un proceso de globalización y de rápidos cambios que demandan líderes más preparados en actitudes y aptitudes, capaces de administrar de manera eficaz y eficiente los procesos y procedimientos, tanto administrativos como operativos, comprometidos con la rentabilidad de la organización.

El clima organizacional es observado y analizado por las empresas con el fin de mantenerlo en niveles positivos y, de esa forma, estimular la productividad de los empleados, motivo por el cual las empresas buscan los elementos y condiciones necesarias que puedan incidir de forma positiva en el clima organizacional, ya que existen estudios empíricos que así lo demuestran, en otras palabras, un mejor clima organizacional en la empresa se traduce en mejores resultados en los ámbitos financieros, administrativos y productivos (Alegría-Zebadúa & Alarcón-Martínez, 2022).

Whetten y Cameron (2016) clasifican las habilidades en tres grandes grupos: personales, interpersonales y grupales, mismas que en su conjunto aportan al éxito de una administración eficaz y centrada en los logros financieros, pero también de posición competitiva. En este sentido, para el presente estudio se han seleccionado como habilidades directivas las siguientes: negociación, toma de decisiones, liderazgo, comunicación y trabajo en equipo, ya que predominan en la literatura y en los diferentes modelos conceptuales, además de ser las más importantes para Whetten y Cameron. Adicionalmente, se ha seleccionado como variable el clima organizacional debido al impacto y la importancia que ostenta para las mypes. Las definiciones conceptuales para cada una de las variables se muestran en la tabla 44.2.

Tabla 44.2. Definición conceptual de las variables.

Variable	Definición conceptual
Negociación	Presentar y discutir propuestas comunes con el propósito de llegar a un acuerdo en un marco de interés común (Álvarez-Vásquez, et al., 2018).
Toma de decisiones	Decidir por una alternativa que requiere atender situaciones planificadas o de incertidumbre entre un abanico de varias opciones (Ávila-Morales et al., 2022).
Liderazgo	Lograr la motivación de los colaboradores mediante la promoción de conductas positivas que reditúan en mejores niveles de desempeño laboral para la empresa (Rojero-Jiménez, Gómez-Romero & Quintero-Robles, 2019).
Comunicación	Recibir y transmitir mensajes oportunos y unívocos, independientemente del canal o la forma de comunicación, lo cual facilita la emisión y recepción de los mensajes que se producen entre los miembros de la organización y su entorno, facilitando el alcance de los objetivos y metas que establecen los miembros de la organización (Puga-Villarreal & Martínez-Cerna, 2008).
Trabajo en equipo	Fomentar la colaboración conjunta entre los integrantes que conforman un equipo de trabajo, a través del talento individual, la comunicación, las competencias y las fortalezas de cada uno en su relación con los demás, para lograr el cumplimiento de un objetivo común (Viamontes & Oliva, 2015).
Clima organizacional	Variable que media entre el contexto de una organización y la conducta de sus empleados o miembros, desde la perspectiva del cómo ellos experimentan el trabajo en sus empresas (King, Hebl, George & Matusik, 2010).

Fuente: elaboración propia.

METODOLOGÍA

El presente trabajo de investigación ha sido propuesto por la Red de Estudios Latinoamericanos en Administración y Negocios (RELAYN, 2023), la cual consiste en conceptualizar la micro y pequeña empresa (mype) como una serie de elementos de entradas, procesos y salidas enmarcados en un ambiente que influye en el clima organizacional de las mypes, según la percepción del director, considerado como la persona que toma la mayor parte de las decisiones. Este estudio tiene un enfoque cuantitativo de diseño transversal de tipo causal.

Se realizó un muestreo probabilístico aleatorio simple con las mypes de Ocotlán, Jalisco, México, cuya cantidad de empleados se encuentra en el rango de 1 a 50, con un nivel de confianza del 95 %, un margen de error del ±5 % y una probabilidad estimada de p=0.5 (50 %). Se obtuvieron de la muestra aplicada un total de 257 encuestas válidas en el periodo del 01 de marzo al 30 de abril de 2023. Se utilizó un instrumento de medición tipo encuesta, la cual fue dirigida a los propietarios, directores o gerentes de las mypes, para lo cual sirvió la asistencia de estudiantes universitarios que previamente fueron capacitados para aplicar la encuesta.

Características de la muestra son:

El 46.3 % de la muestra fueron del sexo biológico femenino y el restante 53.7 % masculino. La edad de los sujetos tiene un rango de 18 a 84 años, con un promedio de 40 años y una moda de 30 años. El 40.9 % de los empresarios tienen estudios de nivel superior, seguido de un 32.7 % con nivel media superior, 24.5 % con educación básica. En cuanto a estado civil predominan los casados con un 58 % seguidos de los solteros con 28.8 %.

La mayoría de los negocios 72.4 % pertenecen al giro comercial, un 22.6 % a la prestación de servicios y sólo 5.1 % a la producción de manufacturas, la antigüedad del 23.3 %de los negocios es menor a 3 años. Los empleos que ofrecen están en el rango de 1 a 50 trabajadores, de las empresas el 91.4 % emplea de 1 a 10 trabajadores y el 89.1 % tienen en su plantilla de 1 a 10 mujeres y en el 74.3 % colaboran de 1 a 5 familiares del propietario.

Alineado al objetivo general de la investigación y a la revisión de la literatura, se plantean las siguientes hipótesis:

H0: Las habilidades directivas no inciden en el clima organizacional de la mype.
H1: Las habilidades directivas inciden en el clima organizacional de la mype.

En cuanto al instrumento de medición, éste se integró por seis partes o bloques. El primero de ellos, con datos que abordan aspectos generales de la empresa: tamaño de la empresa, personal ocupado, así como información sobre los ingresos y gastos. La segunda parte aborda los datos del directivo y el tiempo destinado a las labores de la empresa. La tercera parte se refiere a los insumos del sistema: recursos humanos, análisis del mercado y proveedores. En una cuarta parte del instrumento de medición se exponen los procesos del sistema: dirección, gestión de ventas, finanzas, innovación, mercadotecnia, producción-operación. La quinta parte estuvo integrada por los resultados del sistema: satisfacción del sistema, ventaja competitiva, RSC-Asuntos de ISO 26000, valoración del entorno y, por último, la sexta parte quedó integrada por los dos temas anuales de investigación: a) el trabajo decente desde la perspectiva directiva y b) el impacto de las habilidades directivas (negociación, toma de decisiones, liderazgo, comunicación, trabajo en equipo) sobre el clima organizacional. Para las secciones comprendidas del tercer al sexto bloque se emplea una escala de Likert de cinco puntos, los cuales van de 'No sé / No aplica' (1) a 'muy de acuerdo' (5).

RESULTADOS

Por el tamaño de la muestra, es pertinente tomar los valores con ciertas reservas, ya que pueden adolecer de significancia estadística.

Las seis variables muestran consistencia interna del instrumento mediante el análisis del alfa de Cronbach de las variables objeto de estudio, de la misma forma se analiza la correlación que tienen con el clima organizacional como se muestra en la tabla 44.3.

Tabla 44.3. Alfa de Cronbach y correlación de las variables.

Variables	Correlación con clima	Cronbach	Media	Desviación Estándar
Negociación	0.259	0.862	4.174	0.615
Toma de decisiones	0.168	0.882	4.150	0.614
Liderazgo	0.303	0.908	4.406	0.486
Comunicación	0.395	0.873	4.373	0.504
Trabajo en equipo	0.503	0.938	4.369	0.587
Clima Organizacional	1	0.918	4.389	0.563

Fuente: Elaboración propia utilizando RStudio (R Core Team, 2022).

Se procede a realizar el modelo estructural del instrumento en la figura 44.4, el ajuste absolutorio muestra el error cuadrático medio de aproximación (RMSEA) es de 0 y el residuo cuadrático medio estandarizado (SRMR) es de

0.058, en ambos casos se consideran aceptables, en el ajuste comparativo (CFI) muestra un resultado de 1 y el índice de Tucker-Lewis (TLI) de 1.001 consideramos ajustes óptimos.

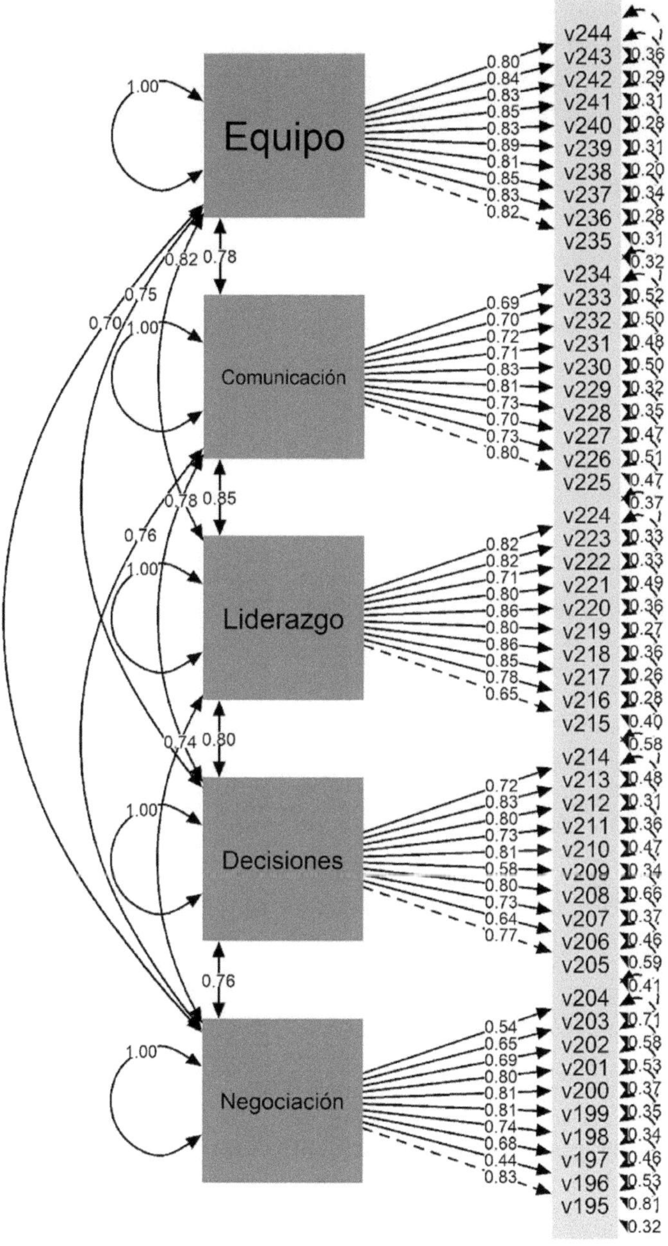

Figura 44.4. Resultado del modelo estructural.

Fuente: Elaboración propia utilizando RStudio (R Core Team, 2022).

Partiendo de la información cuantitativa del estudio se establece el modelo estructural (Figura 44.4), donde se muestra la dirección de las relaciones entre las diversas variables y el efecto que causan. El modelo plantea la existencia de cinco variables endógenas con una relación causal recíproca (Trabajo en equipo, comunicación, liderazgo, toma de decisiones y negociación). Las cinco variables tienen una relación causal directa con los ítems que conforman la variable, en todos los casos el grado de significancia fue <0.05 (los resultados se muestran en la Figura 44.4) dando un correcto ajuste del modelo (Bentler & Bonett, 1980; Martínez et al., 2012)

Con el objetivo de medir el impacto que tienen las habilidades directivas sobre el clima organizacional de la mype se realiza la siguiente regresión lineal, donde el clima organizacional es la variable dependiente y las variables independientes son negociación, toma de decisiones, liderazgo, comunicación y trabajo en equipo. Al final se sustituyen los valores tal y como se observa en la tabla 44.5.

Fórmula:

y = clima = constante + negociación + toma de decisiones + liderazgo + comunicación + trabajo en equipo.

Tabla 44.5. Regresión lineal.

Fórmula: lm(fórmula = clima ~ negociación + toma de decisiones + liderazgo + comunicación + trabajo en equipo)				
Residuales				
Min	**1Q**	**Mediana**	**3Q**	**Max**
-1.38821	-0.13812	0.02763	0.15372	0.95719
Coeficientes	**Estimado**	**Std. Error**	**T-valor**	**P-valor**
(Clima/Intercept)	0.59663	0.21619	2.760	0.00621
Negociación	0.05923	0.04901	1.208	0.22799
Toma de decisiones	-0.06653	0.05374	-1.238	0.21686
Liderazgo	0.15179	0.07655	1.983	0.04846
Comunicación	0.16699	0.07108	2.349	0.01959
Trabajo en equipo	0.55451	0.05654	9.808	< 2e-16

Signif. codes: 0 '***' 0.001 '**' 0.01 '*' 0.05 '.' 0.1 ' ' 1
Residual standard error: 0.3562 on 251 degrees of freedom
Multiple R-squared: 0.6081, Adjusted R-squared: 0.6003
F-statistic: 77.89 on 5 and 251 DF, p-value: < 2.2e-16
Fuente: Elaboración propia utilizando RStudio (R Core Team, 2022).

Para poder medir el impacto, se multiplica el valor estimado de cada una de las variables independientes (tabla 44.5) por su media (tabla 44.3).

y=0.59663 + (0.05923 * 4.174) + (-0.06653 * 4.15) + (0.15179 * 4.406) + (0.16699 * 4.373) + (0.55451 * 4.369)

Resolvemos la ecuación:

y=0.59663+0.247226+-0.2760995+0.6687867+0.7302473+2.4226542
y=4.3894447

Se observa que la variable que tiene mayor impacto es trabajo en equipo con 2.4226542, mientras que la de menor impacto es toma de decisiones con —0.2760995. El impacto total de las habilidades directivas sobre el clima organizacional es de 4.3894447.

DISCUSIÓN

El resultado de la regresión lineal muestra que 60 % de la variación del clima organizacional es atribuible a los factores o variables independientes, lo que implica que la intervención de las habilidades directivas sí puede mejorar significativamente el clima organizacional en las micro y pequeñas empresas de Ocotlán, Jalisco; si se atiende principalmente a las cuatro más significativas de las cinco variables independientes, las cuales son trabajo en equipo, toma de decisiones, comunicación y liderazgo.

Se confirma que el modelo propuesto en la presente investigación, dado el valor *P* obtenido, basado en las habilidades directivas que son negociación, toma de decisiones, liderazgo, comunicación y trabajo en equipo, repercute sobre el clima organizacional, por lo que es válido y viable.

Esto permite inferir que el trabajo en equipo es el que más incide en el clima organizacional con 2.4226542, seguido por comunicación con 0.7302473 y liderazgo con 0.6687867. Mientras que los que tienen una menor incidencia son negociación con 0.247226 y toma de decisiones con 0.2760995.

Lo anterior significa que los micro y pequeños empresarios de Ocotlán, Jalisco, favorecen el clima organizacional mediante el trabajo en equipo, la comunicación y el liderazgo; esto es que la colaboración conjunta, el talento individual, las competencias y las fortalezas de los colaboradores, así como de los empresarios, generan una sinergia importante en el éxito de sus negocios, pero no han logrado optimizar sus empresas, ya que adolecen de una cultura empresarial que les permita contar con una metodología para la negociación y toma de decisiones.

El desarrollo del clima organizacional se dará en la medida en que los empresarios promuevan e inviertan en la formación de la mejora de las habilidades directivas, así como en optimizar la capacidad de negociación, planear formalmente, implementar estrategias de organización, dirección y control, para una toma de decisiones efectiva.

REFERENCIAS

Aburto, H.I. & Bonales, J. (2011). Habilidades directivas: Determinantes en el clima organizacional. *Investigación y Ciencia,* 19(51), 41–49.

Alegría-Zebadúa, R.M., & Alarcón-Martínez, G. (2022). Marco teórico e instrumento de medición de las habilidades gerenciales y clima organizacional en *Instituciones Bancarias de México. Vinculatégica,* 7(1). https://doi.org/10.29105/vtga7.1-82

Álvarez-Vásquez, C.A., Rivera-Vera, H.F., Conforme-Cedeño, G.M., Campoverde-Flores, F.K., Sornoza-Parrales, D.R., & Merchán-Nieto, L. (2018). *Los procesos, las técnicas de negociación y la tecnología. Ciencias. Economía, Organización y Ciencias Sociales. Editorial Área de Innovación y Desarrollo, S.L.* https://doi.org/10.17993/ecoorgycso.2018.41

Ávila-Morales, H., Palumbo-Pinto, G.B., De la Cruz-Ríos, H.A., & Ogosi-Auqui, J.A. (2022). Toma de decisiones estratégicas en la gestión pública para el desarrollo social. *Revista Venezolana de Gerencia,* 27(Edición Especial 7), 648–662. https://doi.org/10.52080/rvgluz.27.7.42

Bentler, P. M., & Bonett, D. G. (1980). Significance Tests and Goodness of Fit in the Analysis of Covariance Structures. *In Psychological Bulletin* (Vol. 88, Issue 3).

Brunet, L. (2007). El clima de trabajo en las organizaciones. Definición, diagnóstico y consecuencias. *Editorial Trillas.*

Busro, M. (2018). Teori-teori Manajemen Sumber Daya Manusia. *Jakarta. PrenadaMedia.*

Dini, M. & Stumpo, G. (2020). MiPyMEs en América Latina: un frágil desempeño y nuevos desafíos para las políticas de fomento. Documentos de Proyectos (LC/TS.2018/75/Rev.1), Santiago. *Comisión Económica para América Latina y el Caribe* (CEPAL).

Forbes (2021). Inclusión digital: el futuro de las MyPEs. *Forbes Content.* https://www.forbes.com.mx/ad-inclusion-digital-futuro-mypes-mexico-visa/

Ibarra-Morales, L.E., Paredes-Zempual, D., & Carrillo-Cisneros, E. (2022). Impacto del COVID-19 en las variables que determinan la competitividad de las micro, pequeñas y medianas empresas mexicanas. *Revista RELAYN. Micro y Pequeña Empresa en Latinoamérica,* 6(1), 7–22. https://doi.org/10.46990/relayn.2022.6.1.532

Instituto Nacional de Estadística y Geografía (Inegi) (2020). *Censo de población y vivienda 2020.* https://www.inegi.org.mx/programas/ccpv/2020/

King, E.B., Helb, M.R., George, J.M. & Matusik, S.F. (2010). Understanding tokenism: Antecedents and consequences of a psychological climate of gender inequity. *Journal of Management,* 36(2), 482–510. https://doi.org/10.1177/0149206308328508

Leyva-Carreras, A.B., Cavazos-Arroyo, J., & Espejel-Blanco, J.E. (2018). Influencia de la planeación estratégica y habilidades gerenciales como factores internos de la competitividad empresarial de las Pymes. *Contaduría y Administración,* 63(3), 41. https://doi.org/10.22201/fca.24488410e.2018.1085

Leyva-Carreras, A.B., Espejel-Blanco, J.E., & Cavazos-Arroyo, J. (2017). Habilidades gerenciales como estrategia de competitividad empresarial en las pequeñas y medianas empresas (Pymes). *Revista Perspectiva Empresarial*, 4(1), 7–22. https://doi.org/10.16967/rpe.v4n1a1

Martinez, E., García-Alandete, J., Selles, P., Bernabe, G., & Soucase, B. (2012). Análisis factorial confirmatorio de los principales modelos propuestos para el purpose-in-life test en una muestra de universitarios españoles. *Acta Colombiana de Psicología*, 67–76.

Mendoza-Vargas, E.Y., Villaroel-Puma, M.F. & Carranza-Quimi, W.D. (2020). Caracterización de los microemprendimientos de los sectores urbanos marginales de Quevedo. *Centro Sur. Social Science Journal.* 4(4), 1–23. https://doi.org/10.37955/cs.v4i1.40

Moreno, M. J., & Wong Aitken, H. G. (2019). Relación de las habilidades directivas y la satisfacción laboral en la empresa Chicken King de Trujillo, 2018. *Cuadernos Latinoamericanos de Administración*, 14(27), 1–17. https://doi.org/10.18270/cuaderlam.v14i27.2475

Naranjo, R. (2015). Management skills in leaders of mid-sized businesses of Colombia. *Revista Científica Pensamiento y Gestión*, 38, 119–146. https://doi.org/10.14482/pege.38.7703

Niebles-Núñez, L., Torres-Anillo, K. & Montenegro-Rada, A. (2020). Habilidades gerenciales como herramienta para el fortalecimiento del liderazgo transformacional en las mipymes. *Editorial Universidad del Atlántico.* https://repositorio.uniatlantico.edu.co/bitstream/handle/20.500.12834/1030/admin %2c %2bHABILIDADES %2bGERENCIALES %2bCOMO %2bHERRAMIENTA %2bEN %2bMIPYMES.pdf?sequence=1&isAllowed=y

Paredes-Zempual, D., Ibarra-Morales, L.E., & Moreno-Freites, Z.E. (2021). Habilidades directivas y clima organizacional en pequeñas y medianas empresas. *Investigación Administrativa*, 50–1, 1–23. https://doi.org/10.35426/iav50n127.05

Puga-Villarreal, J., & Martínez-Cerna, L. (2008). Competencias Directivas en Escenarios Globales. *Estudios Gerenciales*, 24(109), 87–103. https://doi.org/10.1016/s0123-5923(08)70054-8

R Core Team (2022). R: A language and environment for statistical computing. R *Foundation for Statistical Computing, Vienna, Austria.* URL https://www.R-project.org/

Red de Estudios Latinoamericanos en Administración y Negocios. (RELAYN) (2023). *Investigación anual*, N. Peña & O. Aguilar (coords.) https://relayn.redesla.la

Red de Estudios Latinoamericanos (RedesLA) (2023). *Investigaciones anuales.* https://redesla.la

Rojero-Jiménez, R., Gómez-Romero, J.G.I., & Quintero-Robles, L.M. (2019). El liderazgo transformacional y su influencia en los atributos de los seguidores en las Mipymes mexicanas. *Estudios Gerenciales*, 35(151), 178–189. https://doi.org/10.18046/j.estger.2019.151.3192

Vargas, B., & del Castillo, C. (2008). Competitividad sostenible de la pequeña empresa: Un modelo de promoción de capacidades endógenas para promover ventajas competitivas sostenibles y alta productividad. *Journal of Economics, Finance and Administrative Science*, 13(24), 59–80. https://www.redalyc.org/articulo.oa?id=360733604004

Viamontes, M.O., & Oliva, E.J.D. (2015). Las agrupaciones corales como estrategia de formación de competencias para trabajo en equipo en las organizaciones: una perspectiva comparativa. *Suma de Negocios*, 6(13), 92–97. https://doi.org/10.1016/j.sumneg.2015.08.008

Whetten, D. & Cameron, K. (2016). Desarrollo de habilidades directivas. México: *Editorial Prentice Hall.*

CAPÍTULO 45

Las habilidades directivas y el clima organizacional en las micro y pequeñas empresas de Puerto Vallarta, Jalisco, México

Management skills and the organizational climate in micro and small businesses in Puerto Vallarta, Jalisco, Mexico

MANUEL ERNESTO BECERRA BIZARRÓN, LUZ AMPARO DELGADO DÍAZ, GEORGINA DOLORES SANDOVAL BALLESTEROS Y MIRIAM DEL CARMEN VARGAS ACEVES

Centro Universitario de la Costa de la Universidad de Guadalajara

Resumen: El objetivo de la presente investigación es determinar el impacto que tienen las habilidades directivas sobre el clima organizacional en las micro y pequeñas empresas de Latinoamérica. Por el tamaño de la muestra, es pertinente tomar los valores con ciertas reservas, ya que pueden adolecer de significancia estadística. Se presenta un estudio cuantitativo, no experimental, de forma transversal y con un alcance causal. La pertinencia del estudio contribuye a la generación de conocimiento para el desarrollo de un modelo de gestión de la mype en América Latina que permita maximizar la productividad. Entre los principales resultados, se puede observar que la variable de la habilidad directiva trabajo en equipo es la que tiene mayor impacto en el clima organizacional, con 1.9422543; es decir, los directivos fomentan el trabajo en equipo al facilitar la colaboración entre los miembros que componen el equipo de trabajo, utilizando los talentos, la comunicación, las habilidades y las fortalezas individuales en relación con las demás variables; asimismo, las dimensiones de liderazgo, comunicación y negociación tuvieron un puntaje de 0.8026622, 0.6639594 y 0.51959, respectivamente.

Abstract: The objective of this research is to determine the impact that management skills have on the organizational climate in micro and small companies in Latin America. Due to the size of the sample, it is pertinent to take the values with certain reservations, since they may suffer from statistical significance. A quantitative, non-experimental, cross-sectional study with a causal scope is presented. The relevance of the study contributes to the generation of knowledge for the development of a management model for mypes in Latin America that allows maximizing productivity. Among the main results, it can be observed that the variable of teamwork management ability is the one that has the greatest impact on the organizational climate, with 1.9422543; that is, managers encourage teamwork by facilitating collaboration between the members that make up the work team, using talents, communication, abilities and individual strengths in relation to the other variables; likewise, the dimensions of leadership, communication and negotiation had a score of 0.8026622, 0.6639594 and 0.51959, respectively.

Palabras clave: clima organizacional, habilidades directivas.

INTRODUCCIÓN

De acuerdo con el último Censo Económico publicado por el Instituto Nacional de Estadística y Geografía (INEGI, 2020), 98.3 % del universo de unidades económicas está constituido por micro y pequeñas empresas, las cuales generan —al menos— el 55 % de los empleos y amasan el 39 % del Producto Interno Bruto (PIB) del país. Las microempresas están configuradas por aquellos negocios que tienen menos de 10 trabajadores y generan anualmente ventas hasta por 4 millones de pesos. Las pequeñas empresas son unidades económicas que emplean entre 11 y 50 trabajadores, generando ventas anuales que oscilan entre 4 y 100 millones de pesos (Mendoza-Vargas, Villaroel-Puma & Carranza-Quimi, 2020; Forbes, 2021).

Es importante mencionar que actualmente las mypes se enfrentan a múltiples retos y problemáticas, específicamente, el desarrollo de habilidades gerenciales o directivas por parte de los líderes cumple una labor fundamental en el clima organizacional para este tipo de empresas, al establecerse como un diferenciador con otras organizaciones (Busro, 2018). En esa perspectiva, la formación y el desarrollo de habilidades directivas del personal encargado de implementar estrategias y tomar decisiones son fundamentales, pues de ello depende que las mypes cumplan sus metas y objetivos estratégicos, lo cual permite a las organizaciones volverse más competitivas, pues propicia la formación de un clima organizacional donde los empleados estén satisfechos con su organización (Aburto & Bonales, 2011; Brunet, 2007).

Derivado de la importancia que representa el desarrollo de habilidades directivas en los líderes que dirigen los esfuerzos estratégicos de las mypes, así como la

importancia de contar con un buen clima organizacional, se plantean las siguientes preguntas de investigación: ¿cuáles habilidades directivas tienen repercusión en el clima organizacional de las mypes?, ¿cuál es el clima organizacional que predomina en las mypes?

Para cumplir con lo anterior, el objetivo de la investigación es determinar el grado de asociación entre las habilidades directivas y el clima organizacional de las micro y pequeñas empresas, lo cual permitirá conocer con mayor precisión las habilidades directivas que los gerentes o mandos medios deben desarrollar para que prevalezca un clima organizacional satisfactorio entre los empleados al interior de las mypes. En ese sentido, las mypes podrán determinar si éstas son las causales de un clima organizacional adecuado o inconveniente, lo que, a su vez, permitirá diseñar programas de capacitación para sus líderes y, con ello, generar información que contribuya —si es el caso— a resolver el problema o mantener y fortalecer lo que se tiene.

Los diferentes análisis estadísticos correlacionales entre las variables del estudio permitirán identificar si las habilidades directivas son la causa principal del clima organizacional que prevalece en las mypes. Lo anterior será de gran apoyo en la búsqueda de factores endógenos diferenciados que permita a las mypes obtener ventajas competitivas sostenibles, ya que, si bien es cierto, una mejor gestión empresarial no es suficiente para lograr ser más competitivas, sino que está determinada por otros factores internos como un buen clima organizacional y el desarrollo de habilidades directivas (Vargas & Del Castillo, 2008).

REVISIÓN DE LA LITERATURA

Las organizaciones del siglo XXI afrontan un entorno dinámico y complejo caracterizado por la incertidumbre, debido a esto deben estar preparadas para dar respuesta a los cambios vertiginosos, en aras de cumplir sus objetivos y metas organizacionales así como volverse más competitivas. Las micro y pequeñas empresas (mypes) también deben responder a ese contexto, sin embargo, las características estructurales de su magnitud las coloca en desventaja respecto a la gran empresa, misma que tiene a su disposición una mayor cantidad de recursos y capacidades. El tema aquí analizado ha obtenido gran relevancia en los rubros de la investigación y las políticas públicas recientemente, lo cual ha permitido una mejora de determinados aspectos directamente vinculados con la competitividad de las empresas (Leyva-Carreras, Cavazos-Arroyo & Espejel-Blanco, 2018).

La situación actual de las mypes es compleja —aun siendo una parte fundamental del aparato económico a nivel mundial—, presenta una serie de desafíos y retos, enfrenta diversos obstáculos que limitan su capacidad de crecimiento y desarrollo. Uno de los principales problemas que enfrentan estas empresas es la

falta de acceso al financiamiento, ya que esto restringe su capacidad para invertir en innovación, en maquinaria y equipos, software y tecnologías digitales; así como en la capacitación y adiestramiento para sus empleados. Otra problemática a la cual se enfrentan es la poca inversión en capacitación a sus directivos y gerentes, de modo que éstos puedan desarrollar sus habilidades directivas, permitiéndoles contar con las herramientas necesarias al momento de tomar decisiones estratégicas de impacto en sus portafolios de negocios, a través de una visión diferente y más competitiva, no sólo a nivel local, sino a niveles superiores en la configuración y escala del negocio.

Es importante destacar que la pandemia por el Covid-19 tuvo un impacto significativo en las mypes debido a que muchas de ellas tuvieron que cerrar de forma temporal o permanente. Las restricciones de movimiento y confinamiento social provocaron una disminución significativa en la demanda de productos y servicios (Ibarra-Morales, Paredes-Zempual & Carrillo-Cisneros, 2022). Para dimensionar y tener una mejor visión de la magnitud de la presencia e importancia de las mypes en Latinoamérica, Dini y Stumpo (2021) realizan una clasificación tomando como parámetros el sector y el tamaño de la empresa (tabla 45.1.).

Tabla 45.1. Clasificación de acuerdo con el sector y tamaño de la empresa.

Sector	**Micro empresa**	**Pequeña empresa**
Agricultura, ganadería, caza, silvicultura y pesca	80 %	16 %
Explotación de minas y canteras	68 %	23 %
Industria manufacturera	82 %	14 %
Suministro de electricidad, gas y agua	70 %	20 %
Construcción	76 %	19 %
Comercio al por mayor y menor	92 %	07 %
Hoteles y restaurantes	89 %	10 %
Transporte, almacenamiento y comunicaciones	83 %	13 %
Intermediación financiera	81 %	14 %
Actividades inmobiliarias, empresariales y de alquiler	87 %	10 %
Enseñanza	76 %	19 %
Servicios sociales y de salud	89 %	09 %
Otras actividades comunitarias, sociales y personales	95 %	04 %
Total	**88.4 %**	**09.6 %**

Fuente: elaboración propia a partir de Dini & Stumpo (2021).

Leyva-Carreras, Espejel-Blanco y Cavazos-Arroyo (2017) destacan que el director o gerente de una mype debe tomar en cuenta ciertas variables para lograr la excelencia, el buen clima organizacional y la competitividad empresarial, para

lo cual es preciso contar con personal directivo que reúna las siguientes características: dinámicos, actualizados, con habilidades directivas, operativas y de gestión, conocimientos de administración y planeación estratégica, así como administración y dirección de talento humano, siempre proactivo al cambio organizacional y tecnológico, para que se convierta en vehículo que potencia la creatividad, la innovación y el desarrollo sustentable. Sin embargo, por desconocer esas características de gestión o habilidades directivas que son propias de los líderes, esa ignorancia puede ser la causa de algunos problemas administrativos y de competitividad en las mypes, lo que genera algunas consecuencias en la transición de una economía local y proteccionista a un mercado libre y globalizado (Naranjo, 2015).

Niebles-Núñez, Torres-Anillo y Montenegro-Rada (2020) establecen que las habilidades directivas comprenden el proceso de la gerencia, estas son: planificar, organizar, dirigir, ejecutar y controlar que, a su vez, constituyen el conjunto de destrezas, cualidades, competencias, conocimientos, acciones, experiencias y capacidades que inciden en el efectivo desempeño del rol gerencial, al contribuir al logro de objetivos y metas organizacionales, asimismo, representan la implementación práctica por la acción del conocimiento adquirido académicamente o por experiencias a través del proceso de aprendizaje. Es por ello que, en los últimos años, las habilidades directivas desempeñan un papel muy importante en la satisfacción de los colaboradores en las empresas a nivel mundial, pues se ha demostrado que la manera o particularidad en que los directivos lideran a sus equipos generan una repercusión directa en su satisfacción y, por ende, en su desempeño laboral (Moreno & Wong, 2018).

Paredes-Zempual, Ibarra-Morales y Moreno-Freites (2021) adoptan otra perspectiva, sostienen que el buen desempeño de la empresa está en función de las habilidades directivas y el buen clima organizacional, sobre todo en este tiempo donde las empresas se encuentran inmersas en un proceso de globalización y de rápidos cambios que demandan líderes más preparados en actitudes y aptitudes, capaces de administrar de manera eficaz y eficiente los procesos y procedimientos, tanto administrativos como operativos, comprometidos con la rentabilidad de la organización.

El clima organizacional es observado y analizado por las empresas con el fin de mantenerlo en niveles positivos y, de esa forma, estimular la productividad de los empleados, motivo por el cual las empresas buscan los elementos y condiciones necesarias que puedan incidir de forma positiva en el clima organizacional, ya que existen estudios empíricos que así lo demuestran, en otras palabras, un mejor clima organizacional en la empresa se traduce en mejores resultados en los ámbitos financieros, administrativos y productivos (Alegría-Zebadúa & Alarcón-Martínez, 2022).

Whetten y Cameron (2016) clasifican las habilidades en tres grandes grupos: personales, interpersonales y grupales, mismas que en su conjunto aportan

al éxito de una administración eficaz y centrada en los logros financieros, pero también de posición competitiva. En este sentido, para el presente estudio se han seleccionado como habilidades directivas las siguientes: negociación, toma de decisiones, liderazgo, comunicación y trabajo en equipo, ya que predominan en la literatura y en los diferentes modelos conceptuales, además de ser las más importantes para Whetten y Cameron. Adicionalmente, se ha seleccionado como variable el clima organizacional debido al impacto y la importancia que ostenta para las mypes. Las definiciones conceptuales para cada una de las variables se muestran en la tabla 45.2.

Tabla 45.2. Definición conceptual de las variables.

Variable	Definición conceptual
Negociación	Presentar y discutir propuestas comunes con el propósito de llegar a un acuerdo en un marco de interés común (Álvarez-Vásquez, et al., 2018).
Toma de decisiones	Decidir por una alternativa que requiere atender situaciones planificadas o de incertidumbre entre un abanico de varias opciones (Ávila-Morales et al., 2022).
Liderazgo	Lograr la motivación de los colaboradores mediante la promoción de conductas positivas que reditúan en mejores niveles de desempeño laboral para la empresa (Rojero-Jiménez, Gómez-Romero & Quintero-Robles, 2019).
Comunicación	Recibir y transmitir mensajes oportunos y unívocos, independientemente del canal o la forma de comunicación, lo cual facilita la emisión y recepción de los mensajes que se producen entre los miembros de la organización y su entorno, facilitando el alcance de los objetivos y metas que establecen los miembros de la organización (Puga-Villarreal & Martínez-Cerna, 2008).
Trabajo en equipo	Fomentar la colaboración conjunta entre los integrantes que conforman un equipo de trabajo, a través del talento individual, la comunicación, las competencias y las fortalezas de cada uno en su relación con los demás, para lograr el cumplimiento de un objetivo común (Viamontes & Oliva, 2015).
Clima organizacional	Variable que media entre el contexto de una organización y la conducta de sus empleados o miembros, desde la perspectiva del cómo ellos experimentan el trabajo en sus empresas (King, Hebl, George & Matusik, 2010).

Fuente: elaboración propia.

METODOLOGÍA

El presente trabajo de investigación ha sido propuesto por la Red de Estudios Latinoamericanos en Administración y Negocios (RELAYN, 2023), la cual consiste en conceptualizar la micro y pequeña empresa (mype) como una serie de elementos de entradas, procesos y salidas enmarcados en un ambiente que influye en el clima organizacional de las mypes, según la percepción del director, considerado como la persona que toma la mayor parte de las decisiones. Este estudio tiene un enfoque cuantitativo de diseño transversal de tipo causal.

Se realizó un muestreo probabilístico aleatorio simple con las mypes de Puerto Vallarta, Jalisco, México, cuya cantidad de empleados se encuentra en el rango de 1 a 50 con un nivel de confianza del 95 %, un margen de error del ±5 % y una probabilidad estimada de p=0.5 (50 %). Se obtuvieron de la muestra aplicada un total de 385 encuestas válidas en el periodo del 01 de marzo al 30 de abril de 2023. Se utilizó un instrumento de medición tipo encuesta, la cual fue dirigida a los propietarios, directores o gerentes de las mypes, para lo cual sirvió la asistencia de estudiantes universitarios que previamente fueron capacitados para aplicar la encuesta.

Características de la muestra son:

El 50.1 % de la muestra fueron del sexo biológico femenino y el restante 49.9 % masculino. La edad de los sujetos tiene un rango de 18 a 73 años, con un promedio de 41 años y una moda de 38, 40 años. El 46 % de los empresarios tienen estudios de nivel superior, seguido de un 34 % con nivel media superior, 18.7 % con educación básica. En cuanto a estado civil predominan los casados con un 51.2 % seguidos de los solteros con 27.5 %.

La mayoría de los negocios 47.3 % pertenecen al giro comercial, un 50.9 % a la prestación de servicios y sólo 1.8 % a la producción de manufacturas, la antigüedad del 17.1 %de los negocios es menor a 3 años. Los empleos que ofrecen están en el rango de 1 a 50 trabajadores, de las empresas el 89.1 % emplea de 1 a 10 trabajadores y el 89.1 % tienen en su plantilla de 1 a 10 mujeres y en el 66.5 % colaboran de 1 a 5 familiares del propietario.

Alineado al objetivo general de la investigación y a la revisión de la literatura, se plantean las siguientes hipótesis:

H0: Las habilidades directivas no inciden en el clima organizacional de la mype.
H1: Las habilidades directivas inciden en el clima organizacional de la mype.

En cuanto al instrumento de medición, éste se integró por seis partes o bloques. El primero de ellos, con datos que abordan aspectos generales de la empresa: tamaño de la empresa, personal ocupado, así como información sobre los ingresos y gastos. La segunda parte aborda los datos del directivo y el tiempo destinado a las labores de la empresa. La tercera parte se refiere a los insumos del sistema: recursos humanos, análisis del mercado y proveedores. En una cuarta parte del instrumento de medición se exponen los procesos del sistema: dirección, gestión de ventas, finanzas, innovación, mercadotecnia, producción-operación. La quinta parte estuvo integrada por los resultados del sistema: satisfacción del sistema, ventaja competitiva, RSC-Asuntos de ISO 26000, valoración del entorno y, por último, la sexta parte quedó integrada por los dos temas anuales de investigación: a) el trabajo decente desde la perspectiva directiva y b) el impacto de las habilidades directivas (negociación, toma de decisiones, liderazgo, comunicación, trabajo en equipo) sobre el clima organizacional. Para las secciones comprendidas del tercer al sexto bloque se emplea una escala de Likert de cinco puntos, los cuales van de 'No sé / No aplica' (1) a 'muy de acuerdo' (5).

RESULTADOS

Por el tamaño de la muestra, es pertinente tomar los valores con ciertas reservas, ya que pueden adolecer de significancia estadística.

Las seis variables muestran consistencia interna del instrumento mediante el análisis del alfa de Cronbach de las variables objeto de estudio, de la misma forma se analiza la correlación que tienen con el clima organizacional como se muestra en la tabla 45.3.

Tabla 45.3. Alfa de Cronbach y correlación de las variables.

Variables	Correlación con clima	Cronbach	Media	Desviación Estándar
Negociación	0.288	0.815	4.132	0.575
Toma de decisiones	0.105	0.862	4.072	0.615
Liderazgo	0.226	0.839	4.418	0.462
Comunicación	0.318	0.869	4.356	0.513
Trabajo en equipo	0.332	0.899	4.324	0.558
Clima Organizacional	1	0.881	4.373	0.560

Fuente: Elaboración propia utilizando RStudio (R Core Team, 2022).

Se procede a realizar el modelo estructural del instrumento en la figura 45.4, el ajuste absolutorio muestra el error cuadrático medio de aproximación (RMSEA) es de 0.025 y el residuo cuadrático medio estandarizado (SRMR) es de 0.055, en

ambos casos se consideran aceptables, en el ajuste comparativo (CFI) muestra un resultado de 0.996 y el índice de Tucker-Lewis (TLI) de 0.995 consideramos ajustes óptimos.

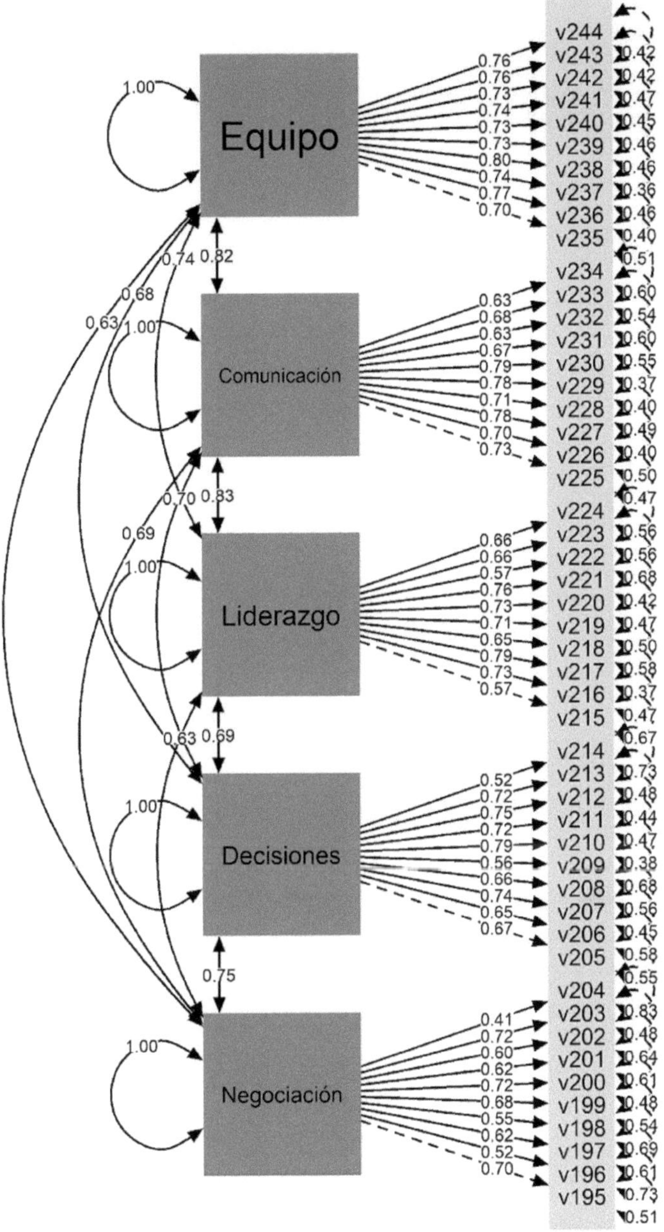

Figura 45.4. Resultado del modelo estructural.

Fuente: Elaboración propia utilizando RStudio (R Core Team, 2022).

Partiendo de la información cuantitativa del estudio se establece el modelo estructural (Figura 45.4), donde se muestra la dirección de las relaciones entre las diversas variables y el efecto que causan. El modelo plantea la existencia de cinco variables endógenas con una relación causal recíproca (Trabajo en equipo, comunicación, liderazgo, toma de decisiones y negociación). Las cinco variables tienen una relación causal directa con los ítems que conforman la variable, en todos los casos el grado de significancia fue <0.05 (los resultados se muestran en la Figura 45.4) dando un correcto ajuste del modelo (Bentler & Bonett, 1980; Martínez et al., 2012).

Con el objetivo de medir el impacto que tienen las habilidades directivas sobre el clima organizacional de la mype se realiza la siguiente regresión lineal, donde el clima organizacional es la variable dependiente y las variables independientes son negociación, toma de decisiones, liderazgo, comunicación y trabajo en equipo. Al final se sustituyen los valores tal y como se observa en la tabla 45.5.

Fórmula:

y = clima = constante + negociación + toma de decisiones + liderazgo + comunicación + trabajo en equipo.

Tabla 45.5. Regresión lineal.

Fórmula: lm(fórmula = clima ~ negociación + toma de decisiones + liderazgo + comunicación + trabajo en equipo)				
		Residuales		
Min	**1Q**	**Mediana**	**3Q**	**Max**
-2.74079	-0.16695	0.01771	0.20595	0.92246
Coeficientes	**Estimado**	**Std. Error**	**T-valor**	**P-valor**
(Clima/Intercept)	0.37449	0.19056	1.965	0.05012
Negociación	0.12575	0.04330	2.904	0.00390
Toma de decisiones	0.03185	0.04326	0.736	0.46206
Liderazgo	0.18168	0.06042	3.007	0.00282
Comunicación	0.13865	0.06094	2.275	0.02345
Trabajo en equipo	0.44918	0.05038	8.916	< 2e-16

Signif. codes: 0 '***' 0.001 '**' 0.01 '*' 0.05 '.' 0.1 ' ' 1
Residual standard error: 0.3657 on 379 degrees of freedom
Multiple R-squared: 0.5786, Adjusted R-squared: 0.573
F-statistic: 104.1 on 5 and 379 DF, p-value: < 2.2e-16
Fuente: Elaboración propia utilizando RStudio (R Core Team, 2022).

Para poder medir el impacto, se multiplica el valor estimado de cada una de las variables independientes (tabla 45.5) por su media (tabla 45.3).

y=0.37449 + (0.12575 * 4.132) + (0.03185 * 4.072) + (0.18168 * 4.418) + (0.13865 * 4.356) + (0.44918 * 4.324)

Resolvemos la ecuación:

y=0.37449+0.519599+0.1296932+0.8026622+0.6039594+1.9422543
y=4.3726582

Se observa que la variable que tiene mayor impacto es trabajo en equipo con 1.9422543. mientras que la de menor impacto es toma de decisiones con 0.1296932. El impacto total de las habilidades directivas sobre el clima organizacional es de 4.3726582.

DISCUSIÓN

Aunque las micro y pequeñas empresas se enfrentan a múltiples retos y problemáticas; específicamente, el desarrollo de habilidades gerenciales o directivas, además de la falta de capacitación de los empresarios para que éstos puedan desarrollarlas, al permitirles contar con las herramientas necesarias al momento de tomar decisiones estratégicas y, por ende, hacerlas más competitivas, se puede concluir que las empresas que se tomaron en cuenta para esta investigación son las que sobrevivieron a la pandemia y muestran una visión diferente de la administración con más necesidades a intervenir y trabajar en su interior, incluso con más preocupación por el desarrollo de su capital humano para alcanzar la productividad.

Los resultados muestran que los empresarios para fortalecer el clima organizacional, visto como ese ambiente de mediación entre el contexto de la empresa y la conducta de los trabajadores, fomentan el trabajo en equipo, facilitando la colaboración entre los miembros que componen el equipo de trabajo, al utilizar los talentos, la comunicación, las habilidades y las fortalezas individuales en relación con las demás variables. Pasa lo mismo con la motivación a los empleados, donde los dueños fomentan comportamientos positivos que conduzcan a un mejor desempeño de la empresa. Por ello, los administradores también cuentan con medios o estrategias que facilitan el envío y la recepción de información que se produce entre los miembros de la organización y su entorno, favoreciendo la consecución de los objetivos establecidos. Esto se logra impulsando acciones en la medida de lo posible mediante el diálogo presentando y discutiendo propuestas conjuntas con el objetivo de llegar a un acuerdo en el marco de los intereses comunes.

REFERENCIAS

Aburto, H.I. & Bonales, J. (2011). Habilidades directivas: Determinantes en el clima organizacional. *Investigación y Ciencia,* 19(51), 41–49.

Alegría-Zebadúa, R.M., & Alarcón-Martínez, G. (2022). Marco teórico e instrumento de medición de las habilidades gerenciales y clima organizacional en *Instituciones Bancarias de México. Vinculatégica,* 7(1). https://doi.org/10.29105/vtga7.1-82

Álvarez-Vásquez, C.A., Rivera-Vera, H.F., Conforme-Cedeño, G.M., Campoverde-Flores, F.K., Sornoza-Parrales, D.R., & Merchán-Nieto, L. (2018). *Los procesos, las técnicas de negociación y la tecnología. Ciencias. Economía, Organización y Ciencias Sociales. Editorial Área de Innovación y Desarrollo, S.L.* https://doi.org/10.17993/ecoorgycso.2018.41

Ávila-Morales, H., Palumbo-Pinto, G.B., De la Cruz-Ríos, H.A., & Ogosi-Auqui, J.A. (2022). Toma de decisiones estratégicas en la gestión pública para el desarrollo social. *Revista Venezolana de Gerencia,* 27(Edición Especial 7), 648–662. https://doi.org/10.52080/rvgluz.27.7.42

Bentler, P. M., & Bonett, D. G. (1980). Significance Tests and Goodness of Fit in the Analysis of Covariance Structures. *In Psychological Bulletin* (Vol. 88, Issue 3).

Brunet, L. (2007). El clima de trabajo en las organizaciones. Definición, diagnóstico y consecuencias. *Editorial Trillas.*

Busro, M. (2018). Teori-teori Manajemen Sumber Daya Manusia. *Jakarta. PrenadaMedia.*

Dini, M. & Stumpo, G. (2020). MiPyMEs en América Latina: un frágil desempeño y nuevos desafíos para las políticas de fomento. Documentos de Proyectos (LC/TS.2018/75/Rev.1), Santiago. *Comisión Económica para América Latina y el Caribe* (CEPAL).

Forbes (2021). Inclusión digital: el futuro de las MyPEs. *Forbes Content.* https://www.forbes.com.mx/ad-inclusion-digital-futuro-mypes-mexico-visa/

Ibarra-Morales, L.E., Paredes-Zempual, D., & Carrillo-Cisneros, E. (2022). Impacto del COVID-19 en las variables que determinan la competitividad de las micro, pequeñas y medianas empresas mexicanas. *Revista RELAYN. Micro y Pequeña Empresa en Latinoamérica,* 6(1), 7–22. https://doi.org/10.46990/relayn.2022.6.1.532

Instituto Nacional de Estadística y Geografía (Inegi) (2020). *Censo de población y vivienda 2020.* https://www.inegi.org.mx/programas/ccpv/2020/

King, E.B., Helb, M.R., George, J.M. & Matusik, S.F. (2010). Understanding tokenism: Antecedents and consequences of a psychological climate of gender inequity. *Journal of Management,* 36(2), 482–510. https://doi.org/10.1177/0149206308328508

Leyva-Carreras, A.B., Cavazos-Arroyo, J., & Espejel-Blanco, J.E. (2018). Influencia de la planeación estratégica y habilidades gerenciales como factores internos de la competitividad empresarial de las Pymes. *Contaduría y Administración,* 63(3), 41. https://doi.org/10.22201/fca.24488410e.2018.1085

Leyva-Carreras, A.B., Espejel-Blanco, J.E., & Cavazos-Arroyo, J. (2017). Habilidades gerenciales como estrategia de competitividad empresarial en las pequeñas y medianas empresas (Pymes). *Revista Perspectiva Empresarial,* 4(1), 7–22. https://doi.org/10.16967/rpe.v4n1a1

Martinez, E., García-Alandete, J., Selles, P., Bernabe, G., & Soucase, B. (2012). Análisis factorial confirmatorio de los principales modelos propuestos para el purpose-in-life test en una muestra de universitarios españoles. *Acta Colombiana de Psicología,* 67–76.

Mendoza-Vargas, E.Y., Villaroel-Puma, M.F. & Carranza-Quimi, W.D. (2020). Caracterización de los microemprendimientos de los sectores urbanos marginales de Quevedo. *Centro Sur. Social Science Journal.* 4(4), 1–23. https://doi.org/10.37955/cs.v4i1.40

Moreno, M. J., & Wong Aitken, H. G. (2019). Relación de las habilidades directivas y la satisfacción laboral en la empresa Chicken King de Trujillo, 2018. *Cuadernos Latinoamericanos de Administración,* 14(27), 1–17. https://doi.org/10.18270/cuaderlam.v14i27.2475

Naranjo, R. (2015). Management skills in leaders of mid-sized businesses of Colombia. *Revista Científica Pensamiento y Gestión,* 38, 119–146. https://doi.org/10.14482/pege.38.7703

Niebles-Núñez, L., Torres-Anillo, K. & Montenegro-Rada, A. (2020). Habilidades gerenciales como herramienta para el fortalecimiento del liderazgo transformacional en las mipymes. *Editorial Universidad del Atlántico.* https://repositorio.uniatlantico.edu.co/bitstream/handle/20.500.12834/1030/admin %2c %2bHABILIDADES %2bGERENCIALES %2bCOMO %2bHERRAMIENTA %2bEN %2bMIPYMES.pdf?sequence=1&isAllowed=y

Paredes-Zempual, D., Ibarra-Morales, L.E., & Moreno-Freites, Z.E. (2021). Habilidades directivas y clima organizacional en pequeñas y medianas empresas. *Investigación Administrativa,* 50–1, 1–23. https://doi.org/10.35426/iav50n127.05

Puga-Villarreal, J., & Martínez-Cerna, L. (2008). Competencias Directivas en Escenarios Globales. *Estudios Gerenciales,* 24(109), 87–103. https://doi.org/10.1016/s0123-5923(08)70054-8

R Core Team (2022). R: A language and environment for statistical computing. R *Foundation for Statistical Computing, Vienna, Austria.* URL https://www.R-project.org/

Red de Estudios Latinoamericanos en Administración y Negocios. (RELAYN) (2023). *Investigación anual,* N. Peña & O. Aguilar (coords.) https://relayn.redesla.la

Red de Estudios Latinoamericanos (RedesLA) (2023). *Investigaciones anuales.* https://redesla.la

Rojero-Jiménez, R., Gómez-Romero, J.G.I., & Quintero-Robles, L.M. (2019). El liderazgo transformacional y su influencia en los atributos de los seguidores en las Mipymes mexicanas. *Estudios Gerenciales,* 35(151), 178–189. https://doi.org/10.18046/j.estger.2019.151.3192

Vargas, B., & del Castillo, C. (2008). Competitividad sostenible de la pequeña empresa: Un modelo de promoción de capacidades endógenas para promover ventajas competitivas sostenibles y alta productividad. *Journal of Economics, Finance and Administrative Science,* 13(24), 59–80. https://www.redalyc.org/articulo.oa?id=360733604004

Viamontes, M.O., & Oliva, E.J.D. (2015). Las agrupaciones corales como estrategia de formación de competencias para trabajo en equipo en las organizaciones: una perspectiva comparativa. *Suma de Negocios,* 6(13), 92–97. https://doi.org/10.1016/j.sumneg.2015.08.008

Whetten, D. & Cameron, K. (2016). Desarrollo de habilidades directivas. México: *Editorial Prentice Hall.*

CAPÍTULO 46

Las habilidades directivas y el clima organizacional en las micro y pequeñas empresas de Teocaltiche, Jalisco, México

Management skills and the organizational climate in micro and small businesses in Teocaltiche, Jalisco, Mexico

MANUEL ALEJANDRO TEJEDA MARTÍN, FERNANDO FRANCO BARRAZA, MIRZA LILIANA LAZARENO SOTELO Y CLAUDIA PATRICIA FIGUEROA YPIÑA

Centro Universitario de la Costa de la Universidad de Guadalajara

Resumen: El objetivo de la presente investigación es determinar el impacto que tienen las habilidades directivas sobre el clima organizacional en las micro y pequeñas empresas de Latinoamérica. Se presenta un estudio cuantitativo, no experimental, de forma transversal y con un alcance causal. La pertinencia del estudio contribuye a la generación de conocimiento para el desarrollo de un modelo de gestión de la mype en América Latina que permita maximizar la productividad. Entre los principales resultados, se puede observar que la variable de la habilidad directiva liderazgo es la que tiene mayor impacto en el clima organizacional, con 1.298422. Es de interés resaltar la importancia que se tiene en el análisis del resto de las habilidades directivas determinadas por los teóricos, por lo que es necesario que los gerentes de las micro y pequeñas empresas de Teocaltiche, Jalisco, desarrollen, en mayor medida, y se formen en las áreas que fomentan la permanencia en el mercado de las empresas, ya que la relación sustanciales de estas habilidades con el clima organizacional son determinantes para la permanencia en el mercado de las empresas.

Abstract: The objective of this research is to determine the impact that management skills have on the organizational climate in micro and small companies in Latin America. A quantitative, non-experimental, cross-sectional study with a causal scope is presented. The relevance of the study contributes to the generation of knowledge for the development of a management model for mypes in Latin America that allows maximizing productivity. Among the main results, it can be observed that the leadership management ability variable is the one that has the greatest impact on the organizational climate, with 1.298422. It is interesting to highlight the importance of the analysis of the rest of the management skills determined by theorists, so it is necessary that the managers of the micro and small companies of Teocaltiche, Jalisco, develop, to a greater extent, and become form in the areas that promote permanence in the business market, since the substantial relationship of these skills with the organizational climate are determinant for permanence in the business market.

Palabras clave: administración, clima organizacional, gestión y negocios, habilidades directivas, mypes.

INTRODUCCIÓN

De acuerdo con el último Censo Económico publicado por el Instituto Nacional de Estadística y Geografía (INEGI, 2020), 98.3 % del universo de unidades económicas está constituido por micro y pequeñas empresas, las cuales generan —al menos— el 55 % de los empleos y amasan el 39 % del Producto Interno Bruto (PIB) del país. Las microempresas están configuradas por aquellos negocios que tienen menos de 10 trabajadores y generan anualmente ventas hasta por 4 millones de pesos. Las pequeñas empresas son unidades económicas que emplean entre 11 y 50 trabajadores, generando ventas anuales que oscilan entre 4 y 100 millones de pesos (Mendoza-Vargas, Villaroel-Puma & Carranza-Quimi, 2020; Forbes, 2021).

Es importante mencionar que actualmente las mypes se enfrentan a múltiples retos y problemáticas, específicamente, el desarrollo de habilidades gerenciales o directivas por parte de los líderes cumple una labor fundamental en el clima organizacional para este tipo de empresas, al establecerse como un diferenciador con otras organizaciones (Busro, 2018). En esa perspectiva, la formación y el desarrollo de habilidades directivas del personal encargado de implementar estrategias y tomar decisiones son fundamentales, pues de ello depende que las mypes cumplan sus metas y objetivos estratégicos, lo cual permite a las organizaciones volverse más competitivas, pues propicia la formación de un clima organizacional donde los empleados estén satisfechos con su organización (Aburto & Bonales, 2011; Brunet, 2007).

Derivado de la importancia que representa el desarrollo de habilidades directivas en los líderes que dirigen los esfuerzos estratégicos de las mypes, así como la importancia de contar con un buen clima organizacional, se plantean las siguientes preguntas de investigación: ¿cuáles habilidades directivas tienen repercusión

en el clima organizacional de las mypes?, ¿cuál es el clima organizacional que predomina en las mypes?

Para cumplir con lo anterior, el objetivo de la investigación es determinar el grado de asociación entre las habilidades directivas y el clima organizacional de las micro y pequeñas empresas, lo cual permitirá conocer con mayor precisión las habilidades directivas que los gerentes o mandos medios deben desarrollar para que prevalezca un clima organizacional satisfactorio entre los empleados al interior de las mypes. En ese sentido, las mypes podrán determinar si éstas son las causales de un clima organizacional adecuado o inconveniente, lo que, a su vez, permitirá diseñar programas de capacitación para sus líderes y, con ello, generar información que contribuya —si es el caso— a resolver el problema o mantener y fortalecer lo que se tiene.

Los diferentes análisis estadísticos correlacionales entre las variables del estudio permitirán identificar si las habilidades directivas son la causa principal del clima organizacional que prevalece en las mypes. Lo anterior será de gran apoyo en la búsqueda de factores endógenos diferenciados que permita a las mypes obtener ventajas competitivas sostenibles, ya que, si bien es cierto, una mejor gestión empresarial no es suficiente para lograr ser más competitivas, sino que está determinada por otros factores internos como un buen clima organizacional y el desarrollo de habilidades directivas (Vargas & Del Castillo, 2008).

REVISIÓN DE LA LITERATURA

Las organizaciones del siglo XXI afrontan un entorno dinámico y complejo caracterizado por la incertidumbre, debido a esto deben estar preparadas para dar respuesta a los cambios vertiginosos, en aras de cumplir sus objetivos y metas organizacionales así como volverse más competitivas. Las micro y pequeñas empresas (mypes) también deben responder a ese contexto, sin embargo, las características estructurales de su magnitud las coloca en desventaja respecto a la gran empresa, misma que tiene a su disposición una mayor cantidad de recursos y capacidades. El tema aquí analizado ha obtenido gran relevancia en los rubros de la investigación y las políticas públicas recientemente, lo cual ha permitido una mejora de determinados aspectos directamente vinculados con la competitividad de las empresas (Leyva-Carreras, Cavazos-Arroyo & Espejel-Blanco, 2018).

La situación actual de las mypes es compleja —aun siendo una parte fundamental del aparato económico a nivel mundial—, presenta una serie de desafíos y retos, enfrenta diversos obstáculos que limitan su capacidad de crecimiento y desarrollo. Uno de los principales problemas que enfrentan estas empresas es la falta de acceso al financiamiento, ya que esto restringe su capacidad para invertir en innovación, en maquinaria y equipos, software y tecnologías digitales; así como

en la capacitación y adiestramiento para sus empleados. Otra problemática a la cual se enfrentan es la poca inversión en capacitación a sus directivos y gerentes, de modo que éstos puedan desarrollar sus habilidades directivas, permitiéndoles contar con las herramientas necesarias al momento de tomar decisiones estratégicas de impacto en sus portafolios de negocios, a través de una visión diferente y más competitiva, no sólo a nivel local, sino a niveles superiores en la configuración y escala del negocio.

Es importante destacar que la pandemia por el Covid-19 tuvo un impacto significativo en las mypes debido a que muchas de ellas tuvieron que cerrar de forma temporal o permanente. Las restricciones de movimiento y confinamiento social provocaron una disminución significativa en la demanda de productos y servicios (Ibarra-Morales, Paredes-Zempual & Carrillo-Cisneros, 2022). Para dimensionar y tener una mejor visión de la magnitud de la presencia e importancia de las mypes en Latinoamérica, Dini y Stumpo (2021) realizan una clasificación tomando como parámetros el sector y el tamaño de la empresa (tabla 46.1.).

Tabla 46.1. Clasificación de acuerdo con el sector y tamaño de la empresa.

Sector	**Micro empresa**	**Pequeña empresa**
Agricultura, ganadería, caza, silvicultura y pesca	80 %	16 %
Explotación de minas y canteras	68 %	23 %
Industria manufacturera	82 %	14 %
Suministro de electricidad, gas y agua	70 %	20 %
Construcción	76 %	19 %
Comercio al por mayor y menor	92 %	07 %
Hoteles y restaurantes	89 %	10 %
Transporte, almacenamiento y comunicaciones	83 %	13 %
Intermediación financiera	81 %	14 %
Actividades inmobiliarias, empresariales y de alquiler	87 %	10 %
Enseñanza	76 %	19 %
Servicios sociales y de salud	89 %	09 %
Otras actividades comunitarias, sociales y personales	95 %	04 %
Total	**88.4 %**	**09.6 %**

Fuente: elaboración propia a partir de Dini & Stumpo (2021).

Leyva-Carreras, Espejel-Blanco y Cavazos-Arroyo (2017) destacan que el director o gerente de una mype debe tomar en cuenta ciertas variables para lograr la excelencia, el buen clima organizacional y la competitividad empresarial, para lo cual es preciso contar con personal directivo que reúna las siguientes

características: dinámicos, actualizados, con habilidades directivas, operativas y de gestión, conocimientos de administración y planeación estratégica, así como administración y dirección de talento humano, siempre proactivo al cambio organizacional y tecnológico, para que se convierta en vehículo que potencia la creatividad, la innovación y el desarrollo sustentable. Sin embargo, por desconocer esas características de gestión o habilidades directivas que son propias de los líderes, esa ignorancia puede ser la causa de algunos problemas administrativos y de competitividad en las mypes, lo que genera algunas consecuencias en la transición de una economía local y proteccionista a un mercado libre y globalizado (Naranjo, 2015).

Niebles-Núñez, Torres-Anillo y Montenegro-Rada (2020) establecen que las habilidades directivas comprenden el proceso de la gerencia, estas son: planificar, organizar, dirigir, ejecutar y controlar que, a su vez, constituyen el conjunto de destrezas, cualidades, competencias, conocimientos, acciones, experiencias y capacidades que inciden en el efectivo desempeño del rol gerencial, al contribuir al logro de objetivos y metas organizacionales, asimismo, representan la implementación práctica por la acción del conocimiento adquirido académicamente o por experiencias a través del proceso de aprendizaje. Es por ello que, en los últimos años, las habilidades directivas desempeñan un papel muy importante en la satisfacción de los colaboradores en las empresas a nivel mundial, pues se ha demostrado que la manera o particularidad en que los directivos lideran a sus equipos generan una repercusión directa en su satisfacción y, por ende, en su desempeño laboral (Moreno & Wong, 2018).

Paredes-Zempual, Ibarra-Morales y Moreno-Freites (2021) adoptan otra perspectiva, sostienen que el buen desempeño de la empresa está en función de las habilidades directivas y el buen clima organizacional, sobre todo en este tiempo donde las empresas se encuentran inmersas en un proceso de globalización y de rápidos cambios que demandan líderes más preparados en actitudes y aptitudes, capaces de administrar de manera eficaz y eficiente los procesos y procedimientos, tanto administrativos como operativos, comprometidos con la rentabilidad de la organización.

El clima organizacional es observado y analizado por las empresas con el fin de mantenerlo en niveles positivos y, de esa forma, estimular la productividad de los empleados, motivo por el cual las empresas buscan los elementos y condiciones necesarias que puedan incidir de forma positiva en el clima organizacional, ya que existen estudios empíricos que así lo demuestran, en otras palabras, un mejor clima organizacional en la empresa se traduce en mejores resultados en los ámbitos financieros, administrativos y productivos (Alegría-Zebadúa & Alarcón-Martínez, 2022).

Whetten y Cameron (2016) clasifican las habilidades en tres grandes grupos: personales, interpersonales y grupales, mismas que en su conjunto aportan

al éxito de una administración eficaz y centrada en los logros financieros, pero también de posición competitiva. En este sentido, para el presente estudio se han seleccionado como habilidades directivas las siguientes: negociación, toma de decisiones, liderazgo, comunicación y trabajo en equipo, ya que predominan en la literatura y en los diferentes modelos conceptuales, además de ser las más importantes para Whetten y Cameron. Adicionalmente, se ha seleccionado como variable el clima organizacional debido al impacto y la importancia que ostenta para las mypes. Las definiciones conceptuales para cada una de las variables se muestran en la tabla 46.2.

Tabla 46.2. Definición conceptual de las variables.

Variable	Definición conceptual
Negociación	Presentar y discutir propuestas comunes con el propósito de llegar a un acuerdo en un marco de interés común (Álvarez-Vásquez, et al., 2018).
Toma de decisiones	Decidir por una alternativa que requiere atender situaciones planificadas o de incertidumbre entre un abanico de varias opciones (Ávila-Morales et al., 2022).
Liderazgo	Lograr la motivación de los colaboradores mediante la promoción de conductas positivas que reditúan en mejores niveles de desempeño laboral para la empresa (Rojero-Jiménez, Gómez-Romero & Quintero-Robles, 2019).
Comunicación	Recibir y transmitir mensajes oportunos y unívocos, independientemente del canal o la forma de comunicación, lo cual facilita la emisión y recepción de los mensajes que se producen entre los miembros de la organización y su entorno, facilitando el alcance de los objetivos y metas que establecen los miembros de la organización (Puga-Villarreal & Martínez-Cerna, 2008).
Trabajo en equipo	Fomentar la colaboración conjunta entre los integrantes que conforman un equipo de trabajo, a través del talento individual, la comunicación, las competencias y las fortalezas de cada uno en su relación con los demás, para lograr el cumplimiento de un objetivo común (Viamontes & Oliva, 2015).
Clima organizacional	Variable que media entre el contexto de una organización y la conducta de sus empleados o miembros, desde la perspectiva del cómo ellos experimentan el trabajo en sus empresas (King, Hebl, George & Matusik, 2010).

Fuente: elaboración propia.

METODOLOGÍA

El presente trabajo de investigación ha sido propuesto por la Red de Estudios Latinoamericanos en Administración y Negocios (RELAYN, 2023), la cual consiste en conceptualizar la micro y pequeña empresa (mype) como una serie de elementos de entradas, procesos y salidas enmarcados en un ambiente que influye en el clima organizacional de las mypes, según la percepción del director, considerado como la persona que toma la mayor parte de las decisiones. Este estudio tiene un enfoque cuantitativo de diseño transversal de tipo causal.

Se realizó un muestreo probabilístico aleatorio simple con las mypes de Teocaltiche, Jalisco, México, cuya cantidad de empleados se encuentra en el rango de 1 a 50, con un nivel de confianza del 95 %, un margen de error del ±5 % y una probabilidad estimada de p=0.5 (50 %). Se obtuvieron de la muestra aplicada un total de 424 encuestas válidas en el periodo del 01 de marzo al 30 de abril de 2023. Se utilizó un instrumento de medición tipo encuesta, la cual fue dirigida a los propietarios, directores o gerentes de las mypes, para lo cual sirvió la asistencia de estudiantes universitarios que previamente fueron capacitados para aplicar la encuesta.

Características de la muestra son:

El 44.8 % de la muestra fueron del sexo biológico femenino y el restante 55.2 % masculino. La edad de los sujetos tiene un rango de 18 a 86 años, con un promedio de 48 años y una moda de 45 años. El 41.5 % de los empresarios tienen estudios de nivel superior, seguido de un 30 % con nivel media superior, 26.2 % con educación básica. En cuanto a estado civil predominan los casados con un 58 % seguidos de los solteros con 22.9 %.

La mayoría de los negocios 61.6 % pertenecen al giro comercial, un 16 % a la prestación de servicios y sólo 22.4 % a la producción de manufacturas, la antigüedad del 0 %de los negocios es menor a 3 años. Los empleos que ofrecen están en el rango de 1 a 47 trabajadores, de las empresas el 97.2 % emplea de 1 a 10 trabajadores y el 79.2 % tienen en su plantilla de 1 a 10 mujeres y en el 33.3 % colaboran de 1 a 5 familiares del propietario.

Alineado al objetivo general de la investigación y a la revisión de la literatura, se plantean las siguientes hipótesis:

- H0: Las habilidades directivas no inciden en el clima organizacional de la mype.
- H1: Las habilidades directivas inciden en el clima organizacional de la mype.

En cuanto al instrumento de medición, éste se integró por seis partes o bloques. El primero de ellos, con datos que abordan aspectos generales de la empresa: tamaño de la empresa, personal ocupado, así como información sobre los ingresos y gastos. La segunda parte aborda los datos del directivo y el tiempo destinado a las labores de la empresa. La tercera parte se refiere a los insumos del sistema: recursos humanos, análisis del mercado y proveedores. En una cuarta parte del instrumento de medición se exponen los procesos del sistema: dirección, gestión de ventas, finanzas, innovación, mercadotecnia, producción-operación. La quinta parte estuvo integrada por los resultados del sistema: satisfacción del sistema, ventaja competitiva, RSC-Asuntos de ISO 26000, valoración del entorno y, por último, la sexta parte quedó integrada por los dos temas anuales de investigación: a) el trabajo decente desde la perspectiva directiva y b) el impacto de las habilidades directivas (negociación, toma de decisiones, liderazgo, comunicación, trabajo en equipo) sobre el clima organizacional. Para las secciones comprendidas del tercer al sexto bloque se emplea una escala de Likert de cinco puntos, los cuales van de 'No sé / No aplica' (1) a 'muy de acuerdo' (5).

RESULTADOS

Las seis variables muestran consistencia interna del instrumento mediante el análisis del alfa de Cronbach de las variables objeto de estudio, de la misma forma se analiza la correlación que tienen con el clima organizacional como se muestra en la tabla 46.3.

Tabla 46.3. Alfa de Cronbach y correlación de las variables.

Variables	Correlación con clima	Cronbach	Media	Desviación Estándar
Negociación	0.363	0.866	4.423	0.335
Toma de decisiones	0.435	0.859	4.427	0.333
Liderazgo	0.387	0.871	4.411	0.338
Comunicación	0.404	0.871	4.434	0.339
Trabajo en equipo	0.461	0.866	4.430	0.343
Clima Organizacional	1	0.859	4.409	0.334

Fuente: Elaboración propia utilizando RStudio (R Core Team, 2022).

Se procede a realizar el modelo estructural del instrumento en la figura 46.4, el ajuste absolutorio muestra el error cuadrático medio de aproximación (RMSEA) es de 0.099 y el residuo cuadrático medio estandarizado (SRMR) es de 0.105, en

ambos casos se consideran aceptables, en el ajuste comparativo (CFI) muestra un resultado de 0.962 y el índice de Tucker-Lewis (TLI) de 0.96 consideramos ajustes óptimos.

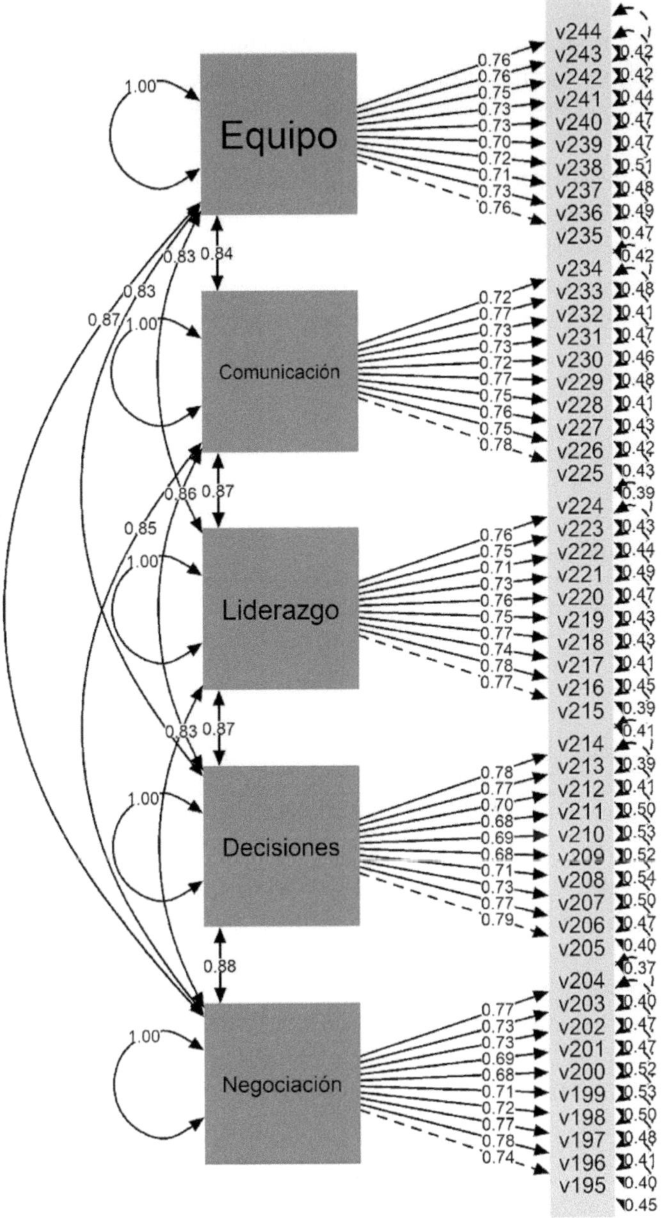

Figura 46.4. Resultado del modelo estructural.

Fuente: Elaboración propia utilizando RStudio (R Core Team, 2022).

Partiendo de la información cuantitativa del estudio se establece el modelo estructural (Figura 46.4), donde se muestra la dirección de las relaciones entre las diversas variables y el efecto que causan. El modelo plantea la existencia de cinco variables endógenas con una relación causal recíproca (Trabajo en equipo, comunicación, liderazgo, toma de decisiones y negociación). Las cinco variables tienen una relación causal directa con los ítems que conforman la variable, en todos los casos el grado de significancia fue <0.05 (los resultados se muestran en la Figura 46.4) dando un correcto ajuste del modelo (Bentler & Bonett, 1980; Martínez et al., 2012)

Con el objetivo de medir el impacto que tienen las habilidades directivas sobre el clima organizacional de la mype se realiza la siguiente regresión lineal, donde el clima organizacional es la variable dependiente y las variables independientes son negociación, toma de decisiones, liderazgo, comunicación y trabajo en equipo. Al final se sustituyen los valores tal y como se observa en la tabla 46.5.

Fórmula:

y = clima = constante + negociación + toma de decisiones + liderazgo + comunicación + trabajo en equipo.

Tabla 46.5. Regresión lineal.

Fórmula: lm(fórmula = clima ~ negociación + toma de decisiones + liderazgo + comunicación + trabajo en equipo)				
		Residuales		
Min	1Q	Mediana	3Q	Max
-0.65028	-0.06967	-0.02812	0.06926	0.80264
Coeficientes	**Estimado**	**Std. Error**	**T-valor**	**P-valor**
(Clima/Intercept)	0.41764	0.14931	2.797	0.00539
Negociación	0.20431	0.04867	4.198	3.29e-05
Toma de decisiones	0.12201	0.05040	2.421	0.01591
Liderazgo	0.29436	0.04845	6.076	2.77e-09
Comunicación	0.09245	0.04853	1.905	0.05750
Trabajo en equipo	0.18949	0.04564	4.152	4.00e-05

Signif. codes: 0 '***' 0.001 '**' 0.01 '*' 0.05 '.' 0.1 ' ' 1

Residual standard error: 0.2032 on 418 degrees of freedom

Multiple R-squared: 0.6345, Adjusted R-squared: 0.6301

F-statistic: 145.1 on 5 and 418 DF, p-value: < 2.2e-16

Fuente: Elaboración propia utilizando RStudio (R Core Team, 2022).

Para poder medir el impacto, se multiplica el valor estimado de cada una de las variables independientes (tabla 46.5) por su media (tabla 46.3).

y=0.41764 + (0.20431 * 4.423) + (0.12201 * 4.427) + (0.29436 * 4.411) + (0.09245 * 4.434) + (0.18949 * 4.43)

Resolvemos la ecuación:

y=0.41764+0.9036631+0.5401383+1.298422+0.4099233+0.8394407
y=4.4092274

Se observa que la variable que tiene mayor impacto es liderazgo con 1.298422, mientras que la de menor impacto es comunicación con 0.4099233. El impacto total de las habilidades directivas sobre el clima organizacional es de 4.4092274.

DISCUSIÓN

En este estudio, se evaluaron diferentes variables. La tabla 46.3 muestra la correlación existente entre éstas, donde se puede observar que en general se tienen correlaciones positivas significativas entre el clima organizacional y las variables de negociación, toma de decisiones y trabajo en equipo. Estas correlaciones permiten determinar que a medida que el clima organizacional mejora, se da un incremento en la percepción de negociación, toma de decisiones, liderazgo, comunicación efectiva y trabajo en equipo.

El modelo de regresión lineal deja en claro que las variables predictoras tienen un impacto importante con relación a la variable clima organizacional. Asimismo, muestra que la percepción de negociación, toma de decisiones, liderazgo y trabajo en equipo, están asociadas de manera positiva con el clima organizacional de las empresas de Teocaltiche, Jalisco. Sin embargo, también es observable que la variable de comunicación con clima organizacional requiere mayor investigación. El modelo presentado tiene una buena capacidad de ajuste, como se aprecia en el valor clima y el valor asociado.

Los coeficientes estimados marcan la relación existente entre cada variable; respecto a la variable negociación, se observa un resultado positivo de 0.20431 ($p< 0.001$), que indica el incremento en la percepción de la negociación. De igual manera, se tiene el valor de decisiones, que se vincula positivamente al determinar la mayor percepción con el clima organizacional. Igualmente, los resultados de la variable de liderazgo muestran que es sólido; esto a razón del coeficiente estimado, el cual resulta positivo con 0.29436 ($p < 0.001$); referente a la variable de comunicación, el resultado sugiere que una comunicación efectiva se relaciona de manera directa con la mejora del clima organizacional dentro de las empresas.

De acuerdo con la bibliografía consultada y el objetivo de la presente investigación, se determina que hay un alto grado de asociación entre las habilidades directivas y el clima organizacional de las micro y pequeñas empresas. Otra aportación del presente estudio es la aplicación de la disrupción de la teoría, la inserción de los constructos teóricos con la dinámica comercial actual, con estudios como éste en la región de los Altos Norte, del estado de Jalisco, con actividad económica de interés que refleja una aportación sustancial en la aportación del PIB del estado.

Por último, es de interés resaltar la relevancia del resto de las habilidades directivas determinadas por los teóricos, por lo que es necesario que los gerentes de las micro y pequeñas empresas de Teocaltiche, Jalisco, desarrollen, en mayor medida, y se formen en las áreas que fomentan la permanencia en el mercado de las empresas, ya que la relación sustancial de estas habilidades directivas con el clima organizacional es determinante para la permanencia en el mercado de dichas organizaciones.

REFERENCIAS

Aburto, H.I. & Bonales, J. (2011). Habilidades directivas: Determinantes en el clima organizacional. *Investigación y Ciencia,* 19(51), 41–49.

Alegría-Zebadúa, R.M., & Alarcón-Martínez, G. (2022). Marco teórico e instrumento de medición de las habilidades gerenciales y clima organizacional en *Instituciones Bancarias de México. Vinculatégica,* 7(1). https://doi.org/10.29105/vtga7.1-82

Álvarez-Vásquez, C.A., Rivera-Vera, H.F., Conforme-Cedeño, G.M., Campoverde-Flores, F.K., Sornoza-Parrales, D.R., & Merchán-Nieto, L. (2018). *Los procesos, las técnicas de negociación y la tecnología. Ciencias. Economía, Organización y Ciencias Sociales. Editorial Área de Innovación y Desarrollo, S.L.* https://doi.org/10.17993/ecoorgycso.2018.41

Ávila-Morales, H., Palumbo-Pinto, G.B., De la Cruz-Ríos, H.A., & Ogosi-Auqui, J.A. (2022). Toma de decisiones estratégicas en la gestión pública para el desarrollo social. *Revista Venezolana de Gerencia*, 27(Edición Especial 7), 648–662. https://doi.org/10.52080/rvgluz.27.7.42

Bentler, P. M., & Bonett, D. G. (1980). Significance Tests and Goodness of Fit in the Analysis of Covariance Structures. *In Psychological Bulletin* (Vol. 88, Issue 3).

Brunet, L. (2007). El clima de trabajo en las organizaciones. Definición, diagnóstico y consecuencias. *Editorial Trillas.*

Busro, M. (2018). Teori-teori Manajemen Sumber Daya Manusia. *Jakarta. PrenadaMedia.*

Dini, M. & Stumpo, G. (2020). MiPyMEs en América Latina: un frágil desempeño y nuevos desafíos para las políticas de fomento. Documentos de Proyectos (LC/TS.2018/75/Rev.1), Santiago. *Comisión Económica para América Latina y el Caribe* (CEPAL).

Forbes (2021). Inclusión digital: el futuro de las MyPEs. *Forbes Content.* https://www.forbes.com.mx/ad-inclusion-digital-futuro-mypes-mexico-visa/

Ibarra-Morales, L.E., Paredes-Zempual, D., & Carrillo-Cisneros, E. (2022). Impacto del COVID-19 en las variables que determinan la competitividad de las micro, pequeñas y medianas

empresas mexicanas. *Revista RELAYN. Micro y Pequeña Empresa en Latinoamérica,* 6(1), 7–22. https://doi.org/10.46990/relayn.2022.6.1.532

Instituto Nacional de Estadística y Geografía (Inegi) (2020). *Censo de población y vivienda 2020.* https://www.inegi.org.mx/programas/ccpv/2020/

King, E.B., Helb, M.R., George, J.M. & Matusik, S.F. (2010). Understanding tokenism: Antecedents and consequences of a psychological climate of gender inequity. *Journal of Management,* 36(2), 482–510. https://doi.org/10.1177/0149206308328508

Leyva-Carreras, A.B., Cavazos-Arroyo, J., & Espejel-Blanco, J.E. (2018). Influencia de la planeación estratégica y habilidades gerenciales como factores internos de la competitividad empresarial de las Pymes. *Contaduría y Administración,* 63(3), 41. https://doi.org/10.22201/fca.24488410e.2018.1085

Leyva-Carreras, A.B., Espejel-Blanco, J.E., & Cavazos-Arroyo, J. (2017). Habilidades gerenciales como estrategia de competitividad empresarial en las pequeñas y medianas empresas (Pymes). *Revista Perspectiva Empresarial,* 4(1), 7–22. https://doi.org/10.16967/rpe.v4n1a1

Martinez, E., García-Alandete, J., Selles, P., Bernabe, G., & Soucase, B. (2012). Análisis factorial confirmatorio de los principales modelos propuestos para el purpose-in-life test en una muestra de universitarios españoles. *Acta Colombiana de Psicología,* 67–76.

Mendoza-Vargas, E.Y., Villaroel-Puma, M.F. & Carranza-Quimi, W.D. (2020). Caracterización de los microemprendimientos de los sectores urbanos marginales de Quevedo. *Centro Sur. Social Science Journal.* 4(4), 1–23. https://doi.org/10.37955/cs.v4i1.40

Moreno, M. J., & Wong Aitken, H. G. (2019). Relación de las habilidades directivas y la satisfacción laboral en la empresa Chicken King de Trujillo, 2018. *Cuadernos Latinoamericanos de Administración,* 14(27), 1–17. https://doi.org/10.18270/cuaderlam.v14i27.2475

Naranjo, R. (2015). Management skills in leaders of mid-sized businesses of Colombia. *Revista Científica Pensamiento y Gestión,* 38, 119–146. https://doi.org/10.14482/pege.38.7703

Niebles-Núñez, L., Torres-Anillo, K. & Montenegro-Rada, A. (2020). Habilidades gerenciales como herramienta para el fortalecimiento del liderazgo transformacional en las mipymes. *Editorial Universidad del Atlántico.* https://repositorio.uniatlantico.edu.co/bitstream/handle/20.500.12834/1030/admin %2c %2bHABILIDADES %2bGERENCIALES %2bCOMO %2bHERRAMIENTA %2bEN %2bMIPYMES.pdf?sequence=1&isAllowed=y

Paredes-Zempual, D., Ibarra-Morales, L.E., & Moreno-Freites, Z.E. (2021). Habilidades directivas y clima organizacional en pequeñas y medianas empresas. *Investigación Administrativa,* 50–1, 1–23. https://doi.org/10.35426/iav50n127.05

Puga-Villarreal, J., & Martínez-Cerna, L. (2008). Competencias Directivas en Escenarios Globales. *Estudios Gerenciales,* 24(109), 87–103. https://doi.org/10.1016/s0123-5923(08)70054-8

R Core Team (2022). R: A language and environment for statistical computing. R *Foundation for Statistical Computing, Vienna, Austria.* URL https://www.R-project.org/

Red de Estudios Latinoamericanos en Administración y Negocios. (RELAYN) (2023). *Investigación anual,* N. Peña & O. Aguilar (coords.) https://relayn.redesla.la

Red de Estudios Latinoamericanos (RedesLA) (2023). *Investigaciones anuales.* https://redesla.la

Rojero-Jiménez, R., Gómez-Romero, J.G.I., & Quintero-Robles, L.M. (2019). El liderazgo transformacional y su influencia en los atributos de los seguidores en las Mipymes mexicanas. *Estudios Gerenciales,* 35(151), 178–189. https://doi.org/10.18046/j.estger.2019.151.3192

Vargas, B., & del Castillo, C. (2008). Competitividad sostenible de la pequeña empresa: Un modelo de promoción de capacidades endógenas para promover ventajas competitivas sostenibles y alta productividad. *Journal of Economics, Finance and Administrative Science,* 13(24), 59–80. https://www.redalyc.org/articulo.oa?id=360733604004

Viamontes, M.O., & Oliva, E.J.D. (2015). Las agrupaciones corales como estrategia de formación de competencias para trabajo en equipo en las organizaciones: una perspectiva comparativa. *Suma de Negocios,* 6(13), 92–97. https://doi.org/10.1016/j.sumneg.2015.08.008

Whetten, D. & Cameron, K. (2016). Desarrollo de habilidades directivas. México: *Editorial Prentice Hall.*

CAPÍTULO 47

Las habilidades directivas y el clima organizacional en las micro y pequeñas empresas de Tonalá, Jalisco, México

Management skills and the organizational climate in micro and small businesses in Tonala, Jalisco, Mexico

CLAUDIA LETICIA PRECIADO ORTIZ, JOSÉ ÁNGEL ARREOLA ENRÍQUEZ, LEOPOLDO GÓMEZ BARBA Y GILBERTO ISRAEL GONZÁLEZ ORDAZ

Centro Universitario de Ciencias Económico Administrativas (CUCEA), Universidad de Guadalajara

Resumen: El objetivo de la presente investigación es determinar el impacto que tienen las habilidades directivas sobre el clima organizacional en las micro y pequeñas empresas de Latinoamérica. Se presenta un estudio cuantitativo, no experimental, de forma transversal y con un alcance causal. La pertinencia del estudio contribuye a la generación de conocimiento para el desarrollo de un modelo de gestión de la mype en América Latina que permita maximizar la productividad. Entre los principales resultados, se puede observar que la variable de la habilidad directiva trabajo en equipo es la que tiene mayor impacto en el clima organizacional, con 3.0758073, y la de menor impacto fue comunicación con 0.0866991. Se puede concluir que el trabajar en equipo es una de las mejores estrategias para que las mypes logren las metas planeadas. Aunque la comunicación con los integrantes es importante, se observa que se espera que la coordinación de esfuerzos individuales abone a un resultado unificado.

Abstract: The objective of this research is to determine the impact that management skills have on the organizational climate in micro and small companies in Latin America. A quantitative, non-experimental, cross-sectional study with a causal scope is presented. The relevance of the study contributes to the generation of knowledge for the development of a management model for mypes in Latin America that allows maximizing productivity. Among the main results, it can be observed that the variable of teamwork management ability is the one with the greatest impact on the organizational climate, with 3.0758073, and the one with the least impact was communication with 0.0866991. It can be concluded that teamwork is one of the best strategies for mypes to achieve the planned goals. Although communication with the members is important, it is observed that the coordination of individual efforts is expected to contribute to a unified result.

INTRODUCCIÓN

De acuerdo con el último Censo Económico publicado por el Instituto Nacional de Estadística y Geografía (INEGI, 2020), 98.3 % del universo de unidades económicas está constituido por micro y pequeñas empresas, las cuales generan —al menos— el 55 % de los empleos y amasan el 39 % del Producto Interno Bruto (PIB) del país. Las microempresas están configuradas por aquellos negocios que tienen menos de 10 trabajadores y generan anualmente ventas hasta por 4 millones de pesos. Las pequeñas empresas son unidades económicas que emplean entre 11 y 50 trabajadores, generando ventas anuales que oscilan entre 4 y 100 millones de pesos (Mendoza-Vargas, Villaroel-Puma & Carranza-Quimi, 2020; Forbes, 2021).

Es importante mencionar que actualmente las mypes se enfrentan a múltiples retos y problemáticas, específicamente, el desarrollo de habilidades gerenciales o directivas por parte de los líderes cumple una labor fundamental en el clima organizacional para este tipo de empresas, al establecerse como un diferenciador con otras organizaciones (Busro, 2018). En esa perspectiva, la formación y el desarrollo de habilidades directivas del personal encargado de implementar estrategias y tomar decisiones son fundamentales, pues de ello depende que las mypes cumplan sus metas y objetivos estratégicos, lo cual permite a las organizaciones volverse más competitivas, pues propicia la formación de un clima organizacional donde los empleados estén satisfechos con su organización (Aburto & Bonales, 2011; Brunet, 2007).

Derivado de la importancia que representa el desarrollo de habilidades directivas en los líderes que dirigen los esfuerzos estratégicos de las mypes, así como la importancia de contar con un buen clima organizacional, se plantean las siguientes preguntas de investigación: ¿cuáles habilidades directivas tienen repercusión en el clima organizacional de las mypes?, ¿cuál es el clima organizacional que predomina en las mypes?

Para cumplir con lo anterior, el objetivo de la investigación es determinar el grado de asociación entre las habilidades directivas y el clima organizacional de las micro y pequeñas empresas, lo cual permitirá conocer con mayor precisión las habilidades directivas que los gerentes o mandos medios deben desarrollar para que prevalezca un clima organizacional satisfactorio entre los empleados al interior de las mypes. En ese sentido, las mypes podrán determinar si éstas son las causales de un clima organizacional adecuado o inconveniente, lo que, a su vez, permitirá diseñar programas de capacitación para sus líderes y, con ello, generar información que contribuya —si es el caso— a resolver el problema o mantener y fortalecer lo que se tiene.

Los diferentes análisis estadísticos correlacionales entre las variables del estudio permitirán identificar si las habilidades directivas son la causa principal del clima organizacional que prevalece en las mypes. Lo anterior será de gran apoyo en la búsqueda de factores endógenos diferenciados que permita a las mypes obtener ventajas competitivas sostenibles, ya que, si bien es cierto, una mejor gestión empresarial no es suficiente para lograr ser más competitivas, sino que está determinada por otros factores internos como un buen clima organizacional y el desarrollo de habilidades directivas (Vargas & Del Castillo, 2008).

REVISIÓN DE LA LITERATURA

Las organizaciones del siglo XXI afrontan un entorno dinámico y complejo caracterizado por la incertidumbre, debido a esto deben estar preparadas para dar respuesta a los cambios vertiginosos, en aras de cumplir sus objetivos y metas organizacionales así como volverse más competitivas. Las micro y pequeñas empresas (mypes) también deben responder a ese contexto, sin embargo, las características estructurales de su magnitud las coloca en desventaja respecto a la gran empresa, misma que tiene a su disposición una mayor cantidad de recursos y capacidades. El tema aquí analizado ha obtenido gran relevancia en los rubros de la investigación y las políticas públicas recientemente, lo cual ha permitido una mejora de determinados aspectos directamente vinculados con la competitividad de las empresas (Leyva-Carreras, Cavazos-Arroyo & Espejel-Blanco, 2018).

La situación actual de las mypes es compleja —aun siendo una parte fundamental del aparato económico a nivel mundial—, presenta una serie de desafíos y retos, enfrenta diversos obstáculos que limitan su capacidad de crecimiento y desarrollo. Uno de los principales problemas que enfrentan estas empresas es la falta de acceso al financiamiento, ya que esto restringe su capacidad para invertir en innovación, en maquinaria y equipos, software y tecnologías digitales; así como en la capacitación y adiestramiento para sus empleados. Otra problemática a la cual se enfrentan es la poca inversión en capacitación a sus directivos y gerentes, de modo que éstos puedan desarrollar sus habilidades directivas, permitiéndoles contar con las herramientas necesarias al momento de tomar decisiones estratégicas de impacto en sus portafolios de negocios, a través de una visión diferente y más competitiva, no sólo a nivel local, sino a niveles superiores en la configuración y escala del negocio.

Es importante destacar que la pandemia por el Covid-19 tuvo un impacto significativo en las mypes debido a que muchas de ellas tuvieron que cerrar de forma temporal o permanente. Las restricciones de movimiento y confinamiento social provocaron una disminución significativa en la demanda de productos y servicios (Ibarra-Morales, Paredes-Zempual & Carrillo-Cisneros, 2022). Para dimensionar y tener una mejor visión de la magnitud de la presencia e importancia de las mypes en Latinoamérica, Dini y Stumpo (2021) realizan una clasificación tomando como parámetros el sector y el tamaño de la empresa (tabla 47.1.).

Tabla 47.1. Clasificación de acuerdo con el sector y tamaño de la empresa.

Sector	Micro empresa	Pequeña empresa
Agricultura, ganadería, caza, silvicultura y pesca	80 %	16 %
Explotación de minas y canteras	68 %	23 %
Industria manufacturera	82 %	14 %
Suministro de electricidad, gas y agua	70 %	20 %
Construcción	76 %	19 %
Comercio al por mayor y menor	92 %	07 %
Hoteles y restaurantes	89 %	10 %
Transporte, almacenamiento y comunicaciones	83 %	13 %
Intermediación financiera	81 %	14 %
Actividades inmobiliarias, empresariales y de alquiler	87 %	10 %
Enseñanza	76 %	19 %
Servicios sociales y de salud	89 %	09 %
Otras actividades comunitarias, sociales y personales	95 %	04 %
Total	**88.4 %**	**09.6 %**

Fuente: elaboración propia a partir de Dini & Stumpo (2021).

Leyva-Carreras, Espejel-Blanco y Cavazos-Arroyo (2017) destacan que el director o gerente de una mype debe tomar en cuenta ciertas variables para lograr la excelencia, el buen clima organizacional y la competitividad empresarial, para lo cual es preciso contar con personal directivo que reúna las siguientes características: dinámicos, actualizados, con habilidades directivas, operativas y de gestión, conocimientos de administración y planeación estratégica, así como administración y dirección de talento humano, siempre proactivo al cambio organizacional y tecnológico, para que se convierta en vehículo que potencia la creatividad, la innovación y el desarrollo sustentable. Sin embargo, por desconocer esas características de gestión o habilidades directivas que son propias de los líderes, esa ignorancia puede ser la causa de algunos problemas administrativos y de competitividad en las mypes, lo que genera algunas consecuencias en la transición de una economía local y proteccionista a un mercado libre y globalizado (Naranjo, 2015).

Niebles-Núñez, Torres-Anillo y Montenegro-Rada (2020) establecen que las habilidades directivas comprenden el proceso de la gerencia, estas son: planificar, organizar, dirigir, ejecutar y controlar que, a su vez, constituyen el conjunto de destrezas, cualidades, competencias, conocimientos, acciones, experiencias y capacidades que inciden en el efectivo desempeño del rol gerencial, al contribuir al logro de objetivos y metas organizacionales, asimismo, representan la implementación práctica por la acción del conocimiento adquirido académicamente o por experiencias a través del proceso de aprendizaje. Es por ello que, en los últimos años, las habilidades directivas desempeñan un papel muy importante en la satisfacción de los colaboradores en las empresas a nivel mundial, pues se ha demostrado que la manera o particularidad en que los directivos lideran a sus equipos generan una repercusión directa en su satisfacción y, por ende, en su desempeño laboral (Moreno & Wong, 2018).

Paredes-Zempual, Ibarra-Morales y Moreno-Freites (2021) adoptan otra perspectiva, sostienen que el buen desempeño de la empresa está en función de las habilidades directivas y el buen clima organizacional, sobre todo en este tiempo donde las empresas se encuentran inmersas en un proceso de globalización y de rápidos cambios que demandan líderes más preparados en actitudes y aptitudes, capaces de administrar de manera eficaz y eficiente los procesos y procedimientos, tanto administrativos como operativos, comprometidos con la rentabilidad de la organización.

El clima organizacional es observado y analizado por las empresas con el fin de mantenerlo en niveles positivos y, de esa forma, estimular la productividad de los empleados, motivo por el cual las empresas buscan los elementos y condiciones necesarias que puedan incidir de forma positiva en el clima organizacional, ya que existen estudios empíricos que así lo demuestran, en otras palabras, un mejor clima organizacional en la empresa se traduce en mejores resultados en los ámbitos financieros, administrativos y productivos (Alegría-Zebadúa & Alarcón-Martínez, 2022).

Whetten y Cameron (2016) clasifican las habilidades en tres grandes grupos: personales, interpersonales y grupales, mismas que en su conjunto aportan al éxito de una administración eficaz y centrada en los logros financieros, pero también de posición competitiva. En este sentido, para el presente estudio se han seleccionado como habilidades directivas las siguientes: negociación, toma de decisiones, liderazgo, comunicación y trabajo en equipo, ya que predominan en la literatura y en los diferentes modelos conceptuales, además de ser las más importantes para Whetten y Cameron. Adicionalmente, se ha seleccionado como variable el clima organizacional debido al impacto y la importancia que ostenta para las mypes. Las definiciones conceptuales para cada una de las variables se muestran en la tabla 47.2.

Tabla 47.2. Definición conceptual de las variables.

Variable	Definición conceptual
Negociación	Presentar y discutir propuestas comunes con el propósito de llegar a un acuerdo en un marco de interés común (Álvarez-Vásquez, et al., 2018).
Toma de decisiones	Decidir por una alternativa que requiere atender situaciones planificadas o de incertidumbre entre un abanico de varias opciones (Ávila-Morales et al., 2022).
Liderazgo	Lograr la motivación de los colaboradores mediante la promoción de conductas positivas que reditúan en mejores niveles de desempeño laboral para la empresa (Rojero-Jiménez, Gómez-Romero & Quintero-Robles, 2019).
Comunicación	Recibir y transmitir mensajes oportunos y unívocos, independientemente del canal o la forma de comunicación, lo cual facilita la emisión y recepción de los mensajes que se producen entre los miembros de la organización y su entorno, facilitando el alcance de los objetivos y metas que establecen los miembros de la organización (Puga-Villarreal & Martínez-Cerna, 2008).
Trabajo en equipo	Fomentar la colaboración conjunta entre los integrantes que conforman un equipo de trabajo, a través del talento individual, la comunicación, las competencias y las fortalezas de cada uno en su relación con los demás, para lograr el cumplimiento de un objetivo común (Viamontes & Oliva, 2015).
Clima organizacional	Variable que media entre el contexto de una organización y la conducta de sus empleados o miembros, desde la perspectiva del cómo ellos experimentan el trabajo en sus empresas (King, Hebl, George & Matusik, 2010).

Fuente: elaboración propia.

METODOLOGÍA

El presente trabajo de investigación ha sido propuesto por la Red de Estudios Latinoamericanos en Administración y Negocios (RELAYN, 2023), la cual consiste en conceptualizar la micro y pequeña empresa (mype) como una serie de elementos de entradas, procesos y salidas enmarcados en un ambiente que influye en el clima organizacional de las mypes, según la percepción del director, considerado como la persona que toma la mayor parte de las decisiones. Este estudio tiene un enfoque cuantitativo de diseño transversal de tipo causal.

Se realizó un muestreo probabilístico aleatorio simple con las mypes de Tonalá, Jalisco, México, cuya cantidad de empleados se encuentra en el rango de 1 a 50, con un nivel de confianza del 95 %, un margen de error del ±5 % y una probabilidad estimada de p=0.5 (50 %). Se obtuvieron de la muestra aplicada un total de 386 encuestas válidas en el periodo del 01 de marzo al 30 de abril de 2023. Se utilizó un instrumento de medición tipo encuesta, la cual fue dirigida a los propietarios, directores o gerentes de las mypes, para lo cual sirvió la asistencia de estudiantes universitarios que previamente fueron capacitados para aplicar la encuesta.

Características de la muestra son:

El 43 % de la muestra fueron del sexo biológico femenino y el restante 57 % masculino. La edad de los sujetos tiene un rango de 18 a 85 años, con un promedio de 41 años y una moda de 45 años. El 28 % de los empresarios tienen estudios de nivel superior, seguido de un 39.1 % con nivel media superior, 30.3 % con educación básica. En cuanto a estado civil predominan los casados con un 60.6 % seguidos de los solteros con 24.1 %.

La mayoría de los negocios 69.9 % pertenecen al giro comercial, un 27.7 % a la prestación de servicios y sólo 2.3 % a la producción de manufacturas, la antigüedad del 18.1 %de los negocios es menor a 3 años. Los empleos que ofrecen están en el rango de 1 a 30 trabajadores, de las empresas el 95.1 % emplea de 1 a 10 trabajadores y el 90.2 % tienen en su plantilla de 1 a 10 mujeres y en el 81.9 % colaboran de 1 a 5 familiares del propietario.

Alineado al objetivo general de la investigación y a la revisión de la literatura, se plantean las siguientes hipótesis:

H0: Las habilidades directivas no inciden en el clima organizacional de la mype.
H1: Las habilidades directivas inciden en el clima organizacional de la mype.

En cuanto al instrumento de medición, éste se integró por seis partes o bloques. El primero de ellos, con datos que abordan aspectos generales de la empresa: tamaño de la empresa, personal ocupado, así como información sobre los ingresos y gastos. La segunda parte aborda los datos del directivo y el tiempo destinado a las labores de la empresa. La tercera parte se refiere a los insumos del sistema: recursos humanos, análisis del mercado y proveedores. En una cuarta parte del instrumento de medición se exponen los procesos del sistema: dirección, gestión de ventas, finanzas, innovación, mercadotecnia, producción-operación. La quinta parte estuvo integrada por los resultados del sistema: satisfacción del sistema, ventaja competitiva, RSC-Asuntos de ISO 26000, valoración del entorno y, por último, la sexta parte quedó integrada por los dos temas anuales de investigación: a) el trabajo decente desde la perspectiva directiva y b) el impacto de las habilidades directivas (negociación, toma de decisiones, liderazgo, comunicación, trabajo en equipo) sobre el clima organizacional. Para las secciones comprendidas del tercer al sexto bloque se emplea una escala de Likert de cinco puntos, los cuales van de 'No sé / No aplica' (1) a 'muy de acuerdo' (5).

RESULTADOS

Las seis variables muestran consistencia interna del instrumento mediante el análisis del alfa de Cronbach de las variables objeto de estudio, de la misma forma se analiza la correlación que tienen con el clima organizacional como se muestra en la tabla 47.3.

Tabla 47.3. Alfa de Cronbach y correlación de las variables.

Variables	Correlación con clima	Cronbach	Media	Desviación Estándar
Negociación	0.342	0.817	4.015	0.609
Toma de decisiones	0.313	0.895	4.068	0.667
Liderazgo	0.375	0.898	4.422	0.545
Comunicación	0.368	0.898	4.348	0.558
Trabajo en equipo	0.351	0.934	4.309	0.650
Clima Organizacional	1	0.937	4.303	0.702

Fuente: Elaboración propia utilizando RStudio (R Core Team, 2022).

Se procede a realizar el modelo estructural del instrumento en la figura 47.4, el ajuste absolutorio muestra el error cuadrático medio de aproximación (RMSEA) es de 0.027 y el residuo cuadrático medio estandarizado (SRMR) es de 0.055, en ambos casos se consideran aceptables, en el ajuste comparativo (CFI) muestra

un resultado de 0.996 y el índice de Tucker-Lewis (TLI) de 0.996 consideramos ajustes óptimos.

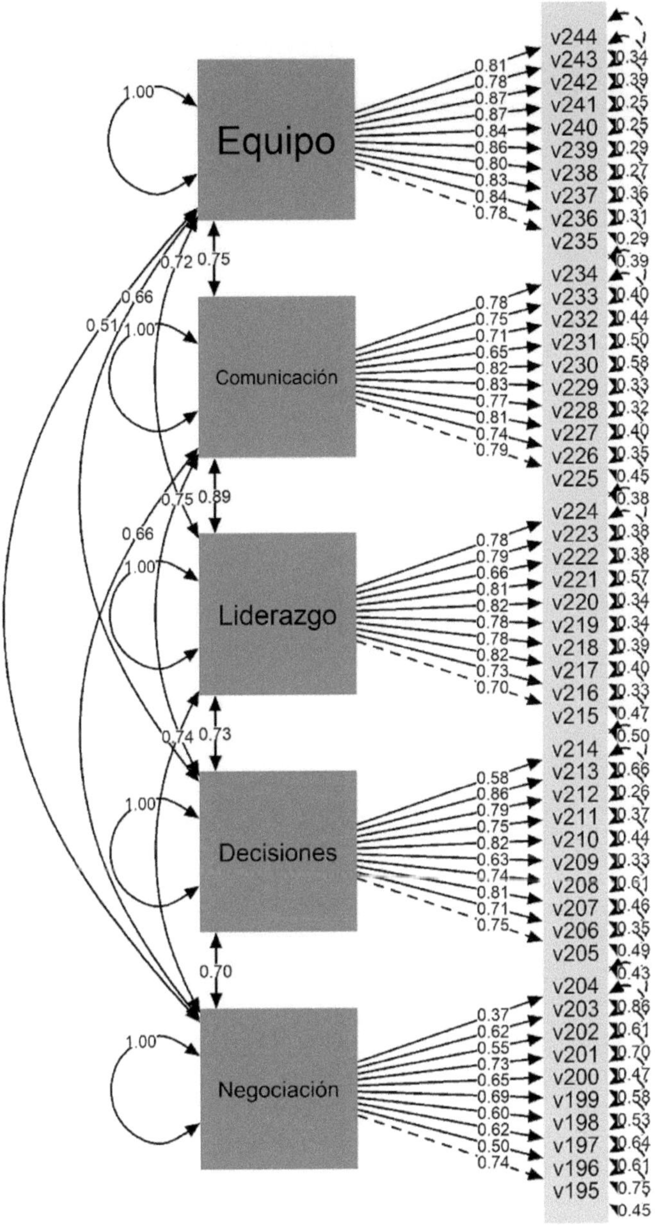

Figura 47.4. Resultado del modelo estructural.

Fuente: Elaboración propia utilizando RStudio (R Core Team, 2022).

Partiendo de la información cuantitativa del estudio se establece el modelo estructural (Figura 47.4), donde se muestra la dirección de las relaciones entre las diversas variables y el efecto que causan. El modelo plantea la existencia de cinco variables endógenas con una relación causal recíproca (Trabajo en equipo, comunicación, liderazgo, toma de decisiones y negociación). Las cinco variables tienen una relación causal directa con los ítems que conforman la variable, en todos los casos el grado de significancia fue <0.05 (los resultados se muestran en la Figura 47.4) dando un correcto ajuste del modelo (Bentler & Bonett, 1980; Martínez et al., 2012)

Con el objetivo de medir el impacto que tienen las habilidades directivas sobre el clima organizacional de la mype se realiza la siguiente regresión lineal, donde el clima organizacional es la variable dependiente y las variables independientes son negociación, toma de decisiones, liderazgo, comunicación y trabajo en equipo. Al final se sustituyen los valores tal y como se observa en la tabla 47.5.

Fórmula:

y = clima = constante + negociación + toma de decisiones + liderazgo + comunicación + trabajo en equipo.

Tabla 47.5. Regresión lineal.

Fórmula: lm(fórmula = clima ~ negociación + toma de decisiones + liderazgo + comunicación + trabajo en equipo)				
		Residuales		
Min	**1Q**	**Mediana**	**3Q**	**Max**
-2.55266	-0.14383	0.02724	0.18298	1.15523
Coeficientes	**Estimado**	**Std. Error**	**T-valor**	**P-valor**
(Clima/Intercept)	-0.16245	0.17820	-0.912	0.36254
Negociación	0.03335	0.04277	0.780	0.43605
Toma de decisiones	0.04356	0.04344	1.003	0.31655
Liderazgo	0.22423	0.06443	3.480	0.00056
Comunicación	0.01994	0.06498	0.307	0.75906
Trabajo en equipo	0.71381	0.04245	16.816	< 2e-16

Signif. codes: 0 '***' 0.001 '**' 0.01 '*' 0.05 '.' 0.1 ' ' 1

Residual standard error: 0.3943 on 380 degrees of freedom

Multiple R-squared: 0.689, Adjusted R-squared: 0.6849

F-statistic: 168.4 on 5 and 380 DF, p-value: < 2.2e-16

Fuente: Elaboración propia utilizando RStudio (R Core Team, 2022).

Para poder medir el impacto, se multiplica el valor estimado de cada una de las variables independientes (tabla 47.5) por su media (tabla 47.3).

$$y=-0.16245 + (0.03335 * 4.015) + (0.04356 * 4.068) + (0.22423 * 4.422) + (0.01994 * 4.348) + (0.71381 * 4.309)$$

Resolvemos la ecuación:

$$y=-0.16245+0.1339002+0.1772021+0.9915451+0.0866991+3.0758073$$
$$y=4.3027038$$

Se observa que la variable que tiene mayor impacto es trabajo en equipo con 3.0758073, mientras que la de menor impacto es comunicación con 0.0866991. El impacto total de las habilidades directivas sobre el clima organizacional es de 4.3027038.

DISCUSIÓN

La representatividad de las micro y pequeñas empresas en México, basada en el número de unidades económicas y sus aportaciones al producto interno bruto, cobra relevancia para ser estudiada desde un enfoque de la evaluación del desempeño de las habilidades directivas de los dueños o de los tomadores de decisiones y su impacto en el clima laboral de las organizaciones. Lo anterior, bajo una recolección de datos por medio de una encuesta directa y, en lo posterior, mediante el tratamiento de los datos aplicando modelos cuantitativos.

Por su parte, las investigaciones que se han realizado con anterioridad coinciden en la importancia que tienen las habilidades directivas con respecto al clima laboral, ya que las organizaciones cuentan con las herramientas para generar mejores estrategias, buena gestión de la empresa y, con ello, ser más competitivas en un mercado globalizado.

El municipio de Tonalá se caracteriza por ser productor y vendedor de artesanías hechas de barro de diferentes tipos; actividad heredada de los antepasados. En las microempresas tonaltecas, se observan como principales problemáticas la falta de recursos financieros, poco desarrollo tecnológico, deficiencia en la gestión del capital humano, la falta de políticas estructurales, deficiencia en estrategias competitivas, dificultad para el acceso al financiamiento y poca inversión en capacitación. Por ello, las habilidades de los altos mandos de las organizaciones y el clima organizacional son fundamentales para enfrentar las problemáticas y brindar soluciones, acorde a sus capacidades y recursos de las micro y pequeñas empresas.

Derivado del modelo de regresión lineal, se pudo observar mayor impacto de trabajo en equipo con 3.0758073, mientras que la de menor impacto fue comunicación con 0.0866991. El impacto total que tuvieron las habilidades directivas sobre el clima organizacional fue de 4.3027038.

Se puede concluir que el trabajar en equipo es una de las mejores estrategias para que las mypes logren las metas planeadas. Aunque la comunicación con los integrantes es importante, se observa que se espera que la coordinación de esfuerzos individuales abonen a un resultado unificado.

REFERENCIAS

Aburto, H.I. & Bonales, J. (2011). Habilidades directivas: Determinantes en el clima organizacional. *Investigación y Ciencia,* 19(51), 41–49.

Alegría-Zebadúa, R.M., & Alarcón-Martínez, G. (2022). Marco teórico e instrumento de medición de las habilidades gerenciales y clima organizacional en *Instituciones Bancarias de México. Vinculatégica,* 7(1). https://doi.org/10.29105/vtga7.1-82

Álvarez-Vásquez, C.A., Rivera-Vera, H.F., Conforme-Cedeño, G.M., Campoverde-Flores, F.K., Sornoza-Parrales, D.R., & Merchán-Nieto, L. (2018). *Los procesos, las técnicas de negociación y la tecnología. Ciencias. Economía, Organización y Ciencias Sociales. Editorial Área de Innovación y Desarrollo, S.L.* https://doi.org/10.17993/ecoorgycso.2018.41

Ávila-Morales, H., Palumbo-Pinto, G.B., De la Cruz-Ríos, H.A., & Ogosi-Auqui, J.A. (2022). Toma de decisiones estratégicas en la gestión pública para el desarrollo social. *Revista Venezolana de Gerencia*, 27(Edición Especial 7), 648–662. https://doi.org/10.52080/rvgluz.27.7.42

Bentler, P. M., & Bonett, D. G. (1980). Significance Tests and Goodness of Fit in the Analysis of Covariance Structures. *In Psychological Bulletin* (Vol. 88, Issue 3).

Brunet, L. (2007). El clima de trabajo en las organizaciones. Definición, diagnóstico y consecuencias. *Editorial Trillas.*

Busro, M. (2018). Teori-teori Manajemen Sumber Daya Manusia. *Jakarta. PrenadaMedia.*

Dini, M. & Stumpo, G. (2020). MiPyMEs en América Latina: un frágil desempeño y nuevos desafíos para las políticas de fomento. Documentos de Proyectos (LC/TS.2018/75/Rev.1), Santiago. *Comisión Económica para América Latina y el Caribe* (CEPAL).

Forbes (2021). Inclusión digital: el futuro de las MyPEs. *Forbes Content.* https://www.forbes.com.mx/ad-inclusion-digital-futuro-mypes-mexico-visa/

Ibarra-Morales, L.E., Paredes-Zempual, D., & Carrillo-Cisneros, E. (2022). Impacto del COVID-19 en las variables que determinan la competitividad de las micro, pequeñas y medianas empresas mexicanas. *Revista RELAYN. Micro y Pequeña Empresa en Latinoamérica,* 6(1), 7–22. https://doi.org/10.46990/relayn.2022.6.1.532

Instituto Nacional de Estadística y Geografía (Inegi) (2020). *Censo de población y vivienda 2020.* https://www.inegi.org.mx/programas/ccpv/2020/

King, E.B., Helb, M.R., George, J.M. & Matusik, S.F. (2010). Understanding tokenism: Antecedents and consequences of a psychological climate of gender inequity. *Journal of Management,* 36(2), 482–510. https://doi.org/10.1177/0149206308328508

Leyva-Carreras, A.B., Cavazos-Arroyo, J., & Espejel-Blanco, J.E. (2018). Influencia de la planeación estratégica y habilidades gerenciales como factores internos de la competitividad

empresarial de las Pymes. *Contaduría y Administración,* 63(3), 41. https://doi.org/10.22201/fca.24488410e.2018.1085

Leyva-Carreras, A.B., Espejel-Blanco, J.E., & Cavazos-Arroyo, J. (2017). Habilidades gerenciales como estrategia de competitividad empresarial en las pequeñas y medianas empresas (Pymes). *Revista Perspectiva Empresarial,* 4(1), 7–22. https://doi.org/10.16967/rpe.v4n1a1

Martinez, E., García-Alandete, J., Selles, P., Bernabe, G., & Soucase, B. (2012). Análisis factorial confirmatorio de los principales modelos propuestos para el purpose-in-life test en una muestra de universitarios españoles. *Acta Colombiana de Psicología,* 67–76.

Mendoza-Vargas, E.Y., Villaroel-Puma, M.F. & Carranza-Quimi, W.D. (2020). Caracterización de los microemprendimientos de los sectores urbanos marginales de Quevedo. *Centro Sur. Social Science Journal.* 4(4), 1–23. https://doi.org/10.37955/cs.v4i1.40

Moreno, M. J., & Wong Aitken, H. G. (2019). Relación de las habilidades directivas y la satisfacción laboral en la empresa Chicken King de Trujillo, 2018. *Cuadernos Latinoamericanos de Administración,* 14(27), 1–17. https://doi.org/10.18270/cuaderlam.v14i27.2475

Naranjo, R. (2015). Management skills in leaders of mid-sized businesses of Colombia. *Revista Científica Pensamiento y Gestión,* 38, 119–146. https://doi.org/10.14482/pege.38.7703

Niebles-Núñez, L., Torres-Anillo, K. & Montenegro-Rada, A. (2020). Habilidades gerenciales como herramienta para el fortalecimiento del liderazgo transformacional en las mipymes. *Editorial Universidad del Atlántico.* https://repositorio.uniatlantico.edu.co/bitstream/handle/20.500.12834/1030/admin %2c %2bHABILIDADES %2bGERENCIALES %2bCOMO %2bHERRAMIENTA %2bEN %2bMIPYMES.pdf?sequence=1&isAllowed=y

Paredes-Zempual, D., Ibarra-Morales, L.E., & Moreno-Freites, Z.E. (2021). Habilidades directivas y clima organizacional en pequeñas y medianas empresas. *Investigación Administrativa,* 50–1, 1–23. https://doi.org/10.35426/iav50n127.05

Puga-Villarreal, J., & Martínez-Cerna, L. (2008). Competencias Directivas en Escenarios Globales. *Estudios Gerenciales,* 24(109), 87–103. https://doi.org/10.1016/s0123-5923(08)70054-8

R Core Team (2022). R: A language and environment for statistical computing. R *Foundation for Statistical Computing, Vienna, Austria.* URL https://www.R-project.org/

Red de Estudios Latinoamericanos en Administración y Negocios. (RELAYN) (2023). *Investigación anual,* N. Peña & O. Aguilar (coords.) https://relayn.redesla.la

Red de Estudios Latinoamericanos (RedesLA) (2023). *Investigaciones anuales.* https://redesla.la

Rojero-Jiménez, R., Gómez-Romero, J.G.I., & Quintero-Robles, L.M. (2019). El liderazgo transformacional y su influencia en los atributos de los seguidores en las Mipymes mexicanas. *Estudios Gerenciales,* 35(151), 178–189. https://doi.org/10.18046/j.estger.2019.151.3192

Vargas, B., & del Castillo, C. (2008). Competitividad sostenible de la pequeña empresa: Un modelo de promoción de capacidades endógenas para promover ventajas competitivas sostenibles y alta productividad. *Journal of Economics, Finance and Administrative Science,* 13(24), 59–80. https://www.redalyc.org/articulo.oa?id=360733604004

Viamontes, M.O., & Oliva, E.J.D. (2015). Las agrupaciones corales como estrategia de formación de competencias para trabajo en equipo en las organizaciones: una perspectiva comparativa. *Suma de Negocios,* 6(13), 92–97. https://doi.org/10.1016/j.sumneg.2015.08.008

Whetten, D. & Cameron, K. (2016). Desarrollo de habilidades directivas. México: *Editorial Prentice Hall.*

CAPÍTULO 48

Las habilidades directivas y el clima organizacional en las micro y pequeñas empresas de Pátzcuaro, Michoacán, México

Management skills and the organizational climate in micro and small companies in Patzcuaro, Michoacan, Mexico

MARTIN TAPIA SALAZAR, LAURA ADAME RODRÍGUEZ Y MARICELA VILLANUEVA PIMENTEL

Tecnológico Nacional de México/Instituto Tecnológico Superior de Pátzcuaro

Resumen: El objetivo de la presente investigación es determinar el impacto que tienen las habilidades directivas sobre el clima organizacional en las micro y pequeñas empresas de Latinoamérica. Se presenta un estudio cuantitativo, no experimental, de forma transversal y con un alcance causal. La pertinencia del estudio contribuye a la generación de conocimiento para el desarrollo de un modelo de gestión de la mype en América Latina que permita maximizar la productividad. Entre los principales resultados, se puede observar que la variable de la habilidad directiva liderazgo es la que tiene mayor impacto en el clima organizacional, con 1.2893597. Por ello, se concluye que el liderazgo como variable de estudio de las habilidades directivas de las mypes de Pátzcuaro, Michoacán, México, contribuye en la motivación y fomenta el trabajo colaborativo dentro del clima organizacional, permitiendo así conductas positivas que benefician el desempeño laboral de las micro y pequeñas empresas. Asimismo, la variable toma de decisiones mantiene una baja relación; es decir, menor impacto con respecto al clima organizacional para el contexto estudiado.

Abstract: The objective of this research is to determine the impact that management skills have on the organizational climate in micro and small companies in Latin America. A quantitative, non-experimental, cross-sectional study with a causal scope is presented. The relevance of the study contributes to the generation of knowledge for the development of a management model for mypes in Latin America that allows maximizing productivity. Among the main results, it can be observed that the leadership management ability variable is the one that has the greatest impact on the organizational climate, with 1.2893597. Therefore, it is concluded that leadership as a study variable of the management skills of the mypes of Pátzcuaro, Michoacán, Mexico, contributes to motivation and encourages collaborative work within the organizational climate, thus allowing positive behaviors that benefit the work performance of micro and small businesses. Likewise, the decision-making variable maintains a low relationship; that is, less impact regarding the organizational climate for the context studied.

Palabras clave: clima organizacional, decisiones, empresa, habilidades directivas, liderazgo.

INTRODUCCIÓN

De acuerdo con el último Censo Económico publicado por el Instituto Nacional de Estadística y Geografía (INEGI, 2020), 98.3 % del universo en unidades económicas está constituido por micro y pequeñas empresas, las cuales generan —al menos— el 55 % de los empleos y amasan el 39 % del Producto Interno Bruto (PIB) del país. Las microempresas están configuradas por aquellos negocios que tienen menos de 10 trabajadores y generan anualmente ventas hasta por 4 millones de pesos. Las pequeñas empresas son unidades económicas que emplean entre 11 y 50 trabajadores, generando ventas anuales que oscilan entre 4 y 100 millones de pesos (Mendoza-Vargas, Villaroel-Puma & Carranza-Quimi, 2020; Forbes, 2021).

Es importante mencionar que actualmente las mypes se enfrentan a múltiples retos y problemáticas, específicamente, el desarrollo de habilidades gerenciales o directivas por parte de los líderes cumple una labor fundamental en el clima organizacional para este tipo de empresas, al establecerse como un diferenciador con otras organizaciones (Busro, 2018). En esa perspectiva, la formación y el desarrollo de habilidades directivas del personal encargado de implementar estrategias y tomar decisiones son fundamentales, pues de ello depende que las mypes cumplan sus metas y objetivos estratégicos, lo cual permite a las organizaciones volverse más competitivas, pues propicia la formación de un clima organizacional donde los empleados estén satisfechos con su organización (Aburto & Bonales, 2011; Brunet, 2007).

Derivado de la importancia que representa el desarrollo de habilidades directivas en los líderes que dirigen los esfuerzos estratégicos de las mypes, así como la importancia de contar con un buen clima organizacional, se plantean las siguientes preguntas de investigación: ¿cuáles habilidades directivas tienen repercusión

en el clima organizacional de las mypes?, ¿cuál es el clima organizacional que predomina en las mypes?

Para cumplir con lo anterior, el objetivo de la investigación es determinar el grado de asociación entre las habilidades directivas y el clima organizacional de las micro y pequeñas empresas, lo cual permitirá conocer con mayor precisión las habilidades directivas que los gerentes o mandos medios deben desarrollar para que prevalezca un clima organizacional satisfactorio entre los empleados al interior de las mypes. En ese sentido, las mypes podrán determinar si éstas son las causales de un clima organizacional adecuado o inconveniente, lo que, a su vez, permitirá diseñar programas de capacitación para sus líderes y, con ello, generar información que contribuya —si es el caso— a resolver el problema o mantener y fortalecer lo que se tiene.

Los diferentes análisis estadísticos correlacionales entre las variables del estudio permitirán identificar si las habilidades directivas son la causa principal del clima organizacional que prevalece en las mypes. Lo anterior será de gran apoyo en la búsqueda de factores endógenos diferenciados que permita a las mypes obtener ventajas competitivas sostenibles, ya que, si bien es cierto, una mejor gestión empresarial no es suficiente para lograr ser más competitivas, sino que está determinada por otros factores internos como un buen clima organizacional y el desarrollo de habilidades directivas (Vargas & Del Castillo, 2008).

REVISIÓN DE LA LITERATURA

Las organizaciones del siglo XXI afrontan un entorno dinámico y complejo caracterizado por la incertidumbre, debido a esto deben estar preparadas para dar respuesta a los cambios vertiginosos, en aras de cumplir sus objetivos y metas organizacionales así como volverse más competitivas. Las micro y pequeñas empresas (mypes) también deben responder a ese contexto, sin embargo, las características estructurales de su magnitud las coloca en desventaja respecto a la gran empresa, misma que tiene a su disposición una mayor cantidad de recursos y capacidades. El tema aquí analizado ha obtenido gran relevancia en los rubros de la investigación y las políticas públicas recientemente, lo cual ha permitido una mejora de determinados aspectos directamente vinculados con la competitividad de las empresas (Leyva-Carreras, Cavazos-Arroyo & Espejel-Blanco, 2018).

La situación actual de las mypes es compleja —aun siendo una parte fundamental del aparato económico a nivel mundial—, presenta una serie de desafíos y retos, enfrenta diversos obstáculos que limitan su capacidad de crecimiento y desarrollo. Uno de los principales problemas que enfrentan estas empresas es la falta de acceso al financiamiento, ya que esto restringe su capacidad para invertir en innovación, en maquinaria y equipos, software y tecnologías digitales; así como

en la capacitación y adiestramiento para sus empleados. Otra problemática a la cual se enfrentan es la poca inversión en capacitación a sus directivos y gerentes, de modo que éstos puedan desarrollar sus habilidades directivas, permitiéndoles contar con las herramientas necesarias al momento de tomar decisiones estratégicas de impacto en sus portafolios de negocios, a través de una visión diferente y más competitiva, no sólo a nivel local, sino a niveles superiores en la configuración y escala del negocio.

Es importante destacar que la pandemia por el Covid-19 tuvo un impacto significativo en las mypes debido a que muchas de ellas tuvieron que cerrar de forma temporal o permanente. Las restricciones de movimiento y confinamiento social provocaron una disminución significativa en la demanda de productos y servicios (Ibarra-Morales, Paredes-Zempual & Carrillo-Cisneros, 2022). Para dimensionar y tener una mejor visión de la magnitud de la presencia e importancia de las mypes en Latinoamérica, Dini y Stumpo (2021) realizan una clasificación tomando como parámetros el sector y el tamaño de la empresa (tabla 48.1.).

Tabla 48.1. Clasificación de acuerdo con el sector y tamaño de la empresa.

Sector	**Micro empresa**	**Pequeña empresa**
Agricultura, ganadería, caza, silvicultura y pesca	80 %	16 %
Explotación de minas y canteras	68 %	23 %
Industria manufacturera	82 %	14 %
Suministro de electricidad, gas y agua	70 %	20 %
Construcción	76 %	19 %
Comercio al por mayor y menor	92 %	07 %
Hoteles y restaurantes	89 %	10 %
Transporte, almacenamiento y comunicaciones	83 %	13 %
Intermediación financiera	81 %	14 %
Actividades inmobiliarias, empresariales y de alquiler	87 %	10 %
Enseñanza	76 %	19 %
Servicios sociales y de salud	89 %	09 %
Otras actividades comunitarias, sociales y personales	95 %	04 %
Total	**88.4 %**	**09.6 %**

Fuente: elaboración propia a partir de Dini & Stumpo (2021).

Leyva-Carreras, Espejel-Blanco y Cavazos-Arroyo (2017) destacan que el director o gerente de una mype debe tomar en cuenta ciertas variables para lograr la excelencia, el buen clima organizacional y la competitividad empresarial, para lo cual es preciso contar con personal directivo que reúna las siguientes

características: dinámicos, actualizados, con habilidades directivas, operativas y de gestión, conocimientos de administración y planeación estratégica, así como administración y dirección de talento humano, siempre proactivo al cambio organizacional y tecnológico, para que se convierta en vehículo que potencia la creatividad, la innovación y el desarrollo sustentable. Sin embargo, por desconocer esas características de gestión o habilidades directivas que son propias de los líderes, esa ignorancia puede ser la causa de algunos problemas administrativos y de competitividad en las mypes, lo que genera algunas consecuencias en la transición de una economía local y proteccionista a un mercado libre y globalizado (Naranjo, 2015).

Niebles-Núñez, Torres-Anillo y Montenegro-Rada (2020) establecen que las habilidades directivas comprenden el proceso de la gerencia, estas son: planificar, organizar, dirigir, ejecutar y controlar que, a su vez, constituyen el conjunto de destrezas, cualidades, competencias, conocimientos, acciones, experiencias y capacidades que inciden en el efectivo desempeño del rol gerencial, al contribuir al logro de objetivos y metas organizacionales, asimismo, representan la implementación práctica por la acción del conocimiento adquirido académicamente o por experiencias a través del proceso de aprendizaje. Es por ello que, en los últimos años, las habilidades directivas desempeñan un papel muy importante en la satisfacción de los colaboradores en las empresas a nivel mundial, pues se ha demostrado que la manera o particularidad en que los directivos lideran a sus equipos generan una repercusión directa en su satisfacción y, por ende, en su desempeño laboral (Moreno & Wong, 2018).

Paredes-Zempual, Ibarra-Morales y Moreno-Freites (2021) adoptan otra perspectiva, sostienen que el buen desempeño de la empresa está en función de las habilidades directivas y el buen clima organizacional, sobre todo en este tiempo donde las empresas se encuentran inmersas en un proceso de globalización y de rápidos cambios que demandan líderes más preparados en actitudes y aptitudes, capaces de administrar de manera eficaz y eficiente los procesos y procedimientos, tanto administrativos como operativos, comprometidos con la rentabilidad de la organización.

El clima organizacional es observado y analizado por las empresas con el fin de mantenerlo en niveles positivos y, de esa forma, estimular la productividad de los empleados, motivo por el cual las empresas buscan los elementos y condiciones necesarias que puedan incidir de forma positiva en el clima organizacional, ya que existen estudios empíricos que así lo demuestran, en otras palabras, un mejor clima organizacional en la empresa se traduce en mejores resultados en los ámbitos financieros, administrativos y productivos (Alegría-Zebadúa & Alarcón-Martínez, 2022).

Whetten y Cameron (2016) clasifican las habilidades en tres grandes grupos: personales, interpersonales y grupales, mismas que en su conjunto aportan

al éxito de una administración eficaz y centrada en los logros financieros, pero también de posición competitiva. En este sentido, para el presente estudio se han seleccionado como habilidades directivas las siguientes: negociación, toma de decisiones, liderazgo, comunicación y trabajo en equipo, ya que predominan en la literatura y en los diferentes modelos conceptuales, además de ser las más importantes para Whetten y Cameron. Adicionalmente, se ha seleccionado como variable el clima organizacional debido al impacto y la importancia que ostenta para las mypes. Las definiciones conceptuales para cada una de las variables se muestran en la tabla 48.2.

Tabla 48.2. Definición conceptual de las variables.

Variable	Definición conceptual
Negociación	Presentar y discutir propuestas comunes con el propósito de llegar a un acuerdo en un marco de interés común (Álvarez-Vásquez, et al., 2018).
Toma de decisiones	Decidir por una alternativa que requiere atender situaciones planificadas o de incertidumbre entre un abanico de varias opciones (Ávila-Morales et al., 2022).
Liderazgo	Lograr la motivación de los colaboradores mediante la promoción de conductas positivas que reditúan en mejores niveles de desempeño laboral para la empresa (Rojero-Jiménez, Gómez-Romero & Quintero-Robles, 2019).
Comunicación	Recibir y transmitir mensajes oportunos y unívocos, independientemente del canal o la forma de comunicación, lo cual facilita la emisión y recepción de los mensajes que se producen entre los miembros de la organización y su entorno, facilitando el alcance de los objetivos y metas que establecen los miembros de la organización (Puga-Villarreal & Martínez-Cerna, 2008).
Trabajo en equipo	Fomentar la colaboración conjunta entre los integrantes que conforman un equipo de trabajo, a través del talento individual, la comunicación, las competencias y las fortalezas de cada uno en su relación con los demás, para lograr el cumplimiento de un objetivo común (Viamontes & Oliva, 2015).
Clima organizacional	Variable que media entre el contexto de una organización y la conducta de sus empleados o miembros, desde la perspectiva del cómo ellos experimentan el trabajo en sus empresas (King, Hebl, George & Matusik, 2010).

Fuente: elaboración propia.

METODOLOGÍA

El presente trabajo de investigación ha sido propuesto por la Red de Estudios Latinoamericanos en Administración y Negocios (RELAYN, 2023), la cual consiste en conceptualizar la micro y pequeña empresa (mype) como una serie de elementos de entradas, procesos y salidas enmarcados en un ambiente que influye en el clima organizacional de las mypes, según la percepción del director, considerado como la persona que toma la mayor parte de las decisiones. Este estudio tiene un enfoque cuantitativo de diseño transversal de tipo causal.

Se realizó un muestreo probabilístico aleatorio simple con las mypes de Pátzcuaro, Michoacán, México, cuya cantidad de empleados se encuentra en el rango de 1 a 50, con un nivel de confianza del 95 %, un margen de error del ±5 % y una probabilidad estimada de p=0.5 (50 %). Se obtuvieron de la muestra aplicada un total de 387 encuestas válidas en el periodo del 01 de marzo al 30 de abril de 2023. Se utilizó un instrumento de medición tipo encuesta, la cual fue dirigida a los propietarios, directores o gerentes de las mypes, para lo cual sirvió la asistencia de estudiantes universitarios que previamente fueron capacitados para aplicar la encuesta.

Características de la muestra son:

El 39.5 % de la muestra fueron del sexo biológico femenino y el restante 60.5 % masculino. La edad de los sujetos tiene un rango de 21 a 78 años, con un promedio de 43 años y una moda de 45 años. El 25.1 % de los empresarios tienen estudios de nivel superior, seguido de un 43.2 % con nivel media superior, 27.6 % con educación básica. En cuanto a estado civil predominan los casados con un 68.5 % seguidos de los solteros con 17.1 %.

La mayoría de los negocios 74.4 % pertenecen al giro comercial, un 24.3 % a la prestación de servicios y sólo 1.3 % a la producción de manufacturas, la antigüedad del 7.2 %de los negocios es menor a 3 años. Los empleos que ofrecen están en el rango de 1 a 50 trabajadores, de las empresas el 90.2 % emplea de 1 a 10 trabajadores y el 85.8 % tienen en su plantilla de 1 a 10 mujeres y en el 68.2 % colaboran de 1 a 5 familiares del propietario.

Alineado al objetivo general de la investigación y a la revisión de la literatura, se plantean las siguientes hipótesis:

- H0: Las habilidades directivas no inciden en el clima organizacional de la mype.
- H1: Las habilidades directivas inciden en el clima organizacional de la mype.

En cuanto al instrumento de medición, éste se integró por seis partes o bloques. El primero de ellos, con datos que abordan aspectos generales de la empresa: tamaño de la empresa, personal ocupado, así como información sobre los ingresos y gastos. La segunda parte aborda los datos del directivo y el tiempo destinado a las labores de la empresa. La tercera parte se refiere a los insumos del sistema: recursos humanos, análisis del mercado y proveedores. En una cuarta parte del instrumento de medición se exponen los procesos del sistema: dirección, gestión de ventas, finanzas, innovación, mercadotecnia, producción-operación. La quinta parte estuvo integrada por los resultados del sistema: satisfacción del sistema, ventaja competitiva, RSC-Asuntos de ISO 26000, valoración del entorno y, por último, la sexta parte quedó integrada por los dos temas anuales de investigación: a) el trabajo decente desde la perspectiva directiva y b) el impacto de las habilidades directivas (negociación, toma de decisiones, liderazgo, comunicación, trabajo en equipo) sobre el clima organizacional. Para las secciones comprendidas del tercer al sexto bloque se emplea una escala de Likert de cinco puntos, los cuales van de 'No sé / No aplica' (1) a 'muy de acuerdo' (5).

RESULTADOS

Las seis variables muestran consistencia interna del instrumento mediante el análisis del alfa de Cronbach de las variables objeto de estudio, de la misma forma se analiza la correlación que tienen con el clima organizacional como se muestra en la tabla 48.3.

Tabla 48.3. Alfa de Cronbach y correlación de las variables.

Variables	Correlación con clima	Cronbach	Media	Desviación Estándar
Negociación	0.414	0.899	4.216	0.519
Toma de decisiones	0.48	0.921	4.198	0.546
Liderazgo	0.496	0.924	4.291	0.493
Comunicación	0.479	0.927	4.277	0.518
Trabajo en equipo	0.491	0.946	4.246	0.557
Clima Organizacional	1	0.915	4.272	0.501

Fuente: Elaboración propia utilizando RStudio (R Core Team, 2022).

Se procede a realizar el modelo estructural del instrumento en la figura 48.4, el ajuste absolutorio muestra el error cuadrático medio de aproximación (RMSEA) es de 0 y el residuo cuadrático medio estandarizado (SRMR) es de

0.042, en ambos casos se consideran aceptables, en el ajuste comparativo (CFI) muestra un resultado de 1 y el índice de Tucker-Lewis (TLI) de 1.002 consideramos ajustes óptimos.

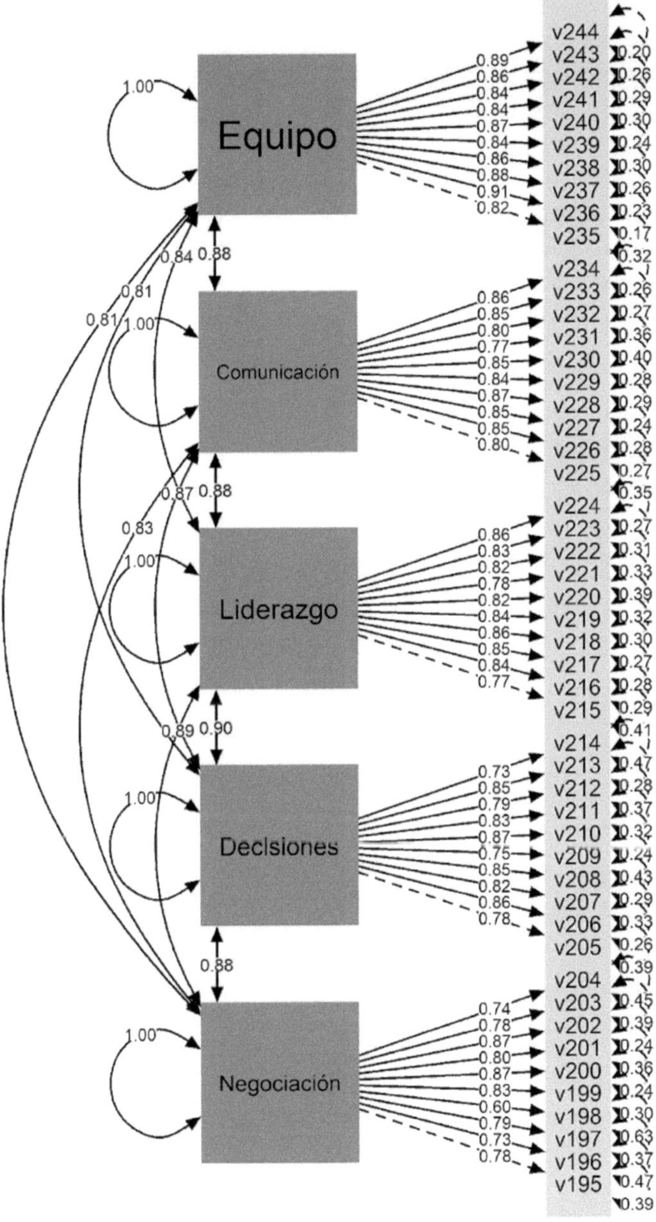

Figura 48.4. Resultado del modelo estructural.

Fuente: Elaboración propia utilizando RStudio (R Core Team, 2022).

Partiendo de la información cuantitativa del estudio se establece el modelo estructural (Figura 48.4), donde se muestra la dirección de las relaciones entre las diversas variables y el efecto que causan. El modelo plantea la existencia de cinco variables endógenas con una relación causal recíproca (Trabajo en equipo, comunicación, liderazgo, toma de decisiones y negociación). Las cinco variables tienen una relación causal directa con los ítems que conforman la variable, en todos los casos el grado de significancia fue <0.05 (los resultados se muestran en la Figura 48.4) dando un correcto ajuste del modelo (Bentler & Bonett, 1980; Martínez et al., 2012)

Con el objetivo de medir el impacto que tienen las habilidades directivas sobre el clima organizacional de la mype se realiza la siguiente regresión lineal, donde el clima organizacional es la variable dependiente y las variables independientes son negociación, toma de decisiones, liderazgo, comunicación y trabajo en equipo. Al final se sustituyen los valores tal y como se observa en la tabla 48.5.

Fórmula:

y = clima = constante + negociación + toma de decisiones + liderazgo + comunicación + trabajo en equipo.

Tabla 48.5. Regresión lineal.

Fórmula: lm(fórmula = clima ~ negociación + toma de decisiones + liderazgo + comunicación + trabajo en equipo)				
		Residuales		
Min	1Q	Mediana	3Q	Max
-1.07995	-0.03463	-0.00761	0.07326	0.90588
Coeficientes	**Estimado**	**Std. Error**	**T-valor**	**P-valor**
(Clima/Intercept)	0.25720	0.11340	2.268	0.0239
Negociación	0.09621	0.03971	2.423	0.0159
Toma de decisiones	0.06070	0.04073	1.490	0.1370
Liderazgo	0.30048	0.05038	5.964	5.63e-09
Comunicación	0.29527	0.04592	6.430	3.82e-10
Trabajo en equipo	0.18887	0.03584	5.270	2.29e-07

Signif. codes: 0 '***' 0.001 '**' 0.01 '*' 0.05 '.' 0.1 ' ' 1

Residual standard error: 0.2407 on 381 degrees of freedom

Multiple R-squared: 0.7726, Adjusted R-squared: 0.7696

F-statistic: 258.9 on 5 and 381 DF, p-value: < 2.2e-16

Fuente: Elaboración propia utilizando RStudio (R Core Team, 2022).

Para poder medir el impacto, se multiplica el valor estimado de cada una de las variables independientes (tabla 48.5) por su media (tabla 48.3).

$$y=0.2572 + (0.09621 * 4.216) + (0.0607 * 4.198) + (0.30048 * 4.291) + (0.29527 * 4.277) + (0.18887 * 4.246)$$

Resolvemos la ecuación:

$$y=0.2572+0.4056214+0.2548186+1.2893597+1.2628698+0.801942$$
$$y=4.2718115$$

Se observa que la variable que tiene mayor impacto es liderazgo con 1.2893597, mientras que la de menor impacto es toma de decisiones con 0.2548186. El impacto total de las habilidades directivas sobre el clima organizacional es de 4.2718115.

DISCUSIÓN

Los valores positivos de correlación entre las cinco variables independientes analizadas en este estudio e incluidas como habilidades directivas, respecto al clima organizacional, permiten inferir que las mypes de Pátzcuaro, Michoacán, estimulan un buen clima organizacional entre sus empleados, lo que incide para favorecer la productividad, competitividad, economía y administración de las empresas, según Alegría-Zebadúa y Alarcón-Martínez (2022). El liderazgo y el trabajo en equipo resultaron ser las de mayor correlación con el clima organizacional, y la de menor grado de asociación es negociación, por lo que será importante que los gerentes o mandos medios de estas empresas busquen potencializar esta habilidad directiva.

En el modelo estructural, dentro de los análisis cuantitativos del instrumento de recolección, se observa la relación causal recíproca entre las variables trabajo en equipo, comunicación, liderazgo, toma de decisiones y negociación con un nivel de significancia de <0.05, lo que indica el correcto ajuste del modelo entre los ítems y la variable en estudio (Bentler & Bonett, 1980; Martínez et al., 2012). Lo anterior, permite inferir la congruencia metodológica de este estudio que genera conocimiento científico respecto al desarrollo de habilidades directivas y su relación con el clima organizacional en las mypes de Pátzcuaro, Michoacán, base fundamental para incidir en que este sector identifique y aplique estrategias directivas que les lleven a ser más competitivas, sostenibles, y además a desarrollar aspectos endógenos diferenciadores, como un buen clima organizacional que genere satisfacción a los empleados y, por ende, repercute en la productividad de la empresa (Vargas & del Castillo, 2008).

Los resultados del análisis de regresión lineal que muestra el impacto de las habilidades directivas sobre el clima organizacional permiten observar que la variable liderazgo puntúe el valor más alto (1.2893597), considerada entonces como la de mayor impacto. Lo anterior, corrobora que en las habilidades directivas de las mypes de Pátzcuaro, Michoacán, México, quien ejerce esta función se percibe como un líder que motiva a la colaboración e impulsa conductas positivas para lograr un mejor desempeño laboral en la empresa (Rojero-Jiménez et al., 2019). En este mismo análisis, la toma de decisiones fue la variable que puntuó más bajo con 0.2548186; es decir, es la que se percibe como la de menor impacto sobre el clima organizacional en este sector empresarial en el área de estudio.

REFERENCIAS

Aburto, H.I. & Bonales, J. (2011). Habilidades directivas: Determinantes en el clima organizacional. *Investigación y Ciencia,* 19(51), 41–49.

Alegría-Zebadúa, R.M., & Alarcón-Martínez, G. (2022). Marco teórico e instrumento de medición de las habilidades gerenciales y clima organizacional en *Instituciones Bancarias de México. Vinculatégica,* 7(1). https://doi.org/10.29105/vtga7.1-82

Álvarez-Vásquez, C.A., Rivera-Vera, H.F., Conforme-Cedeño, G.M., Campoverde-Flores, F.K., Sornoza-Parrales, D.R., & Merchán-Nieto, L. (2018). *Los procesos, las técnicas de negociación y la tecnología. Ciencias. Economía, Organización y Ciencias Sociales. Editorial Área de Innovación y Desarrollo, S.L.* https://doi.org/10.17993/ecoorgycso.2018.41

Ávila-Morales, H., Palumbo-Pinto, G.B., De la Cruz-Ríos, H.A., & Ogosi-Auqui, J.A. (2022). Toma de decisiones estratégicas en la gestión pública para el desarrollo social. *Revista Venezolana de Gerencia,* 27(Edición Especial 7), 648–662. https://doi.org/10.52080/rvgluz.27.7.42

Bentler, P. M., & Bonett, D. G. (1980). Significance Tests and Goodness of Fit in the Analysis of Covariance Structures. *In Psychological Bulletin* (Vol. 88, Issue 3).

Brunet, L. (2007). El clima de trabajo en las organizaciones. Definición, diagnóstico y consecuencias. *Editorial Trillas.*

Busro, M. (2018). Teori-teori Manajemen Sumber Daya Manusia. *Jakarta. PrenadaMedia.*

Dini, M. & Stumpo, G. (2020). MiPyMEs en América Latina: un frágil desempeño y nuevos desafíos para las políticas de fomento. Documentos de Proyectos (LC/TS.2018/75/Rev.1), Santiago. *Comisión Económica para América Latina y el Caribe* (CEPAL).

Forbes (2021). Inclusión digital: el futuro de las MyPEs. *Forbes Content.* https://www.forbes.com.mx/ad-inclusion-digital-futuro-mypes-mexico-visa/

Ibarra-Morales, L.E., Paredes-Zempual, D., & Carrillo-Cisneros, E. (2022). Impacto del COVID-19 en las variables que determinan la competitividad de las micro, pequeñas y medianas empresas mexicanas. *Revista RELAYN. Micro y Pequeña Empresa en Latinoamérica,* 6(1), 7–22. https://doi.org/10.46990/relayn.2022.6.1.532

Instituto Nacional de Estadística y Geografía (Inegi) (2020). *Censo de población y vivienda 2020.* https://www.inegi.org.mx/programas/ccpv/2020/

King, E.B., Helb, M.R., George, J.M. & Matusik, S.F. (2010). Understanding tokenism: Antecedents and consequences of a psychological climate of gender inequity. *Journal of Management,* 36(2), 482–510. https://doi.org/10.1177/0149206308328508

Leyva-Carreras, A.B., Cavazos-Arroyo, J., & Espejel-Blanco, J.E. (2018). Influencia de la planeación estratégica y habilidades gerenciales como factores internos de la competitividad empresarial de las Pymes. *Contaduría y Administración,* 63(3), 41. https://doi.org/10.22201/fca.24488410e.2018.1085

Leyva-Carreras, A.B., Espejel-Blanco, J.E., & Cavazos-Arroyo, J. (2017). Habilidades gerenciales como estrategia de competitividad empresarial en las pequeñas y medianas empresas (Pymes). *Revista Perspectiva Empresarial,* 4(1), 7–22. https://doi.org/10.16967/rpe.v4n1a1

Martinez, E., García-Alandete, J., Selles, P., Bernabe, G., & Soucase, B. (2012). Análisis factorial confirmatorio de los principales modelos propuestos para el purpose-in-life test en una muestra de universitarios españoles. *Acta Colombiana de Psicología,* 67–76.

Mendoza-Vargas, E.Y., Villaroel-Puma, M.F. & Carranza-Quimi, W.D. (2020). Caracterización de los microemprendimientos de los sectores urbanos marginales de Quevedo. *Centro Sur. Social Science Journal.* 4(4), 1–23. https://doi.org/10.37955/cs.v4i1.40

Moreno, M. J., & Wong Aitken, H. G. (2019). Relación de las habilidades directivas y la satisfacción laboral en la empresa Chicken King de Trujillo, 2018. *Cuadernos Latinoamericanos de Administración,* 14(27), 1–17. https://doi.org/10.18270/cuaderlam.v14i27.2475

Naranjo, R. (2015). Management skills in leaders of mid-sized businesses of Colombia. *Revista Científica Pensamiento y Gestión,* 38, 119–146. https://doi.org/10.14482/pege.38.7703

Niebles-Núñez, L., Torres-Anillo, K. & Montenegro-Rada, A. (2020). Habilidades gerenciales como herramienta para el fortalecimiento del liderazgo transformacional en las mipymes. *Editorial Universidad del Atlántico.* https://repositorio.uniatlantico.edu.co/bitstream/handle/20.500.12834/1030/admin %2c %2bHABILIDADES %2bGERENCIALES %2bCOMO %2bHERRAMIENTA %2bEN %2bMIPYMES.pdf?sequence=1&isAllowed=y

Paredes-Zempual, D., Ibarra-Morales, L.E., & Moreno-Freites, Z.E. (2021). Habilidades directivas y clima organizacional en pequeñas y medianas empresas. *Investigación Administrativa,* 50–1, 1–23. https://doi.org/10.35426/iav50n127.05

Puga-Villarreal, J., & Martínez-Cerna, L. (2008). Competencias Directivas en Escenarios Globales. *Estudios Gerenciales,* 24(109), 87–103. https://doi.org/10.1016/s0123-5923(08)70054-8

R Core Team (2022). R: A language and environment for statistical computing. R *Foundation for Statistical Computing, Vienna, Austria.* URL https://www.R-project.org/

Red de Estudios Latinoamericanos en Administración y Negocios. (RELAYN) (2023). *Investigación anual,* N. Peña & O. Aguilar (coords.) https://relayn.redesla.la

Red de Estudios Latinoamericanos (RedesLA) (2023). *Investigaciones anuales.* https://redesla.la

Rojero-Jiménez, R., Gómez-Romero, J.G.I., & Quintero-Robles, L.M. (2019). El liderazgo transformacional y su influencia en los atributos de los seguidores en las Mipymes mexicanas. *Estudios Gerenciales,* 35(151), 178–189. https://doi.org/10.18046/j.estger.2019.151.3192

Vargas, B., & del Castillo, C. (2008). Competitividad sostenible de la pequeña empresa: Un modelo de promoción de capacidades endógenas para promover ventajas competitivas sostenibles y alta productividad. *Journal of Economics, Finance and Administrative Science,* 13(24), 59–80. https://www.redalyc.org/articulo.oa?id=360733604004

Viamontes, M.O., & Oliva, E.J.D. (2015). Las agrupaciones corales como estrategia de formación de competencias para trabajo en equipo en las organizaciones: una perspectiva comparativa. *Suma de Negocios,* 6(13), 92–97. https://doi.org/10.1016/j.sumneg.2015.08.008

Whetten, D. & Cameron, K. (2016). Desarrollo de habilidades directivas. México: *Editorial Prentice Hall.*

Esta obra se imprimió bajo el cuidado de la Editorial Peter Lang Publishing, Inc. con dirección 80 Broad Street, 5th Floor, 10004 New York, United States, 1 de noviembre de 2023. El tiraje fue de 735 ejemplares más sobrantes para reposición.

Acerca de este libro

La Red de Estudios Latinoamericanos en Administración y Negocios (RELAYN) presenta el libro denominado *Habilidades directivas y clima organizacional. Resultados de una investigación en las micro y pequeñas empresas latinoamericanas*, como consecuencia de la investigación conjunta con 94 grupos de expertos. El objetivo de esta obra fue determinar el impacto que tienen las habilidades directivas (toma de decisiones, liderazgo, comunicación, negociación y trabajo en equipo) sobre el clima organizacional en las micro y pequeñas empresas de Latinoamérica.

Los hallazgos permiten observar patrones de comportamiento respecto a las habilidades directivas. Se presenta un estudio cuantitativo, no experimental, de forma transversal y con un alcance causal. La pertinencia de éste contribuye a la generación de conocimiento para el desarrollo de un modelo de gestión de la mype en América Latina que permita maximizar la productividad. Entre los principales resultados, se puede observar que dentro de las habilidades la que tiene mayor impacto es trabajo en equipo, mientras que la de menor impacto es toma de decisiones, las cuales afectan el clima organizacional de las mypes en América Latina.

Se realizó un muestreo probabilístico aleatorio simple en México, Ecuador, Colombia y Perú, en empresas cuya cantidad de empleados se encuentra en el rango de 1 a 50; por su parte, para obtener 99 % de confiabilidad, con 1 % de error, se requería un muestra de 16 576 mypes al estudio; sin embargo, en el periodo del 1 de marzo al 30 de abril de 2023, se aplicó el estudio y se obtuvo una muestra de 45 927 mypes. Se utilizó un instrumento de medición tipo encuesta, la cual fue dirigida a los propietarios, directores o gerentes que son los que toman la mayor parte de las decisiones en las mypes. Los grupos de investigación capacitaron a un aproximado de 16 095 encuestadores, quienes tuvieron contacto directo con el empresario; posteriormente, los grupos de investigación validaron 39 865 encuestas y rechazaron 6 062, esto por cuestiones de validez del instrumento.